音频技术与录音艺术译丛

实用录音技术

PRACTICAL RECORDING TECHNIQUES
The Step-by-Step Approach to Professional Audio Recording

第7版
SEVENTH EDITION

[美] 布鲁斯·巴特利特（Bruce Bartlett）
[美] 珍妮·巴特利特（Jenny Bartlett）◎著
朱慰中◎译

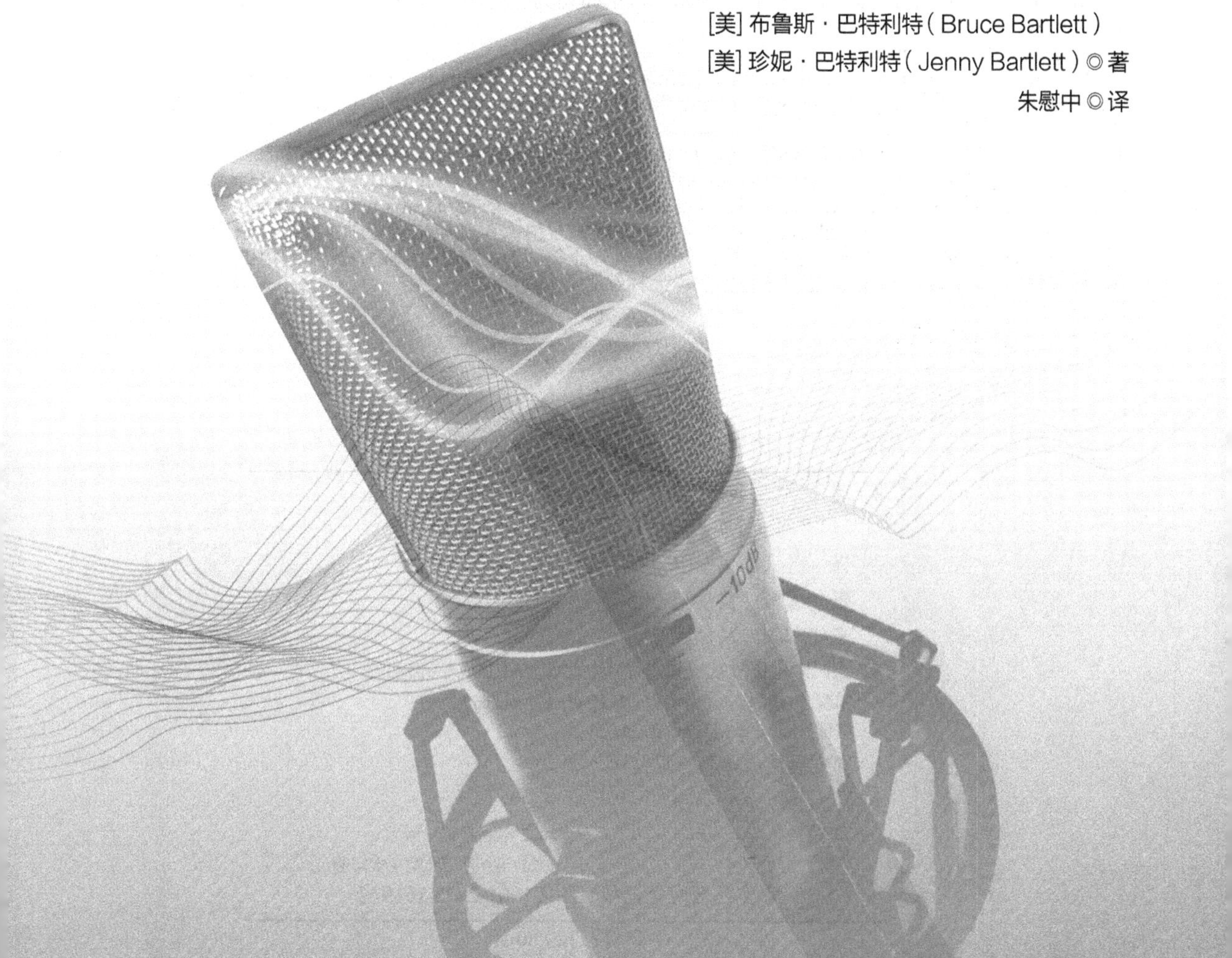

人民邮电出版社
北京

图书在版编目（CIP）数据

实用录音技术 ：第7版 / （美）布鲁斯·巴特利特（Bruce Bartlett），（美）珍妮·巴特利特（Jenny Bartlett）著 ；朱慰中译. -- 北京 ：人民邮电出版社，2022.9
（音频技术与录音艺术译丛）
ISBN 978-7-115-59448-8

Ⅰ. ①实… Ⅱ. ①布… ②珍… ③朱… Ⅲ. ①录音－技术 Ⅳ. ①TN912.12

中国版本图书馆CIP数据核字(2022)第102910号

版权声明

◆ 著　　[美] 布鲁斯·巴特利特（Bruce Bartlett）
[美] 珍妮·巴特利特（Jenny Bartlett）
译　　朱慰中
责任编辑　黄汉兵
责任印制　马振武
◆ 人民邮电出版社出版发行　　北京市丰台区成寿寺路 11 号
邮编　100164　　电子邮件　315@ptpress.com.cn
网址　https://www.ptpress.com.cn
固安县铭成印刷有限公司印刷
◆ 开本：787×1092　1/16
印张：24　　2022 年 9 月第 1 版
字数：730 千字　　2024 年 9 月河北第 7 次印刷
著作权合同登记号　图字：01-2022-1619 号

定价：129.80 元

读者服务热线：(010)53913866　印装质量热线：(010)81055316
反盗版热线：(010)81055315
广告经营许可证：京东市监广登字 20170147 号

内容提要

本书涵盖有关录音的各个方面，非常适合初级、中级录音师、音乐制片人、音乐工作者及音频爱好者等学习使用。本书对设计家用录音室（无论是低档的还是高档的）并进行安装、声学处理及优化、话筒与监听音箱的选用等都提供了许多诀窍和捷径，并为想亲自动手实践的读者提供了指导和建议。最热门的指导还包括如何为乐器和人声拾音、如何评价录音作品并加以改善、MIDI（乐器数字接口）及Loop（循环素材）的制作、母带制作及如何在网上出售录音作品等。还有两章分别介绍了古典音乐和流行音乐的同期录音。

本书在以下几个方面进行了改进。

■ 本版书中所述及的各类录音设备、插件、程序及录音软件均已更新完成。

■ 着重强调数字音频工作站（DAW）的信号流程与操作（录音与缩混期间）等。关注当前业界和教育的发展趋势，但仍沿用模拟信号的基本原理。

■ 更新了Windows和macOS两类计算机多轨录音的优化技巧。

■ 新增了介绍数字调音台使用、心理声学的音频数据流、手持设备录音及实况录音等章节。

作者简介

布鲁斯·巴特利特（Bruce Bartlett）是一位工作了30多年的录音师、音频新闻记者和音频工程师。他在一些专业音频网站，以及*Live Sound International*、*Recording*、*Journal of the Audio Engineering Society*（《音频工程师学会学报》）等杂志上就有关音频的课题发表过1 000多篇文章。著有《现场音乐录音（第2版）》等9本书籍。现为音频工程师学会（AES）和音频概念协作组织（Syn-Aud-Con）的会员，拥有物理学学士学位及多项话筒设计的专利。同时他也是一位音乐家并运营着一间商业录音棚。

珍妮·巴特利特（Jenny Bartlett）是一位自由职业的技术作者。

译者简介

朱慰中，1962年毕业于浙江大学无线电系，曾任中国电影电视技术学会副秘书长、声音委员会主任、中央电视台音频部主任。多年来从事广播电视音响录音设备研制及电视节目声音制作工作，正高级工程师，1993年获国务院政府特殊津贴。曾参与并支持中央电视台多种大型节目的声音制作，并先后在多种杂志上发表过有关音响录音等方面的文章。

致　谢

首先要感谢*Recording*杂志的Nick Batzdorf允许我在“Take One”系列出版物中单独出版本书。我还要感谢Wooster学院、皇冠国际公司、舒尔兄弟公司、Astatic公司以及所有我曾工作过的录音棚的同事们对我的帮助。

还要向Focal Press的梅根·鲍尔（Megan Ball）、玛丽·拉曼查（Mary LaMacchia）、杰夫·迪恩（Jeff Dean）、皮特·林斯利（Peter Linsley）、艾莉森·达尔罗伊（Alison Daltroy）及在Apex CoVantage的奥特姆·斯波尔丁（Autumn Spalding）等同事们的精心工作和支持表示感谢。

特别要感谢版面编排顾问及编辑Jenny Bartlett，她对本书提出了许多有益的建议。她为本书所付出的努力使初学者能有更好的理解。

我们还要感谢提供了许多产品照片的制造商：Zoom、M-audio、Whirlwind、Mackie、Shure、Royer、Neumann、Lexicon、E-MU、Alesis、IK Multimedia、CDBaby、Mixlr等。

最后，我要特别感谢曾经与我一起录音和演奏的音乐家们，他们也给予了我有关录音作品方面的诸多教导。

译者序

《实用录音技术（第7版）》中文版本终于与读者见面了。本书与第6版书籍的时间跨度差不多有4年。音频录音行业同样离不开知识、技术和工艺上的更新。目前大多数的音频录音工作都已进入数字时代，从业者从事着数字音频及网络流媒体的制作工作。

本书内容与上一版相比有所增减，在章数上由第6版的20章改为23章，例如把“均衡”单列一章，把数字音频工作站介绍分设为“流程”和“操作”两章等，在顺序上更合乎录音工作进程及逻辑。增加了对近一两年录音行业较为流行的新设备、新工艺、新软件及新的术语等的介绍，插图和示例也都进行了更新。

本书仍保留了一定篇幅进行基础知识和录音技巧的介绍。像对1dB、1%的THD、85dBSPL、dBFS、桥接阻抗、比特截短等专业术语的解释对于音频录音行业的初学者来说，可以消除许多混淆的概念，应是较好的学习参考资料和操作指南。对于录音档期任务流程、母带制作、CD刻录、计算机录音及数字音频工作站的操作使用技巧等内容的描述，改善了第6版中描述比较凌乱和烦琐的现象，对网络音频和在线协作的描述也比第6版清晰明了并有可操作性，在5个附录部分进行了许多精简，删除了超出本专业范围的内容。本书末尾的名词术语解释却比第6版增加了2～3倍之多，可供读者查阅参考。

应音频录音同行们的建议，在本译著中，所有章节的标题及名词术语均保留了英语原文，以供读者进行中英文对照，便于设备的使用及与国外音频录音同行们的交流与合作。

作为工作多年的音频录音工作者，我很高兴看到新一代年轻的音频录音从业人员正在发挥着他们的主力军作用。广播影视节目制作、演艺界音频制作、音像制品录制及网络流媒体制作等领域中运用的各类高质量的声音作品的大量涌现就是最好的证明。

由于译者水平有限，译文中肯定尚有不甚确切甚至谬误之处，恳请读者们批评指正。在此，谨向督促、帮助、关心、鼓励和支持过译者的所有同行们致以衷心的感谢！

如果本书能给读者带来一些有益帮助的话，那将是译者的莫大荣幸！

朱慰中

2021年6月12日 于北京

前言

每一位音乐工作者都有这样的梦想：创作和录制自己的音乐作品，以音乐专辑或数字专辑的形式发布，并能够得到大众的认可和喜爱。本书将帮助你实现这一梦想。

录音是一个艺术和技术相结合的行业，它需要技术知识、音乐理解力及关键性的审听能力。只有学好这些技能，才能实现优美的音乐表演并以高质量的声音重现，供他人享受并使人们得到鼓舞。

你的录音作品将成为引以为豪的精雕细刻的力作，在若干年之后将会变成带给人们喜悦的一份遗产。

本书旨在帮助人们通过了解录音设备和技术来录制更好的音乐录音作品，是录音师、制片人、音乐人等初学者的实用指南。我希望为读者在家用录音室、小型专业录音棚，以及在现场录音任务中提供帮助。

本书提供了目前音乐录音技术方面最新的信息，例如硬盘和闪存式录音机、计算机录音、平板电脑录音系统、以Loop为基础的录音、键盘和数字音频工作站、MIDI、网络音频、实时数据流及在线协作等。而且也是初学者基础训练的指南，指出了如何使用新一代不太昂贵的家用录音室设备来获得高质量的录音作品。

第1章通过对录音工艺流程的概述来逐步灌输录音系统的概念。接着讲解声音的基础知识、录音室声学及信号等，可以让你在使用录音设备或搭建录音室时，知晓需要做哪些工作。然后对适用于多种录音方式的家用录音室的设备问题提供了诸多建议，并列举了许多设备制造商的案例。

接着介绍录音棚的设置，包括线缆和接插件、监听音箱的选择和使用及交流哼声的预防等。

每一种录音设备都会被详细讲述，包括在实际录音任务期间将会使用到的录音控制室技术。同时对话筒（包括详尽的话筒摆放技术）、均衡、效果器及信号处理器等给予了特别的关注。

接下来的一章详尽讲述模拟和数字硬件混音调音台。

本书专辟一章讲解数字录音。紧随其后的一章为计算机录音，其中还包括音频跟随视频技术。接下来两章分别介绍数字音频工作站的信号流程及数字音频工作站的操作。

接下来专设的一章讲解如何评价录音作品及改善录音作品质量的方法。录音师不仅要熟悉如何使用设备，而且还应该掌握如何分辨声音质量的好坏。

在学习了音频录音之后，本书安排了一章有关MIDI（乐器数字接口）音序录音的内容，可让音乐制作人获得他所期望的音乐效果。

在学习了各种设备及其操作流程之后，接下来的关于录音任务流程这一章会解释一个录音任务是如何运行的。接下来的一章会讲解录音任务进程中的最后一个阶段，就是母带制作和CD刻录。

以上内容关注的大都是录音棚录音，接下来的两章分别讲解了流行音乐与古典音乐的同期录音技术。

关于录音技术在网络音频、实时数据流及在线协作等领域的最新发展将在最后一章加以详细描述。

最后有5个附录分别讲解了分贝、多声道录音用计算机优化的建议、阻抗、幻象电源的解释及回顾某些历史遗留下来的录音设备等内容。

就本人专业录音师的工作来说，《实用录音技术（第7版）》所提供的大量技巧和捷径，让你无论在专业的录音棚、电影录音棚还是在家用录音室内都能录制出极其优美的录音作品。

开启人生的录音生涯（Starting a Career in Recording）

当你阅读了本书中的内容并把它们应用到你自己的工作中时，你也许会考虑想要从事音频录音这一职业。

当前除了音乐录音行业之外，电影、计算机游戏及电视等行业需要越来越多的录音师。其中原因是现在许多音乐制作人都在自己家里从事录音工作。

与其想要寻找一份在音乐录音棚里的工作，还不如为你自己工作。

录音设备的成本非常低廉。当你获得高质量设备之后，你可以免费为当地的乐队录音，你可以从中积累经验。你可以专门研究一种类型的音乐，使其匹配市场行情及你的录音技能。

你需要提升录音技术和推销你的录音室，在音乐加盟店内发帖给专业人士。可以在相关网站上为你的录音业务做广告。在你创建的网站上列出你录音棚的乐器、录音设备及用户等资料。在俱乐部里或节日期间寻找潜在的客户，并给他们展示作品及带有你网站和网址的商务名片。

如果你找不到太多的录音业务，可以考虑从事与业界相关的一些工作，例如音频设备设计或销售，或者把周末的录音业务作为第二职业。

进入商用录音棚工作的途径通常都得经过面试。你需要提供你的最佳业绩案例。乐于从兼职完成勤杂工作开始，展示你能招徕录音业务的能力，或许可以带来客户。展示你精湛地操作录音设备、摆放话筒及拷贝/备份文件的能力。最后，如果你有独到的音乐技巧及技术能力，你便有希望作为一名混音录音师坐在调音台前，祝你好运！

音乐：我们为何录音（Music: Why We Record）

当你学习音乐录音技术的时候，其前提是你应该清楚地了解那些美妙的音乐。

音乐能引起赞美、刺激，给人以抚慰、美感，并由此而得到满足，而录音作品可把这些保存下来。作为一位录音师或音乐家，他的进步就在于如何能更好地理解音乐。

音乐源自作曲家心灵的意念和感受。乐器将这些意念和感受转化成声波，包含在音乐之中的情感信息以某种方式被编码成空气分子的振动。这些声音被转换为电信号并由磁性或光学媒体加以存储。作曲家的信息设法通过混音调音台和录音机得以持续着它们的历程，信号被转移到光盘或计算机文件上。最终，其原创声音的声波在听音室内得以重现，并且令聆听者产生原创者的创作情感。

当然，不是每一位聆听者对同一段音乐都会有相同的反应，有的聆听者可能没有领会作曲家的意图。但是令人惊奇的是，那种本不可触摸的思想或感觉却能通过磁盘上微小的磁畴或是CD上的刻纹而表达出来。

音乐的意义在于当时要表达的是什么，歌词的意思则该什么就是什么。A小七和弦总是与F大七和弦相伴，说明F大七和弦跟随A小七和弦的规律。

加深对音乐的理解（Increasing Your Involvement In Music）

有时，为了加深对音乐的理解，需要放松心情，反复地聆听音乐。不必急促，要耐心地、全神贯注地用立体声音箱或头戴式耳机反复聆听，认真地分析和感受音乐家们所要表达的是什么。

纯音乐对听众的影响，要比歌曲中所表达情感的影响更大。例如，当你在聚精会神地聆听爱尔兰的快节奏双人舞曲时，或者你正全神贯注地听一段德彪西的音乐时，你因为在这些音乐中得到共鸣而激动不已。而当你沉醉在爱的氛围之中时，那么任何音乐对你来说都是那么意味深长。

如果你认为某一首歌曲是流行音乐，这就说明这首歌告诉了你关于你自己的某些事情及你目前的心情。其他人所认定的流行音乐，则是他们要告诉你关于他们的某些事情和心情。这样你在聆听他们所喜爱的音乐时，你会有更独到的理解。

各种不同的聆听方法（Different Ways Of Listening）

可以在许多层面上聆听音乐，也就是说，可在多个方面集中注意力。你可以尝试从以下几个方面多次反复地聆听你所喜爱的录音作品。

- 总体情调和韵律；
- 歌词；
- 发声技术；
- 低音部分；
- 鼓组；
- 声音质量；
- 演奏者的演奏技术及熟练程度；
- 音乐的编配或结构；
- 在演奏时一位演奏者对另一位演奏者的反应；
- 与试听样品相比有什么惊奇之处。

当你从多个层面聆听某一段音乐时，你会发现，与把它作为背景音乐随意听听相比，要理解得更为透彻。有许多歌曲通常不被人们所注意。有时，你播放了一张年代久远而又熟悉的唱片，而歌词却是第一次聆听，这时你对这首歌曲含义的理解会有所改变。

大多数人对音乐的情调和韵律等基本层面会有所反应。但是如果是一位录音发烧友，那么他会听得更为仔细，因为他要集中注意力在某个方面进行持续不断的、关键性的审听。所以，同样要求经过专门训练的演奏者们专注于音乐的演奏技巧。

虽然任何人都可以聆听音乐，但是你必须锻炼你自己，要有选择性地聆听，并在多种音乐素材中的某一特定层面来集中注意力聆听。例如，当你正在聆听一段给人深刻印象的领奏吉他的独奏时，不只是感觉激动，而是要聆听吉他手到底在演奏什么，你也许会听出某些令人惊奇的事情。

这里有一个把你自己带入真正已录制好的音乐中的秘密：想象你自己来演奏！你是一位低音提琴演奏者，聆听音乐中的低音提琴声部，想象你自己正在用低音提琴演奏，你将会听到以前从未听到过的一些声音元素。或者你可以把音乐想象为可视的事物，就像你正在看《幻想曲》电影一样去“看”它。

跟随旋律并看着这情景，听着哪里该伸手、用力、放松，聆听主旋律如何过渡，从这一个段落到另一个段落的变化又是如何表达的。

你可以多次接触音乐，有些音乐有带刺的感觉（许多瞬间、着力点在高频），有些音乐是柔和而委婉的（例如正弦波合成器音符，加入人声和弦），而有些音乐则有宽广明快和空间的感觉（有许多混响）。

为什么要录音（Why Record）

录音是一个服务性和技术性行业。没有录音，人们将失去许多音乐，将使一些实况音乐会或他们自己的实况音乐演奏无法回放及永久保存。

有了录音，你可以为成千上万的听众留存一场演出。无论何时，你可以聆听到你想要欣赏的各类音乐。和实况音乐会不同，一张唱片能反复地回放，来帮助你进行分析。磁带或CD唱片也是取得成功的一种途径。“甲壳虫”摇滚乐队虽然已经解散了，但是他们的音乐是永存的。

录音也能展示你成长和变化的历程。一个计算机音频文件或一张CD唱片在物理性能上是相同的，但是过了若干年之后，你的理解会有变化，所以你再聆听它们时的感觉是不同的。对照那些录音作品，可以检查你自身的变化。

你应该为你所从事的音乐事业——对录音艺术的贡献而感到自豪。

目 录

第1章 录音过程的基本概述

(A Basic Overview of the Recording Process)

欢迎你勇敢地步入21世纪的录音世界！本书将向你展示当代录音技术的演变，帮助你选择设备，以便最大程度地满足你的需要，并指导你用它们来创作出成功的录音作品。同时也将用易懂的语言解释技术术语。

作为一名录音师，你也应该是一位出色的指挥者。你的技巧在于帮助艺术家们来实现他们在声音方面的想象力。无论是弦乐四重奏中闪烁的泛音，还是布鲁斯（蓝调）电声乐队的快节奏的冲击力，录音师都要通过话筒拾音技术来抓住演奏中的活跃性。在录音棚内的“后期”工作——加入效果、调整电平等——将把乐曲的原始素材加以整理并混合成为一种优美的音乐效果。母带处理这一技术则利用手边的音频工具使音乐变得更为流畅，这样才能制作出令人激动的录音作品，得到客户们的喜爱，并且带给你一种真正的自豪感和成就感。

在本书中所学到的知识一定要经过实践，不会有现成的唾手可得的经验。例如，当你要实践并演练录音设备时，你可以免费为某个乐队的预演进行录音。要有耐心，在你移动某支话筒或拧动某个旋钮时可能会出错，而最重要的是你要聆听出声音是如何产生变化的。

1.1 音频职业岗位（Carrers in Audio）

本书专注于录音棚与实况现场两类音乐录音方式。细分起来，还有10多种相关的音频职业岗位，每一种岗位都有他们自己的教科书：同期声、电影录音与后期制作、电视、广播、计算机游戏、CD复制、音频路由、原声录音、新闻广播、电子新闻采集、实况音乐电视及广播演唱会、流媒体音乐会、纪录片、教育视频、取证音频、音频设备及软件设计、录音棚（摄影棚、演播室、播音室）设计、博物馆音频、旅游巴士及机上音频、隔音、音乐厅堂设计、音响系统设计、拟音、画外音、商用广告等。

1.2 录音分类（Types of Recording）

目前，大致有6种音乐录音的方法。

- 实况立体声录音。
- 实况混音至2声轨录音。
- 使用多轨录音机和调音台录音。
- 独立的数字音频工作站（DAW、录音机-调音台）录音。
- 计算机数字音频工作站（DAW）录音。
- MIDI（乐器数字接口）音序录音。

1.2.1 实况立体声录音（Live Stereo Recording）

这种方法运用立体声话筒技术，利用一支立体声话筒或两支话筒把所拾取的声音录入录音机。最常用在对管弦乐团、交响乐团、管风琴、小型合唱团、四重奏或独唱、独奏的录音。话筒置于距乐器数英尺（1ft=30.48cm）外的位置，拾取乐器和音乐厅堂声学的混合声音。可以利用这种简单的话筒技术在一个建声良好的室内为民歌乐队、摇滚乐队或原声爵士乐队进行录音。

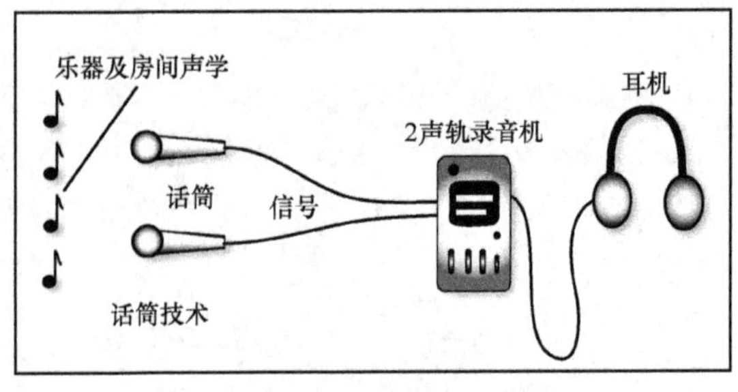

图1.1　实况立体声录音的录音通路

这种录音方法的录音级联图如图1.1所示。让我们自左至右分析每一级。

1．乐器或人声产生声波。

2．声波通过空气传播并受到音乐厅堂的墙面、天花板和地面的反射。这些反射声会添加一种令人愉快的空间感觉。

3．来自乐器和房间的声波到达话筒，话筒将声音转换为电信号。

4．声音质量在很大程度上取决于话筒技术（话筒的选择与摆放）。

5．来自话筒的信号进入2声轨录音机，如手持数字录音机或计算机。信号改变着存储在媒

体上的模型，例如在硬盘上的磁畴模型。在回放期间，这些在媒体上的模型被转换成信号。

在录音期间，信号沿着某一声轨——含有已录信号的媒体上的一条通道或声道被存储下来。在单一媒体上可以录上一条或多条声轨。例如，两轨的硬盘录音可以在硬盘上录上两条声轨，例如在立体声录音时需要录下两路不同的音频信号。

6. 为了聆听正在录音时的信号状况，需要拥有耳机、立体声功放和音箱之类的监听系统。用监听系统来评价话筒技术运用的好坏。

音箱或耳机将电信号还原为声音。此声音应该与原乐器声相似，不过，审听室的声学特性会影响听音者监听的声音。

1.2.2 实况混音至2声轨录音（Live-Mix-to-2-Track Recording）

这一方法主要用于扩声混音的实况转播或录音，以及为某些管弦乐队的录音。PA可称为公共广播或是扩声系统。它使用一张调音台对数支话筒的信号进行混音后，把调音台的输出信号记录到一台2声轨录音机上（闪存式录音机或计算机硬盘），每支话筒都靠近声源，这种方法的录音设备连接通路如图1.2所示。

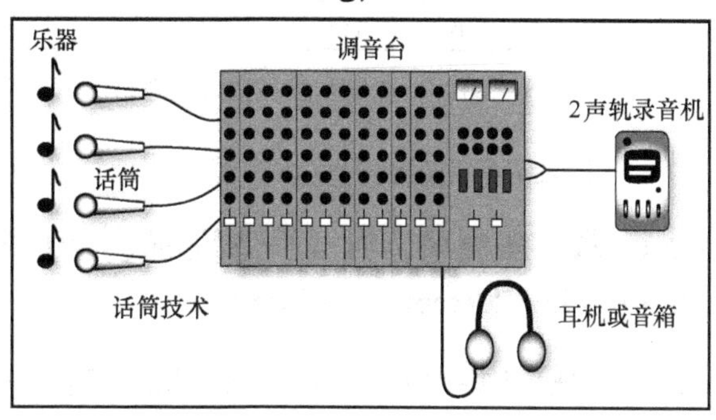

图1.2 实况混音至2声轨录音的录音通路

1.2.3 多轨录音机和调音台录音（Multitrack Recorder and Mixer）

多轨录音机和调音台录音是用数支话筒接入调音台的录音，调音台连接某种多声轨录音机，如硬盘、固态硬盘（SSD）、闪存卡、计算机软件、USB等。每支话筒的信号记录在它们各自的声轨上，在乐队演奏结束之后将这些已录信号进行混音。也可以在每条声轨上录上不同的乐器组。这种方法常用于现场录音（在第21章和第22章中详细讲解）。大多数现场录音中使用的数字调音台可以轻松地录制多声轨录音。这种录音方法的步骤表示如图1.3所示。

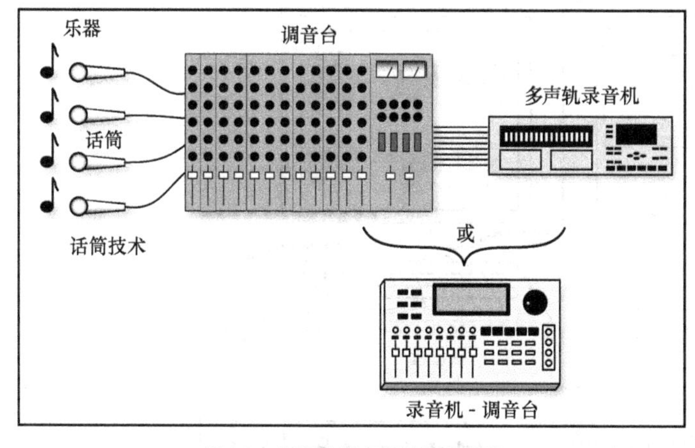

图1.3 多声轨录音用的录音通路

1. 每支话筒紧靠对应的乐器摆放。

2. 所有话筒接入混音调音台（一张较大型的调音台）。在多轨录音期间，混音调音台将微弱的话筒信号放大至录音机所需的电平。调音台还把每路话筒信号发送到所需要的声轨上。

3. 把经过放大后的话筒信号记录到多声轨录音机上。

之后可以在未使用过的声轨上录上更多的乐器声——可称为叠录。戴上耳机，演奏者听着已录的声轨的回放声音并跟随着它们进行演奏或歌唱。这样就把演奏（唱）的内容记录到了一条未曾使用过的声轨上。

录音完毕之后，通过混音调音台将所有的声轨回放，并用最满意的平衡对这些声轨进行混音

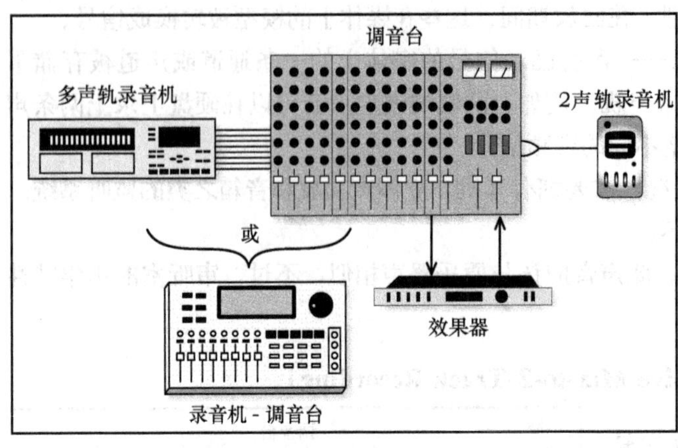

图1.4　多声轨缩混用的录音通路

（见图1.4）。以下为混音步骤。

1. 多次回放歌曲的多轨录音，调节各声轨的音量及音质控制，直到你认为混音最为理想时为止。可以增加一些效果，用来提高其声音质量，例如回声、混响及压缩等（将在第11章说明）。那些效果可以从连接到调音台的信号处理器那里得到，或者可从某一种录音程序的软件应用（插件程序）处获得。

2. 记录或导出最终的立体声混音到计算机的硬盘上。

1.2.4　数字多轨录音机（录音机-调音台）录音[Digital Multitracker（Recorder-Mixer）]

这是把一台多声轨录音机与一张调音台组合在一个可携带的机框内（见图1.5）。相对而言，使用起来较为简便。录音媒体为一个硬盘或一张闪存卡。录音机-调音台的另外一个名称为“数字多轨录音机”“个人数字录音室”“可携带式录音室”。大多数录音机-调音台具有内置效果器。

图1.5　录音机-调音台的实例——TASCAM DP-03

1.2.5　计算机数字音频工作站录音（Computer DAW）

这是一种低成本的录音系统，它包括一台计算机、相应的录音软件和一张声卡或一套将音频输入输出计算机用的音频接口（见图1.6）。声音记录在计算机的硬盘或固态硬盘（SSD）上。

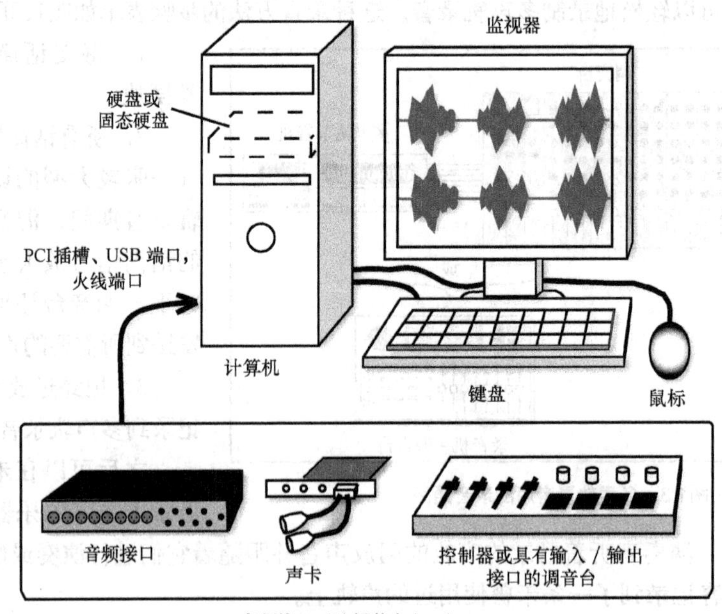

图1.6　具有选择音频接口及录音/剪辑软件的计算机

使用录音软件，可以执行如下的操作。

1. 将音乐的一条或多条声轨记录到计算机的硬盘或SSD上。
2. Punch in（插入补录）：在刚才录音出错的段落中插入补录的正确部分。
3. Overdub（叠录）：在聆听着先前已录声轨的同时，在空白声轨上录上新的内容。
4. 剪辑音轨，以便修正错误、删除不需要的素材或拷贝/修改乐曲的某些段落。
5. 用鼠标或控制器，调节计算机屏幕上出现的虚拟控制部件，将那些声轨加以混音。

也可以通过音符采样或循环小样组合成一首乐曲。采样是各种不同类型乐器的单音符的录音素材。而循环小样则是音乐小样的重复。在第18章将会深入讲解。

1.2.6 MIDI音序录音（MIDI Sequencing）

这种录音方法，是演奏者在诸如钢琴式键盘或鼓垫之类的MIDI控制器上演奏。控制器输出一种MIDI信号，这是一种一连串的数字，表示哪些键已被按下及在何时被按下。MIDI信号被一台音序器或计算机内的音序器程序记录到计算机的存储器内。在回放MIDI音序录音时，它使一台合成器或声音单元内的声音发生器发出声音。合成器可以是硬件或软件（例如一台“软件合成器”，也可称为“虚拟乐器”）。MIDI音序器也能播放采样（由真实乐器演奏出音符的数字录音）。类似自动演奏钢琴，MIDI音序录音只不过记录演奏者的手势，而不是音频信号。其录音放音过程如图1.7所示，在第18章对MIDI会有详细的讲述。

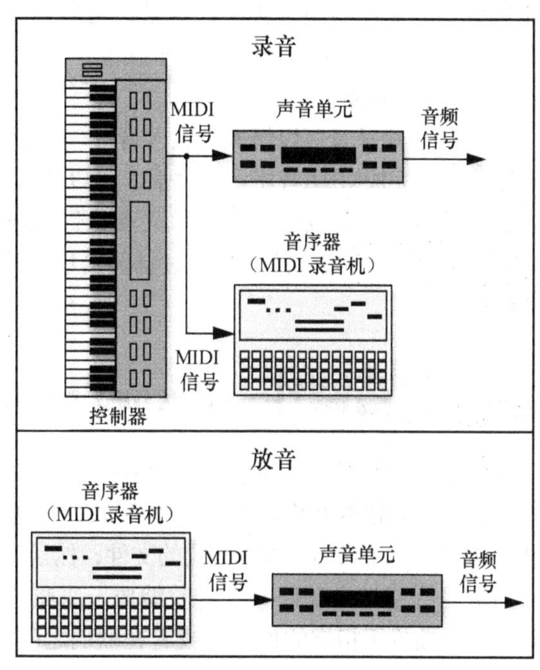

图1.7 MIDI音序录音系统

MIDI/数字-音频软件能够把MIDI音序和数字音频记录在硬盘上。首先将少许声轨的MIDI音序记录到硬盘上，然后加上音频声轨：领唱、萨克斯独奏，或是其他乐器声，所有这些声轨将会保持同步。

1.3 各种录音方法的优缺点（Pro and Cons of Each Method）

实况立体声录音最简单、费用低廉并且快捷。不过，在为摇滚乐录音时，所录得的声音通常比较混浊，而且还经常不得不靠移动乐手的位置来调节平衡。为古典音乐、民族音乐或原声爵士乐录音时，用这种方法还是可以录得较为满意的结果的。

实况混音至2声轨的录音还算比较简单而又快捷的。不过，由于大音量乐器的声音“泄漏”进入其他话筒，有可能在审听录音作品时产生一种声音遥远的感觉。并且，在混音或演奏时无法更改错误，除非重新进行录音。再者，很难清楚地监听乐队的现场声。

多轨录音有许多优点。可以用插入补录（用一段新的音乐来修改错误的乐句，错误的地方被正确的段落所覆盖），也可叠录（每次为一种乐器录音），这样可以减少“泄漏”，从而得到一种更为紧密的声音。也可在演奏完毕后另行安排时间进行混音，然后在很安静的环境下监听混音。这种方法要比实况混音录音更复杂且昂贵。

如果使用分离的多轨录音机和调音台，每台设备可独立操作。例如，可以只使用调音台承担扩声工作。或者，如果已经有了一张调音台，那么就需要添置一台录音机。只需要在调音台与录音机之间及调音台与外部效果处理设备之间连接线缆。

录音机-调音台录音，由于它安装在可移动式的单一机箱内，所以使用起来较为方便。机箱内包含大部分的录音设备：录音机、调音台、效果器，并且常带有一台CD刻录机。除了话筒、乐器和监听音箱外，它不需要线缆连接。高档的设备还能剪辑音乐。它们还有自动混音功能，在调音台内的储存芯片可记忆那些缩混的设定数据，在需要回放录音时，可立即恢复调音台的早先设置。

计算机数字音频工作站不太贵，但功能强而灵活。它能完成复杂的剪辑和自动混音工作。还包括一些插件程序（软件）效果，可以自己订购并安装其他插件效果。只要花费小小的成本，就可以将录音软件升级。至于缺点，计算机可能会崩溃，并且在完成音频工作时对它的设置和优化较为困难。

MIDI音序录音可以慢慢地输入音符，或者如有需要用一次输入一个音符的方法来记录音乐的乐段。在完成MIDI音序录音之后，可以通过剪辑音符来改正错误，甚至可以改变乐器的音色或演奏速度。用合成器、声音单元及软件合成器等可以进行大量的声音修改。不过，除非使用MIDI/数字-音频软件，将通过话筒拾取的乐器声添加到混音中，否则会受到它们原有音色的限制。

1.4 混音制作（Recording the Mixes）

无论用哪一种方法录音，最终还得把每首乐曲加以混合，并将混音记录到一台2声轨录音机上去，或者把混音作为一个立体声WAV（波形）文件记录到硬盘上去。还可以把WAV文件转换为MP3、AAC或WMA格式的文件，然后上传到网络（将在第23章说明）。

你也许想把录制好的混音收编成一张唱片，为此可以删除某些噪声及在歌曲之间的序号音，把歌曲置于指定的位置，或者在歌曲之间放置数秒钟的静音等。这些都可以用计算机和剪辑软件来完成（见图1.6中的一台DAW）。最后一步就是把歌曲集拷贝到空白CD上，这就是最终产品，可以用来进行复制或重复使用。作为一种替代方案，可以为每一首歌曲创建一个WAV文件或MP3文件，上传到网络在线配售。

不管用何种录音方法，每一个步骤都会影响到最终成品的声音质量。任何一个薄弱的环节都可能产生影响，例如由没有经验的录音师录制、使用了低质量的话筒、不正确的话筒摆放或不当的调音台设置等都会录制出声音很糟糕的录音作品。为获得高质量的录音作品，需要对每一个步骤加以优化。本书将帮助你达成这一目标。

1.5 参与录音任务的人员（Personnel at a Recording Session）

大多数专业录音任务都会有一位**制片人**。制片人是一位音乐导演，他或她会跟音乐人商量应该录制什么样的歌曲，有时还需要评价歌曲的演绎效果并提出改善录制方法的建议。音乐人往往缺乏像制片人那样的亲自作出音乐方面的决策的能力，通常他们依靠**录音师**来指导录音任

务的运行。录音师**拾取**乐器声、记录录音流程并操作录音设备。音乐人、制片人及录音师在进行混音时通力合作。大型的录音棚也许会雇用一名**助理**，助理要从事各种各样的杂事，在关注录音任务期间也要向他们学习商业交易的诀窍。**母带制作录音师**（也可能就是录音师）取出全部歌曲的混音，按期望顺序制成一张音乐专辑。他们也调整每首歌曲的**音质平衡**、每首歌曲的音量及歌曲之间的间隔，以获得在音质、音量上均匀一致的音乐专辑。

第2章 声音和心理声学

(Sound and Psychoacoustics)

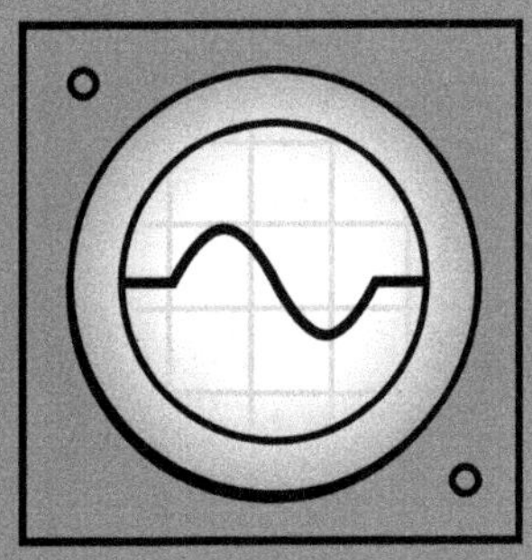

在从事录音工作期间，实际上与之打交道的至少有两种看不见的能量：声波和电信号。例如，话筒将声音转换成电信号。电信号是一种携带着信息变化的电压，在这里是指音乐的信息。

本章将论述声音的某些特性及我们如何感知声音，这将有助于我们与房间声学一起工作，并让我们知道对声音的听觉感受会如何影响我们对监听、话筒技术及效果器等的使用。掌握了这些专业知识，可以录制出质量更好的录音作品。

2.1　声波的产生（Sound Wave Creation）

大多数乐器的振动，因撞击空气分子而发出声音，引起振动的空气分子以**声波**的方式向外传播。当这些振动到达人耳时，人就能听到声音。声波即一种空气压力上的波动变化。

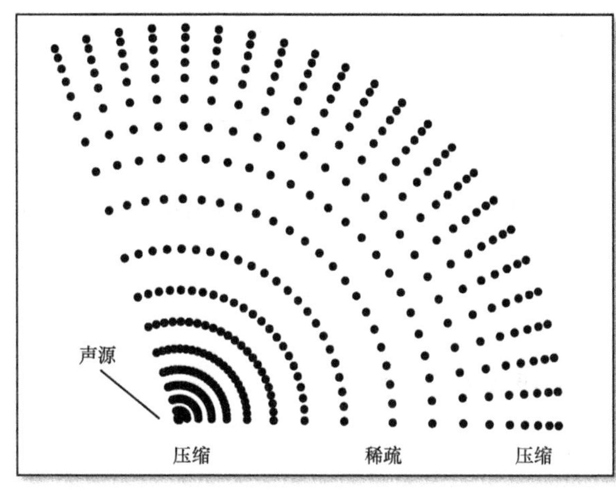

图2.1　声波

为了说明声波产生的过程，可用一台吉他放大器内扬声器纸盆的振动来描绘。当纸盆向外移动时，它将邻近的空气分子挤压在一起，这种形式可称为**压缩**。当纸盆向内移动时，它将空气分子间距离拉向疏远，成为**稀疏**状态。如图2.1所示，在空气分子呈压缩状态时会产生比正常大气压更高的气压，而在稀疏状态时的气压则比正常气压要低。

从一个分子到下一个分子的振动的传递像完成弹簧般的动作——每个分子的往复振动以波的形式进行传播。声波从声源向外传播的速度为1 130ft/s（344m/s，实际计算常用340m/s），这是在常温下空气中的**声音速度**。

在某一个接收点，例如用耳朵或用一支话筒，接收空气压力的变化是用如图2.2的波形运动来表示声压随时间的变化。图2.2中波形的最高点被称作**波峰**，最低点被称作**波谷**。图2.2中的水平中心线则表示正常大气压。

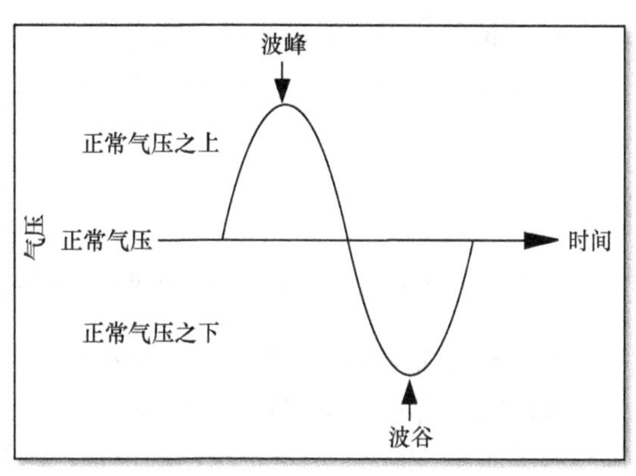

图2.2　声波在一个周期内声压与时间的关系

声波自声源向四周展开传播，其压缩和稀疏的空气分子运动呈球面状向外伸展。当球面波扩展时，声压分布至很大的区域，声压随着离声源的距离增大而减弱，这意味着距离声源越远的地方，声音越轻。特别是在距声源的距离增加一倍时，声压会降低一半（下降6dB）。这个现象被称为**平方反比律**。

2.2　声波的特性（Characteristics of Sound Waves）

3个连续的波形如图2.3所示。一个完整的振动过程，即气压从正常到高到低再返回到起始点的这一过程被称为**一周**。截取一个完整周期的时间——从一个波的波峰至下一个波的波峰所需的时间被称为声波的**周期**。一周即一个周期的时间长度。

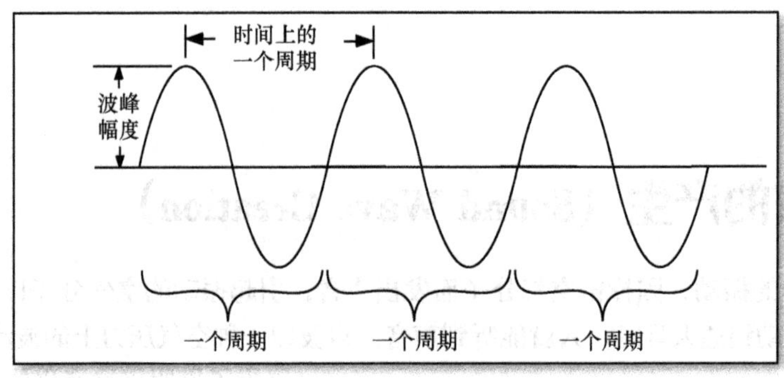

图2.3　一种波形的3个周期

2.2.1　振幅（Amplitude）

波形的高度即它的**幅度**。大声有高的幅度（大的压力变化），小声有低的幅度（小的压力变化）。

聆听

播放配套资料中音频段落的第3段，聆听高振幅和低振幅的声音。

2.2.2　频率（Frequency）

声源（此处为吉他放大器的扬声器）在一秒内有多次来回振动，在一秒内完成振动的周期数即为**频率**。扬声器的振动越快，声音的频率越高。频率用赫兹（Hz）来计量，即每秒内的周期数。1 000个赫兹被称为1 000Hz，简称kHz。

频率越高，声音的可察觉音高越高。低频率的声音有很低的音高（像贝斯上的低E音，频率为41Hz）。高频率的声音则有很高的音高（像中音C调以上4个倍频程的音，其频率为4 186Hz）。

聆听

在配套资料上的第4段音频说明，频率越来越高时，则声音的音高会越来越高。

频率升高1倍，则音高提升了一个八度。

儿童能听到频率为20Hz～20kHz的声音，大多数成人能听到15kHz或频率更高些的声音。每种乐器都会产生一定频率范围内的声音，例如低音提琴的频率范围是41Hz～9kHz，而小提琴的频率范围则为196Hz～15kHz。

频率的公式为$f = c/w$，式中 f为频率，单位为Hz（赫兹），c为声音的速度（1 130ft/s），而w为波长，单位为ft。而在用国际单位制时，则 $f = 344/w$（m）。

幅度和频率互不相关，任何频率的声波都可以出现各种不同大小的幅度。

2.2.3　波长（Wavelength）

在声波通过空气传播时，从声波的一个波峰（压缩）点至下一个波峰点之间的物理距离被称为**波长**（见图2.1）。低音调的声音有较长的波长，高音调的声音则有较短的波长。波长等于声音的速度除以频率。所以，频率为1 000Hz的声波的波长为1.13ft（0.344m），频率为100Hz的声波的波长为11.3ft（3.44m），而频率为10kHz的声波的波长为1.35in（3.43cm）。

波长的公式为$w = c/f$，式中w为波长，单位用ft，c为声波的速度（1 130ft/s），f为频率，单位为Hz。在用国际单位制时，则公式为$w = 344/f$（m）。

2.2.4　相位和相位差（Phase and Phase Shift）

在波形的一个周期内——起始点、波峰、波谷或它们中间的任何一点，即波形上的任何一点的相位都是用°来表示。相位用°来计量，一个完整的周期用360°来表示。波的起始点为0°，波峰点为90°（1/4周期），结束点为360°。一个波形上各点的相位如图2.4所示。

如果有两个相同的声波在一起传播，但是一个声波相对于另一个声波延迟了一些时间再传播，那么在两个声波之间就会产生**相位差**。如果延时越长，则相位差就越大。相位差也用°来计量。两个声波的相位移有90°（1/4周期）如图2.5所示。用虚线表示的声波滞后于实线表示的声波90°。

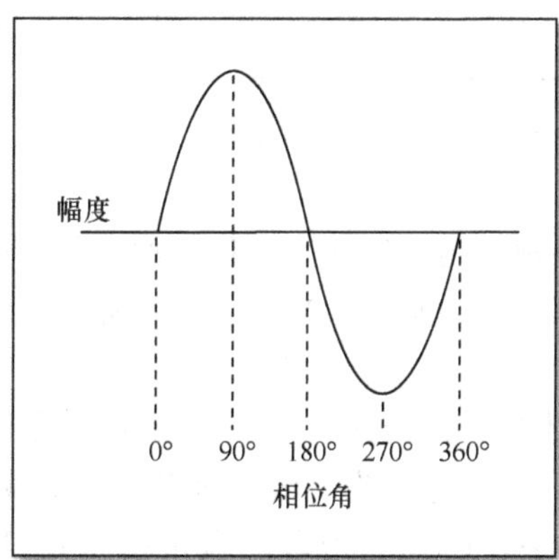

图2.4　一个波形上各点的相位

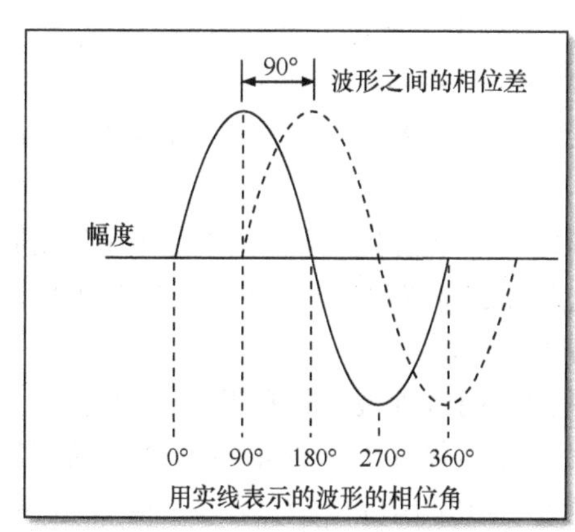

图2.5　两个相位差为90°的波形

如果混合两个相同的声波，例如把一个声波与它从墙面上反弹回来的反射波加以混合，那么在室内的某些点上会叠加两个声波的波峰。这时候的声压或幅度将会加倍，因而会在某些频率上产生声响更响的区域。

2.2.5　相位干涉（Phase Interference）

当两个相同的波形之间的相位差为180°时，一个声波的波峰与另一个声波的波谷相重合（见图2.6）。如果把这两个声波组合在一起时，那么波形就会消失。这种现象被称为**相位抵消**或**相位干涉**。

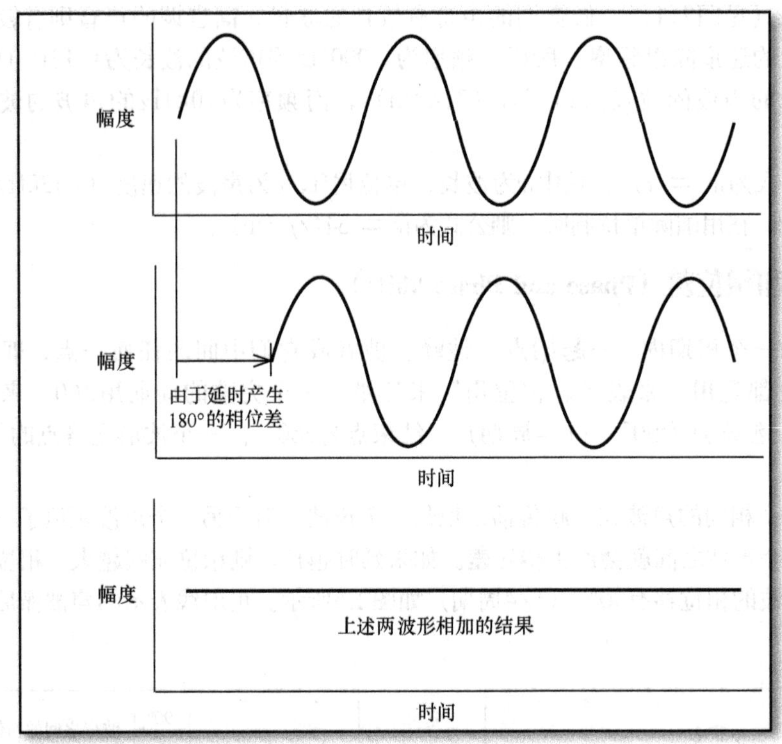

图2.6　相位干涉：相位相反的两个波形相加，导致在那个频率下的声音消失

假定有一个像歌声那类频率范围很宽的信号，如果把它延时后再与原来未延时的信号混合在一起，那么有些频率成分因为有180°的相位抵消而消失。这样就会产生一种空洞的、过滤了某些音色的声音。

举例说明这种现象如何发生。例如为一位歌手/吉他手录音时，用一支话筒靠近歌手拾音，另一支话筒靠近吉他拾音。两支话筒都拾取歌手的声音，歌手话筒紧靠歌手的嘴部，从信号中听到的歌声没有延时，而吉他话筒远离歌手，所以它拾取的歌声信号是延时了的。当混合两支话筒的信号后，由于两支话筒之间的相位干涉，时常可以听到一种声染色的声音。

假如用一支置于舞台地板上的短话筒架上的话筒为舞台剧进行录音。这支话筒既拾取来自演员的直达声，同时又拾取从地板反射回来经过延时了的反射声。直达声和延时后的反射声在话筒上混合后，就会引起相位抵消。当演员在舞台上边走边说话的时候，会听到有变化的、空洞的、滤去了某些音色的声音。

由直达声与经过延时后的反射声之间的组合所引起的相位干涉对频率响应产生的影响被称为**梳状滤波效应**。在频率响应曲线上会出现许多巅峰和凹陷，好像一把梳子的形状。这里给出一个直达声与在同样电平下、同一个经过延时后的声音混合后的幅度与频率之间的关系公式：$dB=20\lg|2\cos(\pi f t)|$。式中dB为幅度，π为弧度（$\pi=180°$），f为频率，t为延时时间，单位以s（秒）计。

2.2.6　谐波（Harmonics）

图2.2所示的波形是**正弦波**。它是一种单一频率的纯音，像从音频振荡器发出的声音那样，是一种纯音。与此相反，大多数的音乐声音都是很复杂的波形。它的全部声音是由不同频率和幅度的正弦波所组合而成的。3个不同频率的正弦波组合而成的**复合波形**如图2.7所示。

复合波形中的最低频率被称为**基波频率**，它决定了声音的音高。复合波形中的较高的频率成分被称为**泛音**或**谐音**，如果泛音频率是基波频率的倍数，那么这些泛音被称为**谐波**。例如，基波频率为200Hz时，则二次谐波为400Hz，三次谐波为600Hz。

谐波和它们的幅度有助于鉴别声音的**音质**或**音色**。有助于辨别鼓声、钢琴声、电子琴声、人声等。

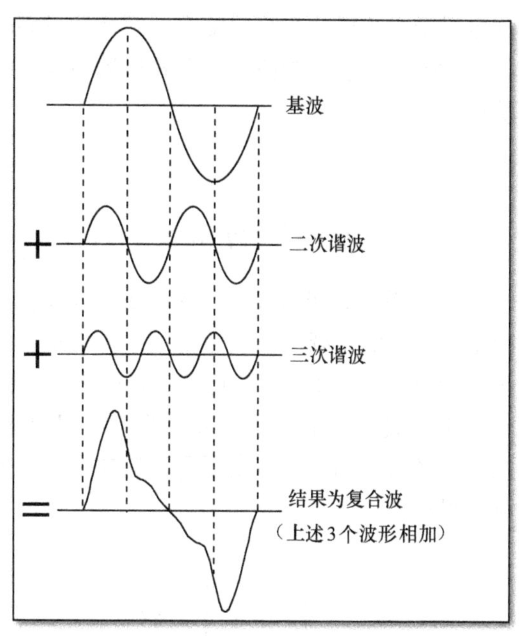

图2.7　将基波和谐波相加后形成一个复合波

聆听

播放配套资料中的第5段音频，聆听谐波的例子。

一般来说，某些乐器带有少许或微弱的谐波——例如长笛——可使声音趋于纯净和平滑，也有带有众多或强烈谐波的乐器——例如小号或声音变形吉他——可使声音趋于明亮和锋利。

在第10章中会解释，提升或衰减乐器声中的谐波及基波频率成分的**均衡**，可以改变已录乐器声的音质平衡。提升基波成分可以使声音变得温暖，衰减基波成分则会使声音变得单薄；提升谐波成分可以使声音变得明亮、精确且高音丰富，衰减谐波成分则会使声音变得黯淡或受到压抑。

通常大声地演奏乐器会增加乐器的谐波成分，所以在大声地弹奏钢琴时所发出的声音要比轻柔地弹奏钢琴时发出的声音更为明亮。

噪声（例如磁带嘶声）包含很宽的频率范围，它是一种不规则的、不重复的波形。像铙钹、军鼓或某位歌手发出的“S”声等都带有一种嘶嘶声或像噪声那样的特征（咝声）。

2.2.7　包络（Envelope）

鉴别声音的另一个特征就是声音的包络。当一个音符发出时，只要不是连续不变——而是在音量上有上升、维持一段短时间，然后返回至寂静。一个音符在音量上的上升和下降被称为音符的包络。包络是连接音符的连续波的波峰。每一种乐器都有它们不同的包络。

大多数包络由4部分组成：声建立、衰减、持续和恢复（见图2.8）。在声建立期间，音符从寂静升至最大音量；然后从最大音量衰减到某一中等程度音量；此中等程度音量为持续部分；在恢复期间，音符从持续期音量回落至寂静。

击鼓时的撞击声，因为击打鼓面的时间短促，所以声建立和衰落的时间都很快。其他乐器如电子琴或小提琴音符的发声，则持续时间较长。它们有较慢的声建立时间和较长的持续期。吉他的弹拨和铙钹的撞击声有较快的声建立时间和较慢的恢复时间，所以撞击声强烈而淡出声缓慢。

聆听

播放配套资料中的第6段音频，聆听一个音符包络的例子。

可以用手的侧面轻触吉他的弦来缩短吉他弦的衰减期或响声。用毛毡附在底鼓的鼓槌上能阻尼底鼓声的衰减期，从而得到一种很紧密的鼓声。施加**“阻尼”**，实际上就是对振动着的物体施加阻力，以使某个音符发声之后能够更快地停止振动发声。

谐波成分通常在某个音符的包络期间是有变化的。例如某件乐器有一种敲击的声建立期间——像吉他的拨击声或通通鼓的捶击声——声建立时期的谐波成分是最强的，而在衰减期间则变得较弱。

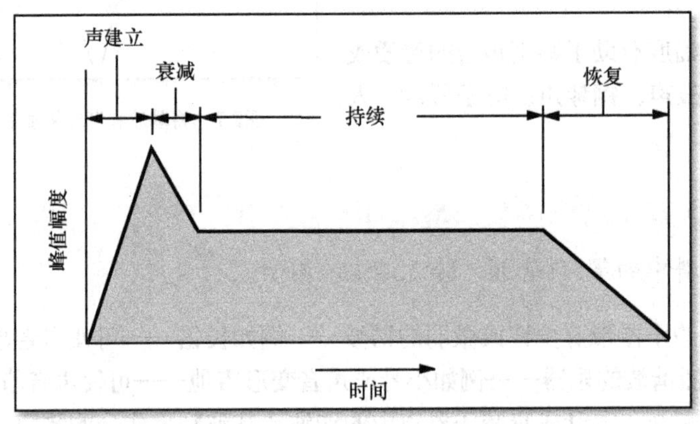

图2.8　一个音符包络的4个部分

2.3　室内声音的特性（Behavior of Sound in Rooms）

由于大多数的音乐是在室内录制，所以有必要理解房间表面会对声音产生什么样的影响。

2.3.1　回声（Echoes）

乐器所发出的声波会朝向各个方向传播。有些声音会直接到达人耳（或到达话筒），这种声音被称为**直达声**。余下的声波会辐射到录音室的墙面、天花板、地面及家具等。在这些表面上，有些声音被**吸收**，有些声音通过其表面被再次**辐射**，最后剩下的那些声音被**反射**后返回到室内。

由于声波的传播要花时间（声波每毫秒移动大约1ft，即30.48cm），所以反射声在直达声之后到达。重复原声的反射声会有一个短暂的延时。如果反射声被延时大约50ms或更长时间时，我们把这种反射声被称为**回声**（见图2.9）。在有些音乐厅内，我们能听到单个回声；在小房间内，我们经常可以听到一种短促的快速连续的回声，这种回声被称为**颤动回声**。可以用在墙面附近击掌的方法来加以鉴别，当声音在两堵平行的墙面之间来回撞击时，就会产生颤动回声。

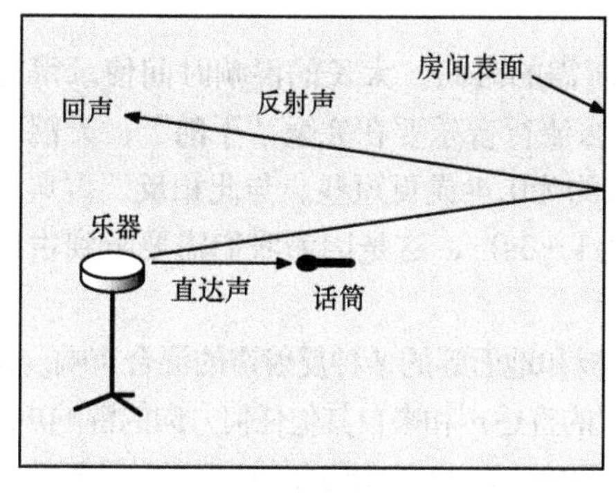

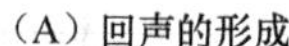
（A）回声的形成

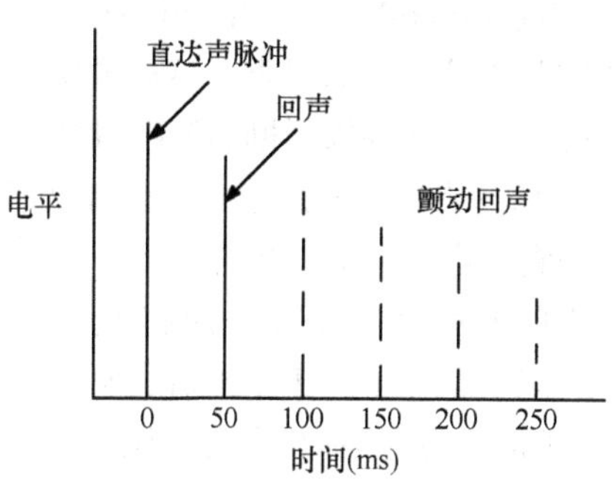

（B）直达声和回声在强度与时间方面的关系

图2.9 回声

2.3.2 混响（Reverberation）

声音在房间内的所有表面上要反射多次，这些反射声将会持续演奏者所演奏的每个音符的声音。这种在室内的原声已经停止之后仍有残留的声音被称为**混响**（Reverb）。例如，你在空旷的体育馆内大喊一声之后所听到的声音就是混响，你在房间内的喊叫声会停留一段时间，接着逐渐消失（衰减）。

聆听

播放配套资料中的第10段音频，聆听回声与混响。

混响是数百个逐渐消失至寂静时的反射声。反射声互相跟随并迅速地合并成一种连续的声音。最后，房间表面将这些反射声完全吸收。反射声的时间分配是随机的，并且随着反射声的衰减，反射声的数量在不断地增加。一个录音室内的混响产生的过程如图2.10所示。

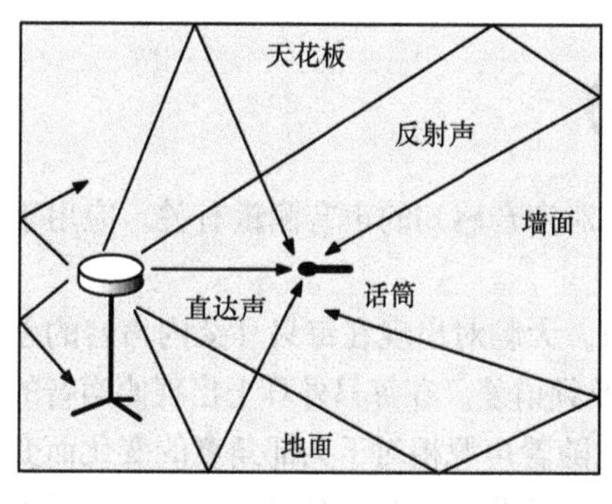

（A）多次声反射产生混响

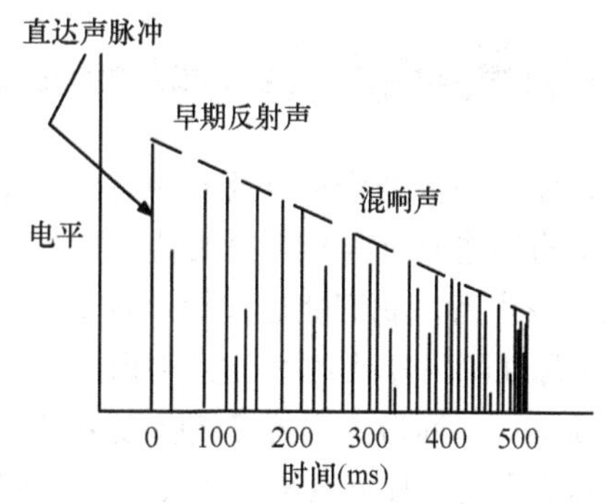

（B）直达声、早期反射声和混响声的强度与时间关系

图2.10 混响

早期反射声是直达声经过墙面、天花板和地面短时间反射而到达听众的一种声音。这种声音在直达声到达之后的20～80ms到达听众那里，能够为听众提供房间尺寸及声源的距离等信息。

混响是一种连续淡出的声音（HELLO-O-O-O-O），而回声则是一种不连续的声音的重复（HELLO hello hello hello）。

混响时间（RT60）是指混响电平衰减60dB所需的时间。太长的混响时间使录得的声音有遥远、浑浊和无精打采的感觉。这就说明了为什么流行音乐要在完全**“干的”**、无混响的录音棚内录制的缘故。这种录音棚的混响时间RT60大约为0.4s或更短些。与此相反，古典音乐要在**“湿的”**、有混响的音乐大厅内来录音（RT60为1～3s），这是因为我们需要听到古典音乐的混响声——它是古典音乐声音的一部分。

混响来自各个方向，它是一种来自墙面、天花板和地面等的多种反射声的混合声响。由于我们能知道声音来自哪个方向，我们能辨别来自乐器位置的直达声和来自其他任何方向的混响声之间的差别。所以我们能忽略混响而集中注意力去聆听音源。事实上，我们对混响的认识通常是不够全面的。

假如把一支话筒摆放在你耳边的位置，然后在有混响的房间内对某件乐器进行录音，之后再回放已录得的声音。你会发现，所听到的混响声要远远大于你在现场所听到的声音。为什么会这样呢？这是因为你所录得的混响不光是你所听到的那些混响声，话筒拾取了两个音箱间前方所有的声响，所以它听起来有更多的混响，所以你不能轻视存在于空间的混响。为了减少录音作品中的混响量，可以将话筒摆放得距离乐器近些，或者需要在室内添加一些吸声材料。

2.3.3 声扩散（Diffusion）

当声波撞击和反射到凹凸不平的或呈球面状的表面时，声波会被分散或扩散。这种**扩散**经常被用来减弱声音的反射，例如可以用**RPG（反射相位光栅）**——一种经过计算的凹凸不平的表面来扩散录音棚控制室内的反射声。当声波在传播过程中通过小型的开口槽时，声波也能被扩散。

2.3.4 声衍射（Diffraction）

声衍射是一种声场遇到障碍物而引起的干扰。例如，当声波撞击话筒的音膜时，某些频率成分得到了加强，这些频率成分的波长约等于音膜的直径。而低频成分可以沿着障碍物绕弯或衍射，很容易地通过，好像障碍物并不存在，高频成分却能被障碍物挡住。例如，在录音棚内的噪声过滤布或可移动声障屏可以阻挡中高频声音，但并不能阻挡低频声音。

2.4 心理声学（Psychoacoustics）

心理声学是有关我们如何感知声音的科学。它与对声音感知的声音测量有关。应用于录音的心理声学的某些方面需要我们加以关注。

我们寻找声音，我们能感知到声音来自哪个方向。大脑对出现在每只耳朵内声音的差别进行分析。声源在两只耳朵之间产生声压级差、时间差及频谱差。在每只外耳上出现的声音的频谱（振幅与频率）被称为**头相关传递函数（HRTF）**，它随着声源相对于头部角度的变化而变化。立体声、环绕声及双耳声系统在耳朵上产生的这些差别，有助于我们定位录音作品中各种各样的乐器声和人声。

掩蔽效应是心理声学的重要部分。一种声音可以掩盖或隐藏另一种声音，使其不易被听到。两种声音在频率上越接近，则掩盖得越深。例如，一把低音吉他可以覆盖或掩蔽底鼓的某些频率成分。镲钹可以掩盖人声中的齿擦音，所以在录制它们时很难听清。如同第10章所述，均衡与滤波可被用来降低掩蔽效应，能使混音中的每一种乐器声都更为明显。

声音的**响度**取决于它的**声压级（SPL）**。各类声音的声压级示意表在附录A中有关dB论述的章节中列出。我们刚刚能听见的最轻的声音被称为**可闻阈**，在频率为1kHz时为0dB SPL，能引起耳朵疼痛的声压级约在120dB SPL或稍高些。

贝尔实验室的研究员**弗莱切和蒙森（Fletcher and Munson）**发现，人们能感知到的声音的响度也取决于声音的频率。低沉声调的声音（低音部）要比中音部需要有更高的声压级才能使人耳感知到有相同的响度。在音频节目的电平较低时，我们听到的低音及在4kHz附近的中高音的响度会低些。在第6章中将会讲述到，在中等适度电平——85dB SPL下进行监听的重要性。如果在很高的声压级下监听制作某条混音时（譬如用100dB SPL），那么在用正常电平（譬如用85dB SPL）聆听时会感到低音和高音都降低了。

声音的音高取决于它的频率。声音的音色或音质取决于它的谐波成分和包络线形状。

失真的可闻度取决于失真的持续时间长度。偶次谐波失真比奇次谐波失真更亲切或悦耳。一般来说，1%～3%的总谐波失真，刚可被人们察觉。

当两个相同的声音之间的延迟时间低于20ms时，我们的耳朵会把这两个声音融合为一个声音。

哈斯效应或**优先级效应**说明，在我们聆听两个内容相同、但地点不同的声源声音时，我们常常会听到一个单独的声音，我们所认定的那个声音就是最早到达我们人耳的那个声源。通常这声音来自最接近我们的那只音箱。例如，当我们坐在一座剧场里时，我们听到来自舞台上演员的实况人声，而同时我们通过附近的音箱也能听到演员们经过扩声的声音，我们会觉得他们的声音会来自音箱而不是舞台。如果我们把送到音箱的信号加以延时，延时时间超过声音信号从舞台到达我们耳朵这段距离所需的时间，这时我们会认定声音是来自舞台，而不会感知到附近音箱的声音。

临界频带用1/3倍频程分隔。比临界频带更窄的频率响应（峰顶和峰谷）的变化不会被明显听到，所以我们用1/3倍频程的图示均衡器来调节音箱的频率响应。

安慰剂效应是指一种即使在没有什么可视量被改变时仍有一种变化了的感觉。例如，当我们用一台昂贵的放大器来替换一台便宜的放大器之后，我们会听到其音质有了改善。但是如果测量结果是相同的，那么所谓的“改善”仅仅是我们的期望值。一种A-B**盲测**方法可揭示任何变化是否有听觉效果。你在A组和B组之间，在适配好的电平下或快或慢地切换播放音乐，不知道哪组是A组、哪组是B组，然后你就能听出它们的声音是否真的不同，而不会欺骗你自己。

另一个例子是如果有一位录音客户要求你稍许旋转某个均衡旋钮，你假装做了这一动作，这位客户可能会声称已经听到了更好的变化。

适应就是把一种奇怪的情况当作正常情况接受，我们往往已受到很长一段时间的影响。假定你的监听音箱存在对低音过分夸大的情况。如果你在混音时用它来监听，最终把低音提升至正常状况，你也不会注意到低音过多。由于使用了这种音箱，当你完成的混音作品在其他更为精确的监听音箱上播放时，你会发现所发出的声音变得单薄或疲软。所以你的混音评估需要再用一双耳朵和不同的监听音箱是多么重要。

当我们在聆听与其他声音**连贯**在一起的声音时，这些其他声音会影响我们对任何一个集中关注的声音的感知。例如，一个寂静背景下的击鼓声远比乐队演奏中的同样的击鼓声更具冲击力。一把低音吉他在其单独演奏时发出明亮而又锋利的声音，但是当它被所有其他乐器掩蔽在一个混音之中时，听起来更为柔和或有沉闷、含混不清的感觉。

还有许多的心理声学内容，而且都有各自的主题。

第3章 录音室声学

（Studio Acoustics）

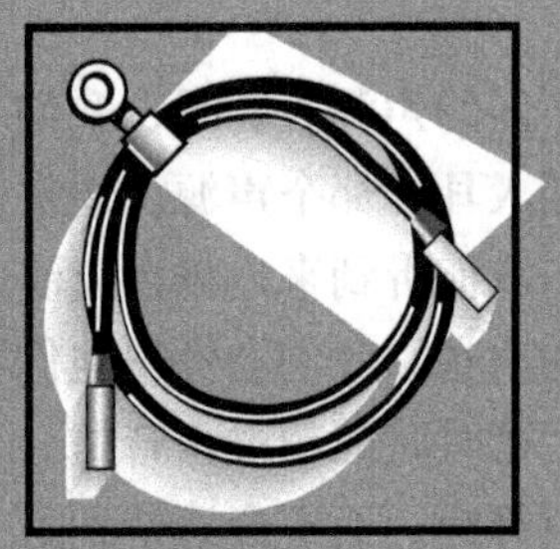

声学条件优良的录音室应该不会有回声，有频率均匀一致的RT60及最小混响，有最小的驻波（低音谐振），并对录音室之外的噪声能够很好地加以阻隔。本章我们将学习如何去控制录音室的声学条件来创建这样一种空间。

3.1 如何处理回声和混响（How to Tame Echoes and Reverb）

回声和混响能使录得的声音模糊并且具有距离遥远的感觉。有以下两种方法可以防止发生这些问题，运用录音技术及加以声学处理。

3.1.1 运用录音技术来控制录音室的问题（Controlling Room Problems with Recording Techniques）

如遵循如下建议，也许能在诸如俱乐部、起居室或地下室等普通房间里录得**清晰**的声音。

■ 话筒的近距离摆放。把话筒紧靠乐器或歌手1～6英寸（2.54～15cm，译者注）。这样能使话筒拾取更多的乐器声或歌声，且仅有较少的房间反射声。也可以用**微型话筒**直接附着在乐器上进行拾音。

■ 使用**单指向性话筒**——心形、超心形或强心形话筒能抑制房间反射声。

■ 对于低音吉他和合成器的拾音，可直接使用吉他线或DI-Box（直接接入效果器）。由于省略了话筒录音，所以不会拾取房间声。在为电吉他拾音时，为获取较好的声音，应该关闭效果器或者使用一台吉他功放模拟器。

还可参阅第8章的泄漏（泄放或溢出）小节内有关减少泄漏声的要点。

3.1.2 运用声学处理来控制录音室的问题（Controlling Room Problems with Acoustic Treatments）

什么时候需要加以声学处理？

■ 在墙边拍一下手，然后可听到有颤动回声（一种颤抖的声音）。这是由于声音在硬的平行墙面之间的来回反射而产生的。

■ 录音棚有非常活跃的环境，例如车库或混凝土结构的地下室，可以听到很多的房间混响。

■ 录音室体积很小。

■ 低音吉他放大器和监听音箱的声音有隆隆声。

■ 你需要在数英尺以外的地方拾音时没有拾取过多的房间混响。

■ 在话筒信号中可听到大量的泄漏声，如吉他话筒拾取了鼓声，或是由于镲钹话筒拾取了电吉他的声音等。

如果有上述情况出现，则可按如下建议来改善录音室的声学状况。

混响和回声是房间表面的声音反射引起的，所以强吸声的表面会有助于化解那些问题。声学处理要求吸收所有频率，例如，墙上的挂毯只吸收高频成分，所以低频声音仍然围绕着房间反射，得到嗡嗡声或是浑浊的音质。因此，我们也同样需要吸收中频和低频，使用特殊结构材料可以完成这一任务。

为了吸收高频，可使用类似弯曲的（凹凸不平的）吸声泡沫那样的多孔材料。没有经过阻燃处理的泡沫可能易燃。把吸声材料钉到或粘贴到墙上，或者把它固定在框架上。厚的吸声泡沫材料比薄的吸声泡沫材料吸声效果更佳。在墙上的4英寸厚的泡沫材料能够吸收200Hz～800Hz及以上的频率，其吸声效果还取决于声音进入吸声泡沫材料的角度。泡沫嵌板之间要留有一些空间（见图3.1），这样有助于扩散或展开室内的声音。不要过多地填满泡沫材料，填满了的、沉闷的房间对演奏来说是很不合适的。因为保留一些反射声后，能给声音加上“空间”和活泼的感觉。

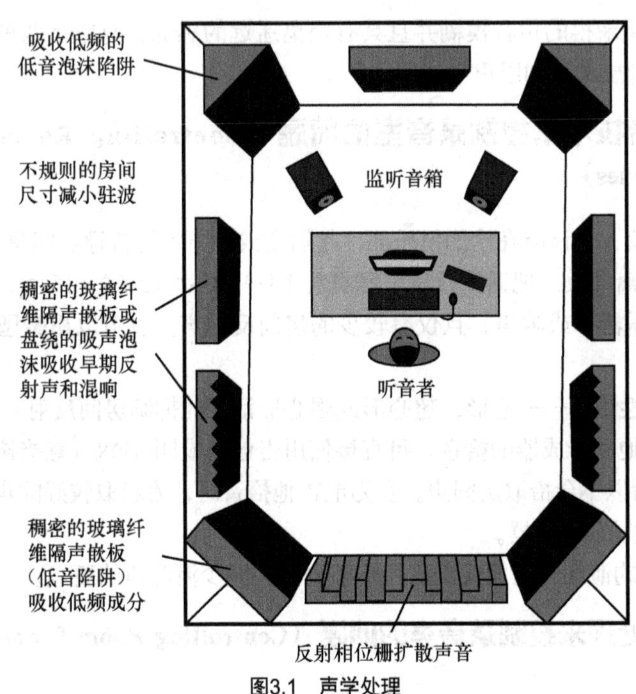

图3.1　声学处理

其他一些高频吸声体有睡袋、活动毛毯、地毯、窗帘及用棉布或粗麻布包裹起来的稠密玻璃纤维隔声嵌板等。如有可能，将这些吸声体与墙面之间留有数英寸的空间，这样的空间有助于吸收中低频。有一种宽频段的吸声体，它是罩有细薄棉布或粗麻布的已压制好的4英寸或2英寸厚的玻璃纤维隔声嵌板。

开始，先只在演奏者的前方或上方安置一小部分吸声材料，每次只增加一些吸声体，直到录得的声音令人满意时为止——通常仅覆盖总表面的50%～60%。取一面镜子在与眼睛齐平的高度沿着侧墙滑动，在从镜子里看到自混音位置方向的监听音箱的镜像的地方装上一些吸声嵌板。将吸声体置于监听音箱后面的墙上，也可把吸声板吊挂在混音位置与监听音箱之间（半路）中心的上方，用吊钩和线绳悬挂在天花板附近。

另一种吸声体为位于话筒附近的独立安装的声学板。例如SE Relexion滤波器、Auralex MudGuard及RealTraps的移动式人声录音用小台等。

要吸收低频的话，则需要做低频陷阱。以下列举3类低频陷阱。

1. 谐振管陷阱：取一只35～55加仑的橡胶桶，用玻璃纤维隔音材料将其填满（戴上防尘口罩和手套），在开口处用细薄棉布或帆布覆盖。这种谐振管陷阱吸收的频率接近于1 130/2H，这里H为橡胶桶的高度，单位以ft计。例如，一个3ft高的橡胶桶的吸收频率为188Hz。对放置地方的要求并不严格。

2．摩擦管陷阱：制作一个直径2ft、高度为8ft的帆布袋，并在内填满玻璃纤维隔音材料。在距离每个墙角数英尺处悬挂一个帆布袋，距离可根据公式1 130/4f算出，式中f是想要吸收的频率，单位为Hz。例如，想要吸收80Hz，则要把帆布袋在离墙角3.5ft处悬挂起来（感谢David Moulton提供这个主意）。

3．隔声嵌板：从隔声材料供货商或录音棚声学供货商那里购买8块长宽为2ft×4ft、厚度为4in的刚性玻璃纤维隔声嵌板。每块嵌板用细薄棉布或粗麻布包裹。在每个房间的对角处放一块嵌板，嵌板的2ft一边接触地板（见图3.1）。在一块嵌板上再叠上一块，共两块，高度为8ft（感谢Ethan Winer提供这个主意）。

还有其他低音吸收方法。用木镶板吸声的方法也很有效，也有利于打开壁橱门并将沙发和书籍放在离墙壁几英寸的地方。在地下录音室内，把吸声瓦楞板钉到天花板的托梁上，在瓦楞板与天花板之间填入玻璃纤维吸声材料。

如果在录音室内不安置任何低音声源的话，那就不需要任何低频陷阱。例如，不开启低音吉他放大器——而只用直接接入小盒录音，让演奏者用头戴式耳机来监听低音。

3.1.3　驻波的控制（Controlling Standing Waves）

要注意另一个建声问题：**驻波**。如果在房间内播放通过音箱循环放大后的低音吉他声，将低音调高至某一程度后，可以发现某些音符在房间内会发出特别低沉的声音。这是房间在这些频率上产生谐振的缘故。这些谐振频率或**房间模型**出现在300Hz以下时最强，它们出现在房间内的模式叫作“驻波”。房间模型能把一种桶状声或隆隆声的声染色加入乐器和监听音箱的声音。

当两个相同频率的声波在相对方向的房间平面之间移动并反复地干扰时，就会产生驻波。这种驻波的波形固定地出现在低声压的波节上和高声压的波腹上。

驻波的最低频率为$f = c/(2d)$，式中f为频率，单位为Hz，c为声音的速度（1 130ft/s），d为房间的尺寸（ft）。其他的驻波频率出现在2f、3f、4f、5f等。房间尺寸以米（m）为单位时，声音的速度为340m/s [注：原书为344m/s]。

房间谐振在立方形的房间内最严重。如果房间的长度、宽度和高度三者之间不成倍数的话，那么这个问题不大。表3.1列出了一些以英尺（ft）为单位的房间尺寸。如果房间采用这些尺寸的话，可以减少驻波。

例如，如果房间的宽度为9.1ft，天花板高度为8ft，那么房间的长度应该为11.1ft，这时能有效地降低隆隆声。

尽可能在大房间内录音，因为大房间的谐振频率很可能位于乐器的频率范围之外。如果还有的话，则可用低频陷阱来吸收房间谐振。与众多观点正相反，非平行的墙面是不能防止产生驻波现象的。

表3.1　减少驻波的房间尺寸（单位为ft）

高度	宽度	长度
8	9.1	11.1
8	9.4	11.8
8	10.1	11.3

续表

高度	宽度	长度
8	10.2	12.3
8	11.6	16.8
8	11.8	13.6
8	12.8	18.6
8	13.0	21.0
10	11.4	13.9
10	11.7	14.7
10	12.6	14.1
10	12.8	15.4
10	14.5	21.0
10	14.7	17.0
10	16.0	23.3
10	16.2	26.2

3.2 创建一个更安静的录音室（Making a Quieter Studio）

谁都不希望录得来自录音棚之外的任何噪声。这些噪声不仅要靠声学处理，还要靠**声隔离**来降低（尤其与墙体结构和密封式隔音门有关）。还有类似的术语称为**隔音方法**。下面的一些要点将有助于防止外部噪声进入录音作品。

■ 当把地下室当作录音棚时，要考虑来自外部地基的噪声。附近的锅炉房噪声或空调声可能成为一个需要解决的问题。

■ 在录音时要关闭家用电器和切断电话。

■ 在陆上和空中交通稀疏时安排录音，或在急救车和飞机经过时暂停录音。

■ 关闭窗户，可考虑用厚胶合板加以遮盖。

■ 紧闭门户，可用毛巾、织物之类密封。

■ 搬走能引起咯吱声或嗡嗡声的物品。

■ 包括地下室在内的所有门户要装上密封条。

■ 将中空的门换成实心木门。

■ 室内区域的通道用厚胶合板，并要堵住缝隙。

■ 在录音室地面上，放上数层胶合板并铺上地毯，在天花板与上层楼板之间填入吸声材料。

■ 将话筒紧靠乐器摆放，并使用指向性话筒。这并不是降低录音室的噪声，而是可以降低话筒拾取的噪声。

在新建一个录音室时，可以使用熟石膏处理的混凝土砖块来建墙面，因为这种大块的墙面能减少声音的反射，也可以用石膏板和互相错开的墙筋建墙面。将石膏板钉到以2in×6in为页脚的、2in×4in的互相错开的墙筋上（见图3.2）。互相错开的墙筋可避免声音通过墙筋传输，在墙面之间的空间填入吸声材料。

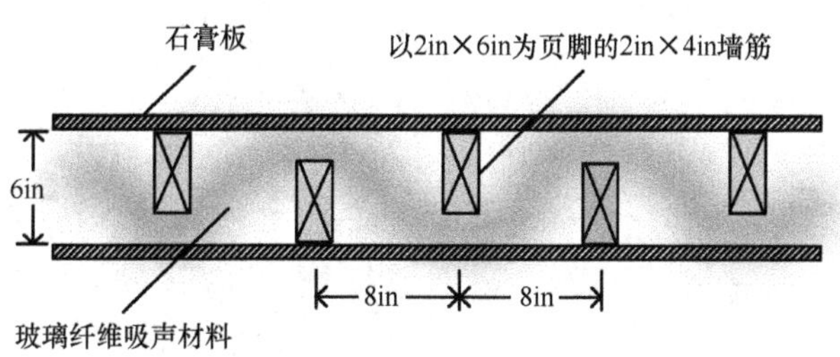

图3.2　互相错开的墙筋结构可以降低噪声的传输

一个理想的录制流行音乐的家庭录音室应该具有最佳尺寸的、较大的、密封良好的房间。这种录音室应该有安静的邻居。房间内应该有些软表面设施（地毯、吸声顶天花板、窗帘和长沙发等），也应该有些硬的、有弹性的表面设施（木墙裙或钉在墙筋上的石膏板墙面）。

有些家庭录音室可能不需要进行声学处理，这要经过一番摸索后才能有所结果。但是如果房间要进行某些改进，上述的那些建议则能为你指明正确的方向。

第4章 音频设备的信号特征（Signal Characteristics of Audio Devices）

信号是一种表示信息变化的参数。例如，音频信号通常是在20Hz～20kHz的频率范围内变化的电压，可以代表语言、音乐、**音响效果**、哼声或噪声。

话筒把声音转换成电流时，这种电流被称为信号。这个信号与到达话筒的声波有相同的频率变化和幅度变化。

当这种信号通过某一种音频设备时，设备可能会改变信号。它可能会改变某些频率的电平，或者加入某些不希望有的声音，结果不再是原有的信号。为此，让我们来理解以下这些影响。

4.1　频率响应（Frequency Response）

假如你有某一种音频设备——话筒、调音台、效果器、录音机或音箱。通过这种设备传送一个音乐信号，音乐信号通常包含某些高频和低频成分。

设备可能对不同的频率有不同的响应。它可能会增强低音音符而削弱高音音符。可以根据设备的输出电平与对应频率来作图，显示对不同频率的响应。这种图形叫作**频率响应曲线**（见图4.1）。图中的电平以dB计量，频率以Hz计量。一般来说，1dB是人耳聆听后可分辨出的最小响度变化量。

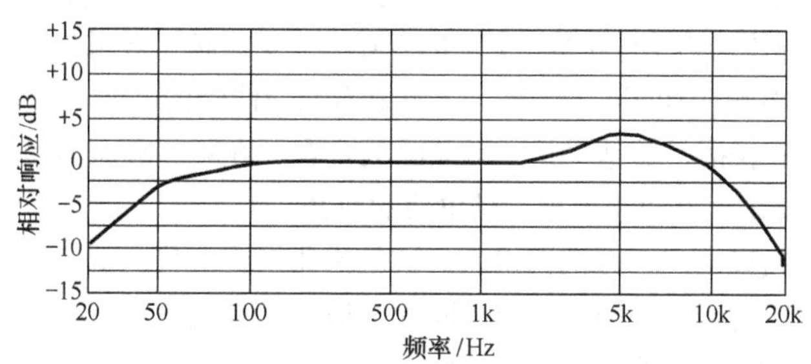

图4.1　一种不平直的频率响应

假定在所有频率上的电平都相同，那么图形是一条水平直线，被称为**“平直频率响应”**（见图4.2）。在所有的频率上产生相同的电平，换句话说，设备不会改变通过频率的相对电平。经过设备之后可得到等量的低音和高音，所以平直的频率响应是不会影响所传输声音的音质平衡的。

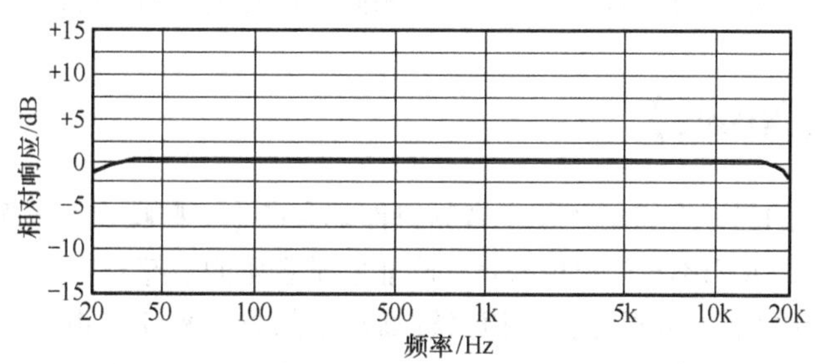

图4.2　平直的频率响应

许多音频设备不会在音频频段20Hz～20kHz都有平直的响应。它们都只能在限定的频率范围内产生接近相等的电平（在一个允许范围内，例如±3dB）。如图4.1所示，由实线所表示的频率响应是50～12 000Hz（±3dB）。这意味着50～12 000Hz范围内的所有频率信号通过音频设备后有几乎相等的电平——其信号的幅度变化在±3dB之内，它所产生的低音和高音同样良好。从图4.1中可见，在50Hz和12 000Hz处响应下降3dB，而在5 000Hz处则提升3dB。

通常，频率范围越拓展或“宽广”，那么所录得的声音就会越自然和真实。宽广而平直的响应能给出精确的回放。200～8 000Hz（±3dB）的频率响应较窄（有较差的保真度），80～12 000Hz的频率响应较宽（有较好的保真度），而20～20 000Hz的频率响应则最宽（有最好的保真度）。

聆听

播放配套资料中的第7段音频，聆听频率响应——一台设备可以在某段频率范围内播放相等电平的内容。

同时，频率响应越是平直，则保真度或精确度会越好。±3dB的响应偏差尚好，±2dB的响应偏差较好，而±1dB的响应偏差则非常好。当然也有例外，这将在第10章内有关均衡器的一节中加以说明。

当在吉他放大器、调音台的均衡部分或立体声功放上转动低音或高音旋钮时，这实际上是在改变频率响应。如果提升低音，则是在提升低频处的电平；如果提升高音，则要使高频成分得到增强。人耳会认为这种效果感受是在音质方面的变化——更温暖、更明亮、更单薄、更灰暗等。

一种不平直的频率响应如图4.1所示。这条频率响应曲线的右端，在高频处**"滚降"**或下垂，说明高频谐波成分较弱，其结果是一种灰暗的声音。在频率响应曲线的左端，在低频处滚降，说明基波成分被减弱，结果呈现出一种单薄的声音。

某种音频设备的频率响应可以根据用途来调整为非平直形状。例如，可用一台均衡器来切除低频，以便降低对话筒喘气时的噗噗声。同样，用非平直频率响应的话筒也可得到更好的声音，例如提升了高频可以增加现场感和亲切感。

4.2 极性（Polarity）

极性指的是电信号、声波或磁力的正或负的方向。两个电平相同、极性相反的信号在所有频率上有180°的反相。一个信号的波形与另一个信号相比正好反相，则波峰变为波谷，反之亦然。极性与相位或相位差不同，相位差是指两个相同的信号之间的一种延时。

4.3 噪声（Noise）

噪声是音频信号的另一个特征。每个音频组件都会产生一些噪声——像树林中那种急促的风声。在录音作品中，人们不希望出现噪声，除非它是音乐的一部分。

可以用把设备中的信号电平保持在相对较高水平的方法来使噪声变得不易被察觉。如果信号电平很低，为了能较清晰地听到信号，就必须调高监听音量。在调高信号音量的同时也调高了噪声的音量，所以，听到的噪声也随信号的增大而增加。但是，如果信号本身电平已经很高，就不需要过多地调高监听音量，只需要把噪声维持在背景声之中。

4.4 失真（Distortion）

如果把信号电平调得过高，信号就会失真，可以听到一种砂砾般的、颗粒状的或咔嗒般的声音。这类**失真**有时被称为**"削波失真"**，是因为信号的波峰被削去以后成为平顶形的波形。

如果想要听到失真了的声音，只需要在很高的录音电平下（通过音量表可看见表头指示进入到了红色区域）录音，然后再回放已录声音即可。数字录音机有时在很低的信号电平下录音也会产生一种“量化失真”。

聆听

播放在配套资料上的第9段音频，聆听失真的例子。

4.5 最佳信号电平（Optimum Signal Level）

要设法使信号电平高到足够遮盖噪声，但也要低至足够避免失真。每一个音频组件都要在最佳信号电平上才能工作得更好。通常在内置于设备的电平表上显示最佳信号电平。详情可参阅附录A中关于dB的内容。

在某一音频设备内信号电平的范围如图4.3所示。底线表示设备的**本底噪声**——在无信号时设备自身产生的噪声；顶线代表**失真（削波）电平**——在这一电平时，信号失真，音质受损。而在这两线之间的范围内的信号则有清晰的声音。理想的情况应该是使信号均匀地维持在正常工作电平范围为变化，通常把信号电平调节到尽可能高而又不出现削波或失真时为最佳。

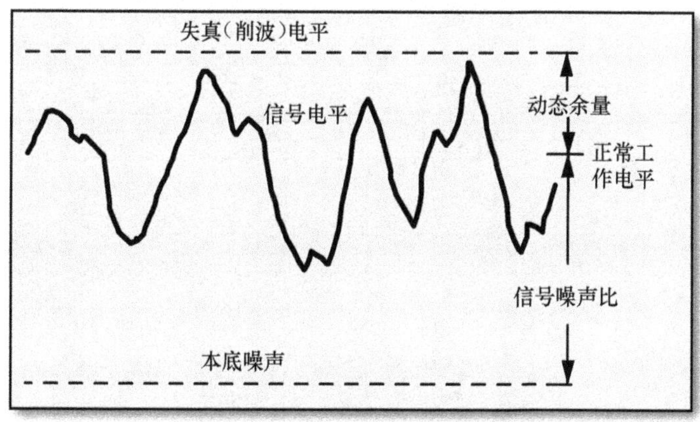

图4.3 在音频设备内信号电平的范围

使用数字录音机（例如计算机录音软件）时，电平表上的“**0dBFS**（0分贝满刻度）”为最大不失真电平。在这种情况下，平均电平为–20dBFS、峰值电平为–6dBFS，为正常工作电平。通常在录制母带CD时的数字音频文件里，则用–14dBFS的平均电平作为追求的目标。有关数字信号电平的详细内容将在第13章数字音频的有关小节里进行介绍。

4.6 信号噪声比（Signal-to-Noise Ratio）

信号电平与本底噪声电平之间用dB来表示的电平差被称为**信号噪声比**（S/N）（见图4.3）。信号噪声比越高，则声音越清晰。60dB的信号噪声比比较好，70dB时算优良，80dB或以上才称得上极好。

聆听

播放配套资料中的第8段音频，聆听噪声和信号噪声比的例子。

为说明信号噪声比，想象一个人的呼喊声超过了火车声。呼喊声是信号，火车声为噪声。呼喊声越大，或者火车声越小，那么信号噪声比越大。而信号噪声比越大，那么呼喊声越清晰。

4.7 动态余量（Headroom）

正常信号电平与失真电平之间用dB来表示的电平差被称为**动态余量**（见图4.3）。动态余量越大，则通过设备的不失真的信号电平越高。如果音频设备有充裕的动态余量，那么设备允许高峰值电平的信号通过，且不会将信号削波。

要设定好调音台的电平控制量，使信号要有一定的动态余量，也就是使信号在本底噪声之上、失真电平之下都工作得很好。在第13章“数字录音”中“数字录音电平”小节中将介绍有关要点。在第16章“数字音频工作站的操作”中“录音电平的设定”“电平设置”小节中也有介绍。这些过程被称为**“增益分段设定”**。

在完成这些设定的过程中，调音台内的信号电平应该恰到好处。信号中不应该有可察觉的噪声或失真，而且调音台应该有足够的动态余量，即使在高峰值大音量时也不会失真。

第5章 录音室的装备（Equipping Your Studio）

要建立一个能负担得起的、易于使用的、音质优良的录音系统，用今天广为流行的、大量的用户友好型的声音工具就可以做到。本章将指导装备一个录音室：要做些什么，成本是多少及如何去建立。

在本章内，将会考量如下几个问题。

- 设备。
- 线缆和接插件。
- 如何连接录音室设备。
- 交流哼声和射频干扰的防止方法。

若需要制作一个高质量的录音作品，那么需要哪些基本的设备，它们的成本是多少？由于近年来出现了许多新型廉价的设备，因此一个完整的家用录音室设备组合在一起时的费用可以不超过1200美元，其中包括有源音箱、两支话筒及话筒架、录音软件、一张声卡、耳机及音频线缆等。

5.1 设备（Equipment）

我们要考量的是录音室内的每件设备。我们需要录音设备、耳机、线缆、话筒、直接接入小盒、监听音箱、音频接口及效果器或效果插件程序等。

5.1.1 录音设备（Recording Device）

有7类录音设备可供选择，它们分别为2声轨录音机、可移动的录音系统、轻便型录音室、录音机-调音台、独立的多轨录音机及调音台、计算机和键盘工作站等，现分别进行简要介绍。

1. 便携式2声轨录音机（Portable 2-Track Recorder）

这种设备用于2声轨立体声录音，可使用两支外接的话筒，也可使用两支内置的话筒。价格为200～1 800美元。下面是两种2声轨录音机：

- 手持式闪存录音机（见图5.1）；
- 苹果iPad或使用录音软件的安卓平板。

2声轨录音机能较好地用于古典音乐的实况立体声录音，可以在管弦乐队、交响乐队、弦乐四重奏、管风琴或独唱独奏音乐会等场合录音。第8章将会讲述如何通过连接两支高质量的话筒来进行立体声录音。

也可用一台2声轨录音机为流行音乐、民歌或爵士乐队的排练或演出进行录音。用这种方法录得的作品具有一定距离感，好像是在听众位置听到的声音。可能会有些背景噪声，声音平衡也不完美。但是录音过程却非常简单：只要架好录音机、调节电平并按下录音键即可。

常见手持式的录音机有Sony PCM-D100和PCM-M10，Alesis的PalmTrack，Zoom的H系列，TASCAM的DR系列，Yamaha的PocketTrak系列，Roland的R05和R26，Marantz的PMD661 Mk II，Edirol（Roland）的R-09HR（图5.1），以及Olympus的LS系列等。

还有一些由Nagra、Edirol、Sound Devices、Shure、TASCAM和Marantz等品牌公司生产的2声轨或2声轨以上的专业录音机。

2. 可移动设备录音系统（Mobile-Device Recording System）

苹果设备包括iPad和智能手机，它们可以下载2轨录音应用程序。在iPad上，只要简单地打开应用程序（加速并行处理技术）应用商店图标并搜索录音应用程序，会检索到GarageBand、

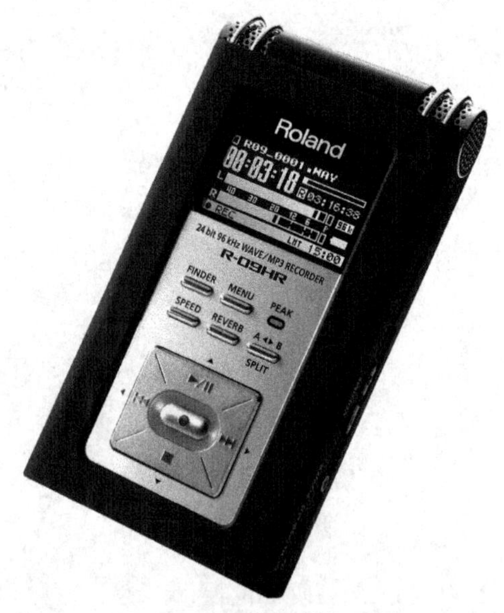

图5.1 手持式2声轨录音机——Roland R-09HR

Sonoma Wire Works' StudioTrack（见图5.2）、StudioMini XL及n-Track Studio（也可在安卓平板上工作）。在iPhone和iPod上，一定会见到Rode Rec和TASCAM PCM录音机应用。

还可以利用的是可插入到iOS设备的2声轨声卡和音频/MIDI声卡。它们可把来自两支话筒或电声乐器的信号转换成可被iOS设备记录的一种格式，例如TASCAM iXZ和Shure MVi。有些立体声话筒是被设计成插入到iPad或其他苹果设备上去的，例如IK Multimedia iRig Mic、Blue Mikey Digital、Shure MV88及Tascam iM2等话筒。

图5.2 苹果iPad Sonoma Wire Works StudioTrack应用程序

有关多声轨录音系统的详细情况将在第14章中“移动设备录音系统”小的节介绍。

3. 轻便型录音室（Porta studio）

轻便型录音室也被称为携带式录音室、笔记本录音室、个人录音室或袖珍式录音室，这是一种4声轨或8声轨录音机与一张调音台的组合——组装在一个可携带的机架内（见图5.3）。

轻便型录音室把那些声轨以MP3或WAV格式记录到一张闪存卡上。WAV文件所储存的声音质量比MP3文件的更好，不过会占用存储卡上更多的存储空间。它可以记录一些乐器或人声，然后把它们混音成为立体声，也就是把多个声轨**“并轨”**或**“呈现”**在存储卡内的一个立体声文件。也可以通过USB把立体声混音文件拷贝到计算机上，并刻录到CD上（USB意为通用串行总线，是一种高速数据传输的标准连接）。常见的设备有Boss BR-800、Micro BR、TASCAM DP-008EX和Zoom R16等。价格约为200～499美元（1 268～5 070元）。轻便型录音室对于初学录音者来说可以算是不错的选择，因为它采用了硬件，而不是软件来录音。

图5.3 一款轻便型录音室——TASCAM DP-008EX（由TASCAM提供）

轻便型录音室还有如下一些特点。

- 可以用作一个内部的**MIDI声音模块（合成器）**，能够播放MIDI音序录音，且包括MIDI文件或与之合并在一起的节奏模式。
- 内置各种效果器。
- 内置话筒（在某些模块内）。
- **自动插入补录**（能自动进入和退出录音状态以纠正错误的录音）。
- 采用电池或交流电适配器供电。
- **虚拟声轨**能够记录多遍单独演奏，然后在缩混期间可选用最为满意的那一遍。
- **吉他放大器建模**能够模仿各种各样的吉他放大器，话筒建模能够模仿各种型号话筒的声音。

- 两路话筒输入，可一次录2条声轨。
- 可即时回放4条或8条声轨。

4. 数字多轨录音机（录音机-调音台）[Didital Multitracker(Recorder-Mixer)]

这种设备的另一种名称是可携带数字录音室或个人数字录音室。

像轻便型录音室那样，数字多轨录音机是把一台多轨录音机与一张调音台装在一个机架内（见图5.4），既方便又便于携带，它可以在一个内置的硬盘上或闪存卡上记录8～32条声轨。调音台包括有混音用的**推子**（音量控制）、均衡或音质控制以及一个用于效果（例如混响）的**辅助发送**部件。一个LCD（液晶显示）屏可显示录音电平、剪辑时的波形及其他一些功能。

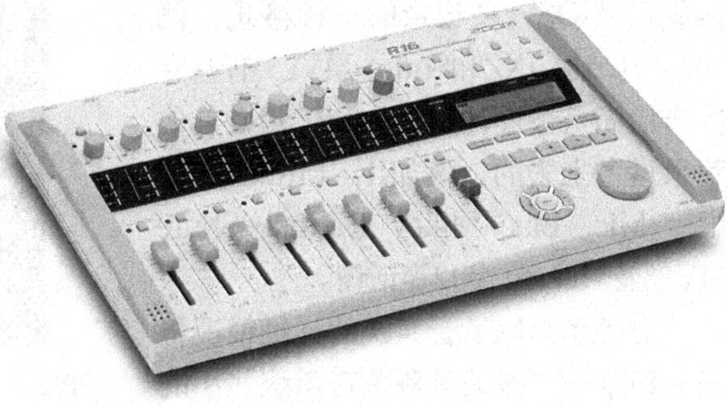

图5.4 一款数字多轨录音机（录音机-调音台）——Zoom R16（由Zoom公司提供）

这种设备的价格为300～500美元。数字多轨录音机的制造商有TASCAM和Zoom等(见图5.4)。在第13章“数字音频”的“录音机-调音台”小节内列出了录音机-调音台的一些性能特点。

因为录音机不含有话筒前置放大器，所以必须使用一张调音台或话筒前置放大器。

5. 独立的多轨录音机和调音台（Separate Multitrack Recorder and Mixer）

比较理想的实况录音，可使用一台多声轨**硬盘录音机（HD录音机）**，它能可靠地在内置的硬盘（见图5.5）或SSD上记录高达48条声轨。

多轨录音机可被链接而获得更多的声轨。有3种实例，分别为TASCAM X-48MKII（2900～5600美元）、Roland R-1 000（3500美元）及iZ Technology RADAR 6（高达20 000美元）。

图5.5 一款多轨硬盘录音机——TASCAM X-48 MK II（由TASCAM提供）

JoeCo公司的BLACKBOX系列可以在USB2.0或3.0的移动存储器或外接硬盘上记录多达64条声轨（价位2 500美元或以上）。其他的一些USB多轨录音机是由Cymatic Audio和Allen & Heath公司制造。JamHub Tracker MT16是一款价位为399美元的固态多轨录音机（见图5.6），它是一款16通道的多轨录音机，尺寸只有踏板盒般大小。Tracker MT16可把24-bit/96kHz的波形文件记录到SD卡上。

该录音机设有8个1/4in的内置插孔，可以记录来自8个调音台插入插孔上的信号。JamHub还提供16插头的分接电缆，用户可以选择需要同时记录多少条声轨。在多个波形文件被录下之后，再从SD卡上把波形文件转移到数字音频工作站上，然后进行混音。另一种选择是将文件上传至Bandlab（音乐实验室），这是一个共享式云端录音室。

这就是你所需要的完整实况多声轨录音方法，没有别的内容，因此用这种方法非常实惠。与一台多轨硬盘录音机相比，MT16更易于操作并且没有易发生故障的活动部件。不过，先前列出的多轨硬盘录音机具有更多的声轨而且声音质量更为优秀。

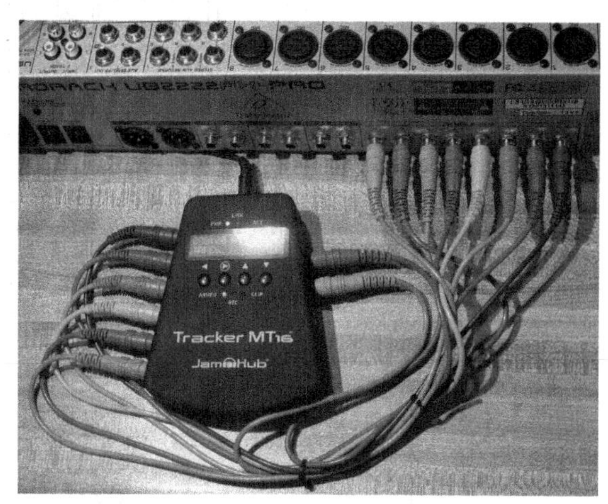

图5.6　JamHub Tracker MT16 多轨机连接到调音台上的插入插孔

多轨录音机可以由一块声卡和一台运行录音软件的笔记本电脑来组成（下面会述及）。例如，Waves Tracks Live是一款不带效果、适用于实况录音的、简单的多声轨录音软件。

调音台（见图5.7）是一种电子设备，它有话筒**前置放大器**，由话筒音量和音质的控制部件、音量监听控制部件及用于效果设备的**输出**等部件组成。在使用调音台时，首先要把话筒和电声乐器插入调音台上，调音台放大这些信号。把每路话筒前置放大器的输出信号（在**插入插孔**上）连接到一台多轨录音机上。在录音时，用调音台把这些信号发送到想要的录音机声轨上，并调节其录音电平。在缩混时，调音台把这些声轨缩混成立体声。期间还需要调整每一条声轨的音量、均衡、效果及立体声声像位置。大型而又复杂的调音台被称为**混音调音台**（**落地式调音台**或**桌式调音台**），其价位都在3 000美元以上。

图5.7　一款调音台——Mackie Onyx1620i，它有一个连接到计算机用于录音的火线端口

调音台的常规价格为180～1 500美元（1 141～9 507元）。调音台的制造商包括TASCAM、Alesis、Yamaha、Mackie、Behringer、Allen & Heath、Soundcraft、Peavey、Samson及众多其他厂家。

6. 计算机数字音频工作站（Computer Digital Audio Workstation）

低成本的录音设置通常有3部分：一台个人计算机、一个音频接口及录音软件（见图5.8）。有些录音软件会记录MIDI数据（稍后述及）和音频，**音频接口**则把来自话筒、话筒前置放大器或调音台的音频信号转换为一种信号，该信号记录在计算机硬盘上或固态硬盘上，因此几十条声轨均可以以专业质量记录。用鼠标来调节出现在计算机显示屏上的**虚拟控制器**即可对那些声轨进行混音，然后把混音记录到计算机的硬盘上或固态硬盘上。详情在第14章的“计算机录音”中加以讲述。

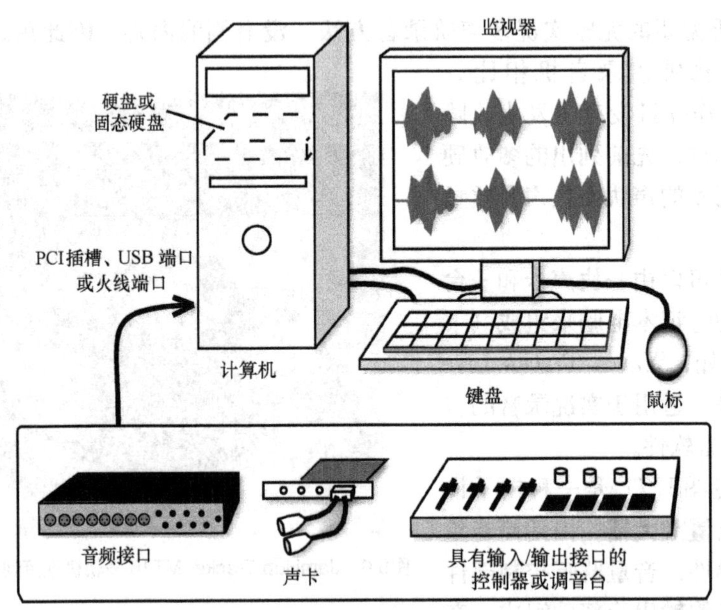

图5.8 带有录音软件的计算机及一种声卡的选用组合

计算机录音室的价格与小型录音室的价格基本相同，不过其功能更强些，是一种价廉物美的设备。但是因为软件操作需要技巧，它比多轨录音机硬件的学习难度更大些。用软件制作的录音作品至少具有CD级别的质量，要优于在某些小型录音室所得到的MP3作品的质量。

录音软件的费用通常在0～1 500美元（0～9 507元）。常规的价格介于150至500美元之间。常用的录音软件有Bitwig Studio、Cakewalk Sonar；、Avid Pro Tools Express and Pro Tools 12、Apple Logic Pro X、Reaper、Steinberg Cubase and Nuendo、PreSonus Studio One、FL Studio Producer、Propellerhead Reason、Sony Creative Software Vegas and Sound Forge、Pro Tracks、Samplitude ProX 2、Magix Sequoia、SADiE、 Merging Technologies Pyramix、Mackie Tracktion、N Track、RML Labs SAW Studio、Adobe Audition、MOTU Digital Performer等。

免费的多声轨录音程序可从网上下载。虽然它们缺乏广泛的特色，但它们免费向你提供实习技巧的机会，例如Audacity、Darkwave Studio、Studio One Prime和GarageBand[使用任何新的苹果计算机时免费提供，作为Mac应用程序使用时则收费4.99美元。NCH Software's MixPad用Mac或PC供非商用应用时免费，而商用版本仅收费60～99美元。MixPad提供混音、剪辑、声像、效果及自动化（计算机会记住你的混音变化）。

与录音软件有关的是**音乐创作软件**，它带有乐器的采样样本。可以设置循环（重复鼓的段落和音乐模式），使用MIDI键盘与它们一起演奏，并记录MIDI音序序列。常见的音乐创作软件有**Ableton Live**、Propellerhead Reason、Sony Creative Software ACID Pro及Spectrasonics Stylus RMX等。

声卡（周边元件扩展音频接口）的费用在100～400美元。声卡的制造商包括Frontier Design、RME、Lynx、E-MU等厂家。

音频接口是在一个机架内含有2～32路话筒前置放大器、模/数转换器、一个USB接口、火线或雷电存储器端口的设备。该端口把数字音频用一根单芯线缆发送到计算机上。

有些高端的接口还将一个AVB/以太网接口连接到一台计算机上（将在第13章的“数字录音”小节中讲解）。有些设备还具有MIDI输入和输出及一个用于电吉他、电贝斯、原声吉他拾音器或合成器拾音等的高阻抗乐器**输入**端口。详情将会在第14章“计算机录音”中的“音频接口”小节中讲解。

图5.9 M-Audio M-Track——一个2通道USB音频接口（由M-Audio提供）

音频接口的价格：2通道音频接口的价位为150～500美元（见图5.9），4通道音频接口的价位为150～450美元，8通道音频接口起价为400美元。如果要把两台8通道音频接口链接（连接在一起），那么一次就能记录16路话筒信号。如果你平时只需要用1～2支话筒录音，那么只用带有2路卡侬话筒输入（带有话筒前置放大器）的接口也许就够用了，而若要为套鼓或多达8支话筒的乐队录音，则推荐使用具有8路前置放大器（8路卡侬话筒输入）的音频接口。

常见的音频接口制造商包括Akai、Avid、Echo、Metric Halo、MOTU、PreSonus、Apogee、Focusrite、M-Audio、TC Electronic、ART、Prism、Mackie、E-MU、Alesis、Roland、TASCAM、Universal Audio、Antelope Zen Studio等。

一台音频接口通常内置话筒前置放大器，话筒前置放大器将话筒信号电平提升至线路电平。高级用户都喜欢把独立的话筒前置放大器连接到**模/数转换器**上，转换器只接受线路电平信号，所以之前必须要用到话筒前置放大器。一些常见的转换器厂商有Lynx、Mitek Digital、Crane Song、Millennia Media及RME等。在第14章“计算机录音”中将介绍一些使用Pro Tools录音软件的专业级音频接口。

另一类音频接口是调音台，它经由火线或USB连接到一台计算机上。调音台把每路话筒前置放大器的输出信号发送到录音软件中的独立声轨上，把立体声混音信号返回到调音台用来监听。这是一个为乐队录音的优良系统，因为它提供了带有效果的监听混音的便捷设置。一些调音台的例子如下：拥有16个录音通道的Mackie Onyx 1620i（见图5.7）、PreSonus StudioLive（16个录音通道和16路话筒输入）、Alesis MultiMix 16 USB FX（18个录音通道和8路卡侬话筒输入）以及Behringer Xenyx X2442USB（2个录音通道）等。通常情况下这些调音台不带有录音软件用的控制器，所以仍需要用到一个鼠标。注意有些调音台只能把一条立体声混音发送到录音机上，而不发送各自通道的混音。

大部分数字调音台能把声轨记录到外接硬盘、固态硬盘或经由单条USB线缆连接的移动存储器。每一条被记录的声轨是一个WAV文件，然后将这些WAV文件导入计算机数字音频工作站进行剪辑和混音。

一种**USB话筒**内置有USB接口，这样就只需把话筒插入计算机的USB端口，无需音频接口。常见的这类话筒有Audio Technica AT2020 USB、Samson C01U、Blue Yeti Pro、Spark Digital、Rode Podcaster、Apogee ONE以及MXL USB mics等。

作为USB话筒的一种替代，可以把标准普通型的话筒插入一个**XLR-to-USB（卡侬至USB）的话筒适配器**上。MXL MicMate Pro、Shure X2U及Blue Icicle等适配器可以在连接到话筒后将它们的输出转换至USB上，同时也包括幻象电源和耳机监听等。它们的数字音频规格为16bit/44.1kHz或48kHz采样率。Centrance MicPort Pro适配器也大致类似，但它的音频格式可高达24bit/96kHz。

长时间使用鼠标会使人疲劳，因而易导致重复性的紧张综合症，作为鼠标的一种替代物是**控制界面**或被称为控制器。它看上去像一个带有旋钮和推子（滑动音量控制）的调音台。控制界面用来调整在计算机显示屏中见到的虚拟控制部件，这样可以用旋钮和推子来替代鼠标在计算机上进行录音和软件调控。只有单个推子的控制器有两种：Frontier设计的 AlphaTrack（200美元，见图5.10）及PreSonus FaderPort（150美元）。多条推子的控制器由以下公司制造：Mackie、Solid State Logic、Livid、Nektar及Avid公司等。

图5.10 Frontier公司设计的AlphaTrack（一种用于录音软件的控制器）

也可以用一个无线的QWERTY键盘，使之能从录音室内的某个话筒那里来控制数字音频工作站，或者增加一条USB延长线缆接到键盘上。

7. 键盘工作站（Keyboard Workstation）

这里介绍另一种音乐录音用的设备。就是带有钢琴型键盘的合成器/采样器，它内置多声轨音序器（MIDI录音机）及多种效果。采样器可以演奏音符，这些音符是真实乐器音符的短暂录音。常见的这类设备有Korg Kronos、Krome、Kross、Kurzweil PC3K8、Yamaha MOTIF XF8、Roland FA-08和Juno-Gi。工作站允许使用多种乐器的声音创建一个曲调，并且可以把来自键盘的音频记录到计算机内。如果想要加入一种人声，可使用MIDI/音频录音软件。一个**编曲者键盘工作站**通过跟随左手的音符和右手的旋律自动创建背景音轨（鼓、低音及和弦）。这种工作站的例子有Yamaha公司的MOTIF XF8。

有一种类似的设备，名字叫Beat box（节拍盒）或Groove box（嵌入盒），这是一个带有衰减的采样播放器，可以点击它来生成声音和节奏。它可以通过鼓和合成器采样来组装一条立体声音乐声轨。通过Beat box把音乐拷贝到计算机并加入人声。这种设备的例子有Dave Smith Tempest、Korg Monotribe and Electribe、Akai MPC系列、MPD26、Native Instruments Maschine、Arturia Spark、Boss DR-880、Roland TD-20X以及Zoom RT-223。Beat boxe也可作为一种软件使用，例如MOTU BPM和Korg iElectribe，均可用在iPad上。

5.1.2 话筒（Microphone）

我们已经介绍了许多的录音设备，接下来将介绍一些其他录音设备。

话筒把人声或乐器的声音转换为可以被记录下来的电信号（音频信号）。话筒的声音质量差异很大，要想获得品质优良的话筒，它们的价格至少要在每支100美元以上。你的耳朵应该能告诉你，话筒的保真度是否能满足你的要求。有些人对大多数声音的录制都很满意，而有些人反对专业声音质量感到满足。

家用录音话筒的类型基本上为心形电容话筒和心形动圈话筒。**心形话筒**的拾音图形有助于抑制房间声响，获得一种严实的声音。心形**电容话筒**通常用于对镲钹、原声乐器及录音棚人声的拾音；心形**动圈话筒**通常用于对鼓类和吉他放大器的拾音。当然至少还需要一根话筒线、话筒架和底座，每件费用约25美元。有关话筒的详细信息可参阅第7章。

为乐器独奏或古典音乐乐队录音时，要把话筒置于乐器/乐队一定距离外拾取立体声，需要一支**立体声话筒**或两支相同型号加以配对的高质量的电容或**带式话筒**，外加一副**立体声话筒架转接条**。关于此方法的详情可参阅第8章和第22章。带式话筒将在第7章进行介绍。

5.1.3　幻象供电电源（Phantom-Power Supply）

幻象供电电源为电容话筒内的电路供电。电源与话筒的音频信号使用同一线缆。当所使用的电容话筒带有电池供电，或者所用的调音台或者音频接口可以为话筒的接插件（大多数都有）提供幻象供电时，可以省略这种独立的幻象供电电源。幻象供电电源的制造商有Behringer、ART和Rolls等，价格为20～70美元。

5.1.4　话筒前置放大器（Mic Preamp）

话筒前置放大器把话筒信号放大到较高的电平，被称为线路电平，这是调音台和录音机所需要的电平。独立的话筒前置放大器比起内置于调音台或音频接口的话筒前置放大器，会有更清晰、平滑、富有色彩的声音，但价格要贵一些。2通道话筒前置放大器的价位为120～2 000美元，8通道话筒前置放大器的价位则为600～6 000美元。在录音室的预算中可能不包括此项设备的预算。

话筒前置放大器的一些制造商为Manley、True Systems、Focusrite、Universal Audio、GLM、Chandler、A Designs、Millennia Media、Avalon、Great River、John Hardy、Benchmark、AEA、Apogee、Vintech、Grace、Presonus、Summit Audio、Studio Projects、dBx、ART、Aphex及M-Audio等。

5.1.5　直接接入小盒（Direct Box）

直接接入小盒（见图5.11，又称DI盒）通常是将某种电子乐器（电吉他、电贝斯等）连接到调音台、录音机-调音台或音频接口上的卡侬型话筒的输入。通过它可以将电子乐器直接接入调音台而无需话筒。它可以将非平衡的、高阻抗的信号转换为平衡的、低阻抗的信号（在本书最后部分会讲解）。直接接入小盒可以拾取非常清晰的声音，这可能对电吉他来说不太适合。如果需要拾取吉他放大器的某种变形声，则可用话筒来替代；或者用吉他放大器的建模器件、用建模插件程序。现代新型的合成器和键盘具有低阻抗、高电平的信号，所以它们无需直接接入小盒，除非想把它们的输出转换到卡侬接插件上。

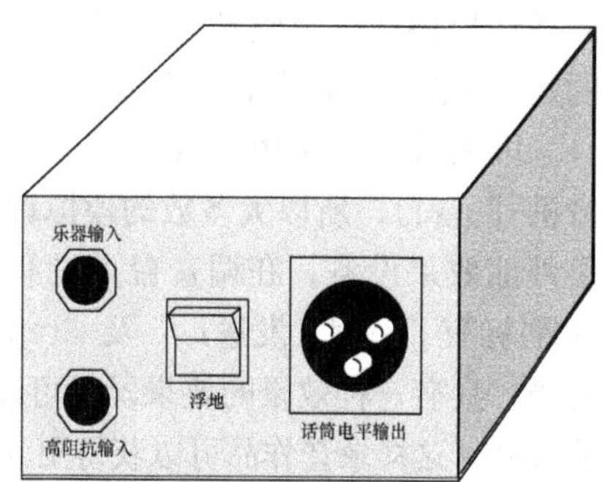

图5.11　直接接入小盒

有些直接接入小盒是**无源**结构并使用一个变压器，有些直接接入小盒是**有源**的并有一套电路。大多数有源的直接接入小盒有幻象供电电源。有源直接接入小盒比无源直接接入小盒提供更高的输入阻抗以及更强的信号。换句话说，有源直接接入小盒比无源直接接入小盒具有更高的**增益**。增益是信号通过音频设备在电平上的大小变化。电平增高，则称之为**放大**；电平减小，则称之为**衰减**。

有些录音机-调音台及音频接口具有**“乐器”输入**，供电吉他和合成器使用。在这种情况下，只要用一根短吉他线将吉他与调音台的高阻抗输入端连接即可。如果线缆超过15ft（约4.57m—译者注）则需用一个直接接入小盒接入卡侬平衡式话筒输入上，可以获得更高的声音质量。

直接接入小盒的售价在50～700美元。常见制造商为Behringer、Radial、Countryman、Whirlwind、Manley、Pro Co、BSS及ART等。

5.1.6 监听系统（Monitor System）

录音室的另一个重要部分就是**监听系统**：高质量的耳机和音箱。监听系统可让你知道在录音及混音时是什么样的声音，对已录得的声音要做些什么。通过监听系统所听到的声音需接近于最终听众将要听到的声音。

较好的耳机的价格在100美元以上，它们通常产自Sony、AKG、Sennheiser、Beyerdynamic、Audio Technica、Ultrasone、Shure等。耳机放大器可以同时提供多副耳机监听，有些耳机可以让演奏者自行调节耳机的音量。

如果只为自己录音，用一副耳机已足够。但为另一位演奏者录音时，就需要用到两副耳机。许多录音机-调音台因这一用途而设有两个耳机插孔。

如果要同时为多个人录音或叠录，那就需要人手一副耳机。例如，在为3位和声合唱队员进行叠录时，每人都需要通过耳机听着早先已录好的声轨，同时跟着演唱。要接通全部耳机的话，需要买一台耳机放大器，它可以同时提供多副耳机监听。许多放大器为每一副耳机提供独立的总音量控制，有些放大器可以让演奏员来调整声轨的耳机混音。Rolls和Behringer制造的是相对可负担得起的耳机放大器。

内置功率放大器的**有源音箱**应提供精确的、高质量的监听。在第6章中会描述到这些录音室用的**近场**监听音箱是小型书架型音箱，两只音箱分隔约3ft，音箱与录音师之间的距离也约3ft。监听音箱的供应厂商有Genelec、Dynaaudio、JBL、Event、Quested、Focal、Lipinski、KRK、Blue Sky、Yamaha、Adam、Emotive、Mackie、Alesis、Tannoy、M-Audio、Behringer、Roland以及Samson等。每对音箱的价位在200～3 860美元。

5.1.7 效果器（Effects）

没有效果的录音作品所发出的声音既沉寂又平淡。加入像混响、回声及合唱等效果则可使录音作品的声音更精彩。产生这些效果的设备被称为**信号处理器**（见图5.12），效果也可由效果插件程序产生，它是计算机录音程序内的效果软件。第11章有更详细的内容。

图5.12 效果器

因为效果大多数内置于录音程序及录音机-调音台，所以大多数的模拟调音台需要外部效果设备。在调音台上设有一套接插件[标有“send（发送）”及“return（返回）”]用于连接外部效果器，例如一台混响器或延时器。具有一种效果的效果器只可以发送一种效果，具有两种效果的效果器则可加入两种不同的效果，这样录音作品可以获得更为有趣的音响效果。

5.1.8 各种各样的设备（Miscellaneous Equipment）

家庭录音室用的其他设备器材包括音频线、USB或火线及雷电存储器用连线、以太网线、电源插接座、照明灯、桌子或录音室用家具、话筒噗声滤波器、胶带纸、标注输入和线

缆记号用的笔、触点清洁液、MIDI设备架、谱架、录音任务表、接插件转接头、笔和纸、手电筒等。

5.1.9　MIDI录音室设备（MIDI Studio Equipment）

在第18章内会详细叙述MIDI，描述一个典型的MIDI录音室内的各种部件（见图5.13）。

我们已讨论过数种录音设备的类型，这些将有助于你获得一定质量的录音演示小样。如果在价格上能给予更高的投入，那会获得更优性能及更好的声音。例如，如果想要同时为整个乐队录音，那么每件乐器需要有它们自己的话筒，因此将需要拥有更多话筒、更多声轨及更多耳机监听的系统。

不过我们已经了解，把家用录音室组合在一起，或者搭建一间录音室，并不会花费太高的费用。随着技术的不断进步，很多高品质的设备有趋于低价格的倾向，拥有自己的录音室已不是遥不可及的事情了。

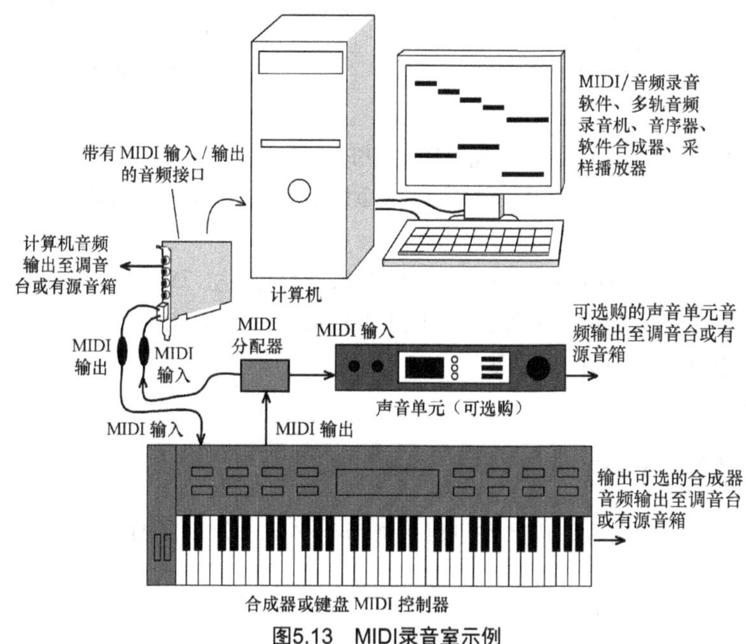

图5.13　MIDI录音室示例

5.2　设备的安装（Setting Up Your Studio）

准备好录音设备之后，就需要用线缆将它们连接在一起，如有可能，把设备装在机柜内，并且对录音室进行声学处理。以下介绍各个步骤。

5.2.1　线缆（Cables）

线缆所携带的电子信号从一个音频器件传输到另一个音频器件。它们通常由一条或两条被绝缘的导线（金属线）和在外围包覆有为减少交流哼声用的细金属丝编织的屏蔽网构成。屏蔽网的外围是塑胶或橡胶绝缘护套，线缆的两端可以接上不同类型的接插件。

接地点是一台电子设备内的零电压参考点。如果设备有一根三芯的电源线，那么机架被接到三芯交流电源插座内的**安全接地端**。如果电源线有破损，由于有接地保护可避免人员遭受电击。

音频线缆可以是平衡的，也可以是非平衡的。平衡线缆是由携带信号的两根金属线（导线）外皮包裹一层被连接到设备接地点的屏蔽线构成的（见图5.14）。每条导线对地有相等的阻抗。在一根导线内的信号相对于另一根导线上的信号而言，其极性正好相反。而非平衡线缆只有单芯导线，在其外皮包裹一层屏蔽线（见图5.15）。导线及屏蔽线传递信号，屏蔽线连接到设备接地点。平衡线缆阻隔交流哼声的能力比非平衡线缆更强，但是非平衡线缆的长度低于10ft（约3m）时，通常可提供足够的阻隔交流哼声能力，而且价格较便宜。

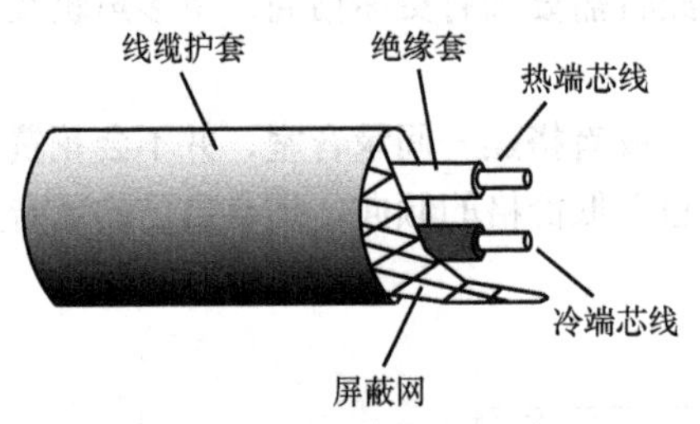

图5.14 两芯屏蔽线缆，平衡线缆

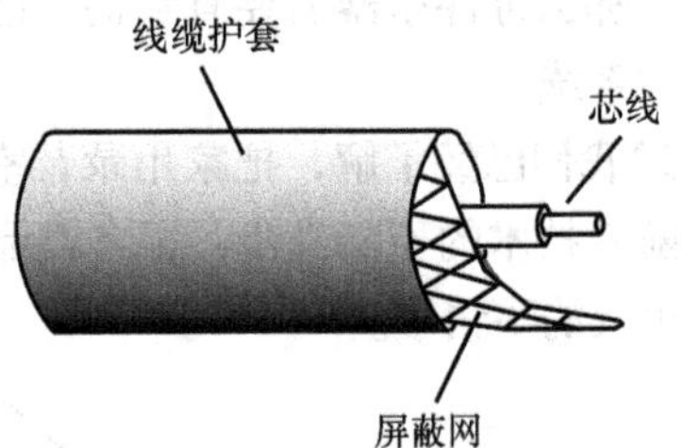

图5.15 单芯屏蔽线，非平衡线缆

音频线缆可传输以下5种信号电平或电压之中的一种。

- **话筒电平**：约2mV（0.002V）～1V（−52dBu～+2.2dBu），取决于声源的响度及话筒的灵敏度。
- **乐器电平**：无源拾取时通常为0.1～1V，有源拾取时可高达1.75V（−17.7dBu～+7.8dBu）。
- **半专业或民用线路电平**：−10dBV（0.316V）或（−7.8dBu）。
- **专业线路电平**：+4dBu（1.23V）。
- **音箱电平**（约20V）。

5.2.2 设备接插件（Equipment Connectors）

录音设备在其机箱上安装的接插件也有平衡与非平衡之分，要确保线缆的接插件与设备的接插件适配。

平衡设备的接插件有以下两种。

- **三芯卡侬型插头座**（见图5.16）。
- **1/4in TRS三芯插孔**（见图5.17）。

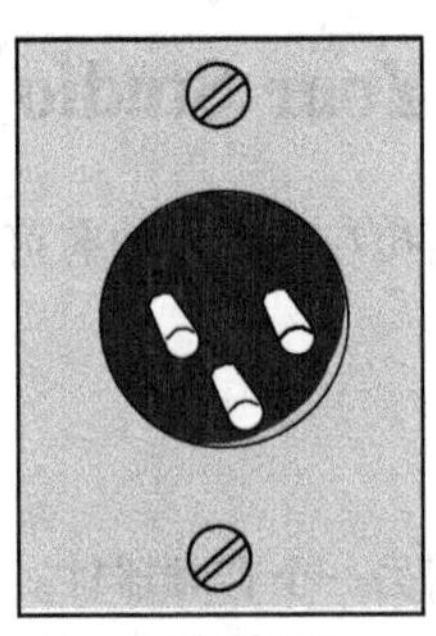
（A）输出公插头

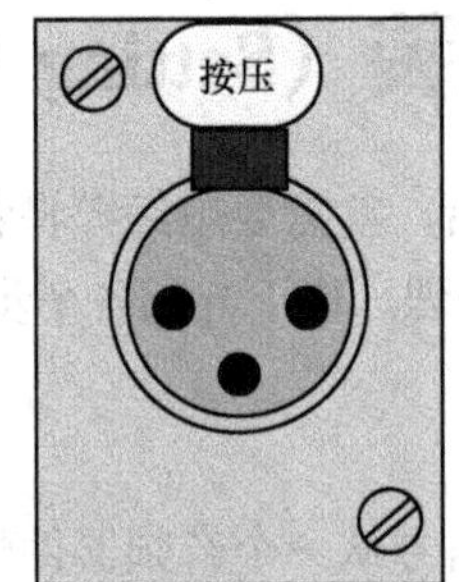

（B）输入母插座

图5.16 用于平衡设备上的三芯卡侬型插头座

非平衡设备的接插件如下。

- **1/4in TS（顶端-套筒）插孔**（见图5.17）。
- **莲花插孔（RCA接插件）**（见图5.18）。

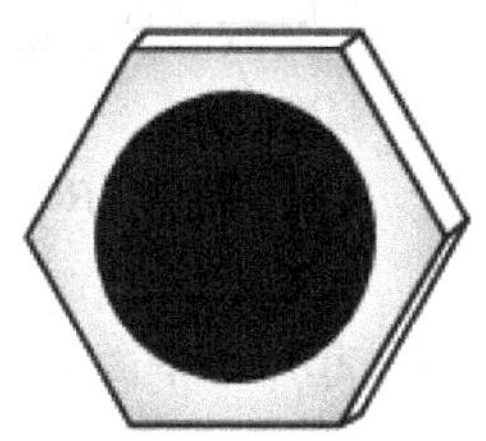

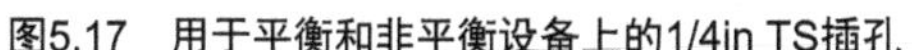

图5.17　用于平衡和非平衡设备上的1/4in TS插孔

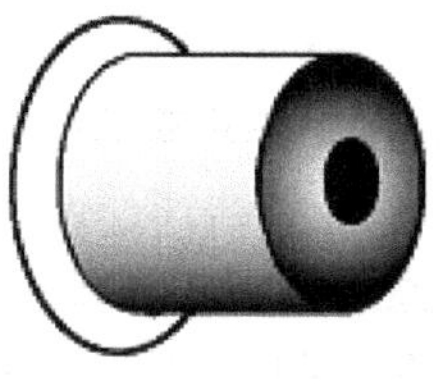

图5.18　用于非平衡设备上的RCA插孔

插孔是母头，**插头**插入到插孔内。

接插件易于引起混淆，因为对于单个接插件来说，可以有多种功能（通常不在同一时间）。一些实例如下。

- 三芯卡侬型插头座：在平衡线路输入时接插件上有+4dBu，平衡话筒输入时有2mV～1V，或在平衡线路输出时有+4dBu。
- TRS（立体声1/4in插头）：平衡话筒输入，插入发送/返回接插件（线路电平），乐器输入，或立体声耳机。
- TS（单声道1/4in插头）：非平衡话筒输入，非平衡线路电平输入或输出（+4dBu或-10 dBV），乐器输入，或低价位音箱接插件。
- 组合式接插件：一个卡侬型话筒输入插头加上一个TRS插孔组合在一起，插件上是乐器电平或线路电平。
- RCA接插件：家用立体声线路电平输入或输出，-10dBV，复合视频输入/输出，或SPDIF数字音频输入/输出。
- 1/8in（3.5mm）小型TRS插头：耳机插头，低价位立体声话筒输入，在便携式录音机上的线路输出，电平为-10dBV；或作为计算机声卡的线路输入、线路输出或音箱输出。

设备上的接插件根据它们的功能进行标注。如果见到某个卡侬型接插件旁标有“MIC”字样，则可知道它是一个平衡的话筒输入插件。如果是位于声卡上的一个1/8in接插件，则要看它附近的标记。它可能是话筒输入、线路输入、线路输出或是音箱输出。可以下载声卡的使用手册，有每一个接插件的功能说明。

5.2.3　线缆接插件（Cable Connectors）

有许多音频用的线缆接插件。图5.19展示了一个用于连接非平衡话筒、合成器和电子乐器等线缆的**1/4in单声道插头**（或叫**TS插头**）。顶端焊接线缆的芯线，线缆的屏蔽线焊接到套筒端上。

常用于连接非平衡线路电平的RCA插头，通常称之为**莲花插头**，如图5.20所示。它的中心脚焊上线缆的芯线，插帽端焊上线缆的屏蔽线。

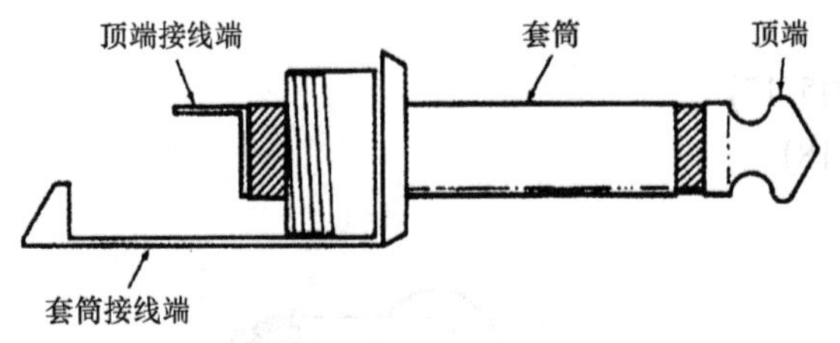

图5.19 单声道（TS）1/4in插头

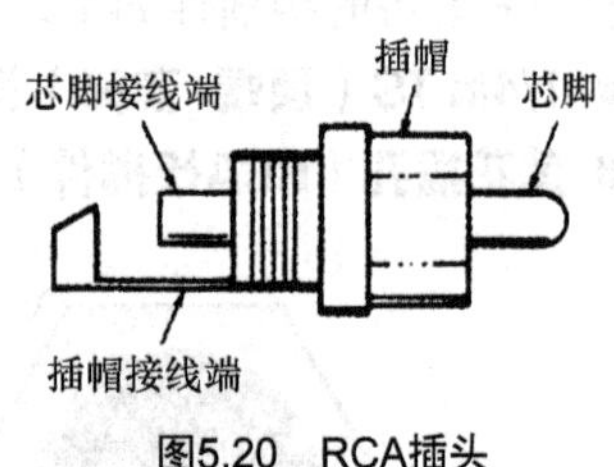

图5.20 RCA插头

三芯专业音频插头（卡侬型）如图5.21所示。它与平衡线一起用于平衡话筒和平衡录音设备。母插头（带孔，图5.21的上方）插入设备的输出端。公插头（带针脚，图5.21的下方）插入设备的输入端。1脚焊接线缆的屏蔽线，2脚焊接“热”端红色或白色导线，3脚焊接剩下的一根导线。这种接法适用于公、母两种接插件。

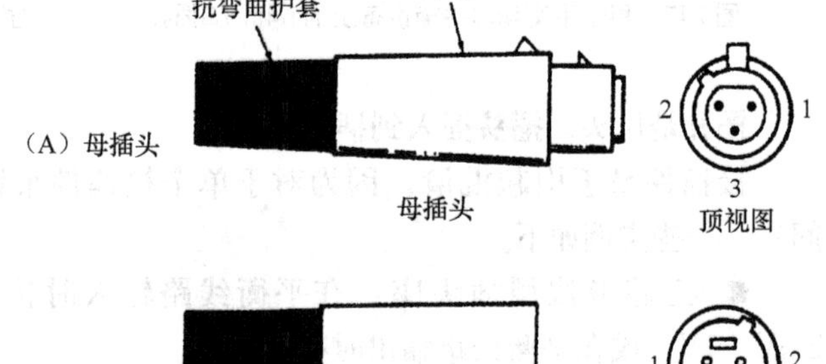

图5.21 三芯专业音频插头（卡侬型）

有些线缆的屏蔽网内有3根导线：热端线、冷端线和地线。地线连接线缆两端的1脚，而屏蔽线只连接发送设备的接插件的1脚。在一根话筒线缆内，两根地线和屏蔽线都接线缆两端的1脚上。

用于立体声耳机及某些单声道平衡线路电平线缆的**立体声TRS插头**，如图5.22所示。连接立体声耳机时，顶端焊接左声道的导线，环端焊接右声道的导线，而套筒端则焊接公共导线。用于平衡线路电平的线缆时，套筒端焊接屏蔽线，顶端焊接热端或红线或白线，环端焊接剩下的一根线。

有些调音台有立体声TRS插孔那样的插入插孔，每个插孔接受立体声TRS插头。顶端把信号发送到音频设备的输入，环端则从音频设备的输出接入返回信号，套筒端则接地。有些老式的调音台可能把环端接发送端，而把顶端接返回端。

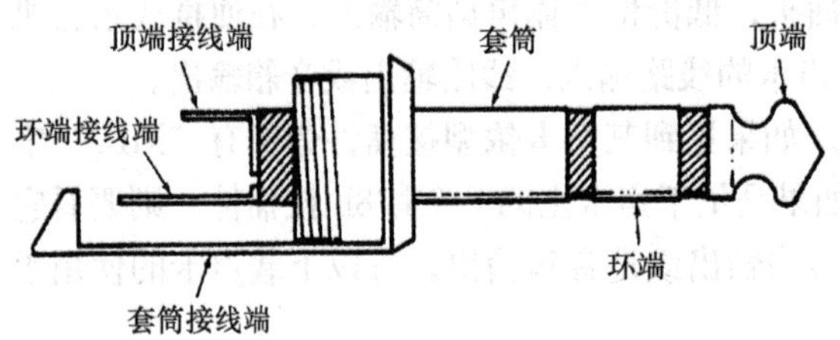

图5.22 立体声TRS插头

至于像MADI和AES3那些数字内部连接所使用的是专用接插件和线缆，将会在第13章的“数字录音”中介绍。

5.2.4 音频电缆的种类（Cable Types）

音频电缆也可按它们的功能来分类。在录音室里，将会用到许多种类的电缆，如电源线、话筒线、MIDI线、音箱线、USB线、火线、S/PDIF线、Alesis光缆、吉他线及跳线等。

电源线，例如一种交流电源的延长线或设备上的电源线，是由2根或3根大容量导线外包一层绝缘护套制成。导线的线径要粗到足以流过所需的交流电流而不致过热。

话筒线通常是两芯屏蔽线。它用两根导线运送信号，外包一层圆柱面编织线或屏蔽线，用于减少交流哼声的干扰。线的一端是一个插入话筒上的插头，通常是卡侬型母插头。另一端是一个1/4in TRS插头，或者是一个**卡侬型**公插头，都用来插入调音台或音频接口上。

与其用许多条话筒线接到调音台或接口，还不如考虑使用一条**多芯话筒线缆**，它有一个带有许多话筒插头座的线缆小盒，所有话筒线集中在较粗的多芯线缆内（见图5.23）。如果从另一个房间用较长的话筒线连接录音设备，那么用多芯线缆就特别方便。这对于大多数的实况录音来说尤为重要。**数字多芯话筒线缆**把模拟话筒信号转换成数字信号后，在一根以太网线缆上把数字信号传送到数字调音台。

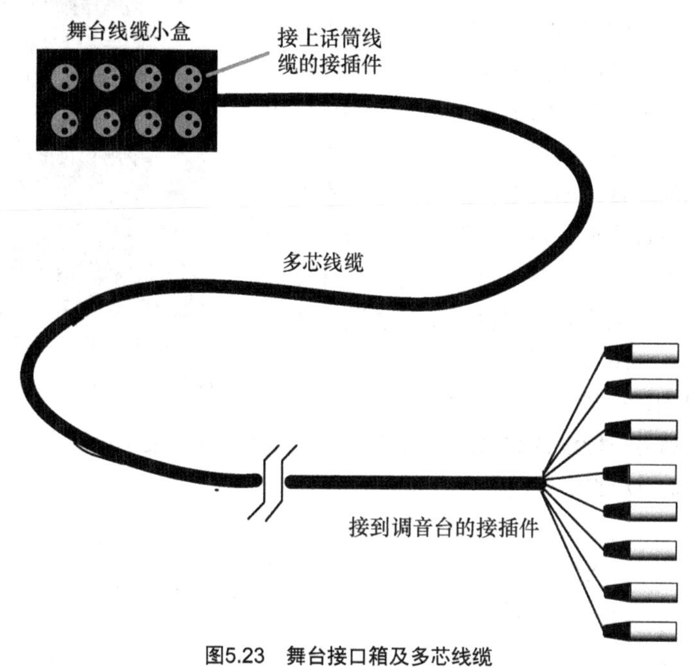

图5.23　舞台接口箱及多芯线缆

专业的平衡设备用话筒线来互相连接，两芯屏蔽线的一端接卡侬型母插头，另一端接卡侬型公插头。专业的跳线（将在下一小节讲述）使用接有TRS三芯插头的平衡线。

MIDI线在一根两芯屏蔽线的两端接有5针的DIN插头。MIDI线可从MIDI输出连接到MIDI输入，或从MIDI转接接到MIDI输入。许多现代设备用USB线来传送MIDI数据。

音箱线连接功放至每只音箱。为避免损耗功率，音箱线应该尽可能短，并要有足够粗的线径（12号～16号线）。它们甚至用灯光线来制成。12号线比14号线粗，14号线比16号线粗。

USB线或**火线**用来将外围设备（像一种音频接口）连接到计算机上。USB线或火线将在第13章的数字音频章节中详述。

S/PDIF线（索尼/飞利浦数字接口）把数字信号从一种设备的S/PDIF输出传输到另一种设备的S/PDIF输入。它使用屏蔽的非平衡线（理想的为75Ω RG59视频线缆），线的两端各接上一个RCA插头。S/PDIF光缆与Alesis光缆是相同的。

Alesis光缆是一条两端各接有Toslink插头的光缆。这条光缆把从Alesis多轨录音机输出的8路数字音频信号连接到一台数字调音台或计算机的光缆接口上。

吉他线是一种单芯屏蔽线，在其两端各接上一个1/4in TRS插头，用于吉他放大器与电子乐器（电吉他、电贝斯、合成器或带有微型粘贴话筒的原声吉他）之间的连接。也可用于电子乐器与直接接入小盒或乐器输入之间的连接。

跳线把录音机-调音台连接到外部设备：效果器、2声轨录音机和功放等。它们也可把模拟调音台连接到多轨录音机的模拟输入和输出，通常像多芯线缆那样组合了许多音频线。非平衡的跳线是单芯屏蔽线，在其两端接有1/4in TRS插头，或者接有RCA插头。立体声跳线是两根并排的跳线。

5.2.5 机柜/跳线盘（Rack/Patch Bay）

安装设备时需要把一些信号处理器装到一个机柜内，这是一种带有设备安装用丝扣及滑轨的木质或金属机箱（见图5.24）。也许还需要装一个跳线板或跳线盘：接有设备输入和输出的一组插孔。用一块跳线盘和一根跳线，可以很方便地改变设备之间的连接。也可以旁通或跳过有缺陷的设备。不过要注意，由于有附加的线缆和接插件，使用跳线盘之后，有轻微增加拾取交流哼声的机会。机柜和跳线盘并非必需品，尤其在计算机录音室内较少应用，但它们确实提供了诸多便利。某种典型的跳线盘的布置如图5.25所示。

图5.24 机柜与跳线盘（由Cellsonik公司提供）

在许多跳线盘内，一种设备的输出是半永久性的，或经常性地被连接到另一种设备的输入。当把跳线插入跳线盘的某个插孔之后，将会断开正常连接，从而建立起一条用户的信号通路。

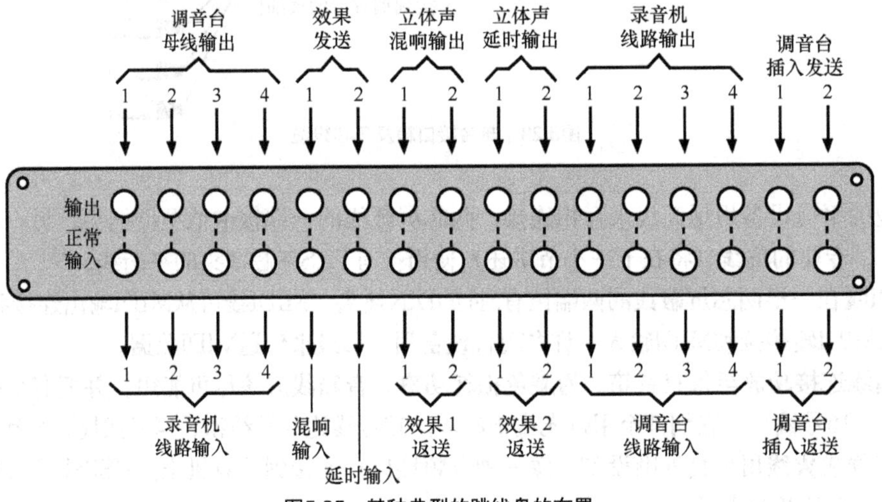

图5.25 某种典型的跳线盘的布置

5.2.6 设备的连接（Equipment Connections）

设备的使用手册会展示设备的各部件如何连接其他设备。一般来说，为减少交流哼声，所使用的音频线缆应尽可能地短，但是也应留有余地，以便更改连接方式。

根据线缆的接入去向，在线缆的两端务必加以标注；例如MIXER CH1 MONITOR OUT（调音台通路1 监听输出）或ALESIS 3630 IN（ALESIS 3630输入）。如果要临时更改连接，或线缆被拔出来之后，可从标签上的标注得知应该插回到什么地方。把标签用一段护套套在线缆的端头，可以制成一个牢固的标签。

使用非平衡接插件（常见用TRS或RCA插头座）的半专业录音室设备通常在−10或−10dBV

的电平上工作。使用平衡接插件（常见用卡侬型或三芯TRS插头座）的专业录音室设备通常在+4或+4dBu的电平上工作，该电平实际上已有很大的音量。根据设备手册的说明来决定设备的输入和输出电平。在连接运行在不同电平的设备时，在每台设备上要对+4/−10开关进行设定，以便匹配所要运行的电平。如果设备上没有此类开关的话，那么可在它们之间接入一个**+4/−10电平转换小盒**，例如Whirlwind的LM2U和LM2B线路电平转换器（见图5.26）。或者可按照附录A“dB或非dB”中章节A.3和A.4那样装配一试。

图5.26　Whirlwind LM2U和LM2B+4/−10电平转换器（由Whirlwind提供）

一个带有多通道音频接口的数字音频工作站录音室的典型连接如图5.27所示。一个数字音频工作站录音室的设备平面布置如图5.28所示。

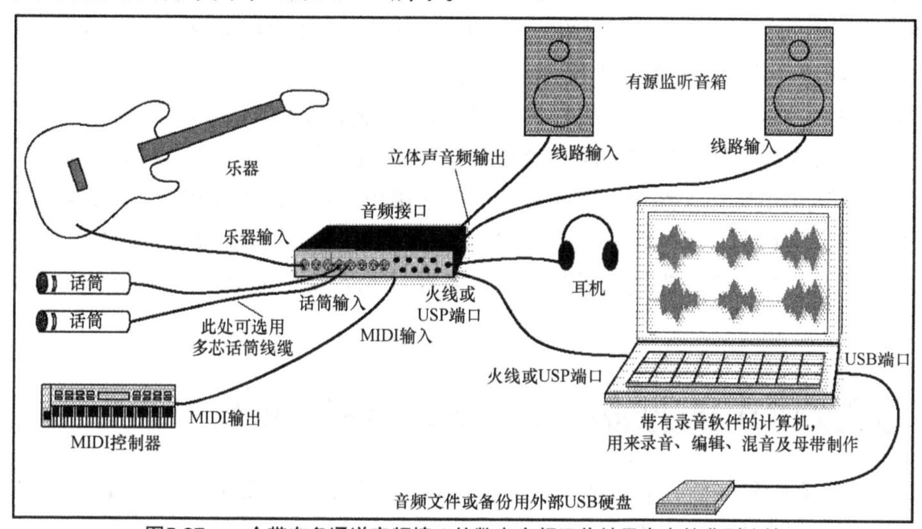

图5.27　一个带有多通道音频接口的数字音频工作站录音室的典型连接

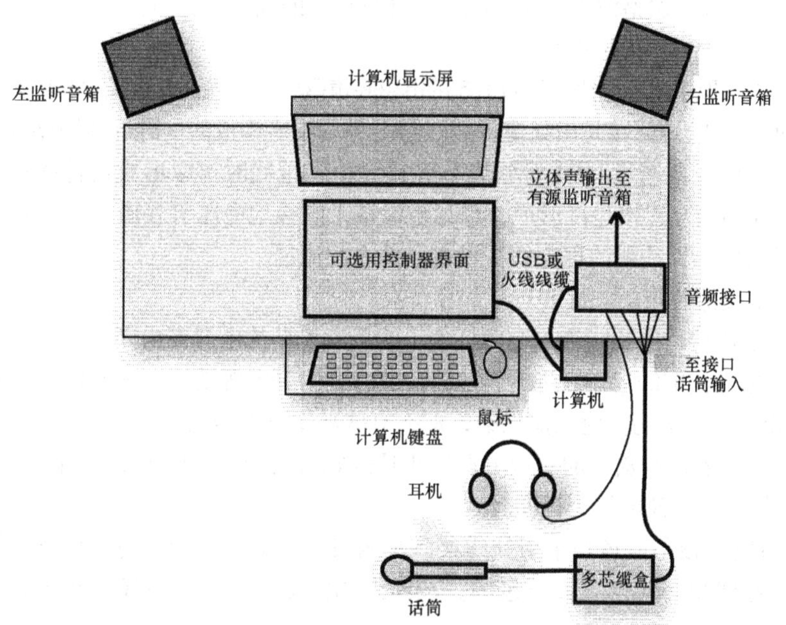

图5.28　数字音频工作站录音室的设备平面布置

如图5.27所示，可按如下步骤来连接设备。

1. 使用吉他线把电声乐器连接到音频接口的乐器输入端。如果乐器距接口之间的距离超过15ft，那么在乐器输出端要接入一个直接接入小盒（用吉他线连接），把直接接入小盒的卡侬型话筒输出接到多芯话筒线缆缆盒上或接到音频接口的话筒输入端。

2. 用卡侬型话筒线缆将每支话筒连接到音频接口的话筒输入端。如果使用多芯话筒线缆及缆盒则更为便利，只要把每支话筒接到缆盒上，然后把多芯话筒线缆的卡侬型公插头接到接口的话筒输入端即可。如果你喜欢用独立的话筒前置放大器和模/数转换器，那么用卡侬型插头或TRS插头至TRS插头的话筒线把话筒插入前置放大器，然后把前置放大器的线路输出连接到模/数转换器的线路输入端。

3. 用一根MIDI线把MIDI控制器的MIDI输出连接到音频接口的MIDI输入，或者用USB线把MIDI控制器连接到音频接口上。

4. 用两根TRS插头至TRS插头的线缆（立体声或单声道）把接口的立体声输出接到两只有源监听音箱上。如果是无源监听音箱，则把接口的立体声输出接到立体声功率放大器的输入端，再用音箱线把功率放大器的输出接到音箱上。

5. 把耳机（或者是一台耳机功放）插入接口的耳机插孔内。

6. 用USB或火线线缆，把接口内的USB/火线端口连接到计算机内的配接端口。

7. 用USB或雷电储存器线把外接硬盘的端口连接到计算机内的配接端口。该硬盘可作为音频文件或作为备份使用。一个拥有录音机-调音台的录音室的线路连接方式可以十分简便。把话筒插入话筒输入端，把耳机插入耳机插孔，然后把有源监听音箱接到调音台的监听输出端即可。

5.3 交流哼声的预防（Hum Prevention）

接入了一台音频设备后，有可能发现有交流哼声。这是一种低节拍的声音或是嗡嗡声，是一种60Hz（在其他地区可能为50Hz）或是与这种频率成倍数的令人讨厌的声音。交流哼声包含更多的一次谐波声和二次谐波声，而嗡嗡声则含有更多的高次谐波声。

交流哼声主要由以下原因引起。

■ 由于线缆拾取了由电源线辐射而引起的电磁哼声磁场——特别是当线缆的屏蔽连接受损时。

■ 接地回路。**接地回路**是由线缆屏蔽线与电源地线所构成的一种导体回路或电路。当两台或多台独立的音频设备通过3芯电源线各自连接到电源地线时可以形成这种回路，或设备之间通过线缆屏蔽线的相互连接也能形成。当每台设备上的接地电压有轻微的差别时，一个50Hz或60Hz的哼声信号将沿着线缆的屏蔽线在设备部件之间流过。

以下是预防交流哼声的关键要点。

■ 要防止形成接地回路，插入电源插座上的所有设备的电源要由同一个交流电源供电。

■ 不要使用交流电的3脚转2脚的转接器，这样会断开电源地线——导致安全上的隐患。

■ 如果得不到足够的交流电流供给，那么有些功率放大器也会产生交流哼声。所以要把功率放大器（或者是有源音箱）的交流电源插头接到它自己的墙插座上——而供给录音设备用的电源插座盒要用同一交流电源的插座。

■ 如有可能，设备应该用平衡线缆接到平衡设备上去。平衡线有卡侬型和TRS两种接插件，它的两根芯线用一层屏蔽线所包围。在线缆的两端，要把屏蔽线接到机箱的一个螺丝钉上，而不应接到卡侬型插头的1脚上。或者有的音频设备上的卡侬型插头1脚是接到机架地端，而不是接到信号地线。

■ 不要使用调光器来改变录音棚内的亮度，应该使用Luxtrol 可调变压器的调光器或多路的白炽灯泡。

即使系统完成了正确的连接，但是在完成了某种连接之后，往往还会出现哼声或嗡嗡声。下述一些要点有助于克服这些哼声。

■ 如果哼声来自直接接入小盒，可试试拨动它的浮地（ground-lift）开关。

■ 检查线缆和接插件的芯线和屏蔽线是否断开。

■ 拔出所有设备的电源插座。开始仅使用有源监听音箱来监听，然后一次接入一台设备之后细心聆听，可以发现哪一台设备被接入后出现了哼声。

■ 从那些设备上撤去音频线缆，然后分别监听每一台设备本身，从而可发现有缺陷的设备。

■ 降低功放（或有源监听音箱）的音量，然后对其输入一个高电平信号。

■ 在乐器和调音台之间用一个直接接入小盒来替代吉他线。

■ 为消除因在两台设备之间连接而可能形成的地线回路，可在设备之间接入一个1：1的隔离变压器、直接接入小盒或哼声消除器（例如Jensen CI-2RR、Behringer Micro HD HD400、Rolls HE18 Buzz Off、Sescom IL-19、Ebtech HE-2及HE-2 XLR等）。

■ 要确保多芯话筒线缆缆盒不接触金属物件。

■ 卡侬型接插件的金属外壳接触到金属后，有可能因形成地线回路而产生交流哼声。为防止形成回路，不要把卡侬型插头的1脚与接插件的接地接线片相接，因为接地片需要与金属外壳相连接。只有当设备的输入与输出是永久性地连接着接地片时，卡侬型插头的1脚可以接到接地片上。

■ 试试更换一支话筒。

■ 如果从一把电吉他那里听到哼声或嗡嗡声，可让吉他手移动到不同的位置或朝向另外一个方向。也可以在吉他手身体与靠近尾端的吉他弦之间系上一根导线，以便将吉他手的身体接地。

■ 在一条嗡嗡作响的低音吉他声轨上，降低其高频均衡量。

■ 为降低某条电吉他声轨上音符之间的嗡嗡声，可以使用噪声门（会在第11章讲解）。

■ 话筒线和跳线的走线要远离电源线，在它们之间经过时要垂直相交而过。同时还应注意录音设备和线缆要远离计算机的监视器、功率放大器和电源变压器等。

遵照上述那些要点，应该能够连接完成不引入任何哼声的音频设备。祝你好运！

5.4 降低射频干扰（Reducing Radio Frequency Interference）

有**射频干扰（RFI）**时，可听到那种像嗡嗡声、咔哒声、无线电广播节目声或在音频信号中的杂乱声音等声音，可能是移动电话、计算机、闪电、雷达、广播与电视发射机、工业设备、汽车点火、舞台灯光或其他的干扰源等所引起的。下列许多技术大都与降低那些信号源中的哼声相似，降低射频干扰的要点如下。

■ 如果认为音箱线、话筒线或是跳线拾取了射频干扰的话，将线缆缠绕数圈成为一个**射频干扰扼流圈**，把扼流圈放置在只接收音频的设备附近。

■ 在交流电源插座内安装高质量的射频干扰**滤波器**。

■ 如果一个平衡线缆接插件内的屏蔽线被断开的话，应把屏蔽线焊到卡侬型接插件的1脚上。

■ 如果某支话筒拾取了射频干扰，则可在话筒线的卡侬型母插头一端的1脚与2脚之间、1脚与3脚之间各焊一只0.047μF的电容。注意，对某些话筒来说，这样有可能产生高频失真。

■ 假如某条话筒线因长时间地连接到调音台而拾取到了射频干扰，而且你对焊接比较内行的话，那么可在线缆靠近调音台一端的卡侬型插头1脚与接插件的外壳端（接地片）之间焊接一条较宽的金属编织条。要确保使接插件与调音台的机架之间有金属与金属之间的可靠接触。

■ 定期地用Caig Labs De-OxitIT（去氧化剂）清洁接插件的触点，或者至少要把接插件插拔多次。

本章简要地介绍了录音室用的设备及接插件，本书的其余部分将详细讲解各种设备，为获取最佳效果，还会介绍如何去正确使用这些设备。

第6章 监听

（Monitoring）

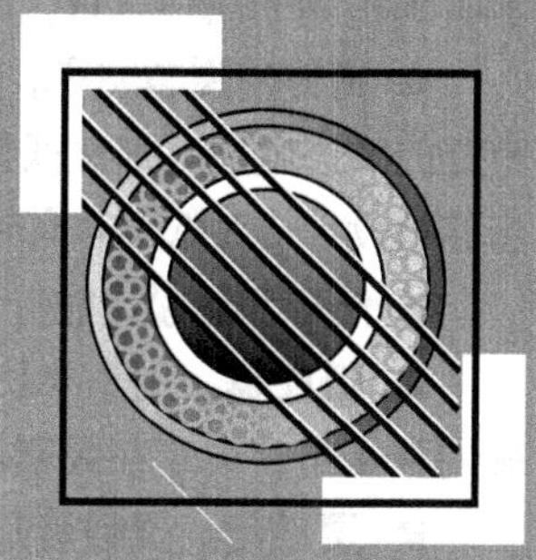

录音最激动的时刻，就是在完成混音后，在监听音箱上回放作品的时候。这时可以清晰地听到每个细节的声音，并可感觉到那种强劲的低频在你的胸腔中跳动。

监听系统用来审听调音台、音频接口或录音机的输出信号。它是由监听调音台、功率放大器、音箱和审听室组成。

监听调音台是在硬件调音台内或在软件调音台的显示屏上的一组旋钮和推子。监听调音台可以把已录声轨的电平与被叠录的实况话筒信号加以平衡。详细情况将会在第15章中的数字音频工作站的信号流程章节内讲解。

功率放大器用来把调音台信号的电功率提升到足以驱动音箱（监听音箱）的功率。每只音箱将电信号转换为声信号，而审听室的声学特性则会影响音箱发出的声音。

要得到优良的混音效果，就必须有一对高质量的监听音箱。功放和扬声器会告诉你所录得的是什么样的声音。根据你所听到的声音，你要调整混音并且判断话筒设置。很明显，监听系统对你在调音台上所作众多控制部件的设置，以及你对话筒的选择和摆放都会有一定的影响。所有的那些设置将会影响到你录制声音。所以使用不合适的监听音箱，会导致在你的录音棚里录制出质量低劣的录音作品。

最关键的是要使用具有平直频响的精确的扬声器。如果监听音箱的低频很弱，你将会一味地提升低频，直到你对在这音箱上听到的低频满意时为止。可是当你把所录的作品放到具有平直频响的扬声器上回放时，你将会听到低频过多、太过沉闷的声音，这是因为你在调音台上过多地提升了低频的原因。所以，使用低频很弱的监听音箱会录制出低频沉闷的作品；反之亦然，使用夸大了高频的监听音箱，则会录制出音色暗淡的作品。所以一般来说，监听音箱的色彩会转化到你的混音作品中。

这就是为什么要使用具有宽而平直频响、精确的监听系统的原因。这样的监听系统将会让你正确地听到你所录得的是什么样的声音。

6.1 扬声器的要求（Speaker Requirement）

对于精确的录音棚监听音箱的要求如下。

■ **宽广而平滑的频率响应**。为了确保正确的声音再现，音箱在轴向上直达声的频率响应至少在40Hz～15kHz（±4dB或以内），小监听音箱的低频响应也至少要达到70Hz。

■ **一致的轴向偏离响应**。音箱的高频在轴的偏离方向上仍有一定的输出，理想的响应应是在相对轴向偏离30° 角时仅有稍许的下降。在这种情况下，制片人和录音师并排坐在一起时仍能听到相同的高频总量。即当录音师沿着调音台附近走动时，其高频总量不会有变化。

■ **良好的瞬态响应**。这是扬声器能够精确跟随音乐声的声建立和声衰减的能力。如果扬声器有好的瞬态响应，那么低频吉他声应是**紧密**的、但不沉闷，鼓类的击打声有急剧的冲击力。有些音箱被设计成对低频和高频扬声器在时间上有独立安排的结构，这样有助于改善瞬态响应。

■ **清晰和细腻**。能听到乐器音色特征上的细小差别，并能将复杂的音乐章节加以区分识别。

■ **低失真**。由于要长时间地监听而又不致伤害耳朵，那么低失真的音箱是必备的。一种较好的观点是：音箱在频率40Hz～20kHz、声压级为90dBSPL时的总谐波失真应小于3%。

■ **灵敏度**。**灵敏度**是指，音箱在1W的粉红噪声功率的驱动下，位于音箱前1m处所产生的声压级。**粉红噪声**是在每个倍频程上具有相同能量的随机噪声。这种噪声可以是被限制在音箱的频带范围内，或者是以1kHz为中心频率的1/3倍频程噪声。灵敏度用dB/W/m（在1m处1W功率驱动下所测得的声压级）来测量。一般认为93dB/W/m已属于高灵敏度，85dB/W/m则是低灵敏度。如果音箱的灵敏度很高，那么只需较小的放大器功率就可获得足够的响度。

■ **高输出容量**。是指音箱在大音量回放而又不致烧毁时的能力。有时经常要用音箱在大音量情况下去监听音乐中较为细小的音节。加之在为演奏者录音时，在录音棚内的演奏者们往往是用大音量来演奏，而当演奏者们需要审听他们的录音回放时，如果只听到很小的音量的话，往往会令他们失望。所以音箱需要至少有110 dBSPL的声压级输出。

这里有一个计算音箱最大声压级输出（可以供给多大的音量）的公式：

$$\mathrm{dBSPL}=10\lg(P)+S$$

式中dBSPL为1m处的声压级。P为音箱的连续功率额定值，以瓦（W）为单位，S为音箱的灵敏度额定值，单位为dB/W/m。

例如，某音箱的最大连续功率额定值为100W，它的灵敏度为94dB/W/m，那么该音箱的最大声压级输出为10lg(100) + 94 = 114 dBSPL（在音箱前1m处）。在音箱前2m处的声压级将会降低4～6dB。

6.2 近场监听音箱（Nearfield Monitors）

许多专业录音棚使用很大的监听音箱，以便有丰满而深沉的低频。然而，这种音箱价格昂贵、又大又重，很难安装，而且也受控制室建声条件的影响。几乎所有的录音棚，无论是大型或是小型录音棚都需要安装一对近场监听音箱（见图6.1）。**近场监听音箱**是一种小型、宽频响

图6.1　近场监听音箱——Mackie HR824 MK2（由Mackie公司提供）

应的音箱，通常由一只锥形**低音扬声器**和一只半球形**高音扬声器**所组成。可把这对音箱分隔3～4ft，装在紧靠调音台背面两侧的音箱架上，音箱距录音师的距离也约为3～4ft。近场监听音箱的使用要比大型的安装于墙面上的音箱更为普遍。

这种由音频顾问Ed Long公司开发的近场监听技术，是因为近场监听音箱紧靠在录音师的耳朵附近，录音师所听到的是音箱的直达声，从而可忽略房间的声响。加上近场监听音箱的声音非常清晰，还能提供准确的立体声声像定位。有些音箱还内置低频和高频的调节部件，以补偿音箱放置位置和房间表面的影响。

音箱远离墙面放置时声音也可以具有足够的低频。虽然大多数近场音箱缺乏深沉的低频，它们可以用超低频音箱来加以补充，以重现完整的音频频谱。或者也偶尔用具有足够低频的耳机来检查其混音。

有些近场音箱使用**超低频——卫星**形式。两只卫星音箱是很小的单元，通常在其内部装有一只4in低音扬声器和一只3/4in的半球形高音扬声器。卫星音箱因为体积太小而提供不了足够的低频，因此要在单独的超低音箱体——内装一只或两只大型的锥体形低音单元。通常超低音箱体产生自100Hz低至40Hz或更低的频率。由于我们不能对100Hz以下的低音作声像定位，所以人们会认为所有的声音都来自卫星音箱。超低频卫星音箱系统的设置要比两只较大的音箱更为复杂，但它们可提供更为丰满的低频。

6.3　内置功放（有源）音箱［Powered (Active)Monitors］

大多数监听音箱内置功率放大器（简称“功放”）。这时只要把混音调音台或音频接口的线路电平信号（标有监听输出或立体声左/右输出）接到音箱上即可。大多数的内置功放采用**双放大器**结构：一台功放推动低音扬声器，另一台则推动高音扬声器。双功放有以下优点。

- 由于低音功放的削波所引起失真的频率成分不会到达高音扬声器上，所以，由于削波而烧毁高音扬声器的可能性极小。此外，在低音放大器内的削波失真几乎听不见。
- 降低了互调失真。
- 峰值功率输出要大于等效的单台功放的功率。
- 功放与扬声器之间的直接耦合改善了瞬态响应——尤其在低频段部分。
- 双功放方式降低了功放的电感和电容负载。
- 可以充分利用高音放大器的满功率，而不用去考虑低音放大器的功率需求。

6.4　功率放大器（The Power Amplifier）

如果监听音箱内不带有功放，则需要有一台独立的功放（见图6.2）。功放把调音台或音频接口所提供的线路电平提升到足以推动扬声器所需的较高的功率。

你需要多少瓦的功率？监听音箱的数据表将会给出这一信息。查找被称为“推荐用放大器功率”的一项性能指标。单通道为50W连续功率的功放大概是可用于近场监听音箱的最低要求，150W的较好。功率大的系统总比功率小的要好，因为一个功率不足的系统很可能产生削波或失真，所产生的高频成分有可能损坏高音扬声器。

一台优质的监听功放在满功率时的失真应低于0.05%，且要有较高的**阻尼系数**——至少为100——以保证其低音紧密。它还应该有很高的可靠性，要有左右两声道独立可调电平的调节钮。功放还设有一个削波或峰值指示灯，在功放出现失真时，指示灯会闪亮。

图6.2 功放实例——皇冠D-75A

6.5 音箱线及极性（Speaker Cables and Polarity）

无源监听音箱需要有一段线缆连接到功放的输出端。在把功放与音箱连接时，要有丰富的接线经验，过长或过细的音箱线会由于导线发热而浪费功放的功率。功放尽量紧靠音箱，这样可使用较短的音箱线，音箱线的粗细至少要用16号线规格，也就是至少要有0.0508in或1.291mm直径的音箱线。音箱线的电阻越低，将越有助于功放去阻尼扬声器的运动，并且由于避免了在无信号时锥体振膜的振动，低音更为紧密。

音箱线可以使用普通的灯光用线，或者用两股互相绝缘的导线外包一层橡胶或塑胶作为护套。音箱线无须屏蔽线。

如果有两只音箱的**极性**连接相反，那么一只扬声器的纸盆向外运动的时候，另一只扬声器的纸盆是向内运动的。这样会导致模糊的立体声声像，低音减弱，人耳会得到一种奇怪的压力感觉。为确保音箱的连接有相同的极性，应将功放输出的正端（+或红色）与音箱的正端（+或红色）相连接。正确的极性设置也被称为**“音箱同相”**。

有些无源监听音箱的接插件用香蕉插座、螺丝压接端口、TRS插孔及Speakon专业用音箱接插座等。后者在插入插头后扭转插头并锁定插头位置。

无源监听音箱有独立的低音和高音端接口，在调音台与功放之间用一个**有源分频器**把信号分别送到双功放上。通常无源监听音箱在其内部有一个无源分频器，信号通过无源分频器后把低频成分送到低音扬声器、把高频成分送到高音扬声器。

6.6 控制室声学（Control-Room Acoustics）

控制室的建声条件会影响音箱的声音。在听音者的耳朵里，从房间表面反射的声波与从音箱到达的直达声相混合。在直达声之后20～65ms内到达的反射声，与直达声混合之后将会影响到听觉上的音调平衡。

在第3章“运用声学处理来控制录音室的问题”小节内，已经讲述过如何去处理录音棚与控制室的声学问题，以便减少过多的混响、回声、驻波及噪声等。

应用了近场监听音箱之后，房间的建声问题就不会显得太重要，但是仍然需要在监听音箱后面的墙面上放置一些吸声材料。这样可改善监听音箱的声音，并且立体声的声像定位和**纵深感**也会极大地改善，声音更清晰，频响更平直。这种处理还降低了隆隆声和振铃声，并且其瞬态响应更敏捷。也就是说，将从这里录制出来的录音产品放到其他音箱上回放时，将具有更好的演绎效果。

当你坐在调音台面前时，让人拿着一面镜子以你眼睛的高度沿着墙面滑动，记下你在镜子里面可以看到监听音箱的时刻镜子的位置，把吸声材料贴到那个地方，用于吸收反射声。在监听音箱与混音位置之间的天花板上同样重复使用镜子寻找反射声位置的步骤。

如果控制室要从录音棚内分离出来的话，控制室的声音不得进入录音棚。在控制室听录音棚内的声音时需通过监听音箱，而不再是来自演奏者们的现场声。在家用录音室的场景中，可在一个房间内放置一些控制室设备，并远离录音室，把门关紧就能达到简单的隔音效果。

如果控制室建在录音室附近，那就需要有好的隔音。可采用带有交错墙筋的双墙结构，两个房间之间要密封孔隙，在控制室和录音棚之间安装双层玻璃窗（用橡胶固定）。

在某些家庭或企业录音室，控制室与录音室是在同一房间，因为它们不需要隔离，所以录音室的建造成本要低得多。录音师在录音时用耳机来监听，而在回放和缩混时则用音箱来进行关键性的监听。

6.7 音箱的摆放（Speaker Placement）

当有了一对监听音箱，并已在房间建声方面做过处理，接着就可以安装音箱了。

■ 音箱的安装高度大致与人耳位置的高度相同，但不要被调音台挡住声音。

■ 为了避免声音被混音调音台反射，应该把音箱置于调音台表桥后方的音箱架上，而不是置于调音台的顶部。

■ 为获取最佳的立体声声像，调整音箱的升降装置的垂直高度，并保证音箱的安装位置与两边的侧墙相对称。

■ 两只音箱之间的间隔距离等于音箱至录音师的距离。将音箱的正面对准录音师，录音师正好坐在两只音箱的中间（见图6.3）。有些录音师建议，在听音者身后12～18in处来瞄准两只音箱。

■ 为获取最平滑的低频响应，要使音箱尽量靠近短墙面，录音师坐在离前墙1/3的长墙面距离处。

■ 在每只音箱下面用泡沫材料隔离装置，以确保有深沉和紧密的低音。Auralex MoPads及Primacoustics Recoil Stabilizers 起到较好的作用。

试着把音箱从最靠近的墙面的地方移出数英尺。墙面反射将会影响频率响应及立体声声像定位。音箱靠近墙面时，则会听到更多的低频。在小房间内，如果音箱必须倚靠墙面的话，这时将会增强低频。好在有些监听音箱具有一个作为补偿用的低频衰减开关。

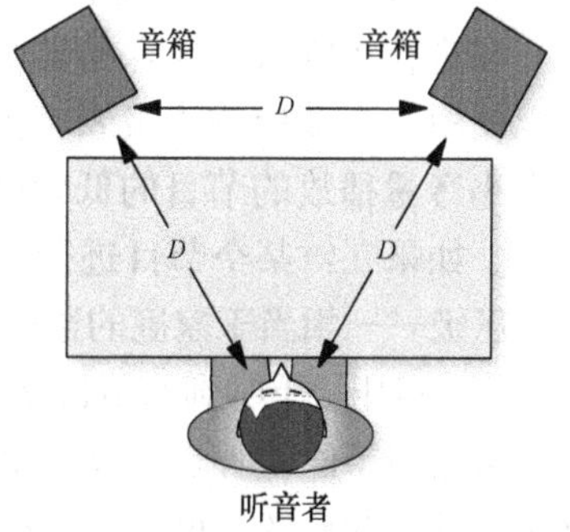

图6.3 最佳立体声声像定位推荐的音箱/听音者的位置关系

如果一位听音者坐在偏离中心——不坐在两只音箱的中间位置——那么由于两只音箱所发出的声音会在不同的时间到达听音者处，听音者所听到声音的相位互相干涉，使听者感到有一种歪斜的声像平衡。即由于听音者所感知的声像会偏移到听音者所就座的一侧，这会使偏离中心的听音者不能正确地听到声像的位置。所以当客户要严格地评价其混音时，他们必须坐在两只音箱中间线上的最佳听音位置。

6.8 音箱的处理（Speaker Processing）

KRK系统ERGO是一台监听音箱控制器，用它可以校正房间的相位及频率响应误差，得到精确的监听，这样可使混音比起在其他系统上监听时有更好的演绎。

也可以用一台1/3倍频程的图示均衡器、全指向性测量话筒及例如SynRTA freeware的音箱测量软件来均衡你的监听音箱，以获得平直的频率响应。Dayton Audio EMM-6（除了其他较好的音箱外）是一款品质优良的、能负担得起的测量用话筒。

一次均衡一只音箱，把话筒置于你在混音时你耳朵所在的位置。设定实时分析仪（**RTA**）的图表为1/3倍频程分辨率。从RTA程序播放粉红噪声，从RTA曲线图表上衰减位于0dB线以上的那些频率，不要提升那些位于0dB以下的频率成分。这些在频率响应曲线上下沉的凹陷可能是声反射的相位干扰所致，并且不能用均衡来校正。处理的目标是要在音箱的频响范围内获得尽量平直的频率响应（可以在10kHz以上时的衰减小于2dB）。

要确保用顶级质量的商用录音作品来审听其声音质量——而不能一味地依赖测量。

6.9 监听音箱的使用（Using the Monitors）

按上述要求处理好房间声学并完成连接、摆放好音箱之后，接下来就可调整立体声平衡。

1．通过调音台或音频接口播放单声道的音乐信号，并把它分配到设备的立体声输出通道1和立体声输出通道2上。

2．调节调音台主输出推子使其信号读数与立体声输出通道1和立体声输出通道2的电平表读数相同。如果你使用的是一台音频接口，则可把数字音频工作站的监听调音台的输出推子调节到同样的电平。

3．摆放两只音箱，使其至听音者的距离相等。

4．坐在调音台前、位于两只音箱之间的正中心位置。如果听音者偏离中心位置的话，将会听到声像偏向一方。聆听音箱之间声音的声像，将声像定位在两音箱之间的中间位置，也就是在正前方。

5．如有必要，可用调节功放或有源监听音箱的左右音量控制旋钮来使声像位于中心。

在进行缩混时，应保持监听声压级为85dBSPL左右——这是公认的家庭听音声压级。你可以使用一个廉价的声级表，因为根据贝尔实验室的科学家弗莱切和蒙森的发现，我们在听一个小音量播放的节目的低频时，与同样节目在大音量播放时相对比，我们对低频的感觉要弱些。如果在对某个节目进行混音时，监听声压级为100dBSPL，之后把这个节目在较低的监听声压级——相当于家庭的监听声压级上来聆听时，会感到低频弱了些。所以，大多数家庭在85dBSPL声压级下听到的节目就应该在这个声压级下来进行混音和监听。

大音量下的监听也会夸大4kHz频率附近的声音，在混音时听到的这种声音是一种有力度而又生气勃勃的声音。可是，在较低的音量下监听同样的混音时，却会感到声音是那样的暗淡而无生气。

避免太大的监听声压级的另一个理由是，大音量的连续声响会损害听觉，甚至在某些频率上引起瞬间的听觉消失。如果必须为演奏者们用大音量回放（演奏者们在录音控制室内习惯于在高声压级下聆听），为保护你的耳朵，应带上耳塞或离开控制室一段时间。

在精确的监听音箱上可以把那些声轨混合成优美的声音。要是在小型的不太昂贵的监听音箱上进行混音时，就应该经常检查是否存在某些元素丢失或者有混音上的激烈变化。要确保所录得的低音乐器声有足够的气势，或在较小的音箱上还能听到某些谐波成分。这里有个好主意，就是把混音结果拷贝成CD后，放到汽车音响、低音柱音响设备或小型立体声音响设备上来审听。

6.10 耳机（Headphones）

与监听音箱相比，耳机具有如下一些优点。

- 成本远低于监听音箱。
- 不会受到房间声学染色的影响。
- 在不同环境之下所听到的音质是相同的。
- 可以很方便地进行实况监听。
- 易于听到混音时的微小变化。
- 由于没有房间反射，所以瞬态响应更敏捷。

耳机也有如下的缺点。

- 长时间戴耳机后，会感到不舒服。
- 廉价耳机的音质不清晰。
- 耳机不能通过身体来体验低音音符。
- 由于耳机结构内的压力变化，低频响应会有所变化。
- 声音定位出现在头颅里面，而不能出现在正前方。
- 由于戴上耳机后听不到房间混响，所以有可能加上太多或太少的人工混响。
- 用耳机很难判断立体声的空间分布。通过用耳机来聆听施加声像偏置之后的信号，其信号偏离中心的程度不如这同一信号在监听音箱上所听到的那样宽广。虽然它们都是用相同的话筒来录制的同一首立体声录音作品。例如，在音箱上听到被偏置在音箱一侧的中间位置上的乐器的声像，用耳机来监听时，该乐器的声像总是会出现在中心位置上。

由于在监听音箱上的声音与从耳机中所听到声音不同，所以最好还是用监听音箱来进行混音。不过有时也用耳机来检查混音，因为许多听音者都是用它来听MP3播放器的。

Focusrite公司的一款Saffire PRO 24 DSP音频接口，应用VRM技术在耳机上仿真出录音室监听音箱的声音。可以选用3种房间模型和15种不同的音箱仿真声音。

如果监听音箱与话筒在同一间房间内，那么话筒将会拾取音箱的声音。这样会引起**反馈**或产生一种浑浊的声音。在这种情况下，在录音或叠录时只能用耳机来监听，只有在回放或缩混时才能用音箱监听。

如果用耳机来监听演奏者的演奏的话，外部的声音有可能进入耳机，这样会掩蔽正在监听的声音，因而很难去评价正在拾取的声音的质量。所以在回放时要加以检查，并使用**密封式（封闭式）**耳机或入耳式耳机，使之对外部声音有更好的隔离。

6.11 提示系统（The Cue System）

提示系统是演奏者们在录音时要用到的一种监听系统。它包括调音台（或是在显示屏上的一台软件监听调音台）上的一些辅助旋钮、一台耳机放大器及几副耳机等。演奏者们在录音棚内通常不可能听清彼此的声音，但是他们可以通过耳机来倾听彼此间的声音。同时，在叠录期间，他们还能用耳机听到早先已录好的声轨。

提示系统上的耳机应该耐用且舒适，耳机应是密封式的，以免耳机中的声音泄露到话筒中——尤其是要注意**节拍声轨**（一种在耳机里可听到的电子节拍声）。有刮擦声的那些声轨也不能在最终混音时使用，因为那些刮擦声也可能从耳机串入话筒。提示用耳机应该有平滑的响应，以便减轻听觉疲劳，音量足够大而又不致烧毁损坏。要保证每位演奏员使用同一牌号的耳机，以使每位演奏员都能听到相同的信息。内置音量调节钮的耳机在使用时较为便利。

耳机放大器的一个示例如图6.4所示，可把它连接到调音台或音频接口的耳机监听插孔上。它可驱动8副耳机，每副耳机的音量都能调节。常见的耳机放大器还有PreSonus HP60、HP4，ART HeadAmp 4、HeadAmp 6 Pro，Samson S-Phone及C-Que 8等。

图6.4　耳机放大器的示例——ART HeadAmp 4

虽然有些调音台可以提供一些独立的提示混音声，但最理想的情况是，在每个演奏者附近设置独立的**个人监听调音台**。这样可以设定他们自己的提示混音及监听电平。他们能控制在混音中他们自己的人声或乐器声的比例。这些个人监听调音台的输入来自调音台或接口的输出通道。这些设备的别名为耳机监听调音台、个人监听放大器或**提示调音台**等。常见的例子有Behringer PowerPlay P16-M、Rolls PM50S、Furman HR-6、Mackie HMX-56、Aviom A16II、Hear Technologies Hear-Back-Four-Pack及Roland PM-50S等。一些运行在智能手机或平板电脑上的应用程序可以无线控制提示混音。

假如有一位歌手对着话筒歌唱，并且头戴一副提示耳机听着话筒的信号。如果歌手的歌声与耳机的声音在极性上反相，那么部分歌声将会被抵消或者在耳机里发出一种奇怪的声音，所以要确保歌声与耳机声有相同的极性。

解决极性相反的方法是，当一边对着话筒说话、一边从耳机上监听其说话声，把接到耳机上的地线和信号线对换一下，如果对换后在耳机上的声音变得更丰满、更坚实，这时的极性才是正确的。

在录音棚内的所有耳机应该使用同一型号，这样才能使每人都能听到具有正确极性的声音。

延迟是DAW软件在处理数据以创建效果时产生的信号延时。如果一个演奏员戴着耳机听到自己的声音有严重的延迟，这样会导致他产生一种分离感而形成空洞的声音。为此可以应用一种内置有效果器的音频接口，它能消除延迟并实现实时监听：耳机的声音能与演奏声完美同步监听。这时接口的话筒输入被直接送到耳机的输出，因而不会产生延时。

6.12　小结

通过本章的介绍，可以了解到监听音箱上的声音会影响到你的录音技术，也会影响到你的录音作品的质量。所以要花时间计划和调整控制室的建声条件，小心地选择和安置音箱。监听要用适当的声压级，而且要在多个系统上审听。你将会因为使用你可信赖的监听系统而得到回报。

第7章 话筒

（Microphones）

到目前为止，我们已经搭建了一间录音室，选好了设备，并学习了声音和信号的知识。我们已经准备好密切关注录音室里的每一件设备器材，首先是话筒。

什么样的话筒最适合为管弦乐队录音？什么是优良的小军鼓话筒？应该用电容话筒还是动圈话筒，全指向性话筒还是心形话筒呢？

你如果熟悉了话筒的种类并理解了它们的性能规格，那么你就能非常容易地回答这些问题。首先，你需要获得一支高质量的话筒。话筒是你所要录制信号的来源，如果信号是嘈杂的、失真的或有严重的声染色，那么你将会把有瑕疵的信号保存在整个录音过程之中，所以最好从一开始就把这些缺陷消除掉。

即使你拥有一个MIDI工作室，并可以从采样器或合成器那里获取许多声音，但你仍然需要一支高质量话筒来进行采样，或用它对人声、萨克斯、原声吉他之类进行录音。

7.1 换能器种类（Transducer Types）

话筒是一种**换能器**——它是把一种形式的能量转换成另一种能量的器件。具体地说，话筒把声音转变为电信号，而调音台或音频接口将信号放大并分配发送。

根据把声音转变为电信号的转换方式，可以将录音话筒分为两种类型：动圈式或电容式。动圈话筒通过磁性来产生信号，而电容话筒则通过静电场来产生信号。动圈话筒不需要电源，但是电容话筒需要用电源，因为它们要用到某些电路。

动圈话筒的两个种类分别是电动式音圈话筒和带式话筒，电动式音圈话筒的常见名称是动圈话筒。

动圈话筒头（或被称为换能器）的结构如图7.1所示。固定在振膜上的线圈悬挂在磁场之中，当声波使振膜振动时，在磁场内振动着的线圈将会产生与声波相似的电信号。常见的动圈话筒如图7.2所示。

带式话筒头是一片薄薄的金属薄片或金属带状薄片，它悬挂在磁场中间（见图7.3），声波会使处于磁场内的金属薄片振动，从而产生电信号。一支典型的带式话筒如图7.4所示。

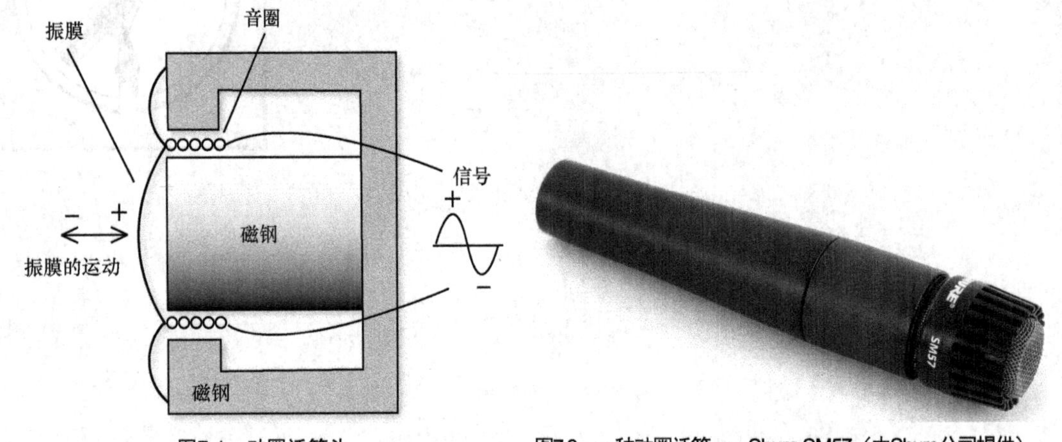

图7.1 动圈话筒头

图7.2 一种动圈话筒——Shure SM57（由Shure公司提供）

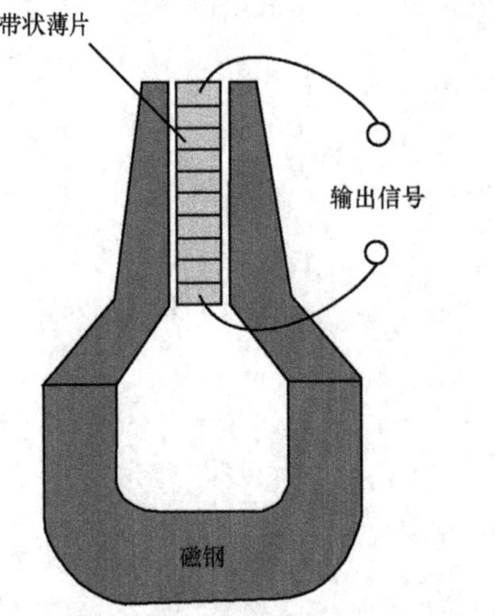

图7.3 带式话筒话筒头

图7.4 带式话筒示例——Royer R121（由Royer提供）

电容话筒的话筒头由导电振膜和金属后极板组成，二者非常紧密地排列在一起（见图7.5），它们用静电场为电容器的两个极板充电。当声波击打在振膜上时，振膜振动，使得两个极板之间的间隔产生变化。换句话说，这种电容容量上的变化所产生的信号与所到达的声波的变化相似。由于电容话筒有较轻的振膜质量和较高的阻尼，因此相比动圈话筒，它对于快速的（瞬态）声波变化的响应更快。一种典型的电容话筒如图7.6所示。

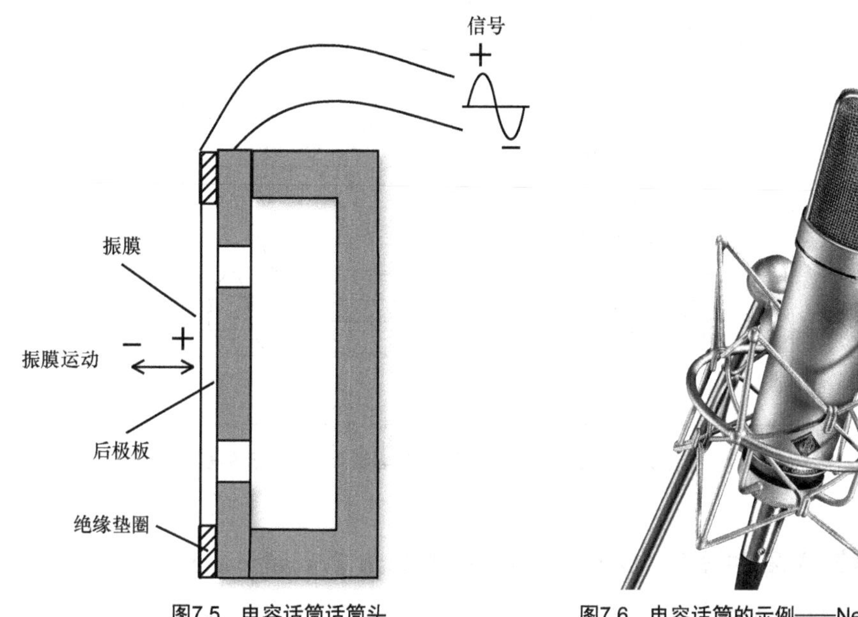

图7.5 电容话筒话筒头

图7.6 电容话筒的示例——Neumann U87Ai（由Neumann公司提供）

电容话筒又分为真正的电容话筒和驻极体电容话筒两类。在一个真正的电容话筒（外加偏压的话筒）内，振膜和后极板是由内置于话筒的电路上的电压来充电的；而在驻极体电容话筒内，其振膜和后极板是由驻极体材料来充电的，驻极体材料在振膜内或在后极板上面。驻极体电容话筒和真正的电容话筒可以产生同等优良的声音信号，不过大多数录音师都乐于选用真正的电容话筒，尽管要多花一些费用。

电容话筒需要电源供电才能工作，例如要用电池或幻象电源。9～52V（通常用48V）的直流电压通过两个相同的电阻加到话筒接插件的2脚和3脚，话筒接受幻象电源及输出音频信号都在这两根导线上进行，幻象电源通过线缆的屏蔽线接地。绝大多数混音调音台及音频接口在它们的话筒输入接插件上提供幻象电源，只要把话筒插入调音台即可获得供电。幻象电源将在本书的附录D内详述。有些电子管电容话筒需要它们自己专用的高电压电源供电。

动圈话筒与带式话筒不需要电源供电，但是不要把带式话筒插入有幻象电压的话筒输入插口上，因为如果话筒线内的任何一条导线突然发生意外与屏蔽线短路，话筒就有被烧毁的可能。所以大多数的带式话筒制造商建议在使用带式话筒时关闭幻象电源，除非在使用较新款的带式话筒时，因为话筒内置有话筒前置放大器，所以也需要幻象电源供电。

典型的人声用动圈话筒及乐器用电容话筒的剖面示意图如图7.7所示。

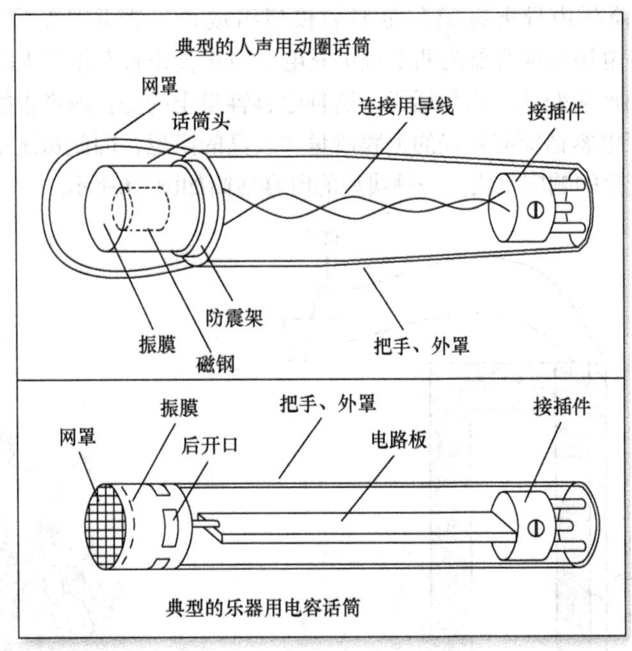

图7.7　典型的人声用动圈话筒及乐器用电容话筒的剖面示意图

各种换能器种类的综合特性（General Traits of Each Transducer Type）

电容话筒（Condenser）

- 宽广而平滑的频率响应。
- 声音细腻，并能延伸至高频。
- 全指向性话筒（稍后会讲解）具有极好的低频响应。
- 对瞬间的撞击声，拾音效果锐利而清晰。
- 适合对原声乐器、铙钹和录音棚内人声的拾音。
- 可以制成小型话筒。

动圈话筒（Dynamic）

- 通常具有较为粗糙的频率响应，但仍十分有用。
- 结实而又可靠。
- 可在冷、热和高湿度下工作。
- 可适应在大音量下工作而不产生失真。
- 适合为吉他放大器音箱和鼓类拾音。
- 如果有平直的频率响应，可以用来切除木管乐器声部和铜管乐器声部的“镶边效果”。

带式话筒（Ribbon）

- 能拾取温暖、舒缓的声音。
- 娇嫩易受损。
- 用来补充数字录音。
- 适合号角类和吉他音箱的拾音。

在上面列出的那些特性也有一些例外，有些动圈式话筒也有平直而宽广的频响性能，有些电容式话筒也很结实并能在高声压级下拾音，这要取决于特定话筒的性能规格，详细内容见表7.1。

表7.1 各种换能器类型的特性

	动圈话筒	带式话筒	电容话筒
换能器原理	线圈在磁场内运动	导电薄片在磁场内运动	电容容量的变化
声音质量	可变：低劣、精确或清晰	温暖而舒缓	精确、细腻、清晰的高音
频率响应	在平滑与粗糙、不太宽的范围内变化	较好的低频响应、平直的中频、高频可切	宽广而平滑，高音部分有许多提升空间
典型应用	吉他放大器与鼓类	号角与吉他放大器	原声乐器、铙钹和录音棚人声
可应用的极坐标图	单指向性和全指向性	双指向性和强指向性	单指向性、全指向性和双指向性

聆听

播放配套资料中的第13段音频，将演示每一种换能器类型的声音。

7.2 极坐标图（Polar Pattern）

话筒对来自不同方向的声音具有不同的响应，全指向性话筒对来自各个方向的声音具有相同的灵敏度；单指向性话筒对置于话筒的正前方，即从一个方向上来的声音具有最大的灵敏度，对来自话筒侧向或后方声音的灵敏度是变弱的；双指向性话筒对来自话筒正前方和正后方的声音具有最大灵敏度，但排斥从侧面进入的声音。

常见的3种单指向性的话筒：心形、超心形和强心形话筒。心形话筒对来自话筒前方较宽角度上的声音都很灵敏，对来自话筒两个侧面的声音，其灵敏度下降6dB，对来自话筒背面的声音灵敏度则下降15～25dB。超心形话筒对来自话筒两个侧面的声音，灵敏度下降8.7dB，并在距话筒正前方左、右125°处分别有两个较小的拾音区。强心形话筒对来自话筒两个侧面的声音，灵敏度下降12dB，并在距话筒正前方左、右110°处分别有两个较小的拾音区。

用听声音的方法可了解心形话筒的拾音极坐标图形，从各个方向对话筒说话，然后听话筒的输出声压级。在正对着话筒的正前方说话时，话筒输出的声音最响，而在话筒的背面说话时，话筒输出的声音最弱。

聆听

播放配套资料中的第14段音频，将演示心形话筒如何工作及如何拾取房间混响。

超心形话筒和强心形话筒在话筒的侧面所拾取的声音要比心形话筒在话筒侧面所拾取的声音弱得多，它们有更强的指向性，但是它们从话筒背面拾取的声音要比心形话筒在话筒背面拾取的声音大些。

在录音棚里很少使用的其他极坐标图形的话筒种类是次心形（Subcardioid）（介于全指向性和心形指向性之间）和枪式（shotgun）（在低频时是强心形，在高频时是强指向性）。

话筒的极坐标图是一种声音从某一角度进入话筒时的灵敏度与入射角度的关系图形，极坐标图形是绘制在极坐标图纸上的，灵敏度用离原点的距离远近来表示，各类话筒的极坐标图形如图7.8所示。

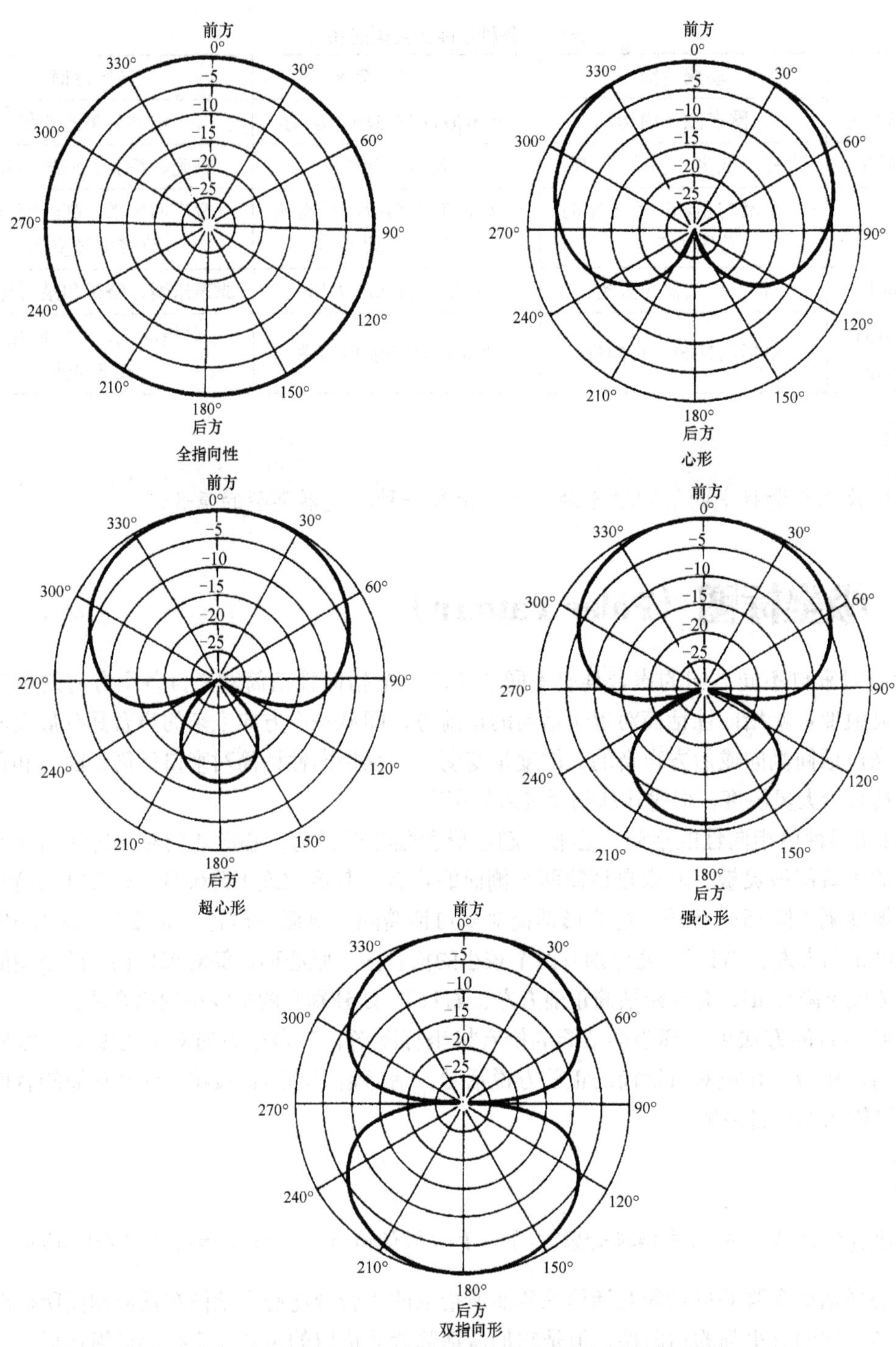

图7.8 各类话筒的极坐标图，灵敏度与声音的入射角度的关系

各种不同极坐标图的特性（Traits of Various Polar Patterns）

全指向性（Omnidirectional）

■ 可拾取来自各个方向的声音，全指向性话筒在拾取高频声音时变成单指向性话筒。

■ 房间的混响声拾取得最多（像在资料中音频第14段音频那样的声音）。

■ 声音分离度不大，除非在近距离拾音时。

■ 低灵敏度话筒适合对流行音乐乐队（爆破式短促声）拾取。

■ 有较低的操作噪声。

■ 没有近距离拾音的低音提升（无近讲效应）。

■ 使用电容话筒时，具有宽广的低频响应，适合对管弦乐队或交响乐团中的管风琴或低音鼓拾音。

■ 通常价格较低。

单指向性（心形、超心形、强心形）［Unidirectional（Cardioid, Supercardioid, Hypercardioid）］

■ 可以有选择性地拾音。

■ 可阻隔房间混响声、背景噪声及泄漏声。

■ 良好的隔离——在声轨之间有良好的隔离度。

■ 在近距离拾音时可提升低音（话筒的把手外壳上有开孔的除外）。

■ 在扩声系统中使用时可以获得较好的反馈啸叫前增益。

■ 具有一致或接近一致的立体声拾音（在第8章中有说明）。

心形（Cardioid）

■ 对话筒前方的声源可进行宽角度拾音。

■ 对到达话筒背面的声音的阻隔最大。

■ 是最受欢迎、常被使用的类型。

超心形（Supercardioid）

■ 前半球区域与后半球区域之间有最大的拾音差别（有利于舞台地板拾音）。

■ 隔离度比心形话筒更强。

■ 比心形话筒拾取更少的混响声。

强心形（Hypercardioid）

■ 在单指向性话筒中具有最大的边界衰减。

■ 最好的隔离度——对混响、泄漏声、反馈和背景噪声等有最佳的隔离效果。

双指向性（Bidirectional）

■ 能对前后两个方向拾音，且侧面的声音被抑制（例如可以拾取面对面的访谈声或两声部的演唱声）。

■ 双指向性话筒的一端相对于另一端的极性反转。

■ 在头顶上方拾音时，对管弦乐部分有最强的隔离作用。

■ 适合立体声拾音（Blumlein立体声）（两支双指向性话筒交叉90° 摆放）。

一支优良的话筒，它的极坐标图形在200Hz～10kHz应该是相同的。若有不同，将会听到有轴向偏离的声染色，即在话筒的轴向和偏离轴向处有不同的音质。小振膜话筒的轴向偏离声染色要比大振膜话筒的小些。

你可以配备大部分极坐标图形的电容话筒或动圈话筒（双指向性动圈话筒除外），带式话筒可以是双指向性话筒或强心形话筒。

有些电容话筒带有可变化极坐标图形的开关，注意话筒的外形不能代表它的极坐标图形。

如果话筒是**顶端拾取声音型**（end-addressed）话筒，则应将话筒的顶端对准声源；如果话筒是**侧向拾取声音型**（side-addressed）话筒，则应把话筒的侧面对准声源。一种典型的侧向拾取声音型、带可转换极坐标图形开关的电容话筒如图7.9所示。

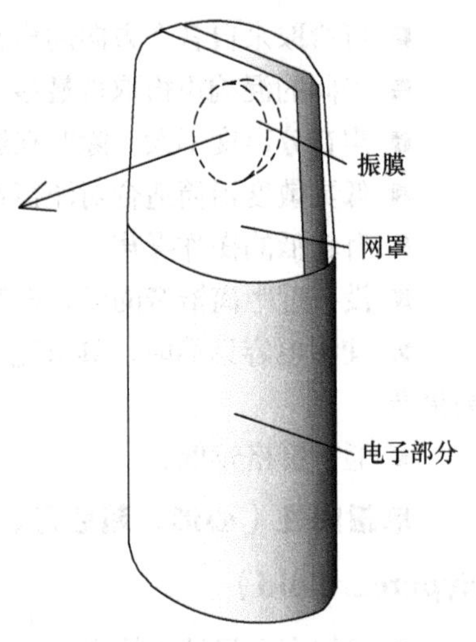

图7.9 一种典型的侧向拾取声音型、带可转换极坐标图形开关的电容话筒

界面话筒（Boundary）是一种固定在平板上的话筒，它的极坐标图形有半全指向性（半球形）、半超心形或半心形（像一个苹果沿梗处切成两半那样）等。界面话筒的安装形式可增强话筒的指向性，从而可拾取较少的房间混响声。

7.3 频率响应（Frequency Response）

像其他音频部件一样，话筒的频率响应是在产生相同的电平（在允许范围内，例如±3dB）时所给出的频率范围。

下面列出了一些声源的清单，以及话筒应该具有怎样的频率响应范围，才可满足高保真、宽频段地记录这些声源的声音。

- 大多数乐器：80Hz～15kHz。
- 低音乐器：40Hz～9kHz。
- 铜管乐器和人声：80Hz～12kHz。
- 钢琴：40Hz～12kHz。
- 铙钹和某些打击乐器：300Hz～15kHz或300Hz～20kHz。
- 管弦乐队或交响乐队：40Hz～15kHz。

如有可能，使用具有可以切除所录乐器的最低基波频率以下频率的频响特性的话筒。例如，原声吉他低音E弦的频率约为82Hz，为原声吉他拾音的话筒应该把这个频率以下的频率成分加以切除，这样可以避免拾取像卡车和空调设备之类的低频隆隆声。有些话筒为此内置了一个低切开关（low-cut switch），或者在调音台或DAW上用高通滤波器过滤那些不需要的低频成分。

频率响应曲线是话筒在不同频率下用dB来表示其输出电平的图形。以1kHz处的输出电平位于图中的0dB线上为参考，而其他频率处的电平相对于这个参考频率可能高或低若干dB。

频率响应曲线的形状会显示话筒在离声源一定距离下，话筒所产生的声音如何［如果未说明距离，一般说来约2～3ft（0.6～0.9m）］。例如，一支频响很宽、很平直的话筒，它能产生与声源同样比例的基波和谐波成分，所以平直响应的话筒在一定的距离下有助于为声源提供精确、自然的重现。

一个在高频端有提升响应的或约在5～10kHz处有**“现场感高峰”**的话筒，可发出更干脆利落和清晰的声音，这是因为加强了高次谐波（见图7.10）。有时这种类型的频率响应曲线被称为“定制的”或“波状起伏的”的曲线，这类频率响应曲线在为吉他放大器和鼓类进行拾音时很流行，因为它能为声音增加生机且加大力度。有些话筒还附有频响开关，以便改变其频率响应。

聆听

播放配套资料中的第15段音频，将演示一些具有不同频率响应的话筒所拾取的声音。

大多数单指向性话筒和双指向性话筒在距离音源数英寸时能提升低频，当一位歌手边唱边走近话筒时，可以听出歌手的低音声部是如何得到增强的。这种与声源靠近话筒有关的低频提升现象被称为**近讲效应**，在话筒的频率响应图上也经常被画出来。全指向性话筒没有近讲效应，它们在任何距离拾取的音质都是相同的。

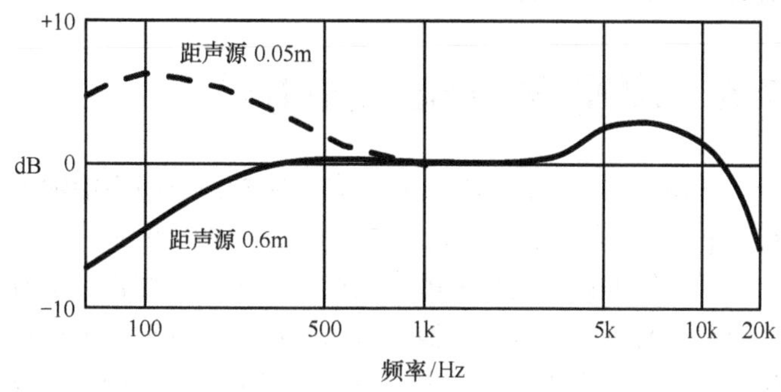

图7.10 具有近讲效应、约在5kHz处具有“现场感高峰”的话筒频响例子

近讲效应所产生的温暖感可以自然地提升鼓声的丰满度。然而，在大多数情况下，话筒在对乐器或人声进行拾音的同时，近讲效应会增添一种不自然的隆隆声或砰砰声。有些话筒——例如复合指向性或可变指向性话筒——是为降低近讲效应而设计的，这类话筒在其内部开孔或开槽。有些话筒还设有低频切除开关，以抵消低频的提升。或者用调音台上的均衡器来切除多余的低频，直至声音变为本色，同时也可以降低由话筒拾取的低频泄漏声。

话筒的摆放会明显地影响声音的录制质量，所以，即使是一支平直响应的话筒，也不一定能保证拾取声音的本色。在第8章中将会讲述话筒摆放对音质效果的影响。

7.4 阻抗（Impedance）

话筒阻抗是指话筒在交流电流频为1kHz时的等效输出电阻。阻抗（Z）包括容抗与感抗，这是电子工程术语，你如果只需要使用话筒的话，那无须理解这些术语。阻抗为150～600Ω的话筒为低阻话筒，阻抗为1 000～4 000Ω的话筒为中阻话筒，阻抗高于25kΩ的话筒为高阻话筒。一支低阻话筒的信号常常是低电压和高电流的，而高阻话筒的信号常为高电压和低电流的。在附录C中有更详细的解释。

通常要使用的是低阻话筒，这样可以用较长的话筒线而不拾取交流声或损失高频成分。调音台话筒输入口的输入阻抗约为1 500Ω，如果调音台与话筒的阻抗相等，例如都为250Ω，那么当话筒接入调音台后，将会引起“负载下降”。负载的下降将引起电平的衰减、失真或声音变薄。为了防止这种现象，调音台的话筒输入阻抗必须高于话筒的阻抗，不过，这种输入阻抗仍被称为低阻抗输入。在附录C中将介绍有关阻抗的更多内容。

7.5 最大声压级（Maximum SPL）

要了解这一指标，首先要理解声压级（SPL），它是一种对声音强度的计量。我们能够听到的最微弱的声音，被称为**可闻阈**，其声压级为0dB SPL。在相距1ft（30.48cm）左右的正常谈话声的声压级约为70dB SPL，引起耳朵疼痛感觉的大音量声音的声压级约120dB SPL以上。

如果话筒的**最大声压级**指标为125dB SPL，那么当乐器发出的125dB SPL的声音到达话筒时，声音将开始出现失真。通常认为，话筒的最大声压级指标为120dB SPL时为良好，135dB SPL时为很好，而150dB SPL时则为极好。

动圈话筒与带式话筒不易失真，甚至在非常大的声压级之下也不易失真，一些电容话筒可以勉强达到良好的最大声压级指标。为了防止话筒电路内的声音失真，有些话筒设有音量**衰减**开关。由于衰减话筒的音量会降低信号噪声比（S/N），所以只有在话筒出现失真时，才使用话筒的音量衰减开关。

7.6 灵敏度（Sensitivity）

话筒的灵敏度指标是：话筒在一定的声压级下能输出的电压。当有两支话筒在同等大小的音量下，高灵敏度话筒要比低灵敏度话筒输出更强的信号（更高的电压）。

低灵敏度话筒比高灵敏度话筒需要更大的调音台增益，但过高的增益会导致更大的噪声。在为平静的乐器（古典吉他、弦乐四重奏）且在一定距离之外拾音时，可使用一支高灵敏度话筒，不必考虑调音台的噪声；当对大音量乐队进行拾音或近距离拾音时，灵敏度就不那么重要了。因为话筒的信号电平要比调音台的噪声级要高出许多，也就是说信号噪声比很高。下面列出了3种类型话筒的灵敏度指标。

- 电容话筒：5.6mV/Pa（高灵敏度）
- 动圈话筒：1.8mV/Pa（中灵敏度）
- 带式或小型动圈话筒：1.1mV/Pa（低灵敏度）

信号源的音量越大，话筒输出的电压越高。一些大音量的乐器，例如底鼓或吉他放大器等，能使话筒产生一种强信号，足以使调音台内的话筒前置放大器出现过载现象。这就是为什么大多数调音台设有衰减控制部件或**输入增益调节部件**，这样可以避免快节奏、大音量的话筒信号导致的话筒前置放大器的过载现象。

7.7 本底噪声（Self-Noise）

本底噪声或被称为等效噪声电平，是话筒本身产生的电噪声或咝咝声，噪声产生的输出电压与信号源产生的输出电压甚至可以相等。

通常本底噪声是一种A计权的噪声指标，它表示噪声是通过了一个滤波器后测得的数据。滤波器是更接近人耳对噪声感到烦躁的量值相关的测量器件，滤波器的高低频率的滚降点模拟了人耳的听觉频响。

14dB SPL或以下的A计权的本底噪声指标为极好（安静），21dB时已为很好，28dB时较好，35dB时则为一般——35dB对高质量录音来说稍微欠缺。

如果采用很近距离的拾音——例如把话筒夹在原声吉他或小提琴上，那么用一支约30dB本底噪声的话筒来拾音时，听不到噪声。

由于动圈话筒没有有源的电子部件产生噪声，所以它与电容式话筒相比具有较低的本底噪声（咝咝声），因此大多数动圈话筒的参数中不再出现本底噪声指标。

7.8 信号噪声比（Signal-to-Noise Ratio，S/N）

信号噪声比（后文简称“信噪比”）是话筒上的声压级与它的本底噪声之间用dB来表示的差量。信号源在话筒上的声压级（SPL）越高，信噪比越高。在一个给定94dB的声压级下，信噪比指标为74dB时认为是极好，64dB时为良好。信噪比越高，信号越清晰（噪声更小），并且话筒拾取的范围更广。

如果话筒有较高的信噪比，那么它可以清晰地拾取微弱的、远处的声音。如果声源的音量足够大，那么话筒在任何距离外都能拾取声音，所以拾取范围在话筒的参数中是不作规定的。例如，如果声源是一个晴天霹雳，那么即使是一支便宜的话筒也可以在数千米以外拾取。

7.9 极性（Polarity）

极性指标是指话筒的输出电信号的极性与声学输入信号之间的关系。其标准规定话筒卡侬头上的2脚为“热端”，意为当声压将话筒振膜向内推进时（正声压），话筒卡侬头上2脚相对于3脚会产生一个正电压。

要注意不能将话筒线的极性接反，在每根话筒线的两端，其接线方法是：1脚接屏蔽线，2脚接红线，3脚接白线或黑线。也有些话筒线的接线方法是：1脚接屏蔽线，2脚接白线，3脚接黑线。如果有些话筒线的极性连接正确，而有些话筒线极性连接相反，那么在把这些话筒信号混音至单声道时，其低频可能会被抵消。

7.10 话筒的种类（Microphone Types）

本节将介绍各种类型的录音话筒。

1. 大振膜电容话筒（Large-Diaphragm Condenser Mic.）

这是一种通常从侧面拾取声音、带有一片直径1in或更大直径振膜的电容话筒（见图7.9）。一般来说，它具有非常好的低频响应和较低的本底噪声，常用于录音棚人声和原声乐器的拾音。常用的话筒品牌及型号有AKG C12VR、AKG C414、AKG C214、AKG Perception P120、AKG Perception P220、AKG Perception P420/P820、Apex 415B、Audio-Technica AT2020/3035/4040、Audix SCX25、Blue Blueberry、Blue Reactor、CAD Equitek系列、CAD GXL系列、CAD M179、DPA 4041、Karma Mics Unity、Lawson L47MP MKII、Lawson L251、Mojave Audio MA-301 fet、Manley Gold Reference、Neumann U87、Neumann U47、Neumann TLM 102、Neumann TLM 103、Sennheiser MK 4、Soundelux Elux 251、ADK各类型号、SE Electronics各类型号、Shure KSM系列、Shure Beta 181、MXL各类型号、Rode NT1A、Studio Projects B和C系列、Samson CL7和C01、Nady SCM系列、Violet Flamingo、M-Audio Nova和Sputnik以及Behringer B-1和B-2 Pro等。

2. 小振膜电容话筒（Small-Diaphragm Condenser Mic.）

小振膜电容话筒是杆状或是笔状的电容话筒，通常为心形和顶端拾取声音型，带有一片直径1in以下的振膜（见图7.7）。它们具有非常好的**瞬态响应**和细腻度，对于原声乐器——尤其是镲钹、原声吉他和钢琴等的近距离拾音，是一种较好的选择。常用的话筒品牌及型号有AKG C451B、Audio-Technica AT3031、Audio-Technica AT4051a、Audix SCX1、Audix ADX50、Audix ADX51、Berliner CM-33、CAD Equitek e60、M-Audio Pulsar、Samson C02、DPA 4006、Mojave MA-100、Mojave MA-101fet、Neumann KM184、Sennheiser e614、Sennheiser MKH50、Shure KSM137、Shure KSM131、Shure SM81、MXL604、MXL606、带有心形话筒头的Behringer B5及Studio Projects C4等。

3. 乐器用动圈话筒（Dynamic Instrument Microphone）

这是一类杆状的动圈话筒，从顶端拾取声音（见图7.7）。尽管它有平直的频率响应，但通常也具有“现场感高峰”，当用来进行近距离拾音时，为防止低频过重，可切除某些低频成分。它们经常用来对鼓类和吉他放大器拾音。常用的话筒品牌及型号有Shure SM57、AKG D112（底鼓用）、Audio-Technica、AT AE2500（底鼓用）、Beyerdynamic M-99（底鼓用）、Electro-Voice N/D868（底鼓用）、Heil PR40（底鼓用）、Audix D2、Audix D4、Audix D6和i5、Sennheiser MD421、Sennheiser e604和Sennheiser e602-II（底鼓用）等。鼓话筒套件是一组套鼓拾音用的多支话筒的组合，例如Audix DP QUAD 话筒组。

4. 实况人声用话筒（Live-Voice Microphone）

这是一种单指向性话筒，形状像一个锥体形冰淇淋，因为它有较大的格栅，所以可降低喷扑声。它可以是电容话筒、动圈话筒或带式话筒，也常带有“现场感高峰”及某些低频切除设置。常用的话筒品牌及型号有Shure SM58、Shure Beta58A、Shure SM85、Shure SM86、Shure SM87A、Shure KSM9、AKG D3800、AKG C535 EB、AKG C5、AKG C7、Audix OM5、Audix OM7、Beyerdynamic M88 TG、Beyerdynamic M69 TG、CAD D189、EV N-Dym系列、Sennheiser e945、Neumann KMS 104、Neumann KMS105等。

5. 带式话筒（Ribbon Microphone）

这类话筒可以是从侧向拾取声音或从顶端拾取声音。无论何处，当需要录制温暖且优雅的音质时（有时需要减少某些高频），常可用它来拾音。常用的话筒品牌有Beyerdynamic、Coles、Royer、Cascade、Audio-Technica、Shure、Blue及AEA等。

6. 界面话筒（Boundary Microphone）

界面话筒是为放置在某个表面上进行拾音而设计的。把它粘在钢琴盖板里面可以拾取钢琴声；或者粘在墙上可以拾取房间环境声；也可以放在乐器之间的硬障板上或镶嵌板上拾取直达声。界面话筒是将小型电容话筒头安装在非常接近的声反射平板或界面上（见图7.11），由于这种结构，话筒在同一时刻、在所有频率上同相位地拾取直达声和反射声，所以可得到无相位抵消的、平滑频率响应的声音。摆放接近于平面的常规话筒总会有些声染色，而界面话筒的音色特别

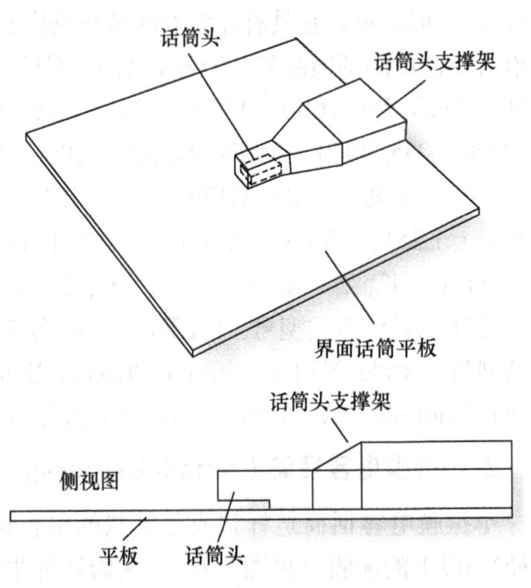

图7.11 典型的界面话筒（PZM）的构造

自然。界面话筒其他的优点是可以得到没有相位抵消的、宽广而平滑的频率响应、极好的清晰度和拾取范围及围绕话筒的各处都有相同的音质。

常用的半全指向性或半球形界面话筒有AKG CBL 99、Audio-Technica各类型号、Beyerdynamic各类型号、Crown PZM-30D和PZM-6D等。

有些界面话筒具有半心形或半超心形的极坐标图形，把它们放在会议桌上或在舞台地板的前台口处为戏剧或音乐会拾音都能很理想地工作。常见的这类界面话筒有Crown PCC-160和PCC-170、Bartlett Audio Stage Floor Mic（Bartlett音频舞台地板话筒）及Shure Beta 91A等。

7. 微型话筒（Miniature Microphone）

微型电容话筒可以附着在鼓、长笛、号角、原声吉他和小提琴等乐器上拾音，它们的声音质量差不多与较大型录音棚内的话筒一样好，但是价格较低。用这些微型话筒可以对音乐会的乐队进行拾音，且无须因为使用话筒架而把舞台弄得很杂乱（见图7.12）。或者也可以在对原声乐队拾音时，由于话筒有很好的隔离度而无须隔声障板及耳机。与大型话筒相比，微型话筒在远距离拾音应用时会带来较多的噪声（嗞嗞声），但是在近距离拾音时不会出现这种情况。一种**别针式微型话筒**可佩戴在胸口为新闻播音员或流动讲解员拾取语言。常用的话筒有AKG C516 ML、C518、C519，Bartlett instrument mics（Bartlett乐器话筒），Shure Beta 98S，Audix M1250B和M1280B，Countryman Isomax 2，DPA d:screet，Sony ECMX7BMP，以及Sennheiser e608等。

8. 立体声话筒（Stereo Microphone）

为方便立体声录音，立体声话筒把两只单指向性话筒的话筒头组装在单只的话筒罩壳内（见图7.13）。将话筒简单地摆放在离声源合适的距离和高度，稍加用心就能进行立体声录音。常用话筒有Audio-Technica AT2022、AT4050ST和AT8022，Neumann SM69i，Shure VP88，以及Royer SF-12等。

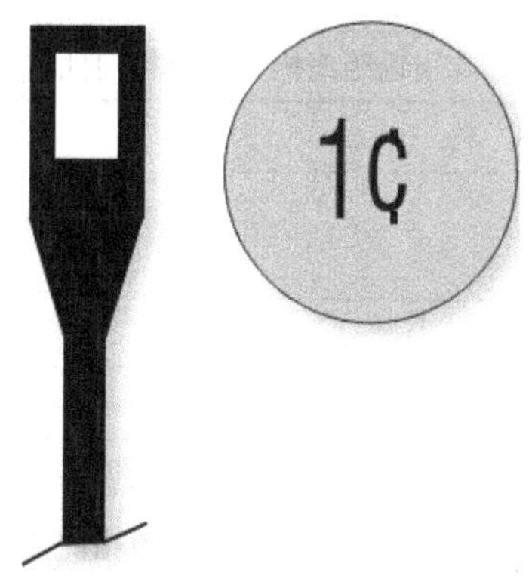

图7.12　1美分硬币大小的微型话筒

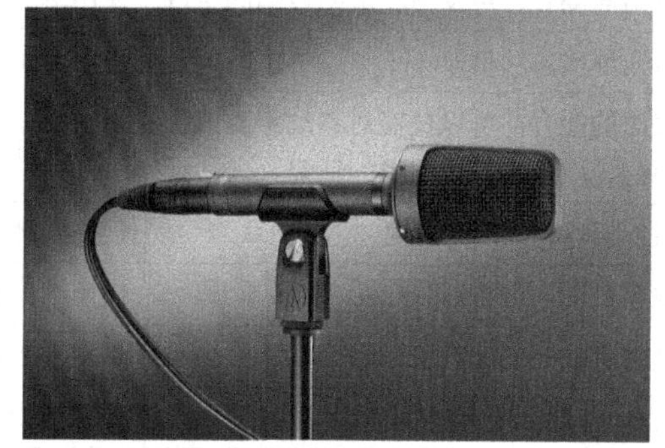
图7.13　立体声话筒示例——Audio-Technica AT8022

因为在两个话筒头之间没有间隔，所以两个话筒头的信号之间也就没有延时或相位差。两个话筒头相重合的立体声话筒与**单声道相兼容**，如果两条声道被混合在一起，由于它们之间没有相位抵消，所以在单声道和立体声时的频率响应是相同的。在第8章的“立体声话筒技术”一节中加以详述。

9. 数字话筒（Digital Microphone）

这是一种内置有一个模拟至数字转换器的电容话筒，它通常从侧面拾取声音，且具有大振膜、平直的频率响应及非常低的本底噪声。它的输出是一种数字信号，这种信号不会拾取交流哼声，例如Neumann TLM 103D。

10. 头戴式话筒（Headworn Microphone）

这类话筒可以用来为实况表演进行录音，它是一种戴在头上的小型电容话筒，通常是全指向性或者是单指向性。头戴式话筒允许演奏（唱）者在舞台上自由走动，有些型号的话筒可提供反馈前极好的增益和隔离。常见品牌型号为AKG C 520，Audio-Technica BP892 MicroSet，Samson SE50，Sennheiser ME 3-EW，Shure Beta 53，Rode HS1-P，Countryman Isomax E6，Crown CM-311A，以及DPA 4066F/4088F等。

7.11 话筒的选择（Microphone Selection）

表7.2列出了按照不同的要求来选择话筒的普遍性指导。

表7.2 话筒应用指南

要求	特征
自然、柔和的音质	使用具有平直频率响应的话筒
明亮而有现场感的音质	使用具有“现场感高峰”（在5kHz附近有提升）特性的话筒
有扩展的低频	使用全指向性话筒或使用具有很好低频响应的动圈话筒
展宽的高频（细腻的声音）	使用电容话筒
减少“镶边”或细节	使用动圈话筒或带式话筒
近距离拾音使低频得到提升	使用指向性话筒
平直而紧密的低频响应	使用全指向性话筒或是话筒把手的罩壳具有开孔的单指向性话筒
减少对话筒漏音、声反馈和房间声响的拾取	使用单指向性话筒，或用近距离拾音的全指向性话筒
增强房间环境声的拾取	使用全指向性话筒
紧靠表面的拾音，可以覆盖对移动声源或大型声源的拾取，不引人注意的话筒	使用界面话筒
重合或近重合对立体声拾音（见第8章）	使用立体声话筒
能拾取粗犷的声音	使用动圈话筒
降低话筒手持时的噪声	使用全指向性话筒，或装有防震架的单指向性话筒
降低喷扑声	使用全指向性话筒，或装有扑声滤波器的单指向性话筒
对特大音量声音的无失真拾音	使用具有高声压级特性的电容话筒，或使用动圈话筒
对微弱声音的低本底噪声、高灵敏度、无噪声的拾取	使用大振膜电容话筒

假如要为一架落地式钢琴及其他伴奏乐器来录音，则需要较少漏音的话筒。表7.2推荐使用一支单指向性话筒，或者用一支近距离拾音用的全指向性话筒。对于这架特定的钢琴来说，还需要获得一种自然的声音，为此表7.2中建议使用一支具有平直频率响应的话筒。如果还需要获得细腻的声音，那么应该选用电容话筒。因此要满足所有要求时，应选用一支具有平直频率响应的、单指向性的电容话筒。如果想紧靠表面（钢琴盖板）拾音，则表7.2中推荐使用一支界面话筒。

假如要为舞台上的原声吉他录音，而且吉他手在舞台上是移动着演奏的，即所要拾取的是移动声源。根据表7.2中的推荐，可使用附着在吉他上的微型话筒。反馈与漏音不是问题，因为是近距离拾音，所以可使用一支全指向性话筒，因此全指向性电容话筒是最好的选择。

对于家庭录音室来说，建议使用具有平直频率响应的心形电容话筒。这类话筒特别适合对录音室的人声、镲钹、打击乐器及原声乐器等拾音。要记得话筒需要有电池或幻象供电电源才能工作。

作为家庭录音室用话筒的第二选择，应是在频率响应内具有“现场感高峰”的心形动圈话筒，这类话筒适合对鼓类和吉他放大器拾音。对于家庭录音室用话筒，建议用心形话筒而不是全指向性话筒，因为心形话筒的极坐标图形可以避免在家庭录音室内经常遇到的漏音、背景噪声和房间混响声等问题。不过，如果在足够近的距离进行拾音的话，也可选用全指向性话筒。因为全指向性话筒在投入相对较低的情况下可提供一种更为自然的声音，而且它没有近讲效应。

7.12 话筒的附件（Mic Accessories）

有许多器件与话筒一起使用，以便分配它们的信号或把信号变得更为优良。这些器件包括扑声滤波器、话筒架和话筒吊杆、防震架、话筒线和接插件、舞台接口盒和多芯线缆及话筒音分器等。

1. 扑声滤波器（Pop Filter）

歌手使用话筒常需要用到的一个附件就是扑声滤波器或防风罩，它通常是一个盖住话筒的泡沫材料外罩，有些话筒内置一种扑声滤波器或球状格栅。

为什么需要呢？因为当歌手唱词中带有“p”“b”“k”“t”的起始音时，口腔会迸发出喘急的气流，当紧挨嘴边的话筒受到气流的冲击后，就会形成被可称为**扑声**的砰砰声或某些爆破声。使用扑声滤波器或防风罩可以改善这一问题。

扑声滤波器的最佳形式为固定在圆箍上的尼龙网罩，或一个金属穿孔盘，置于话筒前数英寸处。

把话筒稍微置于嘴部的上方或侧面，或者用一支全指向性话筒也可降低扑声。

聆听

播放配套资料中的第16段音频，将演示扑声滤波器或话筒的摆放如何可防止喘息扑声。

2. 话筒架和话筒吊杆（Stand and Booms）

话筒架和话筒吊杆可把话筒固定在所要求的位置上，话筒架有很重的金属底座以支持起垂直部分的伸缩杆，杆的上部有一个可旋转的螺帽锁扣，用于调节嵌入在大套杆内小套杆的高度。小套杆的顶部有一个标准的5/8in的27号螺纹（在欧洲为3/8in），把它旋入话筒夹的转接头上。有些话筒夹转接头可适配5/8in和3/8in两种螺纹。

话筒吊杆是一根水平方向的长杆，它附着在垂直杆上。杆的角度和长度可调，杆的末端可拧上话筒夹转接头，杆的另一端为重物，用来平衡话筒的重量。

3. 防震架（Shock Mount）

防震架将话筒悬挂在有弹性的架子内，使话筒避免由于地板的震动和话筒架被撞击后的机械振动的干扰。许多话筒具有内部防震架，它将话筒头与话筒外壳隔离，这样可降低来自话筒操持及话筒架震动时所引起的噪声。

4. 话筒线和接插件（Cables and Connectors）

话筒线把来自话筒的电信号送到混音调音台、话筒前置放大器或录音机。在使用低阻话筒时，可以用100ft（30.48m）长的话筒线而不会拾取交流哼声或引起高频损失。有些话筒为便利和价廉，把话筒线与话筒永久性地连接在一起，其他的话筒则是用接插件与话筒线来连接的。显然后一种方式在严格的录音制作中是可取的，因为一旦话筒线有破损，即可把话筒线取下来进行修理或更换，而与话筒本身无关。

话筒线是由一或两根互相隔离的导线，导线的外围用屏蔽电路交流哼声的金属编织网屏蔽线包裹，当接入一支话筒后听到有嗡嗡作响的交流哼声时，就应该检查屏蔽线是否焊牢。

话筒线的制作需要用一根两芯屏蔽线焊接到一个三芯的卡侬音频接插件上去，应该按如下的连接方法进行连接。

1脚：接屏蔽线；

2脚：接“热端”或“正极性”线（通常为红色或白色导线）；

3脚：接“冷端”或“负极性”线（通常为黑色导线）。

如果话筒输出端是三芯卡侬头，但是录音机或调音台的输入端是一种非平衡的大二芯插孔，那么需要如下的接法。

大二芯插头顶端（短端）：接“热端”线；

大二芯插头套筒端（长端）：接屏蔽线和“冷端”线。

可以把话筒线绕到较大的线轴上面，线轴在电料商店有出售，把话筒线的插头连接在一起之后再把话筒线缠绕到线轴上。

5. 舞台线缆盒和多芯线缆（Snake）

要把许多条话筒线都接到调音台上时，既杂乱又费时。可把所有的话筒插入到具有许多话筒插座的舞台线缆盒上（见图7.14）。多芯线缆——一条粗的多芯线缆线——可把那些信号送到调音台上。在调音台一端，多芯线缆的末端分出许多话筒插头，再把各个插头插到调音台上去。

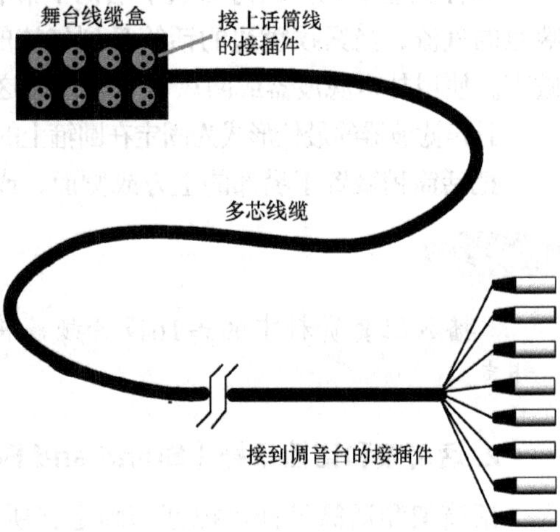

图7.14　舞台线缆盒和多芯线缆

7.13　小结（Summary）

本章讲述了话筒的种类、性能指标及其附件的相关内容，并且了解了在什么样的应用时应该选择哪一类话筒。

话筒的目录和应用说明可在话筒公司的网站上查找。

记住，只要你觉得声音满意，你可以在乐器上使用各种话筒，尽情按你的喜好来试用。然而，要获得高质量的录音作品，那就必须使用一些具有平滑而宽广频率响应、低噪声和低失真的高品质话筒。

第8章 话筒技术基础

（Microphone Technique Basics）

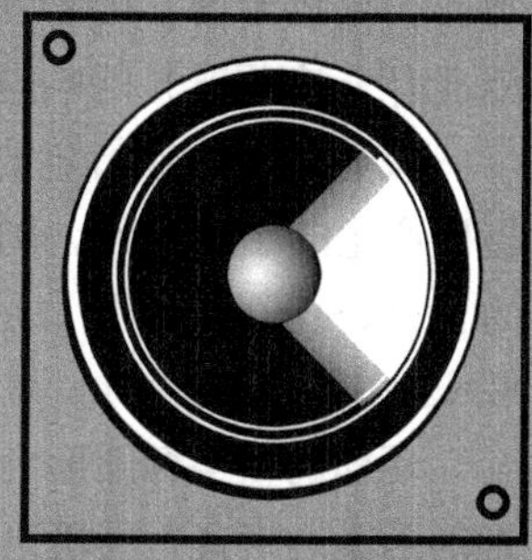

假如要为歌手、萨克斯或吉他拾音，那么应该选用哪一类话筒，话筒应该摆放在什么位置呢？

话筒技术对于录音作品的声音质量有着极大的影响，本章将讲述一些各种情况下进行拾音时的通用规则，在第9章将讲述对具体的乐器和人声进行拾音时常用的话筒技术。

8.1 使用哪一类话筒？（Which Mic Should I Use？）

没有一支“绝对正确”的话筒来为钢琴、底鼓或吉他放大器进行拾音，因为每支话筒拾取的声音是有区别的，只不过是选择一支你认为能拾取想要的声音的话筒罢了。不过，要了解话筒影响声音的两大主要性能指标：频率响应和极坐标图形，这是十分必要的。

大多数的电容话筒有很宽的高频响应，它们能重现高达15kHz或20kHz的声音。它们还有非常优良的瞬态响应，话筒能很快地重现快速起音的信号，所以用它们对铙钹或对声音有细节要求的乐器（例如原声吉他、弦乐器、钢琴和人声等）拾音时特别有用。动圈式话筒对于鼓类、吉他放大器、圆号和木管乐器等有足够好的频响，大多数话筒具有“现场感高峰”（在5kHz附近有提升）的响应特点，使拾取的声音更锋利或更有冲击力。

假如要为一件特定的乐器选择某支话筒，一般来说，话筒的频率响应至少应该涵盖该乐器所产生的频率范围。例如，一把原声吉他所发出的基波频率为82Hz～1kHz，而产生的谐波为1kHz～15kHz。所以如果想准确地拾取吉他的声音，那么就必须要有一支频率响应至少为82Hz～15kHz的话筒。不同乐器产生频率成分的范围见表8.1。

话筒的极坐标图形会影响到泄漏声和环境声的拾取程度。泄漏声是话筒拾取的所不需要的别的乐器的声音；环境声是录音室的房间声响，是一种早期反射声和混响声。如果拾取的泄漏声和环境声过多，那么录得的乐器声会让人感到遥远。

在全指向性话筒和指向性话筒离某件乐器的距离相同时，全指向性话筒会拾取更多的环境声和泄漏声，所以全指向性话筒能使声音变得遥远。为给予补偿，应该缩小声源与全指向性话筒之间的距离，约为心形话筒摆放距离的0.58倍。

表8.1　不同乐器产生频率成分的范围

乐器	基波频率（Hz）	谐波频率（kHz）
长笛（Flute）	261～2 349	3～8
双簧管（Oboe）	261～1 568	2～12
单簧管（Clarinet）	165～1 568	2～10
大管（巴松，Bassoon）	62～587	1～7
小号（Trumpet）	165～988	1～7.5
法国圆号（French horn）	87～880	1～6
长号（Trombone）	73～587	1～7.5
大号（土巴号，Tuba）	49～587	1～4
军鼓（Snare drum）	100～200	1～20
底鼓（Kick drum）	30～147	1～6
铙钹（Cymbals）	300～587	1～15

续表

乐器	基波频率（Hz）	谐波频率（kHz）
小提琴（Violin）	196～3 136	4～15
中提琴（Viola）	131～1 175	2～8.5
大提琴（Cello）	65～698	1～6.5
原声贝斯（Acoustic bass）	41～294	1～5
电贝斯（Electric bass）	41～300	1～7
原声吉他（Acoustic guitar）	82～988	1～15
电吉他（Electric guitar）	82～1 319	1～3.5（经过放大器发声）
电吉他（Electric guitar）	82～1 319	1～15（直接拾取）
钢琴（Piano）	28～4 196	5～8
低音（人声）[Bass（voice）]	87～392	1～12
男高音（人声）[Tenor（voice）]	131～494	1～12
中高音（人声）[Alto（voice）]	175～698	2～12
女高音（人声）[Soprano（voice）]	247～1 175	2～12

8.2 要使用多少支话筒？（How Many Mics?）

话筒的数量随拾取的内容而变化。如果要录制出一种乐队和房间声音相混合的综合声音，就只需要两支话筒或一支立体声话筒（见图8.1）。此方法适用于对管弦乐队、交响乐队、合唱团、弦乐四重奏、管风琴、小型民歌组或者钢琴/独唱等的拾音。立体声拾音将在本章最后部分加以详述。

对于流行音乐乐队，应该对每件乐器或一个乐器声部来进行拾音，然后调节调音台上的每路话筒的音量大小，使乐器之间的声音达到平衡（见图8.2）。

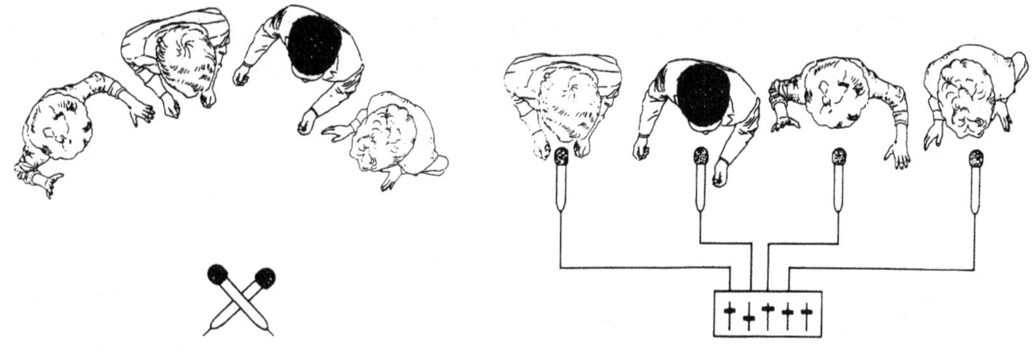

图8.1 用两支远距离的话筒对音乐会全貌的拾音

图8.2 用多支近距离话筒和一张调音台进行独立的拾音

为了得到较清晰的声音，能用一支话筒完成就不用两支话筒，有时只用一支话筒就能拾取到两个或两个以上的声源（见图8.3）。可以用一支话筒拾取4位演奏员演奏的铜管乐声部，或者每两位演奏员共用一支话筒，总共只用两支话筒。或者为录音棚内的一个合唱队分两个组拾音，一支话筒摆在低音声部面前，一支话筒摆放在女高音声部面前等。

用一支话筒为多件乐器进行拾音会带来一个问题：在缩混期间，不能将已经记录在同一声轨上的各件乐器的声音进行各自的平衡调节，所以必须在录音之前调整好乐器之间的平衡。监听话筒拾取的声音，如果哪件乐器声音太弱，则要求该乐器向话筒靠近。

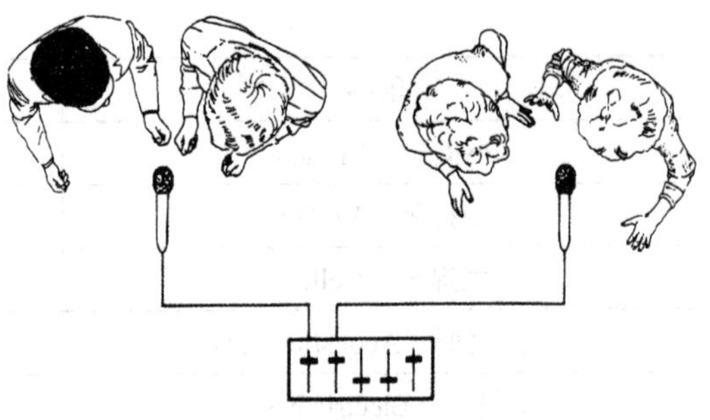

图8.3 用一支话筒对数个声源的分组拾音

8.3 话筒应该距离声源多远摆放？（How Close Should I Place the Mic？）

一旦选定一支话筒为某件乐器拾音之后，那么话筒应距离声源多远？话筒离声源数英寸远的拾音会得到一种紧密而生动的声音；话筒远离时，将会得到一种遥远的、具有空间感的声音（可以边试边听其效果）。话筒离乐器越远，将会拾取更多的环境声、泄漏声和背景噪声；而话筒靠近声源，则可以抑制这些不需要的声音。话筒远离声源进行拾音，可以为鼓声、领奏吉他的独奏声、号角声等叠录上一种现场的、轻松的、有空间感的声音。你还将需要一间具有良好建声效果的录音室从而获得最佳的录音效果，如果话筒距离声源太近拾音则会给音质染色，有关此问题可参阅本章“话筒不能过于靠近乐器拾音”小节。

聆听

播放配套资料中的第17段音频，将演示话筒的拾音距离如何影响音响效果，近距离的拾音只拾取很少的房间声，而远距离的拾音则拾取了很多的房间声。

近距离拾音使声音严实，远距离拾音使声音遥远。因为在话筒靠近乐器后，话筒拾取的声音过大，所以只需要把调音台的话筒增益旋钮稍微旋起一些，就能得到满刻度的录音电平。由于这时调音台上的话筒增益很低，所以只拾取很小的混响声、泄漏声和背景噪声［见图8.4（A）］。

如果话筒摆放得离声源很远，那么话筒拾取的音量很小。这时候就需要提升话筒增益后才能得到满刻度录音电平。由于有较高的增益，因此将会拾取更多的混响声、泄漏声和背景噪声［见图8.4（B）］。

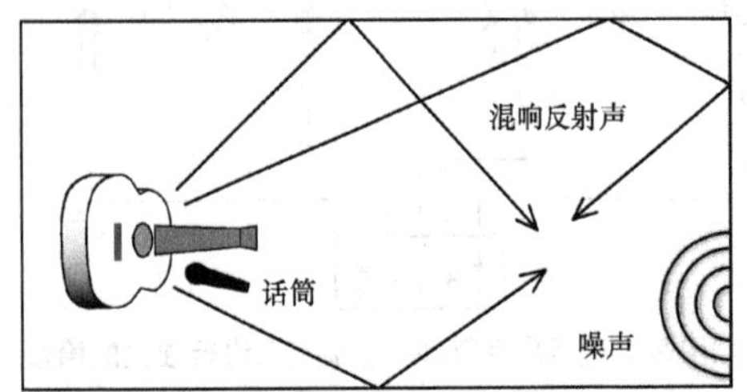

（A）近距离话筒主要拾取直达声，从而得到一种坚实的音质

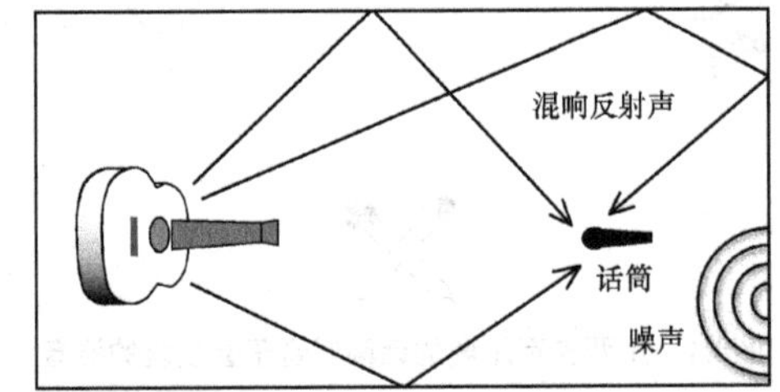

（B）远距离话筒主要拾取反射声，从而得到一种遥远的音质

图8.4 近距离拾音与远距离拾音示意

如果话筒离声源很远，可能为10ft以外，该话筒可称为**环境声话筒**或**房间话筒**，它主要拾

取房间混响。常见的环境声用话筒通常是贴在墙面上的界面话筒，把它拾取的声音与近距离主话筒拾取的信号混合之后声音会有一种空间感。在进行立体声拾音时，则需要用两个界面话筒。在为实况音乐会录音时，就需要把环境声话筒置于观众的上方，位于大厅前方对准观众，可以拾取观众群的反应及大厅的声响效果。

古典音乐的拾音则总是要保持一定的距离（4～20ft），这样可以拾取音乐厅的混响声，因为这种混响声正是希望得到的古典音乐声音中的一部分。

8.3.1　泄漏声（渗漏或溅落）［Leakage（Bleed or Spill）］

假如正在同时为一组套鼓和一架钢琴进行近距离拾音（见图8.5），在单独监听鼓话筒时，可以听到紧密、清晰的声音。但是当混入钢琴声以后，优美而紧密的鼓声就变为遥远、浑浊的声音。这是因为鼓声泄漏到了钢琴话筒上，钢琴话筒拾取了来自横跨房间的遥远的鼓声，这好像是钢琴话筒变成了鼓声用的房间话筒。

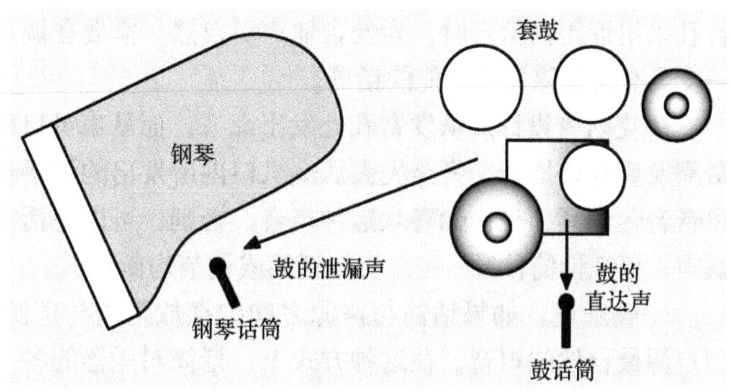

图8.5　泄漏声的例子。钢琴话筒拾取了来自套鼓的声音，使紧密的鼓声变得遥远

聆听

播放配套资料中的第11段音频，聆听一个泄漏声的例子——一件乐器的声音进入另一件乐器的拾音话筒上之后所产生的声音的重叠。

有如下几种方法可以降低泄漏声。

■ 对每件乐器采用近距离拾音的方法，这种方法使在每支话筒上的声音电平都很高，这样可以调低调音台上每支话筒的话筒增益，与此同时则降低了泄漏声的电平。

■ 采用每次只为一件乐器拾音的叠录方式。

■ 直接录音。例如原声吉他在分轨录音期间并不参与拾音，之后只用一支话筒将原声吉他声加以叠录。电吉他在分轨录音期间并不参与拾音，然后在缩混期间通过吉他放大器的建模插件程序来播放电吉他信号，或者通过一台Line 6 Pod吉他放大器仿真器来为一把电吉他录音。

■ 用调音台或DAW内的EQ均衡功能滤去每件乐器频率范围以外的频率成分。

■ 用指向性话筒（心形话筒等）来替代全指向性话筒。

■ 在一间大型的强吸声的房间内录音，来自墙面反射的泄漏声很弱。

■ 在乐器之间放置可移动的吸声障板。

■ 在鼓声轨上使用噪声门（参阅第11章中有关“噪声门”的描述）。

8.3.2　话筒不能过于靠近乐器拾音（Don't Mike Too Close）

话筒过分地靠近乐器会导致乐器的声染色。如果靠得太近，则会产生一种低沉的砰砰声或像汽车喇叭声那样的声音，失去了乐器原有的音色。为什么？这是因为大多数乐器被设计成至少要在1ft（30.48cm）以外才能听到最好的声音，乐器的声音需要某些空间来展现。话筒摆放在距离乐器1ft或2ft以外处，才能有助于拾取较为平衡和自然的声音，这是因为话筒拾取的是乐器所有部件的混合声，那样有利于呈现乐器的特征和音色。

可以把乐器想象为一个具有低音扬声器、中音扬声器和高音扬声器的音箱。如果把话筒摆放在音箱前数英尺，那么话筒能精确地拾取音箱的声音。但是若话筒靠近低音扬声器，那么会出现低沉的砰砰声。同样情况，如果话筒太贴近乐器，那么在所拾取的声音中会加重被贴近乐器的那个部件的声音。所以话筒过于靠近乐器后，所拾取到的声音并不能正确地反映整件乐器的音质。

假如把话筒摆放在原声吉他的发音孔旁边，吉他在80～100Hz有共鸣，在这种摆放位置上将会听到低频共振，因为话筒不在最好的拾音位置，所以录得的声音带有隆隆声。在话筒对发音孔采用近距离拾音时，为使吉他声更自然，需要在调音台上切除多余的低频成分，或者使用一支具有可切除低频功能的话筒。

萨克斯管设计成从发音孔处发出高音，而从喇叭口那里发出中音和低音。所以如果把话筒紧靠发音孔处拾音，将会失去从喇叭口内所发出的温暖和明亮的音色。话筒从发音孔处拾取的声音音色刺耳，也许你喜欢这种声音，否则，可以把话筒移动至整支萨克斯管的上方，如有泄漏声，可把话筒移近一些、更换话筒或调节均衡量。

一般来说，如果话筒与声源之间的摆放距离与声源的尺寸大小相当，那么话筒将会拾取到声源最自然的声音。在这种方式下，话筒对乐器的各个声音辐射部件的拾取差不多相等。例如，一把原声吉他琴体的长度为18in，将话筒摆放在距离原声吉他18in处所拾取的声音有自然而平衡的音色。如果这时感到声音有些遥远或空旷，则可把话筒移近到8～12in。

拾音距离太近会产生另外一个问题，如果一位音乐家在演奏或演唱时走近和远离话筒，其平均电平是在变化着的。为了获得更为平稳的电平，常用的拾音距离在8in（20.32cm）或稍远些时为佳。

8.4 话筒应该摆放在什么位置？（Where Should I Place the Mic？）

假如把话筒摆放在离乐器有一定距离的位置上，再把话筒向上、下、左、右方向分别移动，这意味着在拾取不同的声音。在某一位置可能听到的声音是沉闷的，在另一个位置时，可能听到很自然的声音。所以要找到最佳位置，简单的方法是将话筒摆放在不同的位置后监听其结果，直至找到一个你认为声音最佳时的位置。

另一种方法是，用手指堵住你的一只耳朵，用另一只耳朵来监听乐器声，在乐器周围边走边听，直至找到你认为声音最佳时的位置。然后把话筒固定在那个位置上，再进行录音并回放其声音。如果录音回放与你听现场的声音相同，这就是最佳位置，但是这种方法不适用于底鼓或高频刺耳的吉他放大器。你还可以戴着一副优质的耳机、手拿话筒在演奏着的乐器周围寻找到拾取最佳声音的位置。

为什么移动话筒会改变音质呢？原因是乐器在每个方向上会辐射出不同的声音，也就是说，乐器的每个部件会产生不同的声音。如图8.6所示，在

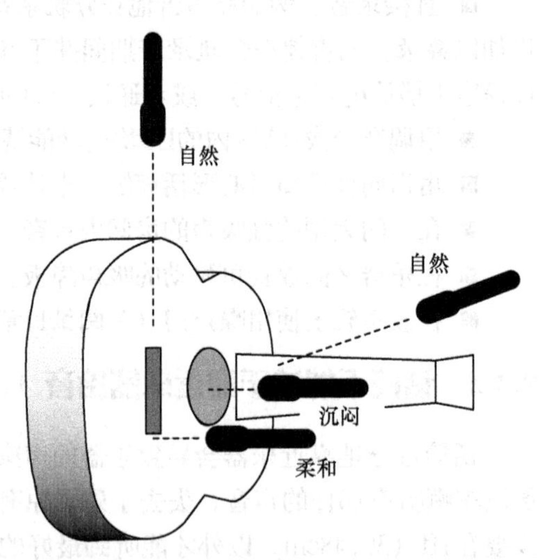

图8.6 话筒的摆放位置会影响所录声音的音质平衡

吉他附近的各个不同位置所拾取的声音具有不同的音质效果。

聆听

播放配套资料中的第18段音频，说明话筒的摆放位置对吉他音质平衡的影响。聆听第19段音频，对原声吉他的近距离和远距离立体声拾音的演示。

对于其他乐器也可用上述的方法。小号在它的发音孔方向辐射出很强的高音，但是小号的设计不是听发音孔处的声音，而是要听发音孔旁边的声音。所以当把话筒摆放在发音孔处轴线方向上拾音时声音会很亮，而把话筒摆放在偏离轴线一边的位置上拾音时，则所拾得的声音更为自然和柔和。对于立式钢琴，将话筒摆放在中音区上方一英尺的位置拾音时，声音会相当自然；而把话筒放在钢琴声板的下方拾音时，声音会变得沉闷且模糊，好像把声音压缩在空穴内、把中频加重了的那种感觉。

要尝试话筒在各个位置上进行拾音的实验，直至找到你喜欢的声音。话筒的摆放并没有绝对正确的方法，把话筒摆放在你认为取得最佳声平衡的位置上就可以。

8.5 表面拾音技术（On-Surface Techniques）

有时因为迫不得已，而把话筒摆放在硬反射表面附近拾音。

- 在舞台地板附近用话筒为戏剧或歌剧录音时。
- 为一件在周围有硬表面的乐器进行录音时。
- 用紧靠在钢琴盖板附近的话筒为钢琴录音时。

在这些情况下，经常会拾取到不自然的、经滤波后的声音。这是因为声音到达话筒经过了两条途径：来自声源的直达声，以及在其附近表面的反射声（见图8.7）。由于有较长的传输途径，反射声要比直达声延时到达，直达声波与延时后的反射声波在话筒上的混合会引起在不同频率的相位抵消。这种在频率响应曲线上出现一系列的波峰和波谷的现象被称为**梳状滤波效应**，所拾取的声音听起来像有轻微的镶边声。

界面话筒可以解决这类问题。在界面话筒内，话筒振膜非常贴近反射面，以至反射声没有延时。直达声和反射声在所有可听频率范围内同相位叠加，从而可以得到很平直的频响曲线（见图8.8）。

聆听

播放配套资料中的第20段音频，以审听界面话筒的优良的宽广而又平直的频率响应效果。

可以将一支全指向性界面话筒贴在具有硬表面的钢琴盖板内的一面，或者贴在墙面上拾取环境声。将一种单指向性的界面话筒放在舞台地板上能很好地拾取舞台剧的声音，将一批这样的话筒放在会议桌上能清晰地拾取人们的讲话声。

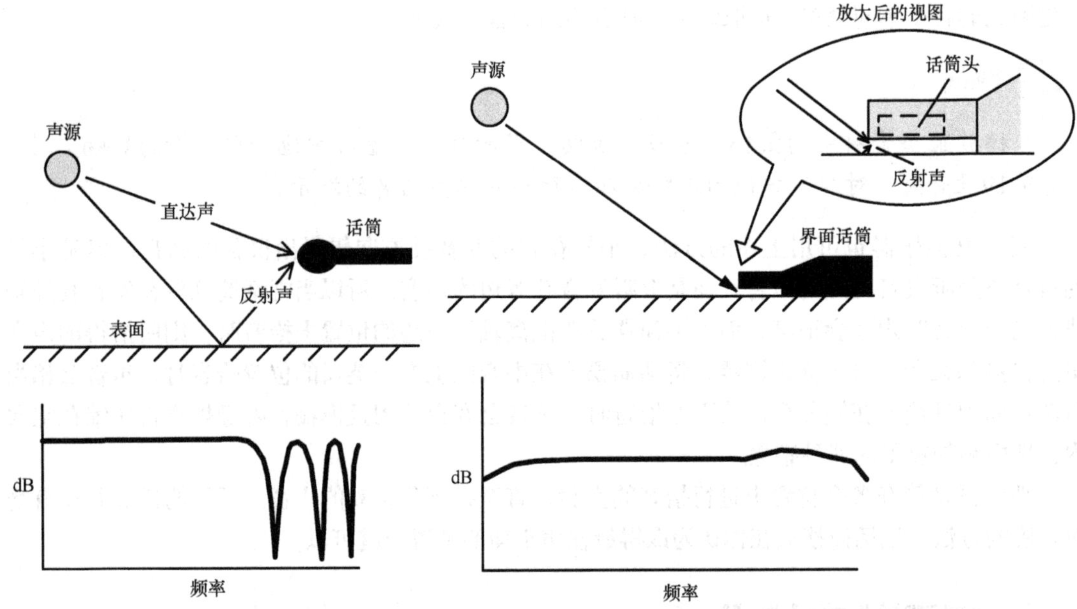

图8.7　一支摆放在表面附近的话筒拾取了直达声和经过延时的反射声，由此而产生一种梳状滤波的频率响应

图8.8　位于表面上的界面话筒拾取同相位的直达声和反射声

8.6　3：1规则（The Three-to-One Rule）

假如在为一位歌手/吉他手录音时，把一支话筒置于歌手处，另一支话筒置于原声吉他处。当监听两支话筒的混音时，会发现产生了一些问题：歌手的歌声有空洞或有被滤去某些频率成分的感觉，这是因为所听到的是一种受到相位干涉的声音效果。

一般来说，如果两支话筒在不同的距离拾取同一声源，并把它们的信号混合到同一条通道上时，将会引起相位抵消。在频率响应上的这些波峰和波谷——一种梳状滤波——是由在某些频率上的反相组合而引起的，结果成为一种声染色的、滤去了某些音质的、有轻微镶边的声音。

要避免这一问题，就应该遵循**3：1规则**：话筒之间分隔的距离至少为话筒至声源距离的3倍以上，如图8.9所示。例如，如果两支话筒之间的分隔距离为12in（30.48cm），那么它们分别与声源之间的摆放距离应该少于4in（10.16cm），这样才能避免相位抵消现象的发生。如果用两支心形话筒以相反的方向各自对准声源，那么它们可以比3：1规则所规定的分隔距离更近些摆放。这一举措对已录声轨之间的分隔度至少有9dB的效果。

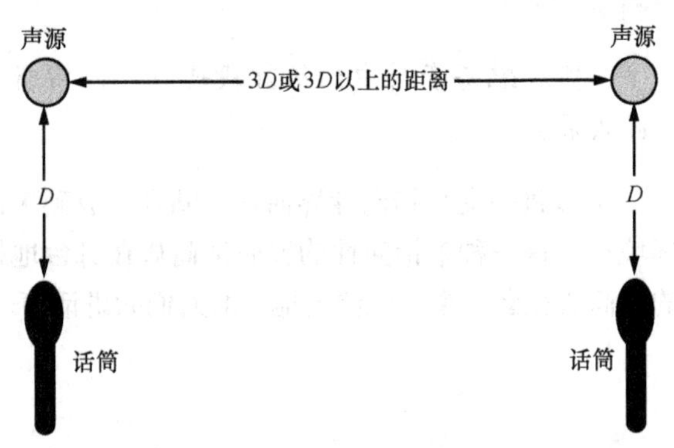

图8.9　话筒摆放的3:1规则避免了话筒信号之间的相位干涉

如果用两支话筒来拾取一件乐器，其声像应该偏左还是偏右？为不引起相位干涉，应该采用立体声声像定位的方法。

聆听

播放配套资料中的第21段音频，以审听两支话筒之间的相位干涉的后果。

8.7　轴外声染色（Off-Axis Coloration）

有些话筒会有**轴外声染色**的现象：由于话筒没有摆放在声源的正前方，使拾取的声音产生一种模糊或是声染色的效果。试将话筒对准像镲钹那样的声源，可以获得高频成分。在对一种像管弦乐队那样的大型声源进行拾音时，可以使用在宽角度范围内频率响应相同的话筒，并且要使用在中频和高频时极坐标图形都相似的话筒。大多数大振膜话筒要比小振膜话筒（振膜直径在1in以下）更易于引起轴外声染色现象。

8.8　立体声话筒技术（Stereo Mic Techniques）

立体声话筒技术能使用2～3支话筒拾取乐器声音的全貌，当回放立体声录音时，能从两只音箱之间听到不同位置上乐器的**声音幻象**。这些声像位置——自左至右、从前至后——相当于在录音期间乐器所在的位置一样。

立体声拾音是为古典音乐合奏和独奏进行录音的首选方法，在录音棚内，可以对钢琴、架子鼓、镲钹、电颤琴、声歌手或其他大型声源进行立体声拾音。

8.8.1　立体声拾音的目的（Goals of Stereo Miking）

立体声拾音的一个目标就是**精确定位**。乐队中心位置的乐器声会在两只音箱之间的中间位置上重现，乐队两侧乐器声则会在左边或右边的音箱上听到，在中间偏向一侧部分的乐器声，则会从音箱的中间偏向一侧的位置上重现，依此类推。

3种立体声定位效果如图8.10所示。一个管弦乐队内一些乐器的位置如图8.10（A）所示：左，中左，中间，中右，右。在图8.10（B）内，这些乐器回放时的声像被精确地定位在两只音箱之间，立体声的分隔度，或舞台的宽度在音箱之间正确地展现（也可用较窄些的伸展来为弦乐四重奏录音）。

如果话筒之间的间隔或角度过于紧靠，则会得到一种过窄的舞台效果［见图8.10（C）］；如果话筒之间的间隔或角度过于疏远，则会听到一种被夸张了的分隔效果［见图8.10（D）］，也就是说，中左或中右位置的声音会偏向到左边或右边的音箱上去。

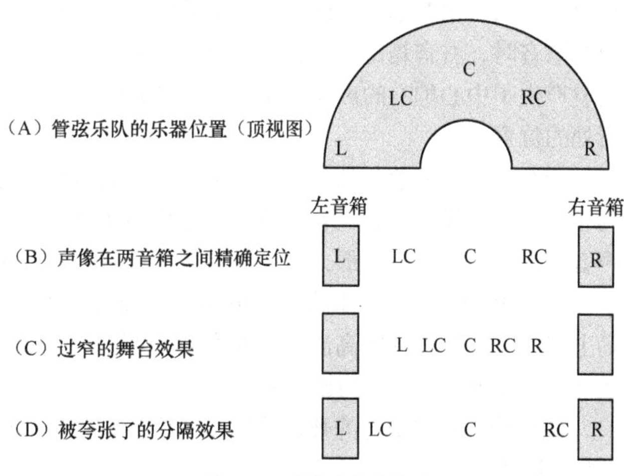

图8.10　立体声定位效果

要评价立体声效果，就必须准确地坐在两只监听音箱的正中间（审听者与两只音箱的距离相等），审听者与音箱之间的距离要等于两只音箱之间的距离，两只音箱呈60°摆放，这个角度差不多是从观众最理想的座位（例如第10排中间座位）看到管弦乐队全貌时的角度。如果偏离中心审听，则声像会移至审听者所在偏向的一侧，同时也减弱了听音的敏感度。

8.8.2 立体声话筒技术分类（Type of Stereo Mic Techniques）

要进行立体声录音，可使用下列基本技术之中的一种。

- 重合式话筒对方式（XY或MS制）；
- 分隔式话筒对方式（AB制）；
- 近重合式话筒对方式（ORTF制等）；
- 档板式话筒对方式（半球形式、OSS、SASS、PZM楔入式等）。

下面详细介绍每种技术。

1. 重合式话筒对方式（Coincident Pair）

在用这种方法时，把两支在格栅处相接的指向性话筒固定在一起，一支话筒的振膜位于另一支话筒振膜的上面，两者之间呈一定角度分隔（见图8.11）。例如，将两支话筒的振膜端上下重叠并分隔120°固定在一个架子上。也可以用其他指向性话筒（超心形，强心形）或双向性话筒。两支话筒的夹角越宽，则立体声的扩展越宽。但如果角度太宽，则中心声像会被减弱（将会产生“中心空穴”的声像）。

如何使用这种方法来进行声像定位？我们知道，指向性话筒对正前方（轴线方向）的声音的灵敏度最高，对来自轴外的声音的灵敏度是逐渐减弱的。也就是说，指向性话筒所对准的那部分声源的信号是高电平信号，而从其他声源那里所拾取的信号是低电平信号。

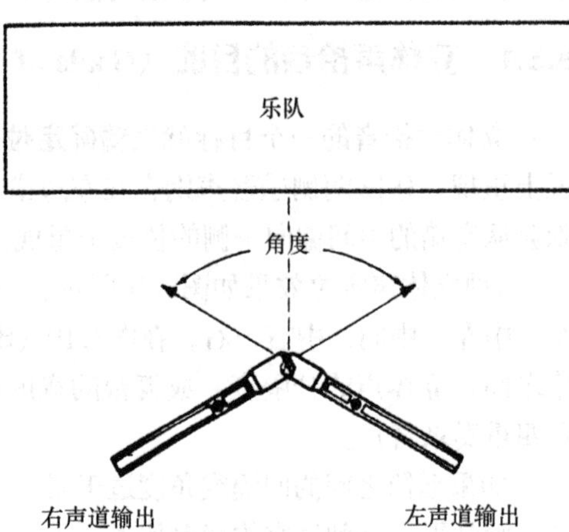

图8.11 重合式话筒对技术

由两支指向性话筒所组成的重合式话筒对，它们之间的角度以中心线对称分隔（见图8.11）。每支话筒对乐队中间部分的乐器拾取相同的信号。在重放时，中间部分乐器的声像会呈现在两只音箱之间的中间位置，这是因为在每条声道上都有相同的信号而产生了位于中间位置的声像。

中心偏右的乐器更接近于右话筒的轴线方向，所以右话筒将比左话筒拾取更高电平的信号。在回放其录音时，右音箱比左音箱回放出更高的电平，这就产生了中心偏右的声像，重现了在录音时乐器所处的位置。

重合式话筒对将乐器的位置编码成两声道间的电平差，在回放时，将这些电平差解码复原为相应的原声像位置。调音台内的声像电位器基于这个原理工作，如果一个声道比另一声道的声音电平大15～20dB，那么声像将会移至音量大的音箱一侧。

假如我们要把管弦乐队的右声部在右音箱上回放，这就意味着最右侧的演奏者必须在右话筒上产生一个比左话筒高出20dB的信号电平。这种情况只有当话筒的夹角足够大时才会发生，正确的角度取决于话筒的极坐标图形。

偏离中心位置附近的那部分乐器所产生的声道间电平差要低于20dB，所以其声像是偏离中心位置附近。

许多审听实验指出，用重合式心形话筒拾音有利于较窄立体声分布的乐队组声音的重现，即在音箱之间乐队组的声像分布不是很宽。

具有极佳定位的重合式话筒对方式是**勃罗兰（Blumlein）阵列**，它用两支双指向性话筒呈90°夹角分别指向乐队的左边和右边，话筒背面的厅堂音响也被作为录音中的一部分内容。

一种重合式话筒对技术的特殊形式被称为**中间-两侧**或称**MS制式**（见图8.12）。用这种方式，心形话筒或全指向性话筒指向管弦乐队的中间位置，一个矩阵电路将心形话筒和对准侧面的双指向性话筒的信号进行相加或相减，这样就产生左、右声道信号。改变中间信号与侧面信号之间的比例可以遥控立体声的分布，这种遥控方法在实况音乐会期间十分有用，那是因为在实况音乐会期间不可能去调整话筒的摆放位置。MS制式的定位也是很准确的，在第22章的“立体声分布控制”小节中将介绍如何用计算机数字音频工作站来替代矩阵。

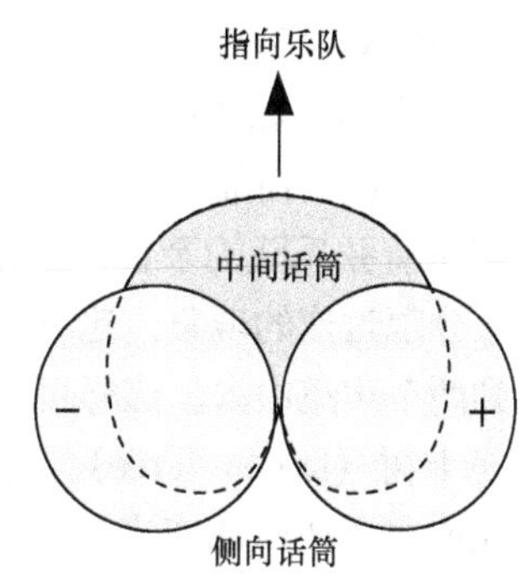

图8.12　中间-两侧（MS制式）技术

要使重合式话筒对所录得的声音更具空间感，可将左右或侧面信号内的低频成分提升4dB（在600Hz处提升2dB）。

重合式话筒对的录音也能与**单声道录音相兼容**，也就是说，不管是在单声道还是在立体声，它们的频率响应是相同的。因为话筒都在同一空间位置上，两个信号之间没有时间差和相位差，将这两个信号混合为单声道时，它们不会出现因相位抵消而衰减频率响应的现象。所以如果希望这种立体声录音用单声道来监听的话（通常在电视上），那么可能要使用重合式话筒对方法。

2. 分隔式话筒对方式（Spaced Pair）

此方式是把两支相同的话筒分隔数英尺固定后分别指向正前方(见图8.13)。这两支话筒可以是具有任何形式极坐标图形的指向性话筒，不过，全指向性话筒是最流行的。两话筒之间的间距越宽，则立体声的分布范围越广。

这种方法的工作原理是，每支话筒对乐队中心位置上的乐器拾取相同的信号，回放其录音时，可以从两只音箱的中间位置上听到中心位置乐器的声像。如果某件乐器位于偏离中心位置处，那么该乐器与一支话筒之间的距离要小于与另一支话筒的距离，到达较近的话筒的声音要先于另一支话筒到达。除了这一支话筒的信号与另一支话筒的信号相比是被延时了外，两支话筒都拾取同一信号。

如果把有一个声道被延时了的信号送到两只音箱中，那么声像会偏离中心位置。用分隔式话筒对录音，偏离中心的乐器会在一支话筒的声道上产生一个延时的信号，所以在回放时的声像会偏离中心位置。

分隔式话筒对技术将把乐器的相对位置编码成声道之间的时间差，在重放期间，想办法把这个时间差解码复原为相应的声像位置。

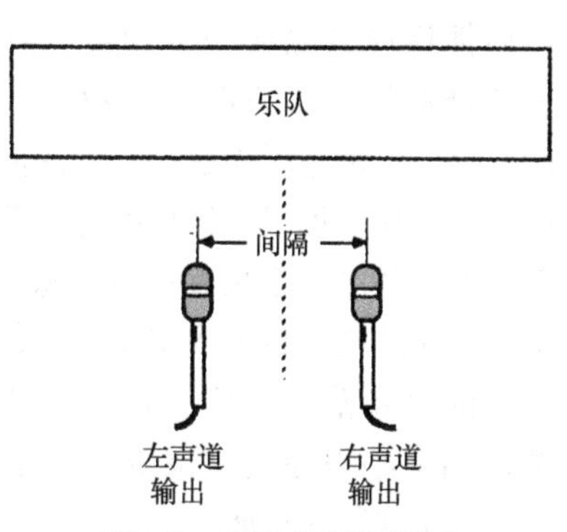

图8.13　分隔式话筒对技术

1.2ms的延时时间已足够把各个方向上的声像偏移到一只音箱上去，所以在摆放话筒时，利用这一原理，假如要从右音箱听管弦乐队右边的乐器声，那么来自右边演奏者的乐器声到达右话筒的时间必须比到达左话筒的时间早1.2ms。为达到这一目的，可根据从话筒位置观察乐队的宽度状况，将两支话筒分隔1.5～3ft。这种分隔可以得到正确的延时，从而能在右音箱听到右边的乐器声。偏离中心位置附近的乐器所得到的声道间的延时时间小于1.2ms，所以回放时的声像位于偏离中心位置附近。

如果话筒之间的分隔距离较远，例如为12ft，则稍微偏离中心位置的乐器在两个声道之间所产生的延时时间将大大超过1.2ms，这时所产生的声像或是在音箱的左边，或是在音箱的右边，这种现象被称为“过度分隔”或**“乒乓”**效应（见图8.10D）。

另一方面，如果两支话筒靠得太近，那么为提供足够的立体声分布范围而所需的延时时间会太短。所以话筒靠得愈近，会越趋向于突出中心位置处乐器的声音。

对于管弦乐队的录音，要得到很好的音乐平衡，需要两支话筒间隔10ft或12ft，但这样也许会产生分隔过度的现象。这时可在话筒对以外的中间部位摆放上第3支话筒，并把此话筒的输出混合到两个声道中去。这样可以拾取到很好的声平衡，并能听到精确的立体声声场分布。

笛卡树（Decca Tree）是由笛卡录音公司于1954年开发的三分隔全指向性话筒矩阵。话筒的间隔取决于乐队的宽度及房间的宽敞度，中心话筒稍靠前且远离中心的话筒对。由于中心话筒的信号超前于话筒对的信号，所以中心话筒有助于充实、强化其中心声像。

用分隔式话筒对的拾音方法录得的轴外声像趋于散焦或难以定位。这是因为分隔式话筒对的录音在两个声道之间有时间差，仅由时间差产生的立体声声像是散焦的，但是听中心位置乐器的声音时仍是很清晰的，不过在听中心轴外的乐器声时却很难精确地定位。所以，如果要得到一种舒展的或融合的声像而不希望有鲜明的聚焦时，那么用分隔式话筒对拾音是一种很好的选择。

分隔式话筒对拾音的另一个缺点是：如果要把两支话筒的信号混合为单声道信号，会在某些频率处产生相位抵消。这种声音的缺陷有些可闻，有些可能不可闻。

然而，分隔式话筒对能提供一种温暖感，在音乐厅内的混响似乎是围绕着乐队，有时是围绕着听众徘徊，这是因为已录有混响的两个声道是杂乱无章的混响，两声道之间只有随机的相位关系，所以来自立体声音箱上的杂乱无章的信号会发出一种舒展而又有空间感的声音。

由于分隔式话筒对拾取杂乱无章的混响，因此它也发出一种舒展又有空间感的声音。由这种相位关系而产生的仿真的空间感无须真实，但是却令许多听众有愉快的感觉。

分隔式话筒对的另一个优点是可以使用全指向性话筒，一支全指向性电容话筒比起一支单指向性电容式话筒具有更为深沉的低音。

3. 近重合式话筒对方式（Near－Coincident Pair）

用这种方式录音时，要将两支单指向性话筒分隔成一定角度，并将话筒的网罩沿水平方向移出数英寸（见图8.14）。正是因为这数英寸的间距，给录音作品增加了立体声的分布范围，并加入了环境的温暖感和空间感。两支话筒之间的夹角越大或间距越宽，则立体声的分布范围越广。但如果角度太宽，则中心声像会被减弱（将会产生“中心空穴”的声像）。

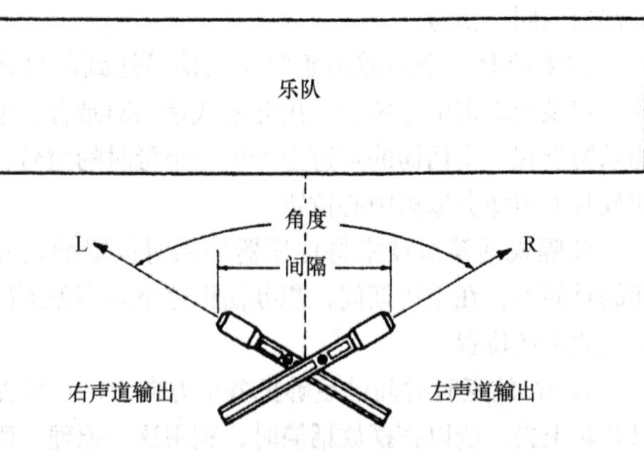

图8.14　近重合式话筒对技术

这种方式的工作是这样进行的，指向性话筒之间分隔成一定角度时，可以产生两个立体声声道之间的电平差，话筒之间的间距分隔则产生时间差。电平差和时间差相组合之后，即获得立体声效果。

如果角度和间距过大，则会得到被过分夸大的立体声分布；如果角度和间距过小，则会听到一种很狭窄的立体声分布范围。

一种常用的近重合式话筒对方法是**法国广播电视组织（ORTF）**系统，它由两支成110° 夹角、水平方向分隔间距为7in（17cm）的心形话筒组成。这种方法通常可给出精确的声像定位，即管弦乐队两边的乐器声在两只音箱处或非常接近的音箱处重现，而中左或中右位置的乐器声则会在两只音箱间差不多的中左或中右位置处重现。

4. 挡板式全指向性话筒对方式（Baffled Ommi Pair）

此方法用两支全指向性话筒，常用以人的双耳间距为间隔、并且在中间用例如可称为Jecklin圆盘那样的硬质或软质挡板分隔（见图8.15）。为获得立体声，它在低频段使用时间差、而在高频段使用电平差的方法。由两支话筒之间的间隔来获得时间差。而挡板在离声源最远的话筒上产生一种遮蔽（降低高频成分）。两个声道之间由于频谱上的差别——形成了频率响应上的差别。

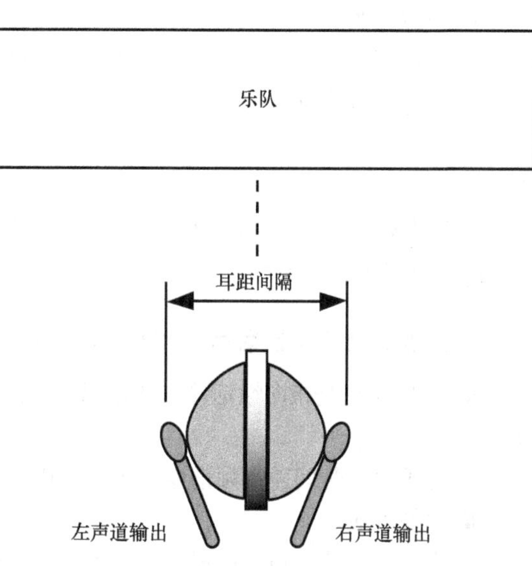

图8.15　挡板式全指向性话筒对技术

另外有两个挡板式全指向性话筒对的例子是Schoeps球形话筒对和theaudio BS-3D球形话筒对。它们在一个头部大小的木制球体的两侧安装了两个全指向性电容话筒，这些话筒有很好的低频响应。

一种特殊形式的挡板式全指向性话筒对技术是用一个人工头（假头）的双耳录音，在人工头内，把一支话筒嵌装在每只耳朵内。用这些话筒录音，然后用耳机回放，这个过程能以惊人的现实主义手法重新创造出原始表演者的场景定位和他们的声场环境。

8.8.3　4种立体声话筒技术的比较（Comparing the Four Techniques）

1. 重合式话筒对技术（Coincident Pair）

- 用两支单指向性话筒，它们的网罩相互重叠，但成一定角度的夹角。
- 两声道之间的电平差产生立体声效果。
- 声像鲜明。
- 立体声声场分布范围可由较窄分布直至被控制到精确定位。
- 立体声信号可与单声道相兼容。

2. 分隔式话筒对技术（Spaced Pair）

- 用两支话筒分隔数英尺并各自分别直指前方。

■ 两声道之间的时间差产生立体声效果。

■ 偏离中心位置处的声像是发散的。

■ 除非加入第3支中心话筒或两话筒之间的距离为2～3ft，否则其立体声声场的分布范围将被夸大。

■ 可提供一种周围环境的温暖感。

■ 与单声道的兼容性不太好，但是还可以接受。

■ 如使用全指向性电容式话筒，会有良好的低频响应。

3. 近重合式话筒对技术（Near－Coincident Pair）

■ 两支单指向性话筒成一定夹角，并且话筒头网罩在水平方向上分隔数英寸。

■ 两个声道之间的电平差和时间差产生立体声效果。

■ 声像鲜明。

■ 立体声声场分布精确。与重合式话筒对技术相比，能提供更强的空间感。

■ 与单声道的兼容性不太好。

聆听

播放音频资料中的第22段音频，以审听并比较重合式话筒对、近重合式话筒对和分隔式话筒对3种技术。

4. 挡板式全指向性话筒对技术（Baffled Ommi Pair）

■ 使用两支全指向性话筒，通常以人耳间距放置两支话筒并在两支话筒中间使用一个挡板间隔。

■ 电平差、时间差及频谱差产生立体声效果。

■ 声像鲜明。

■ 立体声声场分布接近精确，但不可调（只能进行部分的声像调节）。

■ 有优良的低频响应。

■ 使用耳机监听时有良好的声像。

■ 与重合式话筒对技术相比，能提供更强的空间感。

■ 与单声道的兼容性不太好，但是还可以接受。

有关立体声录音的更多信息，请参见第22章的“古典音乐的实况录音”。也可参阅作者所著《实况音乐录音（第二版）》一书，它涵盖环绕声和立体声拾音。该书的音频资料提供各种立体声话筒技术的立体声声像演示等有关音频文件。

8.8.4 硬件（Hardware）

有一种便捷的器材是**立体声话筒转接板**或**立体声条**（见图8.16）。它把两支话筒固定在一块立体声话筒转接板上，并能把话筒调整成一定的角度和间隔距离。当然也可以优先用一支立体声话筒来替代两支话筒，立体声话筒把两个话筒头装在一个话筒罩内，使用起来更为方便。

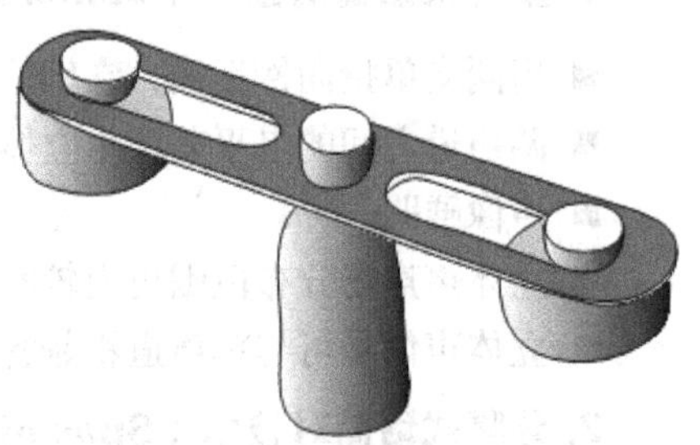

图8.16 立体声话筒转接板

为一些为古典音乐乐队进行立体声录音和近距离拾音时最常用的话筒是由Schoeps公司制造的。

8.8.5　如何测试声像（How to Test Imaging）

用下列方法来检测某种立体声话筒技术的立体声声像。

1．在舞台的前方架起立体声话筒阵列。

2．在舞台上将会有乐器占据的各点位置——中心、中右、远右、中左、远左等点录下自己的讲话声，并报告你的位置。

3．然后通过音箱回放刚才的录音。

通过音箱回放声可以听到各点位置上声像的精确程度，以及声像的鲜明程度。

我们已经了解了立体声录音用的各种话筒阵列，每种方法都有它的优点和缺点。选用哪一种方法，完全取决于你。

第9章 拾取乐器声和人声的话筒技术（Microphone Techniques for Instruments and Vocals）

本章将讲述话筒技术相关内容，着重讲述在为乐队和人声录音时话筒对的选择和摆放方法。这些技术是常用的，而且应是初学时的要点，并随时可进行尝试。

本章将会多次提到的均衡及效果器等，将会在第10、11章内进行详细讲解。

在对某件乐器进行拾音前，要在录音棚内听它实地演奏，要知道它发出什么样的声音，然后才能通过监听音箱复制出这种乐器的声音。

9.1　电吉他（Electric Guitar）

首先要了解电吉他、效果器、放大器和音箱等的通路，在通路的每一点上都可进行录音，而且会得到不同的声音（见图9.1）。

1．电吉他可以输出一个干净且清晰声音的电信号。

2．信号可以通过一些效果器，例如变形、哇哇声、压缩、合唱或立体声效果等。

3．信号通过吉他放大器，可以进行提升或变形，在放大器的输出端（前置放大器输出或外接音箱插孔），声音非常明亮且尖利，导致你不想使用这种信号。

4．变形了的放大器信号由放大器内的扬声器进行回放，因为扬声器切去4kHz以上的频率成分，使其削弱了变形声信号的锋芒，从而把声音变得更令人愉快。

可以用许多方法为电吉他录音（见图9.1）。

■ 用一支位于电吉他音箱前方的话筒录音。

■ 使用直接接入小盒进行录音。

■ 将话筒拾取的声音和直接接入小盒的信号相结合进行录音。

■ 通过一台信号处理器或踏板盒来录音。

根据需要录制的歌曲来决定使用哪一种录音方法。当想要录制一种带有电子管失真和音箱染色的粗犷而原始的声音时，则可从功放或音箱处拾音，摇滚乐队或重金属乐队通常就用这种方法来录制出最佳的声音。如果通过直接接入小盒来录音，录制的声音既干净又清晰，既有清脆的高音又有深沉的低音，对柔和的爵士乐队或蓝调布鲁斯（R&B）乐队就可用这种录音方法。无论采用哪一种方法录音，都应该体现歌曲的特色。

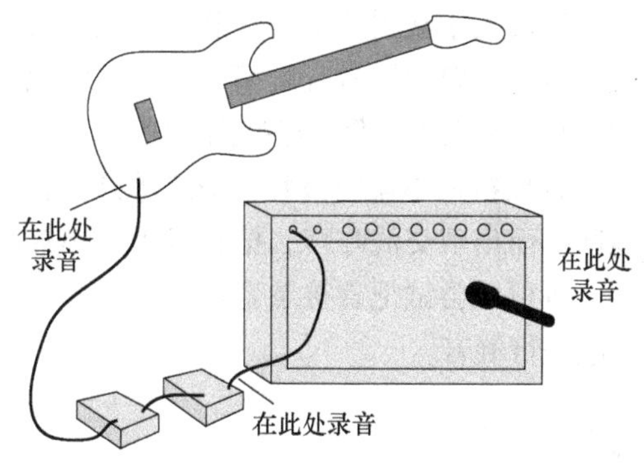

图9.1　可从3个位置为电吉他录音

首先，应从吉他放大器上去除所有交流声，然后调节吉他的音量和高音比例，使吉他信号掩盖因吉他连线而拾取的交流声和噪声。请吉他手边演奏边走动或转动，在室内找到一个不出现交流声的最佳位置，同时改变放大器上的极性开关，拨至交流声最小时的开关位置。为消除吉他音符之间的嗡嗡声，可试用噪声门或请吉他手将手保持放在吉他弦上的方法。

9.1.1　对吉他放大器的拾音（Miking the Amp）

小型常规的吉他放大器可以录制出比大型嘈杂的舞台放大器更好的声音。如果为小型放大器录音，则可把它放在椅子上，从而避免拾取地板的反射声（除非你喜欢那种反射效果声）。

为吉他放大器拾音常用的话筒是心形动圈式话筒，这种话筒在频率响应上具有“现场感高峰”特性（在5kHz附近有提升）。心形极坐标图形能减少泄漏声（来自其他乐器的偏离话筒轴向的声音），动圈式话筒能在大音量下工作而不失真，同时有“现场感高峰”并具有带“刺”

的感觉。当然，也可使用其他话筒，只要能获得满意的声音。

开始，把话筒摆在距离音箱纸盆附近网栅1in的地方，把话筒头轻微地偏离音箱孔，置于音箱纸盆与穹顶交界的位置。

然后将话筒靠近放大器音箱，低频会增强；当话筒远离中心线外时，音色会模糊。当希望通过对实况场所内很多音箱中播放的一把领奏吉他的独奏声进行叠录时，那么通常要用远距离拾音才能得到更好的声音。可以试用一支界面话筒，把它放在离音箱数英尺远的地板上或贴在墙面上。

9.1.2 对电吉他直接录音（Recording Direct）

直接录音也可以称为**直接接入**或**DI**，由电吉他产生的电信号可被接入调音台，这时使用旁通话筒和吉他放大器，使声音既干净又清晰。不过，要记得吉他放大器的那种变形的声音特色在有些歌曲中仍被需要。

调音台的话筒输入阻抗（Z）在1 500Ω左右，但是电吉他的输出阻抗有数千欧姆，所以如果把一个高阻抗的电吉他直接接到话筒输入，输入负载将会降低，这样会产生一种单薄而灰暗的声音。

要解决负载问题，就需要在电吉他和调音台、音频接口之间接入一个直接接入小盒（见图9.2），直接接入盒由于有一个内置的变压器或有一套电路，所以它有具有高阻抗输入和低阻抗输出的转换。有些调音台或音频接口内置高阻抗输入插孔，可把电吉他或电贝斯直接插入这个插孔中。

有源的直接接入小盒（带有电路）比无源的直接接入小盒（带有变压器）具有更高的输入阻抗，所以有源直接接入小盒因“负载跌落”而使信号的拾取稍许减少，这对拾取的信号音质稍有影响，所以对音乐家关注的某些声音上的变化要保持高度警觉。

直接接入小盒应该有一个**浮地开关**，用于防止形成地回路而出现交流哼声。把它置于哼声最小的开关位置上，也可以尝试把直接录音信号与话筒的拾音信号加在一起进行混音。

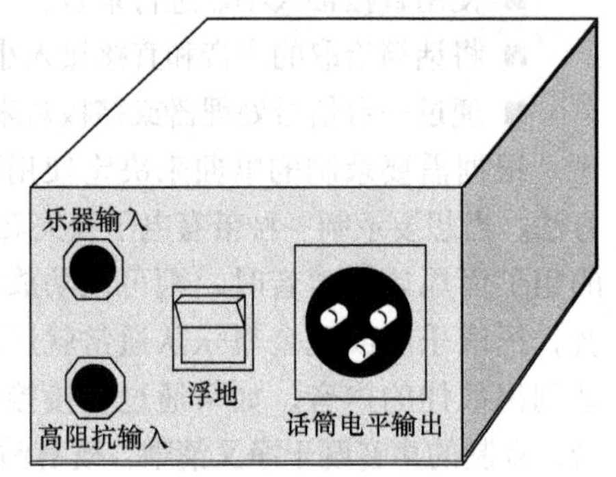

图9.2 典型的直接接入小盒

聆听

播放配套资料中的第23段音频，以审听电吉他的录音方法的演示。

常见直接接入盒的制造商有Radial、Behringer、Whirlwind、Countryman和Rolls等。

这里有一个好主意，先对电吉他进行直接录音，记录在一条直接录音DI声轨上，然后在缩混期间对吉他放大器拾音，此时通过吉他放大器仿真插件程序来播放直接录音DI声轨，这样得到的声音要比真实的吉他放大器所拾取的好听得多。

如果要把直接录音的DI信号与话筒信号加以混合，那样可能会引起相位干涉，为防止产生相位干涉，可对直接录音DI声轨进行延时处理（稍微向右滑动），使直接录音DI声轨的波形与话筒声轨的波形在时间轴上对齐。

9.1.3 电吉他效果（Electric Guitar Effects）

如果想要录制电吉他的效果，只需要把效果器的输出接入到直接接入小盒的输入。许多吉

他手有他们自己的信号处理器，用来处理他们独特的声音，他们仅从信号处理器那里给出一个直接输出信号。要乐于接受他们的建议，他们能熟练地变换声音，如果他们是录音棚内的吉他手，那么他们在进行效果处理时具有比录音师更强的能力。

如果需要一种“丰满”或是有空间感的领奏吉他声的话，可以用以下几种方法。

- 复制吉他声轨，用数字音频工作站拷贝吉他声轨。将一条声轨向右滑动（将此声轨延时）20～30ms，把未延时的吉他声轨偏置到左声道，把延时后的吉他声轨偏置到右声道。调节电平使得左、右音箱的音量大致相等（在用单声道重放时可以看到信号有相位抵消）。
- 复制吉他声轨，将移调插件程序插入吉他声轨内，设定为10音分的音调转移。把未移调的吉他声轨偏置到左声道，把移调后的吉他声轨偏置到右声道（1音分是一个等值平均律半音程的1/100，在一个半音或音调的半音程间隔内有100个音分）。
- 对两位吉他手在演奏同一首乐曲时进行录音，并把两位吉他手演奏的声音的声像分别偏置到左、右声道，这项工作对于重金属乐队中的合成器——吉他声部来说很重要。
- 吉他声加倍，在吉他手听着原录声轨乐曲的同时，再次演奏相同的乐曲，并把它记录在未使用过的声轨上。之后把原录声轨偏置到左声道上，把新录声轨偏置到右声道上。
- 加入立体声混响或立体声合唱效果器。

许多吉他效果器，例如变形、均衡、合唱和压缩等，都可以加入电吉他的声音之中，Line 6 Pod就是一种效果器的例子，只要把电吉他简单地插入效果器，调节参数直到获得满意的声音，并直接记录下该信号，下很少的工夫就可获得具有完整创作意图的声音。

重复放大器是一门对放大器声音进行加工的技术，它应用于缩混期间，而不是在录音期间。首先对吉他进行直接录音，然后在缩混期间，把那条直接录音的声轨加入吉他处理器或被拾音的吉他放大器上，在声轨输出与处理器或放大器的输入之间接入一个低阻转高阻的阻抗变换器，在一条空白声轨上录制处理器或放大器的声音，在一台数字音频工作站内，可以从一条直接录音的吉他声轨开始处理，然后插入一个吉他放大器的建模插件程序。

9.2　电贝斯（贝斯吉他）［Electric Bass（Bass Guitar）］

清晰的贝斯声应该像“嘭，迪克迪达蓬”；模糊的贝斯声就像“布，迪普嘟巴嘟”，接下来介绍如何把电贝斯的声音录得干净，并在混音中能很容易地被听到。

首先，要检查乐器本身的声音质量，如果旧弦的声音很灰暗，那就要更换一根新弦。调节螺丝（如果有）使每根弦有相等的输出，同时也要调整音高及音准。

通常，要对电贝斯直接录音，以便尽可能地录得干净的声音。直接拾取的声音比从放大器音箱上拾取的声音在低频段更为深沉，但是放大器有更多中频频段的冲击力，因此也可以把直接录音信号与放大器拾音信号混合在一起。可以用一支电容话筒或一支具有良好低频响应的动圈话筒，摆放在音箱前1～6in处进行拾音，也可以用一台Sans Amp处理器，而不是贝斯放大器。

在把直接录音信号与话筒信号混合的时候，要确保两种信号同相位，可将两个信号的电平调节到同样大小，并变换直接录音信号或话筒信号的极性，如果极性相同，则低频会明显加重。

贝斯手在演奏一些音阶时要注意，当有些音符的音量比其余音符的音量大一些时，就应该用参数均衡器来加以平滑，或者使用一台压缩器进行处理。

电贝斯应适当地恒定在一定的电平上（约6dB的动态范围），以便在整首歌曲中都能被听到，同时应避免在大音量峰值时录音引起的削波失真。为此，可以把电贝斯接入到压缩器后录音，调节压缩比约为4：1，设定较慢的起动时间（8～20ms），以便保留起动瞬态；同时设定较慢的恢复时间（0.5s），如果恢复时间太快的话，会引起谐波失真。在第11章“效果器和信号处理器”中会详细讲解压缩器的应用。

均衡能使电贝斯更清晰，可试着在60～80Hz或在400Hz处低切。在2kHz～2.5kHz处的提升会增加锋利度或冲击度，在700～900Hz处的提升会增加“咆哮”和谐波的透明度。如果想提升在100Hz附近的低频，可以试着在底鼓的均衡器中的一个更低频率上加以提升，以保持它们在声音上的独特性。无琴格的贝斯与有琴格的贝斯相比，可能需要不同的均衡或者使用较少的均衡。

以下方法可使电贝斯声音更干净并能很好地被界定。

■ 为贝斯进行直接录音，凭经验可以发现有些直接接入小盒要比其他直接接入小盒的声音更优美。

■ 在进行均衡处理之前，要调节电贝斯的音质来获得清晰的声音。

■ 不在贝斯声中加混响和回声。

■ 在录音棚内要求贝斯手调低贝斯功放的音量，只要足够听到并可充分演奏即可，这样可减少泄漏到其他话筒上的贝斯声。

■ 最好不使用音箱，贝斯手（以及相互间）都用耳机监听声音。

■ 让贝斯手更换新弦或更换不同的贝斯，有些贝斯在录音时可能比别的贝斯录得更好些，使用圆形弦线可得到明亮的音色，使用扁平的弦线则可得到更为柔和的音色。

■ 要求贝斯手在琴马附近拾取高频。

■ 要确保将贝斯声录得足够锋利且和谐，以便使之即使在小型、廉价的音箱上也可以被听到。

■ 可试用像Zoom B1那样的贝斯-吉他信号处理器。

■ 在贝斯合成器内混音，对于drum‘n’bass（电子舞曲风格，以快速节奏与碎拍的鼓点、辅以厚重复杂的低音声线著称）、dub-step（电音机械舞）及eletro-house（电音慢摇）等风格的音乐，宜在音符之间的空间加入30～60Hz的超低频和80～600Hz的中低频。为获取冲击效应，使用底鼓作为侧链输入来压缩贝斯合成器（在第11章中讲述）。

如果贝斯声部丰满且连续，则不带有弹拨声的、圆润的声音是最合适的，此时底鼓为节拍声部模式。但是如果贝斯和底鼓两者都是节拍声部而又独立工作，你将会听到弹拨声。先聆听歌曲，然后听到附和着音乐的贝斯声。刺耳的、嘣嘣作响的音色并不适合民歌，在融合的段落内将会失去丰满的、圆润的音色。

通常，贝斯手把贝斯通过线路接入到合成器或声音单元中来演奏。声音单元由一个键盘、一台音序器或一把被接入到脚踏控制MIDI转换器上的电贝斯来触发，然后再把声音单元的输出接到调音台或音频接口的线路输入口。

电贝斯用的两个效果器分别为**倍频程小盒**和**贝斯合唱器**。倍频程小盒取出贝斯信号后再把这信号降低一个倍频程，即把贝斯信号的基波频率一分为二，例如：给小盒输入82Hz，小盒输出即为41Hz。这样可以获得更为深沉、咆哮般的声音，仿佛在一把五弦贝斯上弹奏。

贝斯合唱器能产生一种波浪起伏般、闪烁的效果，与传统的合唱器相类似，它把信号降低了一个音调并且再与直接输出信号混合，同时还去除了降调的信号中最低的频率成分，使合唱效果的声音不会显得单薄。

9.3 合成器、鼓机、电钢琴（Synthesizer,Drum Machine,and Electric Piano）

为使声音更清晰，通常用直接接入小盒来直接拾取合成器、MIDI声音单元、鼓机或电钢琴等信号。把乐器上的音量调到3/4处，使之得到一个强信号，可试着从音高设定而不是从均衡器那里获得想要的声音。

把乐器插入到调音台或音频接口上的TRS输入插孔，或用一个直接接入小盒。如果连接到TRS插孔之后听到交流声，这大概是由于形成了地线回路，可试用如下的方法解决。

- 调音台和乐器的电源要使用同一个电源插座，如有必要，可在电源插座与乐器之间使用粗的延长电缆。
- 用直接接入小盒来替代吉他线，并且把浮地开关置于听到最小交流哼声时的位置上。
- 为降低来自廉价合成器的交流哼声，可使用干电池来替代交流电源适配器。

一台合成器的声音可能很干并且呆板，想要获得活泼且优美的声音，可将合成器信号发送至功放和音箱，然后在离音箱数英尺的地方拾音。

如果键盘手有数台键盘都被接在一张键盘调音台上时，可以从调音台的输出录制一个预混音的信号，然后再录制立体声键盘的两路输出。

9.4 莱斯利风琴音箱（Leslie Organ Speaker）

这个有趣的器材的顶部有一个高频用的旋转双号角，在底部有一个低频用的低音扬声器。两个高频旋转号角中只有一个号角发出声音，而另一个则是为了取得重量上的平衡。源自于旋转号角的相位关系和多普勒效应，以及来自驱动音箱的失真的电子管特性，使之发出一种旋涡般的、破旧的声音。以下为对它进行录音的方法（见图9.3）。

- 用单声道时：距离顶部和底部3in～1ft的位置分别拾音，将话筒对准百叶窗孔，在顶部话筒的信号中滤去150Hz以下的低频成分。
- 用立体声时：在顶部前方出孔处用一支立体声话筒或一对立体声话筒对拾取旋转号角声，用一支低频响应优良的话筒来拾取底部扬声器声音，并把此声音声像偏置在中心位置。

当为莱斯利风琴音箱拾音时，要注意由旋转号角引起的风噪声及来自电机的嗡嗡声，在听到这些噪声时，话筒可远离一些。

现在可能都不愿意去为真实的莱斯利风琴音箱和Hammond B3风琴进行录音，而会选用对这些乐器进行软件仿真的方法：一种风琴软件合成器或采样器，及一种莱斯利风琴音箱插件程序。由MIDI音序器或MIDI控制器来触发合成器或采样器（在第18章的“MIDI与循环”部分有详述），在莱斯利风琴音箱插件程序中可实现旋转号角的旋转速度自动化。

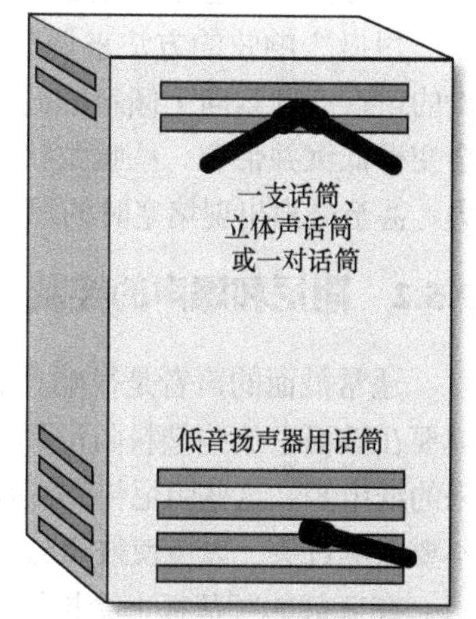

图9.3 对莱斯利风琴音箱的拾音

9.5 鼓类（Drum Kit）

首先，要在录音棚内把鼓类的声音调好，如果声音很差，那么在录音控制室里要花费更多的时间！将鼓置于1.5ft高的升降鼓架上，以减少低频的泄漏声，并能为鼓手与其他乐器之间提供较好的视线交流。为避免鼓声泄漏到其他话筒上，可用较厚的4ft（约1.22m）高的木制吸声板将各种鼓围绕起来。如想进一步隔声的话，则可把鼓类置于带有窗户的、有吸声的小型鼓房内，在演奏室内也用这种方法来进行分轨叠录。

9.5.1 鼓面的调节（Tuning）

获得好的鼓声的秘诀就是要仔细地调节鼓面，如果在录音棚内拾音之前把鼓声调节得恰当，那就可以很容易地录制一种迷人的声音。

首先要考虑鼓面，当击打鼓面或给鼓面压力来使其发出响声时，平整的鼓面发声最响，持续时间也最长。由于薄皮鼓面有清脆的起音和长时间的持续，所以最适合录音。旧的鼓面会使声音模糊，此时应更换一张新的鼓面。

调节通通鼓时，先取出鼓面，移出可咯咯作响的阻尼机械，然后装上顶鼓面，用手拧紧固定脚。之后用一把鼓钥匙，同时拧紧相对的一对固定脚，每次拧一整圈。在所有的固定脚拧紧之后，重复上述步骤，每次拧一圈半。然后压紧鼓面使其伸展，继续每次拧紧半圈，直至听到所需要的音调。当鼓面被调节在壳体的共振范围以内时，则会得到最令人喜爱的声音，而且，通通鼓被调节到的谐振频率很低时，发出的声音又大又有力度。

为了减少泛音，要保持鼓面四周的张力相等。在用鼓槌轻敲鼓面中心之后，再沿着固定脚边的鼓面轻敲，边敲边调节鼓面四周的张力，使它们的音调都相同。阻尼鼓面可以通过一个静音扣或折叠的纸巾获得。如果在击打鼓面之后有一种下降的音高滑音时，可以放松一个固定脚。还有，要把通通鼓固定在**隔离架**上，这样能使音色更纯净。用了隔离架后，可明显地使衰减音轮廓分明而不致摇晃不稳。

要保持鼓底面有较好的投射和较宽的调节范围，鼓底面的固定脚要用毛毡固定，以避免咯咯作响。而且还可以对鼓底面进行额外的声音调节，如果鼓底面比鼓顶面调节得更紧，即鼓底面比鼓顶面拧紧1/4圈时，鼓的投射最好，这时起音将会消失，产生一种很松的、有些音调是转向的声音。如果鼓底面比鼓顶面调得松，那么鼓的声音会更紧密且有好的起音。

对于底鼓（低音鼓）而言，如果鼓面调得很松，将会得到多次的击鼓声和起音，这会导致声音几乎没有色调。鼓面调紧了以后，声音就显得真实，调节好鼓面可以增强音乐的风格。为使鼓声有更好的起音和力度，要使用硬质的鼓槌。

用撤去响弦的方法来调整军鼓音色，拧松向上倾斜的鼓面或鼓顶面时，会得到深沉而丰满的声音。拧紧向上倾斜的鼓面时，声音明亮而清脆。如果把军鼓的鼓面或鼓底面拧松，声音会变得低沉并带有一些响弦状的嗡嗡声，而绷紧军鼓鼓面后会产生清脆的鼓声，加大军鼓的张力，甚至鼓声出现堵塞时的那一位置，然后再拧回一点即可。

9.5.2 阻尼和噪声的控制（Damping and Noise Control）

通常鼓面的声音是很响亮而没有任何阻尼的，但是如果通通鼓或军鼓的声音太响亮的话，就要在鼓面上放些塑料阻尼环（静音扣），或在鼓面的边缘粘上一些纱布垫、薄皱纸或折叠起来的纸巾等。这些阻尼垫的3边用不粘胶纸粘好，不粘的一边可以自由振动并阻尼鼓面的振动，不要阻尼过头，以免使鼓声与硬纸板小盒那样的声音一样。

在底鼓的脚踏板上涂抹油可以防止发出吱吱声，对咯咯作响的部件也应该加以紧固，以免发出噪声。

有时军鼓的嗡嗡声会与低音吉他的某段小节或与通通鼓声产生共鸣，可通过在军鼓与鼓架之间插入一层棉花垫来降低嗡嗡声，或者把军鼓与通通鼓调节在不同的音调上。

9.5.3　鼓类的拾音（Drum Miking）

关于鼓类的拾音，如果要得到一种紧密的声音，则应该在每只鼓的鼓面附近摆放一支话筒；如果想得到更宽松的、具有空间感的声音，则可以少用一些话筒或者用一些间隔数英尺远的房间话筒拾音。典型的室内话筒有全指向性话筒和界面话筒，对房间话筒的声音进行压缩后可得到爆破式的音响。

用于架子鼓套鼓的典型话筒摆放如图9.4所示，下面将介绍对套鼓的每一组件的拾音。

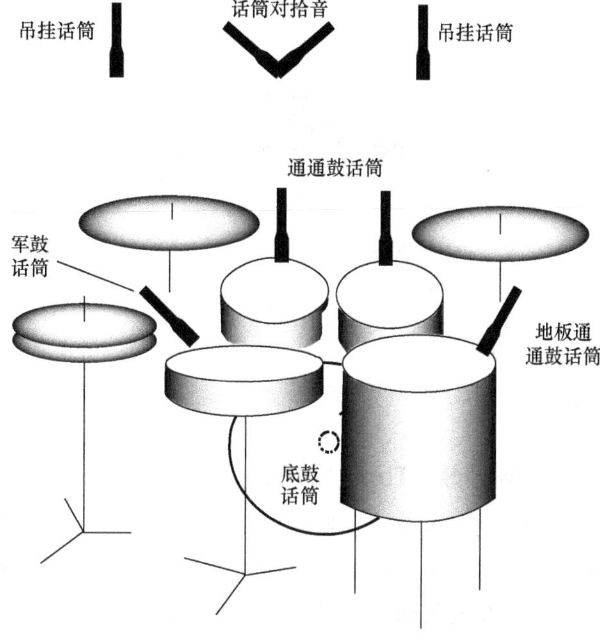

图9.4　用于架子鼓套鼓的典型话筒摆放

1. 军鼓（Snare）

对军鼓的拾音，最常用的话筒应是具有现场感的心形动圈话筒。心形极坐标图形的话筒可以减少泄漏声，通过能提升低频的具有近讲效应的话筒可以得到更为丰满的声音。话筒的“现场感高峰”特性可以增强起音，也可以选用一支电容话筒来获得更鲜明的瞬态响应。

在位于军鼓前方的话筒杆上安装话筒，话筒位于鼓边的鼓面上方1～2in（见图9.5），话筒向下的角度以指向鼓面上鼓手的击打点为宜，或者在其鼓边贴一支微型电容话筒，使话筒头刚伸出鼓边能“看到”鼓顶面。

有些录音师对军鼓的鼓顶面和鼓底面分别用两支极性相反的话筒同时进行拾音，军鼓下面的话筒拾取到活泼的声音，而上面的话筒则拾取到更丰满的声音。也有人喜欢只用一支鼓顶面话筒，这时可把话筒沿着鼓周围移动，直至拾取到鼓顶面声和响弦声两种声音。话筒接近鼓面时拾取的声音是丰满的，而当把话筒朝着鼓边并向鼓侧面下方移动时，声音丰满度减弱且逐渐变得明亮。

踩镲的声音在无论何时都是紧密的，它能引起空气的“噗噗”声且易进入到军鼓的话筒中，所以要把军鼓话筒摆放在踩镲的空气的喘息气流不被击中的地方。防止踩镲的泄漏声进入军鼓话筒的方法如下。

- 把话筒靠近军鼓拾音。
- 把军鼓架置于踩镲的下方，将军鼓话筒背向踩镲且指向军鼓。
- 用一块泡沫塑料或枕垫来挡住来自踩镲的声音。
- 在军鼓声轨上连接一台咝声消除器。
- 在多声轨录音期间停止踩镲的演奏——之后为踩镲进行分轨叠录。

2. 踩镲（Hi-Hat）

把一支心形电容式话筒置于踩镲边缘上方约6in处，并在离鼓手最远的位置摆放（见图

9.6）。需要注意的是要避免由踩镲引起的“噗噗”声，话筒不能位于踩镲的外侧，应自上而向下指向踩镲，这样也能降低军鼓对踩镲话筒的泄漏声。要滤去500Hz以下的低频成分，如果在数字音频工作站内工作，只要把均衡插件程序插入踩镲声轨，并设定高通滤波器的低切频率为500Hz即可。尤其在使用了房间话筒的情况下，可以不再设置踩镲话筒，因为在通常情况下，吊挂话筒已能拾取足够的踩镲声。

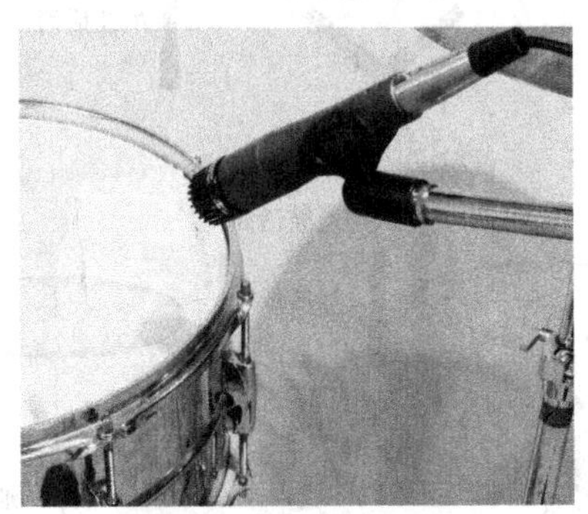
图9.5　军鼓的拾音方法

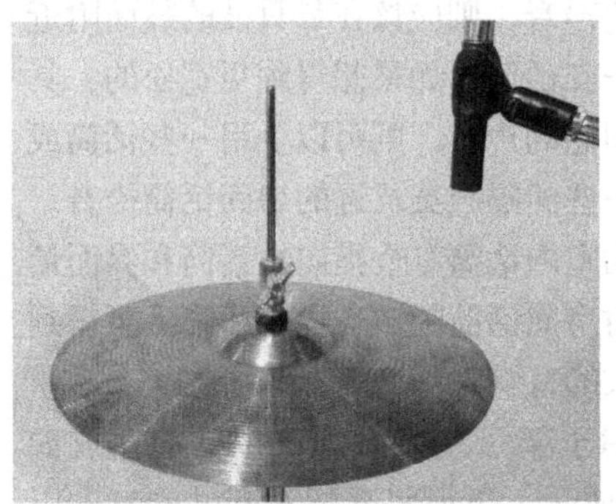
图9.6　踩镲的拾音方法

3. 通通鼓（Tom-Toms）

可以分别对每只通通鼓拾音，或者将一支话筒放在一对通通鼓之间进行拾音。第一种方案所拾取的声音会更低沉。可以把一支心形动圈话筒置于鼓面上方约2in，离鼓边约1in，话筒呈45°向下指向鼓面（见图9.7）。再次强调，利用心形话筒的近讲效应可以获得更丰满的声音。另一种方法就是在鼓边夹一支微型电容式话筒，每支话筒都超出鼓边一点距离，以刚可瞥见鼓面为准。

如果通通鼓话筒拾取过多的镲钹声，则应该把通通鼓话筒背向镲钹。如果使用超心形或强心形话筒，则应将它们的抑制拾音点（超心形话筒的轴外125°处，强心形话筒的轴外110°处）对准镲钹的位置。通常用**噪声门限**的方法来降低鼓面振动的低音隆隆声，有关使用噪声**门限**的方法将在第11章介绍。

图9.7　通通鼓的拾音方法

4. 底鼓（Kick Drum）

将毛毡、地毯或折叠手巾之类铺垫物置于底鼓内，紧靠鼓面以阻尼其振动，使敲击声紧密。这些铺垫物缩短了底鼓包络线的衰减期，为加强其冲击声，要用木质或塑料的鼓槌——不能用毡制品——这样能增强鼓的低频。

为底鼓拾音的常用话筒，是具有扩展低频响应的大直径、心形动圈话筒，有些话筒是专门为底鼓拾音设计的，例如AKG D112、Audio-Technica AT AE2500、Electro-Voice N/D868及Shure Beta 52A等。

首先，把话筒吊杆上的底鼓话筒置于鼓内部、离击鼓点数英寸处（见图9.8）。紧靠击鼓点的话筒会拾取很硬的鼓槌声，偏离鼓面中心处的话筒摆放则可拾取更多的鼓皮囊声，偏离鼓面中心处越远，嗡嗡的空壳声会越强。

录制的底鼓声应该是什么样的声音？它们不能无缘无故地被称为底鼓，在听底鼓的声音时，应该是强劲的低频冲击声加上瞬间的起音，发出“桑克！”（THUNK！）那样的声音。

图9.8　底鼓的拾音方法

5. 铙钹（Cymbals）

为捕捉铙钹发出的清脆“ping”声（“乒”声），应选用具有扩展的高频响应、平直或在高频有提升的心形电容话筒。有些录音师愿意用带式话筒来获取平稳且流畅的声音，然后再加上一些高频均衡提升，把它们摆放在铙钹边缘上方2～3ft处。话筒太靠近铙钹会拾取一种低频的振铃声，因为在铙钹的边缘处会辐射出更多的高频成分。话筒应该摆放在可以均等地拾取铙钹所发出频率成分的位置，同时，把铙钹话筒置于军鼓和铙钹之间，与二者具有相同距离的位置，使得军鼓声像在立体声场中处于鲜明的中心位置，可以用一根话筒线来测量话筒等分摆放的距离。

如果听到铙钹的录音是一种单声道或有太锐利的声像时，这时应把两支话筒的话筒头格栅叠在一起并成一定角度地指向铙钹（见图9.4），这样可得到一种窄的立体声声像分布。另一种选项是吊挂一对立体声话筒，尝试用一对近重合式立体声话筒对指向踩镲和地板通通鼓，这样可以得到宽广而又鲜明的立体声声像。

如果希望悬挂话筒仅拾取铙钹声——而不要全部乐器组件——则可为铙钹声轨插入一个截止频率为500～1 000Hz的高通滤波器。

录制的铙钹声应是清脆、悦耳且没有沉闷、刺耳感觉的。一支在高频频率响应有衰减的话筒，将会发出模糊不清的声音，而在3～7kHz频率范围内具有峰值频率响应的话筒所发出的声音将会产生刺耳的感觉，所以要选择具有平直频率响应的话筒。

6. 房间话筒（Room Mics）

在对鼓进行叠录时，除了鼓的近距离拾音话筒之外，还可以用一对远距离的房间话筒。把这一对房间话筒置于远离套鼓10～20ft以外的位置，用来拾取房间混响。这对房间话筒的信号与紧靠套鼓话筒的信号混合以后，将会给套鼓声加入一种开阔的、有空间感的声音，常用的话筒为全指向性电容话筒和贴在控制室窗口上或贴在录音棚墙上的界面话筒。也可通过对房间话筒进行压缩来获得某些特殊效果，如果要想使用房间话筒但没有足够的声轨，那么可以尝试用提升吊挂的鼓话筒的方法。

7. 界面话筒技术（Boundary Mics Techniques）

界面话筒可以通过特殊途径来拾取鼓声，可以把一支界面话筒系在鼓手的胸前来拾取鼓手所听到的声音，也可以贴在围绕鼓手周围的硬表面挡板上，放在通通鼓和靠近底鼓底下的地板上，在铙钹的上方悬挂一对界面话筒，或者在底鼓的鼓内放置一支超心形界面话筒。

8. 用2～4支话筒录音（Recording with Two to Four Mics）

有时要简化套鼓的拾音，可以将单支大振膜心形电容话筒、两支话筒或一支立体声话筒置于套鼓的上方，另一支话筒置于底鼓内，如有必要，可增加一支军鼓用话筒（见图9.9）。这种方法适用于原声爵士乐队，也经常用于摇滚乐队。也可尝试把底鼓话筒的极性倒换，看在哪一种极性位置下的声音更佳。位于鼓手头部任意一侧上方约8in处悬挂的两支大振膜心形电容话筒

（LDC话筒）可以拾取到非常真实的立体声声响。

单支话筒的检验技术是由录音师/制片人乍得布莱克发明的，可以把一支大振膜心形电容话筒固定在底鼓顶部的上方，指向军鼓（见图9.10），此时用鼓槌击打鼓面，这支话筒可以拾取相当优质的军鼓、通通鼓、底鼓及所有围绕该话筒的镲镲等的声平衡。也许由于移动或旋转该话筒或升高或降低了镲镲，这给它们之间的声平衡带来了一些麻烦，这些可能是由某些镲镲的轴外声染色引起，它取决于话筒的型号和拾音位置，不过根据作者的经验，这种情况并不严重。

对于朋克乐队，可用单支Shure SM57话筒悬挂在鼓手前额的高度，另一支话筒置于底鼓内（见图9.11），并可体验一下底鼓话筒的极性。

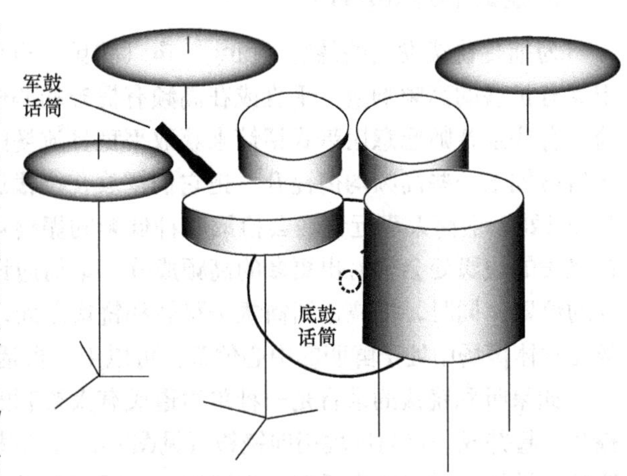

图9.9 用4支话筒对套鼓的拾音方法

图9.10 乍得布莱克鼓的拾音方法

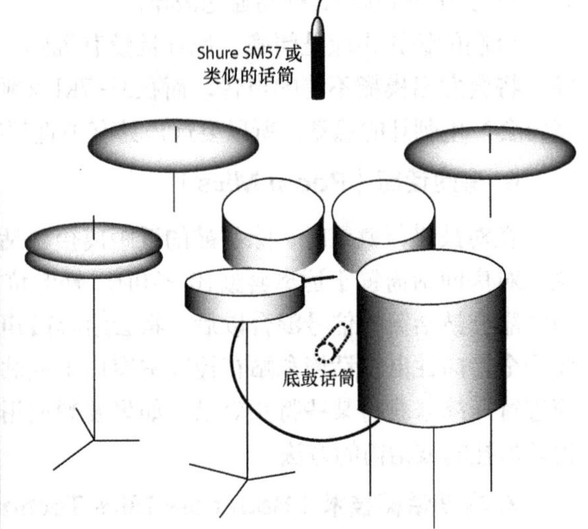

图9.11 为朋克乐队用简单的鼓拾音技术

聆听

播放配套资料中的第24段音频，以审听对各种套鼓组件的拾音方法的演示。

9.5.4 鼓类录音技巧（Drum Recording Tips）

在设置好所有话筒之后，邀请鼓手试音，用单独监听每支话筒的方法检查有无咔嗒咔嗒声或

泄漏声。调试不需要太多时间，否则会浪费其他演奏者的时间，同时也会使鼓手感到疲惫不堪。

在缩混期间为保持鼓声的紧密性，把经过细调后不再使用的鼓声轨哑音或删除，对底鼓和通通鼓使用噪声门，或者对鼓声进行叠录。军鼓用的一种过时的效果器是门限混响，它有一种混响很明亮的短时间溅发声，这种声音可以用噪声门或扩展器来快速地切除，许多效果器都具有门限混响插件程序。

另一个诀窍就是使用“热点”（hot）录音，它使用一台模拟多轨机（或等效插件程序），需在高电平下为鼓录音，使之稍有失真，这也常用来压缩底鼓和军鼓的声音。

鼓手也可用电子鼓**踏板**或原声鼓**触发器**把鼓信号发送到一个MIDI声音单元上去，然后直接对单元录音。也可单独采用多种方法对镲钹拾音，从中获取最佳声音。如果在对鼓机录音时觉得它的发声太机械，这时可加入一些真实的鼓声。鼓手在进行补充演奏时，鼓机可奏出一种恒定的背景声。

当在舞台上为鼓类扩声拾音时，大部分人都不想用森林般的、不悦目的话筒架和话筒吊杆等，取而代之的是使用短的话筒夹，把它们夹在鼓边和镲钹架上，或者使用微型电容话筒。

在典型的摇滚乐混音中，鼓声与领唱人声相比，它既不是最大响度的乐器，也不是最安静的乐器。底鼓几乎与军鼓有一样的响度，如果不希望出现一种软弱无力的混音，那么可以把鼓声预先保留。

以下是增强已录鼓声所使用的均衡调节的方法。

■ 军鼓：在200Hz时，声音有肥厚变化，在5kHz时能使声音嘶哑，嘡嘡声在10kHz或12kHz。有些军鼓在一个音符上出现许多的振铃声，为了加以修复，需要在军鼓声轨上设置一台均衡器（将在第10章中讲述），在500Hz附近设置窄的高Q值的提升量，并在那个频率附近扫描，直至找到振铃声的频率后将该频率成分放大，在振铃声的频率上增加一个窄的高Q值的衰减，就可以消去振铃声。

■ 通通鼓：衰减600～800Hz附近的成分可以减少薄而干的声音。若有必要，对于架子鼓而言，提升100～200Hz的成分；对地板通通鼓而言，提升80～100Hz的成分，这样可增加鼓声的丰满度，提升5kHz附近的成分，则可增强鼓声的起音。

■ 镲钹：嘡嘡声出现在10kHz或以上，如果对通通鼓采用近距离拾音，则可以在镲钹话筒内滤去500Hz以下的成分，这样可以减少低频成分的泄漏声。

■ 底鼓：衰减300～600Hz的成分时，可以消除“纸板”声。如有必要，提升3～5kHz的成分会增加滴答声。不要有过多的高频提升，通常在底鼓声上不希望有太多的突出点。如果鼓声显得单薄，则可提升60～80Hz的成分。滤去9kHz以上的高频成分可以降低来自镲钹的泄漏声。

以下技巧可以得到与众不同的鼓声。

■ 采用廉价的动圈或驻极体话筒来录音。

■ 通过极端的处理，例如压缩、噪声门限、变形、移调、颤音等。

■ 使用鼓类、镲钹、鼓槌和刷子等替代品。

■ 在录音时，把话筒沿着镲钹或鼓面周围移动。

■ 把鼓类置于混响室或走廊上来拾音。

■ 可试用将在第11章中讲述的“预混响”效果器。

要替代原声鼓类的录音，可以用一台电子鼓机或鼓采样的CD盘，把那些采样拷贝到采样器或采样软件上，然后用一台MIDI音序器或带有鼓垫的MIDI控制器将它们触发。

如果鼓声太“活跃”“混浊”或有过多的混响，这是因为鼓位于具有硬反射面的小房间内，使鼓声遭受过多的早期反射声，可考虑采用如下解决方案：为天花板与墙面添加声学阻尼，使用吸声泡沫材料、ATS吸声玻璃纤维板或内装玻璃纤维、包有平纹细布的吸声盖板Owens-Corning 705等。

在缩混期间，用噪声门限来消除军鼓和通通鼓中的早期反射声，具体步骤如下。

1．单独监听军鼓声轨。

2．在军鼓声轨内插入噪声门限插件程序。

3．单独监听军鼓或通通鼓声轨。

4．设定超前10ms。

5．逐步调高噪声门限的输入电平，直至噪声门限把军鼓或通通鼓击打声之间的混响声切除，但是不能把击打声本身切除。

6．设定噪声门限的保持时间在0～100ms（由经验判断的噪声门限保持时间使声音最佳）。

在镲钹声轨中可能仍有某些军鼓的早期反射声，要降低在镲钹声轨中的军鼓声，要切除镲钹声轨中1kHz以下的成分，具体做法如下。

1．单独监听镲钹声轨。

2．在镲钹声轨内插入一个均衡器插件程序。

3．设定频段1为高通频段。

4．设定频段1的Q值为1.7。

5．设定频段1的频率至1 000Hz，这时镲钹声轨的声音会变薄些，其中没有太多的军鼓泄漏声。

现在再来审听整个混音，可以发现军鼓和通通鼓的声音主要来自它们的声轨，而不再来自镲钹声轨，这样的声音将更紧密且更专业。

使鼓声音紧密的另一个方法是把鼓声轨的信号对准。镲钹声轨与房间话筒声轨在播放鼓击打声时，要像近距离话筒那样使之精确地在同一时间出现，这样才有更集中的声音。放大声轨的波形，把远距离话筒的声轨向左滑动（在时间上提前），或者把其他的声轨向右滑动（在时间上延后），直至波形对齐，这也有助于在军鼓声轨中使用窄立体声混响而不用宽广和充满环境声的混响。

9.6 打击乐器（Percussion）

打击乐器如牛铃、三角铁、铃鼓或碰铃等属于金属打击乐器，应该用电容话筒来拾音，因为这类话筒具有灵敏的瞬态响应，话筒与打击乐器的距离至少在1ft以上，以免引起失真。

对康加鼓、小手鼓和定音鼓等的拾音，可用单支话筒置于鼓对之间、鼓顶面、鼓边上方数英寸处，话筒的指向对准鼓面。或者在每只鼓上方摆放一支话筒，也常使用同时对鼓顶面和鼓底面拾音的方法，这时鼓底面话筒的极性要反相。具有现场感的、高频提升的心形动圈话筒能拾取到丰满的声音及清晰的冲击声。

对于木琴和马林巴琴，可将两支心形话筒置于琴的上方1.5ft处，呈135°指向下方，或将两支话筒分隔2ft后分别指向下方进行拾音，这样可平衡地拾取整件乐器的声音。

9.7 原声吉他（Acoustic Guitar）

原声吉他具有优美的音色，它要通过细心的话筒选择和话筒摆放才能被拾取。为原声吉他

录音时的准备工作，例如要降低手指拨动时的吱吱声等，可采用以下方法。

■ 需用市售的吉他弦润滑剂擦拭吉他弦线，还可以用家用清洁剂/上蜡机或滑石粉等，但要小心不要破坏吉他的整饰。

■ 要使用耐划伤弦线。

■ 请吉他手大声弹奏，这样可增大"音乐-吱吱声"的比例。

■ 用一个频谱分析仪插件程序来找到吱吱声的频率范围，使用带有吱吱声频段的多频段压缩器，并把压缩比设定在4：1，降低阈值，直至吱吱声被淡化而不改变吉他的声音时。

在录音前几天要用新的弦线来替换旧弦线，要使用不同种类的吉他、吉他拨子和手指弹拨等尝试来获得适合于所录乐曲的声音。

对于原声吉他，常用的话筒是具有80Hz以上平滑的、具有扩展频率响应的铅笔型电容话筒，这类话筒有清晰而细腻的声音，在弹拨的和弦声中可以听清每根被弹拨的弦声，所发出的声音清脆而真实。

下面介绍一些话筒的摆放位置。在独奏大厅内，为一把古典吉他的独奏进行拾音时，应把话筒置于吉他外3～6ft，以便拾取房间混响。可使用一支立体声话筒对（见图9.12 A），例如用XY、ORTF、MS制式，或用分隔式立体声话筒对（在第8章中已介绍过）。当在一间强吸声的录音棚内为古典吉他录音时，则应把话筒置于吉他以外1.5～2ft处，并需要加上人工混响。

在为流行音乐、民歌或摇滚乐录音时，把话筒置于距离指板和吉他箱体结合点以外6～12in处（见图9.12 B），这里是精确地拾取原声吉他的最佳起始点。当然，还需要凭借你的经验和听觉，把话筒靠近琴马处时，声音会有木质般柔和、圆润的感觉。

一般来说，近场拾音可获得更好的隔离度，但是声音会趋于刺耳和暴躁；远场拾音可赋予乐器活泼的感觉，可以听到更为优雅、舒展的声音。

另一种可以试用的方法是，把一支微型全指向性话筒贴在琴马和声孔之间的琴体上（见图9.12 C）。

如果用立体声方式录音，那么录制的吉他声更真实。可把一支话筒靠近琴马处，另一支话筒靠近第12品处（见图9.12 D和图9.12 E），把声像偏置到中左和中右；另一种方法是用XY制式的心形话筒对置于距离第12品或第16品外约6in处进行立体声录音。有些录音师认为，在混音中的单声道原声吉他声音比立体声原声吉他声音更不容易分散注意力。

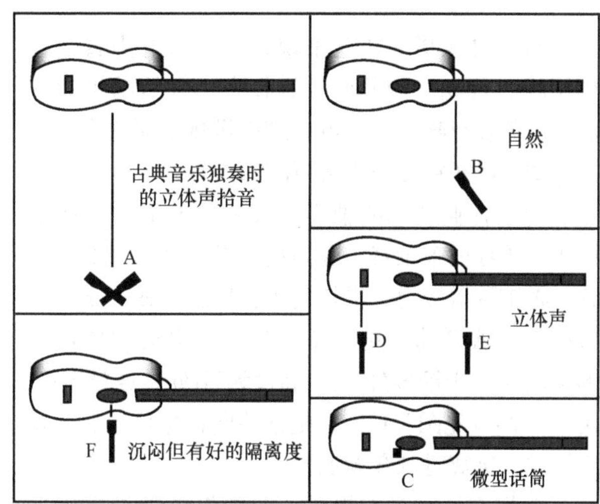

图9.12　原声吉他的几种话筒摆放技术

如果声反馈或声泄漏严重，则可把话筒向吉他的声孔再靠近些（见图9.12 F）。这时的音质非常沉闷，所以要在调音台上降低低频均衡量直至声音自然。或者把话筒往声孔的右边移动，同时还应在3kHz附近衰减数dB，用于降低刺耳声。

接触拾音可以得到最大的隔离度，通常把微型粘贴话筒贴在琴马之下拾音，粘贴话筒感知着吉他琴体的振动。这时拾取的声音很像电吉他声，为此可用另一支话筒拾取空间声和吉他弦声，再与接触拾音所拾取的信号相混合，这样既可以获得很好的隔离，又有优良的声音质量。在分轨录音时为避免泄漏声，要从原声吉他上取下粘贴话筒，而在之后用一支话筒对吉他声加以叠录，这样可以得到更完美的音质。

9.8 歌手/吉他手（Singer/Guitarist）

在正常情况下，吉他和人声是分别录制的，但是若想让这两者一起录音，由于歌手话筒与吉他话筒之间的相位抵消，人声会有被滤波或有空洞状的感觉，两支话筒在不同距离拾取近乎相等电平的同一声源后，把两支话筒所拾取的信号混合到同一通道上时总会出现这种情况。可以试用下述的方法来解决这一问题。

■ 将歌声话筒的角度向上、吉他话筒的角度向下，以此来隔离两个声源，并遵循话筒摆放3：1的规则。

■ 对歌手和吉他都用近距离拾音，用调音台上的均衡调节来切除多余的低频成分。

■ 用一支粘在吉他上的粘贴话筒来代替原有吉他话筒。

■ 摆放两支双指向性话筒，把它们格栅的顶端相接在一起，这样可以消除两支话筒信号之间的大部分延时。歌手话筒的抑制面对准吉他，吉他话筒的抑制面对准歌手的口部。

■ 只使用一支话筒，或使用一支立体声话筒，将话筒置于歌手嘴部与吉他中间前方约1ft的位置，用改变话筒的高度来调节歌声及吉他声之间的平衡。

■ 将歌手话筒的信号延时设置为约1ms，当两支话筒的信号混合到同一通路上时，会使两种信号变为同相位，因此可避免相位抵消，有些多轨录音机为此目的而设有声轨延时功能。

■ 使用一种名为Sound Radix Auto-Align的插件程序（约149美元），它可以把拾取同一声源的两个话筒信号在时间上自动地对齐。

9.9 三角钢琴（Grand Piano）

对这种豪华的乐器来说，要录得好声音是一种挑战。首先，钢琴要经过校音，并给踏板涂抹油，以免发出吱吱声，可在踏板机械下面垫上一些泡沫塑料或布料等防止踏板的撞击声。

对于古典音乐的独奏，要在具有混响的演奏厅或音乐厅内来录音，因为混响是钢琴声音的一部分。将钢琴盖板用一根长支撑杆撑起，使用平直响应的电容式话筒，把一支立体声话筒或立体声心形话筒对置于钢琴外7ft、高度为7ft处，或增至9ft远、9ft高（见图9.13）。把话筒向钢琴移近后会减少混响，远离时则会增加混响。

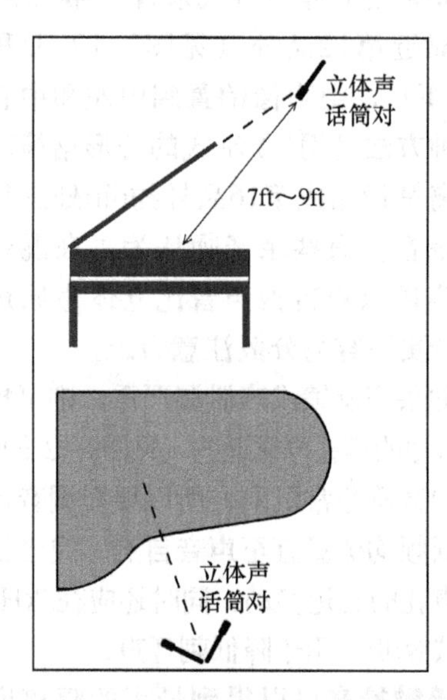

图9.13 三角钢琴在古典音乐录音时的话筒摆放建议（使用心形话筒）

全指向性话筒对提供一种深沉的低频响应，将它们以1.3～2ft的距离分隔，距离钢琴3～6.5ft处摆放，使话筒刚好位于钢琴盖板的延长线之下

（见图9.14）。这时还可能需要一对与之相混合的房间话筒，将心形话筒在距离钢琴约25ft处指向钢琴。

为钢琴协奏曲录音时，还需要给钢琴一支补点话筒，该话筒置于离钢琴1～2ft处，并将话筒置于防震架内，这支补点话筒是管弦乐队用话筒之外的补充。

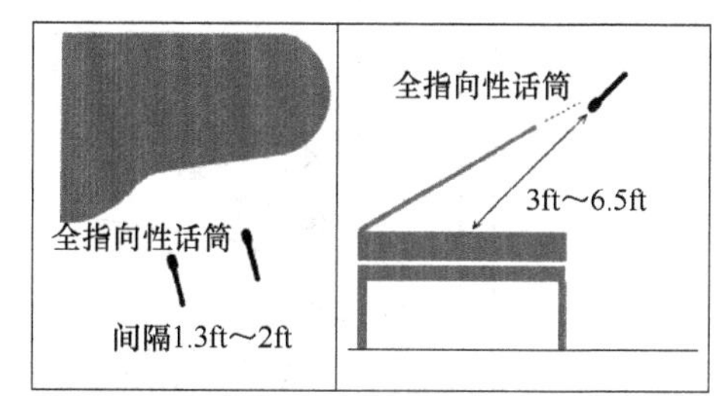

图9.14 三角钢琴在古典音乐录音时的话筒摆放建议（使用全指向性话筒）

为流行音乐录音时，则需要近距离拾音。近距离话筒能拾取较少的房间混响及泄漏声，通过混音后的均衡衰减可得到更为清晰的声音。不要使话筒与琴弦之间的距离小于8in，否则将会加重靠近琴弦的声音，应该使钢琴师所弹奏的全部的音符有相同的音量覆盖。

常用的方法是使用两支分隔开的话筒置于钢琴内部，用全指向性话筒或心形电容话筒拾音，最好使用防震架。将钢琴盖板用一根较长的支撑杆撑起，如果可能的话，把盖板卸去，可以降低低频的隆隆声。将一支话筒置于高音琴弦的中心部位，将另一支话筒置于低音琴弦的中心部位，典型的例子是，将两支话筒置于琴弦的上方8～12in，在水平方向上离琴槌8in（见图9.15 A，低音话筒和高音话筒），话筒直接向下对准或呈角度对准琴槌，把话筒的声像分别稍向左右偏置，使之获得立体声声像。

有一种方案是，把高音话筒置于琴槌附近，把低音话筒置于钢琴尾部2ft的地方摆放（见图9.15 B）。另一种方法是试用两支人耳间隔的全指向性电容话筒或一对ORTF话筒对置于琴弦上方约12～18in处。

聆听

播放配套资料中的第25段音频，以审听对三角钢琴的一些话筒技术的演示。

当把两支分隔的话筒信号混合成单声道时，有可能产生相位抵消的情况，所以要使用重合式话筒对拾音方法（见图9.15 A，立体声话筒对）。在话筒的吊杆上固定一支立体声话筒或一对心形的、夹角为120°的XY制式话筒对，话筒移近琴槌时，录得的声音有撞击力度；将话筒置于钢琴尾处摆放时，则会有更好的音质。

为获得更清晰和更有冲击力的声音，可在10kHz附近提升均衡量，或使用具有高频提升响应的话筒。

界面话筒的效果也很好，如果想拾取单声道的钢琴声，则可把一支界面话筒贴在支撑起的钢琴盖板内部，话筒位于琴弦的中心和靠近琴槌的位置。用两支话筒来录制立体声时，把两支话筒分别放在高音弦和低音弦的上方，把低音话筒置于钢琴的尾部，使话筒与低音琴槌之间的距离均等（见图9.15 C）。如果有泄漏声问题，把话筒向钢琴盖板靠近些，并在250Hz附近衰减均衡量以降低嗡嗡声。

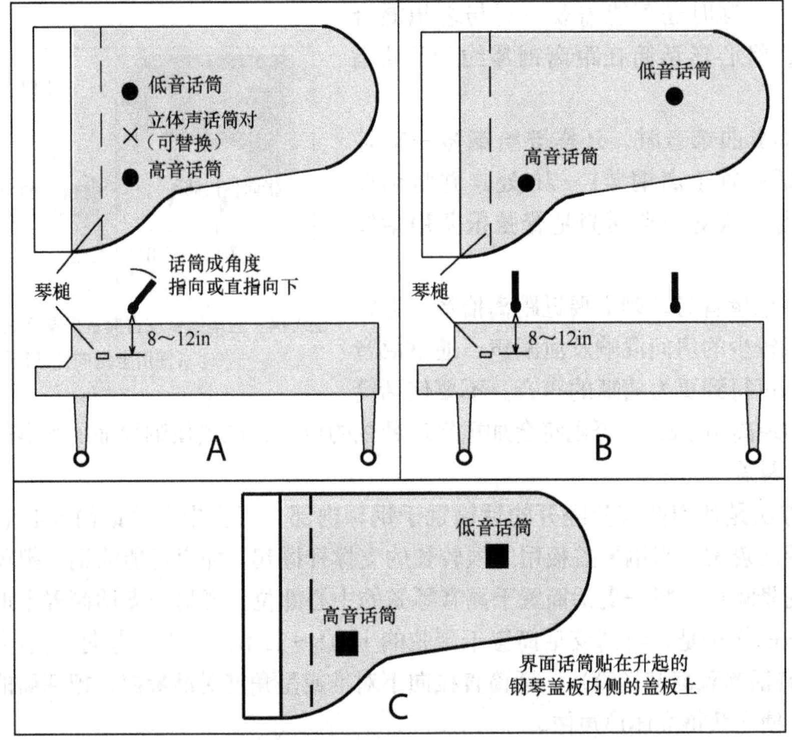

图9.15 三角钢琴在流行音乐录音时的话筒摆放建议

如果录音棚内缺少钢琴，则可考虑使用钢琴仿真软件，有些程序提供高质量的钢琴音符采样，它可以用一台MIDI音序器或一台MIDI控制器来弹奏，例如Steinberg Grand VST 2.0（价格约为199美元）及Maxim Digital Audio Piano（免费软件）。

9.10 立式钢琴（Upright Piano）

以下为立式钢琴的拾音方法（见图9.16 A）。

■ 卸下钢琴的前盖板，使键盘上方的琴弦暴露在外，将两支话筒分别置于距离高音弦和低音弦附近8in的位置，用立体声方式记录，并把左右声像偏置成所需的钢琴宽度。如果手头只有一支话筒，则把话筒置于高音弦附近即可。

■ 卸下顶盖板和上面板，把一对立体声话筒对置于钢琴前方1ft、顶板上方1ft的位置，如果钢琴靠墙的话，则话筒指向钢琴的同时要与墙面呈17°，这样可以降低桶状声的谐振。

■ 将话筒对准发声板并指向室内，在距发声板数英寸处的低音区和高音区拾音，在这些拾音点，话筒可以拾取较小的踏板撞击声和其他噪声，可试用“现场感高峰”的心形动圈话筒来拾音。

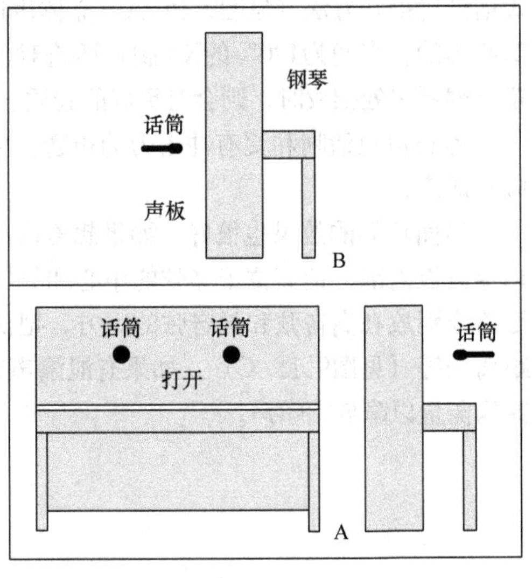

图9.16 对立式钢琴拾音的一些话筒技术

9.11　原声贝斯（Acoustic Bass）

原声贝斯（弦贝斯、双贝斯、立式低音提琴）可以发出低至41Hz频率的低频，所以要使用像大振膜电容式话筒或带式话筒那样具有扩展低频响应的话筒。通常近距拾音可改善隔离度，而远距离拾音则使声音更趋于自然，但会拾取太多的房间声。可以试用以下拾音技术（见图9.17）。

- 把话筒置于琴马前4～8in，琴马上方数英寸处。
- 把话筒置于琴马下方4～6in，距离琴弦数英寸处，在此处，话筒会拾取深沉及清晰度良好的声音。也可以把这一支话筒的信号与位于手指弹拨处附近、距指板侧面数英寸的第二支话筒的信号加以混合，可以得到更好的清晰度。
- 将一支话筒与一支粘贴话筒的信号混合，或单独用一支粘贴话筒并对其信号加以均衡后也可改善声音。

5kHz处的均衡可以强调拍击声，1.25kHz处的均衡可以改变盒状声，可以把贝斯共鸣箱体话筒的信号使用2：1的压缩处理，对击拍声话筒的信号使用6：1的压缩处理。

下面还有一些方法可以对低音加以隔离，并能让演奏者在周围走动，使他们在扩声场合下能工作自如。

- 用泡沫塑胶物（或者用海绵防风罩）罩住一支微型全指向性电容话筒，装在琴马内，方向向上（见图9.17），或者把它填塞到f孔口内。
- 把一支微型全指向性话筒粘贴到琴马上或插入琴马内的狭缝处。
- 用海绵垫将一支常规的心形话筒包裹（话筒前端的网罩口部分除外），把它挤压在琴马（见图9.17）或者系弦板的后面。
- 为获得最佳隔离度，可直接从粘贴话筒上输出信号，这可以增加清晰度和重低音，但可能要用到一些均衡处理，也可以把粘贴话筒与另一支话筒的信号混音后输出。

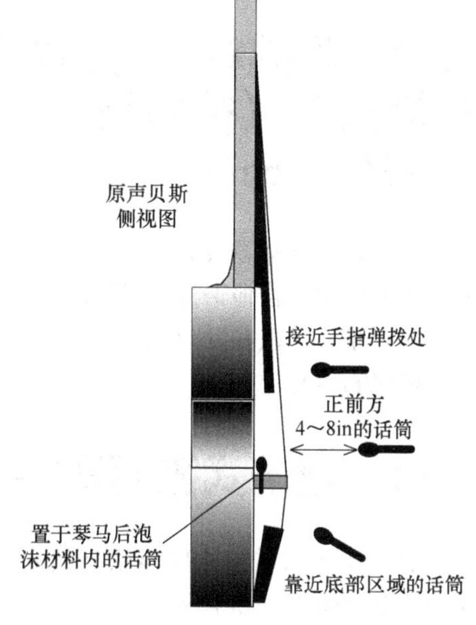

图9.17　对原声贝斯拾音用的一些话筒技术

9.12　五弦琴（班卓琴，Banjo）

距离五弦琴的中心部位前方约1ft的位置摆放一支平直频响的电容话筒（见图9.18），或者试将一支心形动圈话筒置于五弦琴的琴马与琴边之间、离琴体6in处。如果需要更好的隔离度，可采用近距离拾音，并切除一些低频。当把话筒指向琴头边缘、接近谐振孔（如果班卓琴有孔，就对准该孔）位置时，就会发出令人愉快的、柔和的声音。在孔内塞满织物，会使声音更紧密，并有助于在扩声情况下降低声反馈的可能性。

想要得到更好的隔离效果，可把一支微型全指向性电容话筒粘贴在琴头底边缘与琴马之间一半距离的位置，也可以在琴马后方的后弦与琴头之间放入一支微型粘贴话筒，把粘贴话筒平坦地背对着琴头表面。

有些演奏者喜欢把一支微型话筒放在一个罐盒内，可以获得重低频和圆润、柔和的声音。

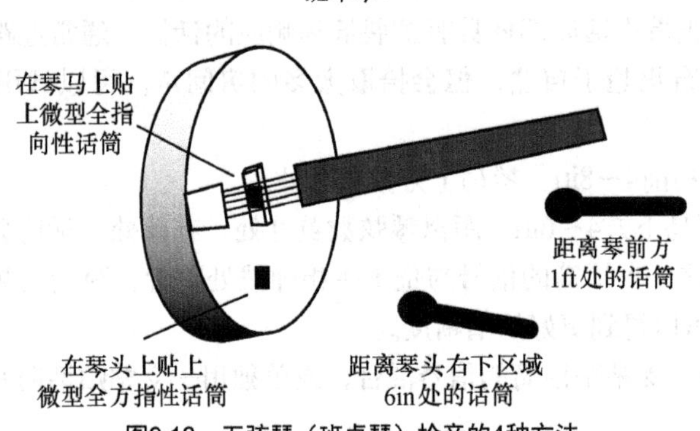

图9.18　五弦琴（班卓琴）拾音的4种方法

9.13　曼陀林、杜布罗吉他、布祖基琴（希腊曼陀林）及蝴蝶琴（德西马琴）（Mandolin,Dobro,Bouzouki,and Lap Dulcimer）

在距离这些乐器发音孔6～8in处用小振膜电容话筒来拾音，有些录音师还采用与摆放在乐器颈部或杜布罗吉他谐振腔附近的话筒信号加以混音的方法。如果需要获得更多的低频和更好的隔离效果，可以在发声孔附近贴上一支微型全指向性电容式话筒来拾取声音，并使用均衡来获取最好的声音。

9.14　锤击式德西马琴（Hammered Dulcimer）

将一支平直响应的电容话筒摆放在发声板中心部位上方约2ft的位置（见图9.19 A），在舞台上拾音时，可将一支心形动圈话筒或电容话筒置于琴顶部中间上方的6～12in处（见图9.19 B）。为了在扩声系统内获取声反馈前的最佳增益，可以与粘贴在非常接近于声孔处的一支微型全指向性电容话筒（或者用一支具有低频衰减的心形话筒）的信号加以混音（见图9.19 C）。

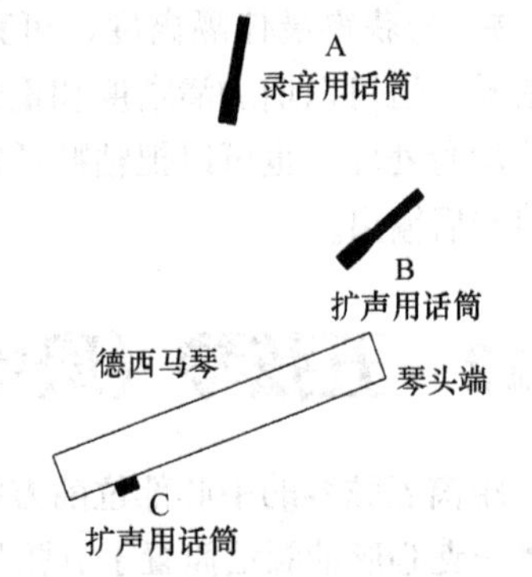

图9.19　锤击式德西马琴的话筒拾音技术

9.15　提琴类乐器（小提琴）［Fiddle(Violin)］

聆听提琴类乐器声音，应确认乐器本身的声音是否优美，在拾音之前应该纠正乐器所存在的问题。

首先可试将一支平直响应的电容话筒（全指向性话筒或心形话筒）置于琴马上方约2ft处，远距离的拾音可以获得一种有空间感的、柔和细腻的声音；近距离拾音（在6～12in，见图9.20）可获得像在旧时光乐队或青草乐队演奏那种所希望的更为精彩的声音。话筒直接指向f孔时可得到有温暖感的声音，指向指板时则可获得好的声音清晰度。如果声音太响亮并伴有刮擦声，可使用带式话筒或从提琴的侧面，甚至从底部拾音的方法来解决。如果天花板太矮，则要在天花板上钉上9in^2（约0.8m^2，译者注）的泡沫吸声材料，以防止声反射。

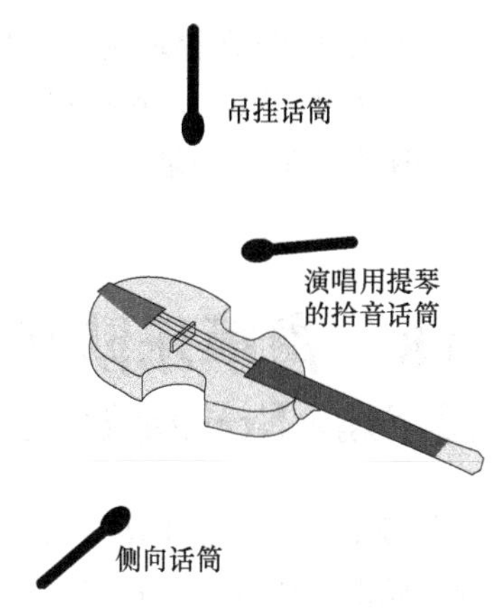

图9.20　3种提琴类乐器的拾音方法

如果不得不采用近距离拾音——例如歌唱的提琴手——将话筒置于指板尾端上方6～12in处，话筒指向歌唱者的下巴，话筒将会拾取歌声和提琴声两种声音。

如果需要有更好的隔离度，可试用一支微型全指向性话筒或一支Bartlett提琴话筒，从话筒头以下1.5in处将话筒线一起包裹在泡沫塑胶（或一个防风罩）内。把泡沫塑胶挤压在尾板之下，把话筒头置于尾板与琴马之间的中间位置上，话筒头高出琴身0.5in（见图9.21）。如有需要，可稍微衰减10kHz频率成分，可以降低刺耳声，并提升一些200Hz附近的频率成分，以增加声音的温暖感。另一种获得具有暖色的声音的方法是把话筒固定在f孔附近。

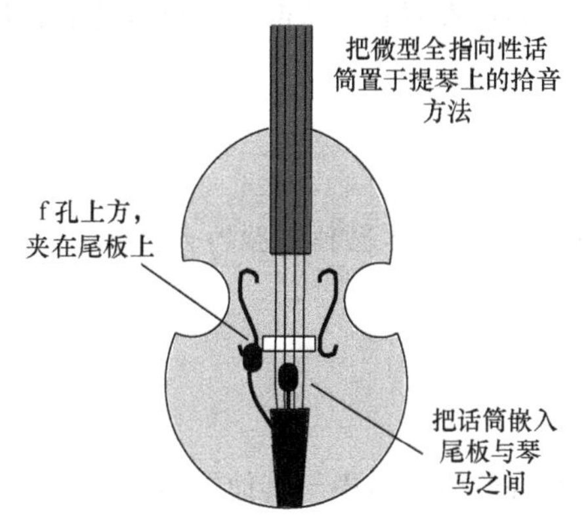

图9.21　提琴类乐器为获取隔离度的2种近距离拾音方法

一个很好的提琴拾音补点话筒的位置是提琴顶端的左侧（从提琴手角度视线方向），靠近琴马的提琴手一侧的上方。

为古典小提琴的独奏进行拾音时，要在有混响的室内用一支立体声话筒（或立体声话筒对）摆放在提琴外5～15ft的位置上。

9.16　弦乐组（String Section）

将弦乐器置于一间较大的、有混响的房间内，并对它们采用远距离拾音的方法，那么拾取的声音将会是一种自然的原声。常选用的话筒是具有平直响应的电容话筒或带式话筒，首先，可试用一支立体声话筒或一对立体声话筒对置于指挥身后4～20ft，高度为13～15ft的位置。

如果房间太嘈杂或太寂静，或者平衡太差，那就应该考虑采用近距离拾音并加入数字混响的方法。每2～4把提琴用一支话筒拾音，离地板6ft高，话筒方向向下对准提琴。对中提琴的拾音也可用同样的方法，对大提琴拾音，将话筒置于大提琴的琴马外1～2ft、琴马与f孔之间右边位置。在把这些乐器混合为立体声时，要把它们的声像均匀地偏置在两只监听音箱之间，它们的声像分布在左、中、右，成为一道“声幕”。如果要节约声轨，只用一条声轨来记录弦乐时，那么在缩混时要使用一台立体声效果器。

9.17 弦乐四重奏（String Quartet）

要把弦乐四重奏录制成立体声，可使用一支立体声话筒或话筒对，把它们置于乐队前6～10ft（1.8～3m），这样可以同时拾取房间环境声。监听到的乐器声不应该出现在两只音箱之间的所有方向，如果想把立体声声像变窄些，则可用减小两支话筒之间的夹角和分隔距离的方法。

9.18 青草乐队和旧时光弦乐队（Bluegrass Band and Old-time String Band）

如要对一个声学平衡得很好的乐队进行录音，可以将一支立体声话筒或立体声话筒对摆放在离乐队2～3ft远、5ft高的位置上（如果乐队演奏者是坐着的话，则要降低高度），让演奏者靠近或远离话筒来调节各话筒之间的声音平衡。如果对所有乐器都采用近距离拾音的方法，然后再把它们进行混音，那么将要进行更多的调节处理，这样也就产生了更为“商业化”的音乐制品。把演奏者们安排成为可以互相面对的圆形队形，可改善他们之间的精准定时问题，每支心形话筒的“抑制区”对准其他乐器，这种制作模式是为追求所有乐器保持原有音色的方法，既不用效果器，也不加入任何混响。

聆听

播放配套资料中的混音演示2，演示旧时光弦乐队用各件乐器独奏后的音乐混音。

9.19 竖琴（Harp）

竖琴的拾音可用平直响应的电容话筒，如果竖琴是在管弦乐队中与其他乐器一起演奏，那么应把话筒置于发声板前方约18in处，或者距离演奏者左手约18in处。对爱尔兰竖琴拾音时，可把话筒置于琴板上方的1/3行程、距离琴体6～12in的位置上。

如果需要更好的隔离度，可将微型全指向性电容话筒粘贴在发声板上，发声板内侧的话筒有更好的隔离度，发声板外侧的话筒则有更自然的声音。也可试将一支心形电容话筒裹上海绵塞入竖琴背面的中心孔内进行拾音。

9.20 号角（Horns）

号角是录音棚的称呼，它是指铜管乐器，例如小号、短号、长号、法国圆号和大号等。

铜管乐器从号角的张口处发出很强的高音，而不从旁边发出声音。一支话筒紧靠在号角张口的前方能拾取明亮而又锋利的声音，要使声音柔和些，可把一支具有平直响应的话筒置于偏离号角张口的中心轴线外的位置上（见图9.22）。号角张口轴线上的声音有许多尖刺般的高次谐波，这些高次谐波能使电容话筒、调音台输入或模拟磁带过载，这也是另一个要在偏离轴线外拾音的理由。

对小号的拾音，可以用一支动圈话筒或带式话筒来减弱声音的锋芒，如果想拾取更多的嗞嗞声，可使用一支电容话筒。话筒在距离小号1ft处时，可以拾取一种紧密的声音；而距离数英尺时，则会拾取到一种更丰满、生动的声音。

一支话筒可以拾取两把或多把号角的声音，几位号手可以被编成不同的小组围绕着单支全指向性话筒或立体声话筒对来拾音，号手可以对着被贴在控制室窗口上或一块大平板上的一对界面话筒来吹奏。

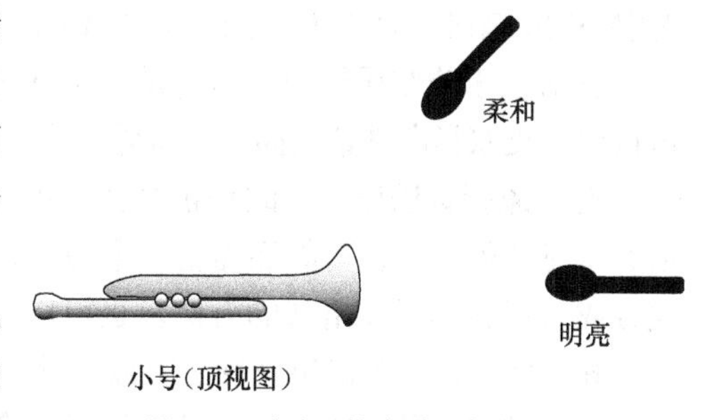

图9.22　为小号拾音时的音质控制

可以在一间有混响的房间内为古典铜管乐四重奏进行录音，只要把一支立体声话筒或立体声话筒对摆放在乐队前方6～12ft处即可。

9.21　萨克斯管（Saxophone）

在距离萨克斯管喇叭口很近的位置拾音时，可拾取很明亮、伴有喘息，及相当坚实的声音（见图9.23）。在这种位置的拾音有最好的隔离度，要想得到温暖且自然的声音时，可把话筒放置在距萨克斯管喇叭口1.5ft处，话筒的一半方向对准喇叭口。不要把话筒靠得太近，否则当演奏者移动萨克斯管时，会使电平产生起伏变化。采用近距离拾音的方法时，话筒的一种折中位置是把它置于萨克斯管喇叭口出口的上方，并对准音孔，也可以编排一个萨克斯管声部围绕着一支拾音话筒演奏。

一种典型的为大型爵士乐队的拾音布置方式如图9.24所示，它们使用了前面已经分别介绍过的对鼓类、贝斯、钢琴、电吉他、小号和萨克斯管等乐器的话筒拾音技术。在对铜管乐器进行拾音时，应该遵循话筒拾音距离摆放的3：1规则。

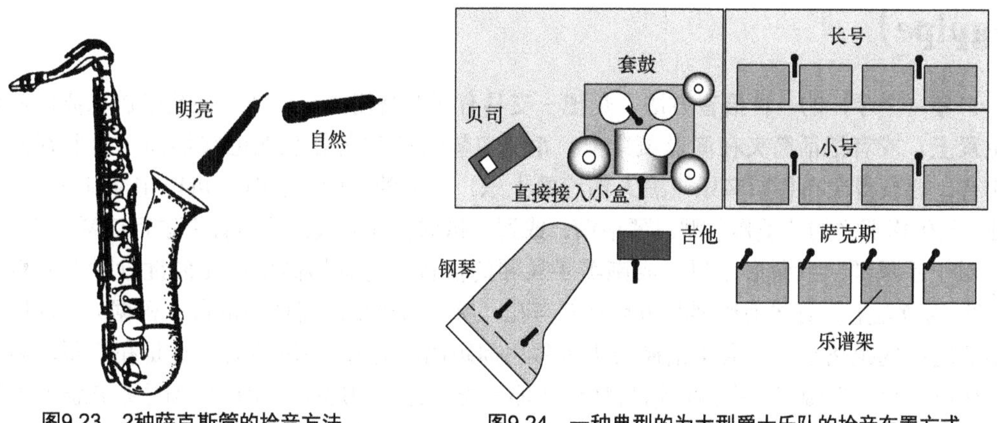

图9.23　2种萨克斯管的拾音方法

图9.24　一种典型的为大型爵士乐队的拾音布置方式

9.22　木管乐器（Woodwings）

关于木管乐器的发声原理，它们所发出的大部分声音不是来自管口，而是来自那些管孔。所以在对它们的拾音时，要把具有平直响应的话筒对准管孔，并保持与管孔的距离1ft左右（见图9.25）。

在对位于管弦乐队内的木管乐器声部进行拾音时，要避免来自其他乐器的泄漏声，为此，可试用一支双指向性话筒向下对准整个木管乐器声部，话筒的抑制侧面将切除泄漏声。

要为流行音乐乐队中的长笛拾音，可在距离吹口与第一指孔之间的区域之外数英寸的位置拾音（见图9.26），可能还需要一个防扑声滤波器。如果需要降低喘息噪声，可以用衰减高频成分或采用较远距离拾音的方法，也可以在管身粘贴上一支微型全指向性话筒，话筒位于吹口和指孔之间，话筒头露出管身之上数英寸。

为古典音乐独奏拾音时，可在距离木管乐器约4～12ft的位置摆放立体声话筒对。

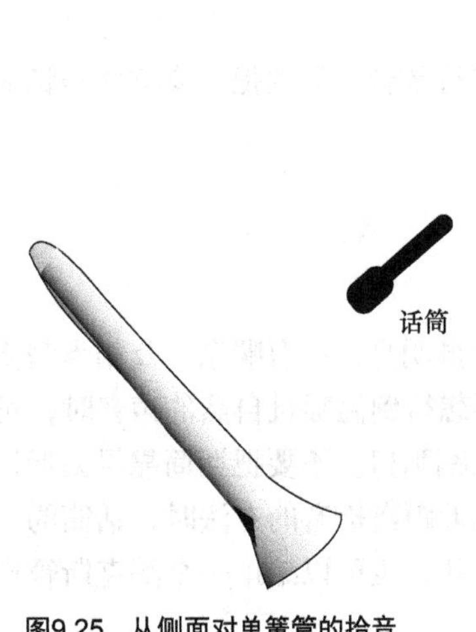

图9.25 从侧面对单簧管的拾音

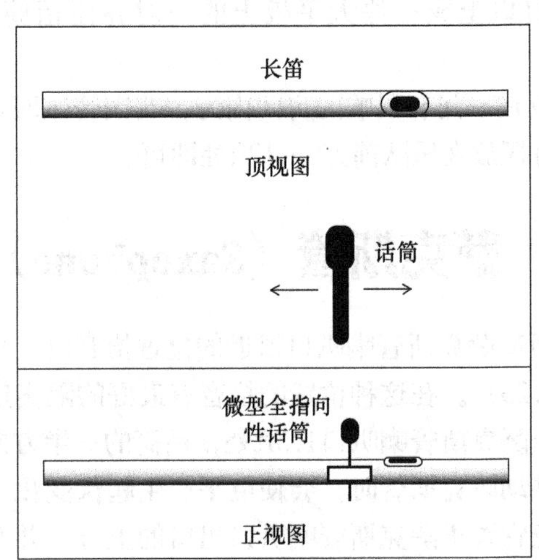

图9.26 两种长笛的拾音方法

9.23 口琴、手风琴和风笛（Harmonica, Accordion, and Bagpipe）

口琴（竖琴）的一种拾音方法，是把一支具有球形格栅的心形动圈话筒摆放在离口琴很近的位置上，或者把话筒夹在演奏员身上。距离口琴约1ft以外摆放的电容话筒可拾取到很自然的声音，要获得像布鲁斯音乐（黑人伤感爵士乐）那样沙哑的声音时，可以用像Shure Green Bullet 520DX那样的“子弹”型口琴话筒，或通过拾取吉他放大器的声音来进行口琴的拾音。

对于手风琴、六角形手风琴或南美手风琴的拾音，可将话筒摆放在离键盘附近的声孔约6～12in的位置上。有些手风琴两边都有发声孔，所以需要用两支话筒拾音，根据3：1规则，两支话筒之间的距离至少要大于话筒与手风琴之间距离的3倍。手风琴的一端是在不断地运动着的，所以可把一支微型全指向性话筒粘贴在那一端，另一种选择是用橡皮圈分别在演奏者的两个手腕上绑上一支微型全指向话筒。一架独奏手风琴可以用具有平直响应的立体声心形电容话筒对置于手风琴正前方约3ft处进行立体声拾音。

风笛有两个主要声源：用手指演奏的指管及发出恒定声音的单音管。用一支话筒置于指管管边之外约1ft处，另一支话筒置于单音管末端之外约1ft处，注意遵循3：1规则，也可以在距离风笛之外数英尺的位置上用一支话筒来拾音。

9.24　领唱（Lead Vocal）

领唱是流行歌曲中的十分重要的部分，领唱录音的要求非常严格。首先，要为歌手建立起一个舒适的环境，铺上地毯，放上一些鲜花和蜡烛，配上朦胧的灯光等，提供饮水，并让歌手感觉放松和温暖。配置好带有效果器的优质的提示混音，去帮助歌手尽快进入歌曲演唱的状态。

或许要在歌手的耳机里关闭混响，这样能使歌手更容易听清楚音高。如果歌手的歌唱声较平稳，则可降低他们的耳机音量，反之亦然。

对于人声的录音，需要克服某些问题，而且要与歌手一起来处理问题，例如近讲效应、喘息噗声、宽动态范围、咝咝声及乐谱架上的声反射等，这些问题都要着手解决，具体分析如下。

9.24.1　拾音距离（Miking Distance）

当靠近大多数指向性话筒唱歌或说话时，话筒会提升声音中的低频成分，这种现象可称为近讲效应。在扩声系统里，这种低沉的声音通常可以接受，但是在一个录音作品里，近讲效应却产生难听的隆隆声。

要防止这种隆隆的低频，就得要求歌手必须距离话筒约8in以外进行录音（见图9.27）。具有大振膜（1in或更大直径）、平直响应的电容式话筒通常更受欢迎，当然，也可以使用你认为有满意声音的任意话筒。如果话筒上设有**低频切除开关**，此时应置于“平直”（flat）位置。歌手应保持与话筒之间的距离不变，可以请歌手张开手指，用拇指接触自己的嘴唇，用小指接触话筒，用这一跨的手势来保持恒定的拾音距离。

图9.27　典型领唱歌手拾音技术

如果歌手的声音太刺耳或太锋利，可把话筒稍微指向歌手嘴部的侧面，使用带式话筒或使用一台多频段压缩器，设定在从2 000Hz及以上的频率开始压缩。

有些歌手感觉使用手持话筒演唱更为舒服，这时可给他们提供一支优良的电容话筒，而且还得在距离该话筒数英寸之外处进行拾音，将两支话筒的信号记录在不同的声轨上，然后选择声音较好的声轨。

如果必须要在同一时间为歌手和乐队一起录音——像在音乐会上一样——这就必须使用近距离拾音，避免歌手话筒拾取乐器声。可试用一支带有低频切除开关和海绵防噗滤波器的心形或超心形话筒，近讲效应会使声音沉闷，所以要在调音台上切去多余的低频成分，最开始，可在100～200Hz处调节到−6dB，有些话筒为此目的而设有低频衰减开关。

将话筒部分偏离歌手的鼻子有助于防止产生鼻音或近鼻效应，所以如果想要获得一种亲昵的、有喘气息的声音时，这种近距离拾音的方法能很好地胜任。

在对伴随着管弦乐队伴奏的古典音乐歌手的演唱进行拾音时，话筒应该摆放在距离歌手1～2ft处。如果歌手是独唱歌手（可能有钢琴伴奏），这时可将一对立体声界面话筒对摆放在距离歌手8～15ft处，这样可以拾取房间混响。

9.24.2　喘息噗声（Breath Pops）

当歌词中带有“p”“t”“b”“k”或硬音“c”等辅音时，会从口中喷射出湍急的气流，这种湍急气流撞到话筒上之后会造成撞击声或类似于小型的爆破声的声音，这种声音被称为**噗声**，为降低噗声，要在话筒上加装泡沫塑料防噗罩。有些话筒带有球状格栅屏来消除噗声，但是泡沫塑料防噗罩的效果要好些。噗声滤波器是用特殊的透气蜂窝状泡沫塑料制成的，它可以通过高频成分，为了更好地阻隔噗声，应该使泡沫塑料与话筒网罩之间有一个小小的空间。

泡沫塑料防噗滤波器也会稍许减弱高频成分，所以除在室外录音或为了防尘之外，室内乐器话筒不需使用泡沫塑料防噗滤波器。防噗滤波器不能降低喘息声和唇间噪声，为解决这些问题，只能把话筒移远些，或者衰减某些高频成分。

最有效的防噗滤波器应该是尼龙丝防噗罩，它把尼龙丝袜紧绷在一个圆箍上（见图9.27）或一个穿孔的金属圆盘上，可以从商店购买或自己动手用一个衣架和一个钩针编织品圆箍制成，把它置于话筒前数英寸处。

另一种消除噗声的方法，是把话筒向头部上方架高些后再对准嘴部，这种方法是因气流射向话筒之下而被消除，要提示歌手面朝前方演唱，不要仰头针对话筒去唱，否则话筒将会拾取噗声。

9.24.3 宽动态范围（Wide Dynamic Range）

歌手们在演唱时，经常会时而引吭高歌，时而低声细语；时而向着听众发出尖响的声音，时而声音被淹没在音乐声之中。那是因为，许多歌手的声音具有比乐器的声音还要宽广得多的动态范围，为了平滑那些过分超出的电平变化，就得要求歌手使用专门的话筒技术：在大音量音节时歌手要稍微远离话筒，小音量时则靠近话筒一些。或者由录音师来控制歌手的增益，在歌手发出大音量时轻轻地降低歌声的增益，反之亦然。通常在缩混期间用自动化或音量包络来完成音量的动态控制。

另一种解决方案是把歌声信号通过一台压缩器进行处理，压缩器将会起到自动控制音量的作用。在缩混期间把压缩器插入歌声信号通道的插入插孔或把压缩器插件程序插入歌声声轨内，对歌声的常用压缩器的设定为2：1或3：1的压缩比，–10dB阈值，3～6dB的增益减量。当然，对于某一位特定的歌手来说，可以设定适合于该歌手特征的参数。

聆听

播放配套资料中的第26段音频，将演示歌声压缩和对已录歌声的喘息噗声及拾音距离的效果进行比较。

当歌手在演唱时，他们的身体在前后方向上有所移动，那么歌声信号的平均电平将会有起伏，所以要确保拾音距离至少在8in（20.3cm）之内，才不会因少量的移动而影响歌手的信号电平。

压缩歌声的一个选项就是Waves Vocal Rider软件，它可以实时自动调节歌声音量，提供了比使用压缩器更自然的声音。

如果因为要避免泄漏声或声反馈而必须使用近距离拾音的方法时，可要求歌手采用嘴唇接触海绵防风罩的唱法，这样可以保持歌手与话筒之间的距离相等，然后用调音台的低频均衡器衰减过多的低频（典型值是在100～200Hz衰减6dB）。

9.24.4 咝声（Sibilance）

咝声是“s”“sh”等辅音的加强语气，它们在3～10kHz最强，这有助于提高可懂度。事实上，许多制片人喜欢这种咻咻般的“s”声，有时把明亮的溅发声加入歌声的混响之中，但是咝声不应该尖叫或刺耳。

如果想要减少咝声，可以用一支平直响应的话筒——而不用具有“现场感高峰”的话筒——或者在调音台上对8kHz附近的电平加以少量衰减，最好还是使用**咝声消除器**或插件程序，它们只有在歌手发出咝声的时候才会对某些高频成分进行及时衰减。可以设定一台多频段压缩器来实现咝声消除器的功能，可参阅第11章中有关内容。

9.24.5 来自乐谱架和天花板的反射（Reflections from the Music Stand and Ceiling）

假如乐谱或乐谱架与歌手的话筒过于靠近，来自歌手的一部分声波直接进入话筒，从乐谱或乐谱架反射的另一部分声波也会进入话筒（见图9.28,上图），被延时后的反射声会对直达声进行干涉，结果得到一种像轻微空洞般的受到声染色的音质。

要防止这种现象的发生，可把乐谱架降低一些，并且把谱架倾斜至垂直状摆放（见图9.28，下图），在这种情况下，反射声将不会被反射到话筒上。

如果录音棚的天花板较低，录制的歌声可以因天花板反射造成相位抵消而得到一种声染色的音质。这时可把话筒放低一些，并使用一种圆箍型的防噗罩，同时还应在歌手和话筒上方的天花板上贴上一块3平方英尺（约$0.279m^2$）的泡沫吸声材料或嵌入玻璃纤维的吸声盘。

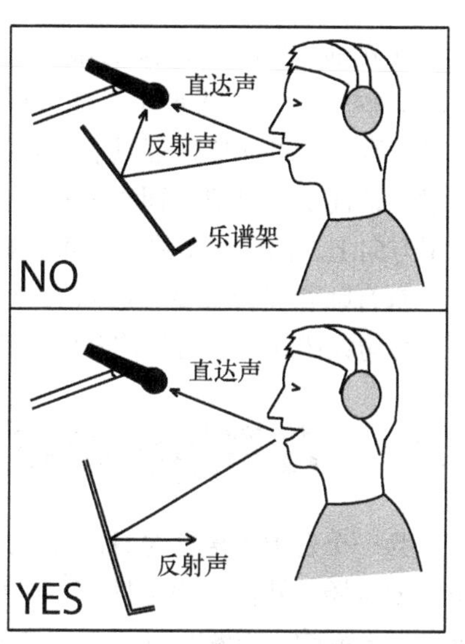

图9.28 防止来自乐谱架的反射声进入话筒

9.24.6 歌声效果（Vocal Effects）

比较受欢迎的歌声效果是立体声混响、回声和声音加倍等，可以在一间具有硬表面的房间内对歌手远距离拾音来录得真实的房间混响。击掌回声提供了一种20世纪50年代的摇滚乐效果，歌声通常是采用很干的混音，而且不带混响，微小的失真在某些歌曲中甚至更有效。也可以试用一台可提供多种效果的**歌声处理器**，可以在一首歌曲的每一段落上试用不同的均衡或不同的效果器。

为获得最佳的声音效果，歌声用插件程序按如下次序插入：（1）咝声消除器；（2）压缩器；（3）均衡器。

歌声的声音加倍可以获得比单一歌声声轨更丰满的声音，在一条空白声轨上叠录上歌声的第二遍，第二遍与第一遍的声轨同步，在缩混期间，将第二遍的电平稍许降低后再与第一遍的声轨混合，也可以把一条声轨通过一个合唱插件程序的运行来实现声音加倍（将在第11章“效果器和信号处理器”中讲述）。

9.25 背景歌声（Background Vocals）

当要叠录背景歌声（和声）时，可把2位或3位歌手编成组，站在话筒面前演唱。他们距离话筒越远，则录得的声音越有遥远的感觉。把这些歌手声音的声像加以左右偏置，使之具有立体声效果。因为成群的和声会使声音太低沉，所以在背景歌声中衰减一些低频成分。

如果想要为每位背景歌手进行独立调节，则要对每位歌手使用近距离拾音的方法，并且要用独立的调音台通道或独立的声轨进行录音。

拾取具有优美的、自然而和谐的理发店合唱（指用和声法演唱而不借助乐器伴奏的一种唱法，通常由男性组成的小型团队演唱）、爵士演唱或教堂四重唱时，要请歌手们位于一支立体声话筒或立体声话筒对前面2～4ft处拾音。如果他们的平衡太差，则可采用近距离拾音方法，请每位歌手在离话筒约8in处演唱，并且在调音台上对他们加以平衡。这样也可获得更“商业化”的声音。如果要进行近距离拾音，则歌手之间至少应该有2ft的间隔，并且呈圆弧形排列，这样可以防止话筒信号间的相位抵消。

9.26 口语单词（Spoken Word）

在前面述及关于领唱歌手的一些技巧也同样适用于口语单词的录音［包括播客（Podcasts）（一种类似于广播节目的音频文件，可下载到计算机或MP3播放器收听）、音频材料等录音］。首先要保证具有恒定距离的拾音，并且要使用一个圆箍形的防噗罩。为防止声音反射到话筒上，要把台词本放在其倾斜角度几乎为垂直的谱架上，把话筒置于接近谱架顶端的水平方向上。把台词本的每一页折叠起一个小角，便于在翻页时不会发出响声。

录音师和播音员要有相同的台词本，在每句读错的句首做上记号，为便于剪辑，播音员应该从每句读错的句子的句首开始重读。

9.27 合唱团和管弦乐队（Choir and Orchestra）

为一个合唱团拾音的3种方法如图9.29所示。在那些话筒也为扩声提供应用、在场地非常嘈杂或者声场条件很差的条件下，则可使用近距离拾音，把话筒的声像偏置到所需要的位置，再加入人工混响（见图9.29 A）。否则，试用近重合式心形话筒对（见图9.29 B）或者用一对分隔距离约为2ft（约61cm）的全指向性话筒（见图9.29 C）来拾取声音。调整话筒至合唱团之间的距离，直至在监听音箱上听到满意的厅堂音响总量。

关于对管弦乐队拾音方面的建议请参阅第22章中的内容。

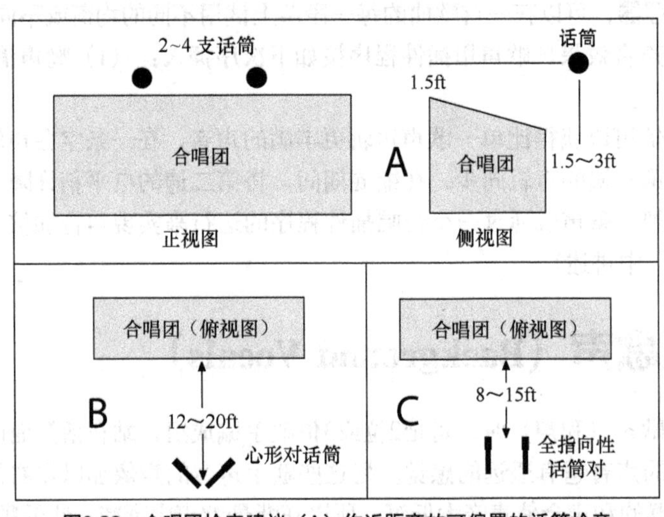

图9.29 合唱团拾音建议（A）作近距离的可偏置的话筒拾音（B）近重合式立体声话筒对拾音（C）分隔式立体声话筒对拾音

9.28　小结（Summary）

现在可以总结出话筒摆放的要点，如果泄漏声或声反馈存在问题，那么应把话筒靠近在乐器发出最大音量的部位摆放，并加上均衡调节以获取自然声，否则，可把话筒置于各个不同的位置，通过监听音箱来寻找认为声音最佳的位置。对于大多数乐器来说，没有绝对正确的话筒摆放技术，只是把话筒摆放到你听到所期望的音质平衡和房间混响总量时的那个位置。

大胆尝试上述话筒摆放技术，这仅仅只是一个起点，在此之后要力求探索你自己的意图，要相信自己的耳朵！如果你获得了电吉他和鼓类的强劲声音力度和激情气氛及原声乐器和歌声的优美音色，那么你已经完成了一件成功的录音作品！

第10章 均衡

（EQ，Equalization）

均衡器是一种很复杂的音质控制设备，它们的操作有些像立体声系统内的高低音控制。**均衡**（**EQ**）可以改善声音的真实性，可以使迟钝的铙钹声变得清脆，使软弱无力的电吉他声变得犀利，也可以使某一声轨的声音变得更自然，例如，可以从近距离拾取的人声中消除桶状声。

均衡可以用硬件，例如在混音调音台内的那些均衡是用硬件；也可以用软件，像一台数字音频工作站内的**插件程序**。插件程序是一种软件，它在一个被称为**寄主**的大型录音程序内运行着特定的功能。

为理解均衡的工作情况，我们需要了解频谱的概念。每一种乐器或人声都会产生一种很宽广的频率成分，我们称之为频谱——基波频率和谐波成分的相对电平（见第2章中“声波的特性”一节）。一幅频谱图形显示了电平与频率之间的关系，每种乐器的频谱决定了该乐器特有的音质或音色。

图10.1是某件典型乐器的频谱图，该图为电平（以dB为单位）相对于频率（以Hz为单位）之间的关系图形。

如果提升或衰减频谱中的某些频率成分，就会改变所录制的该件乐器声的音质。升高或降低某段频率范围的电平，可以调节声音的低频、高频和中频，也就是说，这改变了频率响应。例如，以10kHz为中心范围的提升（增大电平）可使打击乐器的声音明亮而清脆，而衰减这些频率成分时，则使声音变得灰暗而迟钝。

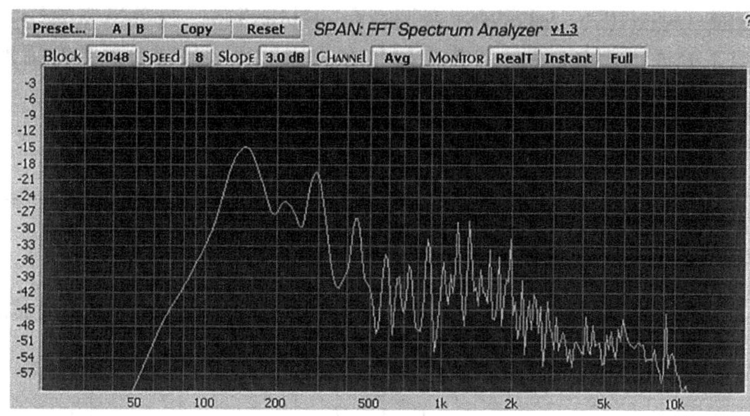

图10.1　典型乐器的频谱图

10.1　均衡的类型（Types of EQ）

均衡器的种类由简单到复杂，最基本的类型就是**低频和高频控制**的均衡器（标记为LF EQ和HF EQ），这种均衡器在频率响应上的效果如图10.2所示。通常，这种均衡器在100Hz（用低频均衡旋钮）及在10kHz（用高频均衡旋钮）处的电平可以提升或衰减15dB。

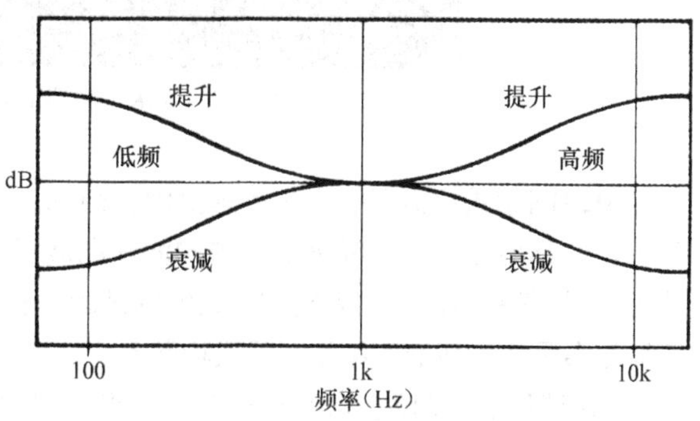

图10.2　低频和高频控制的效果

3段均衡可以在某个固定的频率提升或衰减低频、中频和高频（见图10.3），**可扫频的均衡**更灵活，因为可以微调到更精确的频率范围（见图10.4）。如果调音台上有可扫频的均衡，用一个旋钮设定中心频率后，另一个旋钮可用来设定提升或衰减的总量。

参量式均衡可以分别设定频率、提升或衰减的总量及频宽——频率影响的范围，图10.5显示了一个参量均衡器是如何改变频谱中被提升部分的频宽。一个均衡器的“Q”值（或称之为品质因素）等于中心频率除于频宽，使用低Q设定值（例如1.5）的提升或衰减可作用于很宽的频率范围，而使用高Q设定值（例如10）时，则只能形成很窄的峰顶或凹谷。一般来说，使用窄带（高Q值）均衡用于消除交流哼声和谐振声，使用宽带（低Q值）均衡则通常用于音质、音色上的改变。

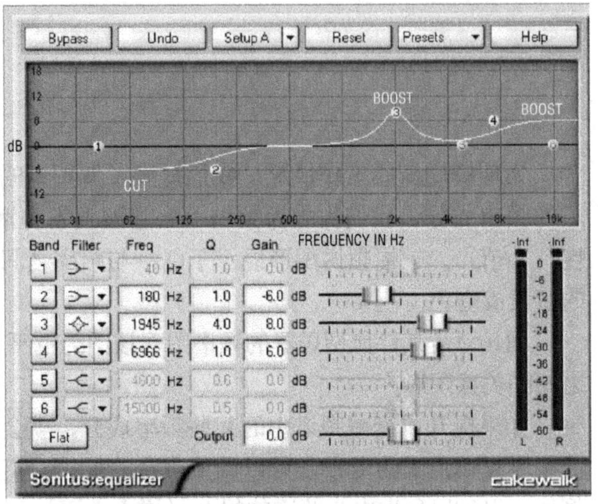

图10.3　3段均衡的效果

图示式均衡器（见图10.6）通常是混音调音台的外围设备，这种类型的均衡器具有一排工作在5～31个频段上的推拉式电位器。在推子被调节之后，推子的位置形象化地指出了所形成的频率响应。一般来说，图示式均衡器常用于监听音箱的均衡，或被应用于接入某条通道中去进行复杂的音质调整。

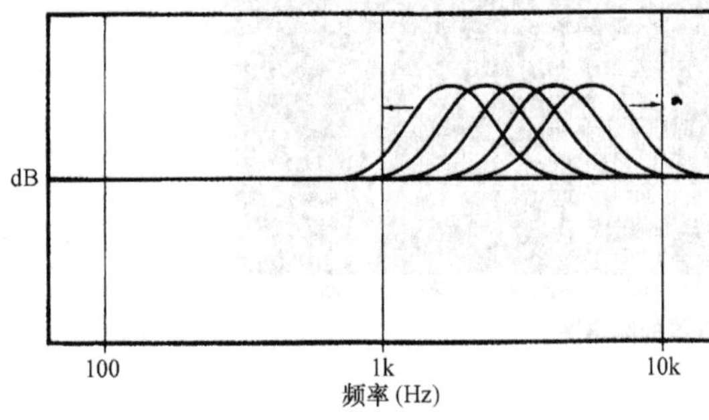

图10.4　可扫频均衡器的效果

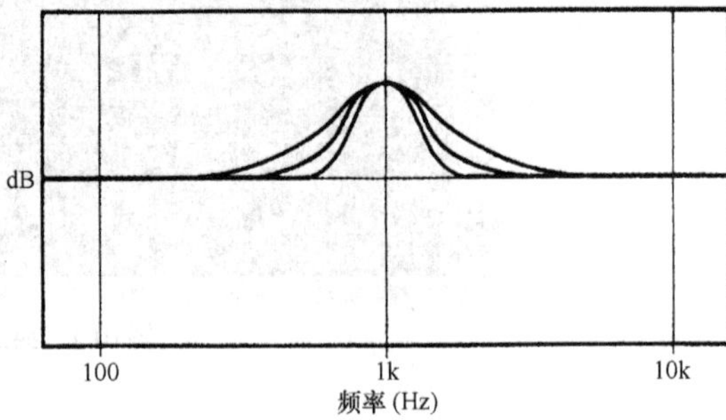

图10.5　这些曲线表明参量均衡器的频宽是可变化的

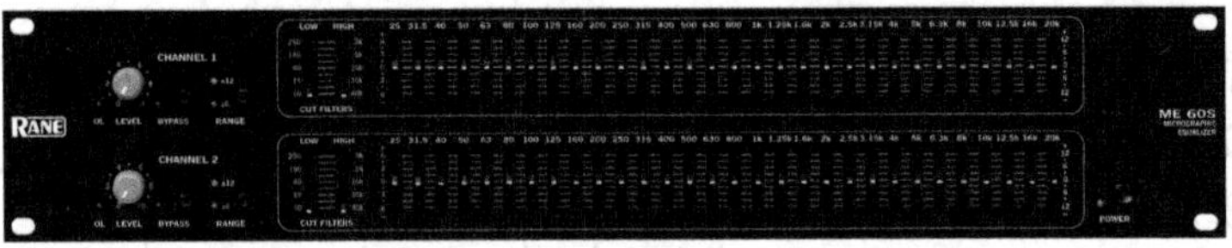

图10.6　图示式均衡器示例——Rane ME60S

31段图示式均衡器把音频频率范围按照每1/3倍频程频宽而分成31个频段，1/3倍频程是人耳听觉的临界频宽，在频率响应内的波峰和波谷比起临界频宽要窄得多，因此很难听到，所以使用1/3倍频程波段，因为它们是最窄的波段，在提升或衰减时会产生可闻结果。有些外置的均衡器是参量式均衡器而不是图示式均衡器。

均衡器也可以按它们的频率响应的形状来分类，在设定为提升时，其响应为**山峰式均衡器**，形状好像一座小山峰（见图10.7）。用**搁架式均衡器**时，其频率响应的形状类似于一个搁架（见图10.8），搁架式均衡的“拐角频率”位于从电平平直处上升至电平再次平直处时的频率之间的中间值。

聆听

播放配套资料中的第27段音频，将演示各种不同类型的均衡。

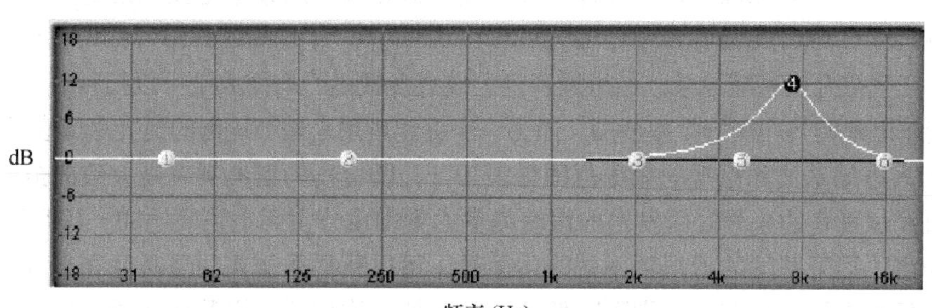

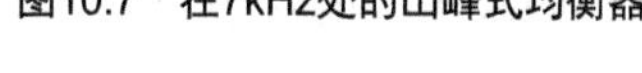
图10.7 在7kHz处的山峰式均衡器

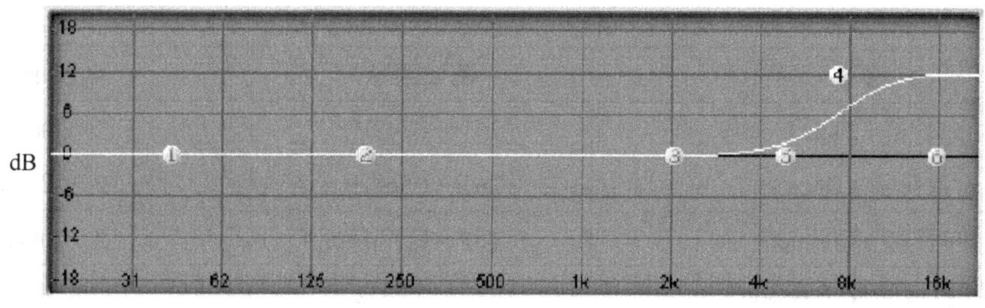

图10.8 在7kHz处的搁架式均衡器

滤波器可以在频率的末端处产生**滚降**，它可尖锐地阻拒（衰减）某个频率之上或之下的频率成分。滤波器的3种类型如图10.9所示：低通，高通和带通滤波器。例如，一个10kHz的**低通滤波器**（也称作高切滤波器）滤去了10kHz以上的频率成分，它在10kHz处的响应为下降3dB，比该频率越高的地方则下降得越多。在高频处开始逐渐滚降将有助于降低咝声类噪声，且不致影响音质。一个100Hz的**高通滤波器**（又称低切滤波器）衰减100Hz以下的频率成分，它在100Hz处的响应为下降3dB，比该频率越低的地方则下降得越多。它可滤去像空调的隆隆声或喘息噗声那样的低频噪声，1kHz的**带通滤波器**可以切除以1kHz为中心的频段之上和之下的那些频率成分。

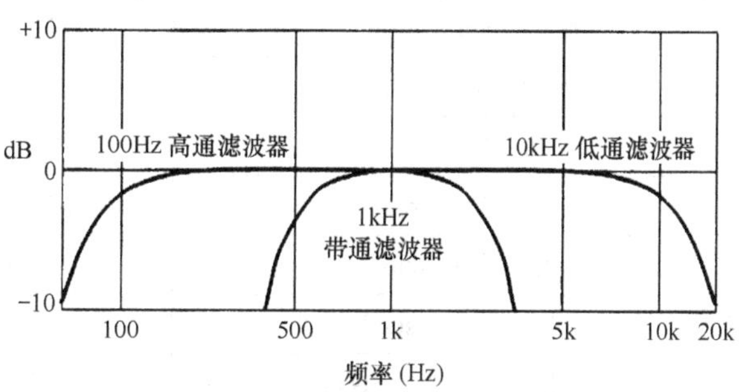

图10.9 低通、高通及带通滤波器

在有些监听音箱内的**分频滤波器**就是由低通、高通和带通滤波器所组成的，它们把低频送到低音扬声器，把中频送到中音扬声器，而把高频则送到高音扬声器。

滤波器用它滚降的阶数来命名，每倍频程滚降6dB的滤波器被称为一阶滤波器，每倍频程滚降12dB的滤波器被称为二阶滤波器，每倍频程滚降18dB的滤波器被称为三阶滤波器等。

10.2 如何使用均衡（How to Use EQ）

如果调音台有低频和高频调节部件，那么高、低频调节的频率是预先设定好了的（通常在100Hz和10kHz）。将均衡旋钮调节至0的位置时，则并不产生均衡的作用（称为平直设置），转动旋钮则会产生提升或衰减效果。如果调音台上设有多频段的均衡或是可以扫频的均衡时，那么其中一个旋钮用来调节均衡的频率范围，而另一个旋钮则用来调节均衡的提升量或衰减量。

乐器和人声的基波和谐波的频率范围见表10.1，所给出的谐波频率是大致的范围，打击乐器、镲钹及经过哑音的小号等所发出的声波能量的频率成分实际上可高达80～100kHz。对于大多数乐器而言，提升基波的低端频率处的均衡量，可以获得乐器声的温暖度和丰满度，如果乐器音色中的低频太浓重或沉闷，则可降低基波频率处的均衡量；提升谐波频率处的均衡量，有助于增强乐器声的现场感和清晰度，如果乐器的音色太刺耳或出现吱吱声，则可以降低谐波频率处的均衡量。

表10.1 各种不同乐器和人声的频率范围

乐器	基波频率	谐波频率
长笛（Flute）	261～2 349Hz	3～8kHz
双簧管（Oboe）	261～1 568Hz	2～12kHz
单簧管（Clarinet）	165～1 568Hz	2～10kHz
大管（巴松，Bassoon）	62～587Hz	1～7kHz
小号（Trumpet）	165～988Hz	1～7.5kHz
法国圆号（French horn）	87～880Hz	1～6kHz
长号（Trombone）	73～587Hz	1～7.5kHz
大号（土巴号，Tuba）	49～587Hz	1～4kHz
军鼓（Snare drum）	100～200Hz	1～20kHz
底鼓（Kick drum）	30～147Hz	1～6kHz
镲钹（Cymbals）	300～587Hz	1～15kHz
小提琴（Violin）	196～3 136Hz	4～15kHz
中提琴（Viola）	131～1 175Hz	2～8.5kHz
大提琴（Cello）	65～698Hz	1～6.5kHz
原声贝斯（Acoustic bass）	41～294Hz	700Hz～5kHz
电贝斯（Electric bass）	41～294Hz	700Hz～7kHz
原声吉他（Acoustic guitar）	82～988Hz	1 500Hz～15kHz
电吉他（Electric guitar）	82～1 319Hz	1～15kHz（直接拾取）
电吉他音箱（Electric guitar amp）	82～1 319Hz	1～4kHz
钢琴（Piano）	28～4 196Hz	5～8kHz

续表

乐器	基波频率	谐波频率
低音（人声）[Bass（voice）]	87～392Hz	1～12kHz
男高音（人声）[Tenor（voice）]	131～494Hz	1～12kHz
中高音（人声）[Alto（voice）]	175～698Hz	2～12kHz
女高音（人声）[Soprano（voice）]	247～1 175Hz	2～12kHz

以下是对特定的乐器进行频率均衡的一些建议，如果想要得到如下所述的效果，可提升均衡量，否则把它们加以衰减。尝试一下这些建议，并对你喜欢的声音加以应用。

■ **低音提琴**：丰满度与深沉感体现在60～100Hz，隆隆声在600Hz处，现场感体现在2.5kHz，琴弦的噪声在3kHz及以上，衰减200～500Hz的成分可以使声音清晰。

■ **电吉他**：拨击声体现在60Hz，丰满度体现在100Hz，噗噗声体现在500Hz，现场感或尖锐激烈的程度体现在2～3kHz，吱吱声或刺耳声体现在6kHz以上。

■ **鼓类**：丰满度体现在100～200Hz，鼓声模糊不清体现在250～800Hz（可在此范围内衰减），琐碎无用的军鼓声音体现在1～3kHz，起音在5kHz，衰减600Hz附近的通通鼓声可降低盒状声，提升10～12kHz可使迟钝的铙钹声更细腻和清脆。

■ **底鼓**：丰满度和力度体现在低于60Hz，在300～800Hz体现一种摔纸张的声音（衰减400Hz～600Hz的成分可使音色更好），咔嗒声或起音体现在2～6kHz。

■ **萨克斯管**：温暖感体现在500Hz，刺耳声体现在3kHz，键噪声体现在10kHz以上。

■ **原声吉他**：丰满度或拨击声体现在80Hz，现场感体现在5kHz，弹拨（匹克）噪声体现在10kHz以上。

■ **原声吉他微型话筒拾取**：为使吉他声更“原声化”，可在1.2～1.5kHz的窄频段内衰减，可能会衰减某些高频成分。

■ **人声**：男声的丰满度体现在100～200Hz，女声的丰满度体现在200～400Hz，嗡嗡声或鼻音体现在500～1kHz，现场感体现在5kHz，嘶嘶声（发“s”“sh”音）体现在3～10kHz。

例子：假如某一人声声轨的声音过于丰满或有隆隆声，则可用低频均衡旋钮（例如在100Hz处）加以衰减，直至所听到的声音非常自然；再如军鼓声太迟钝或像被压抑，则可调节中频均衡钮，在5～10kHz将其提升，直至军鼓声清晰和清脆。

在对某个大概的频率范围进行均衡调节时不要停顿，继续在满提升或满衰减的过程中聆听效果最为明显的均衡位置，最后从这一位置上稍许返回，再对均衡的频率及均衡的提升量或衰减量加以微调，直至获得最满意的音质平衡。

如果乐器声中带有嗡嗡声、沉闷声或刺耳声，而又不知道该从什么频率调节均衡，这时可选用一台频率可选的均衡器，先极度提升它的提升量，然后逐个选取频率段，直至发现所选的频率段的音色与出现问题的音色相符合，最后把这一频率段的均衡量加以衰减，直至使声音恢复正常。例如，在给三角钢琴拾音时，由于话筒离盖板太近而引起沉闷的声染色效果——可能是300Hz附近的输出太高，这时用低频均衡来提升均衡量，变化其中心频率，直至所出现的沉闷声变得更为显著，最后再把这一频率的均衡量加以衰减，直至钢琴声恢复正常。

一般来说，要避免过量的提升，因为这样有可能使信号失真。所以有时在需要提升高频时，为不致使信号失真，可试用衰减低频的方法来达到提升高频的目的。要减少声音的混浊度或增强其清晰度时，可以在300Hz左右衰减1～2dB——或者对每件乐器加以衰减，或者衰减整条混音。同时，应注意不要把每件乐器都在相同的频率上提升均衡量。

为获得更轻松、自然的声音及较小的相位差，应该使用最小相位差的均衡、较小的增益、较宽的频段（Q值较小）及较平缓的滚降率（6dB/倍频程，而不用12dB/倍频程或18dB/倍频程）。在准备动用均衡之前，首先可在话筒或话筒的摆放方面做些尝试，因为话筒的频率响应和话筒的摆放对频谱的影响要比均衡器所能起到的作用大得多。

在所有的声轨上使用一个高通滤波器（低切滤波器）来消除位于乐器的最低基波频率以下的低频成分，这样能使声音干净、降低低音泄漏，并能消除来自卡车和空调等的隆隆声。

10.3 何时使用均衡（When to Use EQ）

在使用均衡之前，首先可进行一些话筒更换或变更话筒摆放位置等工作，审听其结果是否能获得所需要的声音质量，这样做，要比使用均衡所获取的声音效果更真实。许多纯音爱好者都躲避使用均衡，他们抱怨由于使用均衡而产生了过度的相位差或钟铃效应——形成了一种“矫饰的”（紧张或不自然）的声音，他们使用极为细致的话筒摆放技术、使用高质量的话筒代替，在不使用均衡的情况下获取自然的音色平衡。

通常的做法是先进行平直和干净（不使用均衡和效果）的录音，然后在缩混期间再加入均衡和效果器。如果在为某件乐器进行录音的同时用上了均衡、混响或压缩等效果，因此而成为声音的永久部分，到后来又决定不想需要这些均衡、混响或压缩等效果时，那么这已成为不可能的事情了。一种较好的方法是在录音期间在一些声轨上加入一些“大致相近的”（ballpark）均衡和效果，使其在回放时尽量接近最终混音及预先所设想的那种优良的声音，这些声轨在录音时不带效果，但是在回放时可以听到这些效果，而且这些效果可以被接入或关闭，并能在缩混期间更改。

10.4 均衡的用法（Uses of EQ）

以下是均衡的一些应用。

10.4.1 改善音质（Improve Tone Quality）

均衡的主要用途就是使乐器的音色更优美，例如，可以对歌手用一种高频滚降（高频衰减）的均衡来降低嘘嘘声，或者对直接录音的电吉他进行切除“镶边”声的处理，也可以对地板通通鼓在100Hz上加以提升以获得更丰满的鼓声，或者在低音吉他250Hz左右进行衰减，以提高其清晰度。衰减100Hz左右的频率成分有助于降低众多和声引起的低频堆积。当然，每支话筒的频率响应及其摆放位置也同样影响音质的好坏。

虽然在单独监听时可以为每条声轨来设定均衡，但是更好的方法是在回放整条混音时设定均衡器，这是因为一种乐器可以被掩蔽或隐藏在另一种乐器的某些频率之下，例如，铙钹声可以掩蔽歌声中的“s”声，会使歌声变得迟钝——即使在单独监听歌声时，感觉声音很优美。

10.4.2 创建某种音响效果（Create an Effect）

过度的均衡会降低声音的保真度，但是它却能制造出一种有趣的音响效果，例如，对人声在低频和高频处加以陡峭的衰减，可以得到一种“电话”声音，用1kHz的带通滤波器可以做到这种效果。要单声道键盘声轨达到立体声效果，只要把键盘声音信号发送到调音台的两条通道上去，对偏置在左声道通道上的信号提升低频和衰减高频，而对偏置在右声道通道上的信号衰减低频和提升高频。

10.4.3 降低噪声和泄漏声（Reduce Noise and Leakage）

在录音期间，用衰减被录乐器的基波频率范围底端以下低频成分的方法来降低低频噪声——低频泄漏声、空调的隆隆声及话筒架的撞击声等，乐器的频率范围可在表10.1中查找。

例如，小提琴的最低频率为200Hz左右，所以可用一个低切滤波器（或叫高通滤波器）设定到200Hz（如果有这种滤波器）。这个低切滤波器不会改变小提琴的音质，是因为被滤去的频率位于小提琴的最低频率之下。同样，底鼓在9kHz以上的成分很小或根本没有输出，所以滤去底鼓在9kHz以上的成分时，可以降低铙钹在底鼓声轨上的泄漏声。滤去大多数乐器的100Hz以下的频率成分时，有助于降低空调的隆隆声和喘息噗声。把观众话筒的低频用滚降的措施处理后可以避免出现混浊的低音。要降低交流哼声的话，可用一台参量式均衡器在60Hz、120Hz和180Hz处（在美国）或在50Hz、100Hz和150Hz处（在其他地区）设定为24dB的衰减，Q值为30。

10.4.4 补偿“弗莱切-蒙森”效应（Compensate for the Fletcher-Munson Effect）

这是由贝尔实验室的两位研究员弗莱切和蒙森发现的一种现象，就是人耳在小音量时对低频和高频的敏感度要低于在大音量时对低频和高频的敏感度，所以当对非常大音量的乐器录音后，再在小音量的情况下回放时，会感到缺乏低频和高频，要对此进行补偿。当在为大音量的摇滚乐队录音时，需要提升低频（100Hz 左右）和高频（4kHz左右）；乐队的音量越大，则所需要的提升量也越多。使用具有近讲效应（可提升低频）和“现场感高峰”曲线（可提升高频）的心形话筒有助于补偿这种效应。

10.4.5 避免声音掩蔽，使乐器音色便于区分（Prevent Masking to Make Instruments Distinct）

如果要对两个声音相近的乐器声进行混音，例如领奏吉他和节奏吉他，它们通常模糊在一起，很难分清哪一把吉他正在演奏。然而对两件乐器进行不一样的均衡之后，却能够清楚地把它们区分开。例如，对领奏吉他在3kHz处加以提升，使其声音有锋利感，而对节奏吉他在3kHz处加以衰减，使其声音变得更柔和，这样将会得到更和谐、融洽和更清晰的混音。基于同样的原理，也适用于低音吉他和底鼓之间的混音。由于它们的声音出现在相同的低频段，相互间很容易混淆和掩盖，为了加以区分，在增厚低音吉他的同时，削薄底鼓的声音，反之亦然。这个做法就是为了让每件乐器在频谱上都拥有它们自己的空间，例如，低音吉他声充满低频区，合成器和弦着重在中低频区，领奏吉他置于中高频范围内并伴有锋利感，而位于高频区内的铙钹闪烁着光辉和活力。滚降衰减原声吉他声轨中的某些低频成分使其与贝斯的声音有所区别。

10.4.6 补偿话筒的摆放（Compensate for Mic Placement）

有时为躲避背景声和泄漏声不得不采用近距离拾音，但是一支紧靠乐器的话筒只是靠近乐器的一部分，这样会产生一种声染色的音质，而使用均衡则可以部分补偿这种变化。例如因为迫不得已要把话筒靠近原声吉他的发音孔处拾音，由于吉他发出强烈的低音而使吉他声中的低频过重，这时可在调音台上将该声轨的低频加以衰减，使其恢复到自然的音色平衡。

这种均衡的用法，可以节约为修正现场音乐会录音时已录得较差声轨而花费的时间，因为在音乐会场合，舞台监听的嘈杂声会进入录音/扩声两用话筒中去，所以不得不采用近距离拾音来防止监听音箱声音的串入和回授。由于这种近距离的话筒摆放，或者由于拾取了监听音箱的泄漏声，将导致录得一种不自然的声音，在这种情况下，使用均衡是获取可利用的声轨的重要途径。

10.4.7 对单一声轨的“重新混音”（“Remix” a Single Track）

如果某条声轨含有两种不同的乐器，有时希望用均衡或重新混音来改变某条声轨内的混音。给一条含有贝斯和合成器的声轨偏置声像，使用低频均衡（LF EQ）提升或衰减贝斯的均衡量，而不致对合成器影响太多。当两件乐器在它们的频率范围上有较远的分隔时，那么这种带均衡的混音效果更有效。

10.4.8 改善混音的整体音质平衡（Improve the Tonal Balance of an Entire Mix）

为获取更好的声音，并使歌曲专辑内歌曲的声音效果更为相近，或更接近商用的风格与模式，在母带制作期间，可以对每一首歌曲的立体声混音加以均衡处理。为达到此目标，一种有效的工具是Hamonic Balancer，它给出了一条混音的长时间的频谱（电平与频率之间的关系图形），这时可以用鼠标来对频谱加以调整，以此来改善歌曲的音质平衡。

大多数时候的录音，理想的情况是应该在正确的位置使用正确的话筒，并且要在具有良好声学条件的房间内进行录音，并根据情况决定是否需要均衡。总之，使用均衡后所录得的声音应该比不使用均衡时录得的声音要更好才对。

10.5 声音质量描述（Sound-Quality Descriptions）

在录音作品中有关话筒摆放技术、效果和均衡等声音质量描述很难转换成工程术语。例如，如何利用均衡可以得到一种“丰满”的或“单薄”的声音？以下的术语将有助于理解，这些术语都是在与制片人、音乐家及评论家之间交谈的基础上，经过30多年的总结而得出的。尽管不是每个人都同意这些定义，不过，这些术语的定义还是具有普遍的共识。术语并不提及导致声音质量改变的原因或者如何加以改进，这些将完全由你自己来决定。

空间感（AIRY）——也称Spacious，乐器声像被一个充满大气的大型反射空间包围，有一种令人愉快的混响量或早期反射声，高频响应扩展至15kHz或20kHz。

沉闷或低沉（BALLSY or BASSY）——在200Hz以下的低频被加重。

臃肿（BLOATED）——250Hz左右的中低频过多，缺乏低频成分的阻尼，低频有共振。

亮丽（BLOOM）——有足够的低频成分，有空间感，能较好地重现动态和混响，早期反射声和空间感围绕着管弦乐队的每件乐器。

隆隆声（BooMY）——在125Hz附近的低频过重，低频阻尼不够或有低频共振。

盒状声（BOXY）——像音乐被盒子包围出现共振，音箱箱体有绕射或振动，有时在250～600Hz的频率成分过多。

喘息声（BREATHY）——人声、长笛或萨克斯管演奏时出现的可闻喘息声，有好的高频响应。

明亮（BRIGHT）——高频成分加重，谐波成分相对于基波成分较强。

尖利（BRITTLE）——高频有尖峰或基波成分较弱，有轻微的失真或刺耳的高频成分。它是声音圆润或柔和的反义词，见Thin（单薄）。在研究它们时，要注意研究对象的不同，一种是物理上的单薄；一种是相对于低频成分，高频成分更加尖锐。

腔声（CHESTY）—— 歌声信号中带有125～250Hz低频响应的撞击声。

干净（CLEAN）—— 没有噪声、失真和泄漏声。

清晰（CLEAR）——见透明（TRANSPARENT）。

冷静（CLINICAL）——太干净或被分解了似的，有过分加重的高频响应、锐利的瞬态响应，但声音没有温暖感。

声染色（COLORED）——具有与现实原声不相符的音色，没有平直的频率响应，有一些波峰或波谷。

压抑（CONSTRICTED）——贫乏的动态重现，动态有压缩，在高电平时有失真，也请参考夹扁声（Pinched）。

清脆（CRISP）——具有扩展的高频响应，像松脆的油炸马铃薯片或松脆的油煎熏肉，该术语常用来形容铙钹声。

嘎扎声（CRUNCH）—— 令人愉快的吉他放大器的变形声。

灰暗（DARK）—— 明亮的反义词，高频成分薄弱，谐波成分贫乏。

细腻、纤细（DELICATE）——高频成分扩展到15kHz或20kHz且没有波峰，一种伴有弦乐和原声吉他的甜美的、有空间感及舒展的声音。

纵深感（DEPTH）—— 描述乐器的紧密度与远近程度的感觉，这是因话筒与乐器之间的距离不同或使用了不同的混响量，优良的瞬态响应可以展示出录音作品中的直达声与反射声之间的比例。

详尽、明细（DETAILED）——容易听到音乐中微小的细节，发音清晰，有足够的高频响应、锐利的瞬态响应。

遥远（DISTANT）—— 有太多的泄漏声，直达声与混响声之比太低，有太多的混响。

干（DRY）—— 没有音响效果，没有空间感，近场声没有混响，瞬态响应被过度阻尼。

迟钝（DULL）—— 见灰暗（DARK）。

回声过多（ECHOEY）——出现可闻的众多回声及混响。

锋利、焦躁（EDGY）——过多的高频成分，高音过重，谐波相对于基波太强。当在示波器上观察其波形时，甚至可见到有尖峰和锯齿形的缺口，这是因为有过多的高频成分，失真和无效谐波为声音增加了尖利声和锉磨声。

宽松（EFFORTNESS）—— 较低的失真，通常指有较平直的频率响应。

浸蚀（ETCHED）—— 清晰但趋向于锋利。10kHz或以上的频率成分过多。

宽厚（FAT）——意同丰满和温暖，还有一种扩散空间效果，在时间上有拖尾，带有一些混响衰减，也有一种像军鼓的音调被调节得太低的感觉。

声像精确定位（FOCUSED）——指乐器的声像易于找到位置并能精确定位，还有少许空间延伸。

前冲（FORWARD）—— 声音紧逼直指听众，2～5kHz的成分过分加重。

丰满（FULL）—— 单薄（THIN）的反义词，基波相对于谐波较强，有良好的低频响应，没有过多的低频扩展，且在100～300Hz有足够的电平。

柔和（GENTLE）——锋利（EDGY）的反义词，其谐波成分——高频和中高频——没有被夸大，或者有可能稍稍减弱。

闪耀，玻璃状（GLARE，GLASSY）——比锋利的现象稍严重些，声音过分明亮或高频过重。

颗粒状（GRAINY）——音乐发出像被分段成小小的颗粒状的声音，而不是像一个连续的整体在流动，没有清澈或流畅的感流。主要是受谐波失真或互调失真的损害，一些早期的A/D转换器就会发出类似颗粒状的声音，那时是较为低级的设计，“粉末状”通常比“颗粒状”的声音要好听。

咕噜声（GRUNGY）——由于有过多的谐波失真或互调失真。

生硬（HARD）——有过多的中高频，常位于3kHz左右，或者由于有好的瞬态响应，声音好像在重重地击打着听音者。

刺耳（HARSH）——有过多的中高频，2～6kHz范围的频率响应上有尖峰，或者有过多的相位差。

浓重（HEAVY）——在50Hz以下有较好的低频响应，呈现重实和强劲，像一种柴油机火车头声或雷声。

空洞（HOLLOW）——见号筒声（Honky），有太多的混响声，通常是因为中频波谷或者梳状滤波。

号筒声（Honky）——所发出的音乐声像用双手合围着嘴巴所发出的那种声音，在500～700Hz的频率响应上有隆起的谐振峰。

直面干声（IN YOUR FACE DRY）——太干的声音（没有效果、没有混响），可能使用了压缩。

流畅（LIQUID）——颗粒状（GRAINY）声音的反义词，音乐声有流动着的、无接缝的感觉，有平直的响应和较低的失真，高频响应也平直，或者相对于中频和低频来说略有降低。

低保真度（LOW-FI）——“蹩脚的”声音，细弱无力的、失真的、嘈杂的或混浊的声音。

圆润、柔和（MELLOW）——高频成分被适当衰减，且没有锋利和令人焦躁的感觉。

混浊、模糊（MUDDY）——不清晰，谐波分量弱，有拖尾的时间响应、互调失真，在低频段有太多的混响，在200～350Hz的频率成分太重，有太多的泄漏声。

压抑（MUFFLED）——音乐声有被蒙住的感觉，高频或中高频成分太弱。

悦耳（MUSICAL）——可传送情感，具有平直的频率响应、低失真，没有尖利的感觉。

鼻音（NASAL）——像歌手夹紧鼻子后唱出来的那种歌声，也适用于弦乐，在500～1 000Hz有隆起的频响。见号筒声（Honky）。

中性（NEUTRAL）——精确的音色重现，没有明显的声染色，在频响内没有明显的波峰和波谷。

纸张声（PAPERY）——指底鼓在400～600Hz的输出过大。

相位干涉声（PHASEY）——有相位干涉（梳状滤波），将直达声信号与被延时的重复声混合到同一通道（延时时间通常低于20ms），可能由于用多支话筒拾取同一声源，或由一支话筒拾取直达声和被延时了的反射声，或者是一个被延时的信号与它本身未被延时的声音相混合，或立体声声道之间的某些极性相反的串音，或者一只监听音箱与另一只监听音箱的极性相反等原因。

刺穿声（PIERCING）——尖叫、生硬的声音直刺耳朵，在3～10kHz的频率响应范围内有尖锐的窄段峰值。

夹扁声（PINCHED）——频段窄，在频响上有中频和中高频的谐振峰，由于受到过度压缩，动态被挤压。

现场感（PRESENT，PRESENCE）——在大多数乐器的5kHz附近有足够的或被加重的频率响应，底鼓和贝斯则在2～5kHz被加重，具有锋利、冲击力、细腻、紧密和清晰等感觉。

夸张、肿胀（PUFFY）——在400～700Hz的频率响应上有隆起。

力度（PUNCHY）——良好的动态重现，有较好的瞬态响应，从另一层面来说，是指较高地压缩了瞬态响应（特别是对军鼓和底鼓而言），那种声音如冲击锤声一般，有时在中高频5kHz或低频200Hz附近的频响上有一些隆起。

刺耳声（RASPY）——像锉刀摩擦硬物时发出的刺耳声音，在6kHz附近的频率响应上有些尖峰，使歌声有太多的齿擦音或尖利声。

华丽（RICH）——见丰满（FULL），它还具有偶次谐波发出的一种悦耳声音。

圆润而洪亮（ROUND）——切除或衰减了某些高频成分，没有锋利和焦躁的感觉。

锐利（SHARP）——见清脆（CRISP）、尖锐的刺耳声（STRIDENT）和紧密（TIGHT）。

咝声（SIBILANT）——在演唱时被夸大了的“s”声和“sh”声。“咝声”（ESSY）是由于在5～10kHz的输出太高。

咻咻声（SIZZY）——见咝声（SIBILANT），在铙钹上有太多的高频成分时也会出现。

轮廓模糊（SMEARED）——缺乏细节，有较差的瞬态响应，不过，它或许是大直径话筒所需要的效果，同时声像定位也较差。

平稳、悦耳（SMOOTH）——平稳、悦耳、不刺耳，人耳易于接受，有平直的响应，特别在中频更平直，在频响中没有波峰和波谷，失真很低。

空间感（SPACIOUS）——传达一种空间、环境或围绕乐器的房间感觉，要取得这种效果，可把话筒置于较远位置拾音，与一支加入混响的环境话筒相混合，或以立体声方式录音，两声道之间反相或有相位差的串音分量可以增添虚假的空间感。

扁平（SQUASHED）——过度被压缩后的声音。

生硬、无弹性（STEELY）——3～6kHz的中高频被提升过度，会产生削波及不平直的高频响应，见闪耀（GLARE）、刺耳（HARSH）、锋利（EDGY）等。

紧张、不自然（STRAINED）——这种声音听起来好像是在极其困难的情况下发出的，并带有失真，动态余量及功率都不足，它是宽松（EFFORTLESS）的反义词。

尖锐的刺耳声（STRIDENT）——见刺耳（HARSH）和锋利（EDGY）。

甜美、亲切（SWEET）——没有刺耳或尖利的感觉，具有平直的高频响应、极低的失真，在频率响应上没有尖峰，高频成分被扩展到15kHz或20kHz，但在高频无隆起特性，在涉及评价铙钹、打击乐器、弦乐及齿擦音时，常用此术语。

单薄（THIN）——基波相对于谐波来说较弱，注意乐器的基波频率并不都是很低，例如，小提琴的基波频率为200～1 000Hz，所以如果在300Hz处太弱，那么小提琴的声音很单薄——即使话筒的低频响应可以达到40Hz以下，但还会出现单薄的声音。

紧密（TIGHT）——有良好的低频瞬态响应，在回放底鼓或贝斯的声音时，不会出现钟铃般响声或是共振声，有良好的低频细节，没有泄漏声。

细弱无力、电话般声响（TINNY，TELEPHONE-LIKE）——窄频段响应，低频成分弱，中频过载，播放的音乐像通过电话或罐头盒后的声音。

透明、清晰（TRANSPARENT）——音乐顺耳、细腻、清晰、不混浊，有宽广而平直的频率响应、锐利的时间响应、极低的失真和噪声。

桶状声（TUBBY）——见臃肿（BLOATED），好像在浴缸里唱歌时所发出的低频段的共鸣声。

遮掩（VEILED）——像一块丝绸布遮掩住音箱后所播放的乐声，有轻微的噪声或失真，高频成分轻微地变弱。

温暖（WARM）——有足够的低频响应，相对于谐波而言有足够的基波成分，不单薄，或者有较多的低频或中低频，有令人愉快的空间感，并在低频端伴有足够的混响，有像电子管放大器所提供的那种柔和的高音，见华丽（RICH）。

褪色（模糊）的声音（WASHED OUT）——用多支话筒拾取同一声源导致的相位干涉后的声音，太多的泄漏声或混响声也会造成这种褪色（模糊）的声音。

模糊，掩盖（WOOLY, BLANKETED）——像把一条毛毯盖住音箱后所发出的乐声，高频成分微弱或有隆隆的低频，有时，在250～600Hz的提升也会发出这种声音。

第11章 效果器和信号处理器

(Effects and Signal Processors)

带有效果器的混音才像一种真正的“制作”，而不再是平淡的家用录音制作。混响可以模仿出音乐厅的音响效果，可以使吉他声伴有立体声和声那样的空间效果；用加入压缩的方法可使底鼓扣人心弦。几乎所有的流行音乐录音都使用效果器，普通声轨的空间感和冲击感因此得以增强。想制作商用的声音制品，那么使用效果器是绝对必要的，不过，对于许多爵士乐、民歌及古典音乐的声音来说，最好不加任何效果。

本章将讨论最常用的信号处理器及各种效果器，并且给出应用的建议，可以应用硬件和软件（也可称为插件程序）两种效果器，一台信号处理器的示例如图11.1所示。

11.1 软件效果器（插件程序）［Software Effects（Plug-ins）］

大多数录音程序都有**插件程序**——指可以在计算机屏幕上控制的软件效果器，每种效果器都是一种小型程序，它运行在计算机的CPU上或者运行在DSP卡上，有些插件程序已经被安装在录音软件里，有些可以通过CD下载或购买，然后再安装到自己的硬盘上。每一套插件程序都可以成为录音程序（称之为寄主）的一部分，并且可以从寄主那里随时调用。

也可以使用录音软件内的插件程序或第三方插件程序，有些制造商制成插件程序包，插件程序包里就会包含各种不同类型的效果器。

当你使用某个插件程序时，你可以自己完成所有的设定，也可以下载一些预置，预置是由插件程序员创建好的一些常用的设定。

插件程序在数字音频工作站中是创建效果的一种途径，有些数字音频工作站可以通过配置音频接口来产生辅助发送信号，把这一信号送到外部的硬件处理器上，处理后的信号返回到接口，再与未经处理过的信号混合。

这里描述的所有效果器都可以作为插件程序和硬件使用，作者建议找到一些你喜欢的插件程序，并充分地学习它们，而并不是要像拥有数吨插头那样从中选择，通常你只需要一台均衡器、一台压缩器、一台混响器、一台延时器及一个饱和/失真插件程序就足够。

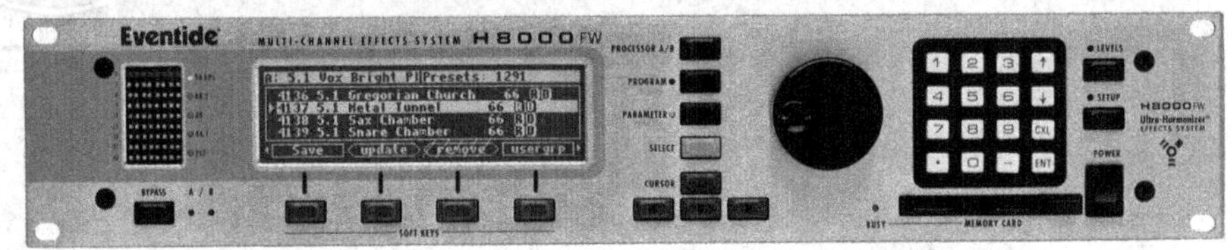

图11.1 信号处理器示例——Eventide H8000FW 多通道效果系统

11.2 压缩器（Compressor）

压缩器的作用就像一种自动音量控制器，当信号处于太高的电平时会自动地调低音量，下面说明需要使用压缩器的理由。

假如正在为一位女高音歌手录音，有时她唱得很轻柔，歌声被淹没在混音之中；而有时她会发出大音量的音节，辐射向观众；有时她边唱边走近或远离话筒，使她的平均录音电平发生变化。

为了解决这个问题，可以用**控制增益**的方法——当她大声演唱时将增益调低，而在小声歌唱时将增益调大，但是这种变化很难预料，所以最好选择能自动完成这一任务的**压缩器**。当输入信号电平超过某一预置电平（**阈值**）时，压缩器会降低其增益（放大量），这样输入的电平越高，增益越小，结果，大音量的音节会变得轻些，减少了动态范围（见图11.2）。

聆听

播放配套资料的第28段音频，将演示一台压缩器自动地调低大音量音符而降低了动态范围。

注意图11.2中压缩器是如何来弱化信号中的最高峰值的，只要在压缩器内加入数dB的**补充增益**，那么平均声音电平要比补充增益加入之前的信号电平高出许多。

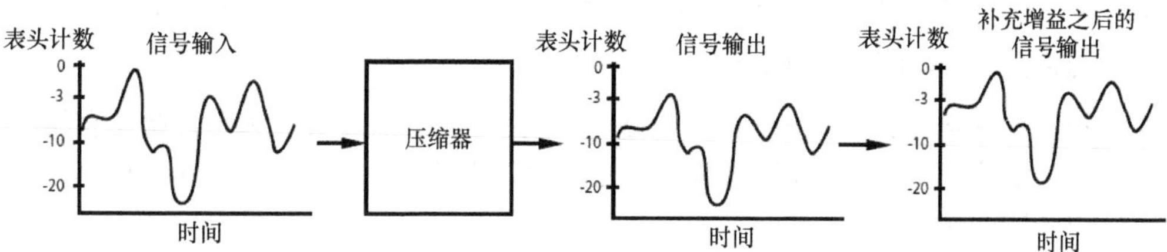

图11.2　压缩器

压缩器能使人声或乐器声的信号电平更恒定，使之在整条混音里更容易被听到，也就是说，它能用作特殊效果——使鼓声更宽厚，可以增强立式贝斯内的弹拨起音，也可增加低音吉他的持续音。在专业录音棚内，压缩器通常会用在人声上，也常用在低音吉他、底鼓及原声吉他上，有时还用在其他一些乐器上。

这样说来，压缩器不是丧失了音乐所具有表现力的动态范围了吗？是的，如果压缩得太过分会出现这样的情况。不过人们聆听那种时而太强和时而太弱的歌声时反而会感到厌烦，所以就需要压缩器来理顺。即使加入了压缩器，当歌手在某个音节高声演唱时还可以感觉得到，同样这也有助于对贝斯和底鼓进行压缩以确保匀称而强劲的节拍。

如果歌手会使用恰当的话筒技术，那么对歌声也可不进行压缩处理，他或她在唱到大音量的音节时会远离话筒，在唱到弱音量音节时会靠近话筒些。事先可以询问歌手，在歌声声轨上是否需要使用压缩器，并听一下歌手的最终混音，如果能够听清所有的歌词，而且没有太强的音节时，那么就可以不用压缩器。

11.2.1　压缩器的使用（Using A Compressor）

通常，只对个别声轨或乐器进行压缩，而不对整条混音进行压缩，需要压缩的也仅是那些有必要压缩的素材。

关于压缩器上的控制部件，有些只有少量部件，它们大多数的设定已在工厂预置，某台压缩器插件程序的显示屏图形如图11.3所示。

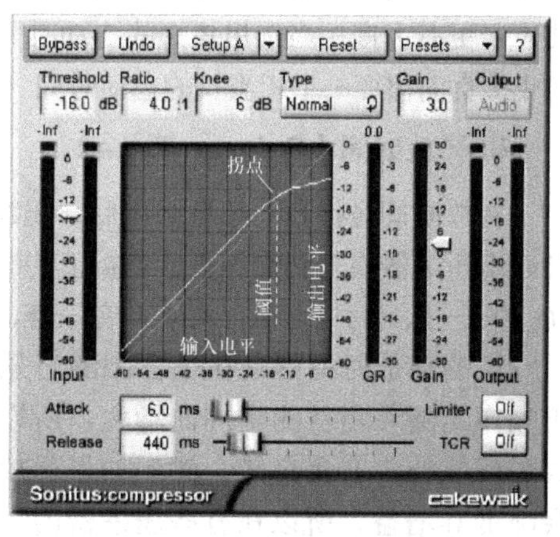

图11.3　Cakewalk Sonitus压缩器（压缩器插件程序举例，曲线图上标注由作者附加）

1. 压缩比或斜率（Compression Ratio or Slope）

压缩比是压缩器输入电平的变化与输出电平的变化之比，例如，2∶1的压缩比表示压缩器的输入电平每变化2dB时，压缩器的输出电平变化1dB；

输入电平产生20dB的变化时，在输出端上只引起了10dB的输出电平变化，依此类推。常用的压缩比设定在2∶1～4∶1。

2. 阈值（Threshold）

阈值是指开始压缩时的输入电平，把阈值调节在较高值（大约在-5dB）时，那么压缩器仅对最大音量的音节进行压缩，把它设定在较低值（-10dB或-20dB）时，则会对大范围的音节进行压缩，-10dB是一个典型的阈值设定值。另一种方法是，当音乐在演奏时，设定为高阈值，然后逐步降低阈值，直至得到在增益降量表上所需的增益下降总量（通常为3～10dB）。

3. 增益降量（Gain Reduction）

压缩器的增益降量用dB数来表示，它随输入电平的变化而变化。调节压缩比和阈值的控制部件，直至增益在大音量音节时下降某个总量后的声音为最佳，被显示在表头上的增益降量——3～10dB之间为典型值。

4. 压缩曲线图（Compression graph）

大多数压缩器的插件程序会显示出一幅输出电平对输入电平的**压缩曲线**图（见图11.3），单位为dB。当输入电平从零增加到阈值电平时，压缩曲线图是一条平直的斜线，输出电平的变化与输入电平的变化是一致的；当输入电平超过阈值时，出现压缩曲线趋向较平直地倾斜的情况，输出电平的变化要小于输入电平的变化。

其转折点为压缩曲线的**拐点**，从无压缩到有压缩的转折可以是突变（硬拐点）或渐变（软拐点）。“软拐点”或称之为“过点即压缩”的特性是对于低电平信号用低压缩比，对于高电平信号用高压缩比，一些制造商解释，这种压缩特性的声音要比使用固定压缩比听起来更自然。

经过压缩后的曲线斜率（右边部分）显示了压缩比，压缩曲线越趋于水平，压缩比越大，压缩曲线为水平线时则表示压缩器处于限幅状态（将在本章的“限幅器”一节中解释）。当改变压缩比与阈值时，压缩曲线也会相应地产生变化。

5. 启动时间（Attack Time）

启动时间是指当压缩器被某一音乐的起音激发时增益降低的快慢程度，典型的启动时间范围为0.25～50ms。有些压缩器会随着音乐自动地调整启动时间，有些压缩器也由工厂设定好启动时间。启动时间越长，那么在增益下降之前通过的峰值越高，所以使用较长的启动时间，可使声音更有力度，当选用较短的启动时间时，则由于较快地启动降低声音的力度，低音乐器为防止失真而需要一个相当长的启动时间（超过50ms）。

6. 释放时间（Release Time）

释放时间是指在大音量结束后，压缩器的增益返回到正常值时的快慢程度。在这里，释放时间用压缩器恢复到它的正常增益值的63%时所需的时间来表示，释放时间可以从50ms至数秒间。0.2～0.5s为典型值。对于低音乐器，为防止谐波失真，释放时间必须大于0.4s。

短的释放时间能使压缩器跟随音乐的音量快速变化，并保持较高的平均电平，不过由于噪声是随着增益的增加而增大，所以短的释放时间会出现一些**气流声**和**喘息声**。长的释放时间能使声音更自然，然而如果释放时间定得太长，那么在紧接着出现小音量段落时也会降低其增益，所以在有些压缩器内，释放时间是自动变化的，或者工厂已将其调整为常用的时间值。

有些压缩器被设定在有效值（RMS）或平均值方式，因此不能对启动时间和释放时间进行设定，因为这些设定是被自动调整的。

压缩器的启动时间和释放时间在**波形**包络线上的效果如图11.4所示，灰色部分表示音乐小节已被送入压缩器。如图11.4所示，长的启动时间有利于增加波形包络线的起音部分，可产生一种轮廓更鲜明或“锋利”的声音；短的释放时间有利提升音符之间的电平，可给出音量更大、更肥厚的声音，释放时间类似于增加音符持续期的**衰减时间**。

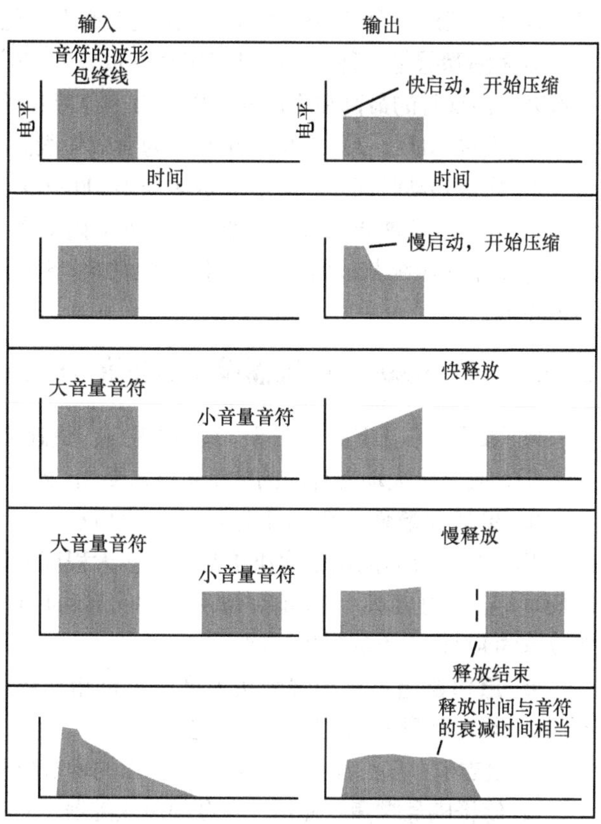

图11.4 波形包络线上启动时间与释放时间的效果

7. 输出电平调节（Output-Level Control）

输出电平调节也叫做补充增益，这种调节是根据增益减少量来增加压缩器的输出电平（见图11.3）。例如，如果一台压缩器产生了6dB的电平下降，则需要有6dB的补充增益才能达到**一致的增益**，这样也将声轨的轻声部分提升了6dB，有些压缩器在其他调节产生变化时仍可保持输出电平恒定。

需要花费空余时间，调好所有的设定之后，再回放聆听声音效果，从中学习这些设定是如何影响声音的，当各种各样的乐器声和人声通过一台压缩器时，改变哪些设定来获得你所需要的那些音符。

11.2.2 母线压缩（Bus Compression）

对一条立体声混音的压缩被称为**母线压缩**，它通过通用的步骤对所有的声轨“将混音粘合在一起”。可以把一些声轨**分配**到某条立体声母线（通道）上并把一台压缩器插入母线中，在音频接口内把**母线输出**设定到立体声左右通道上，典型的母线压缩设定为2～3dB的增益降量、压缩比为1.5～1及80ms的启动时间。在压缩立体声混音时需要用一台具有立体声链接的2通道压缩器，这样可以在压缩期间保持左右声道在压缩变化中的平衡。

11.2.3 多频段压缩（Multiband Compression）

多频段压缩器可把音频频段分为3～5个频段（低频、中频和高频），并分别对各个频段进行压缩。用这种方法，压缩器可以压缩大音量的低频而不降低其综合电平，在缩混或母带制作期间对歌曲进行终混时用这种方法可以工作得很好。

如果已录的原声吉他声中带有指拨的吱吱声，可以用多频段压缩器来降低其吱吱声：使用一个频谱分析器插件程序（并用耳朵聆听）去查找吱吱声的频段，然后只要压缩这一频段即可，也可以试用一台多频段压缩器去淡化在原声吉他上带有嗡嗡声的音符。

咝声消除器是一种专为降低咝咝声（过分的“s”“sh”声）的信号处理器，此设备仅压缩在咝咝声出现时的最高频率成分，以下为一台带有咝声消除器的多频段压工作过程。

1．设置4kHz～20kHz的一个频段为有效频段。

2．设定启动时间为20ms、释放时间为20ms及压缩比为15：1.

3．在回放歌曲声轨时，降低器压缩器的阈值直至“s”“sh”声不太过分。

如果正在压缩某段歌声，很可能会增加咝咝声，所以有必要在一台压缩器后面插入一台咝声消除器。

11.2.4 “Ballpark”压缩器设定的建议（Suggested“Ballpark”Compressor Settings）

■ **歌声**：压缩比2：1～3：1，软拐点、快速启动，0.5s释放时间，阈值增益降量设定为3～6dB。具有较大动态范围的歌手可能需要用12dB的增益降量，并且要用4：1的压缩比。

■ **贝斯和鼓件**：压缩比为4：1，硬拐点，在大音量的“噗声”上设定阈值增益降量为3～6dB。启动时间的调整取决于想要有多大程度的软启动时间，短启动时间=软启动，长启动时间=大音量的启动。开始时，试用1.5s的启动时间和150ms的释放时间，为避免贝斯声失真，需要有约400ms以上的释放时间。

■ **原声吉他**：要加强弹拨力度，可试用压缩比为4：1，启动时间为80ms，释放时间为400ms，增益降量为12～15dB的设定。

■ **电吉他**：压缩比4：1～8：1，10dB的增益降量，400ms的释放时间。

■ **降低喘息噗声**：使用一台多频段压缩器，只在最低频率段启用，可试用如下的设定，压缩比为30：1，上限频率为100Hz，补充增益为0dB，启动时间为1ms，释放时间为100ms，阈值为−18dB，用阈值设定来做实验。

■ **压缩立体声混音**：可试用如下设定，压缩比为2：1，软拐点，启动时间为20ms，释放时间为200ms。设定在增益降量为5～10dB时的阈值，如果听到一种因压缩器而产生的压扁了的声音，除非那是希望得到的声音，否则可减小增益降量。

应该在分轨录音时还是在混音时进行压缩？如果在分轨录音时进行压缩，那么在缩混期间要改变其压缩量将极其困难或不可能实现，如果在缩混期间压缩那些声轨的话，则可随意改变设定。

在把低切均衡应用到某条声轨上时，应该把均衡器置于压缩器之前，因为在声轨上通常有很多低频，除非先把那些低频加以均衡衰减，否则那些额外的低频将会触发压缩器。当要应用某种提升时，则应把均衡器置于压缩器之后，以使那种提升不被压缩。

11.2.5 并联压缩（Parallel Compression）

这种压缩的效果是把某条声轨上经过压缩后的声音与未经压缩的声音加以混合，它可产生更强的力度，而又能保留其动态范围，具体做法如下。

1．**复制**某条声轨，得到一条与原有声轨一样的新声轨。

2．在复制的声轨内插入一台压缩器，设定为强压缩，典型的设定值：启动时间1.5ms，释放时间200ms，阈值−50dB，压缩比4：1，硬拐点。另一种设定可以是压缩比10：1，阈值为−25dB。

3．把原始声轨与经过复制（被压缩过）的声轨加以混合，逐步提升复制声轨的成分，直至

达到所需的效果。

另一种方法：有些压缩器具有**干/湿混音控制旋钮**。**“干”**表示未经压缩过，**“湿”**表示已经压缩过，调节该旋钮直至获得所需的效果，也可以并联压缩整条混音，使之“粘贴在一起”而不会影响到动态范围。

11.2.6　侧链（Side Chain）

侧链是一种用来调控压缩器增益降量的输入信号，例如，无论何时只要在击打底鼓时，要用底鼓来压缩歌曲的混音，具体步骤如下。

1．在立体声混音母线内插入一台压缩器，确保两条通道是链接的。

2．在底鼓声轨内，把辅助发送并插入压缩器的侧链输入端。

3．把发送设定到推子前。

4．调节压缩比、启动时间、释放时间及阈值等，使之用底鼓来调节混音，这种混音在每次击打底鼓时出现音量的急剧下降，而在击打声之间才出现声音。

在电子音乐中这是普遍应用的技术，每当底鼓击打时混音响度下降，而在底鼓击打之间，混音又跳回到原来的响度，会发出像“boom-AH-boom-AH”那样的声音。

无论何时当播音员伴随音乐讲话时，侧链可被用来躲避或降低音乐的电平，音乐通过压缩器发送并把播音员的辅助发送送到侧链输入，当播音员讲话时，调整压缩器的调控，使音乐电平下降，而当播音员停止讲话时，音乐又重新恢复到原有的电平上。

要对特定的频率范围进行压缩，可在各自的通道内均衡其原始信号，然后再送入侧链中，多频段压缩器也做同样的工作。

11.3　限幅器（Limiter）

限幅器可以使信号在超过某一预置电平时保持波形峰顶，由于压缩器会降低音乐的总体动态范围，而限幅器则仅仅影响最高峰值（见图11.5）。为了在快速的峰顶上起作用，限幅器必须具有非常快的启动时间——1μs～1ms，在限幅器内的压缩比是很高的——10：1或更高——而且阈值也设定得很高，约在0dB。当输入电平增大到0dB时，那么输出电平等于输入电平；当输入电平超过0dB时，这时的输出电平仍停留在0dB，这样就可以防止在限幅器之后设备内的信号过载。

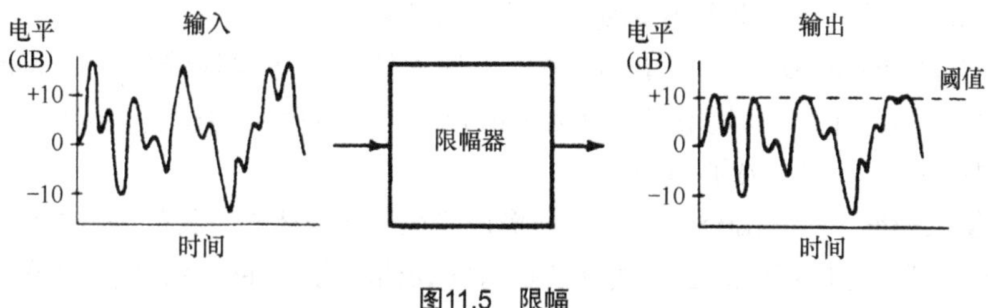

图11.5　限幅

一台压缩器/限幅器可以执行它们在名称上的两种功能，它在很宽范围内压缩平均信号电平，并且限制峰值防止过载。它具有两种阈值：一种为压缩器使用的低阈值，而另一种是为限幅器使用的高阈值。

限幅器可以在现场录音期间防止录音机过载或避免扩声用功率放大器的过载削波。在数字音频工作站内把混音后的歌曲制作成母带节目时，可以用限幅器来降低节目中峰值信号的电平。把阈值设定在最高峰值电平之下6dB处，然后应用**归一化**的处理，即提升整个节目的电平，直到节目内的最高峰值到达最大电平。限幅器与归一化处理可以使最终刻录的CD盘获得音量更大的节目，且不会压缩音乐的动态。

一种具有“向前看”特点的限幅器插件程序，可以检查即将到来的音频信号是否有峰值出现，音频信号进入向前看缓存器，限幅器测量音频信号，并且能很快地作出反应，以便降低即将到来的峰值。

11.4 噪声门（Noise Gate）

噪声门（扩展器）像一个接通-断开开关那样，它能够在音频信号的休止期间消除噪声。当输入电平降低到所预置的阈值电平之下时，噪声门即刻会降低它的增益，这样当一件乐器在演奏停顿的瞬间，噪声门会降低音量，即在休止期间可以消除噪声和泄漏声（见图11.6）。

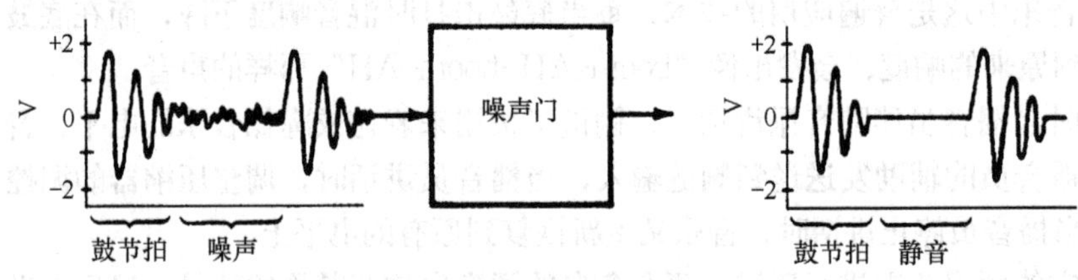

图11.6 噪声门过程示意

注：在乐器演奏期间，噪声门是不能消除噪声的。

噪声门常使用在什么地方？它可以用来消除鼓类声轨节拍之间的泄漏声，因而使鼓类的声轨变得干净；它还能缩短鼓类声音的衰落时间，得到更为紧密的鼓类声音。如果正在为嘈杂的吉他放大器录音，可试用一台噪声门来切除短乐句之间的嗡嗡声和嘶嘶声。

大多数噪声门具有5个主要参数调节。

- **启动时间（Attack time）**——噪声门对音符起音的响应及开启噪声门的快慢时间。
- **保持时间（Hold time）**——在噪声门关闭之前所能保持的时间，其保持时间应该与音符包络线的持续时间一样长。
- **释放时间（Release time）**——在保持时间之后要用多长的时间把噪声门关闭，太短的释放时间（例如小于100ms）会发出突然切断的声音效果。
- **阈值（Threshold）**——信号电平低于该阈值时，增益被降低，高阈值的设定（例如−10dB）可引起大量的门限效果（一种紧密的声音）；低阈值的设定（例如−30dB）只激发很少量的门限效果（一种松散的声音）。
- **向前看感知度（Lookahead）**——是噪声门在演奏前感知音符的一种特性，可使噪声门在音符起音前打开，这样可防止丢失要选通信号的初始起音，每个音符到达之前，噪声门就得做出反应，以避免失去初始瞬态响应。

如何使用噪声门插件程序。

1. 单独监听需要施加噪声门的声轨。
2. 启动时间设定在尽可能短的时间。

3. 先把释放时间设定在200ms。

4. 向前看时间设定在10ms。

5. 阈值的设定是为了在音符的间隙期去掉噪声和泄漏声，如果噪声门砍掉了某个音符的话，则说明阈值设定得太高——将其调低些。要处理有嗡嗡声的底鼓声音时，可调整阈值直至得到所需“紧密”的底鼓声，也就是说，用噪声门来缩短底鼓包络线的衰减期部分。

6. 保持时间设定得尽可能短，但也应该有一定的时间，使之在噪声门关闭其声音之前听到有完整的音符（或通通鼓的击打声）。

噪声门是一种**扩展器**——一种信号通过它后能增加其动态范围的信号处理器。噪声门的增益随着输入电平的降低而减小，向上扩展器可以增加信号中高电平声音的响度，不过它很少被使用。

优秀的录音作品不会使用门限来制作的。但是想要获得更为紧密的声音，门限方法会发挥作用。有些信号处理器把压缩、限幅及噪声门限等集成在一台设备内。

有些噪声门具有侧链输入（也称键输入或触发输入），它是一种为控制门限动作的外部信号输入。

11.5　延时器效果：回声、声音加倍、合唱和镶边声（Delay Effects：Echo，Doubling，Chorus，and Flanging）

数字延时器（或延时器插件程序）取用一个输入信号后，把信号保存在**存储器**内，大约经过短暂的1ms～1s的时间延时之后再把信号回放出来（见图11.7）。所谓**延时**，就是延时设备上的输入信号与其输出端上重现的信号之间的时间间隔。

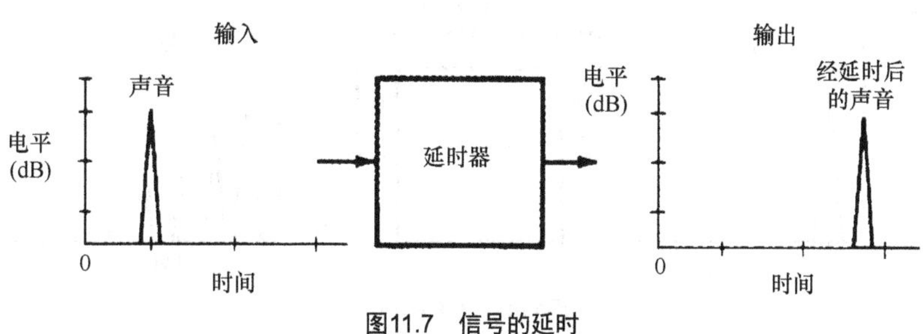

图11.7　信号的延时

如果聆听延时后的信号，它与未经延时的（干）信号完全相同，但是，当把延时后的信号与未经延时的（干）信号混合在一起之后，可以听到两种截然不同的声音：原始信号声和它的重复声。利用信号的延时，一台处理器可以产生一系列诸如回声、重复回声、声音加倍、合唱及镶边声等音响效果。

11.5.1　回声（Echo）

如果把声音信号延时50ms～1s，那么被延时后的重复声音叫做**回声**。如图11.8的两个脉冲所示，当声波传播到远距离的房间表面时会被弹回，稍后又返回到听音者处——重复着原来的声音，很自然地出现了一些回声。延时器就可以模仿这些效果，许多人就利用延时器来制造回声。

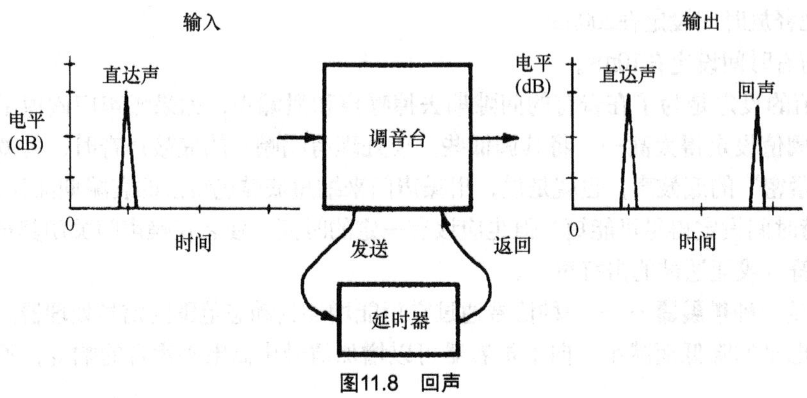

图11.8 回声

击掌回声（Slap Echo）

一种100ms~130ms的单一延时声被称为**击掌回声或拍背回声**，它经常被用在20世纪50年代的摇滚乐和山地乡村摇滚乐中，并一直沿用至今。安静的击掌回声可被用来替代混响，回声加上一些“空间感”或者不致模糊其声音的环境声也可以作为一种混响效果，若要把空间效果加入某段混音中去的话，可以把乐器声的声像偏置到左方，而把回声偏置到右方。

重复回声（Repeating Echo）

大多数延时器可以把输出信号从内部返回到输入端，信号将被重复延时多次，这就产生了一种**重复回声**——一系列在时间上有同等间隔的回声（见图11.9），再生（反馈）调节旋钮可以调节回声重复的次数。

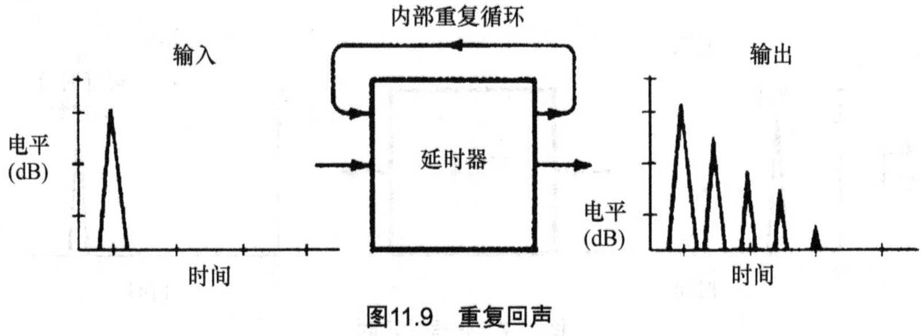

图11.9 重复回声

聆听

播放配套资料中的第29段和第30段音频的突出效果，第29段无效果，第30段有回声。

如果设定延时时间能获得跟随歌曲速度的回声节奏，那么重复回声是最具音乐化的一种效果，其公式为：

延时秒数=60/速度（Delay in second = 60/tempo）。

例如，如果速度为120beat/min（120拍/每分钟），则延时时间为0.5s（500ms），那么每1/4音符有一次回声；把延时时间减半，则可得到每1/8音符一次回声；用1/3的延时时间则可得到一个三连音符。缓慢地重复回声——在重复声之间间隔0.5s时，可以产生一种宇宙太空或

鬼屋那样的效果；250ms的延时，经常在流行抒情歌曲的领唱歌声中产生很好的效果，并能很好地起到替代混响的作用。

要设置一种有回声的混音，需要聆听干声和它的回声，可以从调音台那里搭建如下一个效果回路：从调音台的输出，外接一个效果器，再返回到调音台。以下为用硬件调音台及效果器来建立回声的具体方法。

1．在延时器上，将干/湿（dry/wet）混音控制全部调到“湿”的位置或“100%混音”的位置，这时延时器的输出将只有延时后的信号。

2．假如想将“辅助1旋钮”（Aux 1）用于回声调节。则把Aux1的发送端接到延时器的输入端，把延时器的输出接到母线1和母线2的输入（Bus 1和Bus 2 IN）端（或接到效果返回插孔上）。

3．找到那个需要把回声加入乐器的调音台单元。

4．把乐器信号分配到母线1和母线2上，然后监听母线1和母线2。

5．找到标有母线1输入（Bus 1 IN）和母线2输入（Bus 2 IN）的旋钮，它们也可能标有“辅助返回”(Aux Return)或“效果返回”（Effects Return），把它们旋转到0位置，大约在整个行程的3/4位置。

6．把辅助1发送（Aux 1 send）旋钮旋转时，就可得到回声。

延时后的声音与在母线1和2内的干信号声音混合，就可以听到干声与回声结合在一起的两种声音。每个辅助旋钮控制每条声轨上的回声量，而效果返送旋钮则控制被接入延时器的所有声轨上的回声总量。

要在数字音频工作站内设置回声，可把回声插件程序插入到某条声轨内，对延时器设定需要的参数，设定反馈或再生的总量去调节回声重复的次数，最后，用干/湿混音的设定来得到在该条声轨上所需的回声总量。

在本章11.25节“插入效果与发送效果的比较”中，将会讲述在数字音频工作站的混音中启用插件程序的两种不同方法。

11.5.2　声音加倍（Doubling）

如果把延时时间设定在23～30ms，那么这时所产生的效果被称为**声音加倍**或**自动声轨加倍**（**ADT**），此时乐器和人声产生了一种更丰满的声音，尤其是把干声与经延时后的声音分别偏置在相对的一侧时更明显。较短的延时可以用在如录音棚内早期反射声那样的声音加倍，这样可以增加“空间感”和环境声效果。可以用具有低于1Hz调制率的、40%音高调制的效果进行尝试。

不用延时器也可以给歌声加倍，录下歌声部分，然后叠录相同部分的另一种演唱，再把这两部分混合，把它们的声像偏置在中心位置，或偏置到左右两边。

11.5.3　合唱（Chorus）

这是一种波浪形或闪烁形的效果，延时时间为15～35ms，并且这种延时以缓慢的速率变化，延时时间的来回变化使被延时的信号在音高上升高和下降，或者引起失谐，把失谐信号与原始信号组合之后，就可得到合唱声。可以用1～10Hz调制率的、10～30%的音高调制来进行尝试。

立体声和声（Stereo Chorus）

这是一种很常用的效果声，在一个声道内，被延时的信号与干信号以相同的极性组合，而在另一个声道内，被延时的信号以相反的极性与干信号相组合。这样，右声道在频率响应上有一连串的波峰，而左声道则有一连串的波谷，反之亦然。这是一种缓慢变化或被调制了的延时。

聆听

播放配套资料中的第33段音频，将演示立体声和声被加入到人声中的效果。

低音和声（Bass Chorus）

这是一种使用高通滤波器的和声，低频成分不被加入到和声之中，而仅有高频谐波成分的和声。可以把这种虚无缥缈的音色加入到低音吉他声中。

11.5.4 镶边声（Flanging）

如果把延时时间设定在0～20ms，这时通常就无法分辨直达声和延时后的两种独立的声音，取而代之的是一种具有怪异频响的声音。这是因为直达声与延时声的组合产生了相位干涉，结果在频率响应曲线图上形成一系列的波峰和波谷，这种现象被称为**梳状滤波效应**（见图11.10），它产生了一种声染色的、经过过滤后的音质。延时时间越短，波峰和波谷在频率上的间隔越远。

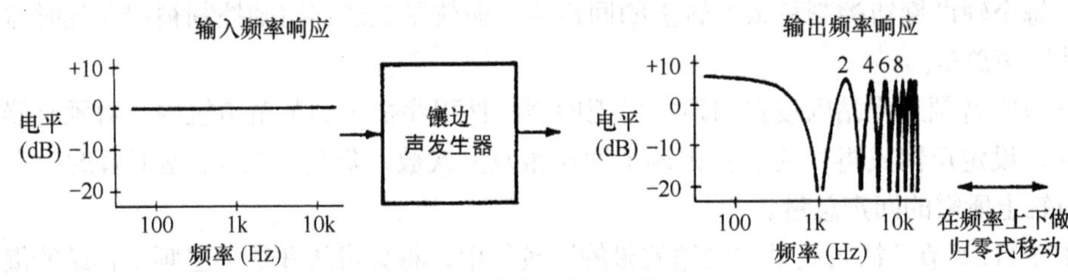

图11.10 镶边声（或正向镶边声）

镶边声效应随着0～20ms的延时而变化或摆动，它使梳状滤波器做归零式的扫描，且遍及整个频谱，其结果为一种空洞的、嗖嗖的、虚无缥缈的、犹如音乐通过一个管腔后所发出的那种声响。镶边声可以用在像铙钹那样的宽频段信号，且此时最容易被听到，而且它还可以使用在大多数乐器，甚至使用在人声上。

聆听

播放配套资料中的第34段音频，将演示镶边声被加入到人声中的效果。

镶边声的示例可以在许多Jimi Hendrix唱片中听到，在由Small Faces录制的老唱片*Itchycoo*及由Doobie兄弟录制的《倾听音乐》唱片中也有镶边声，第一首使用镶边声的是由Toni Fisher演唱的*The Big Hurt*歌曲。

正向镶边声是由于延时信号和直达声信号极性相同所产生的镶边声效应（见图11.10），而用负向镶边声时（见图11.11），它的延时信号的极性与直达声信号的极性反相，这样能取得更强的效果。它的低频成分被消除（低切滤波），低音滚降的拐点是随着延时时间的变化而在频谱中上下移动，其高音部分仍有梳状滤波。负向镶边声效应能把音乐声制成像把它由里向外翻转时的声音。

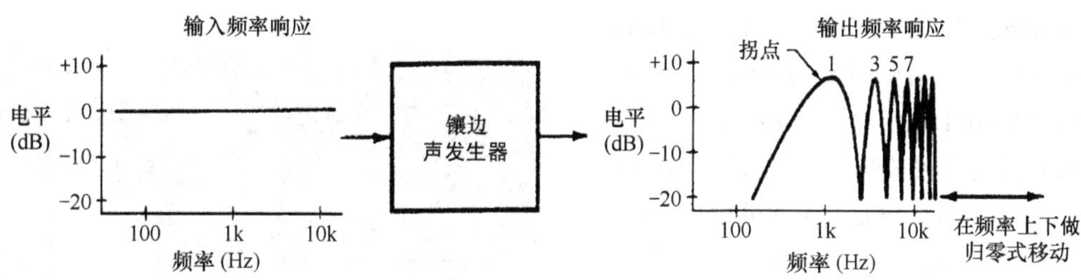

图11.11 负向镶边声

当把镶边声的部分输出信号返回到输入端时，其波峰和波谷变大，这是一种强烈的“科学幻想”效应，又被称为谐振镶边声。

11.6 混响（Reverberation）

混响效果把房间声响、环境和空间等感觉加入乐器声和人声之中。要了解混响的工作原理，就应该理解在房间内混响是如何产生的。一间房间内的自然混响是一连串多次声反射的结果，这些声反射使原声保持一些时间后会渐渐地消失或衰减，这些声反射能使人感知到在大型的或硬表面的室内所发出的声音，例如，在一间空旷的体育馆内大喊一声之后所听到的声音就是混响声。

混响效果可以模仿出像俱乐部、礼堂或音乐厅内的声音，这种效果由随机的多次声反射产生，而且其声反射的数量及传播的速率能被人耳分辨出来（见图11.12）。数字混响可使用专用的混响设备，也可以利用**多功能效果处理器**的一个部分或者使用一种混响插件程序来获得。

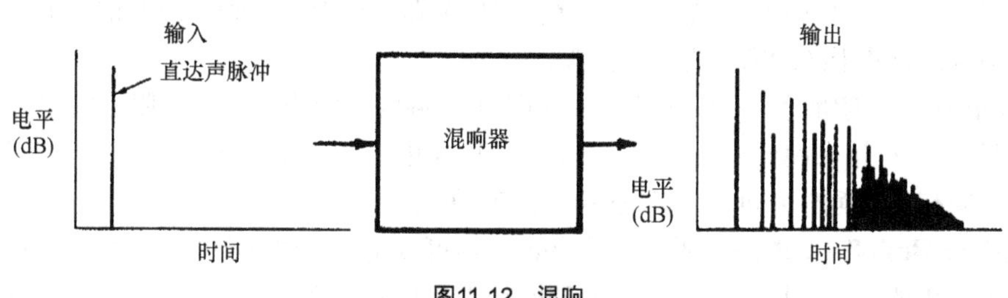

图11.12 混响

最自然的数字混响是**采样混响**或**卷积混响**，它们通过真实声学空间的脉冲响应采样（波形文件）来获得，而不是用算法来得到。卷积混响会消耗大量的CPU处理能力，有一种卷积混响的插件程序为SIR。

混响与回声不是一回事，回声是声音的一种重复（HELLO hello hello），混响是一种声音的平稳的衰减（HELLO-OO-OO-OO）。

常见混响插件程序包括Cakewalk Sonitus Reverb、Lexicon Pantheon II、2CAudio Aether、Overloud Breverb、IK Multimedia Classik Studio Reverb、Virsyn Reflect及Rob Papen RP-Verb等。

11.6.1 混响参数（Reverb Parameters）

以下为混响器或插件程序内的一些控制参数（见图11.13）。

■ **Reverb Time（RT60）［混响时间（RT60）］：**混响时间为混响电平衰减到原始电平60dB之下时所取用的时间。把混响时间设定为较长时间时（1.5～2s）可模仿一间大房间，设定为较短时间时（1s以下）可模仿小房间。一般来说，对于快速演唱的歌曲，可用较短时间的混响（或不加混响）；对于慢节拍的歌曲，可用较长时间的混响。军鼓的混响，为防止掩盖鼓声，应该在击鼓点声之间消去。

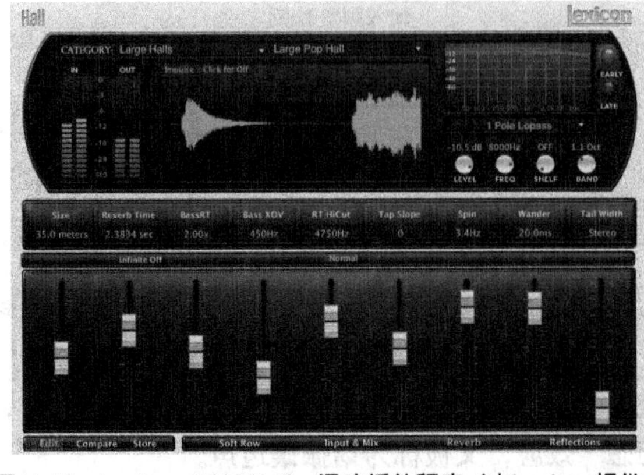

图11.13　Lexicon PCM Native混响插件程序（由Lexicon提供）

■ **Pre-delay（Pre-reverb delay）［预延时（预混响延时）］：**在发出混响声之前用一个短暂的延时（23～100ms）来模仿在真实房间内混响开始之前的延时，预延时的时间越长，房间的声响越大。用某条声轨混响的预延时来消除乐器或人声的直达声发出的混响，这有助于使声音变得清晰，预延时倾向于不掩蔽其混响并使混响音量增大，为此可用调低混响发送电平的方法来补偿。

■ **Density（混响密度）：**一种高密度的设定会产生许多紧密间隔的回声，它产生了一种平稳的衰减，但增加了CPU的负载。低密度的设定会产生较少的、间隔较远的回声，也许用于歌声、合成器衬垫声、风琴等声音已经足够；高密度的设定可应用于打击乐器，可以防止颗粒般的混响。

■ **Diffusion（扩散）：**表示混响的延长程度。

■ **Early Reflections（早期反射）：**这是一些首次少量的声反射，通常在直达声的80ms之内，它们可呈现出一种环境空间感和纵深感。仅把早期声反射加入到干净的信号中，可以增强变形的吉他声，或使干净的歌声更生动活泼。

■ **Damping（阻尼）：**用以调整在高频段上的混响时间或衰减。把阻尼频率设定得较高（例如7kHz），可用来模仿一间有硬表面的房间；把阻尼频率设定得较低（例如2kHz），可用来模仿一间有软表面的房间，后者也被称为“暖色房间”混响。

■ **EQ or Rolloff（均衡或滚降）：**有些混响器可以调节发送到混响的信号的低频和高频的比例。对混响中的高频加以滚降衰减，能使混响更柔和又不平淡无奇，对低于300Hz的低频成分加以滚降，则可以防止声音浑浊不清。

■ **Presets（预置）：**预置是由工厂提供的模仿小房间、会堂、大厅等场所的混响设定。**平板混响**的设定复制了一种金属箔片的明亮的声音，它在专业录音棚内对人声和鼓声来说是最受欢迎的一类混响。也有使用不自然的混响，像非线性的衰减、在衰减之前建立起来的反向混响或门限混响等。**门限混响**是在一个音节发声之后，突然短促地切除混响，这种效果在20世纪80年代经常被使用在军鼓上，一个例子就是保罗·西蒙的唱片集*Graceland*中的一首老歌《你可以叫我阿尔》（*You Can Call Me AL*）。

聆听

播放配套资料中的第31段音频的混响演示：短混响时间、长混响时间和预延时。

11.6.2 混响的连接（Reverb Connections）

要把混响器接到硬件调音台上，只要将线缆自调音台的辅助发送端接到混响器的输入端，再将一条线缆（立体声时用两条线缆）自混响器的输出端接到调音台的辅助返回端（或效果返回端、母线输入端）。把混响器上的混音调节旋钮转到全部为“湿（Wet）”或“混响（reverb）”的位置，旋起调音台上的辅助返回或母线输入（如果有）旋钮至整个行程的2/3的位置，用辅助发送旋钮来调整每条声轨上的混响量。在表头上尝试获得接近于0的总混响发送电平，然后微调辅助返回电平，使之得到所需要的混响量。

在数字音频工作站内的混响调节步骤如下。

1．创建或使用一条能启用混响插件程序的立体声辅助母线。

2．在需要添加混响的声轨内，启用辅助并发送到这条母线上，此发送应在推子后。

3．开启混响插件程序，将干/湿混音调节置于全部为湿或100%混音。

4．在需要添加混响的声轨内逐步旋转辅助发送旋钮，直至听到所希望的混响量，在混响插件程序内，可调节所需混响效果的各个参数。

11.7 预混响（Preverb）

预混响是一种先于音节到达，而不是跟随音节之后到达的混响，这种混响从寂静到混响建立，直至音节到达。当把这种混响用在军鼓上时，可以得到一种像“shSHK！”的皮鞭抽裂般的声音。

聆听

播放配套资料中的第32段音频，给出了从寂静、混响建立至音符起音到达的预混响的例子。

下面介绍在数字音频工作站内把预混响加入到军鼓声轨中的方法。

1．设置一条带有混响的辅助1母线（Aux 1 bus），把混响设定在全部为“湿”或100%混音。

2．单独监听鼓声轨。

3．在鼓声轨中，调高辅助1发送（Aux 1 send）电平，并把它设定在推子前，找到一种优良的军鼓击鼓声并用它来播放。

4．调低鼓声声轨推子并再次播放军鼓声，这时只能听到来自辅助1母线（Aux 1 bus）的混响。

5．将鼓的打击声置于高亮度，直至下一次打击声到来，导出或保存这一段混音（军鼓击鼓声）为“鼓混响波形文件”（Drum reverb.wav）。

6．选择一条空白声轨，命名为鼓混响声轨，把“鼓混响波形文件”（Drum reverb.wav）导入到这条声轨中。

7．选择鼓混响段落，然后在数字音频工作站内选择反向的处理，这样就把鼓混响段落加以反向。

8．在初始的军鼓声轨中，把辅助1发送（Aux 1 send）重新复原到推子后并调低音量，推起该军鼓声轨的推子至正常使用时的位置上。

9．在时间上移动反向过的鼓混响段落，使得鼓混响段落的末端刚好是军鼓击鼓发声的起始点（检查波形）。

10．将反向过的鼓混响声轨与军鼓声轨一起播放，即可听到这种预混响。

有些信号处理器有反向混响效果，这种混响是在产生混响的音节到达之后才来到，而且是在淡出之前才建立反混响。这与预混响并不相同，反向混响会扰乱音乐的定时性，而预混响则不会有影响。

下面的每件效果器都有它们自己的控件，这些效果器的使用说明会表明如何去使用它们，在本书中不进行详细讲述。

11.8 声音增强器（Enhancer）

如果某条声轨或某条混音的声音出现迟钝或受到压抑，则可以通过使用一台声音增强器来增加声音的明亮度和清晰度，一台声音增强器可以通过加入轻微的失真（像Aphex的听觉激励器）来进行工作。

11.9 倍频程分频器（Octave Divider）

这种设备可以从低音吉他中取出信号用来提供深沉的、隆隆作响的低音音节，这种音节的频率是在低音吉他的音高以下一个或两个倍频程，它把所发送的频率除以2或4：如果有一个82Hz的频率输入，则经过分频器之后可得到41Hz的输出。有些MIDI声音单元具有特别深沉的低音，因为5弦低音吉他具有一条被调校在特别低的音高上的额外弦。

11.10 泛音器（Harmonizer）

延时器主要用延时调制，而泛音器则能产生可变的移调效果。泛音器能在各种各样的间隔内产生谐波，变更音高而不改变节目的持续时间或者改变节目的持续时间而不改变音高，及可以产生许多其他古怪的情况。例如，这种声音很像从广播电台插播的广告节目中听到像麦肯奇或达斯・维德等播音员那样的声音。背景歌声可以通过使用单一人声加上一台泛音器来获得。

聆听

播放配套资料中的第35段音频，可以听到音高的移调。用它来产生背景歌声。

11.11 歌声处理器（Vocal Processor）

这种设备或插件程序可以得到歌声的转调、加入咆哮声或低声耳语、校正音高、加入颤音、将人声增加、减少鼻音或腔声等效果。最新的歌声共振峰校正变调器在改变音高时仍可维持歌声的共振峰结构，这就避免了“花栗鼠（Chipmunk）”效应，例如丹麦TC公司的TC-Helicon VoiceModuler 插件程序就是这类歌声的处理器。

另一种类型的歌声处理器被称为**通道条**（Channel Strip），它包括了一个或两个高质量的话筒前置放大器、外加均衡、压缩、噪声门限、咝声消除器及一些电子管饱和失真等功能。例如Focusrite ISA One及Sonivox Vocaliver Pro，后者是一台**声码器**，它能使一件乐器“说出”

某条歌声声轨的元音和辅音。在本章的后半部分将会有更详细的有关通道条的解释。

11.12 音高校正（Pitch Correction）

这是一种插件程序，用于对单条声轨（但不是和弦）的自动或手动的**音高校正**。用自动方式时，用改变它们的音高的方法来校正平直或陡峭的音符，使之适合你选择的音阶；在用手动方式时（如果有提供），可在监视屏上看到音符的音高曲线图，可通过把某些音符拉高或降低来校正它们的音高，手动方式不如自动方式明显。最好只校正少量的音符，不过重新录制一句失谐的乐句所获得的声音要比用音高校正得到的声音更自然。

常见音高校正插件程序有：Antares Auto-Tune、Gsnap（免费）、Celemony melodyne、TC Helicon IntonatorHS及为Cakewalk Sonar Producer使用的Roland公司的V-Vocal插件程序等。

也可以将这种音高校正作为一种“机器人”效果，这是一种渐进式的、用真假嗓音反复变换地唱的、不平稳的方法，而不是平稳的方式，用唱出的歌声音符来改变音高，这也被称**谢尔（Cher）效应**，因为是谢尔首次在歌曲“Believe”中使用这种效果。虽然这种效果已经变成陈腔滥调，但应该了解这种效果的由来。把颤音设定到最小，音符设定到最大，分辨率设定到最大，并把启动时间和释放时间设定到0，“音符”是音高校正的总量，“分辨率”是被校正过的那些音高的范围，“启动时间和释放时间”是音高校正的反应的速度，应用这些功能的音高校正软件也会有不同的名称。

Melodyne Direct Note Access插件程序可以在和弦内剪辑各个音符。

11.13 电子管处理器（Tube Processor）

这种设备或插件程序是使用电子管或某种仿真程序，电子管有一种悦耳的偶次谐波失真，利用电子管的偶次谐波失真，可以增添声音的“丰满度”和“温暖感”，所以目前还使用电子管话筒、电子管话筒前置放大器、电子管压缩器及独立的**电子管处理器**等。

聆听

播放配套资料中的第36段音频，可以听到经过电子管处理器处理后所发出的声音。

11.14 旋转式音箱仿真器（Rotary Speaker Simulator）

这是一种仿真莱斯利风琴音箱声音的**旋转式音箱处理器**，它通过旋转的号角来播放音乐。其中包括音高偏移、颤声及相位差等复杂的声音效果，这些效果的速度和深度可加以调节。

11.15 模拟磁带仿真器（Analog Tape Simulator）

模拟磁带饱和主要体现在3次谐波失真及其压缩，模拟磁带仿真器用一种拖尾的方法或者使声音温暖得令人愉快的方法来把这种失真加入到数字录音作品中。

播放配套资料中的第37段音频，可以听到用模拟磁带建模的声音。

电子管或模拟磁带饱和插件程序有Avid Heat、Crane Song Phoenix II、McDSP Analog Channel、PSP Audio PSP Mixsaturator 2和VintageWarmer 2、SoundToys Decapitator、Universal Audio Fatso、Antares Warm、Massey TapeHead、Metric Halo Character、Nomad Factory Magnetic及Virsyn VTPAE Suite等。

11.16 空间处理器（Spatial Processor）

空间处理器可以增强**立体声声像**，也可增强在两只音箱中聆听一段混音时的空间方位。有些处理器具有摇杆式声像电位器，它可以把每条声轨的声像围绕听众移动到任何地方；还有一些处理器可以展宽立体声舞台，使声像定位在左音箱的左侧及右音箱的右侧，使听众面对审听室的两侧时还能听到那些声像。在5.1环绕声系统内，它的空间处理是由环绕声声像偏置及环绕声混响来完成的。

这种方法可以把一条单声道声轨变为立体声声轨，只要复制该声轨，将一条声轨延时20～30ms（轻微地向右滑动——滞后30ms），将两条声轨的声像偏置到左和右；或者把一条声轨失谐降低7音分，另一条声轨失谐升高7音分，然后把它们的声像分别偏置到左右两边。

11.17 话筒建模模块（Microphone Modeler）

这是由Antares和Roland公司提供的**话筒建模模块**或被称为**话筒仿真器**，可以告知建模模块正在使用的是哪一支话筒，以及想要哪一支话筒来发出同样的声音，这时可利用大量的过时的话筒及当前的话筒加以仿真。话筒建模可分为3种形式，硬件设备、插件程序及在一台录音机—调音台的组合机内的软硬件相结合的固件（被预编程在一片芯片内）。

11.18 吉他放大器建模模块（Guitar Amplifier Modeler）

另一种仿真器是取出对吉他进行直接录音后的声音，把吉他声改变为像通过吉他放大器放出的声音。有些放大器的型号可以被仿真，同时还可仿真效果、音高、驱动方式、过去经常用来拾取放大器的话筒及话筒的位置等。

聆听

播放配套资料中的第38段音频，将演示一个吉他放大器仿真器取出人声后，把它变成像通过了一台放大器所播放出来的声音一样。

什么是硬件和软件放大器的建模模块？两个硬件放大器建模模块的例子是Line 6 Pod及Johnson J Station，Amp Farm是Pro Tools用的一种吉他建模插件程序。其他值得注意的插件程序有Peavey ReValver MK III.V、Avid Eleven Rack Expansion Pack、Scuffham S-Gear、Line 6 POD Farm 2.5、IK Multimedia AmpliTube Custom Shop、Softube Metal Amp Room以及Ableton Amp等。Roland公司的数字音频工作站提供COSM话筒的建模模块和吉他放大器的建模模块。

吉他处理器或吉他**脚踏盒**可被用于在大部分乐器或人声上添加变形失真。

11.19 失真（Distortion）

有些插件程序把各种类型的失真故意加入到发出“撕碎似”的声音中去，以产生一种低保真度（low-fi）的效果。这里列举两种插件程序的例子：iZotope Trash和Camel Audio Camel Crusher（见图11.14），比特深度可以从16bit或24bit的信号降低到4bit或8bit。**并联失真**是由一条干净的声轨与一条经过失真后复制的相同声轨混音而得。

用吉他脚踏盒和吉他放大器的过载也能获得失真。

图11.14 Camel Crusher失真插件程序

11.20 嘀嗒声消除和噪声消除（De-Click, and De-Noise）

这也称之为**“音频修复程序”**，这些插件程序——或一种独立的程序——它可以从密纹唱片那里消除滴答声和噗声，还能从嘈杂的录音作品中消除嘶嘶声和交流哼声。一些程序通过**混响**算法来降低已录得的混响，例如Dart Pro 24、iZotope RX、Soundness Sound-Soap 4及Waves Native Restoration Bundle等。

11.21 环绕声（Surround Sound）

新的**环绕声**用插件程序包括环绕声声像偏置、环绕声混响及环绕声的编码/解码等。

11.22 多功能效果处理器（Multieffects Processor）

这种处理器可以在一台设备上用插件程序提供多种效果。有些设备可以以任意顺序组合，提供多达4种效果；另外一些处理器可具有多条通道，得以在不同的乐器上加上一种不同的效果。对于大多数处理器来说，可以把声音进行剪辑并把它们作为新的程序保存在存储器内。

聆听

播放配套资料中的第29～38段音频，将演示添加到人声上的各种效果，包括不加效果、回声、混响、预延时、预混响、合唱、镶边声、音高变换、电子管处理、模拟磁带建模及吉他放大器建模等声音。

11.23 通路条插件程序（Channel Strip Plug-in）

混音调音台内的通道条是为一条通道用的、一排垂直的控制部件，例如话筒预放用增益旋钮、辅助发送旋钮、声像偏置旋钮、推子、均衡器旋钮、内部线路压缩器等。通路条插件程序则效仿这些功能，例如Eventide E-Channel、Focusrite Forte Suite、McDSP Channel G、Metric Halo Channel

Strip、TC Electronic VoiceStrip、Universal Audio Channel Strips、URS Classic Console Strip Pro、Wave Arts Track Plug 5、Waves AudioTrack、Renaissance Channel和SSL E-Channel等。

11.24 瞬态处理器（Transient Processor）

瞬态处理器插件程序用来调节音符的起音与衰减，例如，假定一把原声贝斯线上有微弱的弹拨声，并与长音符在一起而使声音模糊不清，那么可用瞬态处理器来加强弹拨声并缩短每个音符，使之获得更有力度、更紧密的声音。

11.25 插入效果与发送效果的比较（Insert Effects vs Send Effects）

很多人对插入效果与发送效果的理解产生了混淆，如何正确理解它们？当你在进行缩混工作期间应该把它们置于数字音频工作站内的什么位置上？

插入效果应该插入到某条声轨上，然后与声轨的信号串联，并对信号进行处理。如果只需要在一条声轨上加入某种效果，那么插入声轨效果是正确的选择，例如需要在某条声轨上施加均衡、压缩、回声、镶边声、合唱、门限及咝声消除等。

而发送效果则是把效果插入到某条**效果母线**上，该母线是录音任务计划中的一条独立的通道（或在Pro tools工作站内的一条辅助声轨），根据需要可把某些声轨的信号发送到效果母线上，效果母线的输出是经过处理后的信号，它返回到数字音频工作站的输出上，在那里与来自声轨的直达信号混音，例如某个发送效果是混响，可以把声轨都发送到同一条效果母线中。

在发送效果内，经过处理后的信号（例如混响）与原始的干信号进行混音或混合，而在使用插入效果时，其效果（例如均衡或压缩）实际上改变了通过该条声轨信号的声音。发送效果具有一对并联的信号路径，而插入效果只有一条串联的信号路径。

用于插入效果的信号流程如图11.15上半图所示。

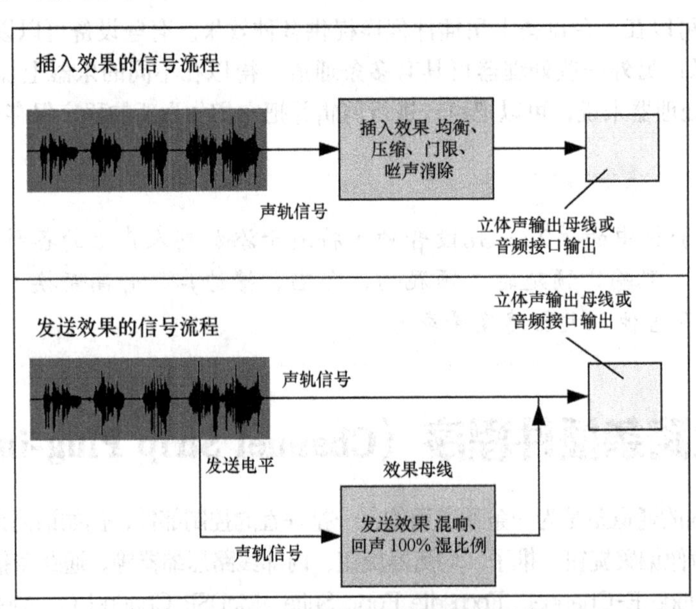

图11.15 插入效果与发送效果的信号路径

1. 来自声轨的信号进入被插入的效果中，这些效果可以是均衡、压缩、门限或咝声消除等。

2. 插入效果后的输出——经过处理后的信号——进入到数字音频工作站内的立体声输出母线上或进入到音频接口的立体声输出通道。

对于声轨输入/输出的设置，可把声轨的输出设定到立体声输出母线上，也可设定到音频接口的输出通道上。

发送效果的信号流程如图11.15下半图所示。

1. 来自声轨的信号分两路发送：(1) 至立体声输出母线或接口输出；(2) 至效果母线。

2. 效果母线的输出——经处理后的信号——与来自声轨的直达信号进行混音，其混音发送到立体声输出母线上或接口输出。

3. 发送效果内的干/湿混音调节应设定在100%，在声轨内用发送电平控制部件调节其效果的总量。

在声轨输入/输出(I/O)的设置内，把声轨的输出设定到立体声输出母线上或者可设定到音频接口的输出通道上。

合唱和镶边声效果可以用插入效果，也可以用发送效果。如果把它们插入到某条声轨上，需要在效果的图形用户界面（GUI）内用干/湿混音控制部件来设定合唱/镶边声的总量；但是如想把它们送到某条效果母线上，应在声轨内把干/湿混音控制设定在100%并用发送电平控制部件来设定合唱/镶边声的总量。

有些录音师喜欢使用**并联压缩**，可以把某个压缩器插件程序用极端设置的方法置于某条效果母线上，然后调节其经过压缩后的声音总量——从干净到压扁——并发送电平到效果母线上，不过通常压缩器是通过用插入效果的方法来使用的。

11.26 回顾（Looking Back）

我们已经和效果器一起走过了很长的路。回顾近几十年，每个年代都有当时和效果器相关的独特的“音响效果”。在20世纪50年代，通常使用电子管失真和击掌回声；在20世纪60年代，使用轮廓模糊声、哇哇声和镶边声；在20世纪70年代早期，大多数的声音很干；到20世纪90年代早期，合成器、鼓机及门限混响尤为突出；到今天，真空电子管和原声乐器伴随着特殊场合的低保真度（不响亮的、失真的或是嘈杂的）声响及干净的歌声又重新被使用，在电子音乐和迷幻音乐中使用最大程度的母线压缩甚为流行。无论你选择哪一种效果，只要敢于尝试，那些效果会帮你美化音乐。

第12章 调音台和混音调音台

（Mixers and Mixing Consoles）

在许多录音棚中使用的一种硬件**调音台**是接入大部分信号端口的控制中心，并把它们混音或组合，加入效果器、均衡和立体声声像定位，然后把信号分配到录音机和监听音箱上去。**混音调音台**（也被称为台子或桌式调音台）是一种带有许多控制部件的大型调音台。

本章将讲述由硬件制成的模拟调音台和数字调音台，第15、16章将讲述数字音频工作站内的软件调音台。

12.1 录音阶段（Stages of Recording）

在第1章已讲述过在录音任务期间使用调音台的3个阶段：录音、叠录和缩混。下面进行简短的回顾。

1. **录音（分轨录音）**：调音台接受话筒电平的信号，然后把这个信号放大到线路电平，把来自每支话筒的经过放大了的线路电平信号发送到多轨录音机的独立声轨上，多轨录音机把数条声轨记录到硬盘或SSD上，一条声轨可能记录领唱歌声，另一条可能记录萨克斯管的声音等。

2. **叠录**：演奏员头戴耳机在听着已录的声轨的同时，在空白（未使用过的）声轨上记录演奏者演奏的新内容，录音师设置调音台用于监听已录声轨及正在记录的演奏内容。

3. **缩混**：全部声轨记录完毕之后，录音师在调音台上用声像偏置、均衡及使用效果器的方法，把那些声轨组合或混音成为2声道立体声。

12.2 调音台的功能和格式（Mixer Functions and Formats）

虽然调音台上的那些旋钮、按键和表头看起来很吓人，但是只要阅读说明书并对设备进行实际操作，也就不难理解它们。一张调音台之所以那么复杂，是因为它可以控制声音的多个层面。

- 每件乐器的响度（根据在混音中的乐器声来调节其平衡）。
- 每件乐器的音质（低频、高频、中频）。
- 在所处的房间内进行演唱或演奏时的房间声学的感觉（混响）。
- 每件乐器的左右位置（声像调节）。
- 效果（镶边声、回声、混响、合唱等）。
- 声轨分配（把某个乐器声分配到某条声轨上去）。
- 录音电平（进入到录音机声轨上的信号电压）。
- 监听选择（可以根据需要来选择监听何种内容）。

调音台具有两种形式。

- 模拟调音台：是在模拟信号基础上工作的控制设备，并把模拟信号发送到一台外接的多轨录音机或2声轨录音机上（例如数字音频工作站）。
- 数字调音台：它与模拟调音台的功能基本相同，但在内部用数字信号来工作，它接受模拟和数字两种信号。

12.3 模拟调音台（Analog Mixer）

一张调音台可以用输入和输出的路数来标定，例如，一张8-输入、2-输出调音台（8.2调音台）可以把8路信号的输入混音到2条输出通道（母线）上来进行立体声录音；同样，一张16-输入、8-输出（16.8）混音台具有16路信号输入和8条输出通道（母线）用于多声轨录音；一张16.4.2混音台具有16路输入、4条副混音或编组（在本章“输出部分”小节内解释）及2路主输出。调音台还拥有连接一些效果设备和监听功率放大器等外部设备的**接插件**，调音台或音频接口的输入路数越多，则可以同时参与录音的乐器越多。如果你想只为自己录音，那么也许只需要2路输入就可以完成。

一张调音台可以分为3个部分；输入、输出和监听，以下分别介绍每个部分的主要部件及它们的功能。

输入部分

- 一些输入端口可以连接到话筒、电子乐器及录音机等设备器材的输出。
- **推子**（Faders）是滑动式音量控制部件，它对每件乐器的响度起作用，这样可以让录音师根据混音中的乐器声来调节音量平衡。
- **均衡**［Equalization（EQ）］旋钮用来调节每件乐器的音质（低频、高频、中频）。
- **辅助发送**（Aux Send）旋钮用来设定混响或其他效果的总量，并且也经常用来设置监听器混音或耳机混音。
- **声像电位器**（Pan Pots）把所监听到的每条声轨放到立体声音箱之间的所想要的位置上——左、中、右或任何位置。
- **通道分配**（Channel Assign）按钮把每路输入信号分配到指定的录音机声轨上。

输出部分

- **主推子**（Master Faders）用来设定整条立体声混音的总电平。
- **组推子**（Group Faders）用来设定每个编组或每条副混音的总电平。
- **插入**（Insert）**插孔或直接输出**（Direct-Out）插孔用于连接到多声轨录音机的输入。
- **主输出**（Main Output）插孔可连接到音频接口上，该接口可把混音记录到硬盘或SSD上。
- **表头**（Meters）有助于设定正确的录音电平（防止失真和噪声）。

监听部分

- 监听控制选择用来选择想监听的内容。
- 辅助旋钮或通道推子可用于设置监听混音。
- 监听输出插孔用于连接到监听功率放大器上。

以下将分别详细介绍各个部分。

12.3.1 输入部分（Input Section）

调音台是由数组被称为单元的控制部件组成，一条**输入单元**（见图12.1）或叫通道条，对单路输入信号起作用——例如，来自一支话筒的信号。单元为一条很窄的垂直条块，每路输入用一条输入单元，有多条单元时则并排排列在一起。每条输入单元都是相同的，所以如果了解了一条单元的工作模式，就可理解全部输入单元。

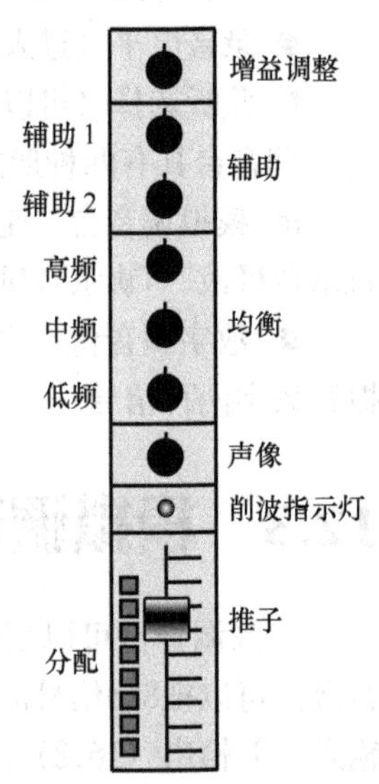

图12.1 典型的输入单元

以下说明为信号从输入到输出通过一条典型的输入单元的流程（见图12.2），每张调音台稍有不同，但是通常都有如下的一些共同特征。

输入接插件

在每条输入单元的背面有带有如下一些标记的输入接插件。

Mic（话筒）：接收来自话筒或直接接入小盒的信号。

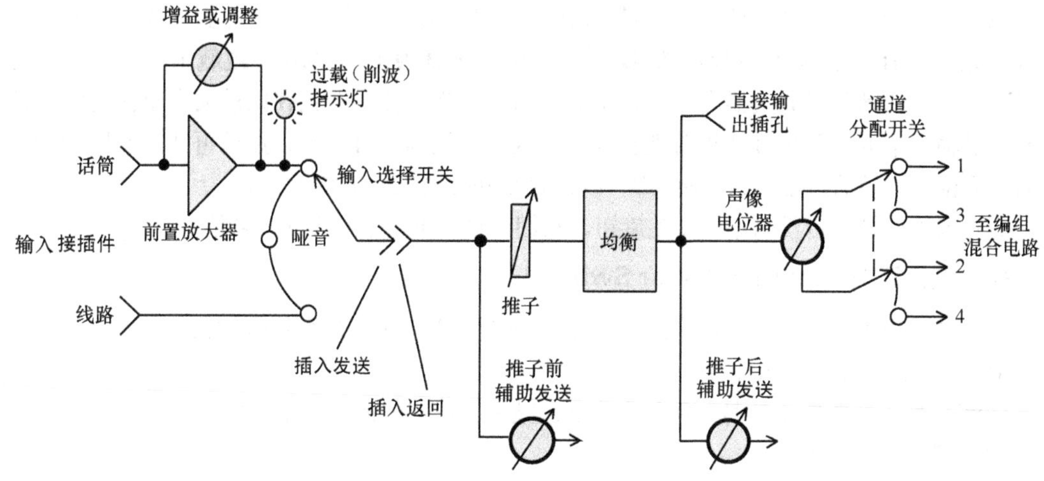

图12.2 通过一个典型的输入单元的信号流程

LINE（线路）：接收来自电子乐器或多轨录音机的声轨输出信号。

TRACK（声轨）：接受来自一台多轨录音机的一条声轨的输出，但并不是所有调音台都有这种输入接口。

有些调音台只将一个插孔作为话筒和线路的输入，有些则对每种输入有各自的插孔。话筒输入用一种非平衡的1/4in的TRS插孔，或用一个卡侬型（内有3个小圆孔的卡侬插座）插座；线路输入或者用1/4in TRS插孔，或使用卡侬型插座。

如果连接线缆长度不超过30ft（约9.144米，译者注），则可以把一台合成器直接连接到调音台的TRS插孔线路输入口，而无须使用直接接入小盒；如果连接线缆太长，则会引入交流哼声，这时就需要通过直接接入小盒之后再接到话筒输入口。

在有些调音台上，TRS插孔线路输入口伴有一个在低阻抗（用于话筒）和高阻抗（用于电吉他）之间可切换的开关，而其他的一些调音台，则可能各自有一个低阻抗话筒输入和一个高阻抗乐器输入，详情请参阅本书附录C中有关阻抗的解释。

幻象电源（P48, 48V）（Phantom Power）

此开关（图上未画出）接通幻象电源（通常为直流48V）后可为电容话筒供电。在话筒输入接插件内，48V出现在相对于1脚的2脚和3脚上，话筒幻象获取电源并把信号从话筒这两条芯线上发送。

话筒前置放大器（Mic Preamp）

连接话筒插头之后，话筒信号就进入到调音台里面的话筒前置放大器上，话筒前置放大器把微弱的话筒信号提升或放大到较高电压，使它成为一种线路电平信号。

Trim（增益调整）

Trim（增益调整）或Gain（增益）旋钮用来调整话筒前置放大器的放大量。如果将增益调整旋钮旋到最大位置，那么由于大音量乐器或歌声所产生的话筒信号本身就特别强，这样将会使话筒前置放大器削波或过载，随即引起失真——一种像砂砾般的声音。为了在调音台内得到优良的信号噪声比，则要求增益设定得尽可能地高，但是又不能太高，因为有可能使前置放大器失真。

以下为调整方法：开始将增益调整旋钮拧小（逆时针方向），在大多数调音台内，每条输入单元上都有一个标有**“clip（削波）”“peak（峰顶）”“OL（过载）”**等字样的小灯（LED）。当话筒前置放大器失真时，小灯会闪亮；当一件乐器正在以最大音量演奏时，话筒信号通过输入单元，逐步旋转增益调整旋钮，直到削波指示灯闪亮，然后再往回旋回到指示灯不闪亮的位置，最后再把旋钮旋回6dB，以作为额外的动态余量储备之用。

有些廉价的调音台没有增益调整旋钮，它们用输入推子来承担这一功能。

输入选择开关（Input Selector Switch）

这个开关用来选择参与工作的信号种类，一些常用的开关使用如下的标识。

MIC：话筒或直接接入小盒。

LINE：用于线路电平信号，例如合成器、鼓机、电吉他或多轨录音机的声轨输出。

INPUT：话筒或线路。

TRACK：多轨录音机的声轨输出。

输入选择器的使用很简单。如果接入了话筒或直接接入小盒来记录它们的信号，把输入选择器设定到MIC或INPUT位置；如果接入了一台合成器、鼓机或电吉他，那么把选择器设定到LINE或是INPUT位置；当要准备混音时，则可选择TRACK（如果有这一挡位置）或LINE（如果多声轨录音机声轨的输出接到了调音台的线路输入端）位置。

有些调音台没有输入选择器，那么调音台会处理被接入的任何一种信号。

在有些录音机-调音台组合机内，有一个1/4in的TRS插孔为话筒电平信号和线路电平信号两者共用，这两种电平的处理，可用一个MIC/LINE开关或者用一个增益调整旋钮来加以调整。

插入插孔（Insert Jacks）

跟随输入选择器开关的有**插入插孔（Insert Jacks）**（插入发送和插入返回），它们位于每条输入单元的背面。**发送插孔**（Send Jack）所包含的输入单元信号可以被发送到如一台压缩器那样的外部设备上，**返回插孔**（Return Jack）接收经外部设备处理过的信号，并返回到调音台内。换句话说，插入插孔会断开正常通过调音台的信号流程，并把信号分配到一台外部处理器（通常为压缩器或门限器）之后再返回。

或许有些调音台只有一个插入插孔，是一种三芯TRS插孔，顶端作发送用，环端作返回用（有些调音台把环端作发送用，顶端作返回用）。

在调音台内部，发送端与返回端互相接通，以便信号通过进入到调音台的其他部分。而如果把一个插头插入到插入插孔内，这时候将会断开信号通路，以便将一台外部设备与输入单元的信号相串联。

可以把一台压缩器插入到单元的信号通道中去，用来实现音量自动控制，或者插入其他信号处理器（例如混响器/延时器）。如果所有的辅助发送都被占用，那么用这种插入方法，可以增加另一台信号处理器，在混响/延时设备上设定干/湿混合比例来控制所需要的效果量。

插入插孔的另一种用法，就是把话筒前置放大器的输出信号发送到多声轨录音机的声轨上去，这在实况音乐会录音时会经常用到。多声轨录音机的每条声轨的输出返回到插入插孔后继续通过调音台，在这种情况下，用调音台上的增益调整旋钮来调节录音电平，而用推子、均衡及辅助发送等建立起监听混音通道。

廉价的调音台省略了插入插孔，有些调音台只在两条输入单元上才有插入插孔。

推子（Fader）

被选定的输入信号会进入推子，推子是为每路输入信号作滑动式的音量调节的控制部件。在录音期间，推子可以有两种方式的应用：如果每条声轨只为一件乐器录音，那么可以从插入发送端口输出录音信号，而用推子来调节在监听混音内的乐器的电平；如果每条声轨要记录两件及两件以上乐器的录音时，录音信号则从编组输出取得，而用每件乐器的推子来设置该**编组**内的混音。例如，把数支鼓类话筒记录到某一条声轨上去的时候，则可以用那些鼓类话筒的推子来设置成一条鼓类混音。在缩混期间，就可以用那些推子来调节乐器之间的响度平衡。

EQ（均衡）

信号从输入推子那里进入到用于音质控制的均衡器中，利用均衡器可以把乐器声音的低频和高频调整得更多或更少，提升或切除某些频率成分，在第10章中已有详细描述。

直接输出（Direct Out）

直接输出是跟随在每路输入推子和均衡器之后的一个输出接插件，在直接输出插孔上的信号是一个经过放大和均衡后的输入信号。推子可调节直接输出插孔上的电平，当需要在一台外接的多轨录音机的每一条声轨上记录一件乐器（带有均衡）的录音时，就可以利用这个直接输出插孔，只需要把直接输出插孔接到多轨录音机的声轨输入，因为直接输出旁通了混合电路之后的部分，所以从多轨录音机上可以获得更为干净的信号。

假如调音台有8路输入和2路输出，那么调音台可以与一台8声轨录音机一起工作。只要把每一条输入单元上的直接输出插孔连接到录音机上各自的声轨输入端，或者从调音台上的插入发送插孔那里连接到录音机上各自的声轨输入端，就可以获得相同的结果。

通路分配开关（Channel Assign Switch）

经过均衡后的信号还会通过一个声像电位器（在接下来的部分进行介绍）进入到通路分配开关或声轨选择开关上，它可以把每件乐器的信号发送到需要记录该件乐器的录音机声轨上去。

一台具有4个编组或母线的调音台将设置一个标有1、2、3、4编号的分配开关，例如，想在声轨1上记录贝斯，在接入贝斯的输入单元上找到分配开关，按下分配开关1；如果要把4支鼓类话筒的信号记录到声轨2上，那么只要把4支接入鼓类的所有输入单元上的分配开关都按下分配开关2的按键即可。

声像调节电位器（Pan Pot）

这个旋钮用信号量调整的方法来把一个信号发送到两条通路上去。旋动声像调节旋钮，可以控制有多少信号量进入对应通道。如果把旋钮旋至最左端，那么信号只进入一条通道；把旋钮旋至最右端，那么信号进入另一条通道；把旋钮旋至中间位置时，那么进入两条通道的信号量相等。

以下为用一个声像调节旋钮把一件乐器分配到一条声轨上去的方法。通道分配开关可能有两种位置，分别标有1-2和3-4。如果把声像调节旋钮旋向左边，那么信号会进入到奇数编号的声轨上（声轨1或声轨3，取决于如何设定分配开关）；如果把声像调节旋钮旋向右边，那么信号会进入到偶数编号的声轨上（声轨2或声轨4）。假如想把贝斯分配到声轨1，则设定分配开关到1-2位置，然后把声像调节旋钮旋到最左边位置，贝斯信号则分配到了奇数声轨上（声轨1）。

在缩混期间，声像调节旋钮可以改变声音在两只音箱之间的声像定位，**声像**是声源的表观，在两只音箱之间的某个点上可以听到各种乐器或歌声。调节声像旋钮，可以把每件乐器定位在左音箱、右音箱或两只音箱之间的任何位置上，如果把声像调节旋钮调至中心位置，则到达两条通道的信号量相等，这时将会听到位于中心位置的声像。

假如有一条立体声鼓声轨和一条立体声钢琴声轨，想把一种乐器调节至左前方，另一种乐器调节至右前方，则可以把两条鼓声轨调节到极左和中心位置，把两条钢琴声轨调节到极右和中心位置。

辅助（Aux）

辅助或辅助发送功能（见图12.3）把一些输入单元的信号发送到调音台外部设备。**推子前（Pre–Fader）**的辅助发送是把推子前的信号发送出去，通常送到用于监听音箱或耳机的功率放大器上。用推子前辅助旋钮来建立一条**监听混音**（Monitor Mix）通道——可以在音箱或耳机上听到的一种经过平衡混合后的输入信号。**推子后（Post–Fader）**辅助发送是位于推子和均衡器之后，它经常用于进入效果设备，可以用推子后辅助旋钮来设定在混音中可听到的每件乐器上的效果量（混响、回声等）。

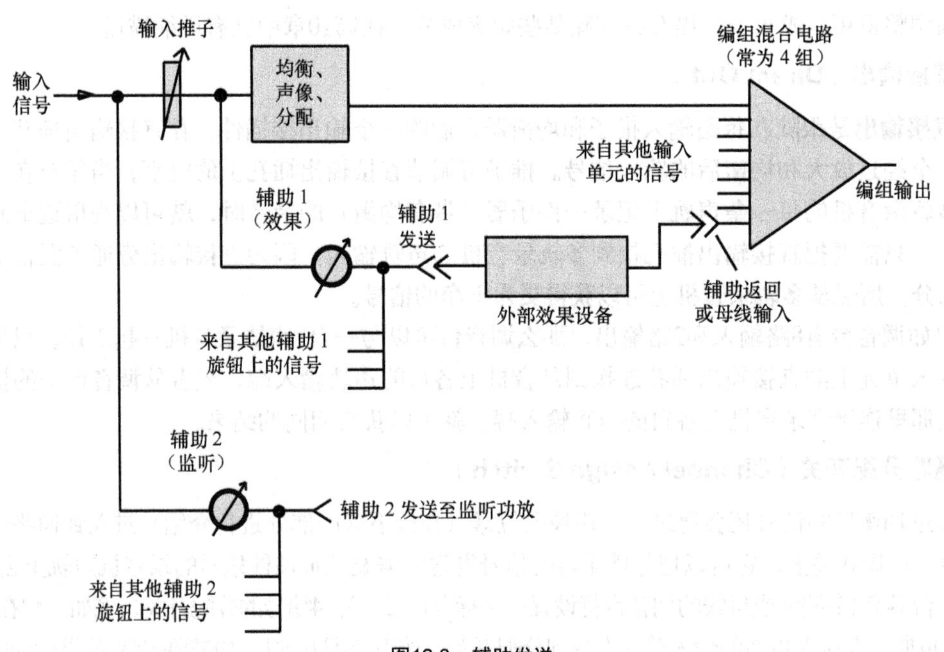

图12.3 辅助发送

有些调音台没有辅助发送部件，有些调音台则每个单元都设有一个辅助发送部件，有些调音台则设有两个或多个辅助发送部件（标有Aux 1，Aux 2等）。调音台的辅助发送部件越多，则可调用的效果越多，但是成本和复杂程度也会更高。辅助编号（1或2）没有必要赋予指定的功能，Aux 1和Aux 2承担什么用途，可以由用户来决定。

在录音和叠录期间，所有输入单元的辅助旋钮可以用来获得一种监听混音效果。从辅助旋钮获得的监听混音与进入到多声轨录音机的信号电平是无关的。在录音期间，可以用增益调整旋钮来设定录音电平，而用辅助旋钮来获得一条在监听系统上可以听到独立的混音。

在图12.3中，辅助–2发送（Aux–2 send）旋钮位于推子之前。在调音台内，来自所有的Aux–2旋钮上的信号混合在标有“辅助–2发送”（Aux–2 send）接插件的插孔上，并可以从这个插孔上接到驱动监听音箱和耳机的功率放大器上。

在图12.3中，辅助–1发送（Aux–1 send）旋钮正好位于推子之后，在缩混期间，每一个Aux–1（辅助–1）旋钮都用来控制在每条声轨上可听到的效果量（混响、回声等）大小。在每条输入单元内，辅助旋钮用来调节被送到外部的效果设备的输入信号的比例，加入效果后的信

号返回到调音台的Aux-return（辅助返回）或Bus-in（母线输入）插孔上，该插孔上的信号是与原始信号混合在一起的。

例如，假如辅助-1发送（Aux-1 send）被连接到了一台数字混响器上。如果Aux-1 send（辅助-1发送）旋钮增加得越多，那么会有更多信号进入数字混响器。数字混响器的输出返回到调音台的母线输入（Bus-in）插孔，并与原始的干信号相混合，这样就加入了一种空间的效果。

一些调音台具有一个**辅助返回（Aux-return）**控制钮（也被称为**效果返回**或**母线输入**钮），它用来设定返回到调音台上的效果电平总量。

在邻近辅助发送（Aux-send）按钮的地方可能还有一个推子前/推子后（pre/post）开关。当某个辅助钮设定在推子前（pre）位置时，那么它的电平将不受推子位置的影响，所以在录音或叠录期间可以用推子前来设定耳机混音，在这种情况下，推子的设定不会影响到监听混音。

推子后的设定是在缩混期间为效果器而使用的，在这种情况下，辅助电平跟随推子的位置变化而改变，用推子来设定的声轨音量越大，则效果电平越高，但是其干/湿声的混合比仍是相同的。

12.3.2 输出部分（Output Section）

输出部分是信号通路的最终部分，此部分把混合后的信号送到多轨录音机的声轨上去，它包括混合电路、副编组或编组推子（有些场合）、主输出推子及指示表头等（见图12.4）。

1. 混合电路（有源混合网络）、组推子和母线输出接插件［Mixing Circuits(Active Combining Networks), Group Faders, and Bus Output Connectors］

编组混合电路位于图12.4的中央，可以用分配开关把每一路输入信号发送到所需要的通道或母线上，并且通过每条母线发送到不同的录音机声轨上去。一条**母线**是包含一种独立混音信号的调音台内的一条通道，母线1或编组1混合电路接受来自所有被分配到母线1上的输入信号，然后把它们混合在一起送到录音机的声轨1上，母线2混合电路则把分配到母线2上的所有信号加以混合，依此类推。

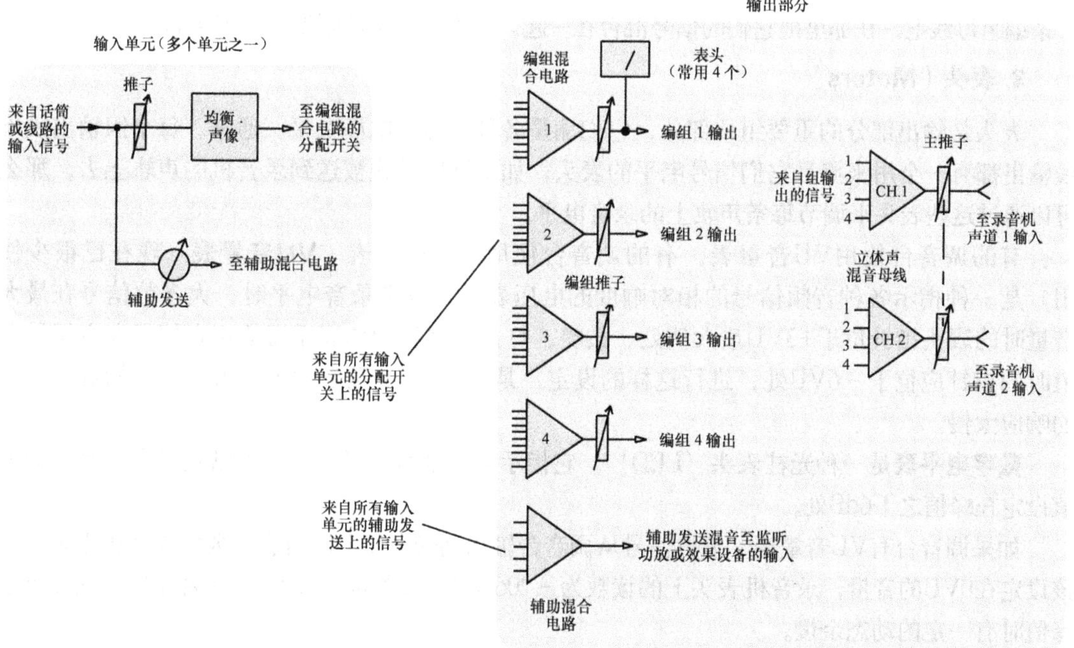

图12.4 调音台的输入单元和输出部分

跟随每个编组混合电路后面的就是一个编组推子，如果把所有的鼓类话筒分配到编组1，那么编组1的组推子可调节鼓类混音的总电平。来自每个组推子的信号被送到调音台上的编组或母线输出的接插件上，然后可以把每条母线输出连接到录音机的声轨输入上。

2. 立体声混音母线、主输出推子、主输出接插件（Stereo Mix Bus, Master Faders, Main Output Connectors）

立体声混音母线有两套编组混合电路：用于立体声混音的声轨1和声轨2。有3种类型的信号可以发送到立体声混音母线上去。

（1）组输出信号。

（2）来自输入单元的信号，可以把某个输入单元的信号直接分配到立体声混音母线上，而旁通其编组，结果可得到较低的噪声。

（3）效果返回信号，例如来自外接的数字混响器上的混响信号。

位于调音台右边或中间位置的主输出推子有一个或两个滑动式音量控制电位器，它对立体声混音母线的总电平起控制作用。通常，把主输出推子设定在**设计中心**范围内，设计中心位于推子刻度上方的3/4位置附近的浅色区域，在这一位置处的调音台噪声和失真最小。

在主输出推子之后，信号进入到主输出接插件上，接插件可连接上一台选定的2声轨录音机——通常是数字音频工作站。

或者可以从编组输出、直接输出或者从插入发送那里接到多轨录音机上，例如，如果想把某些乐器混合到声轨5上，则可把这些乐器的信号分配到编组5上，把编组5的输出接到录音机的声轨5输入。然而，如只把一件乐器记录到声轨5上，那么只要把乐器的直接输出或插入发送连接到声轨5输入即可。在直接输出或插入发送端上的信号要比编组输出的信号更为干净。

有些混音调音台具有**电压控制放大器**（VCA）编组推子。一个VCA编组推子的作用类似于许多组通路推子的遥控，例如，可以把一些鼓类话筒的推子分配到一个VCA编组内，这一个VCA编组推子可以立刻控制所有鼓话筒通路的增益。使用非VCA编组时，可把一些话筒通路分配到同一条编组母线上，在那里把它们的信号混合在一起，组推子可调控副混音（submix）的电平。

3. 表头（Meters）

表头是输出部分的重要组成部分，它们测量各种信号的电压电平。通常，每个组输出或母线输出都有一个用来测量它们信号电平的表头，如果这些母线被送到录音机的声轨上去，那么可以通过这些表头来调节每条声轨上的录音电平。

有的调音台使用VU音量表，有的调音台使用数字电平表。**VU音量表**（现在已很少使用）是一种指示各种音频信号的相对响度的电压表。在设定录音电平时，大多数信号在最大音量时的表头指针位于+3VU最大值处，鼓类、打击乐器和钢琴等乐器的声音信号在音量最大值时的指针应位于－6VU处，进行这样的设定，是因为VU音量表对于打击乐器声的真实电平的响应太慢。

数字电平表是一种光柱表头（LED），它指示的是录音电平峰值，通常把录音电平的最大值设定在峰值之下6dB处。

如果调音台有VU音量表，要把信号从调音台输出到带有LED峰值表的数字录音机上时，应该设定在0VU的音量，录音机表头上的读数为－20dB（读数单位为dBFS，译者注），这样可在峰值时有一定的动态余量。

12.3.3 监听部分（Monitor Section）

监听部分用来控制需要监听的内容，可以作监听内容的选择，通过耳机或音箱创作出来的混音需接近最终产品，进入到录音机的信号的监听混音是不加效果的。

在录音期间，要监听的是那些输入信号的混音；在回放或缩混期间，要监听已录声轨的混音；在叠录期间，要监听已录声轨和正在叠录的那件乐器的混音。监听选择就是用来实现这些目的的。

1. 监听选择按键（Monitor Select Buttons）

监听选择按键可以用来选择需要监听的信号，因为不同的调音台有许多不同的监听选择按键配置，所以在图12.4中没有画出这些按键。

如果用辅助2（Aux 2）作为监听混音（Monitor-Mix）母线，则要选择辅助2母线（Aux 2 bus）作为监听信号源，那样就可监听辅助2混音（Aux 2 mix）。有些调音台没有监听选择开关，取而代之的是始终监听立体声混音母线上的信号。

2. 监听混音控制部件和接插件（Monitor Mix Controls and Connectors）

一种设立监听混音的方法是使用辅助旋钮。假如想把辅助2（Aux 2）用作一路监听混音，可把Aux 2的发送插孔连接到功率放大器和音箱上去；或者如想使用耳机，可以找到耳机用监听选择开关，将此开关设定到Aux 2母线上。旋起所有的Aux 2旋钮至1/2的位置，然后左右旋动每个旋钮以获取最好的响度平衡，这是在录音或叠录期间所要完成的工作。

另一种设立监听混音的方法是使用推子。把多轨录音机的输入和输出分别接到插入插孔上去（见图12.5），把插入插孔的顶端1（发送）接到声轨1的输入端，把声轨1的输出端接到插入插孔的环端（返回），对其他声轨都进行同样的连接。同时还把调音台的监听输出插孔接到功率放大器和音箱上去，用来监听立体声混音母线。使用这种设置时，要用增益调整旋钮来调节录音电平，用推子来设立监听混音、提示混音或做带有均衡和效果的缩混，这是一种很有用的方法。

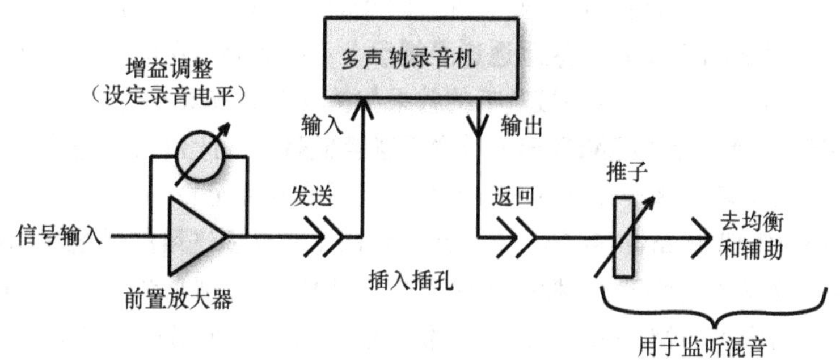

图12.5 使用插入插孔把每路输入信号发送到一条录音机的声轨上去，声轨信号返回到调音台，然后在调音台上调节电平、声像、均衡及效果等

3. 独听（SOLO）

在输入单元内的SOLO键实际上是一种监听功能，它可以只监听该输入单元上的乐器或歌声，这样可实现更为仔细的监听，或可以用来剪辑一条声轨。当按下两个或更多的SOLO键后，则可同时监听多个输入信号。

假如在声音中听到嗡嗡声，并怀疑可能来自低音吉他信号，那么只要按下低音吉他的输入单元内的SOLO键，这时仅监听低音吉他，这样就可以很容易地分清嗡嗡声是否来自这一路输入。

在英国的调音台上，独听（SOLO）功能被称为**推子前监听**（Pre-Fader Listen，PFL）或**推子后监听**（After-Fader Listen，AFL）。

4. 哑音（MUTE）

当按下某条通道上的MUTE键后，则会把那条通道内的信号关闭。在缩混期间，有一个窍门就是将当时没有演奏内容的那些声轨设置为哑音，这样可以降低噪声和泄漏声；在叠录期间，MUTE键可以用来将早先的一些录音内容或某些乐器声设置为哑音，这样可为演奏者提供更清晰的耳机混音。

12.3.4 大型混音调音台内的一些附加功能（Additional Features in Large Mixing Consoles）

大型混音调音台比小型调音台具有更多的功能，如果读者只是在一张小型调音台或录音机-调音台组合机上工作的话，那么可以省略阅读本小节。

FOLD BACK（FB返送）：用于提示或耳机混音的另一种名称。

PHASE（POLARITY）［相位（极性）］：仅用于平衡线路，此开关用来翻转输入信号的极性，也就是将卡侬型插座上的2脚与3脚对调，使所有频率上的相位翻转180°，这样可以用来纠正话筒线的接线错误所导致的极性反相。当在军鼓的上下方摆放话筒时，要把鼓下方的话筒极性加以翻转。

AUTOMATED MIXING CONTROLS（自动混音控制）：在混音调音台内，这些控制内容（读、写、更新、录音自动化、回放自动化等）为调音台设立多种自动化功能。在使用自动化时，调音台内的记忆电路会记忆调音台的许多设定及混音动作，在离开混音工作数天之后，可以通过按下某个按键来调用那些设定，然后继续进行混音工作。

EFFECTS PANNING（效果声像偏置）：此功能可把效果信号的声像偏置到两只监听音箱之间的任意位置上，有些调音台允许在监听混音内及最终的节目混音内进行效果声像偏置。

EFFECTS RETURN TO CUE（效果返送至提示）：此效果返送电平控制部件用来调节录音棚耳机混音内可听到的效果量，这些被监听的效果与被录下的效果无关。

EFFECTS RETURN TO MONITOR（效果返送至监听）：此效果返送控制部件用来调节监听混音内可听到的效果量，这些被监听的效果与被录下的效果无关。

BUS/MONITOR/CUE switch for effects return（效果返送用的母线/监听/提示开关）：这是一个把效果返送信号送到3种目标的选择开关，3种目标分别是节目母线（program bus）（供缩混用）、监听混音（Monitor-Mix）（供控制室监听音箱用）、提示混音（Cue Mix）（供耳机用）或这3种用途的任何组合。

METER SWITCHES（表头指示转换）：在许多调音台内，表头除了测量调音台的输出电平，还能测量多种信号电平，位于表头附近的开关可分别选择，使之可以指示母线电平、辅助发送电平、辅助返回电平、监听混音电平等。

这些读数将有助于为接收这些信号的**外部设备**设定最佳电平，因为太低的电平会导致噪声，太高的电平会在外接设备内引起失真。例如，如果辅助返送信号的声音很混浊或有失真，则可能是由过高的辅助发送电平引起，这时要转换表头开关分别读取辅助或效果母线的表头读

数来验证具体是何种原因引起的。

DIM（暂时降低监听音量）：一种有预设值的降低监听电平的开关，以便于进行交谈（像"暂时降低灯光亮度"一样）。

TALKBACK（对讲）：一种控制室和录音棚之间的内部通信，在按下对讲按键之后，可使用内置于调音台上的话筒与录音棚内的人员进行对讲。

SLATE（打板）：此功能可以把控制室的话筒信号分配到所有母线上去，以便用来记录歌曲名称和录音遍数，此功能在使用数字音频工作站时是不需要的。

TONE GENERATOR（音频发生器）：它产生一种正弦波纯音，用于在磁带上记录电平校准音或者用来对录音机上的表头与调音台上的表头进行调校，也可以用它来检查信号的途径、电平及通路平衡等。

有些调音台还包含火线或USB端口，它把每一路话筒前置放大器的输出信号发送到录音软件中各自的声轨上，把立体声混音返回到调音台供监听使用。

12.4 数字调音台（Digital Mixer）

前面所述均为模拟混音调音台，它们都是用模拟信号来工作的，而数字混音调音台则可以接受模拟和数字信号，它把模拟信号转换为数字信号后，在调音台内部用数字格式来处理全部信号。保持在数字域内的信号可以进行调音台的所有处理，电平的变更、均衡等都用**数字信号处理**（DSP或计算机的运算）来完成，而不用模拟电路。

有些调音台的数字输出信号要经过**数/模**转换器，这样转换出来的模拟信号可以送到模拟功率放大器、效果器等设备上去。

模拟调音台和数字调音台的工作方式不同，在模拟调音台内使用均衡时，只要找到需要施加均衡的通道，然后调节该通道上的均衡旋钮；而在数字调音台内使用均衡时，先要按下一个选择按钮去选择需要均衡的通道，再按下一个EQ按钮，之后为通道使用的均衡设定会显示在液晶显示屏（LCD）上，最后用按下一个按钮或旋动一个旋钮的方法来为该通道的均衡频率进行提升/衰减电平的调节。

由于调节均衡的按钮可以用于所有通道，所以数字调音台的控制部件比模拟调音台要少得多。一个旋钮或开关可以有多种功能，这就使数字调音台的操作要难些，因为对于某条特定的通道而言，不可能只用一个均衡钮来进行调节，而必须按下某些按钮之后才能执行均衡参数的设定。

有些型号的数字调音台带有液晶显示触摸屏，屏上显示带有小型均衡曲线、压缩曲线及虚拟辅助旋钮等推子层。要对某一通道进行均衡调节时，要找好均衡曲线，然后轻敲它，屏幕会放大该通道进行均衡设定时的显示图形，旋转触摸屏下方的编码器（旋钮），或将其置于液晶显示屏内，以便于进行参数调节。

数字调音台在其功能方面有各式各样的操作方法，所以必须熟读它们的使用手册。

有些数字调音台设有**层叠开关（层面开关）**，可以用来选择一批推子控制的通道。例如，某张调音台有16个推子，按下一次层面开关后，可使推子进入通道1-16，再次按下此开关后，推子将会进入通道17-32等。

一些数字调音台具有内置效果、记录至硬盘上的多声轨录音，以及一个刷新驱动用的USB端口，用于保存预置及混音等。

许多数字调音台能提供自动化混音。一种类型的自动化混音叫做**场景自动化**（**快照自动化**），按下快照按钮后，在调音台内的一个记忆电路立即取得一幅包括全部调音台设定的“快照（Snapshot）”，以便日后调用；另一种类型的自动化混音为**动态记忆自动化**，混音动作被存储在存储器内，可以在以后被调用。

在调用某条混音时，有些调音台会把那些推子移动到先前所设置的位置上，这一功能叫作**“飞行推子”**或“电机推子”。

数字调音台的主要功能（Digital Mixer Features）

当决定要购买数字调音台时，不妨查询一下下列的主要功能及配置。

■ 话筒的输入路数及输出母线的数量。

■ 数字输入和输出的数量及种类：S/PDIF、AES3、MADI、TDIF、光纤、USB及火线等，在第13章的“数字音频信号格式”一节中将会讲述这些标准。

■ 字时钟输入和输出（在第13章中会有解释）。

■ 可以把任何输入信号分配到任何通道上，或者把任何输出信号分配到任何输出母线上的路由分配部分。

■ 可选卡插口的数量及类型：额外的输入/输出（Extra I/O）、数字信号处理（DSP）、同步（Sync）、效果（Effects）、插件程序（Plug-Ins）等。

■ 效果处理器的数量。

■ 控制和/或备份用的USB接插件。

■ 使用的难易程度。

■ 是否具有快照或动态自动化功能。

■ 电机推子或非电机推子。

■ 是否有音调移调用的变速时钟。

■ 是否有环绕声监听。

■ 是否有带虚拟控制部件的触摸屏。

第13章 数字录音

（Digital Recording）

在1976年以前，大多数的音乐是被记录在模拟**磁带录音机**上的，它们将音频信号作为磁畴来记录，磁畴在强度上的上升及下降会产生与信号波形一样的变化，而数字录音机则是另外一回事，它是把音频信号作为许多1和0的数字编码来存储的。

当我们勇敢地进入数字音频世界，我们会大致了解数字录音的工作原理，探究2声轨数字录音机，以及了解多轨数字录音机，第14章将详细介绍计算机录音。

13.1 模拟与数字之间的差别（Differences between Analog and Digital）

模拟和数字录音机都可以精确地回放和输入信号一样的声音，但是它们之间有些微妙的差别。数字录音作品的数字信号由于几乎没有噪声或失真，所以通常称之为“干净”的录音作品。有些模拟磁带录音机则会在声音中加入少许的“温暖感”，这是由于它有轻微的三次谐波失真、**磁头的磨损**及磁带在高录音电平时的**压缩**。磁头磨损以后，由于较长波长的磁信号由磁带录音机的整个磁头拾取，而不只是由磁头的磁隙拾取，所以会提升低频信号。磁带的压缩是在高录音电平时因磁带的饱和而导致已录信号的音频压缩。

与模拟磁带录音机相比，数字录音作品几乎测不出嘶声、频率响应误差、**调制噪声**、失真、音高偏差及**复印效应**等。调制噪声是随着信号电平变化而变化的嘶声类噪声，复印效应是由于缠绕成盘型磁带中的某一圈与其相邻的前后两层磁带之间的磁场感应，留下的剩磁从而产生回声和预回声。不过这些缺陷在经过精心保养和调试下的最优良的模拟磁带录音机上已经几乎听不到，虽然老式数字录音机与模拟录音机相比有些刺耳的感觉，但是在每更新一代时都会得到改进。

与模拟磁带录音机相比，数字录音机及其介质更趋于小型化和低成本，它们可以定时记录信息，并且有**随机处理**的能力，允许快捷地查找录音作品的特定段落。

13.2 数字录音（Digital Recording）

数字录音并不是破坏了你的音乐。许多人有一种错觉，认为数字录音把音频信号切割成许多小薄片，使有些信号丢失，事实并非如此——数字录音可以捕捉并回放所有的模拟信号，下面将说明其缘由。

像模拟磁带录音机一样，数字录音机也是把音频存储到磁性媒体上，但它们使用的是不同的记录方法，下面介绍最常用的数字录音方法——**脉冲编码调制**或称之为**PCM**方式。

1．来自调音台、前置放大器或音频接口的信号（见图13.1（A））通过一个低通滤波器（**反折叠滤波器**）来运行，该滤波器切除20kHz以上的所有频率成分。

2．接着，被滤出的信号通过一个**模/数转换器**，**模/数**转换器在1s内测量（采样）音频波形的电压数万次（见图13.1（B））。

3．在每次测量波形时，产生一组二进制数字（由1和0组成），它代表了被测瞬间波形的电压值（见图13.1（C）），这个处理过程叫做**量化**，每个1和0叫做bit，由它们排成二进制数列，每次测量的比特数越多（**比特深度**越深），那么动态范围越大（本底噪声越低）。例如，24bit的录音制品要比16bit的录音制品具有更低的噪声。

4．这些二进制数以最大电平下的调制方波形式被存储在记录媒体上（见图13.1（D）），例如，这些二进制数字可以被存储在一张磁性硬盘上或作为电荷充入到SSD上。

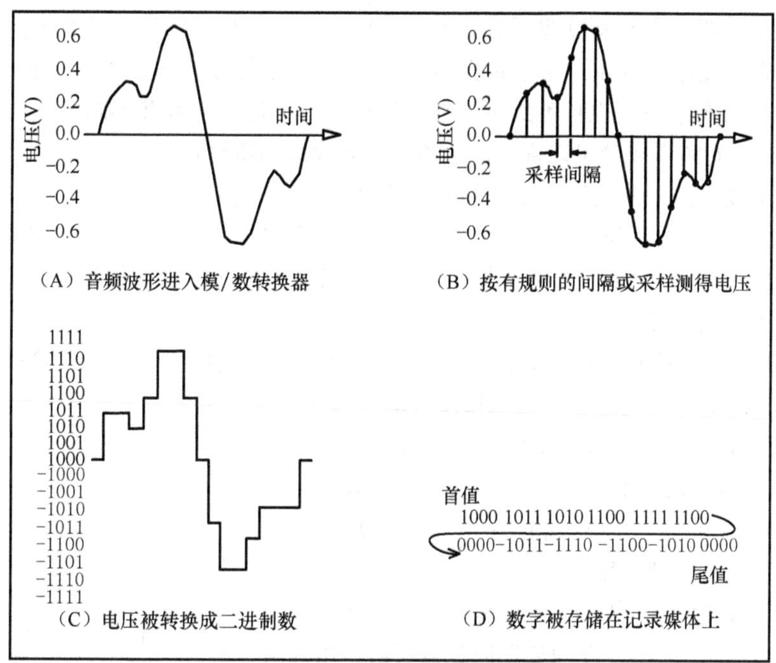

图13.1　从模拟至数字的转换

回放的过程正好相反。

1．二进制数字从记录媒体上读出（例如从硬盘上读出）（见图13.2（A））。

2．**数/模转换器**把数字信号转换成由电压级差形式组成的模拟信号（见图13.2（B））。

3．**反成像滤波器**（低通滤波器、平滑滤波器）把模拟信号内的级差加以平滑，将其结果还原成为初始的模拟信号（见图13.2（C））。

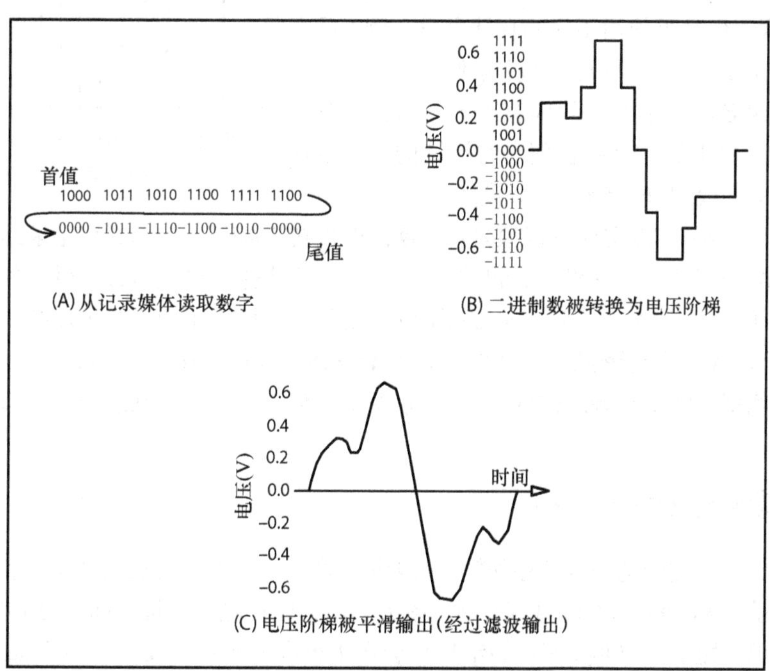

图13.2　数字至模拟的转换

用反成像滤波器可以重新获得采样之间的模拟波形的曲线或图形，什么也没有失去，数字录音制品并未碎片化你的音乐！把录音作品制成一张CD光盘时，在其过程中滤去了高于22kHz的信号，因为我们无论如何也听不到更高频率的声音（不过，有人并不同意这种做法，他们认为加入20kHz以上的频率成分可以提高已录声音和回放时的质量）。

作为一个类比，假如想复制一张圆形的木桌台面。

1．用一把尺子每隔1/4in便测量一次桌子的宽度（见图13.3（A）），这就像采样一样。

2．可以截取一捆同测量所得数值长度相同的木条，并把这些木条彼此相连，它们像楼梯一样由高到低依次排列（见图13.3（B））。

3．用锉锉掉木条圆弧边上参差不齐的边缘，使木条平滑地组合在一起，这就像反成像滤波器，恰好重现了原始木桌的形状（见图13.3（C））。

如上所述，数字录音可以降低噪声、失真、速度变化及数据误差等，由于数字回放磁头仅仅读出1和0数字，而对磁性介质的噪声和失真并不敏感。在记录和回放期间，那些数字是被读入**缓冲存储器**内，并以恒定的速率读出，这样可消除在读取旋转着的介质时的速度误差变化。在记录期间用里德-所罗门编码，在回放期间加以解码，用冗余数据的方法对失落的比特加以修正。

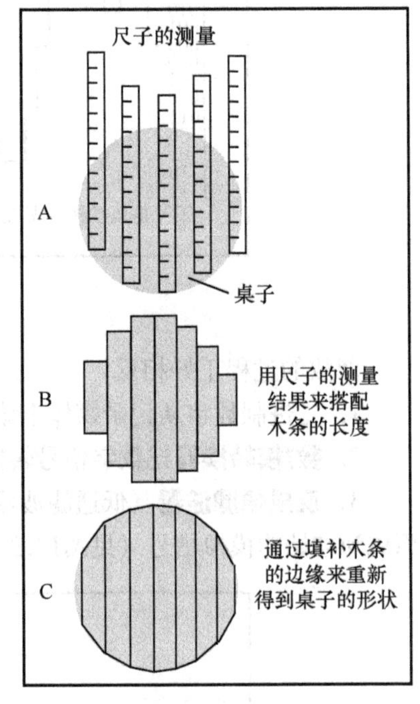

图13.3　一种数字录音与回放的模拟过程：用木条重新获得桌子的形状

如果是在一张擦伤的**CD盘**上作数字录音，那么会出现误差（采样丢失），这些误差通常可以用**内插法**来加以校正，这种算法会查找空白采样的前后数据，会“猜测”出应该是一个什么样的值。如果误差超过了校正的范围，结果会导致音频出现无声点或爆裂噪声。

几乎所有的数字录音设备都使用相同的模/数转换、数/模转换处理，但是可使用不同的存储介质，例如硬盘驱动器记录在磁性硬盘上，CD机和DVD录像机记录在一张光盘上，**闪存式录音机**记录在一片闪存卡上，采样器则记录在计算机的存储器上等。其中任何一种设备的声音质量，主要取决于它们的模/数转换器和数/模转换器。

数字音频以一种**WAV**文件或**音频内部交换文件格式（AIFF）的形式**被记录到计算机的硬盘上或SSD上，两种都是音频文件的标准格式，WAV文件被使用在个人计算机（PC）和苹果机上；AIFF是一种苹果机格式。两种格式都使用线性PCM编码，不使用数据压缩（将在第23章内解释）。两种WAV格式是**资源交换文件格式（Resource Interchange File Format，RIFF）**和**广播波形文件格式（Broadcast Wave）**，它们便于在数字音频工作站之间实现节目素材的内部交换。

13.2.1　比特深度（Bit Depth）

如前所述，音频信号是经过了每秒数万次测量后产生的一串二进制数［称为字（word）］。比特深度或**字长（word length）**越长，那么在录音时的噪声越小，每增加1bit到字长里，则可使噪声降低约6dB。短的字（例如8bit的字长）会产生很高的噪声，长的字（例如16bit以上的字长）只产生很低的噪声。在第4章有关信号的小节里曾讲到，保持低噪声也就意味着增加了动态范围，即增加了本底噪声与失真点之间信号电平的范围。

在上面所进行的木桌类比中，字长相当于尺子测量的精度，我们可以做1/8″、1/16″、1/32″等更精密的测量。

16bit的字长已足够用于高保真回放，它是目前CD盘的标准，大多数数字录音机提供24bit的字长。16bit的录音作品，理论上它的信号噪声比为96dB，24bit的录音作品的信号噪声比则为144dB。

24bit录音作品的主要优点是对录音电平的要求不太严格，可把其录音电平设定得较低些而使之留有额外的动态余量。一个16bit录音作品在24bit的电平表刻度为-48dBFS，所以24bit的录音作品能具有更宽范围的、可利用的录音电平。例如，可以把被录信号的峰值定在-12dBFS，仍能得到干净的录音作品。24bit的录音作品常用于实况音乐会的录音格式，因为在那种场合，信号电平经常是不可预测的。

即使CD采用16bit格式，但它们用24bit完成的录音作品会使声音更好。在母带制作期间，可把**比特补偿器（低电平噪声）**加入到24bit录音作品中，然后把它作为16bit录音作品加以导出或保存。可把16bit录音作品拷贝到CD上，比特补偿器能使16bit的录音作品发出更像24bit录音作品的声音，换句话说，即使录音作品最终刻录到16bit的CD上，比特补偿器仍可以保留在24bit录音时的大部分低噪声。稍后将在本章中讲解比特补偿器。

假如用24bit的字长进行录音，那么录音作品中所有的信号电平都有24bit的**分辨率**，即使低电平信号使用了全部的比特——但是大多数的比特是在零状态。

字长是指数字音频信号，在32bit或64bit下的数字信号处理是指计算机的数学运算，这两个概念是互不相关的。

13.2.2 采样率（Sampling Rate）

采样率或**采样频率**是模/数转换器采样时或在录音期间对模拟信号测量时的速率，例如，一个48kHz的采样率就是每秒钟有48 000个采样，即声音在每秒钟内发生48 000次测量。采样率越高，那么录音作品的频率响应越宽广。

在上面所进行的木桌类比中，采样率相当于切割组成桌子的木条数量，如果每次用1/2″的跨度来测量桌子时，那就好比使用了低采样率；如果每次用1/8″的跨度来测量桌子时，那就好比使用了高采样率。

用于高质量音频的采样率可以为44.1kHz、48kHz、88.2kHz、96kHz或192kHz。CD质量为44.1kHz/16bit，96kHz的采样率可以应用在DVD上。最顶级的格式包括352.8kHz/24bit的数字极高分辨率（DXD），还有用192kHz/24bit的超级音频CD（SACD）和线性PCM等格式（也有人更喜欢用96kHz/24bit采样率）。

对于某些信号源来说，采样率越高，则声音越柔顺、透明，但是需要更大的磁盘存储空间及更快的硬盘驱动。一项发表在2007年9月的《声学工程学会学报》上的研究报告指出，高于44.1kHz的采样率不可能产生明显可闻的改善。

数字录音基于奈奎斯特-香农（Nyquist-Shannon）定理，它规定采样率的一半为**“奈奎斯特频率”**，如果采样率为44.1kHz，则奈奎斯特频率为22.05kHz。

该定理证明了如果信号中的最高频率低于奈奎斯特频率，那么原始的模拟信号可以从采样中被精确地重建，当原始信号被发送至一个低通（高切）滤波器后，即可消除奈奎斯特频率以上的频率成分。

如果模拟信号未经滤波，将出现**折叠**现象：高于奈奎斯特频率以上的高频成分将以较低的频率成分出现。换句话说，不可闻的超音频成分被转换成可闻的声音，这就是需要用反折叠滤波器的原因。

如果它们通过模拟信号事前对奈奎斯特频率的低通滤波进行采样，那么只有一种波形可以通过采样点，即只能通过原始模拟波形。显示了一些采样点及通过它们之后的波形如图13.1（B）所示。

有些早期数字录音机的刺耳感觉并不是因为切割信号，真正的原因是反折叠和反成像滤波器有过多的相位差。现在这些滤波器已经有了很大的改进，所以目前的数字音频通常更柔和并且与模拟音频更相似。

目前的模/数转换器和数/模转换器为改善声音而使用了一种被称为**过采样**的处理，过采样是一种在比需要回放信号中最高频率还要高的速率下对音频信号进行的采样。例如，在44.1kHz的8倍下对一个20kHz音频信号的采样被称为"8倍过采样"，这一过程是由一个数字低通滤波器和一个具有和缓斜率的模拟反折叠滤波器来完成的，其结果要比单独使用一个陡峭的、**"砖墙"**式的模拟滤波器具有更少的相位差和更小的刺耳感觉。

概括地说，一个数字音频系统对模拟信号进行每秒数万次的采样，以及对每个采样加以量化（分配一个数值）。采样率影响高频响应，比特深度影响动态范围及录音电平的灵活性。

在数字传输方面，一个立体声节目的两个声道采用**多路复用传输方式（交叉方式），即**来自声道1的一个字跟随着声道2的一个字，声道2的一个字又跟随声道1的一个字，以此类推。

13.2.3 数据速率和存储需求量（Data Rate and Storage Requirements）

数字音频的数据速率（每秒钟的字节数）可用下式计算：

比特深度/8×采样率×声轨数。

其得数除以1048 576以后得到每秒兆字节（MB/s）数。例如，一个24bit/44.1kHz、16声轨单声道记录的数据速率应为：

(24/8×44 100×16) /1 048 576 = 2MB/s。

把数字音频记录到硬盘上去的时候，需要占用大量空间，其存储的需求量可通过下式计算：

比特深度/8×采样率×声轨数×60×分钟数

其得数除以1 048 576以后得到兆字节（MB）单位，再除以1024得到千兆字节（GB）单位。例如，假如要在24bit/44.1kHz、16声轨的条件下录一场时间长达2h的音乐会，那么所需要的硬盘空间容量应为：

(24/8×44 100×16×60×120) /1 048 576 = 14 534.9MB或14.2GB。

注意，工作系统在磁盘驱动器的容量比实际可占用容量低7%时会出示报告。

在第14章"计算机录音"的表14.1中列出了1h录音所需的存储总量。

13.2.4 数字录音电平（Digital Recording Level）

在数字录音机内，录音电平表是一种峰值读数的数字表（见图13.4），它由LED、LCD或像素制成的显示屏，在其顶端的读数为0dBFS（FS意为满刻度）。在一台16bit的数字录音机内，0dBFS表示全部16bit在波形的峰顶时都接通；在24bit的数字录音机内，0dBFS则表示全部24bit在波形的峰顶时都接通。

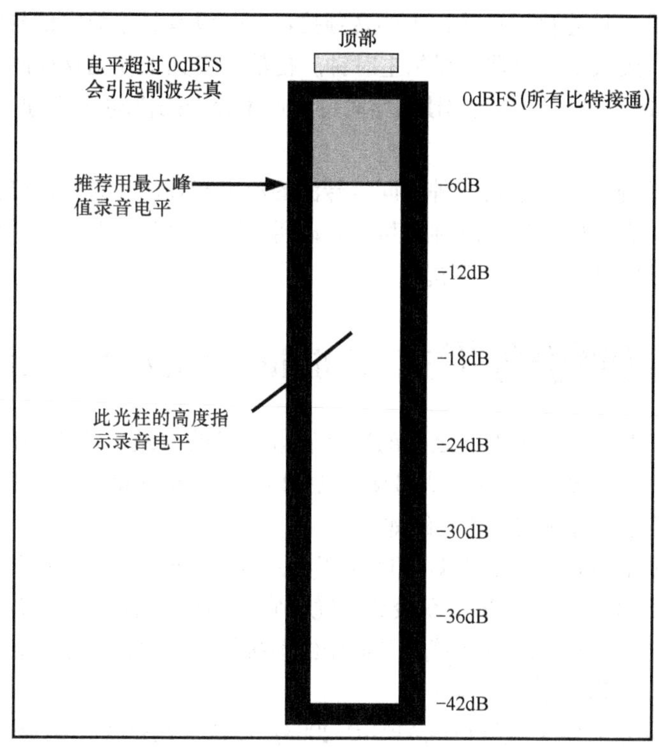

图13.4　数字录音电平表

过载（OVER）指示意为输入电平超过了产生0dBFS所需的电压，也意味着在输出的模拟信号波形上有某些短时间的削波，这种削波会导致失真。有些制造商在校正他们的表头时将0dBFS时的量化比特数设置为稍低于16bit或24bit的数值，这样可增加一些动态余量。在设定录音电平时，一种常用的方法是在音量最大值对准-6dB，这样可使音量在不可预期的峰值到来时不超过0dBFS。如果正在进行24bit录音，那么这时候的录音电平不会太临界，因为一个16bit的信号正位于-48dBFS处：所以用24bit录音的主要优点是在设定录音电平时有很大的回旋余地，例如，在进行实况录音时设定录音电平的最大值为-10dBFS或-20dBFS，那么可以应对突发大音量的意外情况。

13.3　时钟（The Clock）

每一台数字音频设备都有它的**时钟**或内部振荡器用于采样的定时设定。时钟信号是运行在采样率下的一系列脉冲，当把数字音频从一台设备转移到另一台设备的时候，它们的时钟必须同步，有一台设备必须提供**主时钟**，而另一台设备则应作为**子时钟**，子机设备跟随着主机设备运行的速率。这些时钟信号都嵌入在它的数字信号内，来自独立的线路或来自作为一种字时钟信号的接插件。

如果手头有数字设备或数字音频工作站，找到可以选择时钟信号源的开关或软件菜单，它们有3种选项，分别为内部时钟、外部时钟和字时钟。

内部时钟是模/数转换器的时钟，像在音频接口内的时钟；**外部时钟**（也称为数字输入）是被嵌入在另外设备的数字音频信号内的时钟信号；**字时钟**是一根带有定时信号的独立线缆。

如果录音系统是一种连接到计算机上的音频接口——没有其他数字信号源——那么接口从它的USB、雷电接口或火线端口那里提供主时钟。把数字音频工作站软件的时钟设定到音频接口或“音频”（Audio）上，这样比起使用字时钟时产生较少的抖动（抖动将会在本章的13.7节“抖动”中解释）。

在大型录音系统内，要对来自各种不同信号源的数字音频信号进行混音或组合，使用专用的主时钟较为有利，它产生一种字时钟信号来驱动所有数字设备的时钟，并使它们保持同步。小型录音棚就没有必要用字时钟来工作。

13.4 数字音频信号格式（Digital Audio Signal Formats）

共有8种主要格式用于各种设备之间的数字音频信号的传送，分别为AES3、MADI、S/PDIF、ADAT光导管、TDIF、火线、USB及雷电接口，所有格式都可用单根线缆在数字输出与数字输入之间加以连接，每种格式的介绍如下。

- AES3（也称作AES/EBU或IEC-60958 Type Ⅰ）：2声道数字音频传输用专业格式，使用端接卡侬头的平衡110Ω阻抗的屏蔽双绞线线缆。它与话筒线不同，一根AES3线缆的长度允许最长为100m，AES3id使用75Ω同轴线缆及同轴线缆接插件（BNC）插头，其运行长度可长达1 000m。每对声道只需用一个AES3接口。
- MADI（多声道数字音频接口或AES10-2003）：这是在75Ω同轴线缆或光缆上传输28、56或64路高达24bit/96kHz数字信号的专业格式，它经常用于大型混音调音台与数字多声轨录音机之间的链接，线缆最长允许达3 000m。
- S/PDIF（索尼/飞利浦数字接口，也叫做IRC-0958 TypeⅡ）：这是2声道用户专用格式或半专业格式。使用端接RCA或BNC接插件的单根75Ω阻抗同轴线缆，最长允许长度为10m，或使用端接Toslink接插件的光缆。光端接口要避免接地回路及光缆损失。
- ADAT光导管：这是Alesis ADAT数字多轨录音机所使用的一种光导管，在单根端接Toslink接插件的光缆上发送8通道的数字音频，每8条通路的传输只要使用一根独立光缆。数据的传输最高可达24bit/48kHz。使用24bit/96kHz时，通道数量减半。一个名为s/mux光导管扩展协议（用于采样多路复用）允许在一根光缆上传输4声道96kHz采样频率或2声道192kHz采样频率的数字信号。
- Tascam TDIF（Tascam数字接口）：这是Tascam牌子的DA-88型或类似的模块式多声轨数字录音机使用端接标准的DB-25接插件的多芯线缆接口，TDIF在单根线缆上发送8通道的数字音频输入和输出，允许使用的线缆长度不能超过5m。
- **火线**（IEEE 1394）、**USB**（多用途串行母线）及**雷电接口**是在计算机与一种例如硬盘、USB驱动盘、MIDI接口或音频接口等外部设备之间进行高速串行数据传输用的标准Mac/PC协议，详细信息将在第14章中“音频接口”一节内讲述。

AES3、S/PDIF和ADAT光导管是自给时钟系统，时钟被嵌入在信号内并标有每一个采样的起始时间，MADI、TDIF和ADAT在独立的接插件或线缆上同步传送独立的字时钟信号。注意，火线及USB信号没有时钟信息，它们在接收设备上被再生时钟。

信号格式的转换（Converting Signal Formats）

AES和S/PDIF的信号大致相似，但不一定兼容。可以用**格式转换器**对它们进行转换，有些

声卡和数字调音台可以实现这种转换，光导管和TDIF信号也可方便地进行转换。

有些数字音频设备不能正确地运行AES或S/PDIF格式信号，因此它们不能与一些其他设备连接在一起工作。

13.5　数字音频网络化格式（Digital Audio Networking Formats）

数字音频网络是一种多台数字音频设备之间的连接系统。例如，扩声调音位的混音调音台可用网络连接到一张舞台监听调音台，计算机通过网络能控制远距离的功率放大器并把数字音频发送给它们，众多通路的数字音频可以通过单条**以太网**线缆（如CAT5）发送，从而可以替代庞大而笨重的多芯线缆和模拟音频线路连接。

小型录音棚无需用数字音频网络工作，不过如果在实况演出时用数字调音台来进行录音，了解一点这方面的知识会有所帮助。

一些有关网络的格式或协议包括MADI，AES10，**Audio Video Bridging (AVB)**，**Dante**，**RAVENNA**，**Livewire**，**Q-Lan**，**DiGiGrid SoundGrid**，CobraNet，Ethersound by Digigram，Reac by Roland，SoundGrid by Waves Audio，RockNet以及 AES 50等。

音频通过IP（Audio over IP，AoIP）：IP意为互联网协议（Internet Protocol），IP网络上的流媒体音频越来越受到广播从业者和其他业界从业者的欢迎，它允许通过IP网络，通常是在互联网上传输高质量的音频。IP上的音频可以从一个遥控的广播电台到主播音室，或者在录音棚/发射台之间的连接中使用。

AES67是IP网络音频的标准，它由音频工程师协会开发，兼容多种基于IP的音频网络系统，例如RAVENNA、Livewire、Q-LAN、AVB和Dante等。

在音乐演出场所内，通常选择**以太网音频（AoE）**，它提供高保真的音频输送，且无需通过以太网线缆进行数据压缩。

13.6　比特补偿器（Dither）

所有的数字设备端口都可以在24bit运行，但如果在终端接有一台16bit的CD机时，它必须使用16bit字长。当把24bit音频文件作为一个16bit文件保存后再转移到CD上的时候，那么最后的8bit是被**截短**或被切除了的，结果可能会导致一种在很低电平时出现的颗粒状静电噪声，这种失真，可以用加入低电平的随机噪声（比特补偿）到信号中去的方法来克服。解释如下。

24bit的分辨率可以抓住音乐节目中最为安静的部分，例如一种长长的音乐淡出和混响的结尾等那种极低电平的信号。但是这种信号被截短到16bit后，可以使这些低电平的信号发出颗粒状的或模糊的声音，这是因为16bit与24bit相比，对模拟波形的测量精确度要低些。这种模糊的声音，被称为**量化失真**，但是在正常的高电平时是不存在的。

为什么会引起这种失真呢？每个数字化的字都是由一定数量的比特来组成，在量化期间，A/D转换器分配尽可能靠近的数字号码来代表每次采样的测量电压。末位或是最右位的比特［最低有效位（Least Significant Bit，LSB）］开关的打开或关闭取决于转换器围绕这一个字的值是上升还是下降。如果在16bit内出现开关，那么在安静的段落期间，可能会出现轻微的但是可闻的模糊噪声。

也就是说，24bit的录音在最低位8bit内有可能出现256种电平，但是信号被截短到16bit之后，就失去了分辨的能力。

为解决这一问题，在由24bit被截短到16bit之前，用一种比特补偿的措施，把一种随机的噪声（一些随机的1和0）加入到24bit信号中最低位8bit（大约–100dB）上。这一噪声用一些24bit的信息（17～24位bit）以**脉冲-密度调制（Pulse-Density Modulation）**的方式对第16位bit进行调制，被调制方波的平均值由一个低通滤波器来恢复。这样大部分24bit的声音质量会得到复原，而量化失真被改变为一些轻微的嘶嘶声。

要使被加入的嘶嘶声不明显，可使用**噪声整形**的方法。噪声整形是把一个过采样滤波器加到噪声上，能降低人耳最敏感的中频段内的噪声电平，且只增加了人耳很少可以听得到的噪声中的高频段电平。

与一个被截短了的信号相比，被截短后并经过比特补偿后（Truncated-And-Dithered）的信号听起来会稍微清晰、透明一些，淡出声和混响的尾声较为柔和些，并具有更多声音上的细节和纵深感，本底噪声以下的信号仍能清晰可闻。

当需要把一个高比特深度的信号源转换到16bit的CD格式时，为得到最佳的声音质量，只要使用一次比特补偿器（Dither）即可。例如，在24bit下录音，之后在整个录音阶段加以保持，不要在已经做过比特补偿的素材上再给予比特补偿——要关闭任何的比特补偿。只有在把立体声混音输出到16bit时，作为最后一个步骤时才加入比特补偿。

要审听比特补偿的效果，开始用一首干净的24bit的录音作品，在剪辑软件内降低电平50dB，并把它作为一个16bit文件导出。有3种导出的方式：不带比特补偿器、带比特补偿器及带加入噪声整形的比特补偿器。接着，把导出的录音内容归一化，使最高的信号峰值电平达到0dBFS。然后用耳机在高电平下审听16bit文件的结果，比较处理过程并审听哪一种方式的声音最佳。通常情况下，被截短后未加比特补偿器的信号会伴有剧烈的颗粒状噪声，而被截短并经过比特补偿后的信号仅伴有轻微平静的嘶嘶声或很寂静。

使用优良的比特补偿算法时，在被转换成16bit后，信号有可能保持大部分24bit的质量（超低失真、优美的细节及环境声）。有一种系统为源自Power-r Consortium LLC的POW-r™心理声学最佳优化字长降低算法（Psychoacoustically Optimized Word-Length Reduction Algorithm），它可把高分辨率、较长的字长（20～32bit）降低到一种CD标准、16bit格式，而仍可保持高分辨率录音的清晰度和透明度。换句话说，16bit CD所发出的声音像初始的24bit的录音一样好。

13.7 抖动（Jitter）

精确的模/数转换和数/模转换依靠时钟在相等的时间间隔内对模拟信号进行精确地采样，**抖动**是由于在模/数转换和数/模转换时不稳定的定时采样而产生。采样时间之间的任何变化，即使是纳秒（ns）的变化，也能产生幅度误差——一些音频波形形状上的微小变化——都会引起在声音上的轻微遮掩（低电平失真或噪声）。一些研究人员指出，低于50～500ps的抖动被认为是听不见的。

在模/数转换和数/模转换期间，产生抖动的一种原因是在录音系统内有模拟噪声和串音，它们影响了时钟的开关时间和开关阈值，从而导致时钟的频率调制。

不适当的数字线缆也会引起抖动，因为那些线缆会拾取交流哼声和噪声，并导致相位差和高频衰减，这些都会降低数字信号的定时精度。不过，AES3和光导管接口能够处理大量的定时量上的变化，所以线缆所导致的抖动几乎不成问题。

理论上，由于火线和USB是无时钟系统，因而在通过它们的实时数据发送期间是不会出现抖动的，换句话说，火线和USB的连接不会导致它们自身的抖动。火线数据的传输是**“等时的”**，这意味着这些数据必须以某一最小数据率被递送。数字音频和视频信号的数据流要求等时的数据流动，以确保音频数据在被递送时要与它们被回放和被记录时的数据率一样快。

然而它们有一个潜在的问题，部分火线和USB的信号为同步信息包。火线和USB的接口会在这些信息的定时上有轻微的变化，这样，在接收设备提取带有锁相环（PLL）的时钟时，有可能出现抖动。

减少抖动的方法如下。

■ 使用低抖动指标（在50ps以下）的高质量的时钟信号源，有些音频接口和A/D转换器专门进行了减少抖动的设计，并通常把锁相环包括在内。

■ 使用为数字信号设计的高质量的屏蔽完善的数字线缆，并尽可能使用较短的线缆。不要对AES3使用话筒线缆，对S/PDIF不要使用家用型高保真音响线缆。

■ 模拟和数字线缆要分开连线。

■ 用音频接口或A/D转换器作为主时钟，不要用外接的时钟信号源来驱动主设备。

13.8 数字的传输和拷贝（Digital Transfers and Copies）

一台设备以实时方式把数字音频信号发送到另一台设备上去，这叫做**数字传输**。两台设备必须设定相同的采样频率，否则数据就无法传输。发送设备通常为主机，而接收设备则为子机，把主机设备的时钟设定在内部时钟（Internal Clock）方式，并把子机设备的时钟设定在外部时钟（External Clock）方式，或者把子机设备的时钟信号源设定到主机设备的时钟信号源上。

数字传输的字长（比特的数量）不太重要，只要把两台设备处理为相同的数字格式（AES、S/PDIF等），那么任何字长的传输都可以进行。

也可以把较低比特的信号发送到较高比特的设备，例如，可以把一台CD播放机上的16bit信号发送到一张24bit的数字调音台上去，调音台将会把更多的0加入到字节中去，而不会影响声音质量。

如果要发送一个24bit的信号到16bit的录音机上去，那么最后的8bit将会被截短或被切除，信号将会在两台设备之间传输。但是截短会附加轻微的失真，这种失真可以采取在截短前加入比特补偿器——低电平噪声——进入到信号中去的方法来降低失真。所以最好要求尽可能地把字长保持在与录音任务中的字长相同，在降低字长之前需使用比特补偿器，只有这样做才可降低失真。

拷贝一个WAV文件、AIFF文件或者是经过压缩后的文件，这种拷贝是原始文件的完美克隆，文件的传输要比信号的实时回放快得多。

无瑕疵的文件拷贝可使用以下一些方法。

■ 在计算机内部从一个硬盘位置拷贝到另一个位置。

■ 从一台计算机的硬盘上拷贝到另一台计算机的硬盘上。

■ 经由以太网、USB、火线、雷电接口或互联网进行拷贝。

■ 计算机之间经由USB存储盘的拷贝。

13.9 2声轨数字录音机（2-Track Digital Recorders）

前面已对数字录音进行了综述，现对数字录音机进行有关介绍。数字录音机通常有2声轨格式与多声轨格式两种，2声轨数字录音机的格式有以下几种。

- CD-R录音机（CD刻录机）。
- 闪存式录音机（手持式SD录音机）。
- 运行录音应用程序的移动设备（苹果iOS设备或安卓设备）（在第5章中有介绍）。

以下将逐一介绍，无论使用哪一种格式，它们的声音质量仅取决于模/数转换器及话筒前置放大器（如果有的话）的质量。

13.9.1 可刻录CD光盘［CD Recordable(CD-R)］

数字录音的一种形式是在自己的计算机上使用一张可刻录CD光盘，可以用一台CD-R录音机来刻录一张CD光盘，CD-R录音机通常被内置在计算机内，CD-R录音机的声音质量符合或超过CD标准。

CD-R意为可刻录的CD光盘，它是一次性写入（无法消除）格式的光学介质。CD-RW意为可再次写入的CD光盘，可以将已录内容擦除后再次录入新的内容。

如何使用CD-R格式？可以为自己的乐队制作演示CD，或者为客户制作一次性的立体声混音，用CD-R作为预录母带送到CD制造商处。另一种功能是汇编音乐制作、采样和音响效果的声音资料库。除了录制音频、CD-R之外，还可以存储像WAV、AIFF或MP3文件之类的数据文件，并将它们发送到别的录音棚。如果细心处理和储存，CD格式是一种可靠的存储媒体，所以这是一种很好的录音作品存档方式。

计算机CD-R录音机（Computer CD-R Recorder）

CD-R录音机可以记录音频或计算机数据。光盘的时长为74min（650MB）或80min（700MB），如果计算机和硬盘驱动器有足够快的速度，有些光盘允许以52倍的速度来进行刻录。

CD-R录音机也需要有一个CD录音程序，通常与录音机或计算机打包在一起。如果不使用该程序，那么也可使用你更喜欢的程序，但必须确保使用的程序要与CD-R录音机兼容。多档驱动的CD-R录音机可以立刻记录或拷贝数张CD光盘。

根据CD-R制造商的说法，如果小心处理，CD-R的预期寿命为70～100年，CD-RW的预期寿命约为25年。要避免阳光照射和高温环境存放，一定不能用圆珠笔或铅笔在CD盘的标签面上写字，那样会损坏CD，而只能使用例如Sharpie CD/DVD marker那样的软性的水基毡尖笔来书写。要让CD盘垂直存放并把它们保存在盒子内，要避免使用标签，因为粘着剂会侵蚀CD的塑料保护层，纸张会随着时间的推移而变形。

如果想要在声轨之间没有暂停（就像在制作实况专辑那样），可以使用一些软件，把**暂停长度**调整为零。使用NCH软件的快速刻录CD就是一个例子，它把CD上的所有声轨设定为相同的暂停长度。另一种选项是使用具有PQ码编辑的专业软件，该软件可以让你设定每一首歌曲的开始时间。

计算机CD-R录音机的使用相关内容将在第20章进行介绍。

13.9.2　手持式闪存录音机（Handheld Flash Memory Recorder）

这是一款便携式2声轨数字录音机，它记录在闪存卡上，例如小型闪存卡或安全数字（SD）卡（见图13.5）。它记录MP3或未经压缩的PCM WAV文件（一种CD质量或更好的质量的格式），可以通过一条USB线缆把已录文件拷贝到计算机硬盘上。

可利用的接插件有卡侬头、大三芯或小三芯插头，对话筒可供或断开48V幻象电源。

采样率有选项（44.1～96kHz），电池寿命（4～19h），电池类型（碱锰电池、锂电池或镍氢电池），可充电或标准电池，存储器容量（高达32GB），USB版本（2或3），话筒（内置或外接）及额外的功能如吉他调谐器、歌声删除、变调、叠录及对计算机的实时音频接口连接等。

2声轨数字录音机型号的例子已在第5章的“便携式2声轨录音机”中介绍过。

图13.5　Zoom H4n闪存式录音机

13.10　多轨数字录音机（Multitrack Digital Recorders）

我们了解了2声轨数字录音机之后，接着介绍一些多轨数字录音机。

- 计算机数字音频工作站
- 硬盘录音机、SSD录音机、USB录音机或SD卡录音机
- 录音机-调音台

13.10.1　计算机数字音频工作站（Computer DAW）

这是一种运行录音软件的计算机及连接音频进出计算机的音频接口。数字音频工作站允许全部以数字音频方式进行录音、剪辑以及多声轨的混音，它能够把数小时的数字音频或MIDI数据存储到计算机的硬盘或SSD上，在计算机的监视屏上能用极高的精度来剪辑那些声轨。此外，还能加入数字效果并执行自动缩混，这些将会在第14、15和16章中加以详细描述。

13.10.2　硬盘录音机［Hard-Disk（HD）Recorder］，固态硬盘录音机（SSD Recorder），USB录音机（USB Recorder）或SD卡录音机（SD Card Recorder）

这类多轨数字录音机已在第5章的“独立的多轨录音机和调音台”小节中介绍过，不同类型的录音机把信号记录在不同的介质上。

13.10.3　录音机-调音台（数字个人录音室）［Recorder-Mixer (Digital Personal Studio)］

这种设备也在第5章的“多轨数字录音机（录音机-调音台）”小节中解释过，图13.6是这种设备的例子，它的一些功能特点如下。

- 模拟输入和输出的类型：平衡卡侬型或TRS大三芯插头座的话筒接插件要优于非平衡TS两芯接插件，平衡式连接可以连接较长的话筒线缆而不会拾取交流哼声。
- 数字输入和输出的类型：S/PDIF是常见的格式之一。

■ 话筒输入的数量：2支及以上，如果同时为整个乐队或套鼓录音，将至少需要8支话筒，这样需要寻求8套卡侬型接插件。

■ 调音台通道的数量：需要8通道或以上。

■ 声轨数量：4～36声轨。声轨数越多，可供越多的乐器和人声被记录到各自的声轨上。

■ 可以被同时记录的声轨数量：8～24条声轨，如果想要同时为整个乐队录音，那就需要在同一时间记录许多声轨。

■ 模拟至数字转换器的比特深度：16～24bit，比特数越多，则声音质量越高。

■ 模拟至数字转换器的采样率：44.1～96kHz，采样率越高，声音质量也越高，但是44.1kHz采样率的声音质量已经足以满足录制CD的任务要求。最新的设备用24bit分辨率在高达96kHz的采样率下录音，有些24bit、24声轨的节目在44.1kHz和48kHz的采样率下录音，24bit、12声轨的录音作品在88.2kHz和96kHz的采样率下录音。

图13.6 TASCAM DP-3——一个数字个人录音室的例子

■ 内置数字效果的数量：最多8种立体声效果或16种单声道效果，例如混响、回声、镶边声、合唱及压缩等效果，那些效果为录音作品增添了音乐上的兴奋度和专业格调。有些录音机-调音台带有可接收并下载插件程序效果的扩展卡。

■ 均衡的类型：2个或3个频段，固定或参数均衡。EQ意为音质控制，2频段均衡只调节低音和高音，3频段可调节低音、中音和高音。固定频率均衡比参数或扫频均衡的灵活性要差，后者可以随意调节所需均衡的频率范围。

■ 幻象电源供电容话筒使用。

■ 背光式液晶显示屏（越大越好）带有波形显示。

■ 内置CD-R录音机。

■ 内置话筒。

■ 可经由USB将录音作品备份或传输到计算机上。

■ 数据压缩：录音作品可以用MP3格式，也可用WAV格式制成，WAV格式文件具有更高的声音质量，可以作为首选。

■ 脚踏开关：可在演奏乐器时用脚踏开关控制进入录音状态（插入补录），可以消去先前错误的乐句。

■ 音高控制：调节录音速度的快慢，使已录声轨的音高与即将要录制新乐器的音高相适配。

■ 备份选项：**可移动硬盘**或CD-R录音机。

■ 重做等级：最高达1 000。此**重做**功能可以重做刚才所完成的剪辑变更，如果不喜欢所剪辑的声音，只要按下重做（Undo）键，即可返回到剪辑开始变更之前的状态。

■ 查找点的数量：最高达1 000。某个**查找点**是在录音时用时间来表示的点，这样在录音之后，录音机可以加以存储和查找。例如，可以在一首歌曲的开始处记下一个时间记号，只要按下一个按钮，就可以立刻从所记记号的位置开始运行。

■ **搜索轮**可以使节目内容慢速前进或后退播放，便于找到某个剪辑点。

■ **遥控**。

■ **自动混音**：在多轨录音机内硬盘或存储器上的录音记忆着歌曲的混音设定和混音变量，在以后重新回放这首歌曲时，调音台可以自动地恢复到当时的那些设定上去。

■ **剪辑**（删除或粘贴等）：在剪辑时可以做所有与歌曲安排有关的事情，可以删除不想保留的歌曲中的某一部分，给鼓声部分设定一个循环，以使鼓声连续循环或者把某段合唱拷贝到一首歌曲中的某几个入点上去等。

■ 接入到计算机监视屏幕上的视频输出：在剪辑期间，如果可以把一台大型监视器接入到多轨录音机上去，那么就可以极为容易地观察到声音波形中的那些细节。

■ 母带制作工具和CD刻录能力：在进行母带制作时，可以编制歌曲混音的播放清单，以此可获得一张歌曲专辑。有些多轨录音机还包括一些程序，这些程序可以在外接的或内置的CD-R录音机上为你的歌曲混音进行刻录。

■ **虚拟声轨**的数量（相同乐器单独录音的遍数）：8条声轨或以上。

虚拟声轨是在随机存取介质上，对单遍或单一乐器演奏的一条通道上的录音。大多数随机存取录音机可以记录数条虚拟声轨或者数遍单一乐器的演奏，然后在缩混期间可以选择你想听那一遍的录音。例如，假如你有一台16轨硬盘录音机，可以在硬盘上记录8条或以上的人声的虚拟声轨（遍数），然后在缩混期间，可在16条声轨中选择你所需要的那一遍的声轨来进行回放。有些录音机在回放期间可以设置去选择部分不同的虚拟声轨——进行被称为汇编的处理。例如，在歌词段落期间回放人声的第15遍，在合唱段期间回放人声第3遍等。

换句话说，可以联合几条虚拟声轨或遍数，来制作成一条单独的“真实的”声轨，可以同时播放8条声轨，以此来选择在每条声轨上回放的某一条虚拟声轨（或遍数）。例如，可以为吉他独奏进行数遍的录音——每一遍都保留下来——然后在缩混期间选择演奏得最好的那一遍加以缩混，也可以创作一条合成声轨，它是从所录得的几遍中的最好部分的内容来合成的。所有的硬盘录音机-调音台都可以记录多条虚拟声轨。

13.10.4　3种多轨录音系统的优缺点（Pros and Cons of Three Multitrack Recording Systems）

以下分别比较硬盘录音机、录音机-调音台及计算机数字音频工作站的优缺点。

分立式调音台和多轨录音机（Separate Mixer and Multitrack Recorder）

优点如下。

■ 录音机可以携带——特别适用于现场录音。

■ 可以用真实的推子和旋钮，而不用鼠标。

■ 可把音频数据送到计算机上进行剪辑，也可使用它们自己的剪辑固件（firmware）。

■ 稳定性：比起计算机录音系统有较少出现崩溃的可能，这是在进行现场录音及录音棚录音时的一大优点。

■ 调音台可方便地为监听和提示混音进行设置。

缺点如下。

■ 如果想进行自动化混音，则需要把所有声轨传输到一台数字音频工作站上。

■ 如果用硬件调音台进行混音，而不用计算机混音，那么还需要用一些硬件效果器。

■ 缺少计算机录音系统的一些优点。

录音机-调音台（Recorder-Mixer）

优点如下。

■ 容易使用并可携带，适宜现场录音应用。

■ 操作简单，无须计算机、外部的多轨录音机或外部效果设备。

■ 与计算机录音系统相比有较少出现崩溃的可能。

■ 可把音频数据输出到计算机上进行剪辑，也可使用它们自己的剪辑固件。

■ 一体化的系统：录音机与计算机之间或调音台与效果器之间不需要外接的线缆。

■ 低价格的CD备份。

■ 有些型号可进行自动化混音。

缺点如下。

■ 缺少计算机录音系统的一些优点。

■ 与录音软件相比可靠性更低，不能被升级，不过有些录音机-调音台具有扩展卡，通过此卡接收可下载的插件程序。

■ 可能需要把数据拷贝到计算机上用来做更精细的剪辑和插件程序。

■ 对初学者来说，要掌握这种高端的设备可能非常困难。

■ 在较小的液晶显示屏上进行剪辑时较为困难。

计算机录音机系统（数字音频工作站）［Computer Recording System(DAW)］

优点如下。

■ 如果已经拥有了一台快速计算机（顶级版本Pro Tools系统除外），那么所需其他设备器材的成本较低，软件效果（插件程序）的价格要比硬件效果器低得多。

■ 具有灵活性（由于软件可更新及插件程序可以下载）。

■ 所有的设备器件被安装在一个机箱内。调音台、录音机、效果器及CD-R录音机等都在计算机内，只需要极少的连接线缆。

■ 可快速地把文件备份到CD或外接的硬盘上。

■ 可执行自动化混音。

■ 当要停止某项任务时，计算机会记忆调音台上所有的设置、插件程序及剪辑点，在以后很容易调用（召回）该任务。

■ 可进行复杂的剪辑。

■ 可以把一些声轨直接录入计算机上，在进行剪辑及母带合成之前，不需要把外部的录音作品拷贝到计算机上。

■ 用观看屏幕上那些声轨的方法，很容易找到歌曲的某些段落。

缺点如下。

■ 计算机可能会出现崩溃现象。

■ 不如录音机-调音台那样操作方便，但控制器界面有助于简化操作。

■ 除非用笔记本电脑系统，否则不太容易携带。

■ 需要有一台具有大容量硬盘的高速计算机。

■ 需要有大量的计算机知识及熟练的计算机操作技巧（但对某些用户来说是优点）。

如前所述，数字录音格式广泛多样，只有先学习好与你有关的数字技术，然后才能正确选择能满足你需求的那些数字音频格式。

13.11　备份（Backup）

存储你录音任务的硬盘或固态硬盘有朝一日可能会崩溃，所以至关重要的就是在每个工作任务结束之后，一定要备份你的录音作品的WAV文件和档期文件，即把它们拷贝到另一种存储介质上。

一些备份媒体有CD-R、CD-RW、硬盘（内部或外部的火线/USB）、DVD-R及DVD-RW等，有些录音师还选择把音频节目归档到模拟磁带和数字介质上去。

另一种备份系统为**RAID**，称之为“独立硬盘的冗余阵列”，它是两个或多个硬盘的组合，可以用多种不同的方法配置。例如，可以同时在两张硬盘上录音，如果有一台硬盘驱动器崩溃，总能有一张硬盘保存备份文件。

使用像Casper那样的程序来复制你的驱动系统，如果你的硬盘驱动系统在某个录音档期崩溃，可以用复制的驱动系统来替代、重新启动，这样可继续进行你的工作。

第14章 计算机录音

（Computer Recording）

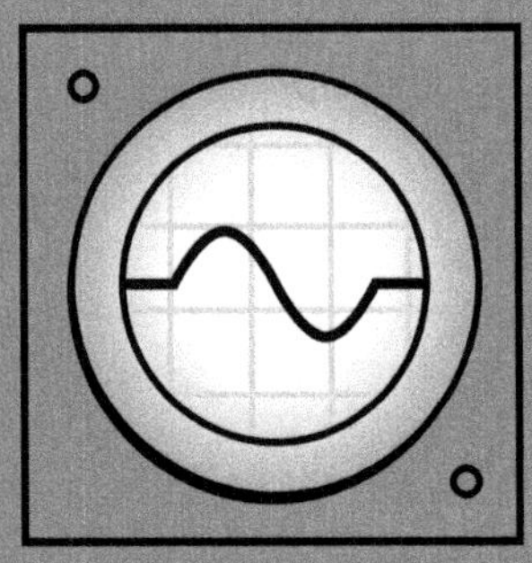

使用录音软件及音频接口，可把计算机连接到一间功能强大的数字录音室，这就是所谓的数字音频工作站，它可以记录数十条音频声轨，并把它们加以剪辑，加入效果器，应用自动化的缩混，并刻录一张专业质量的CD盘或创建一个MP3文件——全部都在计算机上进行。而这些所需成本的价格范围为免费至数百美元。

除了记录音频以外，大多数的数字音频工作站软件可以作为一台音序器来记录MIDI数据，可以在同一程序内进行录音、剪辑及音频和MIDI声轨回放。

数字音频工作站的另一个功能是剪辑那些记录在硬件多轨录音机上的原始声轨，可以用USB存储盘、SD闪存卡或者用一张带有光导管接插件的声卡把8条或更多的声轨传送到计算机上。

数字音频工作站由3个部分组成（见图14.1）。

1. 一台计算机。
2. 为获取音频以及传输MIDI信号至计算机的一种音频接口。
3. 录音软件。

有些可选项还额外包括有控制界面和数字信号处理（DSP）卡，这些在下面会描述。

14.1 基本操作（Basic Operation）

在运行录音软件时，会看到一些仿真的声轨及一些像录音、停止和回放等录音机运转按键，同时还可见到具有虚拟控制部件的调音台，仿真推子、旋钮、按键和指示表头等。

大多数数字音频工作站的软件有一些窗口或视图（见图14.2），可以在声轨窗口内边看边操作声轨，在声轨或剪辑窗口内进行剪辑，在调音台的窗口内调节调音台的控制部件。每个窗口都可被打开，并可布满整个显示屏幕。

有些录音师喜欢只在声轨窗口内工作，跟随声轨能见到每条声轨的推子，并可以在声轨图上自如地控制效果及自动化。

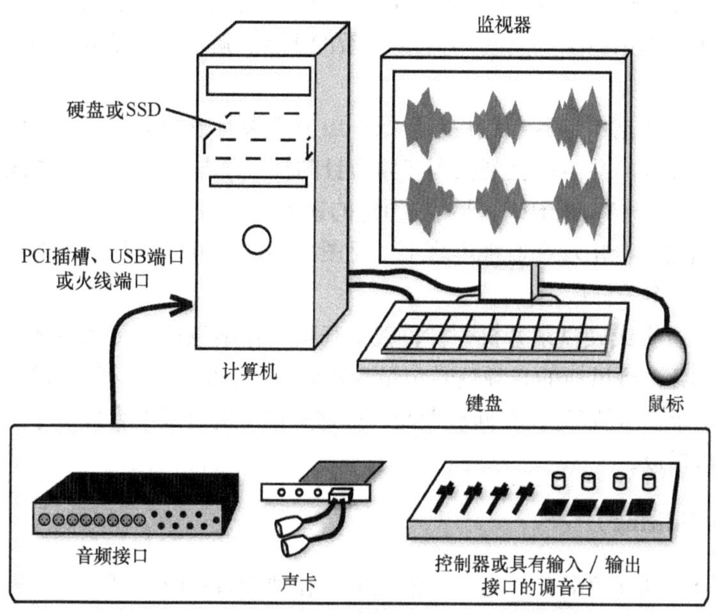

图14.1 计算机数字音频工作站

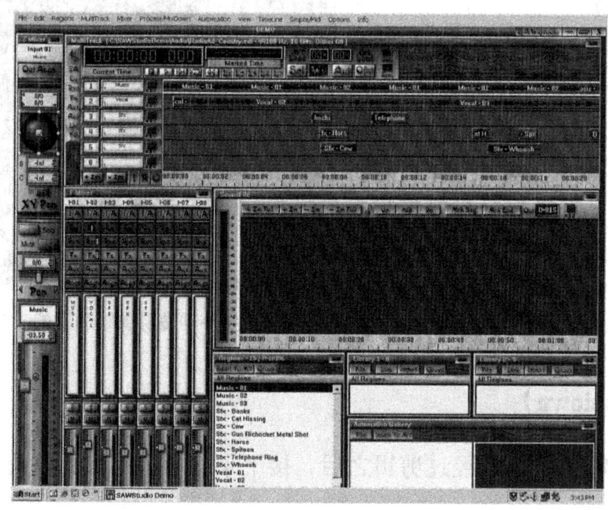

图14.2 数字音频工作站软件窗口的一个示例

14.1.1 录音和回放（Recording and Playback）

下面将介绍系统如何工作。来自话筒、乐器、调音台或话筒前置放大器的音频信号进入音频接口的输入端，该接口把音频信号转换成计算机数据并将它发送到计算机，软件可以把这些数据记录到计算机的硬盘上。在回放数字音频期间，把来自硬盘上已录的数据流送到接口上，又在接口的输出端把它转换成音频信号。监听音箱被连接到可播放音频的输出端，在第15章的“数字音频工作站软件内的信号流程”一节中会有详细的解释。

回放数字音频需要从硬盘到音频接口的连续数据流，记录数字音频也需要音频接口到硬盘的连续数据流。为获得连续的音频数据流，小容量的计算机随机存取存储器（RAM）无论从接口到硬盘还是从硬盘到接口，通常每次只暂时存储数百字节的音频。录音期间，在音频被听到之前，来自硬盘的音频数据就已经被写入缓存器。

如果录音缓存器的容量太小，那么操作系统在清空缓存器之前数据已被耗尽，这时将会听到一种音频流的间隙，发出像喀拉喀拉、噼啪或爆裂的声音，解决的方法在本章“软件设置”小节中介绍。

在硬盘上的音频数据由电磁式磁头来读取，由于磁头能被控制且可以跳到磁盘的任何位置上，因而可以随机存取，并可以立刻找到音频节目的任一部分。当磁头在周围跳动时，它拾取的数据块被读入一个缓冲存储器内，然后在恒定的速率下读出。

被记录的音频波形会出现在监视屏幕上（见图14.3），可以将其缩小来观察整个节目，或者把它放大来观察各个采样段落。

像多轨磁带录音机或硬盘录音机一样，数字音频工作站也可以记录多条声轨：可以把一个MIDI鼓记录到声轨1，将贝斯的音频信号记录到声轨2，将吉他记录在声轨3，键盘乐器记录在声轨4和5，歌声记录在声轨6等。在回放期间，把这些信号混合或组合成一个立体声信号，该信号可通过音频接口播放。

14.1.2 剪辑（Editing）

剪辑是所有计算机录音程序中最强大的功能，在剪辑音频时，在一条声轨（或一些声轨）上选择一部分音频波形，然后切除、拷贝或粘贴音频，或者在时间上滑动，恰似一台音频用的文字处理器。剪辑是非破坏性的，对做坏了的剪辑可以重新再做。

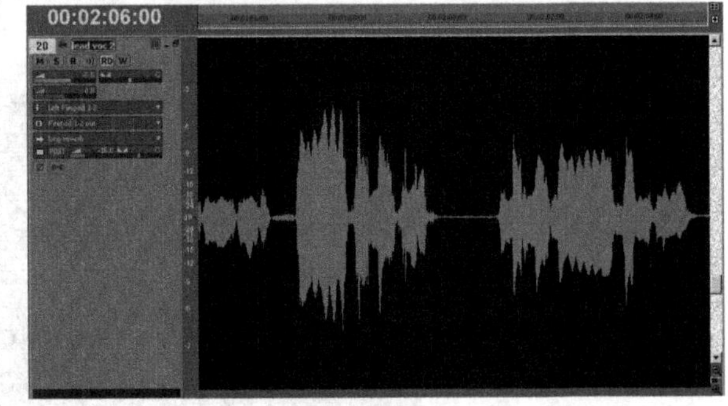

图14.3 一种波形剪辑的屏幕（SONAR X3 Producer）

所进行的剪辑处理可以清除噪声、用优美的音符替代低劣的音符、修理错误的时间计时或者创造一种结结巴巴地说话的效果等。使用剪辑可以重新安排歌曲的段落或者在做和声的重复时无须每次录音，还可以在歌曲的结尾做淡出或在两首歌曲之间做交叉过渡。有关剪辑的详细内容将在本章的“剪辑技巧”小节中介绍。

14.1.3 缩混（Mixdown）

一旦录制了所有的声轨，并经过剪辑之后，接下来就可进行缩混。有关缩混的详细内容将

在第16章“数字音频工作站的操作”中介绍，以下为缩混时的常规步骤。

1．用鼠标来调整屏幕上的每个推子，去设定每条声轨的电平，直至获得各条声轨之间的最佳平衡。

2．用鼠标来选择，把声像偏置、均衡、压缩和效果等施加到各条不同的声轨上。

3．建立自动化运行（包络），使计算机记忆那些混音动作，之后在每次回放混音时可以重现那些混音的动作。

4．一旦完成了最满意的混音，即可把混音以一个立体声WAV（波形）文件或AIFF文件导出到硬盘上。在任务文件夹内，还可以创建两个名为“混音-24比特”和“混音-16比特”的文件夹，并导出所有的混音，易于查找。根据歌曲的标题为它们命名，用16bit的混音去刻录一些参考用CD，用24bit的混音进行母带制作。

5．对于演示盘或歌曲专辑内所有的歌曲可重复1～4步骤。

6．刻录成一张最终混音的CD，或把它们转换成MP3文件。

7．作为一种选择，把那些混音一个接着一个地输入到一条立体声声轨上，依次序排列那些混音，并在它们之间留出一些静音，最后刻录成一张经过排序后的混音CD。

有了这些基本的理解，接下来将深入介绍数字音频工作站的组件，计算机、音频接口及录音软件等。

14.2 计算机（The Computer）

无论在Mac还是PC（个人计算机）内使用音频软件，只要保证所使用的软件与计算机平台互相兼容，都会发挥巨大的效用。

为了在实时条件下回放多条声轨与效果，需要一台具有双核或四核的快速CPU的计算机、足够多的随机存取式存储器（RAM），并且要有一个大容量、快速的硬盘驱动器或固态硬盘，录音软件的网页上会有计算机需求的建议。一个最小的系统应包括一块2GHz的CPU、8GB的RAM及至少250GB的硬盘。具有两个硬盘驱动器的系统运行速度更快，一个用于系统文件和程序，另一个用于音频数据。硬盘驱动器应具有高稳定的转换速率（吞吐量），目前的SATA驱动器都已经足以用来进行多轨录音。固态硬盘是最快的驱动器，它们通常用于音频或视频制作任务，并且固态硬盘驱动器的驱动部件几乎没有磨损。

多声轨音频会占用大量的磁盘存储空间，表14.1列出了在使用各种录音格式时为进行1h录音所需要的硬盘存储空间量。

表14.1　1h录音时长的硬盘驱动器的存储需求量

声轨数	比特深度	采样率	存储需求量
2	16	44.1kHz	606MB
2	24	44.1kHz	909MB
2	24	96kHz	1.9GB
8	16	44.1kHz	2.4GB
8	24	44.1kHz	3.6GB
8	24	96kHz	7.7GB

续表

声轨数	比特深度	采样率	存储需求量
16	16	44.1kHz	4.8GB
16	24	44.1kHz	7.1GB
16	24	96kHz	15.4GB
24	16	44.1kHz	7.1GB
24	24	44.1kHz	10.7GB
24	24	96kHz	23.3GB

如果想对歌曲使用4条声轨来进行1h的唱片专辑的录音时，那就应把“存储需求量”乘以4。除了每首歌曲的声轨占用的硬盘存储量之外，为对每首歌曲进行混音还需要30～200MB的存储量，制作一张80min歌曲专辑的混音CD，需要高达700MB的存储量。

14.3 音频接口（Audio Interfaces）

拥有了合适的计算机之后，就需要一种获取进出计算机的音频信号的方法。音频接口可以承担这一任务，下面列出了3种接口，如图14.1所示。

- 声卡（也叫做PCI音频接口）。
- 火线、USB或称之为雷电(Thunderbolt)音频接口。
- 带有输入/输出的控制器界面（输入/输出接插件）。

14.3.1 声卡（Sound Card）（PCIe音频接口）

最简单的接口形式是一种2声道的声卡，把它插入计算机母板的PCIe的插槽内。PCIe是外围计算机互连快线的缩写，是一种高速串行计算机扩展总线。廉价的声卡只有非平衡的1/8in（微型）TRS插孔接插件，它包括一个话筒输入、立体声线路输入及立体声线路输出。一般来说，廉价声卡的声音质量及其接插件不会达到专业标准。

一种升级声卡是带有1/4in TRS三芯插头座或卡侬型接插件的声卡（见图14.4），它可提供2～8路平衡输入。目前的高质量声卡已经可以用24bit分辨率来记录，许多声卡还具有MIDI接插件及一个随同设备在一起的同步器，有些还设有一个火线端口，例如由RME、Frontier Design、M-Audio、Lynx Studio Technology及E-MU等公司出品的高质量声卡。

图14.4 一种声卡的例子——E-MU 1212M PCIe（由E-MU公司提供）

对2声道或多声道声卡进行选择时，如果一次只对一件乐器录音（例如一种人声、萨克斯、键盘、吉他或数支鼓类话筒的混音等），则一个2声道的声卡已足够使用，这时可以用一对相同的立体声输入在不同的声轨上叠录更多的声部。

如果需要一次记录一个乐队或位于套鼓上拾取多件乐器，这时候就需要一个多通道（multichannel）的声卡。这种类型的声卡在较短的线缆上有多个接插件，每一个通道(channel)有一个接插件，每一件乐器的信号进入到声卡内的一个独立的通道上，并且每一个通道的信号被记录到一条独立的声轨上。可以在把两块或多块声卡并排插入后获取更多的通道。

要检查声卡的网页，以保证它们与所使用的计算机和录音软件互相兼容。

在购买声卡时，可以查询某些所需要的特性。

- 至少有24bit、44.1kHz、全双向式记录，**双工声卡**可以同时进行记录和回放。
- 85dB或以上的信号噪声比，20Hz～20kHz的频率响应（±0.5dB或以下）。
- 卡侬型接插件，1/4in TRS三芯插头座，RCA插头座，MIDI接插件。
- 可在+4dBu（专业线路电平）及−10dBV（业余民用线路电平）电平上工作。
- 操作系统用的硬盘驱动器能与录音软件一起工作。

如果声卡还包括一块机内同步的芯片，可以查询以下一些特性。

- 常规MIDI（GM）的兼容性。
- 可兼容MPU-401 MIDI接口。
- 波表（MIDI的一种合成技术）合成（要比FM合成具有更佳的声音）。
- 可编程的合成器插入。
- 至少有24音符的复调音。
- 至少有2MB容量的波表ROM或RAM。

有些PCIe卡带有一个**输入/输出（I/O）小盒**，小盒上所有的输入/输出接插件都装在一个机架上（见图14.5）。由于接口的模拟电路是计算机的外部设备，它们所拾取的计算机电子噪声要比模拟声卡所拾取的小许多。这种接口接受模拟音频或MIDI信号之后，把这些信号转换成计算机数据，并把数据经由PCIe插槽内的声卡发送到计算机上。

图14.5 一种PCIe音频接口I/O小盒的例子——E-MU 1616M

14.3.2 音频接口（Audio Interface）

音频接口的机盒内含有2～16个话筒前置放大器、一个模/数转换器和一个数/模转换器（见图14.6）。在第15章“数字音频工作站的信号流程”中将会详细解释。

接口具有在单一线缆上把数字音频发送到计算机的端口的功能，同时也接收来自计算机的数字音频。数据格式有火线、USB或雷电接口，它们是计算机与外围设备之间高速串行数据发送的3种协议。有些接口具有MIDI输入和输出及用于电吉他、电贝斯、原声吉他的粘贴话筒信号或合成器等乐器的高阻抗输入。

图14.6 一种火线音频接口的例子——PreSonus FireStudio Project

音频设备要连接到计算机外部设备上的一个匹配接插件上，虽然PCLe设备可以通过使用例如Magma ExpressBox 3T（Magma快线小盒3T）外部底盘经由雷电接口连接，但在安装PCLe接口时必须开启计算机。

USB/火线音频接口的制造商有：PreSonus、MOTU、Apogee、RME、M-Audio、M-Audio、Focusrite、Roland、Akai、Tascam、Mackie、E-MU及Antelope Zen Studio等，带

有雷电存储器的接口是Resident Audio T4。

少量的调音台可被称为音频接口，因为它们包括了一个火线或USB端口，它们能把每一路话筒前置放大器的输出信号发送到录音软件内的一路独立声轨上，并把立体声混音返回到调音台，以供监听使用，这是为乐队进行录音的优良系统，因为它为带有效果的监听混音提供了便捷的设置。第5章列出了一些型号的音频接口及调音台。

一种低成本音频接口的选择是USB话筒或其他可插入**卡侬转USB话筒转接器**的标准话筒，它们可以记录经由USB发送到计算机上的话筒信号，在第五章中有这两种接口的例子。

一个USB端口及其图标如图14.7所示。

火线具有两种速度，火线400（IEEE1394）运行在400Mbit/s的速率（每秒兆比特），以及火线800（IEEE1394b）运行在800Mbit/s的速率（每秒100MB）。与此不同的是，USB2.0高速格式是480Mbit/s；USB3.0（超级速度USB）的速度比USB2.0要快10倍，在5Gbit/s的速率下运行。USB3.0几乎可以替代火线接口，不过，雷电接口(Thunderbolt)是一个强大的竞争者。

可以用一个35美元的火线卡把一个火线端口加入到计算机上，有些计算机内置火线端口。为防止数据差错，可以使用得克萨斯仪器公司（TI）芯片的火线卡，火线端口及其图标如图14.8所示。

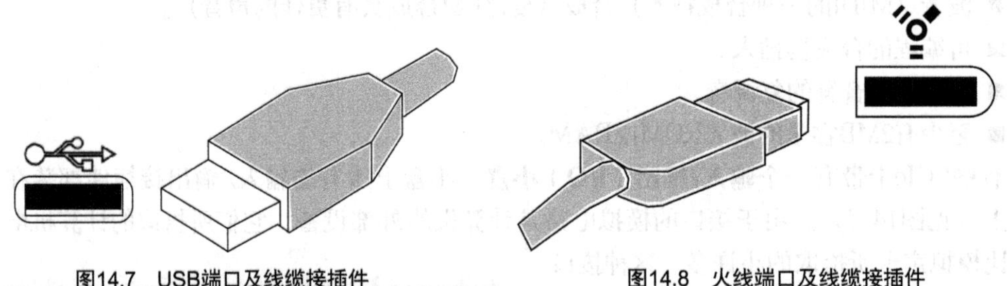

图14.7 USB端口及线缆接插件　　图14.8 火线端口及线缆接插件

雷电接口是英特尔公司的一种新型的运行在10Gbit/s的速率下的超高速数据转换系统（见图14.9），它的速度比USB2.0快20倍，比火线800快12倍。雷电接口可转换到PCI的快线控制器，并提供双向数据流动（如USB及火线那样工作）。

USB、火线及雷电接口等器件是可热插拔的器件，在计算机运行时，可以将其插入或拔出，所有的协议与Mac或PC都兼容。

这些端口也适用于PCMCIA（个人计算机内存卡国际协会）卡、CardBus（母线）卡及ExpressCards（快线卡），这些卡可安装在笔记本电脑的空余端口上使用。**PCMCIA卡**是一种信用卡尺寸大小的内存卡或一种输入/输出器件，它们被连接在计算机插槽内的。**CardBus卡**由于它的直接存储器存取（DMA）及32bit的数据传送，所以是一种更为先进、更为快速的PCMCIA卡。**ExpressCards**是最近的PCMCIA标准的迭代产品，在USB方式时以480Mbit/s的速率发送，或者在PCIe方式时以2.5Gbit/s的速率发送。

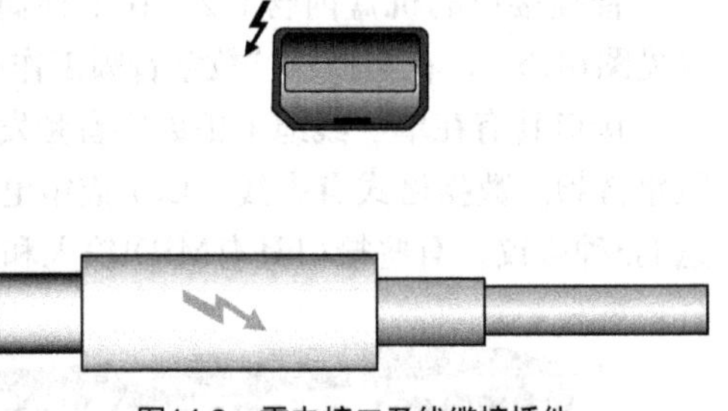

图14.9 雷电接口及线缆接插件

14.3.3 音频接口的功能特点（Audio Interface Features）

在决定购买哪一种接口时，要考虑如下一些功能特点。

数字输入/输出（Digital I/O）

如果仅需要把实时数字信号从外部数字设备传送到计算机，就可考虑只有数字输入的接口。数字输入/输出包括多种格式（AES3、S/PDIF、光纤），所以要确保接口的格式与数字录音机、数字调音台或外部的模/数转换器相适配。可参阅第13章“数字音频信号格式”小节。

模拟输入/输出（ANALOG I/O）

输入：决定需要多少支话筒用的卡侬型接插件，多少路线路电平信号用的线路输入，以及多少路电子乐器用的乐器输入。

输出：可能需要用于多种监听器或耳机的输出。检查在接口上的模拟输入/输出是平衡式还是非平衡式，平衡式连接可以降低由线缆所拾取的电气干扰，不过，非平衡式连接的成本较低，线缆长度在低于3m运行时也不会拾取噪声。平衡式接插件为卡侬型或1/4in TRS三芯插孔，非平衡式接插件为RCA插头座或1/4in TS两芯插孔。

采样率和比特深度（Sampling Rate and Bit Depth）

在音频接口内可利用的采样率为44.1kHz～192kHz。录音作品的采样率越高，所获取的声音质量越高，但是会耗用更多的硬盘空间。如果制作一张CD，那么44.1kHz的采样率可以完成这一任务。

大多数接口可以处理24bit及16bit的信号，用24bit分辨率录得的声音要比用16bit分辨率录得的声音稍微柔和与清晰些（较小的噪声）。即使最终成品为一张16bit的CD，但还是用24bit分辨率录得的声音更优美些，因为24bit的录音在母带制作期间可以用比特补偿的方法降到16bit。比特补偿的相关内容已在第13章中有所解释。

MIDI端口（MIDI Ports）

许多接口具有MIDI端口。**MIDI IN（MIDI输入）**端口接收来自MIDI控制器的MIDI信号，并把它们发送到计算机的音序软件。**MIDI OUT（MIDI输出）**端口把来自计算机音序软件的MIDI信号发送到合成器或声音发生器。**MIDI USB**端口看起来与USB端口一样，但是它传送的是MIDI信号。如果音频接口具有MIDI接口，那么计算机就不需要一个独立的MIDI卡了。

字时钟（Word Clock）

有些高端接口提供**字时钟**接插件，用它来为数字音频发送和接收定时信号。字时钟经常用来同步大型录音棚内的数字设备，以便于进行数字音频的实时传送，在小型录音棚内没有必要使用字时钟，因为那里不需要多个工作站之间的相互连接。可参阅第13章中“字时钟”与“抖动”相关的内容。

如果你的录音系统把音频接口接入到计算机——而且不用其他的数字信号源——那么接口会提供来自USB、火线雷电接口的主时钟。把数字音频工作站软件的时钟信号源设定到你的音频接口或“音频”（Audio）上，这样比使用外部字时钟抖动更小。

驱动器支持（Driver Support）

音频驱动是一种程序，它使录音软件在音频接口那里来回传送音频。大多数的接口固定使用一些种类的驱动器或者由操作系统的核心音频驱动器支持，要确保接口和你工作用的（或被支持的）驱动器随同操作系统及录音软件正常工作。

一台优良的驱动器具有最小约4ms以内的等待时间。**等待时间**是一种信号通过驱动器和接口到达监听输出的延时，在对软件合成器进行录音时可能出现这种问题，这是因为听到合成器的回放声音往往比在MIDI控制器上对键盘的弹奏动作要延迟数毫秒。有关详情请参阅附录B中“最小化延时时间”的方法。

最流行的音频驱动器的格式为ASIO、WDM、DAE、MAS、SoundManager、Wave及Core Audio等，下面简要描述各种驱动器的格式。

■ ASIO（音频码流输入与输出）（MAC OS 9+、PC）：这是由施泰贝格（Steinberg）开发的一种非常流行的驱动器，它允许同时有多通道的输入和输出，并且在使用软件合成器时有较短的等待时间。

■ WDM（PC）：使用核心码流Windows驱动器模式的多通道驱动器。使用与WDM相兼容的音频硬件和DXi软件乐器时，具有较短的等待时间。DXi表示DirectX乐器、Cakewalk的虚拟乐器的组合标准，DirectX音频效果不仅可以在回放期间使用，还可以使用在实况的输入信号中，这样就可以在实况录音时监听并录下效果处理。

■ MOTU和Avid有它们自己的驱动器适配它们的录音软件。

■ SoundManager（声音管理者）（Mac）：Macintosh（麦金托什）的标准音频驱动器，可用来记录和回放16bit和44.1kHz的单声道和立体声文件，具有一个中等程度的等待时间量。

■ WAV（PC）：这是PC的标准音频驱动器。WAV格式可以与多种音频接口一起使用（像Soung Blaster型声卡），用于记录和回放单声道或立体声音频，它也具有一个中等程度的等待时间量。

■ Core Audio：用于Mac OS X操作系统的苹果机的低等待时间驱动器。

ASIO或WDM为PC的首选，Cubase与ASIO一起工作时较合适，Cakewalk Sonar适宜与WDM或ASIO一起工作。驱动器的选择可以由音频接口制造商推荐（或提供），如果在使用某台驱动器时听到有些小差错、信号失落或嗡嗡声，可尝试使用切换到另一种驱动器的方法，通常会发现和解决所出现的问题。

注意：如果已安装了多台驱动器，它们之间可能会发生冲突，计算机可能崩溃或者录音软件不能进出音频接口，这时候要停用或删除不能使用的驱动器。

其他选项（Other Options）

某些接口所能提供的一些功能如下。

■ **Zero-latency monitoring（零等待时间监听）**：到达接口上的输入信号会被送到它的输出上去，所以在审听输入信号时，不会有信号处理延时（等待时间）。

■ Pro Tools compatible（与Pro Tools的兼容性）：此接口可以与Pro Tools的录音软件及其硬件一起工作。

■ Surround sound（环绕声）：可提供5.1或7.1的环绕声监听。

■ **Bus Powering（母线供电）**：火线、USB或雷电接口的连接为接口供电，所以就无须其他的电源供电。

■ Battery powering（电池供电）：可将接口外出携带，与笔记本电脑一起用于现场录音。

■ Supplied recording software（提供录音软件）：接口可与录音软件一起打包，这样就无须购买其他软件。

■ Built-in effects（内置效果）：内置混响、压缩和均衡等效果器。演艺人员在演奏或演唱时，他们从耳机中可以听到没有等待时间（延时）的效果声，这是因为那些效果声是在接口内产生的，并未经过需要等待时间的计算机录音软件和驱动器。例如PreSonus AudioBox VSL接口具有该项功能。

■ DSP：接口内部线路板上的DSP芯片能减轻CPU的处理负担。

■ SMPTE sync（电影电视工程师学会的同步标准）：表示此接口用SMPTE（电影电视工程师学会）时间码信号来同步（详情见本章后文内容）。

14.4 控制界面（Control Surface）

以上已讲述了计算机和音频接口，下面将讨论计算机录音室用的其他一些硬件的相关内容。

使用鼠标来调节屏幕上的控制部件太慢，而且易导致一种重复性的压力综合症，数字音频工作站的**控制界面**或**控制器**（见图14.10）可作为一种可行的选择。它是一个为软件功能提供物理控制部件的机件，就像用真实的推子、旋钮和运转按键等组装起来的调音台，可以看着监视器屏幕来调节软件的虚拟控制部件。控制器通过MIDI接插件、以太网接插件、USB、火线或雷电端口连接到计算机。

许多控制界面也可充当音频接口，它们包括话筒/线路输入和输出（I/O）及MIDI接插件等。

有些控制器界面专用于数字音频工作站的录音程序，例如Pro Tools、Cubase或Nuendo等。另外有些控制器界面是多用性的，它们能与某些不同的数字音频工作站程序一起工作，在购买控制器时要检查确认是否可以与已有的录音软件一起工作。

图14.10 一种控制界面的实例——Behringer X-Touch

高级的控制器可以提供如下功能。

■ Motorized faders（带有电动机移动的推子）：用电动机控制界面内的这些推子，可使它们像虚拟推子那样在屏幕上移动。

■ Standalone mixer mode（独立的调音台工作方式）：可以让该控制界面像正规的调音台那样工作。

■ Footswitch jack（脚踏开关插孔）：接受一种用脚踏开关控制的补录入/出控制，只有录音软件支持这一功能时，脚踏开关才能工作。

■ Meters（具有表头指示）。

■ Monitoring section（具有监听部分）。

■ Aux send/return（辅助发送/返回）：允许连接一台外部的模拟信号处理器。

■ Insert jacks（插入插孔）：与每条通道的信号相串联的插入插孔，可以插入一台模拟压缩器。

■ Expandability（可扩展性）：可以并排加入更多的控制器，可同时控制更多的虚拟推子。

Frontier Design Group AlphaTrack（见图14.11）和PreSonus Faderport是带有许多按键和一个长行程推子的控制器，它们使用起来比鼠标更简便，并且还有一个小型显示器。

Raven MTX是触摸板式的控制器，它很容易使用，因为你所触摸到的控制部件是在监视屏上的控制部件，而不是硬件控制器上的那些控制部件。**EuCon**是由Euphonix公司开发的一种高速以太网协议，它能让控制界面与软件应用进行交流。**Oasis（开放式音频系统综合解决方案）**

是一种由控制界面来控制数字音频工作站的开放式源协议，用控制界面与数字音频工作站软件之间的互动进行录音、剪辑、混音及母带制作等工作。

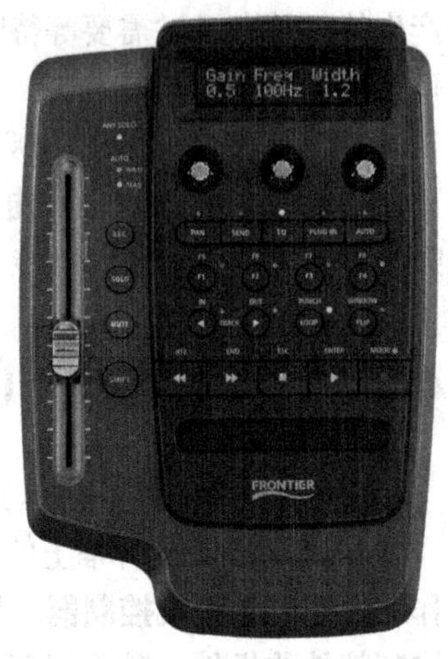

图14.11 一种单推子控制器的实例——Frontier Design AlphaTrack

正如我们所见，不同接口型号有着不同的功能和接插件，优良的接口是物有所值的，因为它们具有顶级的声音质量、便利的连接，并且可以很容易地调控音频信号。

14.5 数字信号处理卡（DSP Card）

另一种数字音频工作站的可选项是DSP（数字信号处理）卡，可以把它插入计算机母板的用户插槽内。它使用场景很广泛，使用的软件效果（插件程序）越多，那么你能从事混音的声轨越少，因为效果给计算机的CPU带来很大的负担，例如正在使用多于24声轨的混音及加载中的插件程序。只要安装一块DSP卡，由这张卡来操作插件程序的处理就可解决上述问题，插件程序所进出的是DSP卡而不是CPU，也可以使用安装多张DSP卡的方法来扩展这一系统。DSP卡的产品有Avid的HDX-based Pro Tools卡及Universal Audio UAD-2 PCIe卡等。

14.6 模拟合成调音台（Analog Summing Mixer）

这种设备是一种调音台，它通常用模拟电路对来自数字音频工作站的声轨或辅助混音进行混合。使用合成调音台，可以旁通数字音频工作站的内部混音母线，这条母线由于凑整误差、数字的过载及比特的截短等会产生轻微的失真。把每条数字音频工作站声轨的模拟输出接到合成调音台的输入，使用数字音频工作站的推子和自动化功能，或者使用合成调音台的推子（如果有推子的话）来设定混音电平。合成调音台制造商有Dangerous、SPL、Roll Music、InnerTube Audio、AMS-Neve、Inward Connections、Radial Workhorse及Tube-Tech等。

有些录音师指出，在整个计算机内部用较低电平来进行录音和混音的方法，可以避免混音时产生的失真，有些软件制造商声称他们的产品不会产生失真。

14.7 录音软件（Recording Software）

现在从硬件转换介绍软件。一些用于录音、剪辑和混音等方面的流行程序已经在第5章的“计算机数字音频工作站”中列出，它们共享大量相同的性能特点，但它们的实现方式却各不相同。也就是说，每一种产品有其独特的功能及它们自己的GUI（见图14.12）。

图14.12 Cakewalk Sonar Producer X1声轨

可以在线检查那些产品，研究如何用这些软件进行工作。有些网页设有交互式的演示，而有些软件具有免费试用版本可供下载，许多网页都有个别辅导式的介绍。

首次安装录音软件或硬件时，有可能遭受到某些困难，软件可能与硬件并不兼容，或者不能按用户预期的要求运行。可能需要在计算机系统或录音软件内部修改某些设定，需要阅读手册及随产品一起的那些自述文件，同时还需要检查一下与产品基础知识、问答之类有关的网页介绍等，每种数字音频工作站的程序都设有在线讨论小组或论坛，这对我们来说非常有帮助。如果仍有问题，可以打电话或发送电子邮件至产品的技术支持。

本章不准备复述那些专用书籍内的信息或制造商网站内的信息，只是提供录音软件方面的相关概述。

14.7.1 录音软件的功能特点（Features）

录音程序的一些功能特点如下。

■ 2声轨以上的多轨数字录音：有些程序可以记录和回放不限量的声轨，声轨数取决于计算机、RAM及硬盘驱动器等的速度。

■ MIDI音序器：MIDI音序器可以导入或记录一些MIDI演奏数据的声轨，对它们进行剪辑及回放等。MIDI音序器的声轨可以与音频声轨一起加以混合，有些程序还包括MIDI效果、MIDI插件程序及输入量化等功能。

■ 冻结（Freeze）功能将某条声轨上的效果及剪辑混合到另一条带有嵌入效果的声轨上，这一功能不受CPU资源的约束。冻结功能还可以把MIDI软件合成器声轨转换到音频声轨上，这样还可减轻CPU的负载，非冻结时可返回成为原始声轨供剪辑使用。

■ 峰值及有效值的表头指示。

■ 与控制界面相兼容。

■ 可以实现环绕声混音（使用高级程序）。

■ 用户化的GUI：变更图示式用户接口来适应当前采用的工作方法，所创建的配置作为模板供类似的任务使用。

■ 键盘快捷键：在计算机键盘上键入某些键后，可以代替将要不断被使用的鼠标。这种操作的速度快，并且可以让操作鼠标的手得到休息。

■ **虚拟（分层）声轨**：这是音乐演奏的一些额外录制声轨，在缩混期间，可以选择使用最好的一遍或每一遍录音中最好的段落。

■ 自动化混音：对于一首歌曲任务的全部设定可以被保存并用于自动化混音，计算机会记忆那些混音的动作，并会在随后的缩混期间相应地设定调音台的推子和声像电位器的位置。有些程序还可以执行自动的效果设定，有关这方面的详细内容，可参阅第16章中的自动化混音部分。

■ 基于循环素材的作曲、构思和剪辑工具及ACID-LOOP、MIDI Groove Clip支持，这些将在第18章“MIDI与循环”内介绍，循环及采样被包含在高级程序内。

■ 查找和打点：在一首歌曲中可以设定多个定位点（引子、独唱、合唱、独奏等），这样可以很快地找到所需要的地方。

■ **路由分配**或虚拟跳线盘：可以把任何一路输入分配到任何一条声轨上去。

■ 音频的自动音高校正（使用Autotune、Melodyne或V-Vocal软件）。

■ 使用节拍检出（Pro Tools）或音频抓拍（Cakewalk Sonar Producer）的音符自动化定时校正，可以把像鼓类的音频声轨的节奏锁定到一张节拍图上。也可以让一条声轨跟随另一条声轨的节拍，或者从音频声轨那里提取标记时间后把它们加入MIDI声轨上。

■ 音频至MIDI的转换：例如，歌手的音符在被同步的大提琴上弹奏出相同的音调。

■ 视频显示：某一个屏幕窗口会显示视频段落，可以在高级软件中找到，此功能可以把音乐、画外音和音响效果与视频节目一起同步运行。

■ CD记录：将混音记录在一台CD-R录音机上。

■ **PQ码编辑**：用于在刻录CD之前，设置一份歌曲起始时间的清单。

■ 导入和导出各种文件的种类(例如WAV、MP3、WMA、OMF）、采样率及比特深度等。

■ 在DSP内用32bit或64bit的浮点运算。

■ 支持64bit的操作系统及多核CPU。

■ ASIO（音频码流输入与输出）与WDM（Windows驱动器模式）相兼容。

■ 具有学习每个控制器、编码器或按键功能的能力，能把控制器变换为屏幕上的控制部件。

■ 频谱分析(频谱分析仪)：音频节目在时间进程上的电平与频率之间关系的显示。

■ **符号程序**：将MIDI文件转换成一种高音和低音谱号上的音符。

■ **同步**：与SMPTE时间码或MIDI时间码相同步（将在本章后文描述）。

■ 支持**DirectX**和**VST**音频效果（DirectX是一种标准音频驱动器，VST代表施泰伯格公司的虚拟录音室技术，是一种插件程序的标准格式）。

■ 支持**DXi**和**VSTi**软件合成器［VSTi是Virtual Studio Technology for Instrument（乐器用虚拟录音室技术）只取首字母的缩写词，是施泰伯格公司的虚拟乐器组合标准］。

■ 包含软件合成器和采样器。

■ 提供回旋混响、老式压缩器、音频复原及母带制作工具。

■ 具有**延时补偿**的插件程序（下一小节介绍）。

14.7.2 插件程序（Plug-Ins）

正如第11章中所述，**插件程序**是一种软件模块，它把DSP、效果或软件合成器（虚拟乐器）加入数字音频工作站的录音程序内（见图14.13和图14.14）。录音软件由已经装有的一些插件程序所组成，也可以购买或从网站下载插件程序，与硬件效果不同的是，插件程序需要不断更新——只要下载最新的插件程序版本即可。

在用鼠标单击插件程序的名称之后，屏幕上会弹出一台看似带有旋钮、推子、指示灯和表头之类的硬件处理器，参数（例如混响时间、合唱深度或压缩比）可以被调整，大多数的参数可以被保存并可自动进行。

在第11章中所提到的每种效果都可利用软件插件程序得到，混响、压缩、均衡、合唱、镶边声、变形失真、磁带饱和效果、低保真、复原、音高、时间扩展、回声、母带制作等。有些插件程序是**成捆（套件）**或效果集，例如Waves套件。**虚拟乐器**包括原声钢琴、人声、民族乐器、合唱团、吉他、贝斯、套鼓、弦乐、古典键盘等。

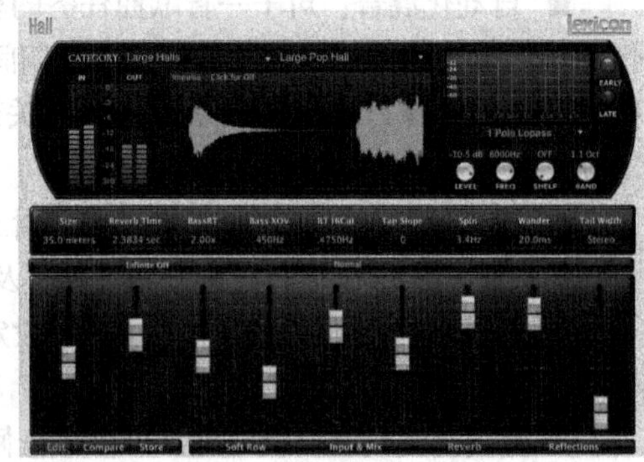

图14.13 Lexicon PCM正向混响

一些插件程序可以仿真或模仿某些特殊器件的声音，例如，由Line 6出品的Amp Farm是一种吉他放大器模仿插件程序，而Antares话筒模仿器可以仿真出受欢迎的录音棚话筒的声音。老式的压缩器、电子管话筒前置放大器、音乐大厅音响、模拟磁带录音机及调音台通道单元（见图14.15）等都已被模仿成插件程序。

图14.14 McDSP Channel G压缩器插件程序

有些插件程序可在音频播放时以实时方式运行，其他一些插件程序在使用归一化或时间轴压缩/扩展时可以处理某个声音文件，并创建一个新的文件。

插件程序效果可应用于下列3个方面。

1. **主输出效果**：此效果位于主输出母线上，对整条混音进行处理，多频段压缩是一种典型的主输出效果。

图14.15 Waves SSL G-Channel插件程序

2. **辅助发送（循环效果）**：创建一条母线，或把一种如混响、回声、合唱及镶边声等延时类型的效果插入母线上，此效果位于一条辅助母线上，设定插件程序的干/湿（dry/wet）混音控制，使整个行程置于“wet”（湿）或“100% mix”（100%混合）位置。在每条你想要施加效果的声轨内，插入一条发送到那种效果的母线，用旋起声轨的辅助发送旋钮调节每条声轨上的效果总量，这一选项可以减少制作某种混音所需的插件程序数量，从而可减轻CPU的负载。

3. **插入效果**：这种效果位于指定的声轨上，并且只加入到指定的声轨上，均衡与压缩就是这类插入效果。如果把一种延时器效果插入到了某条声轨上，可以通过调节效果的干/湿混合比例来调节效果的可闻量。

插件程序具有多种格式；最为常见的格式有苹果公司产品**Core Audio's AU（Audio Units）**、Pro Tools 10用的**RTAS（实时音频套件）**、Pro Tools 11和Pro Tools 12用的**AAX**、Steinberg(施泰伯格)的VST和Windows用的DirectX。DirectX是一组应用程序接口，它是Windows系统上的增强型多媒体（视频与音频）接口。

还有许多的插件程序值得一提，不过这里仅列举少量杰出的插件程序公司：Waves

(Plug-In Bundles、Signature Series Collections、Musicians 2、Native Power Pack、One Knob、AudioTrack Native、API Collection、Aphex、Vocal Rider、L3 Maximizer等）、McDSP、SoundToys、Sonnox、Softube、Slate Digital、Avid Strike、Propellerhead Reason、Mixosauraus、FXpansion、Toontrack、URS、Focusrite、Lexicon、Antares、Mu Technologies、Serato、Celemony、Altiverb、Speakerphone 2、Crane Song、Avid、Eventide、David Hill、Synchro Arts、iZotope、T-Racks、Steinberg、Bias、Sony及Native Instruments等。

可以在制造商的网站上或音频零售商的网站上找到许多插件程序，例如，在Avid的网站上列出了数十种插件程序的搭配。大多数数字音频工作站的录音软件都带有它们自己的插件程序。

14.8 移动设备录音系统（Mobile-Device Recording System）

计算机数字音频工作站的一种选项是**移动设备录音系统**，一部苹果iPad或安卓平板电脑、多轨录音应用程序及一个音频接口。如果你已有移动设备，那么该系统的成本会很低，缺点就是它的显示屏与计算机相比略小。

一种特殊类型的音频接口是一个**基座**，它能容纳iPad并与之连接，iOS录音应用程序控制基座内的音频电路。Alesis IO Dock II和Focusrite iTrack Dock是两个基座的例子（见图14.16），它们有两路话筒输入、两路乐器输入、MIDI输入/输出及线路输出。一些像贝林格X18（苹果或安卓）和美奇DL系列的基座具有8路或更多的话筒输入，它们通过USB把多路声轨记录到各自的计算机上。

对于重要的多声轨录音，作者建议使用64GB内存或内存更高的iPad，运行最新的iOS操作系统。如果你的iPad有64GB的存储空间，则可以记录24bit/44.1kHz、24声轨的音频将近6h。

一种高级的iOS录音应用程序是Harmonic Dog品牌的多轨数字音频工作站，它能同时记录多达8条声轨和回放24条声轨。另一种是Wavemachine Labs Auria(见图14.17和图14.18)，它能在iPad上用96kHz的采样率记录24条声轨并能同时回放48条声轨，价格只有25～50美元。

虽然Auria能做带有效果的自动混音，不过iPad的小屏幕会造成困难，还不如只用Auria进行录音，然后把已录的声轨拷贝到计算机上进行剪辑和混音。Auria的录音任务的导出以AAF格式通过iTunes或Dropbox导入到数字音频工作站上。

图14.16 Alesis IO Dock II 基座（由Alesis公司提供）

图14.17 Auria混音窗口

安卓平板电脑用的多轨录音应用程序是Audio Evolution Mobile DAW（音频进化移动式数字音频工作站，由eXtream软件开发，约7.85美元），它含有MIDI、效果、自动化等。

USB Audio Recorder Pro能使你的安卓设备与USB音频接口一起工作。

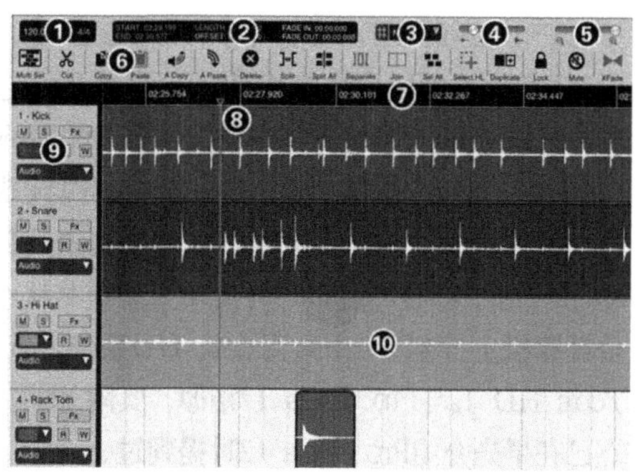

图14.18 Auria剪辑窗口

如何把音频接口或基座连接到iPad上去？2012年之前，iPad使用了一个30针的基座插座，有些接口可能可以与它相连；2012年之后，iPad使用了一个光端接口，可以把接口的USB端口连接到iPad的摄像机连接套件，经由一个光端接插件插入iPad，另一种选项是用一根USB至30针基座插座的线缆或用一根USB至光端线缆。请注意，有些接口需要在接口与iPad之间有一个供电的USB集线器才能正常工作。

14.9 Avid Pro Tools工作站软件

Pro Tools是最为流行的数字音频工作站软件和硬件系统——为业界常用的业界标准。除了Pro Tools | First之外，Pro Tools的录音档期内容（Sessions）可被记录载入到各类装有其他Pro Tools的录音棚内。它可在Mac或PC上运行，还包括音频用歌曲写作和录音工具、MIDI、记谱、循环、采样及软件合成器等。

不过，其他一些优秀的DAW程序也很有用，人们经常把“Pro Tools”理解为“数字音频工作站”，录音师们基于他们的工作方式而选择使用各种各样的数字音频工作站。

因为Pro Tools非常流行，所以有许多配置易使人们有些混淆，这里将进行简要描述，将按价格由低到高（从初级水平到高级专业水平）依次介绍其系统。

Pro Tools | First是供入门级用户使用的，免费提供。

Pro Tools Express Software是Pro Tools的简单版本，它包含一个MBox音频接口，它能用96kHz的采样率录音及混音到多达16条立体声音频声轨上，还包括MIDI、虚拟乐器和效果插件程序等。

Pro Tools 11是一个用计算机的CPU进行所有处理的软件，把它定义为**“native（本机）”**或**“host-based（主机）”**。CPU的速度、硬盘驱动器的速度及RAM的容量决定了有多少插件程序和软件合成器在同时使用。Pro Tools 11是一个具有超短等待时间的64bit的系统，它可以与任何一个音频接口一起工作。它包括一个HD视频窗口，能把声音加入到视频制作中去，还含有许多虚拟乐器和AAX（Aviol Audio Extension）效果，且比实时并轨更快（把一条混音渲染成为2声轨）。它的价格为700美元，学生版价格为300美元。

Pro Tools' OMF/AAF/MXF file interchange support（文件交换支持）可以用Pro Tools来交换在其他音频与视频软件里创建的录音项目内容，反之亦然，这样就很容易与其他的音乐家和录音师进行沟通和合作。AAX是Avid的64bit插件程序格式，它可以用本机或DSP来处理。

Pro Tools 12（见图14.19）具有Pro Tools 11的所有功能，外加一点，它可让你经由云端合作渠道在Avid市场与其他音乐家和录音师沟通合作，你可以得到低成本的订阅或拥有你自己的完整系统，并能够从任何地方访问你的工作文件。

Pro Tools HD 11类似于Pro Tools 11，不过HD版本则使用计算机的CPU来处理，它与Avid HD的硬件捆绑在一起。与Pro Tools 11相比，HD版本提供更多的音频和视频轨道、扩展了的表头、高级音频和视频剪辑及自动化、混音至7.1环绕声，并能用卫星链路从一台计算机上控制多个Pro Tools HD系统。Pro Tools HD 12与Pro Tools 12相似，其附加的特点已在早先介绍Pro Tools 12时提到过。

图14.19 Pro Tools 12屏幕截图

Pro Tools | HD Native使用Pro Tools | HD软件及音质极佳的HD硬件，它也使用计算机的CPU进行处理，并能通过PCIe或雷电接口连接到计算机。

Pro Tools | HDX是顶级专业系统，它与HD硬件一起工作，包括AAX DSP加速的插件程序，允许极快的操作并有最多的声轨和效果。

每一个系统都与高级的Pro Tools HD系统互相兼容，所以专业人员在家里就可以使用此系统工作，只要把项目任务导入到Pro Tools HD即可。

Pro Tools | S6L是一张大型混音调音台（控制界面），它与Pro Tools软件一起工作，它提供了模块化（可扩展）设计，其感觉像是软件的扩展。S6L含有EuCon以太网，可在大型设备内连接多个Pro Tools系统。EuCon是一种高速以太网协议，它允许与EuCon相兼容的控制器能够操作像Pro Tools那样的软件。还有，它可以同时控制多个在不同的音频工作站内创建的音乐和/或音频后期项目，即使这些项目并未使用Pro-Tools软件。

Pro Tools | S5是一种小型的非模块化控制界面，而Pro Tools | S3则是一款紧凑型的控制器。

14.10 多轨录音用计算机的优化（Optimizing Your Computer for Multitrack Recording）

一旦选择了某些录音软件并安装就绪，就希望计算机能快速并无故障地运行软件。我们需要去优化它的设置获得最佳结果，附录B将介绍为硬盘提速、降低软件中断及降低CPU的用量等内容提出的建议，如果遵循那些要点，那么将会拥有更快的系统，能够操控更多的插件程序和更多的声轨，同时在回放声轨或刻录CD时，将不会出现音频嘀嗒声和信号丢失现象。

14.11 数字音频工作站的使用（Using a DAW）

购买某些数字音频工作站的硬件和软件，并把计算机调整到既快又可靠的状态，那么一切准备就绪。接下来将介绍设置和使用数字音频工作站的一些技巧。

14.11.1 连接（Connections）

首先，要按图14.20所示把音频设备连接到数字音频工作站上，这就需要一些设备器件之间的转换线缆。

14.11.2 软件设置（Software Settings）

从计算机的桌面视图开始，单击选择Start（开始）> Settings（设置）> Control Panel（控制面板），双击Sound and Audio Devices（声音和音频设备）> Audio tab（音频标签）。把Playback and the Recording default devices（回放与录音默认设备）设定到为音频剪辑用的声卡或接口，在设备管理一栏内，要禁用计算机的内置声卡以避免冲突。

在为一首新歌录音之前，要创建一个该歌曲用的独立的录音任务工程，每首歌都应该有各自的任务工程和它们各自的音频文件的文件夹。为任务工程设定比特深度和采样率，例如24bit/44.1kHz。在录音之前，要给每条声轨命名。

如果要从话筒或乐器那里录音，则应该把它们被放大后的信号记录到某条音频声轨上去；如要从某台MIDI控制器那里记录信号，则应该把它的MIDI信号记录在某条MIDI声轨上。有关MIDI音序录音的详细内容将会在第18章中解释。

把音频设备设置在录音软件内，这些设置被称为“记录定时主机”和“回放定时主机”。为每一条音频声轨规定输入和输出设备，例如“channel 6 input”（“通道6输入”）和“stereo L R outputs.”（“立体声左右输出”），同样，也得为每条MIDI声轨规定输入和输出设备，例如“sound-card MIDI IN”（“声卡MIDI输入”）和“sound-card stereo outputs”（“声卡立体声输出”）。

如果要同时记录许多声轨，或在高采样率下工作，这样就会产生比CPU和缓存器所能处理的更多的数据——导致信号失落。信号失落是一种已录音频内的短暂的无声或突发噪声（短时脉冲波干扰），为防止在录音时产生信号失落，要关闭声轨回放表头、效果及波形预览，增加缓存器容量，关闭或降低视频加速。录音时不要缩放和滚动，同时也要遵循在附录B中提到的有关多轨录音用计算机优化的一些技巧。

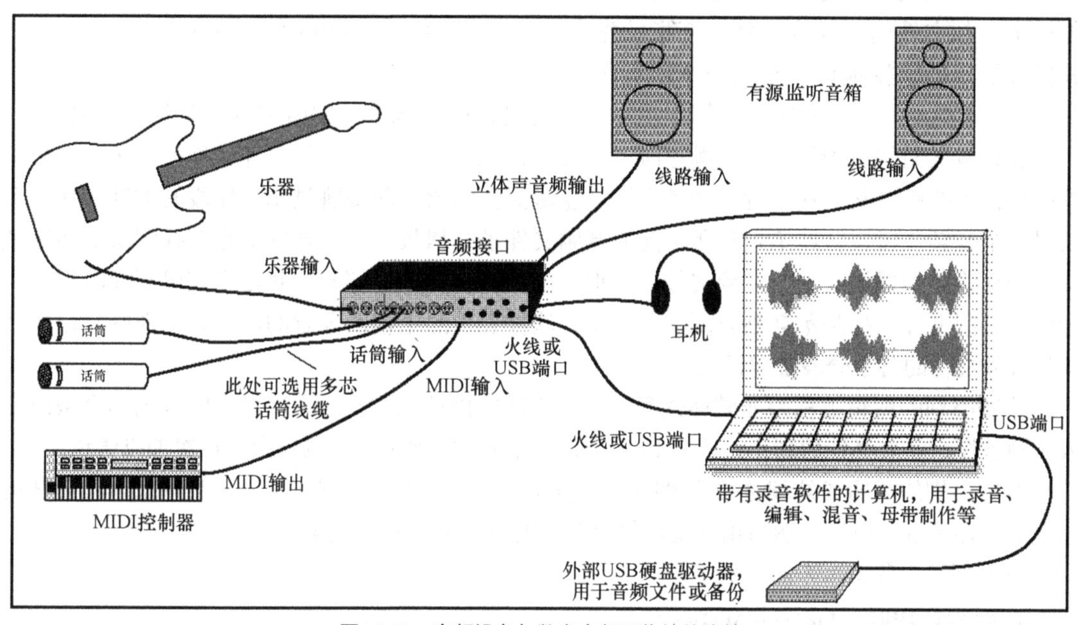

图14.20 音频设备与数字音频工作站的连接

缓存器的设置至关重要，大型的缓存器可使用大量声轨和插件程序且不会产生信号失落，但是会导致产生很长的等待时间（监听延时），如果延时时间太长，在按下MIDI键盘上的某个键时，软件合成器将会在一段明显的延时之后才会响应。小型缓存器可把等待时间最小化，使软件合成器的响应快得多，但是会引起信号失落，通常在为软件合成器进行分轨录音时，最好设置缓存器/等待时间为较短时间（4ms以内），而对其他乐器录音时则可设定得较长（约25ms）。可参阅附录B中有关“最小化等待时间”小节内容。

想象一位吉他手要叠录她的吉他声轨，有一支话筒摆放在她的吉他附近，当她弹奏吉他时会产生一个信号，称之为“实况话筒信号”，吉他手需要听到她的实况话筒信号和早先已录声轨的混音，而不能有多余的等待时间。她将进行如下操作，在实况话筒的声轨内找到被称为“Echo（回声）输入监听”（或输入监听）的按键或开关，当把开关打开时，它通过插件程序发送实况话筒信号到那条声轨上。这种额外的处理会引起等待时间，所以要监听没有等待时间的实况话筒信号的话，就应该关闭“输入监听”。

14.11.3　剪辑技巧（Editing Tips）

数字音频工作站设置完毕之后，就可以记录和剪辑音频。在选择某条已录声轨的一部分音频时，要创建一个**片段**（**clip**）或**区域**（**region**），例如整首歌曲、一首歌曲的合唱、一条吉他声轨、一段鼓声的重复段或单个音符等。通过用鼠标在波形内标记上开始点和结束点的方法来创建一个片段，在图14.21中，已被选定的片段用高亮度显示。

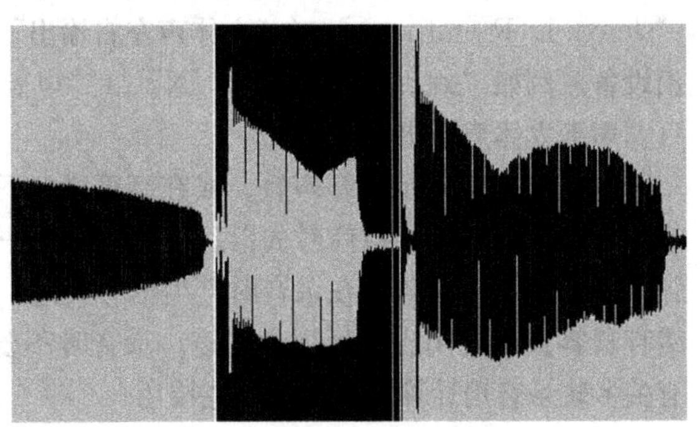
图14.21　选定和高亮度显示某一片段

一个片段实际上是一对指针所指向硬盘上一个音频文件的一部分，将一个指针作为片段开始点的数据地址，将另一个指针作为片段结束点的地址。它们并不包含音频数据，片段告诉软件要回放的是音频文件的哪一部分。

在设置某条混音内的片段的顺序时，实际上是在告诉硬盘磁头要以什么样的次序来回放那些指针；当要删除某一片段时，则是告诉硬盘磁头在回放期间要跳过哪个片段的指针；如果要拷贝一个音频片段，软件不是对所指向的音频文件进行拷贝——而是每次它查找到所指向音频文件的片段时来播放同一个音频文件。当把一个片段分为几个部分，并把它们以不同的次序排列时，音频文件本身是不会被分割的，相反，软件会按照用户所要求的次序，把那些片段所指向的音频文件的各个分段加以回放。

这些类别的剪辑被称为**非破坏性剪辑**，只是那些指针在改变，在磁盘上的数据不会被改变或受到破坏。非破坏性剪辑不是永久的，如果不喜欢某次剪辑，可以重做并再次加以尝试。

有些类别的剪辑或处理是**破坏性**的，它们在磁盘上写满了数据。不过，有些录音程序在剪辑之前保存了这种数据，然后用恢复被保存数据的方法来重新完成某些更改。

下面列举一些剪辑方面的例子。

1. 噪声的删除（Delete Noise）

假如已录制一条原声吉他声轨，但是在短句与合唱声部分之间有椅子的吱吱声，这时可把那段噪声的波形放大，加以回放，并给予高亮度显示，然后把它删除（在大多数的DAW中用键入Ctrl+X的方法）。或者可使用关闭所创建空间的方法等——但在本例中不宜采用。一条删除了音符之间噪声的吉他声轨如图14.22所示。

2. 清理声轨（Clean Up Tracks）

在一首已录歌曲开始回放之前，通常会听到噪声和报数，要清除它们的话，可以把一组噪声定义为一个片段并将其删除（键入Ctrl+X）。有些软件可作**滑动编辑**（slip-edit），或把每条声轨的起始位置向右拖曳到噪声被清除的地方。

也可以切除每条声轨的静音区域以减少泄漏声和背景声。例如已录制了真实的鼓组声，找到通通鼓声轨，通通鼓的话筒拾取了大量的来自军鼓及镲钹的泄漏声，在那些通通鼓声轨内，可以切除通通鼓击打声音部分之间的空间，这样可防止泄漏声，并能使鼓声紧密。

经剪辑后仅保留了击鼓声的通通鼓声轨如图14.23所示，当然也可以用噪声门限的方法来替代这种剪辑手段。

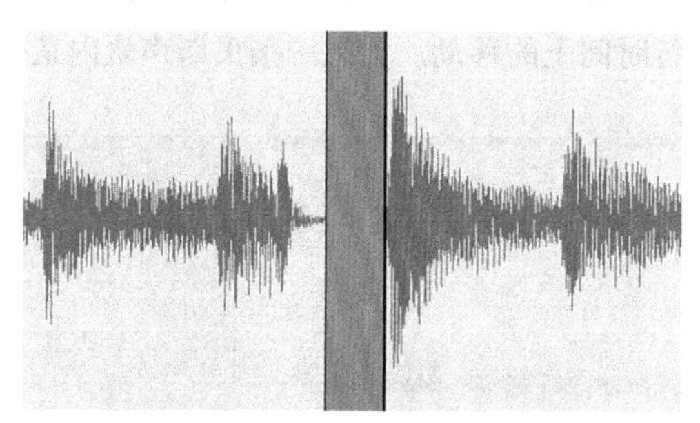
图14.22　一条删除噪声后的吉他声轨

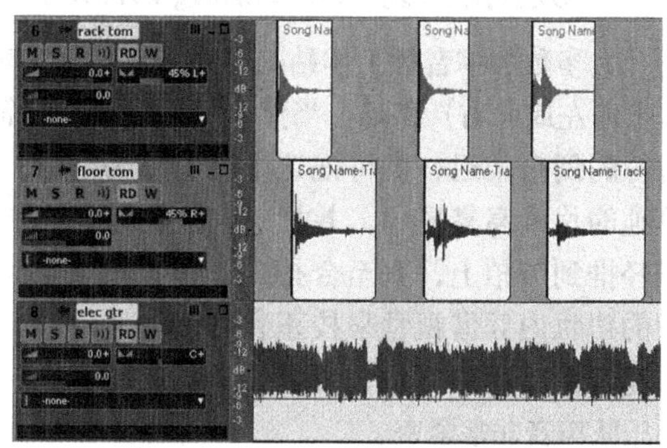

图14.23　经剪辑后通通鼓声轨仅保留了击鼓声

3. 复制音乐部分（Duplicate Musical Parts）

假如已录得合唱声中最好的一遍背景歌声，与其要对合唱声的其他部分进行录音，还不如从一首合唱曲中拷贝那些歌声，然后把它们粘贴到那些合唱段落重复的地方。对其他声轨片段要细心并准确地排列。

把某些声轨复制到歌曲其他部分中去的一种方法，是先把那些声轨并轨（导出）到一个立体声WAV文件上，然后把WAV文件导入到想要存在的地方，步骤如下：对需要并轨的那些声轨进行独听和平衡，将主输出推子推到混音电平接近0dBFS的位置，再把那些声轨以32bit的立体声WAV文件格式导出，然后把该文件导入一个新的立体声声轨，并与其他的声轨对齐。

4. 替换错误的音符（Replace Wrong Notes）

如果贝斯声轨有些出错的音符，只要简单地删除那个错误的音符，拷贝一个音高正确的音符，并把它粘贴在错误音符出现的地方，放大波形后，再精确地调整音符的时间位置。

5. 制作特殊效果（Make Special Effects）

用剪辑来创建一些不太常用的效果。例如，在一条歌声声轨内拷贝一个音节，然后把它多次粘贴成一排，从而产生一种结结巴巴的效果。假如要把左通道内的一把吉他变成两把吉他制成立体声，则可拷贝吉他声轨，再把它粘贴到另一条声轨上，再把被粘贴的吉他声轨向右滑动20～30ms（把吉他信号延时），然后把延时后的吉他信号的声像偏置到右边。调节声轨的推子，使监听到的吉他声均匀地分布在监听音箱之间。

6. 淡出、淡入（Fade-out, Fade-in）

在歌曲末尾的淡出是把音量慢慢地降至静音。数字音频工作站的程序可以在完成后的混音末尾（或在各自的声轨上）插入一个淡出程序。如果要**淡入**一段合成器铺垫的引子，也可以这样做。淡出和淡入曲线可以有多种不同的陡峭度，可以选择一种认为最好效果的淡出和淡入声音。

7. 交叉过渡（Crossfade）

交叉过渡意为“在一首歌曲淡出的时候另一首歌曲开始淡入”。横跨在一个剪辑点处的交叉过渡使声音更为平稳，例如，在插入补录段的开始和结尾处加入一段短短的交叉过渡，可以防止出现噪声。两首歌曲的交叉重叠如图14.24所示，在第一首歌曲淡出的同时，第二首歌曲淡入，两首歌曲在它们的重叠部分混合。

8. 修理时限误差（Fix Timing Errors）

大多数数字音频工作站的程序，可把每条声轨在时间上相对于其他声轨向前或向后（在屏幕上向左或向右）移动，当然也可以把单个音符进行时间上的移动。如果一条贝斯声轨内某个音符的到来太迟，则可把这个音符作为单独的片段高亮显示，并把它向左滑动或轻推到节拍上，直至合拍。在多种不同的声轨内凭借视觉来校正音符的起始（起音）时间的方法，可以使得已录得的乐队声音非常紧密。

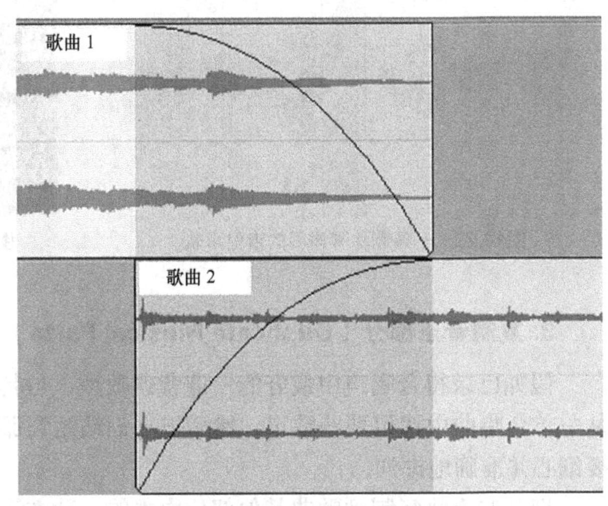

图14.24　两首歌曲之间的交叉过渡

两条需要同步的声轨如图14.25所示。先设定数字音频工作站仅显示这两条声轨，在图14.25（A）中，位于底部声轨的那些音符比位于顶部声轨的音符要滞后些；在图14.25（B）中，位于底部声轨的那些音符已被调整到与顶部声轨的音符对齐的位置——它们可以同步播放。

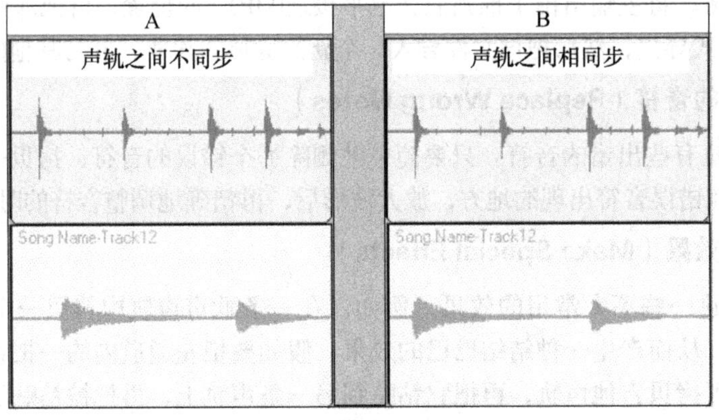

图14.25　两条需要同步的声轨

9. 排除或重新安排歌曲部分（Remove or Rearrange Song Sections）

可以在已完成的立体声混音上进行这种类型的剪辑，而无须在各自的声轨上进行剪辑。

假如要用删除某一部分，以达到缩短某一首歌曲的目的，可把要删除的部分显示为高亮度，将其切除（键入Ctrl+X）并缩短空间，将剪辑点放大并把段落的开始或结束点移动到平稳过渡的地方。可尝试在剪辑点上得到**零交叉**，使波形的交叉点位于0dB处(见图18.10中)。这一方法也适用于剪辑口语单词录音时出错的场合，只要细心注意不要在休止期间出现两次喘息声。

假定想要搬移歌曲的某一部分，并想把它放到歌曲内的某处位置，如果认为桥接段较早到来，从当前的位置将其搬移即可，并把它放到所想要的位置上。

a. 把要桥接段的波形显示为高亮度。

b. 把它切除（键入Ctrl+X）并紧凑其空间。

c. 把歌曲在桥接段到达的地方分割。

d. 把歌曲的右边部分向右滑动，可以得到一个空间。

e. 把桥接段的波形粘贴到那部分空间内。

f. 滑动其波形段，使之得到一种无缝的剪辑。

10. 在母带制作时改变歌曲的次序（Change the Song Order While Mastering）

在节目制成CD格式的母带时，可以选择整首歌曲并按照想要播放的次序来搬移它们。

以上仅是一些剪辑的方法，这样可以改善混音并能对歌曲根据需要的次序来加以排列。

14.11.4 音频质量的保证要点(Maintaining Audio Quality)

计算机的混音发出刺耳的声音、颗粒状声或“数字声”时，应如何来处理，以下将介绍一些处理技巧，使一种像在盒子内的混音变成像模拟声音那样圆润。

假如使用的数字音频工作站设定在24bit分辨率下进行录音及混音，认为所做的一切都正确无误，但是最终的产品仍有模糊和失真的声音。所记录的声轨电平接近于0dBFS，都不太高，在表头上也见不到有任何的削波出现，可是在聆听混音时，始终感觉缺乏在模拟录音时的那种圆润和强劲的声音，总感到刺耳或疲弱。

究其原因，多半是由于信号出现了削波，但在表头上并未指示出来，下面将解释这种现象，并提出解决这一问题的方法。同时还给出其他一些处理技巧，有助于我们所制作的声音少一些处理味，多一些音乐上的艺术品位。

背景（Background）

首先需要掌握一些数字音频基础：在音频接口内的模拟/数字转换器以每秒数万次的频率测量或采样所到达的模拟信号，并把这些采样转换成一些二进制数，再把它们记录在硬盘或固态硬盘上。

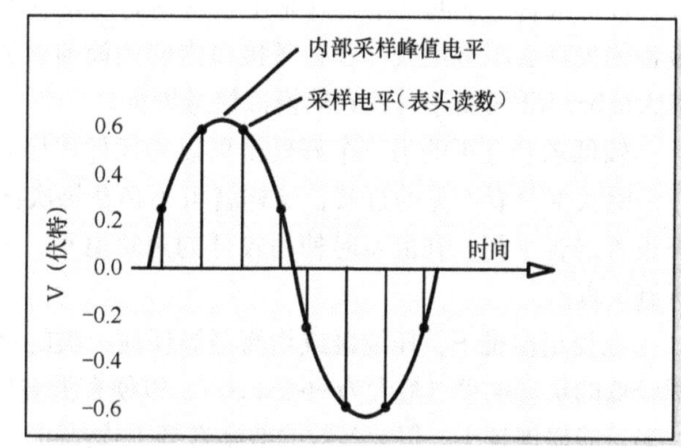

图14.26 模拟信号电平可能超过数字采样电平

图14.26显示了一个被周期性采样的模拟正弦波。在数字音频工作站内的数字表头所指示的是采样电平，但并不一定指示在采样点之间出现的峰值信号电平。在数字/模拟转换器内，低通滤波器（**重建**

滤波器）所得到的采样点之间的峰值电平比在某些高频成分时所测得的电平有时要高出3dB。如果录音时的电平接近0dBFS，这时有可能引起**采样点间的削波**（冲顶或过载），而那时候的表头却并未显示。某种“冲顶”意味着音频的某个片段有3个或更多连续的采样位于0dBFS处（所有的比特都工作）。

同样，有些插件程序可以产生更高的峰值电平，它比在音量上未曾增加过或在节目没有任何可闻变化时的峰值电平要高得多，甚至在均衡衰减或滚降（负向均衡）时，由于在衰减频率处的振铃效应产生的采样点间的峰值电平增加了信号电平。

依据这些事实，让我们来探讨一些避免刺耳的数字声的方法。

正确地使用表头（Use Meters Correctly）

首先，让我们来回顾一下平均电平与峰值电平的概念。如图14.27所示，在演奏音乐时的音乐信号在电平（电压）上的变化是连续的。想象某一音乐段落用低电平的合成器作为铺垫，而用高电平的鼓声作为击打声，那么该段音乐的平均电平或音量是属于低电平，而瞬态峰值电平却是高的。

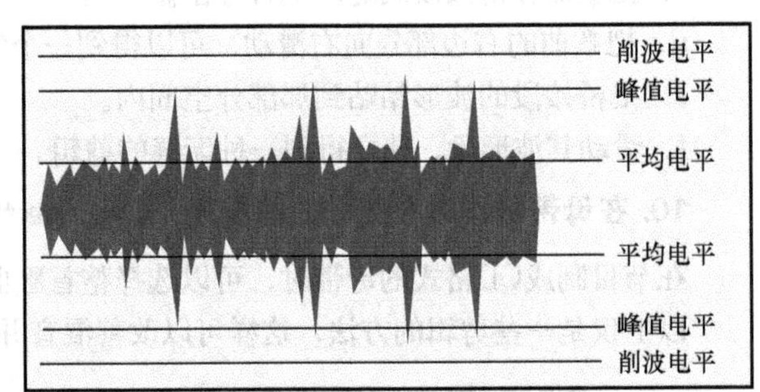

图14.27 音乐信号内的平均电平及峰值电平

根据不同种类的信号，有些峰值电平可能在平均电平以上24dB，打击乐器声可以比连续的乐器声（合成器伴奏、风琴、长笛）具有更高的峰值电平——即使两种信号有相似的平均电平。

数字音频工作站内表头所能指示的信号电平有两种方式：有效值及峰值。有效值（或称之为均方根值）读数相当于平均电平，而峰值读数指示的是峰值电平或是短暂的瞬间读数；平均值或有效值电平近似地指出了声音有多大的响度，而峰值电平则指出信号产生削波时的接近程度。

我们当然不希望在录音或混音时出现削波或失真，所以应使用峰值表头监视，而不采用有效值。

降低录音电平（Reduce Recording Levels）

要防止采样点间削波，可以用调低话筒前置放大器内增益的方法来降低录音电平。录音时，在峰值电平表方式下，要以−6dBFS为最大录音电平，并要确保把录音电平表设定到推子前。较低录音电平的一个好处是不会使话筒前置放大器过载，在达到最大增益时，大多数模拟设备的失真会跟着增大。在音频接口内的话筒前置放大器在低于最大值之下6dB时，要比低于最大值0～3dB时更不易使它的模拟信号失真。

较低录音电平的另一个好处是可以为插件程序获得一些动态余量。6dB的动态余量应该可以消除大部分看不见的过载，这样就可不必在每次插入插件程序时，不得不用调节电平的方法来设置混音平衡。在混音时使用较低的声轨电平，就不会从插件程序及数字/模拟转换器那里听到失真。

在使用像推子、压缩器或均衡器等任何一类的增益提升时会引起信号削波，所以要保持相对较低的录音电平（最大为−6dBFS），以便在混音期间不必去变更插件程序电平。每条声轨的波形可能显现较小，但大多数的数字音频工作站可以在垂直方向上加以放大。

要记住，插件程序是用每条声轨上的已录电平来驱动的——而不是声轨的推子，声轨推子要

在插件程序之后才使用。如果某条声轨在0dBFS最大值时录音，则要用数字音频工作站的增益调整旋钮（或插入一个-6dB的增益调节插件程序）来降低信号电平，之后才可以进入到插件程序内。要在设置压缩器或噪声门之前来进行这些处理，因为增益调整会影响到它们的增益降量。

用较低的录音电平是否会增大噪声？不错，但实际上这不成问题。24bit的录音在理论上的信号噪声比为144dB，所以即使在-6dB最大值时录音，这时的录音电平仍远远高于本底噪声之上，不可能听到嘶嘶声之类的噪声。

低噪声之所以重要，是因为声轨使用得越多，噪声越大。例如，把16条具有相同推子设定的声轨加在一起时，将会增加约12dB的噪声，不过，这时的信号噪声比仍大于干净的录音作品所应具备的比值。所以尽可以使用较低电平下录音和混音的方法，用额外的信号噪声比来换取动态余量。如果峰值录音电平为-6dBFS，将会获得6dB的动态余量；如果峰值为-10dBFS，则可获得10dB的动态余量。

作为一种选择，可以获取一种**过采样表头插件程序**，它可以指出实际的采样点间的信号电平。用模仿数字/模拟转换的处理，这种类型的表头可以重建在常规表头里所缺失的采样点间峰值电平指示。例如Pro Tools用的Trillium Lane Labs MasterMeter、Sonnox Oxford限幅器、TC MD3 PowerCore插件程序及Voxengo Elephant等。

如果恰如其分地保持适当的低录音电平，那么就不必担心那些采样点间的峰值电平了。

降低其他地方的电平（Reduce Levels at Other Points）

下面列出了在信号途径中的一些其他地方，在那些点上的电平要设定在-6dB最大值。

■ 在任何通道上（编组或辅助混音上）。

■ 在每组插件程序的输出上。检查每组插件程序内是否有失真（削波），尤其在设定为提升的均衡器内，找到插件程序输出增益控制旋钮并把它旋低至刚要出现削波前。也许有时会把一些插件程序加以串联使用，这时就不应把一种插件程序的输出过载引入另一个插件程序输入中。

■ 在任何**上采样插件程序**的输出上。这些DSP对信号进行上采样（增加它的采样率），加工其效果，然后再在输出端对信号进行下采样。这种下采样器的作用像一个部分重建的滤波器，所以即使效果被关闭时，其上、下采样仍能产生过载。

电平的设定在缩混期间也十分重要。将主输出母线电平表的最大峰值电平设定到-6～-3dBFS，允许在采样-读数表头上不显示信号的峰值。在母带制作期间要在稍后提升增益，应该在最后对综合电平或峰值-限制/电平归一化时进行提升，由此可制作一张热门的CD。

可尝试保持主推子位于或接近于0dB。如果主推子设定在较低的位置，则应推起那些通道的推子以获得满意的混音电平。那样的高电平信号可能会使混音母线过载，因此，如果主推子表头有削波，可把主推子拉下数dB，直至不出现削波。

请注意，如果数字音频工作站在混音母线内用48bit或64bit浮点运算时，那么混音母线的过载不是什么严重的问题，因为浮点处理可使信号在0dBFS以上通过时不被削波。当然最好还是要控制电平对混音母线的冲击，当信号超过满刻度时，求和的计算精度会降低。

在压缩器内不要考虑采用提升增益的做法，增益的提升会因电平的升高而引起最初未经压缩信号的瞬间削波，此时可选择推起一些声轨的推子。

如果把混音交给母带制作录音师，则可省略立体声母线处理工作。在-6～-3dBFS最大值下记录混音文件，使其混音不致于在母带制作录音师那里的数字/模拟转换器上过载。如果为自己的混音进行母带制作（例如取得用户认可），则可使用一块能显示真实的重建信号的过采样表头，或者设定限幅器的上限电平在-3～-0.3dB，而不应在0dB或更高，这样可以避免所制作的文件在用户的回放系统上出现声音失真的现象。许多CD播放器在回放削波电平以上的文件时会发出采样失真的声音。

以上探讨了用降低电平的方法来得到更为圆润和平稳的声音，接着要考虑的是用其他一些方法来使数字音频的聆听更为轻松。

声源方面的工作（Work on the Sound Source）

有时某种乐器或人声即使是在低电平下录音，却仍会发出令人焦躁和尖利的声音，这很可能是因为声源本身、话筒的频率响应或话筒的摆放等出现问题，以下一些方法可使声源的声音得到改善。

■ 使用均衡时，要考虑尽量少地使用高频提升，可考虑改用在3kHz～7kHz周围衰减数dB的方法，这样可以减少些刺耳的声音。在变形的吉他放大器上尝试用一个4kHz的低通（高切）滤波器来消除其尖利、令人焦躁的声音。

■ 尝试对在大音量时出现的摩擦般刺耳的人声采用多频段压缩的方法，可设定压缩器，使之在3kHz以上或在大音量期间起到压缩作用。

■ 许多电容话筒在它们频响中的高频峰值会产生一种破碎般的咝声，高频滚降或在均衡中的搁架式衰减可以避免这种效应。不过，最好使用带式话筒或是具有平直响应的电容话筒，许多带式话筒在高频区可减小些输出，这样会得到一种更为圆润的声音。

■ 把话筒摆放到可使声音更为柔和的位置上，例如，在对人声的正前方拾音时若感到声音太尖利，可把话筒稍微偏离正前方；在偏离小号口处拾音、在吉他放大器音箱接近纸盆边缘处拾音等，均可拾取较为柔和的声音。

电子管话筒前置放大器可使声音更为温暖，但是也不要全部使用电子管话筒前置放大器，因为它会有一些声音优美的偶次谐波失真，有些人称之为添加“温暖感”。

其他一些技巧（Other Tips）

■ 粗糙的连接会导致信号的整流及失真，可使用像Caig Labs DeoxIT公司的清洁剂来清洁接插件，并考虑使用高质量的线缆。

■ 使用高质量的转换器。

■ 使用为低抖动设计的音频接口。

■ 在母带制作期间，当从24bit截短为16bit时要加入比特补偿器（Dither），这样可消除低电平信号时的量化失真。

■ 最小化数字音频工作站的计算量。每次的计算由于增加了超过24bit的字长而会产生一些误差或失真，与其先把音乐部分的增益提升而以后再降低，还不如重做那些变更，而只应用正确的增益变更量。

■ 考虑使用计算机自动化来设置**音量的包络**（推子的移动），而不用压缩。音量包络是在某一条声轨上推子电平对时间的关系图，由于使用压缩之后会因改变波形而导致失真。太快的恢复时间也能在低频音符上引起失真，同时还会引起泵唧声。在一系列音符上所进行的推子设定变化比起在每个音符上的压缩会产生较小的可闻声。

■ 幅度限制会加入失真。当用峰值限制并归一化一条立体声混音的方法来制作一张热门CD时，可尝试6～7dB的峰值降量，且在混音中少使用限幅，这样可不致产生大音量时的瞬态失真。不要把被限幅的信号归一化到0dBFS，而要考虑到采样点之间的峰值原因，应该归一化到-3~-1dB。

■ 试用一种模拟磁带插件程序来使某条声轨的音色变得更温暖些（例如使用Crane Song Phoenix插件程序），或者把声音记录到模拟多声轨磁带上，然后再把这些声轨转存到数字音频工作站上进行剪辑/混音。

■ 要减少混响插件程序内的颗粒状声音，可使用高密度设定或使用一种回旋式混响。

■ 为获得最佳质量，应在24bit下录音并让其自始至终保持在项目任务之中。录音任务结束之后，开启比特补偿器并把混音导出到需要为CD母带制作的16bit文件上。如果想把24bit的数据文件发送给母带制作录音师，则可不必开启比特补偿器——因为这一工作可由那位母带录音师来完成。

■ 归一化是数字音频工作站的一种处理，它把整个节目的增益加以提升，使其最高的峰值达到0dBFS（在峰值表上的读数，而不是有效值表头上的读数）。在进行最终的母带制作之前，不要对节目进行归一化处理（将在第20章的母带制作相关内容中解释）。

■ 要使用专为数字音频设计的线缆，并使用短的线缆。在自己的模拟/数字转换器上要使用内同步，这样可减少抖动。

■ 避免不必要多次的模/数转换和数/模转换。信号一旦成为数字格式后，尽量要保持这种格式。在音频接口上把模拟的话筒信号转换为数字信号后，如有可能，所有的处理尽量在计算机内进行，然后刻录成为最终产品的CD。只有在回放CD时，才把信号进行数字/模拟转换。

不妨对所有上述建议进行尝试，相信会使你的音乐更优美。

正如我们所见，我们已处于计算机音乐应用的世界之中，根据需要可以下载那些免费的试用版本、设置你的数字音频工作站系统、阅读软件手册，并享受音乐创作的乐趣。

14.12 音频跟随视频（Audio for Video）

用数字音频工作站可以创建一条视频或电影制作用的音频声轨。

首先我们需要知晓**SMPTE时间码**，它是用于视频制作的标准化时间码信号。SMPTE 时间码有些像数字磁带计数器，这种计数器的时间是作为一种信号被记录在磁带或硬盘上。

视频屏幕上的图像是以每秒钟接近30帧的画面来更新的，这里一帧为一幅静止图像。

SMPTE时间码把一个唯一的号码（地址）分配给每一幅视频帧——8位数，规定为小时：分：秒：帧数。SMPTE 码可设置为“drop frame”（失落帧）模式或“non-drop-frame”（非失落帧）模式。

假如想要得到一条视频节目用的音频声轨，首先，要把视频拷贝到计算机的硬盘上。当打开位于音频剪辑程序内的视频文件时，则会被显示在计算机屏幕上方的一个窗口内（见图14.28顶部）。在观看视频的同时，可以用剪辑音频及音乐段落的方法来创建声轨。

创建声轨的过程如下。

1. 首先，要拿到一张DVD或发送一个文件，内容为需要进行工作的带有现场声的节目视频录像，把文件拷贝到硬盘上。

2. 运行音频软件，导入视频文件并观看图像，用软件合成器作曲并记录与视频镜头有关的音乐内容，滑动音频段落，使它们与视频保持同步，剪辑与视频适配的音乐。

3. 在进行被称为**循环**或**自动对白替换**（ADR）的处理期间，把失误的或低劣的对白加以替换，让配音演员观看着视频图像配音并用数字音频工作站反复对准口形。

4．附加选用来自CD效果盘上的一些音响效果，拾取一些所需要的效果声内容，并把它们导入到数字音频工作站的一些声轨上去。

5．用慢动作或停帧方法，通过视频找到每段声音效果应该出现的音符点（SMPTE时间码地址），使音频段落与视频图像在时间上对齐。

以下为更详细的步骤，所使用的一些术语按步骤分列如下。

音频剪辑师：该人员执行音频剪辑，或许还能从事音乐编曲。

图14.28　在数字音频工作站屏幕内的一个视窗及声音段落

音频混音师：该人员为故事片、商业片或纪录片从事最终混音。可能需要多张调音台：

一台为对白混音用，一台为音效用，一台为音乐用。

1．在视频拍摄期间，来自现场音频混音师的音频被直接记录在摄像机上，音频信号通常由微型话筒或强指向性话筒拾取。

2．音频剪辑师接收带有被嵌入现场声（但可取出）的视频文件。此外音频剪辑师还接收WAV文件、OME文件或者AAF文件之类的音频文件来进行混音。被嵌入在视频文件内的音频声轨通常是一条临时性的混音，它要保证来自WAV、OME或AAF文件的音频与视频保持同步，要用耳朵聆听（或用肉眼）把它们对齐成为一条直线。

3．在好莱坞电影制作场合，音频剪辑师为音频混音师提供OMF或者AAF文件，这些文件包含了所有与视频保持同步的音频剪辑内容。文件内的音频使用多声轨格式，这样可使音频混音师在混音时拥有最大限度的灵活性。

4．至关重要的是要保持音频与视频同步。音频与视频剪辑师必须就本项目任务的开始时间（**偏置时间**）及用每秒帧数（fps）表示的**帧率**保持沟通。音频混音师把视频和音频文件对准，传统的任务开始时间，即SMPTE时间通常设置为01：00：00：00，在计算机内的视频及音频是由音频接口在调音台系统采样率（典型值为48 000次/秒）的分辨率下保持同步。

5．音频剪辑师开始混音。音频混音师使用来自音频剪辑师的音频素材完成混音之后，他或她把最终混音文件（WAV或AIFF）发送给视频剪辑师，视频剪辑师把混音后的声轨嵌入（联合）视频编辑系统上的视频。

在较小型制作场合，音频剪辑师/混音师则按如下步骤进行。

1．从视频剪辑师那里接收WAV、OMF或AAF文件。将你的录音软件设定到在视频拍摄期间使用过的帧率上，例如，在软件的时钟设定时，可选择24f/s（帧/秒），30f/s失落帧，29.97f/s失落帧，25f/s，30f/s ndf（非失落帧），29.97f/s非失落帧或23.976f/s。还要设定SMPTE/MTC偏置时间（起始时间由视频剪辑师决定）。

2．导入现场音频、叙述（画外音或称之为VO）及音响效果。导入音乐或编曲和唱片音乐，修剪音频段落并把那些段落在时间上加以滑动，使那些素材与画面同步。

3．在混音期间，剪辑画外音时只包含制片人想要保留的那些句子。也要去除噪声，设置自动化（音量包络线），以保持画外音具有一致性的电平，在画外音开始之前降低音乐的推子，在画外音开始之后提升音乐（“凸出”）并按照节目进程需要来调整音乐电平。由于画外音的语气、语调和音色随着话筒位置和周围环境的不同而有所变化，所以对所选的画外音段落要进行均衡处理，使它们的语调和音色与画外音的其他部分相匹配，也可使用自动化均衡进行处理。

4．导出混音（通常使用在48kHz下的广播WAV或AIFF文件）。在文件的起始位置打上时间码标志（01：00：00：00）。

5．混音最大化。可以使用限幅和归一化处理使之在VU表上最大电平的读数为-8VU，峰值电平不要超过-0.3dBFS，这种处理将会在第20章的“母带制作”小节中讲解。

6．把最大化后的混音发送给视频剪辑师。也可以上传到一些网站中，视频剪辑师会接收到文件的链接，他们会在方便的时候将文件下载。

第15章 数字音频工作站的信号流程

（DAW Signal Flow）

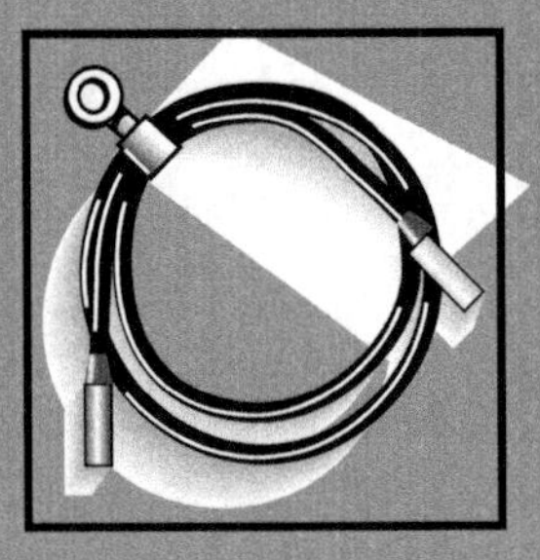

基于计算机录音的录音棚心脏是数字音频工作站，让我们回顾一下，它可分为3个部分（见图5.8）。

■ 计算机运行录音软件，存储已经录得的音频，并且存储软件的一些设定。

■ 音频接口接受所有端口上的输入信号并把它们发送到计算机上进行录音。

■ 录音软件记录多条声轨，剪辑它们，把它们混音并加入效果、均衡及立体声定位（声像偏置）。

在任何音频系统或设备内，从信号的输入、经过系统到信号的输出都有其信号的流程或走向，在数字音频工作站内所调节的控制部件会影响信号流程，所以理解信号流程有助于在你操作数字音频工作站时进行合理的决定。

15.1　录音任务的阶段（Stages of a Recording Session）

在我们检查数字音频工作站内有怎样的信号流程之前，让我们简要回顾在一个录音任务期间使用数字音频工作站的3个阶段：录音、叠录及缩混。

1．**录音（分轨录音）**：音频接口接受话筒电平信号并将其放大到线路电平，来自每支话筒的线路电平信号被发送到一条独立的声轨上。这些声轨以WAV文件或AIFF文件格式被记录到硬盘或SSD（固态硬盘）上，一条声轨可以是领唱，另一条声轨可以是萨克斯管的演奏声等。

1．**叠录**：**通过**头戴耳机听着已录声轨的同时，演艺人员把新的内容记录到未曾使用过的声轨上，录音师在设置的一张软件调音台上监听已录声轨和新的实况内容。

1．**缩混**：所有的声轨被录得之后，录音师把那些声轨混音成为2声道立体声。混音包括剪辑、用推子平衡声轨的音量、声像偏置、均衡及效果器等。

15.2　数字音频工作站的框图（DAW Block Diagram）

请参阅图15.1所画出的一张数字音频工作站的框图，信号的流程自输入至输出（图15.1中自左至右）通过数字音频工作站系统，详情如下。

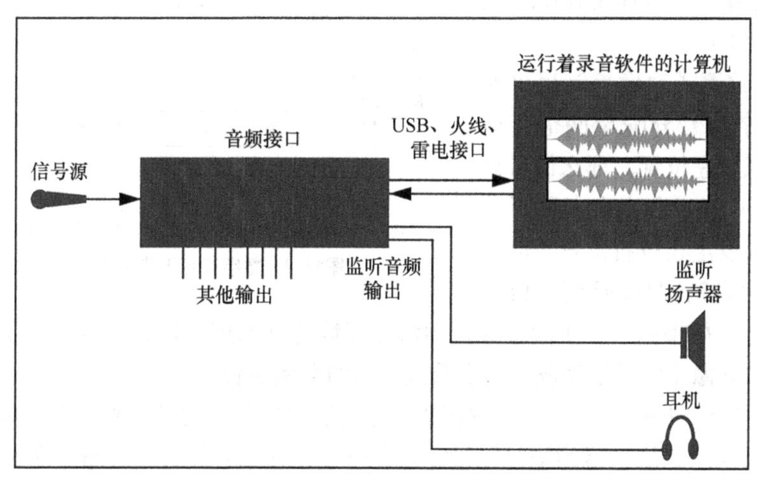

图15.1　数字音频工作站的框图

1．信号源——诸如话筒、直接接入小盒、键盘、电吉他等——被插入音频接口的输入接插件上，通常是卡侬型插座和TRS大三芯插孔。音频接口应该具有足够的输入，以满足对所有乐器和人声同时进行录音的需求。

2．音频接口将模拟输入信号转换为数字信号，然后把数字信号转换为单个的USB、火线或雷电信号。这种信号经由一根**数据传送线缆**（标有USB、火线或雷电接口）进入计算机内，各种输入信号**交叉进行**——一个信号在另一个信号之后依次发送——沿着数据传送线缆发送。

3．将数据传送线缆连接到计算机，它把数字信号转换为独立的数字音频信号。计算机内的录音软件把那些输入信号记录到各自的声轨上，这些声轨上的信号也就是硬盘或SSD上的WAV文件或AIFF文件。

4. 数据传送线缆为双向，在两个方向上传送信号。声轨回放信号经由数据传送线缆返回音频接口，它们出现在接口内的监听音频输出插孔上，信号源（例如某支话筒）也能在监听器内听到。

5. 监听音频输出信号进入有源监听音箱和耳机上。在音频接口上的其他输出可以从软件调音台那里反馈信号，它们能被用来获得额外的监听混音或把一些信号反馈给外部设备。

15.3 数字音频工作站的信号流程用符号（DAW Signal-Flow Symbols）

现在让我们了解信号如何在数字音频工作站的各个组件内部流动。首先我们需要理解信号流程图，数字音频工作站的信号流程用符号如图15.2所示，它们是信号流程内各种组件的图标。

■ 在串联信号流程中，信号是从一台设备进入另一台设备，它们是成串的或串联的；在并联信号流程中，信号是从一台设备同时进入多台设备。

■ **电平表**指示信号电平或电压。在表的顶部是一个**削波指示灯**，是一个发光二极管或像素光柱，在信号削波或失真时会闪亮。电平表指示用dBFS（dB满刻度），它根据已知的比特编码限幅来测量电压电平（通常在16bit或24bit时位于0dBFS）。

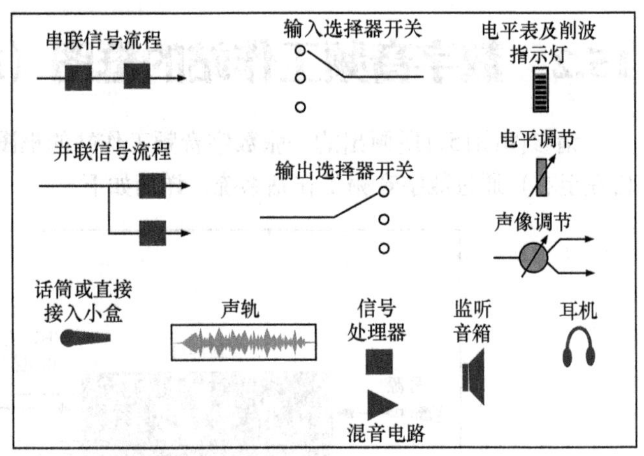

图15.2 数字音频工作站的信号流程用符号

■ **声像电位器**或声像控制用可调节的总量把一个信号分配至两个声道上。如果设定在极左位置，那么信号只有进入声道1，只能听到来自左监听音箱的信号；如果设定在极右位置，那么信号只有进入声道2，只能听到来自右监听音箱的信号；如果调节在中间位置，则信号等量地进入声道1和声道2，可以从两只音箱上听到一个单一的**声像（虚假的声源）位于两只音箱的中间位置**。

■ **电平调节**是一种推子或旋钮，它调节信号通过它们时的信号电平。在音频接口内，增益旋钮用来调节话筒前置放大器的增益以设定录音电平；在录音软件内，推子用来调节每条声轨的电平以达到优良的音乐平衡。

■ **输入选择器**开关是一种软件开关，它让你选择哪一条输入通道将馈给某条声轨。

■ **输出选择器**开关也是一个软件开关，它让你选择每条声轨的输出目标，例如某条编组母线、立体声混音母线或音频接口的两条输出通道。

15.4 音频接口内的信号流程（Signal Flow in an Audio Interface）

接下来让我们更仔细地了解信号在音频接口内是如何流动的（见图15.3），首先要定义一些组件。

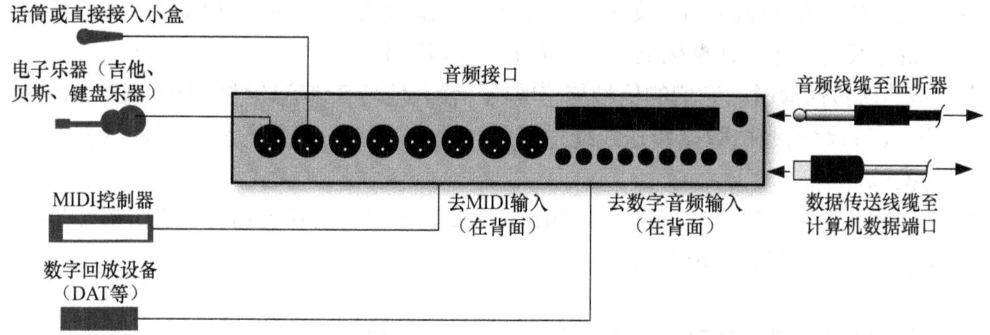

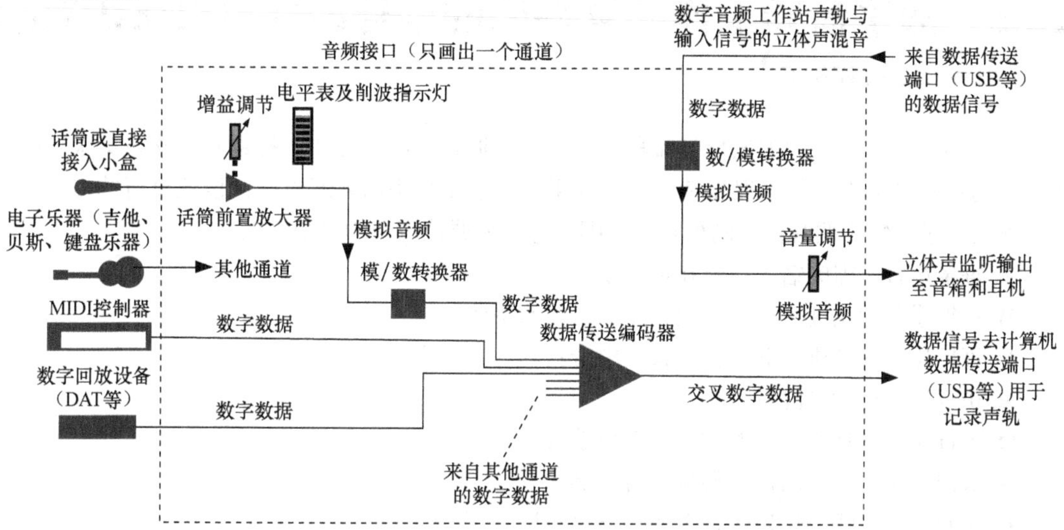

话筒或直接接入小盒
电子乐器（吉他、贝斯、键盘乐器）
音频接口
音频线缆至监听器
MIDI控制器
去MIDI输入（在背面）
去数字音频输入（在背面）
数据传送线缆至计算机数据端口
数字回放设备（DAT等）

数字音频工作站声轨与输入信号的立体声混音
音频接口（只画出一个通道）
来自数据传送端口（USB等）的数据信号
增益调节
电平表及削波指示灯
数字数据
数/模转换器
话筒或直接接入小盒
模拟音频
话筒前置放大器
电子乐器（吉他、贝斯、键盘乐器）
模拟音频
音量调节
其他通道
模/数转换器
立体声监听输出至音箱和耳机
MIDI控制器
数字数据
数字数据
模拟音频
数据传送编码器
数据信号去计算机数据传送端口（USB等）用于记录声轨
数字回放设备（DAT等）
交叉数字数据
数字数据
来自其他通道的数字数据

图15.3　音频接口内的信号流程

■ **模/数转换器**。它把来自音频接口输入的模拟音频信号转换为可在计算机内被记录下来的数字音频信号。

■ **数/模转换器**：它把来自计算机的数字音频信号转换为能馈送到监听音箱和耳机上的模拟音频信号。

■ **编码器**：它把接口内的数字音频信号转换为数据流，该数据流沿着数据传送线缆被发送到计算机。

■ **解码器**：它把来自计算机的运行着的数据流转换成音频接口内独立的数字音频信号。

■ 在接口内的**幻象电源**开关接通时为电容式话筒供给幻象电源，在附录D中会详细解释幻象电源。

在图中各个位置上的信号被识别为模拟音频或数字数据，让我们在音频接口内跟随信号从输入到输出（图15.3中自左至右）解释信号的流程。

1．许多信号源可被插入到接口上：话筒、直接接入小盒、电子乐器、MIDI控制器或一种带有数字输出信号的设备。

2．来自话筒或直接接入小盒的话筒电平信号进入**话筒前置放大器**，它把话筒信号放大到较高的电压，称之为**线路电平**。话筒前置放大器的增益（放大量）是由接口外表面上的**增益调节旋钮**来调节的，调整增益时可以在软件的电平表上获得很强的录音电平，但是电平不能过高而导致削波。

3．来自话筒前置放大器的模拟线路电平信号通过模/数转换器，把模拟信号转换为数字信号。

4．来自所有输入信号源的数字数据被编码并交织成为单个数据传送信号，该信号经由USB、火线或雷电线缆传送到计算机上，最终被记录到声轨上。

5．在一些声轨被回放时，它们的信号与“现场”输入信号在录音软件的监听调音台内被混音成为立体声，混音数据经由数据传送线缆返回到音频接口上，通过一个数/模转换器，把数字数据转换为模拟音频。

6．模拟音频（立体声混音）通过音量控制部件到达接口内的耳机插孔和监听器输出插孔上，用这些插孔可连接耳机和有源音箱。

15.5 数字音频工作站软件内的信号流程（Signal Flow in Daw Software）

数字音频工作站软件内的信号流程可以用软件调音台内的旋钮、按键和电平表头来调控和测量。这些控制部件看起来很复杂，不过如果阅读了使用手册并通过一次设置进行练习，就不难理解它们了。软件调音台的确很复杂，因为它让你调控声音的多个层面。

- 每条声轨所需的输入信号和输出途径。
- 每件乐器的响度（在混音内各乐器之间的平衡）。
- 每件乐器的音质（低音、高音、中音）。
- 仿真房间声学（混响）。
- 每件乐器的从左至右的位置（声像偏置）。
- 效果（镶边声、回声、混响、合唱等）。
- 声轨分配（哪一件乐器进入哪一条声轨）。
- 录音电平（进入录音机声轨的信号电压）。
- 监听混音（已录的那些声轨与任何现场录音话筒之间的平衡）。

让我们检查一下在数字音频工作站软件中的信号流程。如图15.4所示，基本上，来自音频接口的每路输入信号都经过路由分配到它们各自的声轨上并被记录下来。在回放期间，那些声轨一起合成一条立体声混音，该立体声混音进入接口的输出端，并从那里进入监听音箱和耳机上。计算机的CPU运行着软件，并使用各种**驱动程序**处理着数据流程。

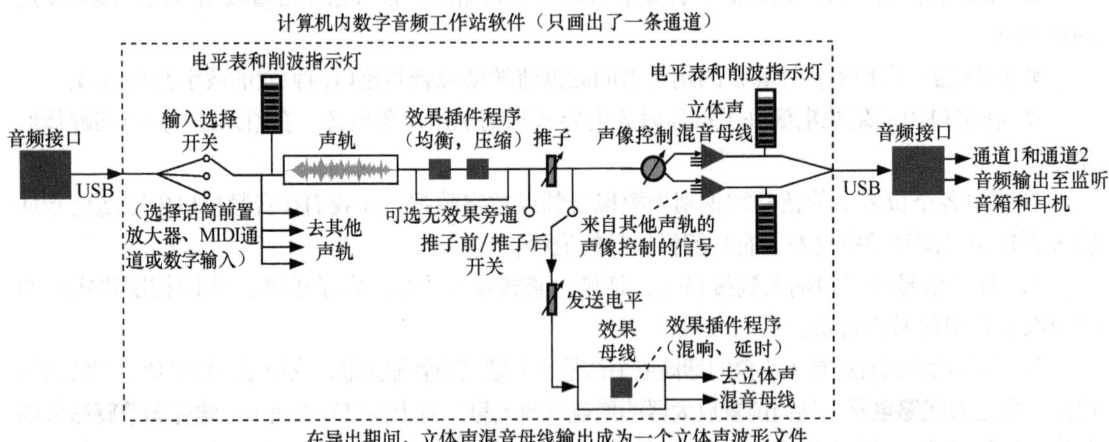

图15.4 数字音频工作站软件内的信号流程

在软件内及在数据传送线缆内的信号是数字数据，不是模拟音频。下面将详述从输入至输出（图15.4中自左至右）的信号流程。

1．来自音频接口的输入信号经由一条数据传送线缆（USB、火线或雷电线缆）传输至计算机。

2．在计算机软件内，一个输入选择器开关让你选择想把哪一个输入信号馈送到哪一条声轨上：mic channel（话筒通道）、MIDI IN（MIDI输入）、MIDI USB或digital IN（数字输入）。

3．每路输入信号会驱动一个电平表和削波指示灯。在演奏人员演奏时，你要调节音频接口上的增益旋钮，使之在电平表上得到大约-6dB的最大读数［把表头读数设定在峰值模式，而不是有效值（RMS）模式］。

4．每个输入信号都进入显示屏中的可视声轨上。该信号是作为一个WAV文件或AIFF文件被记录到硬盘或SSD（图内未画出）上，信号的波形出现在声轨上。

5．当某条声轨被回放时，信号通过你在声轨内已经插入的效果插件程序（如果你不插入任何插件程序，那么声轨信号是没有变化的），典型的被插入的效果插件程序是均衡和压缩程序。

6．在插入效果插件程序之后，经过处理的声轨信号进入**推子**，推子用来调节立体声混音内声轨的音量。在有些数字音频工作站内，推子在增益调节钮之前用于额外的电平调节。

7．之后，信号进入声像调节部件（声像电位器），用它来调节在监听音箱之间声轨的立体声声像的位置：左方、右方、中间或两音箱之间的任何位置上。

8．声像调节的两路输出被送到立体声混音母线上，两条主输出通道含有立体声混音。同时，来自所有其他通道的信号都被送到立体声混音母线上，立体声混音母线将输出信号送到两个电平表的同时，还通过数据传送线缆返回到接口上。

9．在接口内部，重新获得的立体声混音进入接口的通道1和通道2监听输出插孔和耳机插孔，这些插孔可连接有源监听音箱和耳机。

回到数字音频工作站软件内部，经过处理的声轨信号也可以发送到一条**效果母线**上去，效果母线包含例如混响或延时之类的效果插件程序，带有混响或经过延时的信号返回到立体声混音母线，在母线上与未经效果处理的干信号混合或相加。**发送控件**（**FX send、Aux send**，即效果发送、辅助发送）用来调节立体声混音内那条声轨上所能听到的效果量有多少。

效果发送信号可以在**推子前**或**推子后**得到，通常，推子前/后开关设定在推子后，这样，当推子调低时，混响或延时效果也会跟着降低。

15.6　数字音频工作站监听调音台内的信号流程（Signal Flow in a DAW Monitor Mixer）

监听调音台（见图15.5）是一个计算机应用程序，它让你选择在监听音箱上需要听到什么，并且去调控一些声轨的回放声与来自话筒或其他声源的音频信号之间的平衡，大多数的音频接口都具有这个应用程序。监听调音台不是用来对声轨进行混音，而只是作为声轨的推子来使用，监听调音台仅仅用来在录音和叠录期间监听想要听到的内容。

如图15.6所示，我们将从输入到输出来跟踪信号的流程（图15.5中自左至右）。

1．当某条混音被回放时，所有声轨的数字信号通过它们的被插入的效果，并组合成为立体声混音母线内的单一立体声信号。

2．立体声混音母线（包含一些声轨的立体声混音）在监听调音台内提供两个推子和声像控件，进入的话筒信号在监听调音台内也提供推子和声像控件，在监听混音内的任何信号可以被哑音或被独听（后文解释）。

3．来自监听调音台的那些信号被混合在一起，进入数据传送线并且返回到接口上。

4．在接口内部，重新获得混音音频信号并将混音音频信号发送到通道1和通道2的输出端，这些输出连接监听音箱和耳机。用这种方式，在录音或叠录过程中既能听到数字音频工作站的回放，又能听到任何送入的话筒信号。

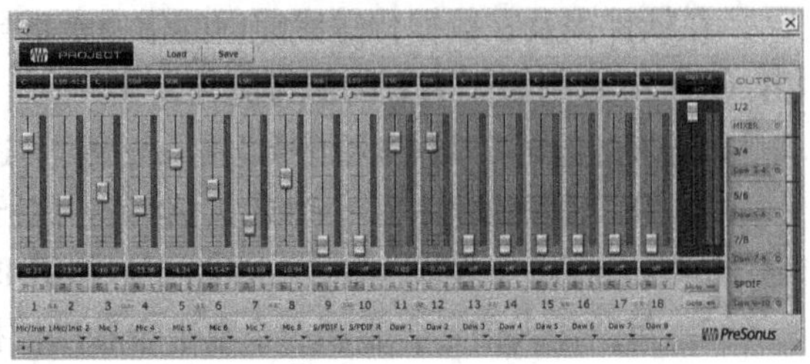

图15.5　数字音频工作站监听调音台的例子

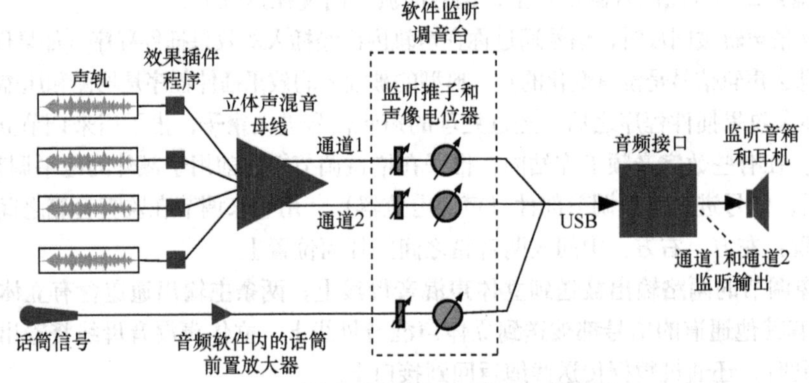

图15.6　数字音频工作站监听调音台的信号流程

15.7　数字音频工作站软件的其他功能（Other DAW Software Functions）

数字音频工作站的一些功能在上述一些图中未曾画出，补充如下。

■ 位于显示屏上每条声轨内的**Solo（独听）**按键可以只监听该条声轨，这样可听到每条声轨更清晰的声音并容易发现像噪声或失真之类的音频问题，也可同时独听多条声轨。在英国的混音调音台上，独听功能被称为推子前监听（PFL）或推子后监听（AFL）。

■ 每条声轨内的**Mute（哑音或静音）**按键可以使该条声轨静音。如果你不希望在混音时听到这条声轨的话，只要按下静音键即可，可同时静音多条声轨。按下了某个独听按键以后，实际上除了独听该声轨外，所有其他声轨都被静音。

■ 声轨内的**Record Enable（录音启用）**按键允许该声轨准备录音。

■ **Editing Tools（剪辑工具）**已在第14章“计算机录音”中进行了讲解。

■ 声轨内的**Monitor-Effects-While-Recording（录音时的效果监听）**键可以在对该条声轨录音时监听被插入该条声轨内的效果，此开关键也可称为回声输入监听、输入监听或其他称呼。此功能由于有处理的等待时间，因此在聆听时有轻微的延时，所以通常不被启用。

■ **Clip Effects**（Region Effects）［**片段效果**（局部效果）］是指把效果插入某个单一片段或局部片段之中，而不是被插入整条声轨内。如果想要某一效果仅仅出现在音频的短节段，则可把那个节段定义为一个clip（片段），然后把效果插入该片段上。

■ **Automation（自动化）**可以在每条声轨上画出包络线或图形，在歌曲随着时间的进程中，会对声轨的音量、效果及声像偏置起作用。这些包络线“记住”了在混音平衡等过程中的变化，在每次回放混音时将它们召回调用。

■ **Clock（时钟）**是指光标的时间位置，时间格式可设定为分：秒：帧数（SMPTE时间码）、M：B：T [minutes（分钟）-beats（节拍）-ticks（标记号)]、B：B：T（bar-beat-ticks）、毫秒或采样率等。

■ 其他一些功能包括MIDI定序器/剪辑器、音频接口参数设定、数字输入时钟选择、音高变化、音高校正、长度偏移、归一化、片段反转、时钟声轨（节拍器）、对齐网格（调节MIDI音符计时对齐时间网格）、声轨渲染、文件运作等。

15.8 混合型录音棚（Hybrid Studio）

混合型录音棚由软件和硬件组成，这种设置用数字音频工作站软件来进行录音和剪辑，且添加外部设备到音频接口作为补丁，这样可以增加声音上的一些特色，这正是软件插件程序所缺乏的。例如，可以把一支话筒连接到一台话筒前置放大器和一台模拟压缩器上，然后提供至音频接口；也可以把某条声轨的信号路由分配到接口上的某一输出，在此输出端提供一台模拟电子管失真设备，失真设备的输出又返回到接口的另一个输入端。

有些录音师喜欢一种外部的模拟合成调音台的声音，而不喜欢把那些声轨在数字音频工作站的立体声母线内部用数字方式进行合成。模拟调音台的例子有Dangerous 2-Bus和Roll Music RMS216 Folcrom等。可以把模拟音频输出接到合成小盒的输入端。

有些录音师将一条单独的模拟通道条作为混音调音台的一种更换，基本上都使用一款带有输入和输出接插件的API 500调音台的输入通道单元。用通道条来录音时一次只能记录一条声轨，在要求同时为多条声轨录音时需要并排排列多条通道条。在通用机盒内装有一组通道条，有时称之为“便当”。

关于混合型录音棚的缺点，除了复杂性之外，就是计算机不能记忆外部设备的设定，你必须要把它们写下来。与完全工作在软件框架内的工作相比，计算机能够记忆并调用所有的插件程序设定及推子的设定。此外全软件框架的设置所使用的线缆要少许多，因为线缆较多时容易在音频信号内引起交流哼声。

在理解了数字音频工作站的典型功能特点及其信号流程之后，接着应该准备学习如何将它们加以操作使用。

第16章 数字音频工作站的操作

（DAW Operation）

让我们描述一下数字音频工作站在录音和缩混期间是如何操作的，首先回顾一下在制作多声轨录音时的几个阶段。

1. 录音任务准备（Session Preparation）：制定录音计划和音频文件夹，建立模板，统计话筒数，分配输入和输出，设定录音电平，设定监听混音。

2. 录音（Recording）：点击录音按键并指定某些声轨。

3. 叠录（Overdubbing）：在第一条声轨或一些声轨被录上了优良的演唱或演奏之后，还可以把更多内容录入更多的声轨。

4. 插入补录（Punching In）：用录入的新内容覆盖原来出错的部分。

5. 剪辑（Editing）：移除不需要的声音部分，修理音符的时限，创建并修剪片段或局部区域等。

6. 混音（Mixing）：在声轨之间设定满意的音量平衡，根据需要加入声像调节、均衡及效果等。

本章将依次讲解每个阶段。

16.1 录音任务准备（Session Preparation）

首先，要确保为完成录音任务所需硬盘或SSD具有足够的存储空间，表14.1列出了完成各种不同任务所需的空间存储量。

在音频驱动器上创建一个新文件夹，可根据专辑标题、音乐家和日期来命名。

开始一个新任务并用歌曲的标题来命名，在数字音频工作站软件内，指定刚设置的音频文件夹作为该任务中声轨的目标。

在声轨观察窗口或剪辑窗口内，插入某些音频声轨或使用一个录音任务的模板，该模板是早已在合适的地方设置好均衡和辅助发送的一些声轨。如有需要，把主推子设定在推子行程上方3/4的0点的位置上，或设定在推子行程的阴影部分，这被称为设计中心位置。

假定已准备好为人声或乐器录音，把话筒或直接接入小盒插入音频接口的话筒输入端，或者把它们插入缆盒上，缆盒已被接到接口上。如果要为硬件合成器或鼓机的音频输出录音，那么用一根线缆在乐器的输出与接口上的乐器输入之间加以连接。

根据将要被记录在声轨上的乐器或人声的种类，在每条声轨上加以标记，如贝斯、军鼓、底鼓、吉他、人声等。

如果你与演奏人员在同一间房间内，那么将耳机接到接口上可以听到正在录音的内容。在接口上，旋起耳机音量钮至中间位置；如果你在录音控制室内，而演奏人员在单独隔开的录音棚内演奏，旋起监听音量旋钮至中间位置，可以从监听音箱上听到录音内容。一间装有数字音频工作站、可选用的调音台及监听音箱的录音棚控制室如图16.1所示。

图16.1 一间装有数字音频工作站、可选用的调音台及监听音箱的录音棚控制室

如果正在为数字音频工作站内的软件合成器录音，由于软件中有**等待时间**（信号处理延时），因而在被监听的信号上有些延时。因此等待时间的设定（缓存设定）要尽可能地低，才不会导致信号丢失，低于5ms的延时是可以接受的。

在声轨内的一个“录音时监听效果”开关可以在录音时监听声轨的效果，它也被称为**回声输入监听**、**输入监听**或其他名称。通常情况下不会启用该开关，因为使用这种监听方式后会在监听信号内产生延时。

16.1.1 声轨输入和输出的分配（Assign Track Inputs and Outputs）

为每条声轨选择输入信号源，例如，可以把声轨5的输入设定到音频接口内的通道5输入(channel 5 in)，之后，无论什么被插入接口通道5（interface channel 5）时，都将会进入声轨5（track 5）上。如果你的接口只有两条通道，可把声轨5的输入设定到接口内的通道1或通道

2，对其他声轨也这样设定即可。

把每条声轨的输出设定到音频接口的两条立体声输出通道上。

16.1.2 录音电平的设定（Set Recording Levels）

现在你已准备好“获得电平”，让每件乐器演奏出乐曲中声音最大的部分，一次演奏一件乐器或同时演奏所有乐器。对于每一路输入信号，要调节音频接口的增益控件，使录音电平的最大值达到约–6dBFS，电平表应该用峰值表指示方式，而不用有效值方式，这样在突发情况下允许有足够的动态余量，而且，演奏人员通常在演出期间所演奏的音量要比电平测试期间大得多。如果录音电平超过了0dBFS，将会听到数字削波，一种很大的咔嗒声，这无论如何必须避免。

16.1.3 监听混音的设定（Set a Monitor Mix）

录音电平一旦设定完毕，接下来要为你自己和演奏人员的耳机设置一条监听混音，换句话说，在演奏人员演奏的同时，要给演奏人员提供乐器与人声之间具有优良平衡的声音。使用带有音频接口的监听-调音台软件，该软件可以将现场的话筒信号加以混音后得到优良的平衡，供演奏人员在他们的头戴耳机上聆听他们自己的演奏声。注意，实况话筒信号的监听混音与已录声轨的混音是不同的，已录声轨的混音是在软件推子上创建的。

16.2 录音（Recording）

接着，把需要录音的声轨设定到“准备录音”或“启用录音”方式，现在开始录音并说“Rolling”（开始），然后录下两段倒计时报号，这是在叠录时需要有的节拍设定。例如拍子记号是4/4，你可以报“1，2，3，4，1，2，（停顿）（停顿）”，此停顿是静音拍子；因为在歌曲开始之前需要有一些静音的时间，这样在以后更容易剪辑。数字音频工作站有一个内置的节拍器（**节拍声轨**），它可用于倒计时，不过它是一种选购品。

在歌曲结束之后要让硬盘运行数秒，以便获取歌曲最终的余音。

16.3 回放（Playback）

对声轨进行录音之后，用软件的“归零”功能返回歌曲的开始位置，回放录音，检查其演奏及声音质量，并用推子和声像电位器去设定成一条粗略的混音。

取得或写下一张歌曲安排单，记下歌词、诗句、合唱、桥段等。回放歌曲并在每段词句和合唱的开始处设定一个**标记**，这样，当演奏员说：“让我们把第二段合唱结尾处的平音符修改一下”，你就可以立刻进入歌曲的那个部分。

在同一录音任务下进行多遍录音，对录得最好的一遍加上标注。

16.4 叠录（Overdubbing）

在对第一条声轨或多条声轨用最好的演奏完成录音之后，可能还要加入更多的音乐部分，那么这一步骤被称为**叠录**。从录得最好的一遍开始进行，在叠录时，演奏人员聆听着已录声轨的同时，在一条未使用过的声轨上录上新的内容。

以下为叠录的方法。

1. 如果你与演奏人员在同一间房间内录音，则要关闭监听音箱并用耳机监听；如果你在录音控制室，而演奏人员在单独隔开的录音棚内演奏，则可以开启监听音箱监听。

2. 回放歌曲，用软件的推子创建一条已录声轨的粗略的混音。

3. 接入将要为乐器或人声叠录用的话筒或直接接入小盒，插入一条音频声轨并按照乐器或人声加以标注。将声轨输入设定到你所插入话筒的接口通道上，把声轨的推子推到设计中心位置（位于推子行程上方 3/4 的 0 点的位置）。

4. 把音频接口的软件调音台设置为监听已录声轨的回放混音，以及将要录入的乐器或人声的输入信号。

5. 让演艺人员演奏或演唱，确认在耳机上能听到信号，用接口的增益控件为那路话筒通道设定录音电平。

6. 回放歌曲，演艺人员随着歌曲演奏或演唱，用监听调音台在已录声轨混音与正在录音的那路话筒信号之间调节达到优良的平衡。询问演艺人员是否还需要听到什么内容，如有需要可更改混音，或者可以使用一张个人用的监听调音台。

有些演艺人员在他们做叠录时想要听到效果，有些则希望只听到不加效果的声音。如果你只用一次一个人来叠录背景歌声，通常从耳机混音中对别人的歌声加以静音。有些演唱人员喜欢打开一边的耳机、关闭另一边的耳机来监听，这样他们觉得能更好地监听到自己的声音。

7. 当你准备要录入新的内容时，要演艺人员演奏（唱）新的歌曲部分之前约10s的位置上，把已录声轨设定为SAFE（保险）及把你将进行录音的声轨设定为RECORD READY（录音准备）。

8. 在你按下RECORD（录音）键之前，要确认是否将声音录入正确的声轨，是否有意外可能删除其他任何声轨。再次检查你的声轨表，为安全录音起见，要确保仅对所需要录音的声轨使用录音启用按键。

9. 开始录音并让演艺人员随着那些声轨开始演奏（唱）。

在数字音频工作站内，如果意外地录上了其他内容，那么可以简捷地撤销录音（键入Ctrl+Z或Command+Z）并重新开始。

16.5　插入补录（Punching in）

插入补录是用来修改已录乐曲内的错误或录入某个乐曲片段，可在某条声轨上启用录音方式回放多轨录音，然后在恰当的点上“punch”(插入)或按下录音键，录下新的内容，之后退出补录方式。

有些演艺人员喜欢一次补录一句乐句，不断地完善每句乐句，也有人喜欢录下完整的一遍，然后修改较弱的部分。

要进行插入补录，需拿上歌曲编排表，并按如下步骤进行。

1. 进入需要开始补录点之前约10s的位置。

2. 演艺人员戴上耳机，回放歌曲，演艺人员随着回放的歌曲练习需要补录的部分。写下计数器时间，或给需要插入补录和退出补录点的波形加上标注。

3. 最后准备录音。在你按下录音键之前，要清楚地告诉演艺人员应该准备好做些什么，这样就不致再次出错。例如“我正在一条新的声轨上录入你的键盘部分”，或“我将从你先前的演奏（唱）部分开始补录，这是你想要的吗？”。

4．准备开始。回放录音，在需要修正的部分刚要到达之前的一个停顿或乐曲中的休止符时按下录音键（或使用脚踏开关），为演艺人员录下新的部分，在恰当的地方退出补录。如果退出补录的时间太晚，因而覆盖了部分已录声轨，只要简单地撤销录音重进行补录即可。或者滑动插入补录的尾端，使之只包含补录过的那一部分。

5．把光标置于插入补录之前约10s处，回放录音并观察这段补录是否完好，如有需要，可以重新进行补录或用交叉渐变加以抹平。注意演奏（唱）人员是否想要练习这一补录部分，在他或她准备好之前不要轻易重新进行补录。

有些数字音频工作站有一种**自动补录**功能，你只要键入插入和退出补录的时间，数字音频工作站会在这些时间点上自动地进入和退出录音方式，有些数字音频工作站在这两个时间点之间可以重复循环。

16.6 声轨的合成（Composite Tracks）

如不想使用插入补录，可以录几遍独奏（唱），每遍录在各自的声轨上，然后把每条声轨中最好的部分组合到一条单独的声轨上，在终混时只用这条声轨，这样就能连续地听到所有录音遍数中最好的部分，这称为“合成声轨的录音”或“声轨合成”。

创建一条空白的合成声轨，然后从其他声轨那里把最好的部分拷贝或粘贴到合成声轨上，在粘贴时要确保每一部分的开始时间对齐。或者把那些声轨分成短节段，删除你不喜欢的部分，再回放所有这些声轨的混音。一些数字音频工作站可以简单地单击某遍录音中的音频片段，然后把它加入合成声轨。

有些软件可以让你在一条声轨上录制数遍，观察那条声轨内像“跑道”的所有的波形，选择每遍录音中最好的部分，从而获得一条合成声轨。

16.7 缩混（Mixdown）

在所有的声轨录上声音之后，就进入混音或把那些声轨组合成为2声轨立体声。你将要使用软件调音台推子去调节各种乐器的相对音量，用声像调节去设定它们的立体声位置，用EQ去调整它们的音质及用效果插件程序去调控效果。

当你创建一条混音并将其保存后，任务文件夹会存储推子的设定、效果、声像及效果插件程序等设置，所有设置在你每次打开任务文件夹并回放时均可被调用。

16.7.1 软件调音台的设置（Set Up the Software Mixer）

首先，把主推子置于设计中心位置（推子行程上方3/4处，位于推子阴影区），这种调音台增益结构的设定是在噪声和动态余量之间的最佳折衷。

你可以为数字音频工作站内的各条声轨配上颜色，以便于识别，例如黄色代表鼓声轨，红色代表吉他等。

16.7.2 用剪辑来清理每条声轨（Clean Up Each Track with Editing）

如果你在每首歌曲的前后及在每条声轨内首先选择消除噪声，那么在混音时就会容易得多。

回放多轨录音并独听每条声轨，消除或删除不需要的声音、静音（未开始的）部分、**选剩的片段**及不被加入歌曲里的整个段落等。在数字音频工作站内可以凭视觉直接查找每条声轨上没有波形的部分，放大某一条声轨，把静音部分增高亮度，并选择Edit>Cut命令(或相似的命令)。为避免出错，最好在演奏（唱）人员在场时进行，如果你对删除声轨的某部分没有把握，则可把该声轨某部分的音量包络线设定到0或把那部分的声轨哑音。

你可以用剪辑的方法来改善歌曲编排，通常，你会把某件乐器的独奏填入到歌声为静音时的“空穴”里，把乐器声逐步地加入混音里，使歌曲更具激情。你可以只是在有合唱的部分中加入和声，把“全力以赴的演出”（每个人都在演奏）保留到最后，当然，当你做出这些决定的时候要征求演艺人员和制作人的意见。

音符在时间轴上的滑动可以修正时限错误，在音符的之前和之后加入一个2ms的淡入和淡出可以隐藏一些小瑕疵。可以找到具有最佳状态的声轨并调整其他声轨的时限使之适配，使用自动调谐或相似的软件来修正音高上的误差。

16.7.3　声像调节（Panning）

由于某条声轨的响度取决于声轨所偏置的位置，所以在进行混音之前需要对声轨进行声像偏置。用声像电位器将每条声轨偏置到在立体声音箱之间所希望的位置上，通常把贝斯、军鼓、底鼓及人声置于中心位置，吉他可以置于左边或右边，立体声键盘和鼓的上方打击乐器可部分置于左边和右边（见图16.2）。有时单声道的鼓组混音要比其立体声混音更具震撼力。

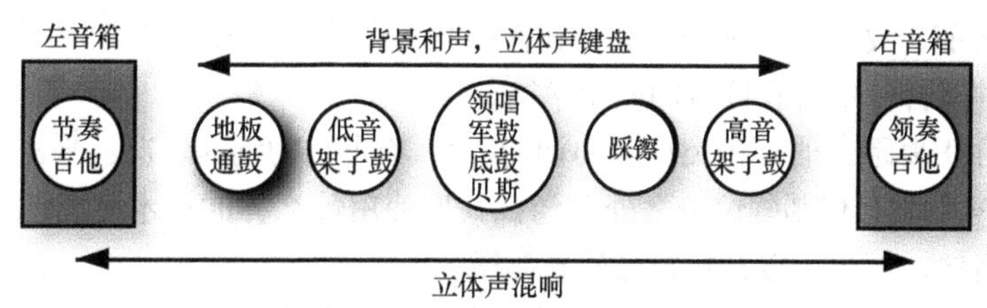

图16.2　两只音箱之间声像偏置的举例

对原声吉他进行两次录音可得到吉他声的空间效果，把第一遍的声像偏置到极左，把第二遍的声像偏置到极右，在第二遍时把吉他变调夹（品柱）的音高调高会增加趣味。

把声轨的声像偏置到两只音箱之间的许多点上：左、中左、中心、中右、右。尝试在中心的两边做到完美的平衡以取得立体声舞台的声像。为保证音质清晰，把具有相同频率范围或会引起覆盖的乐器分别偏置到相对的一边。

你可能希望有些声轨不要固定位置，和声歌手与和弦乐声应该向四周伸展，而不希望它们作为点声源出现，立体声键盘可以在两只音箱之间很宽的范围内发声（然而有些录音师喜欢它们保持单声道方式）。充实或“立体声化”吉他声轨的方法为：拷贝此声轨，把一条声轨偏置到左边，把另一条声轨延时（把此声轨向右滑动约30ms）后偏置到右边；还有更好的方法，对吉他部分进行第二遍录音，把这两部分分别偏置到左边和右边。把两重唱偏置在左、右两边，能够得到一种空间感的效果。

如果想把立体声声像真实化（例如爵士组合），可以把乐器偏置仿真为从听众方向看到的乐队。如果你坐在一群聆听爵士四重奏的听众之中，你就能听到左边是鼓、右边是钢琴、中间是贝斯、萨克斯稍微偏右。鼓和钢琴不是点声源，而是有些向四周伸展。如果你所追求的目标是空间真实感，那么你应该在两只音箱之间听到与乐队具有相同布局的声像。

为爵士四重奏乐队做声像偏置的另一种方法是把贝斯和领奏乐器偏置在中心位置，把立体声套鼓、立体声钢琴、立体声混响偏置到左边和右边。

经过偏置后的单声道声轨所发出的声音通常是虚假的，乐器所发出的声音被孤立在它自己的小空间里。加入某些立体声混响会有所帮助，它环绕在乐器之间并把它们“粘合”在一起。

当你用单声道来听立体声混音时，你将会听到**中心声道增强**。立体声舞台中心的乐器在用单声道回放时所发出的响度比用立体声回放时强许多，所以在用单声道回放时其混音的平衡将有变化。为防止此现象发生，注意把那些偏置在极左或极右的声轨稍微向中心位置移动，声像调节旋钮位置位于9点钟和3点钟时钟位置（或75%）。

16.7.4 在每条声轨上使用一个高通滤波器（Use a Highpass Filter on Each Track）

为降低听音模糊的积累，必须凭听觉来高通滤波所有声轨。在每一条声轨内设置一个Q值为1.7的高通（低切）滤波器，单独监听一条声轨并加以回放。滤波器频率调整为开始在某一低频，然后逐步升高至声音变得稀薄，之后再把频率稍微后退一些（稍低于滤波器的频率），对所有的声轨重复这一过程。

16.7.5 平衡的设定（Set a Balance）

现在来到有趣的部分，缩混是录音工作中最具创造性的环节之一，以下一些技巧可以帮助你的混音发出美妙的声音。

在进行混音之前，要调整好你的耳朵，在你的监听音箱上回放一些值得你钦佩的CD，这将有助于你习惯一种高音、中音和低音的商用平衡。

选择一张像你正要录音的那种类型和曲调的CD，检查它的制作情况：平衡是如何设定的，均衡、效果如何，声音上有哪些惊奇之处。尝试找出使用什么样的技术才能创作出这些声音，然后复制它们，当然，你也可以开拓自己的新领域。

使用声轨推子，调节每条声轨的音量，使得在乐器和人声之间得到令人愉快的平衡，你应该能清晰地听到每件乐器的声音。

这里有一种创建混音的方法：设定所有的推子位于−12dB，然后提升那些最重要的声轨并降低那些背景乐器的声轨；或者一次提升一条声轨，再把它与其他声轨加以平衡。例如，首先提升底鼓的音量直至立体声混音母线电平表上的读数为−10dBFS，然后加入贝斯并把两者一起混音，接着加入鼓组并设定一种平衡，再加入吉他、键盘及人声。

在流行抒情歌曲里，领唱的声音通常最大。你可以把独听后的领唱声电平在立体声混音母线电平表上设定到峰值，即−6dBFS，提升其监听音箱电平，使人声达你所想听到的音量，然后保持监听音箱电平，从其他的声轨里一次进入一条声轨相对于人声声轨进行混音。

如果混音是正确的，那么每个细节都能清晰地被听到，而且也没有突出太多的地方。最重要的乐器和人声的声音最大，不太重要的乐器部分在背景声内。在典型的摇滚乐混音中，军鼓的声音最大，底鼓几乎接近于最大声，领唱是下一个级别的音量。请注意在混音制作中对于音乐的诠释和个人品位有着广阔的自由空间。

也许你有时并不希望每个细节都要清晰地被听到，你可能偶尔在某些声轨内非常巧妙地加以混音，以达到一种潜意识的效果。

录音师罗杰·尼科尔斯提供建议：改变某一声轨的电平+1dB，然后是−1dB，效果是否会变好，还是更糟糕？如果你能听出少于1dB的变化，那说明推子接近于它应该在的位置。

录音师迈克尔·库珀给出建议：为检查人声电平，把监听音量调小一些，领唱应该在乐器演奏刚结束之后消失。为了避免有气无力的声音，对原声吉他用单声道拾音，保持大多数的声轨不加效果，用延时代替混响，或者使用带有短混响的预延时。

工程师迈克尔·斯丹夫鲁（曾有著作《用你的心灵去混音》）建议：调动起最能启发灵感的演奏者。把别的声轨与该演奏者的声轨一起混音，一次与一条别的声轨混音，去发现哪条声轨与其有冲突、哪条没有冲突，哑音或删除与其有冲突的声轨。一般来说，被哑音的声轨是分散注意力或不能提升混音的，当然也得确保获得音乐家们的同意。

假如你已经录制好一些MIDI声轨，现在想用另一种乐器来替代某件MIDI乐器以获取更好的声音，你可以用一架酒吧钢琴来替换三角钢琴，用颤音贝斯来替代附有弦马的贝斯等，在录制合唱时可以把使用的军鼓置换为新的。

如果你听到一种无法修复的、很差的音符或是过渡音，你或许可以用镲钹或其他声音来加以掩盖。

16.7.6　均衡的设定（Set EQ）

要根据每条声轨上的声音平衡来设定均衡。如果声轨的声音太迟钝而又灰暗，则可以提升高音成分或添加一台声音增强器；如果某条声轨发出过分浓重的低音时，则可降低低频成分。镲钹的声音应该清脆而又独特，但是不能嘶嘶作响或刺耳；底鼓和贝斯的声音深沉，但不能有压倒性或有模糊、浑浊的感觉。要确保把贝斯声录得足够锋利或有谐音，使得在小型的监听音箱上也能听到其声音。

有关均衡设定的建议，请参阅第10章的“如何使用均衡”一节。

在独听的声轨上均衡好的声音，很少在全部声轨一起混音后能发出正确的声音。所以当你在从事完整的混音工作而发生意外的时候，再进行有关均衡的决定。均衡的介入或退出要确保声音得到改善，在你施加均衡之后需要重新调整混音的平衡。

在流行音乐作品中，乐器的音质或音色不一定具有自然本色的声音，不过仍有许多听众要听到来自原声乐器的真实音色，例如吉他、长笛、萨克斯或钢琴那些乐器的自然声。

混音的综合声音平衡不应该是低音过分浓重或高音过多，即所感知到的频谱不应该在低音部或高音部刻意加重。你听到在低音、中低音、中音、中高音及高音部分应该有一个粗略对等的比例，因为太大音量的某些频段会引起听觉疲劳。

当你的混音工作进行到差不多的时候，可在你的混音与相同类型的商用CD之间转换聆听，看看你的混音作品是否具有竞争力，如果你混音的声音平衡和混响与商用CD相匹敌的话，你会明白你的混音将会转向真实世界。无论你使用什么监听音箱，你的工作肯定是有效的，为此一个有效的工具是Harmonic Balancer（谐波平衡器），它显示一条混音的**频谱**（电平对频率）并指出某些频率成分太强或者太弱。你可以用鼠标去调整频率平衡，使其频谱（以及音质）更像商用参考混音那样，但是要确保使用你的耳朵进行了正确的判断。

16.7.7　效果的加入（Add Effects）

使用粗略的平衡和均衡之后，需要把插件程序插入每条声轨中，加入效果、进行动态处理和时基处理。回顾一下，动态处理是压缩、限幅和扩展(门限)，时基处理是回声、镶边声、合唱和混响。

加入过多的效果和混响会使混音变得模糊和浑浊，你只需在少数乐器和人声的基础上加入一些混响，一旦你有了混响的设定，可以试着逐步将混响调低看看如何减小到你能接受的程度。与其使用混响，还不如试用一种击掌回声来加入某些“空间感”。通常贝斯不用加入混响，因为它需要保持清晰度。

通常，短混响的衰减时间（约0.7s以下）对于快速的歌曲而言是最佳选择，较长的混响时间（1～1.5s）对慢节奏的抒情流行歌曲更好些。

你可以对人声或某些乐器用25～120ms的预延时来把干涩的声音从混响那里分隔开，这样即使添加了混响，也能使人声提前出声。

考虑到要产生一些前后的纵深感，让某些乐器保持干声，使它们的声音靠前，另外一些乐器加入混响，使它们的声音远离一些。

由于人声比乐器声具有更宽广的动态范围，所以有时候领唱歌声相对于乐器声而言往往太强或太弱。可以把一个压缩器插件程序插入人声声轨，对其进行管控，这样能更恒定地保持人声的响度，很容易地使整条混音达到这种效果。设定所希望的压缩比、启动时间、释放时间及**增益降量**等数值，对底鼓和贝斯的压缩来说也十分常见（想要了解更详尽的信息，请参阅第11章的“压缩器”小节）。

16.7.8 电平的设定（Set Levels）

在混音时，要设定立体声混音母线电平。为保持正确的增益分段，须将主推子置于设计中心位置，然后用相同的量值来调整所有的声轨推子，使你的立体声输出电平峰值位于−3dBFS这一最大值。如有需要还可以把主推子提升少许，在立体声混音母线内不得超过0dBFS，不然就会产生削波失真，这是必须避免的。

你可能喜欢开始混音时把主推子置于+5dB，当混音接近完成时，把主推子降到0dB。立体声输出电平峰值约在−3dBFS这一最大值（峰值表方式），这样你就无须把所有的声轨推子降低相同的降量。

16.7.9 混音时使用监听音箱的建议（Suggestions on Using the Monitors While Mixing）

监听音箱在85dBSPL(声压级)下监听是最适合的，如果把监听音量加大，当混音被轻柔地回放时，就会使低音和高音变弱。可以使用来自Radio Shack或其他来源的声级表加以检测。

为了检测你的混音，偶尔非常安静地用音箱播放乐曲，看看是否能听到所有的乐曲内容。从大音箱转换到小音箱来聆听时，须确保没有什么丢失的现象。

在混音时，用立体声和单声道来交替审听节目声音，确保没有出现不同相的信号，否则在用单声道审听时会抵消某些频率成分。你可以首先用单声道来监听混音，用均衡而不用声像调节来区分乐器，在混音之后用单声道来聆听时会听到很优美的声音，在用立体声监听时则去聆听用声像调节时的声音。

检查在另一间房间聆听时的混音会发现，那里的低音和高音是被削弱了的，那么其平衡是否仍属优良？也可把混音放到手提音箱、汽车音响或用耳机来比较审听。

16.7.10 混音技巧（Mixing Tips）

如果你有一些鼓件的声轨，你可以设置一条鼓件母线，使得混音更容易进行。例如，插入一条立体声母线，命名为“drums”（鼓件），并把所有鼓声轨的输出设定到鼓件母线。这样

你只用一个母线推子就能控制整个鼓套件的电平，该母线的输出应该被分配到音频接口的两个立体声输出通道上，同样的原理也适用于背景歌声（BGV）。

在混音时，你要注意扫描输入信号，总的来说，要依次简要地聆听每路乐器后再进行混音。如果你听到某些不喜欢的声音，可将其修改。人声如果有明显的桶状声，可在人声声轨上滚降低音；底鼓如果太安静了，把它的音量提升；领奏吉他的独奏如果太沉寂了，增加其**效果发送量**。

混音必须适合于音乐的风格，例如，通常不会像制作民间音乐或原声爵士音乐的混音那样制作摇滚乐的混音。典型的摇滚音乐要有大量的均衡制作、压缩及效果等，而且鼓位于前面。与此相反，民歌及原声爵士除了轻微的混响之外通常不带效果来混音，并且乐器和人声发出自然和本色的声音。而摇滚吉他典型地发出明亮而又变形的声音，一把主流爵士吉他经常发出柔和而又干净的声音。

流行歌曲可分为好几个部分：引子、诗句、合唱、独唱、桥段及结尾等部分。在每个部分的开始和结尾处设置循环点，反复聆听每个部分，同时完善那个部分的混音。为每个部分创建自动化音量包络线，稍后我们将介绍自动化混音功能。

要使合唱突出，可增加它们的混响电平、音量及稍微展宽立体声宽度，你也可以加入更多的乐器。

在快要完成混音时，闭上你的眼睛聆听，这样可以消除计算机监视屏的视觉干扰，让你听得更为仔细。

当你在努力寻找一种自然的声音时——就像你的耳朵在现场所听到的一种乐器声那样——把已录下的乐器声与对真实乐器声的记忆进行比较。它们之间的声音有怎样的差别？适当地旋动控件去减少差别。你正在创建一种精确的幻觉，要使已录得的乐器声真实——好像乐器就在你面前真实地演奏那样——为此你常常需要加入一些处理。

尝试通过已录得的声音质量来传达音乐家的意图：如果音乐家有一种爱的、温柔的信息，录音师就应该转换为一种温暖的、平稳的音质，加入少许中低音或轻微地减少些高音；如果音乐作品暗示宏伟、庄严或宽广空间，则可以加入具有长衰减时间的混响。可以询问音乐家他们想要通过音乐表达什么，而你也需要通过音乐制作来加以表达。听歌词，了解这首歌是亲密的歌（建议用一种温暖、干爽的声音）或是一种宣示性的歌（可能用大量的混响）。

你或许希望将某些声轨制作成低保真的声音：失真、嘈杂、模糊、遥远或在音色方面染色等。使用失真插件程序、远距离拾音、过度的均衡及一些时髦的老式话筒等去制作。

录音作品的制片人是音乐主管，他决定混音应是怎么样的声音。制片人可能是乐队成员或者就是你自己，所要求听到的录音作品应是制片人所想要的声音，要尝试找出创作这些声音的技巧。

也要尝试把制片人的声音质量描述转换为一些调控设定：如果制片人要求某件乐器发出更为温暖的声音，则可提升该乐器声音的低频成分；如果需要领奏吉他的声音更为丰满些，则可尝试在吉他声轨上加入立体声合唱；如果制片人要求人声更具空间感，则可加入混响等。

播放配套资料中的第39段音频，聆听一段缩混的例子。

16.7.11 清晰度的实现（Achieving Clarity）

要设法保持混音的干净和清晰，干净的混音应该是整齐而不凌乱的，不要依次演奏太多的部分，这样有助于编排音乐，而不致让相似的部分重叠。通常，乐器的数量越少，则声音越清晰。要有选择性地进行混音，不要在同一时间内听到太多的乐器声。把吉他的小乐句填入人声乐句之间的空穴内，而不是紧接着人声演奏。持续部分（像合成器的衬垫）对其他声轨的掩饰比瞬间的乐器声更严重，所以要保持其衬垫声在较小的电平上。

在发出清晰声音的录音作品里，各种乐器并不是“拥挤”在一起或掩饰相互之间的声音，它们是独立的并有所区别的。当乐器出现在频谱内的不同区域时，清晰度就会提升，例如，贝斯提供低音，键盘可以加重中低音，领奏吉他提供中高音，而铙钹充满在高音区域。

通常旋律吉他占有着与钢琴一样的频率范围，所以它们有相互间掩饰彼此声音的倾向。你可以对它们进行不同的均衡来提升清晰度：对吉他在3kHz处提升，而对钢琴在10kHz周围提升，或把它们的声像分别偏置在相对的一方。加入变形后的电吉他会掩饰人声，则可尝试衰减电吉他在1kHz处的均衡，或试把电吉他声通过一个拐点为4kHz的低通滤波器。可以压缩吉他声，连同人声馈送到压缩器的侧链上，这样一来，吉他声在人声出现时音量会急剧下降。

当两件乐器在同一音域内演奏时会发生掩盖，可考虑把其中一件乐器升高或降低一个八度来录音。如果你有两个相似的吉他片段，那么你可对每个片段的品柱加以区别。

更多详细内容将在第17章的音质评价中叙述。

16.7.12 鼓件的更换（Drum Replacement）

有意外发生在混音过程中之后，可以听一下鼓声轨，你可能不喜欢它们的声音，或许鼓声轨太松弛、软弱，均衡或门限似乎都不管用。你不妨试用一种名为**鼓件更换**的技术，在MIDI/音频录音程序内，你可以用一条能演奏鼓采样的MIDI声轨来替换一条音频鼓声轨。首先，设置一条带有鼓采样的MIDI声轨，然后准备去演奏（详情请见第18章MIDI内容）。下面介绍这些方法中的一种。

■ 开始在MIDI鼓声轨上录音，轻击你的MIDI控制器键与音频鼓声轨的回放同步。

■ 选择音频鼓声轨，然后启用“Extract Rhythm”（提取节奏）或“Extract Beat”（提取节拍）功能（如有上述功能的话），把提取到的MIDI节拍拷贝并粘贴到MIDI鼓采样声轨上去，把原始的音频鼓声轨哑音并按下PLAY（演奏）。你应该能听到替换的鼓采样正在演奏之中，想要取得更多的自然声，你可以用一些原来的原声鼓声轨来混音。

■ 在音频鼓声轨内，插入一个像Boxsounds Replacer那样的鼓-替换VST插件程序，该程序能使音频信号触发击鼓的波形文件。

■ 购买诸如Drumagog、Steven Slate Digital Trigger Advanced Drum Replacer 那样的鼓更换软件。

16.7.13 自动化（Automation）

在进行混音的时候，你设定了推子的位置后并把它保留在那里，这是很少见的情况。通常情况下，随着歌曲的进展，你需要改变推子的电平、均衡或效果发送电平等。在你的录音软件里，你能在歌曲内的各个点上更改推子位置——这种处理名为**音量自动化（包络线）**。在你硬盘上的任务文件里存储着混音动作，之后在你每次回放混音时会相应地将它们调用并重置。在许多数字音频工作站内，效果变更和声像变更也能自动进行。

自动化的混音的许多优点如下。

■ 执行复杂的混音而不会发生差错。

- 能微调混音的动作。
- 能够调用被存储数周或数月之后的混音，每次无须以人工手动方式来重置调音台。
- 在聆听混音时不用手动调整推子，可以避免因调整推子而分散注意力。

自动化可以很容易地让你在数字音频工作站内的一条声轨上插入一条音量包络线，此包络线是一幅声轨的推子设定与时间之间的关系图（见图16.3）。你可能喜欢在显示屏上对声轨的包络线稍作调整的方法，且不用去移动推子来进行自动混音，在歌曲演奏时，那条声轨用的推子将会随着包络线而自动地进行上下移动。

图16.3　在一条声轨内，音量包络线随着时间而控制着混音内声轨的音量

使用在歌词上的音量自动化使你可以听懂每一个单词（如果需要的话），同时也可用它来显示一些短乐句的重复段或填充段，否则可能会被隐藏起来，这将有助于保持听众对整首歌曲的兴趣。在钢琴独奏期间，可提高钢琴的音量，再降回原音量，或者在演奏的间隙调低某条声轨的音量，以此来降低噪声。

如果需要对某条声轨的某一点上的均衡或混响做重大修改，该怎么办？找到该声轨内需要不同的均衡或混响的部分，创建该部分的片段，并把它移动到另一条具有这些插件程序设置的声轨上，或者简单地把一个新的插件程序插入到该片段中去（如果你的数字音频工作站有那种功能的话）。

我们早先介绍过，一个MIDI/音频录音程序包括数字音频声轨和音序器声轨两者，用调整它们的推子电平或音量包络线的方法来实现音频声轨电平的自动化，用调整它们的MIDI音量或键速度比例的方法来实现MIDI声轨的自动化。个别MIDI音符也能被调整，在有些数字音频工作站内，可以用推子音量包络线来自动调整MIDI声轨的音量。

要淡出某一首歌曲的话，选中所有声轨并在所有声轨的末尾插入一个淡出程序，可以使用一种开始很快和结尾缓慢的淡出。设法让音乐在某一乐句的结尾处淡出，歌曲的速度越慢，那么淡出也应该越慢。淡出的音乐含义好比是“歌曲仍持续在最佳状态，但是乐队正乘在一列慢车上远远离去”，你可以把淡出处理推迟到母带制作前进行。

缩混是一项很复杂的工作，你可以记录下一首歌曲的数遍不同的混音，然后选择其中最好的混音。常见的一种歌曲混音的录音方法是将一位领唱歌手的电平提升1dB，将另一位领唱歌手的电平降低1dB。

16.7.14　混音的导出（Export the Mix）

当你对这条混音及立体声混音母线电平感到满意后，就可以导出或提交这条混音——把它作为一个立体声波形文件保存。如果你计划稍后用这条混音做母带，那么可关闭比特补偿，把这条混音作为24bit波形文件导出；如果你计划要刻录一张该混音的CD声轨或者要把它转换成为一个MP3文件，那么要开启比特补偿，把这条混音作为16bit波形文件导出。比特补偿已经在第13章的“数字音频”小节中解释过。

有些母带制作录音师喜欢让你把一些**主要的混音素材（副混音）**发送给他们，例如，让你把一些鼓声轨的独奏作为一个立体声鼓件素材（stereo drum-kit stem）文件导出，把背景歌声的独听作为一个立体声背景歌声素材（stereo BGV stem）文件导出。

16.7.15 再次审听（Listen Again）

对余下优良的混音重复上述缩混步骤，每次要让你的耳朵休息数小时，否则，你对高音的听力将会下降，因而无法进行正确的判断。

数天之后，在不同的系统上聆听你的混音——可以在汽车音响、便携式播放系统、耳机、家庭影院等系统上回放，在缩混和聆听之间的时间间隔将会让你用新鲜的听感来聆听。你想要改变些什么？如果有，那就把它做好，你最终将会得到你引以为豪的混音。

一定要把你的混音与一些相同类型的优质的商用CD在同等电平下加以比较，聆听其低音—中音—高音的平衡、混音的平衡、每件乐器的音色、混响和回声的总量及立体声的宽度等。

16.7.16 在混音时要问自己的10个问题（Ten Questions to Ask Yourself While Mixing）

在你为一首歌曲混音时，你可能会发现，问有关你所听到的一些问题是有所帮助的，这些问题可以让你保持专注，确保你不会忽视任何事情。在你混音时要有一些问题问你自己，它们涵盖了我们之前指出过的一些技巧，在这里值得重复叙述。

1. 我能听到每个内容吗？

这是最重要的问题，似乎显而易见，但有时某个音乐部分却被隐藏了起来。在回放混音时，要聆听每条声轨的声音，确保它们都在里面。如果某条声轨内容听不到，则可推起一些该声轨的推子（或者降低那些有冲突的声轨推子）。如果还不清楚听到什么，则可以独听每条声轨，再解除独听让它回到混音中。

对于任何类型的音乐，对一条优良混音的最低要求就是要能够听到所有的乐器和人声，没有什么内容有丢失，也没有什么太突出。如果某句歌声或某件乐器声偶尔突出一次，则可把它压缩或调整它的音量包络线。

2. 我能听清楚这句歌词吗？

如果在某几处听不清楚歌词，用音量包络线(自动化)的提升方法来提升歌声电平，同时也可以压缩歌声，确保歌声在5kHz～10kHz附近有足够的清晰度，也许可以降低与歌声相近频段的3kHz～6kHz处的乐器声电平。在摇滚乐中的领唱歌声只要增强至足够听清歌词而不致变形走样即可，在流行抒情歌曲、乡村音乐或民歌中，领唱歌声则可以比摇滚歌曲增大数dB。

3. 是否有太多的混响或太多的其他效果？

一点变化也可产生很大的作用。如果认为混音显得冷漠而没有现场感及愉快感，可以尝试减少1dB的混响发送电平，注意到如何因一小点的变化而产生作用，这样才不至于像有些录音师一样发问："只有把混响关闭才能引起我对混响的注意吗？"你可以对快速歌曲使用短衰减（约0.5s），对流行抒情歌曲可用长衰减（约1.5s）。

4. 是否每件乐器的声音都适合于这首歌曲？

例如，四弦贝斯或尖利的底鼓很少工作在抒情歌曲中，如果这些乐器声太亮丽或令人感到纷乱，可以降低它们的中高音或高音。还有类似的问题：这条混音适合于这种类型的歌曲吗？例如，你正在为朋克摇滚歌曲混音，一种干净的、紧密的声音可能行不通；如果你正在为由原

声乐队伴奏的民歌进行混音，你大概不会去夸大高音和低音——总该让歌曲保持真实自然吧。

5. 每件乐器是否应有它特有的频谱空间？

如果多件乐器在同一频率范围内演奏，它们会掩饰或掩盖相互之间的声音，它们互相混合在一起，使声音模糊不清。这时可以把吉他声的低音滚降切除，使它们不致占有贝斯吉他的频率空间，减弱底鼓并保持贝斯的丰满度，反之亦然。

6. 这条混音与商用CD相比有竞争力吗？

把一台CD播放器接入你的监听系统，播放一张（或多张）与你正在混音的相类同类型的CD，在相同响度下在CD与你的混音之间来回切换播放。你的混音与商用CD相比是否有足够的低音、中音和高音，你很快就能听出来。同时，把你的混音平衡也与CD相比较，这样做能起到启发作用。

7. 整体的声音是刺耳的，还是温暖而又令人愉快的？

如果整体声音是刺耳的，可能在混音中有太多2kHz～4kHz的频率成分，或者有可能因过高的声轨电平或插件效果电平削波而引起的某些失真，也可尝试减小电平总量或压缩的种类。如果混音有“数字声”并有声音尖利的感觉，可降低一些高音成分，或可试用电子管插件程序或磁带插件程序。

8. 那些独奏、独唱声是在正确的电平上吗？

一般来说，乐器的独奏应与领唱歌声具有一样的响度，在“空穴”（歌声休止）期内的吉他小过门应该较轻，以不太分散注意力为宜。

9. 歌声的谐波成分是否处在正确的电平上？

一般来说，和声的电平应位于领唱歌声之下、以使领唱歌声的旋律清楚为宜，如果和声有太高的响度，那么听众就不能确定到底是谁在唱主旋律。

10. 混音的编排是否太繁复？

如果在同一时间安排太多的乐器演奏，那么所得到的混音一定是很杂乱模糊的。考虑到乐器的小过门只是在空穴处，不是连续的演奏，只要记得勤招呼和回应。在混音开始的时候只用少量的乐器，以后再逐步增加乐器，使之得到一条完美的混音。

当你不再听得到你所想要更改的声音时，混音也就基本上快要完成了。一天之后回来利用你新鲜的听感，听听是否还有什么需要调整的地方，如果没有，那么祝贺你创作完成了一条极好的混音！

第17章 用关键性的听力来评价音质（Judging Sound Quality with Critical Listening）

录音师坐在混音调音台前，请他或她制作一条混音时所得到的声音很棒；而让另一位录音师在同一张混音调音台上也进行同样内容的混音，所得到的声音却如此糟糕，这究竟是什么原因呢？

其差别主要在于他们的耳朵——他们的关键性的审听能力。有些录音师对于他们所要审听的声音以及如何去获得好声音具有清晰的概念和构思，而有些录音师却不具备后天的本能去识别声音的优劣。所以，只有学会了怎么样去审听，才能在录音和缩混期间改善对录音艺术上的评价能力，才可以听出话筒摆放、均衡之类的缺陷，然后加以纠正。

为锻炼审听能力，应把所录得的声音按其声音的指标——例如频率响应、噪声、混响等逐一地加以归纳和分析，如果在每次的声音回放时专注于某一项指标，那么就能很容易地发现某些声音上的瑕疵，本章将帮助你提高这一方面的能力。

17.1　古典音乐录音作品和流行音乐录音作品的比较（Classical Versus Popular Recording）

作为“优良的声音”来说，古典音乐和流行音乐有不同的标准。古典音乐（通常也包括民俗音乐或爵士音乐）录音的一个目标是为了精确地重现现场的演奏，之所以是一个有价值的目标，是因为在一间华丽的音乐大厅内由管弦乐队所演奏出的声音如此优美，在音乐的合成和乐器的编配方面，听起来好像在音乐厅内实况演奏一样好听。录音师出于对音乐的尊重，总是尽可能用细微的技术介入，将声音转移到CD上去。

与此形成对照的是，将声音精确地转移到CD上去并不常是流行音乐录音作品的目标，重现原声虽然可能是其目标，可是制片人或录音师还要创造出一种具有新颖音响感受的声音来加以重现，或者两者兼而有之。

事实上，用录音室技术对声音进行艺术处理已经成为目标，创作出一种新的有趣的声音与原声的再创作目标同样有效，所以二者正在进行两场竞赛，每一场都有对它们成就的评价尺度。

如果某件录音作品的目标是现实主义或要求精确重放，当其录音听起来与在音乐厅内最佳座位上所听到的实况演奏声音相一致时，这件录音作品就被认为是成功的作品，乐器的声音是这种录音作品的评价标准。

当某件录音作品的目标是增强音响或产生某种特殊效果时（大多数的流行音乐录音作品有这种要求），那时所希望加入的音响效果很少受到限制。流行音乐乐队的实况音响可以作为一种参考，但是流行音乐录音作品的声音通常都要比实况演奏时更好听——所录得的歌声更清晰而不刺耳、低音更干净而又紧密等。流行音乐录音作品有它们自己的质量标准，它们的声音是有别于精确回放的。

17.2　流行音乐录音作品中的优良声音（Good Sound in a Pop-Music Recording）

目前，音质优良的流行音乐录音作品通常具有如下一些特点（但总有一些例外）。

- 优良的混音：各条声轨相互之间有完好的平衡。
- 宽广的频响范围：混音中既包含低音成分（40Hz～125Hz），也含有高音成分（约10kHz或以上）。
- 音质平衡：低音、中低音、中音、中高音及高音部分在响度上接近相等，不会有某一频段过分突出。
- 干净：所有声轨没有噪声和削波失真。
- 清晰：每件乐器都在它们自己的频段内出现，在同一时刻不会有太多的乐器出现。
- 柔和：声音不会刺耳，在2kHz～4kHz频段周围没有过分地提升。

同时还应具有以下特点。

- 现场感：在5kHz附近有足够的提升，会让人有一种身临其境且亲切的感觉。
- 快捷的瞬态响应：在一些音符上有清晰的起音（如果那是被要求的话）。
- 紧密的低音和鼓声：底鼓和贝斯在时间上合拍。
- 宽广而又细致的立体声声像：宽广的声像偏置，有一种开放的感觉。
- 宽广而又可控的动态范围：歌曲的某些部分的音量有强有弱，给人跌宕起伏的感觉。
- 有新意的音响效果：创造性地使用均衡、拾音及效果等。
- 切合时宜的制作：总体声音质量类似于同等类型的其他录音作品的质量。

在第16章“数字音频工作站的操作”内给出过为制作流行音乐混音的一些技巧。

17.3 古典音乐录音作品中的优良声音（Good Sound in a Classical-Music Recording）

与流行音乐一样，古典音乐也应该有干净、宽广频响及良好总体平衡的声音，但是由于古典音乐录音所追求的是声音的真实性——像现场演奏那样——对它们还应有优良的建声条件、自然的平衡、准确的音质、合适的远近感及精确的立体声声像定位等要求。

17.3.1 优良的建声条件（Good Acoustics）

音乐厅或演奏大厅的建声条件应该与所演奏的音乐风格相适应，尤其是混响时间既不能太短（干），也不能太长（洞穴般似）。太短的混响时间会使音乐没有空间感或宏伟壮观的印象，太长的混响时间则会把各个音节搅乱在一起，形成一种模糊的、褪色的、无精打采的效果。对于室内乐或独唱歌手的录音，理想的混响时间应在1.2s左右，录制交响乐时应为1.5s左右，管风琴独奏时应该在2s左右。粗略地估计房间的混响时间的方法是，大声地拍一下手掌，用秒来估计在房间内自拍手至可听到的拍手声余音消失的时间，即为大致的房间混响时间。

17.3.2 原声平衡（A Natural Balance）

当某件录音作品得到较好的平衡后，乐器的相对响度会大致与坐在听众区内理想的座位上所听到的响度相似，例如，小提琴的声音不太强，或者与管弦乐队的其他乐器相比显得更柔弱些，和声或者合唱的旋律是成比例地排列的。

一般来说，指挥、作曲家和演奏家会从建声方面来平衡音乐，而录音师则用立体声对话筒的拾音来进行平衡。但有时录音师需要增强某些乐器或声部的清晰度或平衡度，然后再与所有话筒的信号一起进行混音。在回放期间，应请教指挥家的意见，以确保获取正确的平衡。

17.3.3 声音色调上的精确度（Tonal Accuracy）

回放出来的音色或音质应该与现场的乐器声相同，基波和谐波应该再现它们原有的比例。

17.3.4 合适的远近感（Suitable Perspective）

远近感是指演奏员距离听众之间距离的感觉——也就是距离舞台上的声音有多远，演奏的声音是否像就坐在第8排时所听到的声音，还是像出现在你膝下或在另一间房间所发出的声音。

音乐的风格最好要有合适的远近感，对于声音清晰的、有节奏的、给人以激情的作品（例

如斯特拉文斯基的《春之祭》），最好采用近距离拾音法；对于豪华的、浪漫的曲子（例如伯鲁克纳交响乐），最好采用远距离拾音。远近距离感的选择取决于制片人的审美。

与远近距离感密切相关的是被录环境或混响量的大小，恰到好处的拾音距离能够在乐队的直达声和厅堂的环境声之间产生一种令人愉快的平衡。

17.3.5 精确的声像定位（Accurate Imaging）

回放乐器声时的声像位置应与现场演奏时乐器之间的相对位置相同，位于乐队中间的乐器声应在两只音箱的中间位置上听到，乐队左边或右边的乐器声应在左边或右边的音箱上听到，中间偏左或偏右的乐器声也应该在两音箱之间的中间偏左或偏右处听到，依此类推。大型乐队的声音应该遍布于两只音箱之间，而四重奏或独奏的乐器声音则占有较窄的分布区域。

在评价立体声声像时，关键是要坐在与两只音箱距离相等的位置上，否则声像会偏向所就座位置靠近的那只音箱。审听者位置与音箱之间的距离要等于两只音箱之间的距离，两音箱之间呈60°夹角，这个角度正好是坐在听众区的最佳位置（例如第10排的中间座位），且能看到乐队全貌时的角度。

一件乐器或一个乐器声部的回放范围应该与实际现场的范围相同，吉他应该是点声源，钢琴或弦乐声部应该有一定程度的立体声分布。每件乐器的位置应清晰地被定位在如同就座在音乐厅理想座位上所听到的位置上。

回放的混响（音乐厅环境混响声）应该围绕听众，或至少应均匀地分布在两音箱之间。虽然使用分隔式话筒录音技术可以获得某些环绕声效果，但使用环绕声录音技术能够录得更好的环绕观众的环境效果，精确的声像定位在图17.1中给予说明。

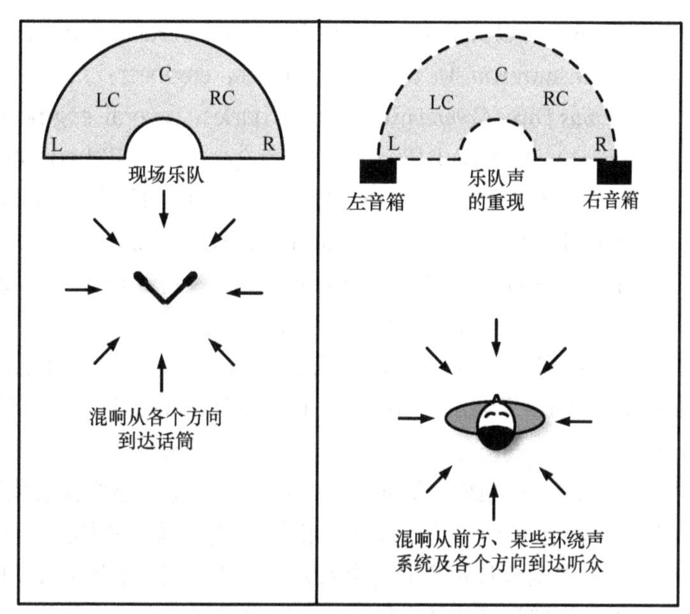

图17.1 应用精确的声像定位，在回放期间可再现声源的位置、所处空间的尺寸及混响声场。

声音应该具有舞台的纵深感，前排乐器声与后排乐器声相比，前排的乐器声应距离听众更近些。

在第8章的“立体声话筒技术”小节里详细介绍了各种立体声拾音技术的优缺点。许多特殊的录音技术在作者的《现场音乐录音（第二版）》有详细的描述。

17.4 训练你的听力（Training Your Hearing）

如果一次仅专注于聆听某一个方面的回放声音，那么判断声音的过程会变得较为容易。或者首先集中注意力聆听音质平衡——指出哪些频率范围已被提升或被衰减，接着聆听混音、清晰度等，很快便可写出你对录音作品有关音质评价方面的详细描述。

提高耳朵的审听能力是一个长期的学习过程，通过细心地聆听各种好的和坏的录音作品来训练自己的审听能力。可以制成一张本章内所提到的全部音质方面的质量检查表，把自己的录音作品与现场乐器、商用录音作品进行比较。

由Donald Fagen制作的"*The Nightfly*"《夜航》（华纳兄弟公司23696-2）一张杰出的唱片，它是由Roger Nichols、Naniel Lazerus和Ellot Scheiner共同制作，由Gary Katz担任制片及由Bob Ludwig完成母带制作。这一录音作品及由Roger Nichols制作的Steely Dan录音作品的声音像剃刀般锋利，非常紧密而又清晰，高雅并惹人喜爱，听起来好像流行音乐乐队就在音箱附近一样。

著名摇滚乐或流行音乐制作的更多相关实例如下，并具有很高的水准。

Rumours by Fleetwod Mac；engineers and producers：Ken Caillat and Richard Dashut

Ellipse by Imogen Heap；engineer and producer：Imogen Heap

90125 by Yes；producer：Trevor Horn

Synchronicity by The Police；producer：Hugh Padgham and The Police

Dark Side of the Moon by Pink Floyd；engineer/producer：Alan Parsons

Thriller by Michael Jackson；engineer：Bruce Swedien；producer：Quincy Jones

Avalon by Roxy Music；engineer：Bob Clearmountain；producer：Roxy Music

Nevermind by Nirvana；producer：Butch Vig

Famous Blue Raincoat by Jennifer Warnes；mix engineer：George Massenburg；producer：Roscoe Beck

The Best of Crowded House by Crowded House；various producers and engineers

Come Away with Me by Norah Jones；engineer：Jay Newland

Genius Loves Company by Ray Charles；several engineers

Give by The Bad Plus；engineer/producer：Tchad Blake

Live in Paris and *The Look of Love* by Diana Krall；engineer：Al Schmitt

Smile by Brian Wilson；engineer：Mark Linett

Supa Dupa Fly by Missy Elliott；engineer：Jimmy Douglas；producer：Timbaland

Brothers by The Black Keys；engineer and producer：Mark Neill；mixing：Tchad Blake

还有一些其他值得关注的录音作品，例如由Supertramp、Pat Metheny Group、Alison Krauss、The Wailin' Jennys、Heart和Radiohead等人所制作的作品，以及由George Martin、Chuck Ainlay、Steve Albini、Frank Filipetti、Bob Clearmountain、Daniel Lanois及Andy Wallace等制片人或录音师所完成的作品，此外还要提及由Tom Jung［用DMP（数字多轨处理）录音］和George Massenberg制作的令人难以置信的、干净的录音作品。

有些具有极佳声音的古典音乐录音作品可以在Telarc、Delos和Chesky商标的产品中找到，通过模仿这些极好的录音作品，可以学习到很多录音制作经验。

一旦你在技术上可以胜任制作录音作品——干净、自然并优良的混音——那么下一步将是去制作富有想象力的声音，你将会自如地运用你的技术，只要你自己或乐队喜欢你的录音作品。你可以把混音制作成任何模式的声音，最优秀的成就在于制作出在音乐录音界令人瞩目的、优美而又令人激动的录音作品。

17.5 坏声音的消除方法（Troubleshooting Bad Sound）

在了解了如何识别优良的声音之后，那么如何来识别坏声音？假如你正在监听录制进行中

的录音，或者在审听已经完成了的录音作品，发现某些地方的声音不正确，这时候如何指出错在什么地方，并且加以修改?

在本章的余下部分将会介绍如何逐步地去解决与音频有关的问题。阅读下述“坏声音”清单上的说明，直至找到符合你所听到的某一条为止，然后设法解决，直至所发现的问题消失。这里仅列出最为常见的坏声音征兆及其解决的方法，我们将以假设你的录音设备是在正常状态下工作为前提。

解决坏声音的方法的指导方向可分为4个主要部分。

1. 整个录音作品均为坏声音（也包括从其他录音棚那里录得的作品）。
2. 只在回放时出现坏声音（现场话筒信号的声音是好的）。
3. 在流行音乐录音作品中的坏声音。
4. 在古典音乐录音作品中的坏声音。

开始前，先检查有无缺陷的线缆和接插件，也要检查全部控制部件的位置。通过旋动旋钮和拨动开关来清洁接触点，并用 Caig Labs公司的 DeoxIT（去氧化清洁剂）来清洁接插件。

17.5.1 整个录音作品均为坏声音（Bad Sound on All Recording）

在这种情况下，“坏声音”是指监听音箱或它们摆放不当使声音太沉闷、太单薄、声音色调染色、太过明亮、太灰暗或者没有很合适的界定。如果整个录音作品均出现坏声音，同时也包括来自其他录音棚的作品，则可根据下列清单来检查。

■ 调节音箱上高音单元和低音单元的控制部件。

■ 调节双功率放大器系统内高音和低音放大器的相对增益。

■ 重新摆放好音箱的位置。

■ 改善房间的建声条件。

■ 对监听音箱加以均衡。

■ 更新监听音箱。

■ 更新功率放大器及音箱线。

■ 在适度的审听音量下监听，例如应调节到85dBSPL的监听声压级，原因如下：这是由贝尔实验室的工程师弗莱彻和蒙森所发现的，人耳的频率响应在小音量和大音量时的听感是有差别的，如果你在较高声压级的监听下完成了混音，把它放在接近于85dBSPL的正常声压级下来聆听时，就会感到低音和高音变弱；如果你在声压级很低的监听下进行混音，将会提升更多的低音，这样在正常声压级下聆听时，会听到太过浓重的、沉闷的声音。

17.5.2 只在回放时出现的坏声音（Bad Sound on Playback Only）

在这种情况下，“坏声音”是指在回放录音作品时听到小毛刺、音符失落或失真等现象，如果是数字录音作品在回放时出现小毛刺、音符失落现象，可按如下清单来检查。

■ 在录音作品的软件里增加了等待时间的设置。

■ 参照在本书附录B“多轨录音作品用计算机的优化”中的检查技巧。

如果数字录音作品的声音出现失真，那么以下建议可能有所帮助。

■ 尽可能地保持较高的录音电平，但是在峰值电平表而不是在有效值电平表上的读数不要超过-6dBFS。

■ 要避免在效果插件程序内的信号削波现象。

■ 在较高的采样率或在较高的比特深度下录音。
■ 要避免采样率的转换。
■ 当从高比特深度转至低比特深度时，须使用比特补偿器（dither）。
■ 使用高质量的音频接口。

17.5.3 在流行音乐录音任务中出现的坏声音（Bad Sound in a Pop-Music Recording Session）

在这种情况下，“坏声音”是指当你在监听现场话筒信号时所听到的那些声音，例如声音模糊混浊、失真、音质音色不平衡、毫无生气、嘶嘶声、隆隆声、交流哼声、喘息噗声及齿擦音等。

1. 声音模糊、混浊（泄漏声）［Muddiness（Leakage）］

如果因过多的泄漏声而引起声音模糊、混浊，可试用下述方法解决。
■ 把话筒摆放到离声源更近的位置上。
■ 加大乐器之间分隔的距离，以降低泄漏声信号的电平。
■ 将乐器靠近些，以减少泄漏声信号的延时时间。
■ 使用指向性话筒（例如心形话筒）。
■ 对多件乐器运行叠录流程。
■ 对电子乐器使用直接录音方式。
■ 在乐器之间使用障板（吸声布）阻隔泄漏声。
■ 削弱房间声学的活跃度（加入吸声材料和低音陷阱）。
■ 滤去每件乐器的频谱之外的上下频率成分，但要留意是否会改变乐器的声音。
■ 调低在录音棚内低音功放的音量，或者用耳机来监听低音。

2. 声音模糊、混浊（过多的混响）［Muddiness（Excessive Reverberation）］

如果因过多的混响而引起声音的模糊、混浊，则可试用下述方法解决。
■ 降低效果-发送或效果-返回的电平，或者在找到真正的问题之前不使用效果。
■ 把话筒摆放到离声源更近的位置上。
■ 使用指向性话筒（例如心形指向性话筒）。
■ 降低房间声学的活跃度。
■ 滤去每件乐器的基波频率以下的频率成分。

3. 声音模糊、混浊（缺乏高音成分）［Muddiness（Lacks Highs）］

如果声音模糊、混浊并缺乏高音或声音灰暗、声音像被蒙住了的感觉，可试用下述解决方法。
■ 使用高频响应更佳的话筒，或把动圈话筒更换为电容话筒。
■ 改变话筒的摆放位置，把话筒摆放在具有充足的高频成分的位置上，或把话筒置于高音声源（例如镲钹）中轴线方向的位置上。
■ 使用小振膜的话筒，这种话筒通常具有平直的离轴响应。
■ 提升高频均衡量，或稍微衰减300Hz左右的频率成分。
■ 如果原声吉他的声音较为迟钝，可更换吉他弦线；如果鼓套件的声音迟钝，可以更换鼓面（务必要先与演奏者商量）。

■ 使用一台信号增强处理器，但要注意是否会增大噪声。

■ 将直接接入小盒接到电贝斯上，如果音乐允许，可让贝斯手用叩击方式或者匹克来演奏。在压缩低音时，可使用较长的启动时间，这样可允许一个音节的起音阶段的声音通过（有些歌曲不需要快捷的低音启动时间——这样对歌曲来说总是合适的）。

■ 用坐垫、折叠起来的毛巾或毯子等物来阻尼底鼓，在鼓面中心、靠近鼓手一方进行拾音，如果歌曲及鼓手允许，可使用木质或塑料鼓槌。

■ 不要把电吉他信号插头直接插入到话筒输入上，要使用直接接入小盒或把电吉他信号接入到高阻抗输入上。

■ 在压缩之后（而不是在压缩之前）使用高音提升措施。

4. 声音模糊、混浊（缺乏清晰度）[Muddiness（Lacks Clarity）]

如果因缺乏清晰度而引起声音的模糊、混浊，则可试用下述方法解决。

■ 在音乐编排方面可考虑使用较少的乐器，或调低混音内的合成器衰减量。

■ 对各种乐器进行不同的均衡，使乐器的频谱不致发生交叠现象，也可以通过对原声吉他和底鼓低切来删除一些低频成分，以避免它们与贝斯发生冲突。

■ 设法减少混响。

■ 善用均衡器，提升乐器声中缺乏清晰度的那段具有现场感的频率成分，或者在300～500Hz附近衰减1～2dB。

■ 在混响设备内，加入25～100ms的预延时。

■ 将音色相似的乐器的声像分别偏置到相对两侧。

■ 更改音乐的编配，不同的乐曲部分不要在同一时间演奏，即要有一种前后呼应的编排（填空方法），而不是在所有时间里所有的乐器都同时演奏。

5. 失真（Distortion）

在对流行音乐录音时，如果在对话筒的监听过程中发现有失真现象，可试用下述方法。

■ 降低输入增益，或在话筒与话筒输入之间接入一个衰减器。

■ 重新调节分级增益，把推子和电位器设定到它们的设计中心位置（在阴影区域）。

■ 如果仍然听到有失真，把装在话筒上的衰减开关（如果有）置于衰减位置。

■ 检查接插件是否有断线现象或线缆焊点是否有虚焊现象。

■ 插拔接插件，用Caig Labs公司的DeoxIT（去氧化清洁剂）或Pro Gold清洁剂来清洁接插件。

6. 音质不平衡（Tonal Imbalance）

如果有平衡很差的音质——例如声音沉闷、迟钝或刺耳等，试按如下步骤解决。

■ 更换乐器，更换吉他弦，更换簧片等。

■ 改变话筒摆放位置。当使用指向性话筒时，声音显得特别沉闷，可能是受到了近讲效应的影响，可使话筒远离声源一些距离，或用低切方法切除多余的低频。

■ 应用话筒摆放的3：1规则来避免话筒之间的相位抵消作用，当把两支或更多的话筒混合到同一条通道上时，话筒之间的距离应至少为话筒至声源的距离的3倍。

■ 如果人声或乐器声太过浓重，可能是因为心形话筒的近讲效应而引起的低音提升，可用调节均衡的方法将低音衰减至声音恢复到自然声，也可更换为一支全指向性话筒。

■ 如果必须要把话筒摆放在硬质的、有反射的表面位置附近，则可用界面话筒摆放在硬表面上，这样可以避免相位抵消效应的发生。

■ 如果正在为歌手/吉他手拾音，可把歌声拾取用话筒的信号延时1ms左右。

■ 改变均衡，要避免过分的频率提升。如果声音模糊，可以稍微衰减300Hz处附近的电平；如果声音刺耳，可以衰减3kHz处附近的电平。

■ 使用具有宽频段的均衡器，尽量不使用窄频段的、带有尖峰响应的均衡器。

■ 在母带制作期间，可试用像谐波平衡器之类的频谱分析仪/均衡器。

7. 声音单调、无生气（Lifelessness）

如果流行音乐录音作品是一种毫无生气的或平淡无味的声音，那么下列一些方法也许会有助于克服解决。

■ 在录音棚内对乐器现场声进行录音时，要设法找到它们独特的效果。

■ 追加效果：混响、回声、激励、声音加倍、均衡等。

■ 用未使用过的方法来使用和组合录音设备。

■ 叠录少量的人声爵士乐句或合成后的声音效果。

如果因为太干或太静的建声条件而使声音变得无生气时，则可试用如下方法。

■ 如果泄漏声的影响较小，则可使话筒远离乐器一些，能拾取一些墙面反射声。如果不喜欢这种拾取到的声音，可以试用下一条建议。

■ 在一些声音很干的声轨上加入混响或回声（不是所有的声轨都需要混响，例如，有些歌曲只需要少量的混响，使歌声听起来有一种亲切感）。

■ 使用全指向性话筒。

■ 在录音棚内增设硬质的反射表面，或在具有较硬墙面的室内录音。

■ 允许话筒之间有一些泄漏声。把话筒摆放在离乐器足够远的位置上，拾取来自其它乐器的声音，不过不得过多地拾取，否则声音会变得模糊，声轨的分隔性能也会变得很差。

8. 噪声（嘶嘶声）[Noise（Hiss）]

有时，流行音乐录音作品有一种额外的噪声附在其上，如果这种声音为嘶嘶声，可试用下述方法克服。

■ 检查吵闹的吉他放大器或键盘乐器。

■ 关闭话筒上的衰减开关（如果话筒有这种开关），关闭内置于有源直接接入小盒的衰减开关（如果有）。

■ 提升输入增益，但不要太高，以免信号削波。

■ 使用一支灵敏度较高的话筒。

■ 在话筒与插孔的话筒输入端之间接入一个**阻抗变换器**（低阻抗转高阻抗的升压变压器）。

■ 使用低噪声话筒（低本底噪声的话筒）。

■ 用近距离拾音的方法来增加话筒上的声压级，如果使用PZM（压力区话筒），要把它们摆放在较大面积的平面上或墙角边。

■ 如果你在使用调音台，要从调音台的直接输出或从插入发送处把信号送到录音机的声轨上，而不宜从编组输出或母线输出那里送出录音信号。

■ 在那条可听到嘶声的声轨上使用一个低通滤波器（高切滤波器）。

■ 作为最后一种手段，可使用一个噪声门。

9. 噪声（隆隆声）[Noise（Rumble）]

如果噪声是一种低频率的隆隆声，可试用如下方法克服。

■ 暂时关闭空调。

■ 使用一个高通滤波器（低切滤波器），切除频率在40～100Hz。

■ 使用一支能限制低频响应的话筒。

10. 噪声（咚咚声）[Noise（Thumps）]

■ 使用一个高通滤波器（低切滤波器），切除频率在40～100Hz。

■ 如果是由于机械振动经话筒架传输到话筒上，则应把话筒置于防震架上，或者把话筒架置于地毯上。使用一种受机械振动影响较少的话筒，例如全指向性话筒或具有良好性能的内部防震架的单指向性话筒。

■ 使用低频响应受限制的话筒。

■ 如果是由于钢琴的脚踏板引起的咚咚声，那么要从脚踏板机械方面设法予以消除。

11. 交流哼声（Hum）

交流哼声就其本身来说是个大课题，请参阅第5章“交流哼声的预防”一节的内容。

12. 噗声（Pop）

噗声是在歌手话筒上常见的爆破气流声。如果在流行音乐作品中出现噗声，则可用下述方法来解决。

■ 将话筒置于口部的上方或侧面。

■ 在实况音乐会录音时，在话筒上加装一个海绵防风罩（噗声滤波器），或使用一种内置球面格栅的演唱用话筒。

■ 将尼龙丝袜之类的材料绷紧在圆箍上，并固定在离话筒数英寸的话筒架子上（或使用类似的商用产品）。

■ 使用全指向性话筒，因为它比指向性（心形）话筒所拾取的噗声量更小。

■ 接入一个高通滤波器（低切滤波器），切除频率在80～100Hz。

13. 咝咝（齿擦）声（Sibilance）

咝咝（齿擦）声是由过重的“s”“sh”声而引起的，如果在流行音乐作品中出现，可用如下方法解决。

■ 使用咝声消除信号处理器或插件程序或使用一台多频段压缩器，仅压缩4kHz～20kHz范围内的信号，试用2ms的启动时间和15：1的压缩比。

■ 衰减自5kHz～10kHz范围内的均衡或者更换一支像带式话筒那样声音较为灰暗的话筒，注意，那样可能会使声音太灰暗或模糊，咝声消除器可减小咝咝（齿擦）声而不会使声音模糊。

■ 将话筒置于歌手的侧面，或位于与歌手的鼻子高度齐平处，不要把话筒直接正对歌手放置。

14. 低劣的混音（Bad Mix）

有些乐器声、歌声太强或太弱。为改善这种低劣的混音，可试用下列方法解决。

■ 重新混音（也许更换混音录音师）。

■ 压缩那些偶然出现的过量的歌声或乐器声。

■ 改变在某些乐器上的均衡，使太弱的乐器声能够正常重现。

■ 在缩混期间，某些乐器根据音乐的需要，可以不断地改变混音，以强调某些乐器声，使用自动化（音量包络线）混音。

■ 更改音乐的编排，不同的乐曲部分不要在同一时刻演奏，即要有一种前后呼应的编排（填空方法），而不是在所有的时间里所有的乐器都同时演奏。

15. 不正常的动态变化（Unnatural Dynamics）

所谓流行音乐作品不正常的动态范围，例如表现在应该给出大音量时，却不能提供足够的音量。如果有这种情况发生，可用下述方法加以解决。

■ 使用较少的压缩或限幅。

■ 不能对总音量进行压缩。

■ 在立体声混音上使用多频段压缩，而不使用宽频段（全频段）压缩。

16. 声音有被隔离了的感觉（Isolated Sound）

在录音作品中有些乐器的声音过分地被孤立，好像那些乐器不是在同一录音室演奏似的，这时可按如下步骤检查解决。

■ 将话筒远离声源一些，适当地增加一些泄漏声。

■ 使用全指向性话筒可以增加一些泄漏声。

■ 使用立体声混响或回声。

■ 将回声效果的声像偏置到相对较干的声源声道一方。

■ 将原来偏置在极左和极右的那些声轨声像稍向中心方向偏置。

■ 调节效果发送的电平，使其与各条声轨的电平大致相等。

■ 用立体声合唱给予领奏吉他的独奏一种宽厚、空间感的声音，或者拷贝该声轨，把两条声轨的声像偏置到左、右声道，并把一条声轨延时约30ms。

■ 对立体声混音母线加以轻微的压缩，那样趋于听到像所有乐器被“粘合”在一起的声音的感觉。

17. 缺乏纵深感（Lack of Depth）

如果混音缺乏纵深感，可按如下方法检查。

■ 使用对乐器采用不同拾音距离的方法来达到深度感。

■ 用改变每件乐器的混响量的方法，混响声对直达声的比例越高，那么感觉声轨声音的距离越远。

■ 为使乐器声音更为紧密，可在混响中使用较长时间的预延时设定（40～100ms），使用较短的预延时设定（30ms以下）或不加预延时，可使乐器声音更为遥远。

17.5.4 在古典音乐录音作品中的坏声音（Bad Sound in a Classical-Music Recording）

在这种情况下，“坏声音”是指来自话筒的声音太静寂、太紧密、太遥远、太狭窄或者太宽广、缺乏纵深感、平衡不适宜、低音模糊浑浊、有隆隆声及不自然的音质平衡等。当古典音乐录音作品有问题出现时，可按如下的步骤检查。

1. 声音太静寂（Too Dead）

如果古典音乐录音作品中的声音太静寂——没有足够的环境声和混响——可试用如下方法来解决问题。

■ 将话筒摆放得离演奏者更远些。

■ 使用全指向性话筒。

■ 在具有较优良建声条件（要有较长的混响时间）的音乐厅内进行录音。

■ 增大厅堂内吊挂话筒（如果有）的信号电平。

■ 追加人工混响。

2. 声音太紧密（Too Close）

如果古典音乐录音作品中的声音太琐碎、太紧密或太锋利，可试用如下方法解决。

■ 将话筒摆放得离演奏者更远些。

■ 衰减部分高频成分。

■ 使用具有圆润、柔和音质的话筒（许多带式话筒具有这种音质）。

■ 增大厅堂内吊挂话筒（如果已使用）的信号电平。

■ 使用人工混响并增加混响发送电平。

3. 声音太遥远（Too Distant）

如果声音太遥远并且有太多的混响，使用如下的方法或许可以解决问题。

■ 将话筒摆放得离演奏者更近些。

■ 使用指向性话筒（例如心形话筒）。

■ 使用分隔式指向性话筒对直接对准声源拾音。

■ 在不太活跃（没有过多混响）的音乐厅堂内录音。

■ 降低音乐厅堂内吊挂话筒（如果已有使用的话）的信号电平。

■ 降低混响发送电平。

4. 立体声声像分布太窄或太宽（Stereo Spread Too Narrow or Too Wide）

在两只监听音箱之间的立体声分布是要重现乐队的宽度。如果古典音乐作品有太窄的立体声声像分布，试用如下的方法来解决。

■ 增大主话筒对的两支话筒之间的夹角或分隔距离。

■ 如果是在使用MS制立体声录音，则可增大立体声话筒两侧的输出电平（side output）。

■ 将主话筒对摆放得离乐队更近些，这也将使得录音作品内的乐队声音更为紧密。

如果声音的立体声声像分布过宽（或在中间位置具有一种空穴般的声音时），则试用如下的方法来加以解决。

■ 减少主话筒对的两支话筒之间的夹角或分隔距离。

■ 如果是在使用MS制立体声录音，则可降低立体声话的两侧输出电平（side output）。

■ 在使用分隔式话筒对录音时，在一对话筒之外的中间位置追加摆放一支话筒，并把这支话筒的信号的声像偏置到中间位置。

■ 把那些话筒摆放在稍远离演奏者的位置上，这也将使得录音作品内的乐队声音更为遥远。

5. 声音缺乏纵深感（Lack of Depth）

试用下列方法，可为古典音乐录音作品带来更多的纵深感。

■ 在舞台前方只使用一套话筒对，这样可避免多支话筒的声音拾取。

■ 如果必须使用补点话筒，在混音中要使补点话筒的信号电平保持在较低的电平上。

■ 施加在较远乐器上的人工混响量比加入较近乐器的混响量更多一些。

6. 低劣的平衡（Bad Balance）

如果古典音乐录音作品有低劣的平衡，可用下列方法加以改进。

■ 把那些话筒摆放在离大乐队更远的位置或摆放在比大乐队更高的位置。

■ 如果独唱演员位于管弦乐队的前方，可降低立体声话筒对的高度，使独唱演员的音量相对于乐队的音量更大些。

■ 请求乐队指挥或演奏者们改变一些在乐器编配上的动态范围，但在提请要求时要婉转些。

■ 将**补点话筒**近距离摆放在需要增强的乐器或声部的附近，然后巧妙地将其信号与主话筒的信号一起混音。

7. 有混浊的低音（Muddy Bass）

如果录音作品中有混浊的低音，试用下列方法加以解决。

■ 把话筒瞄准指向底鼓的鼓面。

■ 将话筒架和底鼓架置于有弹性的避震架上（如地毯垫），或者将话筒装在有防震架的话筒架上。

■ 衰减低频成分，或使用一个高通滤波器，将其低频滚降频率设置在40～80Hz。

■ 在低频段使用较短衰减时间的人工混响或使用低频滚降衰减。

■ 在具有较少低频混响的音乐厅堂内录音。

8. 有隆隆声（Rumble）

在对古典音乐进行录音时，可能拾取了来自空调、载重货车或其他声源的隆隆声，因此在录音之前，须去录音场所的室外聆听隆隆声。试用下列方法加以消除。

■ 暂时关闭空调，在实况音乐会时可不能把它作为选项。

■ 在一个更安静的厅堂内录音，或者在交通更为安静的场所录音。

■ 使用一个高通滤波器，将其低频滚降频率设定在40～80Hz。

■ 使用可以限制低频响应的话筒。

■ 采用近距离拾音并加入人工混响。

9. 声音伴有失真（Distortion）

如有古典音乐录音作品中伴有失真的声音，试用下列方法加以解决。

■ 调低调音台上的输入增益旋钮，如果没有作用，开启内置于话筒上的衰减开关（如果有此开关）。

■ 确保将录音电平表设定为峰值读数方式，而不是有效值方式。

■ 检查是否有线缆外露或有虚焊的接插件，对接插件用Caig Labs DeoxIT清洁剂清洁。

■ 避免录音过程中的采样率转换。

■ 当把24bit的数字音频转换为16bit的数字音频时应使用比特补偿。

10. 低劣的音质平衡（Bad Tonal Balance）

低劣的音质平衡表现在声音变得太灰暗迟钝、太响亮或者有明显的声染色现象，如有这些问题发生，可试用下列方法加以解决。

■ 更换话筒。通常，要使用具有最小轴外声染色的平直响应的话筒。

■ 要遵循在第8章中讲述过的有关话筒摆放的3：1规则。

■ 如果某支话筒迫不得已要摆放在硬反射面附近，那只有在其表面上摆放一支界面话筒，这样才可以防止直达声与反射声之间的相位抵消作用。

■ 调节均衡，可试用像谐波平衡器之类的频谱分析仪/均衡器。

■ 将某些话筒摆放在离开乐队的共振点的位置上（太近距离的拾音会使声音变得刺耳）。

■ 要避免把话筒摆放在会拾取驻波或房间谐振模型的位置上，摆放话筒时，要对摆放位置进行小范围变化的试验。

本章描述了一整套有关流行音乐和古典音乐录音作品的优良音质的标准，虽然这些标准在某些方面还有些争议，但是录音师和制片人需要有对评价录音作品有效性方面的指导意见。今后当你听到某些录音作品中所不喜欢的声音时，对照本章中所列出的清单，将有助于判断录音作品的声音质量问题，并可寻找某种解决方案。

第18章 MIDI与循环（MIDI and Looping）

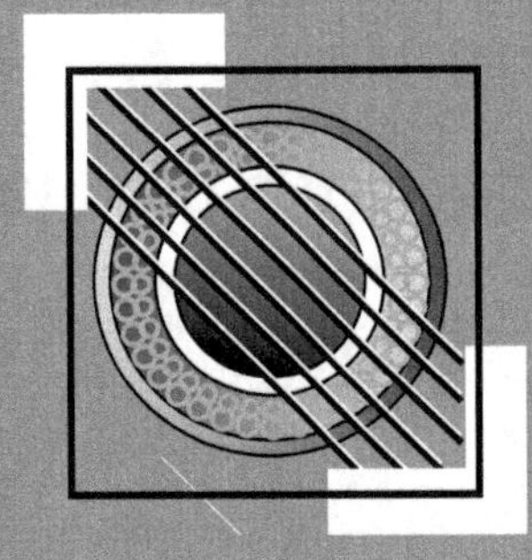

欢迎来到MIDI设备的计算机世界——采样器、合成器、采样键盘、鼓机及音序器等，鉴于其他书籍对设备的解释特别详细，在本书中仅提供简短的说明。

乐器数字接口（MIDI）是电子乐器与计算机之间的标准连接，这种连接允许它们之间进行信息交流。

以下是一些由MIDI来完成的工作。

- 用钢琴型键盘、鼓机、MIDI吉他或喘息控制器等演奏可以产生像任何一种乐器的声音。
- 记录和回放与演奏声无关联的音乐演奏，你可以听到你是在用任何一种乐器或合成后的声音进行演奏，或在演奏被记录以后听到的是改变了的乐器声。
- 慢慢地记录一个很难的声部或一次记录一个音符，但是在回放时可以用任意速度进行。
- 在一个音阶上或一个钢琴卷帘窗网格上输入一些音符，一次输入一个，然后可以用任意速度回放它们。
- 剪辑演奏的任意一个音符——可以改变它们的时值、长度或音调。
- 创建一种乐队在演奏时的效果，记录某种由鼓采样回放的演奏，叠录由合成后贝斯回放的另一种演奏，叠录由钢琴采样回放的另一种演奏等。
- 对两台电子乐器用相同的演奏所得到的两种声音加以组合或分层。
- **量化**一些音符，使它们达到节奏般地精确。

MIDI信号是一串数据流——它不是音频信号——在31 250bit/s下运行。它发送像在钢琴键盘或鼓盘那样的MIDI控制器上所演奏出的有关音符的信息，每条MIDI线上可以有高达16条通道的信息被发送（见图18.1和图18.2）。

图18.1 老式MIDI设备用的MIDI连接线缆

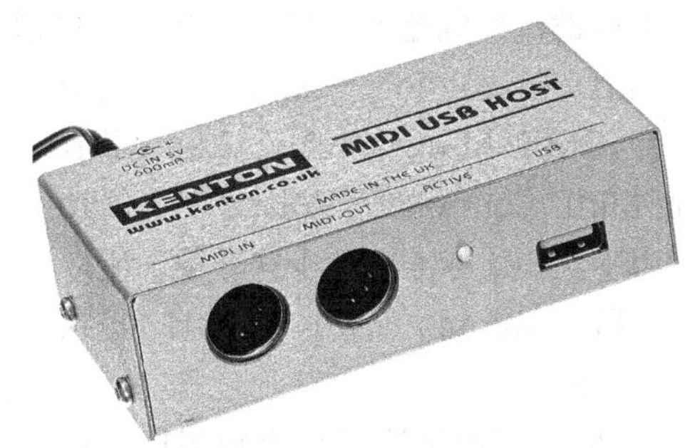

图18.2 MIDI设备连接器

MIDI设备具有4种类型的MIDI端口。

1. **MIDI IN**（MIDI输入）接收进入MIDI设备的数据。
2. **MIDI OUT**（MIDI输出）送出由MIDI设备产生的数据。
3. **MIDI THRU**（MIDI通过）像MIDI输出一样，并能复制MIDI IN端口上的数据。
4. **MIDI USB**（MIDI USB端口）一种经由USB线缆的MIDI输入/输出端口。

新的MIDI设备使用MIDI USB，老设备则使用MIDI IN、MIDI OUT和MIDI THRU。把来自发送设备的MIDI OUT连接到接收设备的MIDI IN，例如，把键盘控制器的MIDI OUT连接到一个MIDI/Audio接口、一台音序器或一台声音单元的MIDI IN端口上。用MIDI THRU来连接两台或更多成排的接收设备，例如，把键盘控制器的MIDI OUT连接到音序器的MIDI IN，再把音序器的MIDI THRU连接到声音单元的MIDI IN。

可以用MIDI来作曲和录音，且无须知晓MIDI设备所使用的编码或数据，编码在MIDI 1.0

说明书中有介绍。如果需要进一步探究这些编码，可参阅本书最后的术语一栏内有关**MIDI时钟**及**MIDI时间码**的解释。

18.1 MIDI组件（MIDI Components）

除了常见的录音棚设备——监听音箱、计算机数字音频工作站、线缆外，还有如下一些设备用MIDI来录音。

- MIDI控制器
- 音序器
- 合成器
- 采样器和采样CD
- 鼓机或播放鼓件采样的软件合成器
- MIDI计算机接口、带有MIDI输入/输出的音频接口或计算机USB端口
- MIDI线缆
- 设备架

在学习了前面的章节之后，再进行简单回顾，将有助于加深对本章内容的理解。

MIDI controller（MIDI控制器）是一种乐器，当用它演奏时，可从该乐器上产生MIDI数据。例如，钢琴式键盘（见图18.3）、鼓机垫、MIDI吉他、一种像手套的手势控制器或MIDI喘息控制器等均可产生MIDI数据，合成器或鼓机可以起到控制器的作用。

有些键盘控制器既精巧又轻量，可以通过一条USB线将它们接入计算机。例如Novation SL MkII、M-Audio's Axiom、Oxygen series、CME M-Key v2、Akai MPK Mini MkII Controller及Roland A300Pro等。由于它们比标准键盘少些琴键，所以它们使用octave up/down buttons（倍频程升/降按键）。

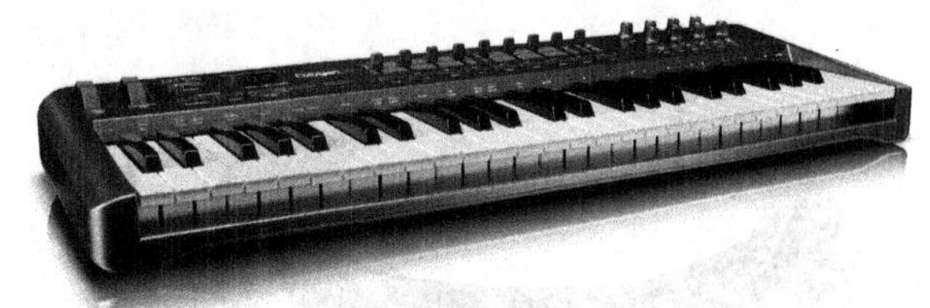

图18.3　一个MIDI键盘控制器的实例——M-Audio Oxygen 49，它用USB和MIDI与计算机交换信息

有些MIDI控制器设有音频接口，这样可把一些话筒连接到计算机上，例如，罗莱公司的AIRA MX-1 Mix Performer是一款MIDI控制界面，它包括音频接口、步进式音序器、效果器、运转控制部件、速度控制及4个AIRA Link USB端口。AIRA是罗莱公司的系列产品，它具有经典高档电子乐器的功能，可将USB连接到计算机数字音频工作站上并亲手操控。

音序器（sequencer）是一种可以用来记录、剪辑和回放MIDI数据的设备或程序，在音序器上的录音被称为定序录音，它是一种MIDI歌曲。与音频录音机不同，音序器不记录音频，它只记录所弹奏的每一个音符的键号数、音符开信号、音符关信号及其他像速度、滑音和调制等参数。音序器捕捉到的是演奏，而不是声音，然后可以用演奏的方式将声音回放出来，还可以用剪辑已录下的演奏（音序）的方法来修改错误的音符。

键速是击键的速度，它与音符的音量相关。滑音表示一种在某个音符的音高上的变化，它通过在MIDI键盘上旋转调制轮来得到滑音。

音序器记录和演奏**MIDI文件**（.mid files），它们可以是为自己演奏的音序器录音，或是演奏从网络上下载的MIDI文件。

音序器可以是一个独立的单元（例如Korg SQ-1），一套电路内置键盘乐器或者一台计算机运行着一个音序器程序（见图18.4），像一台多轨音频录音机那样，一台音序器可以记录8条或更多的声轨，并且每条声轨可包含一种不同乐器的演奏。

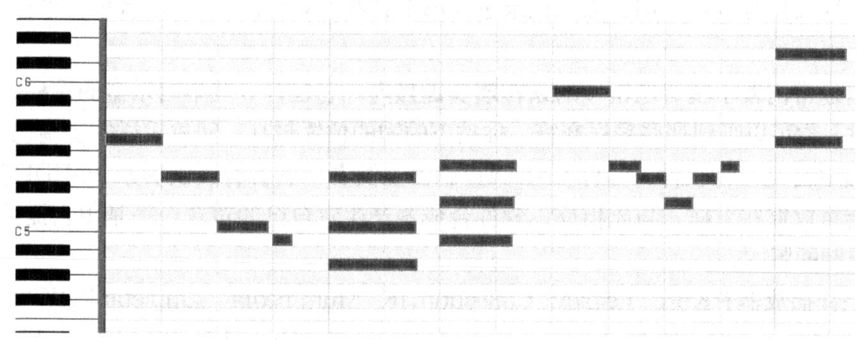

图18.4 钢琴卷帘窗视图屏幕截图（MIDI音序器程序的一部分）

音序器程序的一种升级是**MIDI/音频录音程序**（也被称为数字音频工作站软件），它把MIDI音序和数字音频声轨两者记录到硬盘上，并与它们保持同步，换句话说，这一程序可把例如人声、萨克斯等的话筒信号加入到MIDI音序中，这种软件和计算机组成一台数字音频工作站。

详情已在第14章“计算机录音”小节中解释。

合成器（Synthesizer）是一种乐器，它可以发出电声般的声音，且可以从内置的键盘、一台独立的MIDI控制器、一串MIDI音序或者从网络上下载的一个MIDI文件那里演奏MIDI数据。合成器有4种形式：钢琴式、声音单元、软件或者一张声卡上的合成器芯片。

- 钢琴式合成器具有一种钢琴键盘，其内部有声音振荡器，或者可以使用多台合成器来扩展声音的色彩。
- **声音单元（sound module）**或音调单元（tone module）是一种没有键盘的合成器，这种单元设备是由一台音序器或一台控制器来触发的。
- **软件合成器（soft synth）**或**虚拟乐器**是一种用软件来仿真的合成器，它在计算机的CPU上运行。软件的GUI看上去像一台硬件合成器，软件合成器的波形表（wavetable）播放真实乐器的采样，它发出的声音要比FM（调频）软件合成器更真实。
- 另一种选项则是**合成器芯片（synth chip）**，它内置于许多声卡之中。

一些软件合成器的公司有E-MU、Arturia、Sounds Online、Waldorf、Spectrasonics、Rob Papen、FXpansion、MOTU、IK Multimedia、Native Instruments、Cakewalk、Vir2Instruments、Vienna Instruments、Garritan、Toontrack、Wavemachine Labs、Slate Digital、Avid、McDSP等。能生产发出优良鼓声的设备的公司有Spectrasonics Stylus RMX及常用于贝斯的Spectrasonics Trilian公司。

合成器所发出的乐声——例如一种无琴码的贝斯、三角钢琴、萨克斯或鼓件——被称为**补丁程序**（patches programs）或**预置**（presets）等。一种**多音色合成器**（multitimbral synthesizer）可以同时演奏出两种或两种以上的补丁，复调合成器（polyphonic synthesizer）可以用单一补丁同时演奏出多个音符（和弦）。

一个**采样**就是一种真实声源的一个音符的数字录音，例如一个长笛音符、一次贝斯的弹拨、一声击鼓、一个音响效果等，一个采样也可以是一句短乐句的数字录音。

采样器（sampler）是一种把声音效果、音符或乐句记录之后存入计算机存储器的设备，在由一个音序器MIDI文件或MIDI控制器激发后将采样加以回放，它可以随着你的键盘映射那些采样（把采样分配到音符），换句话说，你能告诉采样器键盘上的哪些音符要演奏哪些采样。采样器让你导入任意声音，例如你已记录过的单个音符的WAV文件，或者来自采样CD上的某个文件。

采样器通常内置于装有电钢琴的**采样演奏键盘**内，它包含一些不同乐器的采样。当你在键盘上演奏时，你可以听到那些采样音符，你按下的键的位置越高，回放采样的音调也越高。

采样播放器是一种软件，当你在MIDI控制器上演奏一些音符或演奏某一MIDI音序时，采样播放器会播放那些采样。与此相反，软件合成器产生它自己的声音——是由它提供的，或者是你自己定制的版本。

软件采样播放器有Korg Legacy Collection，IK Multimedia Sampletank，IK Multimedia Miroslav Philharmonik，Native Instruments Kontakt 5，Komplete 8，MOTU MachFive 3，EXS-24 (in Logic)，Garritan Personal Orchestra和Steinberg HALion等，Synthogy Ivory 是一台声音极佳的钢琴采样播放器。

务必要检查采样资料库，你可以购买一些采样CD用在你自己的项目任务里。把一些采样拷贝到你的硬盘上，然后把它们加载到软件采样播放器内，用音序器或MIDI控制器来触发它们。

一些数字音频工作站的录音程序包括采样和循环素材，你也可以从网络上下载一些采样，从网络中可搜索到免费的钢琴采样、免费的Hammond B3采样等。

鼓机或节拍盒是一台设备，它能演奏出鼓件和打击乐器所有声音的内置采样（见图18.5）；它也是一种音序器，能记录和回放用内置键或鼓垫演奏过或编程后的鼓句型。有些设备能采样声音。大多数的录音机-调音台组合机内置鼓机。在数字音频工作站内，你可以用软件采样器来演奏鼓采样——一位虚拟的鼓手。

鼓件插件程序和鼓机用的MIDI/音频录音程序包含Soundsonline Storm Drum 2，Native Instruments Battery 4，Toontrack EZdrummer2，Beatstation，Superior Drummer 2，Monkey Machine freeware，Gen 16 Digital Vault Z-Pack，Slate Digital EX，Signature Drumkits，FXpansion BFD ECO，Sonic Reality Ocean Way Drums，Sonoma Wireworks DrumCore及Cakewalk Session Drummer 2等。

声音式样（Soundfont）是一种专用的SF2格式的音频采样（一种乐器的补丁），它像一个WAV文件，而且还包括一个键范围，当弹奏一个MIDI音符号码（键盘键）时，它会播放出被分配到那个音符号码上的采样音高。**声音式样**还包括速度开关、音符包络、循环、解除采样、滤波器和低频振荡器（LFO）等设置，单个声音式样能包含许多不同音高的WAV文件，可以把声音式样导入到一台采样播放器上。要使用声音式样，需要有一台声音式样播放器、一台MIDI控制器、MIDI接口及MIDI音序软件等。

资料库程序组织采样和合成器补丁的收集，**人声剪辑器程序**让你创建你自己的合成器补丁。

乐谱程序可以把你的演奏转换成标准乐谱，你可以剪辑音符，加入歌词及和弦，并能打印出一份拷贝乐谱。

将MIDI接口插入你的计算机的用户端口，并把MIDI信号转换成计算机数据，使之能够被记录、剪辑及用音序器软件来回放。许多声卡和音频接口都包含一个MIDI接口，现代的键盘控制器经由USB连接到计算机，所以无须MIDI接口。

iConnectivity iConnectMIDI2是一种带有两个USB小端口的MIDI接口，它可以连接到一台

iOS设备上（iPad、iPodtouch）或Mac/PC电脑上。

如果你有两台或多台硬件合成器，或一台合成器和一台鼓机，那么你需要一张**线路调音台**，把它们的音频输出混合成为一个独立的立体声信号。

在老式MIDI设备上使用的**MIDI连接线缆**（见图18.1）运载着MIDI信号并常与合成器、鼓机及计算机连接在一起，相互之间交换信息。MIDI线是一根两芯屏蔽线缆，两端都接有一个5针的DIN（德国工业标准，译者注）插头，针4和针5接MIDI信号，针2接屏蔽线，针1和针3为空脚。MIDI至USB的连接用USB线缆。

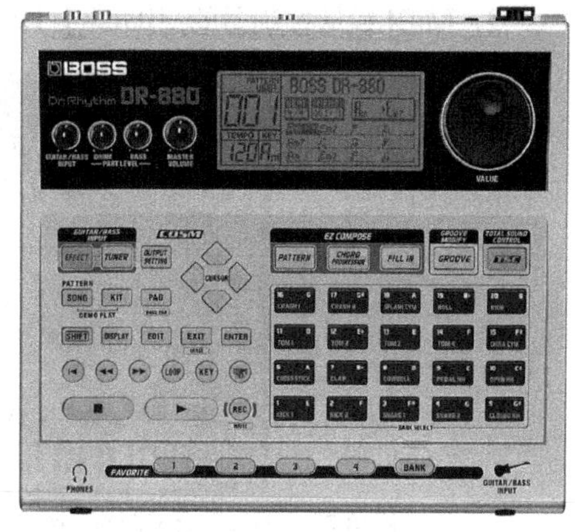

图18.5 一个节拍盒的实例——BOSS DR-880

设备架是一种由管子、棒杆和平台等组成的系统，它能以适当的安排支撑所有的MIDI设备，让你使用较短的线缆并占用较小的空间。

键盘工作站（见图18.6）组装在一个机架内，所包含的MIDI组件有一个键盘、一台采样播放器、一个音序器及可能有一台合成器和硬盘驱动器，这就是你创作、演奏和录制器乐所需要的一切。许多工作站还包括鼓声音，这样你就不用单独的鼓机了。较少的还包含一路话筒输入，以便让你记录歌声或原声乐器。

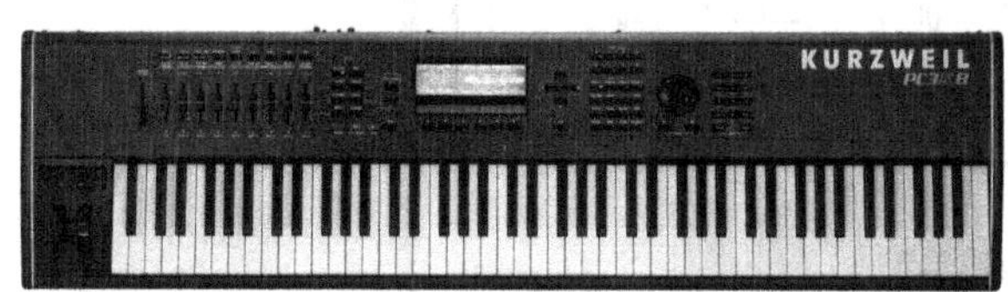

图18.6 一种键盘工作站的实例——Kurzweil PC3K8

iConnectivity iConnectMIDI2是一种带有两个USB小端口的MIDI接口，它可以连接到一台iOS设备上（iPad、iPodtouch）或Mac/PC电脑上。

本章的剩余部分将讲述某些MIDI录音室设置的录音规程，你还须仔细阅读说明书并将其简化为各种操作的逐级步骤。注意每件MIDI组件都有它自身的特性，一些指令可能会有错误或遗漏，如遇问题，打电话或向你的设备的技术支持发送邮件，也可找些介绍你的专用乐器的有关书籍和视频。

18.2 录制由软件合成器制成的音乐（Recording Music Made by Soft Synths）

用这一方法，可以操作一台MIDI控制器，并把演奏记录到计算机的MIDI/音频录音程序内的一条MIDI声轨上。在计算机内的软件合成器、采样及鼓件将会在录音和回放期间播放那些声音（见图18.7），它们包含在大多数录音软件中，或者可以分别去购买。

18.2.1 MIDI信号链路（The MIDI Signal Chain）

如图18.8所示，一条MIDI信号链路使用了一台软件合成器，从始点到终点（自左至右），它们的组件及功能分述如下。

1. **MIDI控制器**。在弹奏钢琴型键盘、鼓机或喘息声控制器等MIDI乐器时，乐器会输出MIDI编码(音符开、音符关或键号数等)，编码被一个在控制器内设定的1～16的通道号数标记。

2．**MIDI线**从控制器的MIDI OUT连接到接口的MIDI IN。

图18.7 一种软件合成器的实例——IK Multimedia Sonik Synth2（由IK Multimedia提供）

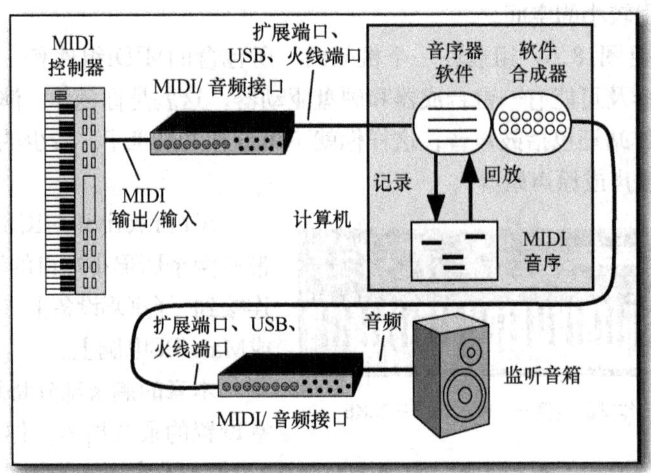

图18.8 使用一台软件合成器的MIDI信号链路

3．**MIDI接口**或**MIDI/音频接口**，它把MIDI信号转换为计算机能读懂的数据格式。

4．**扩展端口、USB或火线端口（PCI，USB or FireWire）**从接口至计算机的连接端口，在此行程的线缆上由控制器所产生的MIDI数据进入计算机。

5．**MIDI驱动程序（MIDI driver）**（图18.8中未画出），是计算机内的小型程序，可以允许录音软件在音频/MIDI接口之间来回传送数据。

6．**音序器（Sequencer）（MIDI/音频）**软件在计算机内运行，它把MIDI信号记录到计算机硬盘上并能把该信号回放。

7．**软件合成器/软件采样器（Soft synth/soft sample）**，一种数字音频工作站程序内的虚拟乐器插件程序，在记录你的演奏时，可以听到由软件合成器（或采样播放器）按照键盘的压力大小所弹奏出的音乐。所以除了音乐被记录外，MIDI信号还进入到由用户选择的软件合成器或采样播放器中。

8．**扩展端口、USB或火线端口（PCI，USB or FireWire）**的连接（与上述第4项相同）把合成器的数字音频传输到音频接口上，单根USB或火线线缆经常把MIDI数据发送到计算机上，并能把计算机上的音频发送到音频接口和监听音箱上。

9．**MIDI/音频接口（MIDI/Audio interface）**把合成器的数字音频转换成模拟信号，并把它的音乐信号发送到它的立体声输出通道上，该接口与上述第3项中的接口相同。

10．**监听音箱（Monitors），**将接口的立体声输出送到经放大后的音箱或耳机上，就可以听到演奏的声音。

在回放期间，已录得的MIDI音序“播放”或触发软件合成器的补丁，并把它的音频经路由分配到你的接口及监听音箱上。

18.2.2 MIDI录音步骤（MIDI Recording Procedures）

理解了MIDI信号的链路之后，会更容易领会下述各个步骤，下面将介绍如何用音序器（MIDI/音频）程序创建音频和MIDI声轨。

1. 设置音频及MIDI声轨

插入一条要记录MIDI音序的MIDI声轨，并插入一条包含像插件程序的软件合成器的音频声轨（音序器可以把MIDI和音频声轨组合在一条声轨上）。合成器和采样补丁被存储在被称为堆栈的组别内，每一个堆栈包含一些不同的补丁，在MIDI声轨内，选择一个合成器堆栈及补丁（贝斯、钢琴、鼓等）。在MIDI声轨输入端，规定合成器将要响应的**MIDI声道、全部方式**（任何通道）或与MIDI控制器所设定好的相同的通道号数；在MIDI声轨输出端，规定播放MIDI声轨的合成器或采样播放器，设定音频声轨输出至接口的立体声输出上。

2. 开始录音

在接口控制程序内，或在录音程序内，将分轨录音时的等待时间或缓存大小设定在低档（尽可能在4ms以内），使合成器的响应不产生可察觉的延迟，参阅附录B中的“最小化等待时间”小节。选择音序器内的速度。把节拍器设定到倒数两小节。在MIDI声轨上启用录音方式（Enable Record mode）。用鼠标在屏幕上或在计算机的键盘上点击录音（RECORD）按键。这时将会听到音序器的节拍器按你所设定的节奏发出滴答声。

3. 在键盘上弹奏音乐

听着音序器的节拍声并跟随着节拍弹奏，音序器保留着那些音节、节拍和节奏的声轨，在弹奏时，来自键盘的MIDI数据经过键盘的MIDI OUT输出到接口的MIDI IN，并且以MIDI文件或音序的形式被记录下来。歌曲演奏完毕，单击停止（STOP）。另一种记录演奏的方法是使用**步进时间（step time）**方式，即每次记录一个音符。也可以把音序器的速度设定得很低，在以这种速度弹奏合成器时进行录音，然后用较快的速度来回放音序。假如要尝试模仿某件真实的乐器，要保持在那件乐器的限定条件内，例如它的音符范围、它所能弹出一个和弦内的音符数等。在它的GUI内处理合成器的声音，像混响和均衡等音频效果可以增强合成器化乐器的真实性，加上自动音量控制的修整，使它们不会发出像一种恒定音的声音。要记录完整的演奏，而不要使用剪切和粘贴。

4. 回放音序器的录音

单击回放（PLAY）将可以听到通过软件合成器播放的音序，如果变换了补丁并单击回放（PLAY），这时将会听到出自不同乐器的同样的演奏。

5. 鼓声轨的层叠

使用录音软件的“声音加声音”（sound on sound）的设置，可以每次加入另一种乐器来记录数件乐器的MIDI鼓声轨。第一次把底鼓和军鼓插入，下一次插入吊镲等。

6. 量化声轨

量化是把每个音符的时值自动校正到最接近音符值（四分音符、八分音符等），如果这样做，可以把演奏量化到所需要的总量上。注意，量化能做非人为的演奏，使之具有十分节奏化的完美，最好只调整某些音符的时值，让某些音符在最小的音符值下工作。如果想使用记谱法程序，那么量化是必不可少的。

7. 用点入和点出的插入补录方法来纠正错误

为纠正错误，可在歌曲中错误之前进入插入补录方式，录上新的演奏，然后退出补录方式。另一种纠正错误的方法是在钢琴卷帘窗视图内剪辑MIDI音符，将会在本章后文讲述。下面介绍一种插入补录的方法。

a．进入歌曲中错误之前少许小节处的某一点。

b．在到达错误出现的瞬间，点入补录方式并进行新的正确的演奏。

c．在完成错误纠正之后的瞬间，退出补录方式。

作为另一种选择，也可采用**自动补录**方式，利用这一功能，计算机在预置的音节上能自动地进行补录入和补录出，重要的是必须演奏出纠正好的乐曲部分，执行自动补录的步骤如下。

a．用计算机键盘或鼠标，先设定补录出点（要退出补录方式时的音节、节拍和节奏）。

b．设定补录入点（正好在这一部分之前需要开始进行纠正的入点）。

c．设定提示点或**预卷**点（设定在补录之前需要开始播放声轨的那一点）。

d．单击播放（PLAY）。

e．当屏幕指示进入补录方式，或在相当的小节快到来时，演奏纠正过的乐曲。

f．音序器将会在歌曲中指定的点上自动退出补录方式。

这些补录手续都是在实时录音过程中进行的，当然也可以用步进方式来进行补录。

a．进入到歌曲中错误之前少许小节处的某一点。

b．将音序器设定为步进工作方式。

c．通过一个接一个的音符音序，在正确的点上进行插入补录。

d．用步进方式录入正确的音符。

e．补录完成后，退出补录方式。

8. 剪辑音序录音

你可以发现剪辑MIDI演奏比插入补录方式更为容易，进入MIDI**剪辑屏幕**或**钢琴卷帘窗视图**（见图18.4），在那里画出音高对时间关系的格栅，每个音符的音高用它在格栅上的高度来代表，每个音符的间隔用它的长度来代表。可以抓取未能正确地演奏的音符，并把它们放到正确的音高和时间段上，删除不需要的音符，拷贝和粘贴那些音符的短句，延伸或缩短音符的间隔等。剪辑完成了一段MIDI演奏以后，叠录上另外的MIDI声轨，将它们剪辑，然后设置成为一段混音。

9. 用音序的组合来编排歌曲

现在就可以把乐曲放到一起，许多歌曲有重复部分，歌词和合唱往往要重复多遍。如果愿意，只记录歌词和合唱一次，然后把歌词部分拷贝后粘贴到歌曲中每次要出现的地方，对合唱也采取同样的方法。

10. 加入音频声轨

假如希望把人声或实况乐器声加入混音，建议按如下的步骤进行。

a．把话筒插入音频接口的话筒输入端，把音频接口的扩展端口、USB、火线端口接到计算机上。

b．在录音软件内，插入一条音频声轨，并把它的输入信号源设定到音频接口的通道上，该通道就是话筒信号已被接入的通道。例如，如果把话筒插入到了接口的输入3，则把声轨的输入设定为接口输入3，并在那条声轨上启用录音状态。

c．用调节接口上的话筒输入衰减或增益的方法设定录音电平。

d．进入乐曲的起始位置并按下数字音频工作站上的回放（PLAY）键，这时应开始回放早先录得的MIDI音序［如果使用的是一台外部设备，而不是软件的一个组成部分，那就需要首先按下一台鼓机上的回放（PLAY）键］。

e．在用耳机聆听MIDI声轨回放的同时，在音频声轨上录上歌声，然后可以把更多人声或非MIDI乐器声叠录到其他的空白声轨上。

也许要进行数遍录音，然后切除和粘贴有用的部分，以此获得最佳的一遍录音，例如，录得一段优美的合唱声后，将其拷贝到歌曲中每次出现的合唱部分。也可以通过剪辑音频音符来纠正它们的音高或时值。

在回放已录声音时，已录MIDI声轨播放软件合成器信号，而数字音频声轨则播放它们的音频信号。软件合成器与音频声轨的混音在连接到音频接口线路输出的监听音箱上回放。

11. 混音、导出混音并刻录一张CD

a．在所有的声轨完成录音之后，使用屏上调音台设置音频声轨与MIDI乐器的混音、调节电平、声像及效果（插件程序）等。

b．播放数遍歌曲，完善其混音，并设置自动化，参阅第16章的“混音步骤及自动化”小节。

c．在硬盘上把混音导出成一个立体声WAV文件，然后刻录一张歌曲CD或把它们转换成一个MP3文件。

18.3 硬件合成器的录音（Recording a Hardware Synths）

假如某台硬件合成器的声音确实令人喜爱，在录得它声音的同时，也希望记录它所演奏的MIDI音序，这样在以后可以对它进行剪辑，这种方式的设备连接如图18.9所示。

1．监听合成器音频和音序器回放混音，换句话说，就是监听接口输入信号和输出信号之间的混音。

2．在音序器程序内插入一条MIDI声轨，把该声轨的输入设定为任何通道方式的MIDI/音频接口，设定MIDI声轨的输出至MIDI/音频接口上。这样的设置，使得在回放已录得的音序期间将通过MIDI/音频接口至硬件合成器上，并将触发合成器回放音乐。

3．在MIDI声轨内启用录音方式，在MIDI声轨上记录下你的演奏（音序器也将记录下在合成器内设定的MIDI通道号数）。

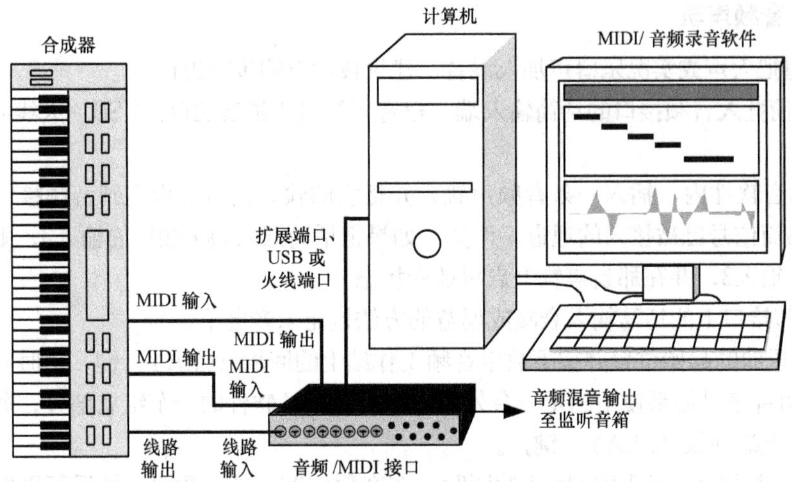

图18.9　在计算机上对一台硬件合成器进行录音的设置

4．如有必要，把合成器设定到**外部时钟**（MIDI时钟），使它能跟随已录音序的时值。

5．播放音序并在钢琴卷帘窗视图内对其进行剪辑。

6．插入一条音频声轨，把它的输入设定到接口线路输入，该输入已被连接到合成器的音频输出端。在MIDI声轨上禁用录音方式，而在音频声轨上启用录音方式。

7．要确保合成器的MIDI通道不能有变化，设定电平并开始录音，换句话说，在演奏MIDI声轨的同时把合成器的音频记录到音频声轨上。在把合成器的输出记录到一条音频声轨上的时候，MIDI音序将“演奏”或触发合成器。

8．当歌曲的录音结束，将会产生一条由硬件合成器产生的音频声轨，如有需要，可以禁用那条曾驱动过合成器的MIDI声轨。

18.4　MIDI“无声”的故障诊断（“No Sound” MIDI Troubleshooting）

如果在音序器上装载了某个MIDI文件，再按下回放（PLAY）键加以播放，可是却听不到任何声音，或者在MIDI控制器上演奏某些音符时，也没有声音，也没有任何嘟嘟声。

也不用对这种情况感到太惊讶，考虑到在如此长的MIDI信号链路中，无论是硬件、软件还是它们的设置，在链路内的每一处都必须正常工作。以下将给出有关MIDI故障诊断的建议，在发生故障时应该耐心地从系统到音箱找出故障原因。

如果链路中任何一部分不能正常运转，或因为错误的设置，导致在监听合成器时听不到任何声音——不管是多次操作还是反复击键，都无济于事。下面列出一些合成器不能出声的可能原因，以及面对不同原因应采取什么样的解决方法。

■ MIDI OUT或MIDI THRU未被连接到系统中某处的MIDI IN上。要从头到尾地追踪线缆的连接，去发现哪一根线缆未被插入应该插入的地方，或确认线缆本身是否有破损。

■ 计算机与MIDI接口之间没有信息交换。遗漏或掉落了PCI、USB或火线的连接可导致接口与计算机之间的数据流中断，重新插入或更换线缆，或许还需要重新启动音序器程序。有些

录音软件有一个屏幕指示器，在软件接收MIDI数据之后会有指示器闪亮，可用它来进行检查。

■ 如果正在进行分轨录音，MIDI音序器声轨不能被选择。有些音序器软件除非选择了它的MIDI声轨，否则不能监听软件合成器。在有些音序器内，一次只能在一台音序器上进行实况监听，但能同时重放多台合成器的声轨。

■ MIDI音序器声轨未被分配到MIDI通道上，或者对MIDI控制器而言被设定到了一条不同的通道上。这好比把电视机设定在某个频道上要观看某台的节目一样，需要把MIDI音序器的声轨设定到那些数据被发送到控制器上的相同的通道上，最简单的方法是把MIDI声轨至接口的输入使用任意通道方式（Omni mode），这样可使声轨听到控制器所发送的任何通道上的声音。可以对多条MIDI声轨设定在任何通道方式（Omni mode），而一次只需记录一条声轨即可。

■ MIDI音序器的声轨输出未被指向你的软件合成器，所以必须告诉MIDI声轨由哪一台合成器来演奏。

■ 由于有错误的声音库被选择到了一台合成器之中。你可能规定了包含不发声声轨的声音库，或在控制器上的MIDI变换被设定到了你想演奏的那些补丁，但它们又不能被设置到被演奏的音符上，所以要检查声音库的设置、补丁设置及MIDI变换等。

■ 在音序器的选项菜单内，在MIDI设备项底下，所需的MIDI接口未被选中。音序器不知道去哪里寻找与接口通信的驱动器，所以听不到任何声音。如果音序器有一个MIDI数据指示器，它指示在NOT时，不响应你的演奏，可能是忘记了去选择**MIDI驱动器**。

■ 合成器的音频声轨音量或MIDI声轨的键速被调节得过低而致使无声。这时要禁用任何哑音按键并调高那些声轨用的推子，检查是否有其他一些声轨处于独听状态。

■ 在开始用中等的长音符演奏MIDI声轨而不是在它的开头演奏时，听不到声音。合成器需要接收一个音符开（Note-On）的指令来演奏某个音符，如果是从演奏音符开始之后（after the beginning of a note）某点演奏音序，那么合成器不能接受音符开编码（Note-On code），所以仍保持静音。

■ 硬件合成器失去了程序变量指令。虽然已告诉了合成器要演奏哪一个补丁，但这一信息往往会丢失，在改变了合成器上的补丁之后，然后再返回它原来的设定，或者在歌曲的开头记录这一程序变量。

■ 至音序器声轨的输入失去了对它的MIDI输入设备的设置。有时在关闭音序器程序后再次开启时，MIDI声轨的输入可能忘记了它们的设置，临时地设定对另一台设备的MIDI声轨输入，然后再返回原有的设定上。

■ MIDI驱动器太过陈旧。可从接口制造商那里下载最新版本。

■ 合成器的音频输出未被分配到接口的立体声输出通道上。换句话说，合成器在制作音乐，但是不能把音乐发送到任何地方。

■ 在监听音箱上能听到各种音频演奏声吗？如果仍不能听到，那么监听功率放大器或调音台的监听控制部件可能被关闭或音量被调节得过小，也许接口与监听音箱之间的线缆还未连接。这种情况似乎很容易避免，但有时确实也会发生。

提供以上建议希望在你按下某些键时能够从监听音箱那里听到所演奏的音符，对MIDI/音频信号途径的理解越透彻，那么就能很快地发现错误并及时予以纠正。

18.5 使用键盘工作站的录音（Recording With a Keyboard Workstation）

这是另一种在MIDI录音室内的录音方法，基本上遵循上述多声轨音序器的录音步骤，不过是在键盘工作站而不在计算机内对它们进行录音，工作站的使用说明书会告知我们如何完成录音工作。

可以进入键盘的效果菜单，设置那些能用补丁听得到的一些效果：大厅混响、合唱、镶边声、回声、变形声等。在数字键上按下正确的号码就可得到那些效果菜单（注意这些为内置的键盘效果，不是外部的录音室效果）。

把完整的歌曲（MIDI音序）以多声轨形式保存到键盘的内部存储器或插件程序的RAM卡上，如果对最终结果满意，用一台数字音频工作站来记录键盘工作站的立体声输出信号，然后可以从刚才在硬盘上已经录得的WAV文件那里刻录一张CD或创建一个MP3文件。

除了这些基本操作外，还可进行如下工作。

- 并轨：把一条声轨的演奏拷贝到另一条声轨上，使它演奏另一种补丁。
- 剪辑每一件音符事件。
- 创建和拷贝模型（例如用鼓或贝斯声部）。
- 修改声轨和歌曲的参数。
- 插入/删除/擦除某些音节。
- 修改声音和效果。
- 改变每条声轨所演奏的乐器（补丁）。

18.6 使用鼓机及合成器的录音（Recording With a Drum Machine and Synth）

如果需要在硬件鼓机上录得一种鼓模型，随后用计算机把它加入某个合成器声部。那么首先要记录鼓模型，以下是建议使用的几种方法。

1．在鼓机上，设定速度、拍子记号及在音节内的模型长度等。在本例中，将模型设为2小节长。

2．在开始处加入一个报号数（一些音节的嘀嗒声），以便在后来的叠录时能准时开始。

3．开始录音，按节拍器的节拍来弹奏踩镲键。

4．在两小节的结尾处，敲入重复的踩镲模型，将使模型一遍又一遍地重复（循环）。

5．在上述步骤进行的过程中，同时再加入底鼓节拍。

6．在踩镲和底鼓进行循环时，再加入军鼓节拍等。

7．在鼓机上为每件乐器调节推子或键，对那些录音加以混音。

接着，重复不同节奏模型的过程，例如把鼓声的补充作为模型2来加以存储，然后再开发其他模型。最后，用重复的模型及按照鼓机指令手册所列出的描述把它们链接在一起而制成一首歌曲，一首歌曲就是一份按次序排列其模型的清单。

有些音乐家喜欢按习惯作曲，首先把简单的鼓重复进行编程，在审听的同时，即兴创作合成器声部。完成合成器声部的录音之后，再仔细地重新制作鼓声部，加入掌声、通通鼓的补声、重音等。

最终，把鼓模型的音频信号拷贝到计算机录音程序内的一条立体声声轨上，在叠录其他声部时回放这一条声轨。

18.7 效果的使用（Using Effects）

在采样播放器内，有些采样可能已有混响或一些其他效果，效果是被采样声音中的一部分。注意在每次演奏一个新的音符时都会切断采样过的混响，虽然这些发出的音响并不自然，但却可以用来制作特殊效果。

由于这些效果是些音频信号，音频录音机可以记录这些效果，而MIDI音序器却不能，不过，MIDI音序器可以播放合成器或具有内置效果的那些补丁。

有些录音软件可以把一条MIDI声轨转换成一条音频声轨，然后把音频效果施加在那条声轨上。其他软件则用一条单独的MIDI声轨和音频声轨来使用相同的乐器补丁，这时只要把效果施加到音频声轨上即可。

MIDI效果（MFX）是一种被施加在MIDI信号上的非音频处理，例如琶音、回声/延时、和弦分析器、量化声、转置MIDI事件滤波器或速度变更等，它们是MIDI声轨内的插件程序。

18.8 循环基底的录音（Loop-Based Recording）

让我们转换到一种不同层面的计算机MIDI录音，它能完全用软件来进行音乐的创作、记录和演奏。开始时可以获取多种类型的**循环素材**或**精彩的片段**，那些都是不断重复的节奏或音乐模型。

可以购买一些循环素材或自己制作循环素材。可以合着节拍器或节拍声轨的嘀嗒声，对鼓节拍的4音节采样或贝斯即兴重复段进行录音，制作出一种循环，或者用一台携带式录音机在现场录下感兴趣的声音的采样。这些声音在重复时会创建一种节奏，如果不能，则可剪辑各段声音的时值，直至取得所满意的节奏。软件合成器是另一种获得循环素材的来源，有些是与现成的模型绑定在一起。许多录音程序还包括循环模型，也可以从已经录得的那些声轨的声部那里来创建一些循环素材。

18.8.1 制作你自己的循环素材（Making Your Own Loops）

这里用数字音频工作站内的剪辑功能在4/4拍的时间内制作一个4小节循环，开始使用曾制作节拍器或嘀嗒声轨用的那种比4音节更长的音乐模型，较理想的模型是混响很少或没有混响的模型，这样在调整循环时不必切除混响。

调整循环波形的起始点，使其刚好位于节拍1之前，调整循环的末端使之位于音节4、节拍4的后面，而又刚好在下一个节拍1之前。在循环重复时为避免在音频中出现嘀嗒声，两个调整点应位于波形横跨在0-伏特线的零交叉点上（见图18.10）。

拷贝调整过的4音节片段并把它粘贴到数次重复它的节拍上，或者单击右键选择片段并选择“Loop clip”（循环片段）。如果已经听不到嘀嗒声，所听到的是节奏声，则可把4音节的循环导出到你的循环素材资料库内。存储你的循环素材收藏时要记下速度、风格及种类等资料，例如120bpm（120拍/分）、爵士、带有蓬松的鼓件声等。获得数种循环素材后，可以把它们拖曳（或导入）到数字音频工作站的软件中去，在那里，可以把循环素材拷贝并粘贴到重复它们的节拍上。一个SONAR优良片段（下面会有解释）可以用单击拖曳片段的尾端至右边的方法来得到重复。

18.8.2 循环素材的种类（Types of Loops）

根据它们可以改变速度的能力，有5种类型的循环素材音频文件。

■ 一种从标准数字音频文件那里制成的循环素材。它有固定的速度，所以必须根据这种速度的快慢来制作你的歌曲。

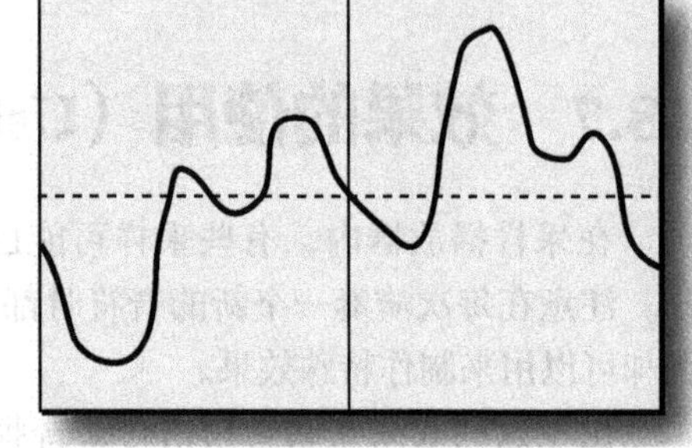
图18.10 调整循环至波形内的零交叉点上

■ 经过处理的音频文件。循环素材的速度或音调可以用音频剪辑程序内的时间-拉伸或音调移调算法来改变，但是如果需要改变某一首歌曲的速度，则需要调整所有被拉伸过的循环素材。

■ 一种基于**REX**时间拉伸的文件。在音频文件内的瞬态被切成许多薄片，这些薄片的间隔取决于速度，REX文件会跟随着作品内速度的变化而改变。

■ 一种单调的Acidized（RIFF）WAV文件。音调和速度信息位于文件头，并且音频是像REX文件那样在瞬变处被切片。Acidized 文件会跟随速度与键的变化，以每分钟减慢15或20拍的速度循环加入人工效果，这样有助于在开始时使用低于120bmp的慢速循环。

■ Cakewalk SONAR录音软件包括被嵌入速度及基础音符音高的**优良片段**。Cakewalk SONAR录音软件可以延伸那些片段来匹配速度上的变化，或变换片段的顺序来匹配任务键。可以使用把片段的尾端拖曳到声轨内右端的方法来重复一个优良片段，几乎任何音频片段都可以被转换为一种SONAR优良片段；只要选中片段并键入Ctrl+L即可。

18.8.3 使用循环素材的工作（Working with Loops）

一旦制成了优良片段的数遍重复之后，就可以加入效果、变形或音高/速度变化等。在播放循环素材时可以在鼓声循环素材中加一些回声或混响，并用自动改变干/湿比例的混音。当那些循环完成后，可以叠录例如软件合成器声部、打击乐器、人声及原声乐器等的音频和MIDI声轨，导入其他循环素材并把它们放置在歌曲内所想要放置的位置上。

也可以从外部获取一些循环素材，然后把它们导入数字音频工作站的录音程序，例如，在一个节拍小盒内创作出鼓声、合成器及采样等的重复节拍。运行数字音频工作站的软件，设置一条立体声声轨，再把节拍小盒的输出记录到播放节拍的声轨上，在其他一些数字音频工作站的声轨上可以叠录人声、歌声加倍、饶舌声部及和声等。

重复的循环素材可能令人感到单调乏味，那可以在钢琴卷帘窗视图内剪辑或去除若干音符，使之变得多样化，还可以在歌曲的不同处插入一些间隔以获取独奏用的休止或唱片的刮擦声。

有些循环素材程序提供**量化优良片段**，它可以将时值和动态从一个片段传输至另一个片段，也可以用时值和键速的变化来获取像人声那样的变奏声音。

18.8.4 循环素材资料库（Loop Libraries）

循环素材资料库或声音资料库是一些循环素材和被采样后的乐句在CD或DVD光盘上的集成，可以用它们来进行作曲创作。循环素材可以以MIDI文件和WAV文件的形式出现，并通常用速度和键来组建。可以把它们拖曳到数字音频工作站的声轨上并构建数个歌曲小节，每个小节由重复的循环素材制成。

循环素材资料库的主要供应商包括Big Fish Audio和Sony Creative Software等。其他有用的资料库包括Nine Volt Audio和PureMagnetik等。

一些资料库的例子为Sample Logic，Audiobro LA Scoring Strings，Soundsonline Hollywood Strings，Hark Loops，Cakewalk loop libraries，Sony Creative Software Artist Integrated loop libraries，Sonic Foundry Acid loop libraries，Vienna Symphonic Library，GarageBand，Smart Loops，FL Studio，Beatboy，Keyfax Twiddly Bits，Groove Monkee及Pocket Fuel RADS系列等。一些鼓采样资料库包括Wizoo Steinberg VST Drum Sessions，FXpansion's BFD，Sonoma Wireworks Discrete Drums and DrumCore，MultiLoops Naked Drums及Toontrack EZdrummer等。

18.8.5 循环素材创建软件（Loop Creation Software）［构建套件（Construction Kits）］

许多数字音频工作站的录音软件还包括循环素材-创作软件，它单独作为一种**循环素材构建套件**时也很有用，例如，Propellerhead软件有各种各样的程序可用来创作和修改循环素材。它们还提供软件合成器、鼓机和音序器等，例如**ReCycle（重复利用）**，这是一种独立的工具，它可用某个循环素材加以启动并改变它的速度和音高，还能替代和处理循环素材内的音响。根据波形内峰值的检出，ReCycle可自动中断进入声部或切片中的某个循环素材，一段切片可能是一声军鼓的击打、底鼓的击打声或底鼓与军鼓的击打声。当一种循环素材的速度有变化时，每段切片的起始点会及时移动到节拍声应该准时出现的时间上（或许需要人工手动加以衔接）。

如果速度减慢，ReCycle将会在每次击鼓之后把产生的一种衰减声填补在缝内。也可以删除切片，改变它们的长度、起控时间、衰减时间及音高等，并可加入压缩或均衡，然后把改良后的循环素材作为一个REX2文件导入采样器或音序器程序内的一条音频声轨上，在那里对循环素材的各个相关方面加以调控。

Reason（推理）是一些合成器和采样器、一台鼓机、一台调音台、一些效果器、一个声音模型音序器及更多内容的组合（见图18.11），它很丰富并很容易操作。Reason软件可以导入并播放ReCycle的REX文件。

图18.11 使用Reason（推理）软件时的Thor合成器屏幕图

为作曲及录制音乐用的其他一些循环素材基底工具如下所述。

Ableton Live软件可以用软件合成器来作曲并记录高分辨率的多声轨音频，还可在现场演奏时播放循环素材。在直播的同时可以制作出结巴的鼓声、创建编曲、制作MIDI循环素材以及修改优良片段、时值、音高、音量及一些效果等。

Ableton Push是一种有64个衬垫的设备，它让你可调控旋律与和声、节拍、音效及歌曲结构等。

Sony Creative Software的**ACID**产品可以从Windows资源管理器处选择一些音频循环素材，然后把它们拖曳到某个录音程序的声轨视图上，再把它们编排成多声轨项目任务。每条循环素材的速度和键使用之前介绍过的切片技术，并以实时方式与节目音乐相匹配。当速度被降低时，ACID使用时间拉伸算法来延长声音。

另一些循环素材-集约化的数字音频工作站包括FL Studio（PC）及Apple GarageBand（包括Apple循环素材）等。来自Cakewalk Sonar Producer X1的Sonar矩阵循环素材构建的应用程序如图18.12所示，它像一项供循环素材使用的多声轨录音任务，把2小节和4小节的乐器循环素材拖曳到矩阵内希望的所在的位置，并把一些乐器堆在一起并加以播放，甚至可以在实时方式下触发不同的循环素材并记录下你所进行的演奏。

图18.12　Sonar矩阵循环素材构建的应用程序

循环素材构建套件有Native Instruments Discovery Series，Ueberschall Funk&Soul，Sony Creative Software Charm，Freshtone Samples Lost Tapes Vol. 1，Best Service K-Size Electro Edition及Big Fish Audio Pure Rock Hits等。

有几篇关于循环素材的优秀著作发表在2004年7月和2002年8月发行的《均衡》（*EQ*）杂志上、2007年1月发行的《录音》（*Recording*）杂志以及2011年10月发行的《电子音乐家》（*Electronic Musician*）杂志（由Craig Anderton撰写的“经过改良的重复”一文）。

第19章 录音任务流程

（Session Procedures）

“准备开始，第一遍”这是录音任务开始时的用语，它能给人一种鼓舞的或懊恼的感觉，这完全取决于录音师工作进行得顺利与否。

演艺人员需要一位操作既敏捷又细心的录音师，否则他们可能因为等待录音师而失去创作灵感。对于客户来说，因为按小时付费，所以录音师在录音之前要做好一切准备，否则会浪费金钱。

现在你已经了解了录音室的声学、录音设备及录音过程，你已经准备好进行多声轨录音任务，这些过程有助于你保存声轨的内容并有效地运行录音任务。

有一些即兴的录音任务，尤其是在家庭录音室里，被称为“即兴演奏”，且没有事先的录音计划。在歌曲演奏结束之前，还不知道是什么曲谱，要体验不同的音乐构思及其乐器，直到最终发现一种令人满意的组合。

然而，一支拥有他们自己的录音装备的乐队，能有足够的时间去准备他们在进入专业录音棚之前要做的音乐方面的工作，因为无论乐队在哪儿演出，为乐队自己录音时，话筒的摆放位置和调音台的操控大致是固定的。不过，本章所讲述的录音任务，通常是指专业录音棚内的流程，因为在那里，时间就是金钱。

19.1 前期录音准备（Preproduction）

在录音任务开始之前的一段时间内，将会有许多**前期准备工作**——录音任务的工作计划。例如乐器分布位置、话筒的选择、声轨的分配及声轨的叠录等。

19.1.1 乐谱（Istrumentation）

第一步就是要从制片人或乐队那里索取将要使用的**乐谱**，并通过乐谱决定需要使用多少声轨。写下在为每一首乐曲进行录音时所要使用乐器和人声的清单，包括通通鼓的数量、是否使用原声吉他或电吉他等细项。

19.1.2 录音顺序（Recording Order）

接着，要决定哪些乐器要同时录音，哪些乐器要分别叠录，以下所列出的是常见的乐器录音顺序，但也有一些例外。

1. 大音量节奏乐器——贝斯、鼓、电吉他、电子键盘乐器等。
2. 小音量节奏乐器——原声吉他、钢琴等。
3. 领唱和双人领唱（如果需要）。
4. 伴唱（用立体声）。
5. 叠录——独奏、打击乐器、合成器、音响效果等。
6. 添加色彩用乐器——号角、弦乐等。

领唱歌手通常要随着节奏部分唱一段**参考歌声**或**粗略歌声**，这样能使演奏、演唱人员找到一种对曲调的感觉，并要保留他们在歌曲中所在位置的声轨。但是歌手的演唱几乎都要在以后加以重录，这样可以消除泄漏声并能对领唱予以重点关注。

在MIDI制作室内，其典型的录音顺序如下。

1. 鼓机或软件合成器鼓套件（演奏已编程的鼓采样模型）。
2. 合成器贝斯声。
3. 合成器和声。
4. 合成器旋律。
5. 合成器独奏，额外的增加部分。
6. 歌声和已拾取的独奏声。

19.1.3 声轨分配（Track Assignments）

现在可以计划声轨分配，决定将什么乐器记录在多轨录音机的哪些声轨上，制片人可能已有一份早已确定好的计划。

19.1.4 声轨表（Track Sheet）

一旦你知道了你将要录些什么及何时进行录音，你就可以填写一张声轨表（见图19.1，第

3遍的录音被圈选为最好的一遍），该声轨表列出了每条声轨上已被录上的乐器名或人声，以及在每件乐器或人声录音时所使用的话筒。这份简单的文件已经可以满足家用录音室的要求，在显示屏上键入每条声轨的乐器名称。

声轨表也列出了录音的遍数，一遍就是一首歌曲的已经被记录下来的演奏，你将会对同一首歌曲的录音任务接连录下数遍的录音。记下每遍录音的录音机的计时时间，在声轨表上圈出最好的一遍录音，FS意为“开始部分有错”，INC意为“不完整”。

19.1.5　录制计划表（Production Schedule）

在专业录音棚内，基本声轨的录音和其他声轨的叠录的计划顺序被列在录制计划表上（见图19.2）

歌曲：Escape to Air Island

声轨	乐器	话筒
1	贝斯	直接录音
2	底鼓	AKG D-112
3	鼓件	皇冠 GLM-100
4	领唱 OD	STUDIO PROJECTS B1
5	和声 OD	STUDIO PROJECTS B1
6	领奏吉他 OD	舒尔 SM 57
7	合成器键盘 左	直接录音
8	合成器键盘 右	直接录音

遍数：1 03:21 - 06:18 FS
2 06:25 - 09:24 INC
3 10:01 - 13:02

图19.1　家用录音室用的声轨表

WEST WIND 录音棚 录制计划表

艺术家：Steve Mills
专辑：Long Distance Music
制片人：B.Brauning
录音师：D Scriven
日期：2016 年 1 月 17 日

任务文件：C:\cakewalk project\millsmr_potato_head.cwp and sambatina.cwp
音频数据文件夹：d:mills\mr_potato_head\ and \sambatina\
1. Mr. Potato Head 录音
乐器：电贝斯、鼓、节奏电吉他、领奏电吉他、原声钢琴、萨克斯、领唱。
注释：节奏部分要与参考歌声一起录音，之后叠录萨克斯、钢琴、领唱，领奏吉他加倍后录成立体声。
2. Sambatina 录音
乐器：电贝斯、鼓、原声吉他、打击乐器、合成器。
注释：节奏部分与试奏的原声吉他一起录音，合成器 MIDI 录音，叠录原声吉他、打击乐器及合成器。
3. Mr. Potato Head 混音
注释：给通通鼓加入80ms回声，在萨克斯独奏时增加混响。
4. Sambatina 混音
注释：只对在前奏期间的贝斯声加入镶边声，自动操作打击乐器的镶边声。

图19.2　录制计划表

19.1.6　话筒输入清单（Microphone Input List）

创建一份话筒输入清单，类似于表19.1，以后可把它放在话筒缆盒和音频接口旁。选择话筒的技巧已在第7～9章介绍过。

在话筒的选择上也有其灵活性——可以在录音任务期间根据试验找出一种在调音台上均衡最少而音质最佳的话筒。例如，在为领奏吉他进行叠录期间，可以用一个直接接入盒、3支近距离拾音话筒、一支远距离拾音话筒——然后找出一种能得到最佳声音的组合。

要理解制片人所希望得到的声音——是“紧密的”声音、“松弛、活跃的”声音还是“准确的、真实的”声音。可以向制片人询问他需要哪类声音的录音作品，设法了解是使用了什么样的技术才获得了这种声音，去尝试找出应该应用什么样的话筒技术来创作声音，然后相应地制定你的话筒技术和效果应用方面的计划。

19.1.7 乐器分布图表（Instrument Layout Chart）

画出乐器的位置表，指出每件乐器在录音棚内的位置，以及考虑是否使用障板和**隔离小房间**（如果有的话）。在考虑乐器的摆放位置时，要确保所有的演奏员都能相互看得见，并尽量靠近，作为一个整体乐队来演奏，通常环形的乐队分布能较好地工作。所有这些文件要保存在一个单独的文件夹内，或保存在标有乐队名称及录音日期的笔记本内，同时还应包括合同资料、时间表、各类发票及所有与任务有关的单据等。

表19.1 话筒输入清单

输入	乐器	话筒
1	贝斯	直接录音
2	底鼓	EV N/D868
3	军鼓	AKG C451
4	头顶上方话筒 左	舒尔 SM81
5	头顶上方话筒 右	舒尔 SM81
6	高音通通鼓	森海赛尔 MD421-II
7	地板通通鼓	森海赛尔 MD421
8	领奏电吉他	舒尔 SM57
9	领奏电吉他	舒尔 SM57
10	钢琴高音部	皇冠 PZM-6D
11	钢琴低音部	皇冠 PZM-6D
12	临时用歌声	拜雅 M88

19.2 录音棚的录音前期准备工作（Setting Up the Studio）

在录音任务开始之前一个小时，要清理好录音棚，使其呈现出一种专业氛围，按照乐器位置表铺设小地毯及交流电源接线盒。

放置好障板（如果有的话），障板像一堵可移动的墙或屏障，被置于乐器的附近用来隔离乐器以减少乐器之间的泄漏声。按照乐器位置表取出椅子、凳子和谱架等。在棚内，在每位演奏者的位置与耳机接线盒之间放置耳机连接用的延长线缆。

把话筒架放置在将要使用的位置，把话筒线的一端放到话筒架下方，话筒线放在话筒架旁边并留有几圈使其保持宽松的状态，以便在调整位置时可以移动话筒架。将话筒线多余的部分放回**话筒输入接插盘**或多芯缆盒附近，将每根话筒线插入话筒输入目录表中相应的话筒输入号的插座。

有些录音师在放置话筒线时按相反的顺序，先接输入接插盘，然后把话筒线放到话筒架一边。这个过程可以减少输入接插盘处的话筒线摆放杂乱无章的情况，因为输入接线盘处有可能要变换话筒插头的位置。

现在可以安装话筒了，检查话筒开关是否置于所需要的位置，将话筒装在话筒架的转接头夹子上，接上话筒线，调整好话筒在话筒平衡杆上的重量平衡。

最后，连接演奏者的提示用耳机，要留出一条备份用提示线缆和一支备份用话筒，作为应急备用。

19.3　录音控制室的录音前期准备工作（Setting Up the Control Room）

录音棚准备就绪之后，按照第16章的“录音任务准备”一节所述那样运行，确保控制室已经为录音任务的进行做好了准备。然后开启监听系统，每次小心地推起一个推子，监听每支话筒的声音，这时可以听到正常的录音棚噪声。如果发现无声或极大的话筒噪声、哼声、失效的线缆或错误的电源供电等问题，则须在录音任务开始之前及时加以解决。

验证话筒输入清单，请一位助手用手指盖轻挠每支话筒的网罩听其发出的声音，以此来验证该话筒是否是想要拾取的那种乐器的话筒。如果身边没有助手，则可以用耳机来审听自己刮擦话筒网罩的声音。

播放一个信号或一首乐曲，检查所有的提示用耳机是否都有信号，并且在扭动每根耳机线缆的情况下聆听声音是否有异常。这些都应在合理的电平下试音，不要用太大的音量。

19.4　录音任务概要（Session Overview）

以下是录音任务的典型顺序。

1．为提高效率，在第一阶段，录下多首歌曲的基本节奏声轨。

2．在叠录阶段，要在最好的歌曲录音上进行叠录。

3．在缩混阶段，对所有的歌曲进行剪辑和混音。

4．把母带制作成为歌曲专辑。

有些演奏、演唱人员喜欢一次只录一首歌曲，不喜欢一次性完成全部录音。

演奏人员到达之后，允许他们有半小时至一小时对座位、校音和话筒摆放等进行自由调整的时间。指引他们入座，如有必要，为了让他们就座得更舒适些，可临时进行新的座位安排。

一旦乐器到位后，可以请他们演奏试音，并设法把乐器声调节得更好听些：沉闷的吉他声可能需要更换新弦，嘈杂的吉他功放可能需要更换新的电子管，鼓件可能需要校音等。调节录音棚的灯光可以调整演奏者们的情绪。

19.5　进行录音（Recording）

在你的音频硬盘或SSD上，创建一个用乐队和录音任务日期命名的文件夹，例如“乐队名1-5-2016”，你将把录音任务的录音作品存储在该文件夹内。

在你的数字音频工作站内，创建一个以第一首歌曲的标题命名的新任务，在这个任务的设置内，告诉它将音频保存到刚刚在音频驱动器上创建的文件夹中。

许多数字音频工作站的程序具有**录音任务的模板**：一组具有均衡、压缩及效果插件程序等的声轨已经被放在此模板内（但还没有启用），只要简单地下载到模板内，即可进行录音。你也可以创建你自己的录音任务模板，例如“带有辅助1和2的16声轨”“套鼓”模板等。

有些数字音频工作站可为用户创建一条**声轨模板**，这种模板是某种格式的单条声轨，例如可以得到一条已被设置好输入通道、混响、均衡及压缩等的人声声轨模板。在每次要为另一种人声进行录音时，可以导入这种人声声轨模板，或拷贝当前的人声声轨，但不是它已经录制的音频。

在数字音频工作站的声轨视图内，你将一遍又一遍地记录歌曲。当你准备录制另一首歌曲时，要单击选择“另存为”（“Save As”）并将项目任务命名为下一首歌曲的标题，这样就可以对你将要录制的所有歌曲使用同一个模板，每首歌曲将有它们自己的任务名。

设定录音电平，然后为演奏者们的耳机设定提示混音，作为监听用的提示混音只会影响到演奏者们所听到的，而不影响被记录下来的。要净化提示混音的节拍，有时需要只有鼓件、贝斯、和声和人声等少量乐器的混音。

为歌曲的录音准备就绪之后，简单的方法就是以所希望的速度为乐队演奏者们播放节拍器，或通过提示系统播放一条发出**嘀嗒声的声轨**（一种电子节拍器），也可以让鼓手用鼓槌滴答声来设定播放速度。如果开始对原声吉他录音，之后加入鼓组，再加入贝斯进行录音，那么嘀嗒声声轨是十分有用的。

开始录音并喊话“准备开始”，然后乐队领队或鼓手报数节拍，乐队开始演奏。

制片人倾听着音乐的演奏，而录音师则边监视着电平边审听着是否有音频方面的问题出现。在歌曲的录音过程中，可能需要进行某些小范围的电平调节。

助理录音师（如果有）负责跟踪声轨表上的声轨，不管那一遍录音是否完整，都要记下乐曲的名称和遍数（见图19.1）。用符号来表示该遍录音是否有错误的开始、中间部分是否有明显错误、接近完整、“保留段”等。

在歌曲的进行期间，不要使用独听功能，因为这种突然的监听变化会打扰制片人。如果出现重大失误，制片人将会中止其演奏，但如果仅有微小的错误出现，还是会让演奏继续进行下去。

在歌曲的末尾，演奏人员应在最后一个音节之后安静数秒方可出声，如果歌曲使用淡出方式，那么演奏者们在结尾段应该继续演奏约15s，以便在缩混期间能有足够的素材提供淡出应用。

完成歌曲的录音之后，可以将其回放，或者继续进行第二遍录音。用推子和均衡快速设定一条粗略的混音（Rough mix），演奏者们在歌曲的回放期间可以找出他们演奏出错的音节，而录音师则审听其音频质量。

现在可以录另一遍或另一首歌曲，挑选出最好的那遍录音，用插入补录的方法来纠正每一遍最好录音中的错误，或者用剪辑的方法来修改错误。为保护你的听觉并防止疲劳，对于分轨录音任务的工作时间应限制在4小时或更少时间，要稍作休息，可以让耳朵和身体得到休整。

与演奏者们的协调（Relating to the Musicians）

在录音任务期间，录音师不仅需要有熟练的技艺，还需要有人际交往能力，至关重要的是要尊重艺术家的个性及保证他们充分发挥创造性。

首先要记住乐队人员的姓名，然后在流程期间用姓名来称呼他们。

演奏者们在录音任务的开始阶段，在精神上是十分紧张的，幽默感及知心话可以缓解艺术家们的情绪。交谈有关乐队的音乐、乐队史及乐器等内容，调整乐队位置布局和灯光照明，提供饮料和小吃——总之要使艺术家们感到舒适、惬意。告诉新用户们，出现那些差错是正常现象，而且很容易加以修正。你要经常询问演奏者：“对您耳机里的混音满意吗，音量是否合适？”“对已录制的您演奏的乐器声满意吗？”等问题。

不要去讨论其他演奏者，要尊重你的客户们的隐私，要使每位你所接触过的演奏者感到有信心，因为你没有把他们的一些差错告诉其他人。

当你为改善某首歌曲而试图做某些事情时，不要草率从事，首先要以询问的语气，例如：

"您认为把吉他声加倍以后成为立体声好吗"或者"请您帮我考虑"等。

在回放期间，不要试图突出其中的差错，演奏者们会听到那些差错，并会在下一遍演奏时演奏得更好。不要说："这更失败""总是在这里——你要在这里补录多少回"，应该说："这一遍已经很好了，不过再来一遍怎么样"。其用意是你想得到最好的录音，而不要让演奏者们感到他们自己有多少的缺陷，在叠录期间还要给演奏者们时间来进行演练。

如果乐队成员感到疲劳，或者在为某首歌曲录音时遇到麻烦，可以建议"让我们休息一会儿""让我们录另外一首歌，之后再来录这一首"。

最后，如果有某台设备发生故障或软件有些问题，录音师不能慌张，应针对所发生的问题平静地加以应对，演奏者们需要的是用专业方式来处理技术问题的录音师。

19.6　叠录（Overdubbing）

在完成所有歌曲的基本声轨或节奏声轨的录音之后，就可以进行叠录了。演奏者用耳机听着已录声轨的同时进行演奏，并把新的演奏内容记录在某条空白声轨上，其过程可按第16章内已讲述过"叠录"小节和"声轨的混合"小节的工艺流程来进行。叠录时，演奏人员可以在控制室内演奏，可以把合成器或电吉他通过一个直接接入小盒接入调音台，或者把直接电信号经由返送提示线路送到位于录音棚内的吉他放大器上，用话筒拾取放大器的声音，并记录和监听这一话筒信号。

鼓声的叠录，通常是在完成节奏部分的录音之后进行，因为这时候话筒早已设置就绪，不过，叠录的声音应该与原始鼓声轨的声音合拍。

19.7　录音阶段结束工作（Breaking Down）

录音任务结束后，卸下话筒，收起话筒架和话筒线，把话筒放回保护盒或包内，把话筒线缆绕在电源线轴上，每根线缆一一连接。如有必要，用湿布抹去线缆上的尘土。有些录音师喜欢把每根线绕成一圆捆后挂在每个话筒架上，也有人绕成"套索型"，每隔一圈反向缠绕，这些要在工作中加以学习和运用。

把录音任务文件放到有标志的文件夹内，把多声轨录音作品（音频文件）及录音任务文件（为每首歌曲设置和剪辑的声轨）备份到另外一种如外部硬盘、CD-R或DVD-R的存储介质上。Glyph制造的专业质量的外部连接用硬盘适合音频和视频的存储。

如果你在混合型录音室内使用了混音调音台或外部效果器，把它们的各种设置填写在声轨表内或用较缓慢的口授记录在携带式录音机上。在将来的录音任务开始时，可以回放录音，把设备恢复到早先录音任务时的设置。

19.8　缩混（Mixdown）

结束所有乐曲内容的录音之后，就可准备进行缩混，遵循第16章中所述的缩混步骤并重复对所有的歌曲混音进行缩混。你可以在你的音频任务文件夹内创建一个"混音"文件夹，以存储所有的混音。须再次强调的是，要确保拷贝所有的混音文件，下一步是将在第20章讲述的母带制作工作。

第20章 母带制作及CD刻录

（Mastering and CD Burning）

完成了多条声轨的混音之后，就可以单独保存它们，或者可以制成歌曲专辑或演示样品。母带制作是用于CD复制或复印或创建最终的歌曲文件而上传到网上等工作中，是获得最终母带CD之前的最后一道创造性工序。**母带制作**时，要在每首歌曲的开始之前进行剪辑，以去除噪声和差错，把那些歌曲按所需要的顺序排列，在歌曲之间插入数秒钟的静音，并且要使每首歌曲有相同的响度及大致调整到具有相同的音质平衡。母带制作的目标是要使声音从声轨到声轨具有一致性，使每个环节都有最好的结果并使歌曲专辑的声音自成一体。也可以尝试让母带制作后的节目尽可能地呈现大音量或富有强烈“刺激性”（“hot”）的声音（但是不能破坏它的声音质量）。

如果你的客户想要批量生产CD，那么你将要创建一张CD-R预制盘，用来进行CD复制或复印。**复制**是用CD-R刻录机进行拷贝，而**复印**则是从玻璃母带（专业标准）那里压印CD。当CD的数量低于300时，通常选择复制方式；对于大批量的CD生产，复印是更好的选择，在播放CD时它有利于提供更好的可靠性。

尽管CD的受欢迎的程度正在下降，但你仍然需要知道如何为客户们制作他们所需求的CD。

你最终的产品将会在网上在线发售WAV、AIFF或MP3文件，而不是CD。使用数字音频工作站，把你的那些混音导出成为立体声WAV或AIFF文件，用MP3编码器把它们转换成为MP3文件，这些内容将会在第23章介绍。与WAV文件相比较，MP3文件能下载得更快，并且在网上是一种信号无失落的数据流，这是因为MP3文件在经过数据压缩后，它们的文件容量比WAV文件的文件容量更小。

当你的混音完成，就可以制定一种交付格式，你有如下3种选择。

1. **保存混音而不制作母带**。如果你不制作演示样品或专辑，你可以把那些混音保存在你所选择的存储媒体中并到此为止，例如刻录一张这些混音的CD或把它们存储到USB雷电存储器内。

2. **把你的混音发送给母带制作录音师**。假如计划作为演示或专辑用途，或者想要制成一张黑胶唱片，把你的混音（经过修剪和淡入淡出处理）提交给母带制作录音师。

3. **你自己进行专辑的母带制作**。用你自己的数字音频工作站或母带制作软件，自己对混音进行母带制作，然后刻录一张CD-R或创建一个经母带制作后的节目文件。

下面分别介绍每个选项。

20.1　把混音刻录成一张CD（Burning a CD of Your Mixes）

你可以用你计算机上的CD刻录软件或者其他软件，例如来自NCH软件的Express Burn Disc、Roxio的Easy CD & DVD Burning、CDRWIN 10及Nero Burning ROM。有些数字音频工作站的软件也含有CD刻录应用程序。

开始刻录之前，注意大多数的CD刻录软件会在歌曲之间放2s的静音，如果想在歌曲的末尾追加静音的秒数，可把静音作为歌曲的WAV文件的一部分来录音。有些软件可以让你调整歌曲之间的间隙时间，甚至可以减少至0s。

也许要对每首歌曲的WAV文件进行**归一化处理**，这一歌曲电平的提升要使歌曲内的最高峰值达到最大值电平：0dBFS或者是你所规定的某个所需的电平。归一化处理不会使那些声轨得到相同的响度，因为响度取决于平均信号电平，而并不取决于峰值电平。

以下为CD刻录的步骤。

1. 开始运行CD-R录音软件。

2. 选择想要放到CD-R上的WAV文件，把它们拖曳到播放清单（playlist）上，并把它们按所需要的顺序排列，总播放时间必须少于CD-R的时间长度（74min或80min）。

3. 设定**刻录速度**。有些CD刻录机和空白CD可以用比正常速度的52倍的速度刻录，正常速度为172kbit/s，双速为344kbit/s等。一台以52倍速刻录的CD-R刻录机刻录一张74min的CD只需用2min。有些CD刻录机可以自动选择最佳刻录速度，这基于软件能处理的是一种什么样的空白CD-R盘。高速度不一定会严重地降低声音质量，但是它们有增加出错概率的倾向——CD播放机不一定可以精确地加以校正。在制作一张用于复制发行的最终CD母盘时，推荐的速度为2～4倍速，但是有些CD-R刻录机和空白CD-R盘在更高速度下却很少出错。

4. 开始对CD-R刻录。波形文件将依次序转移到CD-R盘上，在刻录CD期间，为防止出现小故障，请不要进行多项任务。CD-R盘不能被擦除而重复使用，所以在刻录CD-R盘之前，每项工作都得做好，但可以在一张CD-RW盘上进行刻录试验。

5. 刻录即刻完成之后，显示屏将会指出被写入的目录表，最后，系统将会发出嘟嘟声并弹出CD盘。为防止CD盘因指印而引起出错，在取用CD盘时要确保只接触盘的边缘。把CD盘放入CD播放机上，按下放音键，检查全部声轨是否能正确地回放。

20.2 把混音发送给母带制作录音师（Sending out Your Mixes for Mastering）

你可能更喜欢把你的混音发送给一位优秀的母带制作录音师，母带制作录音师用敏锐的耳朵聆听你的节目，然后对你的专辑提出处理建议，使声音更具商用特色。他或她很可能拥有比你更好的监听系统及设备，他们听过由其他人制作的数百盘录音作品，并且掌握如何把你的CD做到在声音上更具有竞争性的技巧。

如果你想复制黑胶唱片，那么对母带制作录音师来说这是必须具备的基本技能。光盘制造商可以提供免费指南，例如“The Musician’s Guide to Vinyl”（黑胶唱片音乐家指南）。母带制作录音师在播放你的混音的同时，在录音的车床上剪辑唱片的母盘，黑胶唱片被冲压出来后，对它们进行复制。注意黑胶唱片与CD相比，有更少的低音及更窄的立体声宽度，那是因为在两个声道之间强烈的低音音符和不同相的信号会使刻纹唱针跳出刻槽。一张黑胶唱片专辑每面最长时间约为25mins。

如果计划把你的节目外送，请别人承担母带制作，那么就不要把例如剪辑、电平变更、压缩、归一化处理、衰减或均衡等任何信号处理施加到你的最终混音中去，因为在母带制作机房可以用更好的设备和软件来进行处理。不过，有些录音师认为，最好由自己来进行立体声母线压缩，而不用交给母带制作录音师去做。此外，对于最终混音的录音，要以在峰值表头指示方式下约为-3dBFS的最大电平来进行录音，这样可以保留一定的动态余量。

要导出尽可能高分辨率的、母带制作录音师可以接受的混音，例如具有96kHz～192kHz和24～32bit的数据CD（ISO 9660格式）。不过，24bit/44.1kHz格式通常也能满足要求。

拷贝混音的WAV文件到一种媒质上，向母带制作录音师提供。以下有一些媒质的选项。

- 数据CD-R。
- USB雷电接口存储器。
- 上传到文件共享网站上。
- 音频CD-R（这是最不受欢迎的选项，因为它的分辨率被限制在16bit/44.1kHz）。

同时也应把歌曲的顺序及你喜欢如何改善或剪辑某些歌曲的建议发送给母带制作录音师，母带制作录音师可能会建议你需要重做某些混音。

20.3　自己进行专辑的母带制作（Mastering an Album Yourself）

用多轨录音软件，或使用像Steinberg Nuendo、Sony Creative Software Sound Forge、IK Multimedia T-RackS、Sonoris DDP Creator 或 Magix Samplitude Pro X2等母带制作程序进行歌曲专辑的母带制作。整套的插件程序有Sonalksis Mastering Suite。

首先，讨论录音作品中歌曲的顺序：对于第一首歌曲，宜使用一种强劲的、人们可以接受的、较快速度的曲调；从一首歌曲到另一首歌曲时可变换键盘；最后一首歌曲应与第一首歌曲一样或者更加精彩，这样可以给人们留下良好的最终印象。

母带制作录音师Bob Katz对于歌曲的排序提出了一些建议，专辑之中应该具有相同速度的1～3首歌曲，从一首歌曲转换至下一首歌曲时要保证流畅。以下是关于歌曲顺序方面的建议。

1．一首快速的、激情的歌曲能够抓住听众。

2．在短暂的间隔之后，安排一首快速或中等速度的歌曲。

3．在3首或4首歌曲之后，安排速度较慢的歌曲。

4．在接近于专辑的结尾之前达到一个高潮。

5．最后一首歌曲应该是松弛而又亲密的声音，或许可以用较少人数的乐队。

可以把你歌曲混音的WAV文件拖曳到iTunes内，用各种不同的顺序来加以体验。

此时，你有以下两个选项。

■ 使用一个母带制作程序，让你把各条歌曲混音导入到一张播放清单里，可以更改它们的顺序，调整它们的电平及调整歌曲之间的间隙时间。

■ 用你的数字音频工作站在各自声轨上设置一项带有每条歌曲混音的多声轨录音任务。

以下为基本步骤。

1．把所有的歌曲混音放置在你的硬盘或SSD上。

2．对每一条完成的混音加以均衡，使它们听起来有与参考CD同样类型的声音。

3．在你的数字音频工作站内设置一款多声轨模板。

4．把每条经过均衡的混音按所需要的顺序在时间线上一个接一个地导入到各自的声轨上（见图20.1）。

5．整理每首歌曲并根据需要加入淡入淡出。

6．调整歌曲之间的间隙时间长度。

7．凭耳朵匹配歌曲的电平。或许用均衡来调整它们的音质平衡。

8．用限幅和归一化处理的方法最大化综合响度（选项）。

9．把每首经母带制作的歌曲导出成各自的WAV文件，或把整个混音导出成一个大WAV文件。

10．刻录在一张CD上。

下面让我们来详细解释每一个步骤。

1．此时，你已经把你的那些混音导出成为立体声WAV文件，并存储在

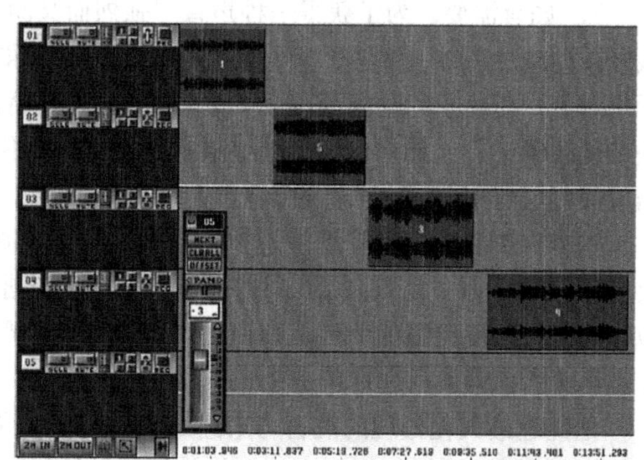

图20.1　把歌曲安置在连续的声轨上更易于进行母带制作

硬盘或SSD上。你可以用Harmonic Balancer调整每一条混音的音质平衡，使其更接近相同类型商用参考CD的声音。

2．运行你的数字音频工作站软件，把第一首歌曲的WAV文件导入在时间为零点的声轨，这首歌的波形以一个剪辑或一段音频段落的形式出现。滑动剪辑或修剪该歌曲的首尾端以消除额外的空隙和噪声。

单击被修剪的歌曲1并把它向右滑动10帧，使其开始时间为00：00：00：10，这样可使CD播放机不致丢失歌曲1的起始点声音。

把每首歌曲的剪辑放在不同的声轨上，这样可以方便地一首接着一首播放（见图20.1），且能容易地按需要去调整歌曲之间的空隙，并应用不同的淡入淡出设置及调整对每首歌曲的处理。把所有的声轨分配到同一条立体声母线上，便于以后对它们施加母线压缩。

3．现在所有的歌曲都已到位并经过修剪，如果需要，可在某些歌曲的结尾加入一段淡出。通常一种优良的淡入淡出声音是指歌曲开始时淡入较快而结尾时的淡出较慢。

4．调整两首歌曲之间的间隔或空隙，歌曲之间通常需要有2～3s的静音，而且也符合用户欣赏的习惯。如果想在歌曲转换期间变更情绪，则可以有较长的间隔。为了使那些类似歌曲之间的转换更流畅，可以缩短一些歌曲之间的间隔。在一段较长的淡出之后用较短的间隔也能有较好的效果，因为淡出本身也起到了让歌曲之间有较长间歇的作用。你可以在歌曲之间做交叉淡出淡入过渡，重叠它们位于过渡点附近的那些片段，并使用数字音频工作站内的交叉过渡功能，或者对一首歌曲的末尾做淡出，而在下一首歌曲的开始部分进行淡入处理。

5．单击并回放每首歌曲的波形部分，检查歌曲的响度大小。使用调节每首歌曲的声轨推子的方法来使所有的歌曲具有同等的响度。

这里介绍一个匹配歌曲电平的方法。如果大多数的歌曲有同等的响度，那么在这些歌曲的每一首歌曲之前把推子设定到零位置，以避免进行过多的处理，然后调低任何一首响度较大的歌曲并调高较轻响度的歌曲以适配其他的歌曲响度，凭耳朵见机行事。你可以用立体声混音母线上的推子后有效值的表头指示作为平均电平的粗略指示器，注意：如果你增大歌曲的电平，则要确保歌曲中的峰值不被削波。

另一种匹配歌曲电平的方法是去查找具有最高峰值的歌曲，并让它单独留下，再调整其他歌曲的电平，使之与具有最高峰值歌曲的响度相匹配，再次强调要凭耳朵来调整。你可能需要提高某首歌的引子以便和前一首歌曲的响度连贯起来。

6．对一些歌曲施加必要的均衡，如果需要，在经过均衡之后再推起一些电平。

7．如有需要，为了获得一种声音“强烈而又激情”或大音量的CD，可以对立体声混音母线轻微地施加压缩、限幅、归一化处理，但不要做得过分夸张，否则作品将会受到破坏并引起听觉疲劳，压扁了的动态范围会失去音乐的真实和活力。可参阅下面的附加材料——“一场有关响度的争论”。如果仅施加峰值限幅并进行归一化处理，将会得到一张既不改变音乐动态、而又拥有炽烈和激情的声音的CD。

这样做的目的是要降低波形中的峰值，因为峰值并不能带来听觉上的响度——平均电平才会起到作用。你一旦限制了6dB的峰值，你就可以进行归一化处理（提升综合电平），因此可以得到一种响度更强的节目。归一化到满刻度的100%时，将会使某些D/A转换器和MP3编码产生误码，所以最大只允许归一化到−1dBFS。

把经过最大化处理的混音与未经处理的混音在同等监听电平下进行比较，然后你能听到最大化混音中的人为效果并决定这种额外的响度是否值得。

现在母带制作已经完成，在你把多声轨母带制作任务导出或提交成为立体声时有两种选项。

■ 如果你想使用专业的CD刻录软件，可以编写PQ子编码（例如歌曲的开始时间），把经过母带制作的歌曲混音导出（保存）为一个16bit/44.1kHz的立体声WAV文件。如果你的录音作品是24bit，要先开启比特补偿，在转换至16bit后，仍能保留许多24bit的声音质量。

■ 如果你想使用消费级软件，从一份歌曲的WAV文件的清单中来刻录一张CD，在你的数字音频工作站里单击一首歌曲的剪辑，使其呈现高亮度，然后把混音导出为一个16bit/44.1kHz的立体声WAV文件。如果你的录音作品是24bit，要先开启比特补偿。对所有的歌曲剪辑重复上述步骤。

一场有关响度的争论

音乐家和唱片公司比录音师或母带制作录音师们更严格地要求在CD上有“炽烈而又激情”的电平，理由是用其他CD变换设备或MP3播放器播放一张小音量的CD时，总是会感到声音缺乏激情，音乐家们还需要在电台播放他们的歌曲。

响度主要取决于平均（有效值）电平，而不是峰值电平，所以在进行提升平均电平的尝试时，录音师们使用限幅、削去波峰，或对混音进行综合压缩的方法。不幸的是，歌曲失去了它的动态范围及它们在音乐上的激情。

在我对一张流行音乐CD进行母带制作时，我经常将不超过7dB的峰值压缩作为折中，然后对没有经过综合压缩或削波的信号进行归一化处理，这样既保持了动态范围且并不削波，并在响度上具有漂亮的竞争性，只不过损失了一些清晰度和打击乐器的瞬态冲击力，但我宁愿不做这件事。

主要的音乐播放服务会自动地调整播放的音量，使所有的歌曲能够有同等的响度，例如iTunes等，当在汽车音响上听CD时，听众们也会做同样的事情。所以，如果歌曲的响度最终还是相同，那么再提高母带的歌曲响度就没有什么意义了。你可以允许那些混音具有宽广的动态范围、足够的清晰度和足够的冲击力。

你可以这样给用户演示。开始用同一首歌曲的非最大化的混音与经过最大化的混音进行比较，把它们两者都加载到iTunes中，并启用声音检查功能。它们在相同的音量下回放，结果非最大化混音的声音听起来更好，这是因为它有未被压扁的动态范围及更快的瞬态响应。

根据母带制作录音师 Bob Katz的看法，用广播电台和电视台的压缩器/限幅器来处理时，声音“炽烈而又激情”的、大音量的CD与安静的、小音量的CD在最终会出现相同的电平。过分压缩的CD在广播中不会出现更大的声音，但它的声音有太多的失真，所以平息了“响度的争论”并得出要避免过度压缩的结论。Bob Katz推荐，对于流行音乐应在-14dBFS的平均或有效值电平下进行母带制作，监听声压级在83dBSPL C计权，用慢速电平表读数，他建议古典音乐的母带制作电平为-20dBFS的平均电平。

一定要请另一组拥有专业耳朵的专家来聆听经过母带制作的声音并听取他们的建议，在你与一个录音项目任务紧密合作了很长一段时间之后，是很难做到客观的。

20.4 把母带节目转移到CD-R（Transferring the Master Program to CD-R）

你也许不需要去刻录你的母带CD光盘，有些母带程序（例如DDP Creator）可以把已完成的节目导出到**DDP2.00文件集**，这是受到所有主要CD复印工厂支持的工业标准协议，它能确保无误差地转移和制造你的母带。

假如你想把你的母带拷贝到CD-R，此时，在你的硬盘里要么是包含所有母带歌曲的一个长长的WAV文件，要么是数个WAV文件，每一个文件都是母带歌曲。如果是后者，启动你所选择的CD刻录程序，然后把你的歌曲混音中的每一个WAV文件拖曳到一份播放清单上并刻录CD。通常你可在歌曲之间选择0～4s的间歇时间长度（0s的间歇长度给人一种连续节目的错觉，就像音乐会的录音作品中那样），有些程序可以变换歌曲之间的间歇长度。为防止在CD上出错，尽可能在4倍的速度下刻录，而且在刻录时不要进行多项任务，刻录完成后在CD播放机上检查CD。

CD刻录程序有如下几种选择。

■ 一种是你计算机内的CD刻录程序。

■ 一种是来自你的母带制作软件内的程序，例如Steinberg WaveLab、Sony Creative Software Sound Forge、Magix Samplitude and Sequoia及Sadie等。

■ 专业CD刻录软件，例如Sony Creative Software CD Architect and Sound Forge、Steinberg WaveLab、Magix Samplitude and Sequoia、Sadie及Sonoris DDP Creator等。

■ 用户CD刻录软件，例如NHC Software's Express Burn、Roxio's EasyCD & DVD Burning CDRWIN 10及Nero Burning ROM等。

如果使用专业CD刻录软件，则是用如下的一份提示表从一个单独的WAV文件处创建CD声轨（提示表是一种文本文件，它列出了每首歌曲的开始时间）。在完成CD刻录之后，软件根据提示表为每首歌曲创建一个起始识别标志（Start ID），用这一方法，可以得到CD歌曲的起始识别标志，它甚至在像实况音乐会录音期间那样连续的节目期间也能出现这份表格。

以下为一个单一的WAV文件及一份提示表的常规使用步骤。

1．在你的数字音频工作站的母带制作程序内，标注每一首歌曲的开始时间。为此，在它上面或在任务时间线上找到它的起始点并单击右键。每首歌曲的开始时间在你的数字音频工作站内规定为分钟数：秒钟数：帧数，在这里为30帧/秒，写下每首歌曲的开始时间。

2．打开提示表剪辑器并键入提示表（cue sheet），图20.2是提示表的样本，它包括了你的母带立体声WAV文件的名称和文件途径。为每一条CD声轨标注歌曲的开始时间，每首歌曲的开始时间要比每首歌曲的实际开始时间提前约1/3s（10帧），这是因为CD播放机的激光在播放音频之前需要有时间去寻找声轨。例如，歌曲的实际开始时间在12：47：28，则应在提示表上将开始时间改为12：47：18。列出歌曲1的开始时间在00：00：00。

3．将空白CD-R盘放入CD-R录音机。不要把纸质标签贴在CD上，因为标签会引起抖动，并且它的黏合剂能破坏数据。

4．载入提示表文本文件（cue sheet text file）或提示文件。为减少出错，将刻录速度设定为2～4倍的速度，有些CD-R录音机和空白CD-R盘在更高的速度之下却很少出错。

5．开始刻录CD。CD刻录程序把提示表上的开始时间写入CD-R的目录表，并把母带立体声WAV文件拷贝到CD-R盘上，每条CD声轨按提示表格内所规定的时间开始。为防止发生小故障，在刻录CD时，不要进行多项任务。

```
FILE "h:\bb wolfe 10-10-15\master.WAV" WAVE
  TRACK 01 AUDIO
    INDEX 01 00:00:00
  TRACK 02 AUDIO
    INDEX 01 04:10:08
  TRACK 03 AUDIO
    INDEX 01 08:22:15
  TRACK 04 AUDIO
    INDEX 01 12:11:16
  TRACK 05 AUDIO
    INDEX 01 15:52:14
  TRACK 06 AUDIO
    INDEX 01 21:04:03
  TRACK 07 AUDIO
    INDEX 01 24:15:16
  TRACK 08 AUDIO
    INDEX 01 30:05:24
  TRACK 09 AUDIO
    INDEX 01 34:41:28
```

图20.2 一份提示表的样本

6．CD刻录完毕之后，取放盘片时只能接触到它的盘边，以避免由于盘片上的指纹而出错。播放CD，检查有无故障，按下声轨前进按钮是要确保每首歌曲在正确的时间开始放音。如果在计算机上看CD的目录表，将会见到每首歌曲有一条独立的.cda（CD-Audio）声轨。

为能识别CD，要使用水基记号笔或用Memorex CD标记笔在CD上做标记，不要使用普通的Sharpie标记笔，因为它的溶剂会损坏CD，大部分录音师从来不会在母带CD上写任何标记。

20.5 CD文本（CD-Text）

在你为专辑制作母带时，你也许要创建CD-Text（CD文本），它能指出每首歌曲的标题和歌手的名字，这样在播放CD时，聆听者能够在CD播放机或者得到CD文字支持的软件音频播放器等的屏幕上，看到歌曲的标题及歌手的名字。CD文本编辑器自带许多CD刻录程序，例如Nero Burning Rom。

Windows Media Player不能显示CD文本，除非你安装名为WMPCDText的CD文本插件程序。

20.6 CD母带日志（Master Log）

键入或打印一份描述CD母带的日志（例如在图20.3中列出的一些内容所示）以及还包括你的母带状况。

日志还包括内页笔记，如歌词、乐器、作曲家、演职人员、编曲人、出版商、版权日期及作品等，还有与艺术家、录音师和母带制作录音师的接触信息，保持与CD复制或复印机构（尤其是有关作品）的联系等。

在寄出母带之前，首先要确保有另一份拷贝版保留在录音棚内，如果母带丢失或受到损坏，则可用拷贝版。

注意：CD-R准母带在未收到费用前不能离开录音棚，收到费用后才可把CD-R发往复制车间。

“交付录制完成的音乐产品的建议”文件要提供声轨表和其他一些文件的样本等，同时还建议媒体提供和备份好母带录音作品。

CD MASTER LOG

Album title: ______________ Artist: ______________

Mastering engineer: ______________ Mastering date: ______________

Frames per second: ______________

Track	Start mm:ss:ff	Duration mm:ss	Title
1	00:00:00	03:23	60 Gigabytes to Go
2	03:24:20	03:15	Unplugged Plug-In
3	06:41:00	02:49	Digital Dropout Blues
4	09:32:05	02:55	Late and See
5	12:29:11	03:07	Buffer the Vampire
Total running time: 15:47			

图20.3 CD母带日志

令人惊奇的是，用大量复杂的设备、经历了长时间的工作，最终却集中到了一张小小的

CD-R盘片上——这的确是有趣的。你应该为你所创造的产品感到自豪，当你的作品播放时，在听众的脑海中和心坎里会重新获得一种音乐的感受——这可不是一项小小的成就。

20.7 版权和版税（Copyrights and Royalties）

原创歌曲的版权非常重要，它可以防止其他人把它据为私有。可以进入正规网站下载SR表格（音响录音制品用）及CON表格（加入更多首歌曲的SR表格的延续）。缴纳费用可以让你取得在一张CD上独立使用同一作曲家（或多名）的数首歌曲的版权。只是要列出所有歌曲的标题，然后把表格、CD及费用寄往美国版权局的信箱，地址可在网页上得到。

如果你想录音或销售某些受到版权保护的乐曲（那些歌曲已经有其他艺术家录制完成了），或者你想把其他作曲家的音乐采样到你自己的录音作品内，你必须得到一张“机械许可证”，并把版税交到BMI或ASCAP那里。Harry Fox Agency（HFA，哈里福克斯办事处）是音乐业界资源的发证机构，他们提供被称为Songfile（歌曲文件）的服务，通过一种简便、快速的途径可以得到像CD、盒式磁带、LP唱片或数字下载等录音作品的25～250 00份的拷贝证书。如果所涉及歌曲时间长度低于5min，则每首歌曲每次复制、出售500张CD的版税约为45美元。

第21章 流行音乐的实况录音

（On-Location Recording of Popular Music）

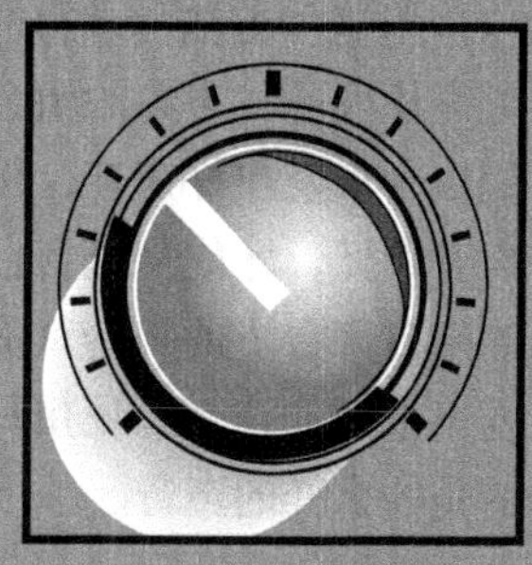

迟早你将要为乐队录音——也许是你自己的乐队——他们在俱乐部或音乐大厅内演奏，许多乐队都愿意在现场音乐会上进行录音，因为他们感到那时是他们演奏得最好的时候，你的工作就是要抓住这些演奏的声音，并把它们记录到录音机上，以便日后重现。

可以有多种方法为流行音乐会录音，以下所列出的是一系列由简单至复杂的录音技术，一般来说，在录音的设置变得更为复杂时，录得的声音质量将会得到改善。

■ 从扩声调音台（PA调音台）至一台携带式立体声录音机上的录音。

■ 用一台携带式立体声录音机的内置话筒录音。

■ 把扩声调音台的插入-发送信号送到多轨录音机，回到录音棚对多声轨进行剪辑和混音。

■ 使用数字调音台的内置录音设备。

■ 使用舞台上的**话筒分配器**将话筒信号分别送到扩声调音台、监听调音台及录音调音台，录入多轨录音机，回到自己的录音棚内再进行剪辑及混音。这是一种先进的录音方法，但未在本书中介绍，它在作者的《现场音乐同期录音（第二版）》著作中有介绍。

■ 在转播车或录音车内进行多声轨录音，这也是一种先进的录音方法，但也不在本书中介绍。

以下将介绍每一种录音方法，让你来决定哪一种方法最适合你，并进行尝试。

21.1 使用扩声调音台的录音（Record off the Board）

开始，用最简单的技术——把扩声用混音调音台（台子）与一台携带式数字录音机相连接。

使用具有适配的接插件的线缆，将扩声调音台的tape-out（磁带输出）或2-track-out（2声轨输出）接插件连接到立体声录音机的线路输入端。如果录音机的线路输入端是微型TRS插孔，则需用一根转接线，一条带有两个1/4in的TRS插头至一个立体声微型TRS插头的线缆，或一条带有两个RCA插头至一个立体声微型TRS插头的线缆。在美国以外，如果录音机的线路输入是一个立体声微型插孔，可用这样的转换线缆：可以是两个6.35mm插头至一个立体声微型TRS插头的线缆，或两个RCA插头至一个立体声微型TRS插头的线缆。

用数字调音台进行实况录音非常容易，大多数数字调音台能够把它们的左、右主输出L和R送到雷电接口存储器。

用这种方法所录得的混音可能质量很差，因为调音台的声音是乐队的乐器声、舞台返送监听声及现场扩声等的组合声音。调音台的混音想增大乐器及舞台上返送的声音——而不是由它们自身来发出好声音，例如，贝斯吉他放大器在舞台上发出很大的声音，则应在混音内将它的声音调低，才能从调音台那里录音，应提高混音中的歌声，否则将听不清歌声。如果没有太多的来自舞台上的声音（例如来自原声乐器组），而且场地很大或在室外，那么扩声调音台可以发出很好的声音。使用耳机或封闭式耳机将有助于监听扩声调音台的混音，并能听到正在录制的是什么样的声音。

21.2 用手持式数字录音机的录音（Record With a Handheld Digital Recorder）

这是另一种简单的录音方法，过程简单且所需设备成本仅约200美元。这种立体声录音可能提供不了专业多声轨录音的声音质量，但是如果从听众的某个座位上来录取乐队所发出的声音，这种方法也许已经足以录得较好的声音——尤其是，如果这种录音仅仅是为了取得一种演示样品或供乐队成员使用。

可以使用一台具有内置话筒的录音机，或把两支话筒（或一支立体声话筒）插入录音机，可以从数米以外的位置来拾取总体的乐队声。这些话筒不仅将拾取乐器声，还能拾取房间混响及背景噪声，可以将它们称为“文献记录”或“音频抓拍”式录音。

在录音时，在耳机或耳塞内所听到的就是所录得的内容，不再需要回到录音棚内从事混音工作。

如果在不使用扩声系统的音乐会场合，把一些话筒摆放在距离民歌乐队或爵士乐队数米的位置上，所拾取的声音将相当优良。但是大多数的乐队要使用扩声，在为乐队录音的同时，也录入了扩声音箱的声音，所以录得的混音或声音平衡要取决于扩声音响师的技巧，这种声音将会比用数支近距离拾音话筒所拾取的声音更为遥远和混浊。

使用的设备（Gear）

需要一台如第5章所述的手持式数字录音机，话筒架可选。

用耳机或耳塞可以监听到哪一些话筒正在正确地工作，以及那些话筒正在拾取什么内容。如果乐队与扩声的音量很大，将很难听清已经录下了哪些内容，除非使用**封闭式耳机**或**隔离式耳塞**。

21.3 录音任务的准备（Preparing for the Session）

录音之前，要更换新电池并且使用异丙基乙醇或DeoxIT清洁剂清洁接插件，用反复试验录音的方法来确保每一项工作正确无误。

如果可能，可以在室内进行录音试验，室内录音是比较清晰的而且背景噪声应较低，可以通过考察某些位置来检查噪声及房间声响。要避免在很活跃（混响过多）的室内录音，因为在那里录得的声音将变得模糊、混浊。

在进入现场之前，要确保闪存卡上有足够的存储量，下面列出了用1GB的存储卡时大致的录音时间，使用2GB的存储卡时，则可录音的时间加倍。

24bit/44.1kHz立体声WAV格式文件	1h
16bit/44.1kHz立体声WAV格式文件	1.5h
256kbit/s立体声MP3	9.0h
128kbit/s立体声MP3	16.5h

录音机可能会有标有“手动”和“自动”的录音电平开关，把它设定在手动时可保持演奏时的动态范围。如果开关标有“AGC”(自动增益控制)，则应把它设定在“Off”（关闭）的位置。

21.4 演出之前（At the Gig）

插入耳机并运行在录音监听状态。这时会听到房间音响和一些背景噪声（听众声、空调声、道路交通噪声等）。在耳机上进行监听时，你没有注意到的房间噪声会变得很明显，同时还监听是否有破损的线缆或不良的连接引起的嗡嗡声、失真的声音及噼啪声等。

关于话筒的位置摆放，话筒的摆放位置越紧靠乐队，声音越清晰和干净，换句话说，近距离摆放的话筒可以拾取更多的音乐声、较少的房间声及背景噪声。尝试把话筒摆放在尽可能紧靠舞台的位置，大约在距离舞台前一个舞台宽度的位置上，在那里仍能拾取扩声音箱的声音（见图21.1）。另一种较好的话筒摆放方法是让话筒的摆放位置与音箱的内边取齐，距离乐队12～15ft处，并且至少要位于观众的上方3ft处，要使话筒远离厅柱或其他噪声源。

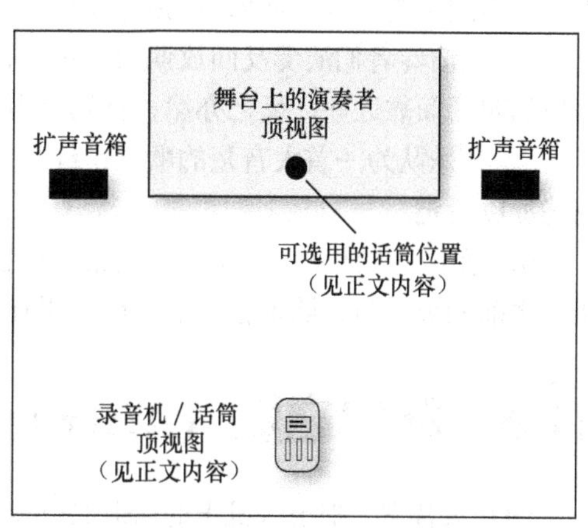

图21.1 为流行乐队进行立体声录音时典型的话筒摆放

如果在舞台附近有舞蹈者，并且天花板较低，可以将界面话筒（例如两只PZM话筒）紧贴在天花板上，或将微型话筒吊挂在天花板下。

为消除混浊的房间声，可以从扩声调音台分离出一路原声乐器组的信号进入录音机的线路输入，为那些原声乐器声进行录音，或者尝试把录音机/话筒摆放在舞台上（位于凳子或话筒架上），将返送监听音箱的声音加上乐队声进行录音。有些青草乐队或旧时光乐队的歌声进入一支话筒，这样可把录音机/话筒固定在那支话筒附近。

如果乐队呈环形位置演奏（例如在室外拥挤的场地或在排练时），可尝试将全指向性话筒置于中心位置，或者带着话筒用耳机边走边听话筒所拾取的声音，寻找某个可听到最佳的声音平衡的位置，然后把话筒摆放在那里。在排练期间请求演奏者们允许为他们录音。

设定录音电平，使电平读数在最大值时为-6dB FS，这样可在突发声响时留有一些动态余量。位于0dB以上的峰值电平会导致失真，有些便携式录音机还包括防止录音电平超过0dB的限幅器。其他一些录音机则具有削波或峰值LED（发光二极管）指示灯，当录音电平太高时，指示灯会闪亮。

录音机具有防止话筒前置放大器失真的**增益开关**或**衰减**（衰减器）开关。如果因为不得已必须把录音电平控制旋钮旋起到1/3以下位置时，就已达到0dB的录音电平，应使用低增益设定开关或置于衰减位置。

如果使用接有独立的**幻象电源**的大振膜电容话筒，则也许需要把带有幻象电源的音频信号输出插入录音机的线路输入——而不是话筒输入——这样可以防止失真。

21.5 不带扩声的录音任务（A Recording Session with No PA）

可以在不带扩声系统或没有听众的现场为小型民歌乐队或原声爵士乐队录音，这样可以提供改善声音质量的余地。

1. 如果房间太活跃（有太多的混响），可以安上一些装箱用毯子、靠垫、小块地毯、吸声海绵或坐垫等吸声材料。

2. 演奏者们发出的最好声音的点通常位于大房间的中央，请演奏者们位于立体声话筒对周围，使演奏的各类声音出现在录音中，例如，可以让两位唱歌的吉他手位于左、右两边，而把贝斯置于中央位置。

3. 用话筒高度的试验来改变歌手/吉他声音之间的平衡，尝试用不同的拾音距离来改变环境声或房间声的总量，常采用的拾音距离为3～6ft。

4. 在演奏者们演奏及回放期间，用耳机来监听话筒信号。如果某些乐器声或歌声太弱，则请他们向话筒靠近些，反之亦然，直到获得正确的声平衡。

5. 在乐队为一首大音量的歌曲排练时，可以进行一次录音试验，录音电平及话筒增益可按前述加以设定。

6. 录下一首曲子，如果有人出错，要么把整首曲子从头开始进行另一遍录音，要么从出现错误之前的数小节开始录音，之后再剪辑在一起。

21.6 演出之后（After the Gig）

回到录音室，把录音机上的USB端口连接到计算机的USB端口上，录音机将作为存储设备而被显示在计算机的显示屏上。把已录得的声音文件拖曳到计算机的硬盘上，对它们进行剪辑并刻

录CD。文件的传输需用数分钟的时间，之后清空录音机的闪存卡。

现在可以用数字音频工作站的录音软件或谐波平衡器软件剪辑录音内容并调节它们的音质平衡（音质均衡）。可以在300Hz附近衰减数dB，以此来减少沉闷的混响，以便得到更为清晰的录音作品。如果话筒在低音部较为薄弱，则可在50～100Hz之间提升数dB加以补偿。

可以多尝试上述技巧，不断地完善自己的录音作品！

21.7　把扩声调音台的插入发送连接到多轨录音机（Connect the Pa-Mixer Insert Sends to a Multitrack Recorder）

现在我们进入专业技术层面。这是一种简便的录音方法，它用最少的设备来获取非常优良的声音质量（见图21.2）。把调音台的插入发送连接到多轨录音机的输入上，例如硬盘、SSD、USB或SD卡等。在试音时用调整调音台的增益调整旋钮的方法来设定录音电平，在录音时不必进行混音，而是在回到录音室后再进行混音和监听。不利的条件是可能必须要在演出期间请求扩声音响师关照留意调节增益调整旋钮，目的是防止录音机产生削波。

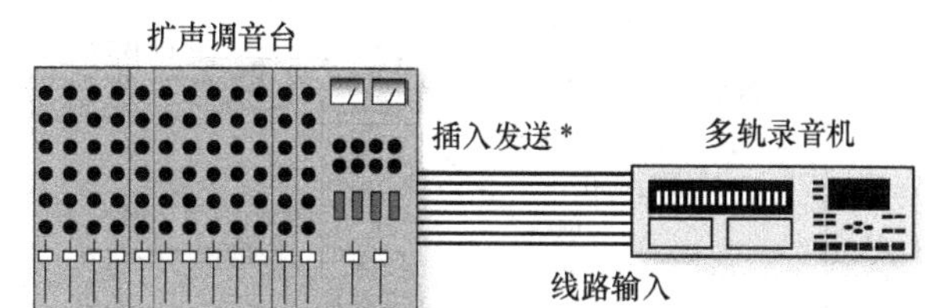

图21.2　插入发送与多轨录音机的连接提供了极好的声音及简便的设置

已经在第5章的“独立的多声轨录音机和调音台”节中对一些多轨录音机进行了介绍。

21.7.1　连接（Connections）

本小节描述了如何把一台多轨录音机连接到调音台的插入发送接插件上。

在调音台内有许多话筒前置放大器，每支话筒使用一个话筒前置放大器，它们把话筒电平信号放大到线路电平。对于每一条话筒通道而言，这一线路电平信号通常出现在调音台背面的两个接插件上，直接输出（Direct out）和插入发送（Insert send）。它们连接录音机的输入部位。

通常插入发送（Insert send）可作为应用最佳的接插件，这是因为直接输出信号通常为推子后的信号（见图21.3）。由于直接输出接插件上的信号是来自推子之后的信号，所以该信号会受到推子（音量）设定的影响。任何推子的动作都会直接反映在录音之中，这是我们所不希望发生的现象。连接到录音机声轨上的最好的地方是插入发送端，因为那里的信号通常位于推子与均衡之前，不过，在演出期间，扩声音响师所进行的任何增益调整（trim）设定都会影响到录音电平。

在有些混音调音台上，直接输出可以设定到推子前，如果有这种设定，则可加以利用，因为插入发送端还经常被用来连接压缩器和噪声门等处理设备。

首先，在扩声调音台上找到有什么种类的插入接插件，在多轨录音机上找到有什么种类的输入接插件，购买或动手制作适用于这些接插件的带有屏蔽线的线缆（或多芯电缆）。3种根据插入接插件的种类不同进行分类的线缆连接方法如图21.4所示。

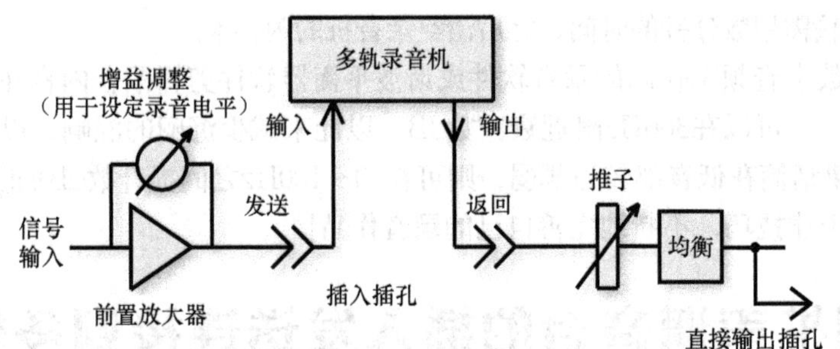

图21.3　简化了的通过部分混音调音台的信号流程图，仅画出了插入和直接输出

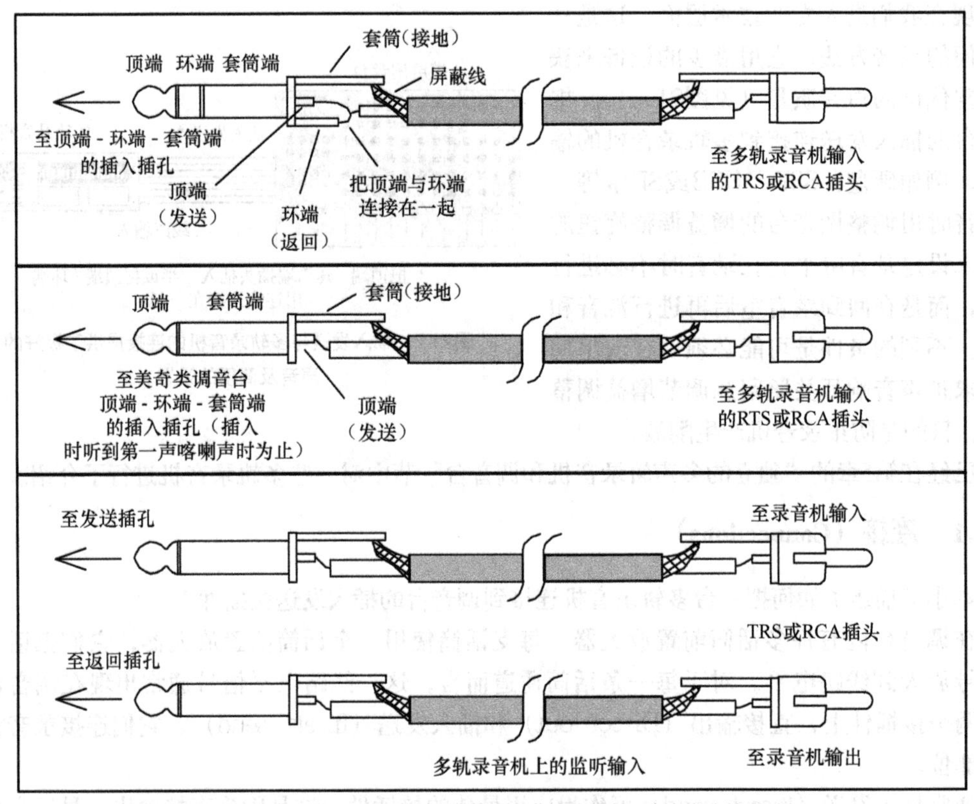

图21.4　根据插入接插件的种类不同进行分类的3种线缆连接方法

有些调音台在每条通道上设有单个TRS三芯插入插孔，而不是各自分设的插入发送插孔和插入返回插孔，通常是顶端为发送，环端为返回。在插入TRS三芯插入插孔的TRS三芯插头内，把顶端与环端连接在一起后再连接线缆的芯线（热端）（见图21.4顶部图），使用这一方法，可让插入发送直接进入插入返回。如果插入返回端什么都不接的话，那么话筒信号就不会通过调音台。

在某些带有一个TRS三芯插入插孔的扩声调音台上，可以使用一个TS两芯插头（见图21.4中的中间图）。只要把TS两芯插头插入一半，听到第一声喀喇声响，使之不断开**信号通路**——话筒信号仍可以通过扩声调音台。如果在把插头全部插入时可以听到第二声声响，那么信号就不能通过扩声调音台，而只能到达录音机。这样的连接要用调音台的盒盖或板子保护起来，因为线缆的连接可能在有人碰撞调音台时断开。

如果扩声调音台具有独立的发送和返回插入插孔，则把发送连接到录音机的声轨输入，把返送连接到录音机的声轨输出（见图21.4中的底部图）。如有必要，把多轨录音机设定为监听输入模拟信号，使扩声调音台能够接收某个信号。另外一种选择是在调音台的末端使用带有TRS三芯接插件的多芯插入电缆，配上一些TRS三芯至TS两芯转接头，可使调音台用独立的插入发送与返回用的接插件来进行操作。

插入发送有平衡或非平衡线路，但对录音机的输入都是相同的。当我们需要正确地连接平衡与非平衡的设备时，可参阅Rane的文章《声音系统的内部连接》。

我们也经常会遇到扩声调音台的某些插入发送与信号处理器紧密联系在一起的情况，因此就必须顶替使用这些通道的直接输出插孔，插孔通常位于推子后（除非把发送信号转换到推子前）。另一种选择是用Y线分线方法把插入发送送至录音机和处理器的输入，或者把这些话筒通道分配到并未使用的编组（母线）上，并从那里获得录音信号。

有些安装在机柜上的话筒前置放大器带有插入插孔，只要把话筒多芯电缆的那些卡侬头插入这些话筒前置放大器，然后把话筒前置放大器的插入口连接到扩声调音台的线路输入口。使用这一方法时，在扩声调音台上任何增益的变化都不会影响录音。但要注意，在话筒前置放大器上任何增益的变化都会影响到扩声电平。

如果扩声调音台上具有火线或USB端口，则可以很简单地把端口连接到运行着录音软件的笔记本电脑上，将识别调音台为录音软件的输入/输出设备，来自每一条话筒通道的信号都会进入软件内各自的声轨。

如果想把套鼓混音那样的多件乐器记录到一条声轨上，只要把所有的鼓话筒分配到扩声调音台内的一或两条输出母线上，把母线-输出的插入插头插入录音机的声轨输入即可。当我们使用两条母线时可进行立体声录音，调节这些推子可以得到优良的鼓混音。

21.7.2　监听（Monitoring）

要监听录音进行时的信号质量，通常会把扩声系统作为监听系统，但是还需为封闭式耳机或耳塞设置一种监听混音，以使监听更为清晰。

这里建议按如下的步骤进行设置：把所有录音机的输出连接到扩声调音台内不用的线路输入上，或连接到一台独立的调音台上；使用这些推子来设置一条监听混音，把它们分配到不用的母线上，并用耳机/耳塞来监听这条母线。如果你只能备份少量的输入，那么应一次只检查一条声轨的声音质量，可以严密地审听是否有任何的交流哼声、噪声或失真等。

21.7.3　电平的设定（Setting Levels）

用扩声调音台的增益调整旋钮或输入衰减旋钮来设定录音电平，这会影响扩声混音内的电平，所以事先要与扩声音响师讨论增益的调整问题。如果你要降低输入增益，扩声音响师必须用推子提高通道的电平并监听发送电平，以此来加以补偿。

如前所述，如果扩声音响师在演出期间改变其输入增益，那么这些变化将会影响录音作品。

在音乐会之前的试音期间（如果有的话）设定录音电平，最好把录音电平设定为稍微偏低些的数值，不能太高，为了在缩混期间降低噪声又不致带来失真。建议把录音电平设定在-10dB，这样可允许出现突发高电平的情况存在。不要将录音电平设定为超过0dB的数值，否则会引起失真。如果较保守地设定录音电平，那么在演出期间可以较少地改变增益调整，也就不必不断地去麻烦扩声音响师。

有些录音师逐个引出插入发送信号，通过一个电位器来设定录音电平。在机柜上安装了电位器的面板上调节电平，这样就不必与扩声音响师商量增益调整的变化问题。当然，如果自己也同时操作扩声调音台，那么这将完全由自己来掌控。

如果有备份录音机，可以同时录得一份**安全拷贝**，这样在一台录音机出现故障时可提供备份。

21.8 数字调音台录音设备（Digital Console Recording Facilities）

许多数字扩声调音台提供多声轨录音，简单地连接一台计算机、多声轨硬盘录音机或多声轨USB录音机就可进入数字数据流——通常经由MADI或Dante网络，这些格式已经在第13章的“数字音频信号格式”小节中介绍过。

例如，MADI接口是由DiGiCo、RME、Avid及Waves DiGiGrid等公司制造的，它们允许调音台经由数字音频网络把所有的话筒前置放大器信号传送到多轨录音机。

Avid公司的VENUE调音台界面与Pro Tools的工业标准软件及录音用硬件实现了无缝对接，你可以用以太网直接连接录制到运行着Pro Tools的笔记本电脑上或是其他的数字音频工作站上。

使用VENUE系统，在Pro Tools内被跟踪的录音棚录音作品的回放素材可以很容易地并入实况演出中。

Avid S3L-S6L系列经由以太网AVB、Dante网、MADI、雷电接口及2声轨USB等可提供高达64条通道的录音/回放。

这里有另一个例子，雅马哈CL5数字调音台包含Nuendo实况录音软件，能通过触摸屏来控制，雅马哈Rivage PM10数字调音台提供144个Dante通道并且也能把2声轨录入USB。Allen & Heath的Qu-16数据流通道1～16、主输出L+R及3种可选择的立体声对将被送到一台Mac计算机上，它还有内置的18条通道接口用于USB硬盘录音；Roland M-200i可把2声轨记录到USB雷电存储器上，并且能经由它的REAC端口把多声轨记录到Roland R-1000 48声轨录音机上；PreSonus StudioLive AI系列及RM-系列调音台经由火线录音，并且还包含多声轨录音软件。

具有录音设施的其他数字调音台有Solid State Logic Live系列L500和L300。它们的MADI和Dante网接口可以从调音台的话筒前置放大器那里记录48条声轨。CADAC CDC Four包含一个火线扩展卡端口，它令输入通道的数据流流向计算机数字音频工作站，或者有一个MADI接口卡端口，它把调音台连接到一台硬件多轨录音机。Mackie的DL-1608把它的主输出L+R记录到连接着的iPad上，将它们的DL-32R记录到USB硬盘或任何数字音频工作站上。Soundcraft Vi5000经由Dante或MADI可以记录多达128条通道的音频。

有些调音台能经由单根USB线缆把多条声轨记录到USB的外置硬盘上，USB 3.0可作为高速驱动首选，例如，QSC的TouchMix系列调音台可以记录22条声轨并能把一条立体声混音存储到USB的外置硬盘上，Roland的M-5000C调音台有一个能记录16条通道的USB接口。

列举一些USB硬盘，如Glyph GPT-50、Seagate STBV1000100、Silicon Power Rugged Armor A80、Toshiba HDWC120XK3J1、Verbatim SNS2TB及Western Digital WDBACW0010HBK-01等。有3种USB固态硬盘，LaCie Rugged系列、Kingston HyperX 120MB SSD（内部硬盘）被装在一个Patriot PCGT1125S盒内，以及Samsung 840 EVO SSD（内部硬盘）被装在一个SIIGBBH 1414X盒内。

其他一些具有录音能力的调音台由Midas和Innovason制造。

新近可利用的被简化了的数字音频工作站软件适用于实况多声轨录音，例如Wave Tracks Live、PreSonus Capture 和 Nuendo Live。

这里有多种实况录音的方法供你选择，检查这些选项，你总能找到适合你录音风格的系统。

[本节的大多数信息源自Craig Leerman的文章（在2013年10月与2014年11月发表于《实况音响国际》杂志），Mark Frink的《虚拟声音检查》（在2015年7月发表于《实况音响国际》杂志）及Craig Leerman的文章《捕捉实况》（在2015年10月发表于《实况音响国际》杂志）]。

21.9　录音任务的准备（Preparing for the Session）

为一场实况演出录音之前，如果计划周全，那么录音的进程将更顺利，因此事前要完成前面已述及的列出清单和画出方案图等工作，首先让我们回顾一下完成一场实况录音的步骤。

21.9.1　制作前碰头会（Preproduction Meeting）

与承担演出任务的扩声公司和制作公司通过打电话或开展碰头会联系，定下任务的日期、地点、对接人的联系方式及有关人员的邮件地址、开始工作时间、进入现场时间、开始第二场演出的时间及其他有关的信息，这将决定谁提供分配器，哪一个系统将按第一、第二顺序接入等。画出音频系统和通信系统的方框图，决定谁将提供通信用耳机。

如果使用话筒分配器，计划好它的分配。获得直接分配的调音台要为电容话筒提供幻象电源，而不是从舞台上提供幻象电源。如果室内工作系统已经使用了很长时间，那就让它们作为直接分配幻象供电的一方。

音量过大的舞台监听肯定会破坏录音，所以要与扩声人员进行协调，因为演奏者们总是希望能大音量监听，所以要请求他们从一开始就将音量调低些。

为所有参与者拷贝一份会议纪要，不要遗留悬而未决的问题，要明确谁负责提供什么设备。

21.9.2　现场勘察（Site Survey）

如有可能，事先考察录音现场，并按如下清单检查录音现场。

■ 检查交流电源电压是否能达到额定值，电源插座的第三脚是否已接地，电源的波形是否干净。

■ 细听环境噪声：制冰机、制冷机、400Hz信号发生器、暖气管道、空调、近处的俱乐部等噪声源，设法使这些噪声源在音乐会当天可以受到控制。

■ 画出与工作有关的所有房间的尺寸图，估计布线用线缆的长度。

■ 开启扩声系统，检查该系统是否一切正常（无交流哼声之类问题）。在各种不同声音系统的电平下开启灯光，聆听是否有嗡嗡声。要设法解决大多数问题，不至于将糟糕的扩声音响混入录音作品中。

■ 决定每一支听众/环境话筒的摆放位置，要让这些话筒远离空调管道和嘈杂的机械噪声源。

■ 设计好从舞台至录音调音台的布线方案。

■ 如果计划悬挂话筒线缆，检查话筒线的支撑物是否有振动，根据实际情况使用话筒防振架。如果在房间内有微风，应计划戴上防风罩。

■ 要检查每个录音场所列出的包括场所尺寸及电路断路器位置等信息在内的文件。

■ 决定控制室的位置，查找其周围是否有机械噪声源。

■ 如果估计有大量人群将会观看演出，应了解一下是否可能存在交通拥堵的问题。

21.9.3 话筒清单（Mic List）

现在，写下乐队中所有的乐器和人声。如果想要为套鼓摆放数支话筒，列出需要拾音的每种鼓件的清单。对于键盘，决定是从每台键盘的输出处录音，还是从键盘调音台（如果有）处录音。

接着，写下每件乐器上要使用的话筒或DI盒（见表21.1）。

拷贝这份话筒清单，在演出期间，把一份清单放在舞台小盒旁，在每张混音调音台旁上也都要有这份清单，这份话筒清单在有组织地执行任务期间可发挥重要作用。

表21.1 话筒清单（举例）

输入	乐器	话筒
1	贝斯	直接接入小盒
2	底鼓	AKG D112
3	军鼓	Shure（舒尔）Beta 57
4	踩镲	Crown(皇冠) CM-700
5	小架子鼓	Shure（舒尔）SM 57
6	大架子鼓	Shure（舒尔）SM 57
7	地板小通通鼓	Senn.（森海赛尔）MD421
8	地板大通通鼓	Senn.（森海赛尔）MD421
9	鼓上方 左	AT 4051 A（铁三角）
10	鼓上方 右	AT 4051 A（铁三角）
11	领奏吉他	Shure（舒尔）SM 57
12	伴奏吉他	Shure（舒尔）SM 57
13	键盘调音台	直接接入小盒
14	领唱	Beyer（拜雅）M88
15	和声	Crown（皇冠）CM-311A

21.9.4 声轨表（Track Sheet）

接下来要决定在多轨录音机的每一条声轨上所要记录的内容，如果有足够的声轨，这项工作将变得十分容易，只要把每件乐器或人声分配到各自的声轨上即可，例如把贝斯录到声轨1、把底鼓录到声轨2等。如果需要把数件乐器或人声分配到同一声轨上，则应按早先已述及的情况，需要设置一条副混音，表21.2列出了一份简单的声轨清单。

表21.2 声轨表（举例）

声轨	乐器
1	鼓混音左
2	鼓混音右
3	贝斯
4	领奏吉他
5	伴奏吉他
6	键盘混音
7	领唱
8	和声

21.9.5 框图（Block Diagram）

现在声轨的分配已计划完毕，这时就需要画出录音所需要使用的设备。画出自输入至输出的录音配置框图（见图21.5），其中包括话筒、话筒线、话筒架及话筒座、直接接入小盒、插接线缆、多轨录音机、电源接线板、延长线及录音媒体等。可能需要自带调音台和多芯电缆，或者使用扩声系统内的设备。在图21.5中，要在每条线缆的末端标上线缆接插件，以便明确需要携带什么样的线缆。要保存好各种录音场所的系统框图文件，以便日后参考。

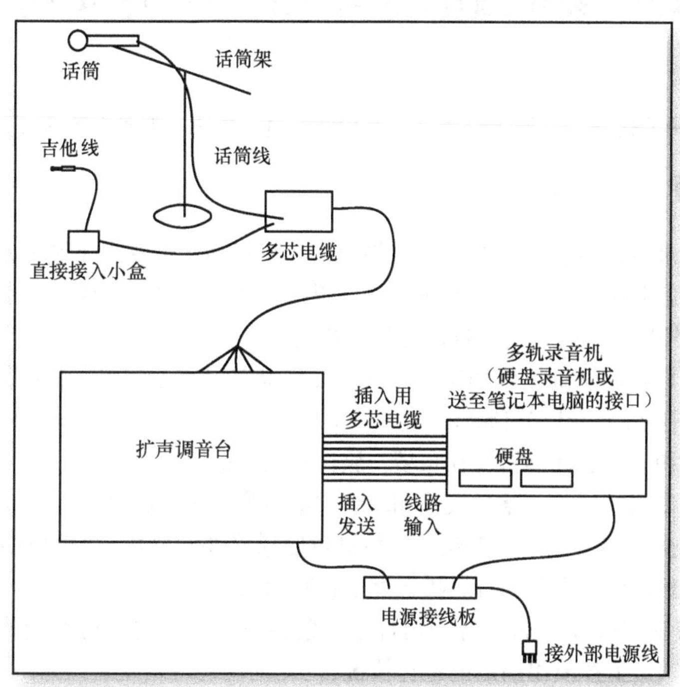

图21.5 录音配置的框图举例

在图21.5内，框图指出了一种典型的录音方法：从扩声调音台的插入插孔处取出信号，传送至一台多轨录音机。在本章余下的部分，我们将利用这一例子来进行讲解。

21.9.6 设备清单（Equipment List）

根据图21.5，可以列出一份录音设备的清单，需要使用的录音装备如下。

- 直接接入小盒、话筒、话筒线、话筒架和话筒座等（除非这些是扩声系统的一部分）。
- 插入发送用线缆（例如线缆一端为8个立体声TRS插头，另一端为8个RCA插头）。
- 多轨录音机。
- 电源接线板及延长线。
- 录音媒体（足够整场演出时间的用量）。

不要忘记带上一些物品：笔、笔记本、手电、吉他拨片、结实的吉他弦、鼓栓、话筒防噗声滤波器、电工胶带、吉他校音器、耳机插头、音频接插件转接头、音频线缆浮地转换器、内插式衰减器、内插式极性转换器、备份线缆、调音台用鹅颈照明灯、备用电池、饮用水、食品及阿司匹林！

带上包括改锥、钳子、镊子、电烙铁和焊锡丝等工具的工具套件，试电笔，保险丝，审听干扰用的袖珍收音机，抑制射频干扰用的各种不同尺寸的铁氧体磁环，可吹去脏物的空气罐，棉签，烟斗通条及清洁接插件氧化物的去氧清洁剂等。

装箱时按清单所列各项进行检查，演出结束之后，按清单检查所有的设备器材，看看是否有遗忘回收的设备器材。

21.10 为更简易设置的准备工作（Preparing for Easier Setup）

有时，需要尽可能快捷而简便地设置好录音用的装备，以下一些技巧有助于这一工作的实施。

21.10.1 保护箱（Protective Cases）

要把调音台和录音机装在有保护的运输箱内，在机柜和运输箱之下装有轮脚或旋转轮，这样可方便地搬运，总要比扛和抬容易得多。也可以把多轨录音机永久性地安装在可供机柜使用的托运箱内，当有外出任务时，可以推出箱柜立即出发。

一种能把重型设备运送到工作场所的非常重要且很有用的工具车，它们像移动小车或带有轮子的大手推车。管状的手推车可减轻些重量，可折叠的小车可存放在小轿车或货车内。

把话筒、耳机和其他小件器材装在布袋、旅行箱或带格槽的小箱内。

注意：要使硬盘远离耳机、监听音箱和动圈式话筒等强磁场器材。

可以定制话筒搬运箱（在一个大箱子内填满依照话筒外形剪裁成形的泡沫塑料），或做成带有为安放话筒、直接接入小盒和音箱线之类小抽屉的滚轮箱。

考虑将线缆与它们所插入的设备一起打包，包括在故障情况下可使用的备份（冗余）设备，当然，还要核实设备在演出前后的运行情况。

一定要带上一份记录了每件设备的装箱/卸货清单，当你在装箱和卸货时要检查每一件设备。

你的设备无论在运输途中或现场都应该有保险单。

如果你在国外进行录音，应该带上一些可用于50Hz或60Hz电源频率、110V或240V电压的交流电源适配器，还有一些各种型号的交流电源插座。

21.10.2 话筒固定夹（Mic Mounts）

如果要为一位歌手/吉他手录音，取一个短的话筒固定夹，把它夹在歌手的话筒架上，把吉他话筒放在固定夹内，也可以把一些短的固定夹或微型话筒夹在鼓边缘，用这些固定夹可以减轻部分话筒架的重量，且可以避免放置时的混乱。

短固定夹的例子有Ac-cetera公司出品的Mic-Eze组件，它们有标准的5/8-27螺纹和话筒夹子，话筒夹子用弹簧型或紧固螺丝。Flex-Eze是用一根短鹅颈杆接入的双话筒夹子，Min-Eze是用一个转盘连接的双话筒夹子。

21.10.3 多芯电缆及线缆（Snakes and Cables）

可以把话筒线缆存放在线轴上，一般在电料商店内有线轴出售，先把一条话筒线绕在线轴上，之后用接插件接上另一条线再继续绕上等。

多芯电缆可以缠绕在一个大型盘架上，或卷绕在旅行箱内。商用多芯电缆缠绕盘由Whirlwind、

Proco及Hannay等公司制造。

用线夹可把多条线缆捆在一起进行正常运行，例如可把扩声用发送线与返回线捆在一起。

如果多芯电缆有一个**多针脚螺旋形锁定连接头**（例如Whirlwind W1或W2），那么多芯电缆的连接会更快。这种多芯插头可被插入一个被分接成许多卡侬型公头的接插件，再把这些卡侬型公头插入混音调音台。可以把这些卡侬型公头放在调音台的运送箱内，这样的多芯电缆因不带许多卡侬头的凌乱分线而能被很方便地取用。

为干净而又快速地连接鼓类话筒，把一根小容量多芯电缆（附属多芯线缆）放在鼓件附近，并把它送到主舞台小盒上运行。或者，把主舞台小盒放在鼓件附近，为鼓件使用。多芯电缆的制造商有Whirlwind、Proco Sound及Horizon等。

要检查所有话筒线的极性是否相同（线缆的两端均是2脚为热端）。

可能需要使用三芯话筒屏蔽线，将1脚、2脚和3脚分别连接线缆两端的接插件，只需要在卡侬型公头的一端将屏蔽线连接到地。当然也可以使用100%屏蔽的线缆，这些措施可提高屏蔽的能力并减少对灯光嗡嗡声的拾取。

在卡侬型的线缆接插件内，不要把1脚接到外壳，因为这样在外壳接触到金属表面时有可能形成地线回路。

根据接插件的去向，在线缆两端的接插件上要有标记，例如DSP-9效果输入、声轨12输出、功放输入、多芯线缆辅助2输出等。或在它们的接插件附近标上线缆编号，用透明热塑套管罩住这些标签。

可在每根话筒线的两端标上线缆长度，在每个接插件的螺丝钉上滴上一滴胶水，作为临时性位置的锁定。

21.10.4　机柜的连线（Rack Wiring）

用一根小容量的多芯电缆可以加快机柜与调音台之间的连线及多轨录音机与调音台之间的连线，在包装时，把多芯电缆插入机柜设备和多轨录音机，并把电缆卷绕到机柜和多轨录音机运送箱内部。换句话说，所有的设备已预先连线好，有演出任务时，拉出捆束好的线缆并把它们插入调音台的插孔。

也可以从扩声调音台上的插入插孔那里引出信号至多轨录音机上，这时可在调音台一端使用带有TRS三芯立体声插头的多芯电缆，并带上一些三芯插头转两芯插头的转换头，以供带有独立插入发送与返回插孔的调音台使用。

有些录音师喜欢在机柜背面的接口盘上标上清楚的标记，这比试图在每台设备上查找正确的接插件更容易。

可能只需把小型乐队用的所有设备装在一个高高的机柜内即可，把小型调音台装在顶部，连好线缆的效果设备位于中间，将卷绕着的多芯电缆及电源粗线等线缆放在底部。

机柜与多轨录音机连接用的小型多芯电缆由Hosa、Rapco、Horizon及ProCo Sound等公司制造。

21.10.5　一些其他技巧（Other Tips）

以下还有一些可以更有效地完成**实况录音**的技巧。

- 在为多场演出进行录音之后，选取那些最好的演出内容制成专辑。
- 在音响检查期间，从调音台至舞台监听音箱，可用一支对讲话筒对它们进行检查，可能需要带一台小型乐器用功放供对讲使用，这样在任何时候都能听到。

■ 在出发之前，要连接并试用不熟悉的设备，不能在工作时进行试验！

■ 考虑使用具有冗余（双备份）系统的录音，这样如出现某一种故障即可启动备份。

■ 在预演时可使用对讲机，但在正式演出时不能使用，因为易引起射频干扰，可使用正规接线的通信用头戴式耳机。如果你正在做混音，可以请助手向舞台工作人员转达信息。

■ 在有临时的设定变化期间，用一台连接在本地局域网的笔记本电脑来指出即将到来的设定变化及话筒摆放的变化是什么，并向监听音响师和扩声音响师发送这一信息。

■ 不要让磁带或硬盘通过航空机场的X射线安检机，因为这些机器内的变压器并不总是有良好的屏蔽，磁带和硬盘需要人工检查。

■ 乘坐飞机时要随身手提话筒，要用自己的货运集装箱进行设备的装运和卸货，考虑安检等原因等要有延期预计。

■ 取得一份公共责任保险凭证来保护自己的法律权益。

■ 询问好设备货物的入口地点，要约好接待时间，要求在录音的当天不要锁定断路器盒。

■ 在录音任务进行前几天，检查装箱状况。

■ 出发前，核对承担此项业务所需要的全部设备，并确保它们都能正常工作。

■ 要提前数小时安装设备，因为总有一些差错或不如意的情况出现，所以要留有比预先估计多出50%的时间来处理故障。如果设备有故障，可采取备份措施。

■ 一般来说，提前计划好每件工作，你总能运用自如并有满意的结果！

21.11 录音任务的进行：设置（At the Session：Setup）

到达现场之后，把设备卸到工作区域，而不是卸到舞台上，因为放在舞台上的设备终究要被移走。

要记得扩声工作人员的姓名，并与他们友好相处，这些工作人员可能成为你珍贵的朋友，也能成为你的仇人，切记要尊重他们！设法留有余地并不要干扰他们的正常工作秩序（例如取用音频信号分配器的第二部分）。

21.11.1 连接（Connections）

卸下设备之后，把一份话筒清单放在舞台小盒旁，能明确哪个插头应插在什么地方，每张调音台上也要有这份清单。在调音台推子的下方贴上一条白胶条，胶条上写下每个推子控制的乐器或人声的名称。

根据话筒清单连接设备，例如把贝斯用直接接入小盒接入多芯电缆的输入1，把底鼓话筒插头插入多芯电缆的输入2等。在推子1底下标上“BASS”（贝斯），在推子2底下标上“KICK”（底鼓）等，同时根据系统框图进行设备之间的连接。

在舞台下应该额外备有一支话筒及话筒线用于备份，便于在某支话筒或线缆突发故障时进行紧急调用。

不要随便拔出有幻象供电的TRS插头，因为那样将会在扩声系统的音箱上引起巨大的嘭嘭噪声。

21.11.2 布线（Running Cables）

为了减少与线缆接插件有关的交流哼声的拾取并解决地线回路等问题，应设法在每支话筒与缆盒接插件之间使用单条话筒线。

要避免把话筒线、线路电平线和电源线捆绑在一起，如果话筒线必须跨越电源线，那么要使它们之间成直角跨越并在垂直方向上有一定的分隔。

把每条话筒线插入舞台小盒，然后把话筒线布线到每支话筒前并与话筒相连接，将每根话筒线的多余部分放在话筒附近，可以令话筒的摆放留有一定距离的余地。在演奏人员的座位确定之前不要粘贴固定话筒线。为保持舞台的整洁，可使用小型缆盒，把一个小型缆盒置于套鼓附近，将另一个小型缆盒置于前台口附近供前排乐器话筒使用。

观众不能跨越话筒线，这点尤为重要。在观众出没频繁的区域，要使用塑胶护线板或线缆护槽（金属斜坡状护槽），至少应使用电工胶条在长度纵向上压紧固定线缆。

21.12　话筒技术（Mic Techniques）

一般情况下，话筒拾音是由扩声公司来承担的，但我们对某些与话筒有关的问题应该有所了解，例如声反馈、声泄漏、房间声学及噪声等。以下为用来解决某些问题的途径。

■ 心形、超心形或强心形等类别的指向性话筒所拾取的反馈声、泄漏声和噪声与在同样拾音距离下的全指向性话筒所拾取的相比要小些。

■ 对于歌声话筒，把话筒极坐标图形的无效区对准地板返送音箱。心形话筒的无效区（最少拾取区域）位于话筒背面——轴向180° 处。超心形话筒为轴向125° 处，而强心形话筒则为轴向110° 处。

■ 为了减少用歌手话筒时的喘息噗声，可使用海绵防噗滤波器。在防噗滤波器与话筒格栅之间允许有一小段距离间隔，这样也有助于转换成为一个低切滤波器（100Hz高通滤波器）。

■ 近距离的拾音。把每支话筒置于它的乐器之前数厘米处，可要求歌手用嘴唇接触话筒的泡沫防噗罩唱歌。

■ 直接接入小盒的使用。贝斯吉他和电吉他可以用直接录音来消除信号中的泄漏声和噪声，不过，可能有人更喜欢拾取吉他放大器的声音，所以可直接从吉他的效果小盒那里录下吉他声，然后在缩混期间使用吉他放大器仿真器。注意音序器和某些键盘具有高电平的输出，所以它们的直接接入小盒需要用到可以调控线路电平的变压器。

■ 粘贴型微型话筒（接触拾音）的使用。把它们粘贴在原声吉他、原声贝斯和小提琴上，使用接触拾音的方法，从而避免了泄漏声，这种拾取方法仅对乐器的振动敏感，而不会拾取太多的声波。用这种方法拾取的声音虽然没有像用话筒拾取得那么自然，但接触拾音可能是唯一的选择。可考虑在乐器上使用接触拾音和话筒拾音两种方法，为防止声反馈，音响师只把接触拾音送到扩声和监听音箱，而把话筒信号及接触拾音信号送到录音调音台。

当要为已经巡演过许多场次的乐队录音时，是应该使用扩声用话筒还是使用录音师自己用的话筒？一般来说，可以继续用他们的话筒，因为艺术家们和扩声公司已经使用他们的话筒很长一段时间了，他们通常不愿意有任何改变。大部分当前扩声用的话筒在各个方面都有较好的质量，除非话筒有些脏或有某些缺陷。

如果不乐意采用他们的选择，可以加上自己的乐器话筒。请扩声音响师聆听录音车内的声音，或者用耳机监听。如果由于使用他们选择的话筒而发出很差的声音，可向他们询问：“如果我们用一支不同的话筒（或不同的话筒摆放位置）来试试可以吗”，通常他们会同意的——因为这是一种对团队的支持。

21.12.1 电吉他的接地方法（Electric Guitar Grounding）

在设置话筒的同时，需要意识到使用电吉他的安全问题。当吉他手同时触摸他们的吉他和话筒时，吉他手会受到一种电击，这是因为吉他放大器被插入舞台上的电源插座，而混音调音台（话筒通过调音台接地）被插入横跨房间的独立电源插座。如果未使用电源**分配系统**，这两个电源点可能会有较大的对地电压差，所以会有一股电流在被接地的话筒外壳与接地的吉他弦线之间流过。

注意： 当吉他放大器与调音台处在不同相的交流电源上工作时，电吉他的电击将会特别危险。

从同一交流电源配电盘引出的电源插座给所有的乐器放大器和音频设备供电是很有利的，如果缺少电源分配系统，可从舞台电源插座上接出一根大电流容量的电源延长线，返回混音调音台，反之亦然。所有电源线上有地端的插脚要插入接地的插座，用这种方法，就可以同时避免电击和交流哼声。

如果想为电吉他直接录音，则要用一个具有变压器隔离的直接接入小盒，并把直接接入小盒上的浮地开关置于交流哼声最小的位置上。

用霓虹灯测试器或伏特表去测量电吉他弦线与话筒的金属格栅之间的电压，如果有电压，拨动放大器上的极性开关（如果有的话）。用海绵防风罩可得到附加保护，免受电击。

21.12.2 听众话筒（Audience Microphones）

如果有足够的话筒输入，可以用两支听众话筒来拾取房间音响和听众的声音，这将会有助于把声音录得“生动活泼”“活跃”。如果没有听众话筒，那么所录得的声音一定很干，好像是在录音棚内录得的那种声音。

一种简单的话筒摆放方法是将两支心形话筒对准听众，把它们放在高架话筒架上、舞台上或舞台的任一侧。如果这些话筒必须不能被看见，则可把话筒吊挂起来（见图21.6）。

有些录音师用两支摆放在扩声调音台附近的话筒来拾取听众和大厅的声音，这是一种能抓取群杂声的简便而有效的方法，但是来自这两支话筒的信号相对于舞台上的话筒来说，在时间上有一定的延时。如果扩声调音台离舞台较远（例如50ft或更远些），当听众话筒与舞台话筒上的信号混合之后，这种延时将会形成一种回声。要避免这种现象，只能让话筒尽量靠近舞台，或者在计算机缩混期间，把扩声调音位上方的话筒声轨向左移动，使扩声调音位话筒的声轨波形内较早出现的高峰值与舞台话筒声轨波形内的高峰值一致。如果只用听众话筒来获取掌声，那么就不用去考虑延时了。

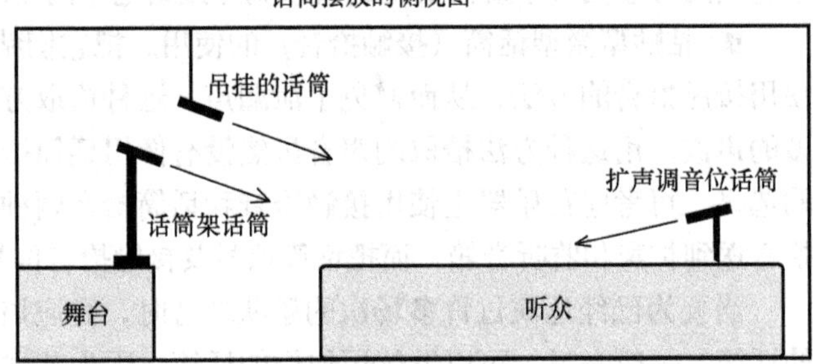

图21.6 几种听众的拾音技术

如果没有足够的声轨记录听众效果声，则可把它们记录在一台2声轨录音机上，随同舞台话筒的混音一起把它们记录到数字音频工作站上，按前文所述的方法把两种录音调整到同一时间上。

如果听众话筒是通过扩声调音台来运行，为防止反馈啸叫，不能把这种话筒信号分配到扩

声调音台的内部。

为使听众话筒内对扩声音箱有更好的隔离，可把一些话筒靠近听众悬挂。有些录音师最多摆放4支听众话筒，但有人放置8～10支话筒，用指向性话筒并把它们的拾音无效区对准扩声音箱。

另一种选择是不拾取听众声，或者不使用听众声轨，取而代之的是，在缩混期间用听众反应CD来仿真听众效果，用一台效果设备来仿真房间混响。

21.13　声音检查及录音（Sound Check and Recording）

现在话筒已设置完毕，就得花时间进行一次声音检查，这时可按本章“电平的设定”小节中所述进行录音电平的设定。

在乐队开始演奏前数分钟就开始录音，密切监视录音电平。如果某条声轨进入了表头的红色区域，慢慢地调低该声轨单元上的输入增益电位器（话筒前置放大器的增益），并记下增益改变时录音机计时器上的时间。

注意：如果是从扩声调音台处取出信号进行录音，在调低调音台通道的输入增益时将会影响扩声电平，扩声音响师将需要提升相应的监听发送及通道推子。

在要求合作的时候，往往有一些难以处理的情况。最理想的情况是，在声音检查期间要设定好，保证具有足够的动态余量，那样就不必改变电平，但是要设法让扩声音响师事先知道下一步你可能需要变更电平。询问扩声音响师，是否要为你的操作而去调整输入增益，以便在同一时间使扩声音响师能调整相应的电平，要感谢扩声音响师为了你能获得优秀录音作品所提供的帮助。

要保持好录音时的声轨表及录音记录。对于设定清单内的每一首歌，当歌曲开始或在多轨录音机上按下位置设定钮（Set Locate Button）时，要记下录音机计时器上的时间，以后在缩混期间，可进入想要进行混音的那些歌曲的计数器时间或记忆位置点。同时在缩混期间还应注意到，在任意地方出现电平变化时，要进行相应的补偿，在信号电平相当高的时候要记下计时器的时间，这样在进行混音时可以有所准备地从那一点开始设定综合混音电平。

21.14　装备拆卸（Teardown）

演出结束之后，首先要回收好话筒，因为话筒易于被窃或受损。对照设备清单将每件设备器材装箱，记下设备的故障情况，并尽可能及时地修复损坏的设备。

21.15　混音与剪辑（Mixing and Editing）

在把设备运回到录音棚之后，接下来就是完成混音和剪辑的工作，以下是一些建议工作步骤。

1．如有可能，把所有声轨数字化后拷贝到录音软件的多声轨模板上。根据录音机的型号，选择USB、火线、S/PDIF、光纤或以太网线缆，把音频传送到计算机。

2．选取所有的声轨，并把所有的声轨在同一起点加以分隔——在每首歌曲的前后数秒的那一时间点上，也包括掌声。

3．把每一个分隔段落内的那些声轨导出到各自的歌曲文件夹中，这样可以用将每个歌曲文件夹上的声轨导入多声轨模板的方法对每首歌曲分别进行混音。另外一种选项是拷贝每个分隔段落的那些声轨，然后把它们粘贴到新的项目任务上。对每首歌曲的项目任务进行混音，并把混音导出到24bit的立体声波形文件上。

4．现在你有了数条立体声歌曲混音，把它们全部导入一块母带制作的模板，这样你可以使它们的音量适配、添加均衡并对混音进行最大化。也可以把一首歌曲的结尾掌声与下一首歌曲的开头重叠，在下一首歌曲将要开始的时候淡出掌声。

5．导出所有歌曲（整场音乐会）单一的24bit立体声混音，把这个立体声混音导入一个新的24bit的项目任务。

6．从每首歌曲的开始前分割立体声混音，把每首歌曲按16bit/44.1kHz开启比特补偿的波形文件加以导出。

7．把这些母带制作后的歌曲加载到CD刻录程序内的播放列表中，设定歌曲之间的暂停长度为0s，则最终的CD将会回放出一个连续节目一般的声音，并且在每首歌曲的起始位置有一个开始识别标志。

21.16 当天录音/发布（Same-Day Recording/Distribution）

可以为一场音乐会录音，并立即复制这场音乐会的录音，使音乐会观众在演出之后立刻能购买到这一录音作品。可以使用早先述及的2声轨或4声轨录音方法，然后把这一立体声WAV文件拷贝到microSD、USB雷电存储盘、MP3文件加以下载，甚至刻录成CD。

要尝试当天的录音，需要在搜索网站上检索USB复制器和microSD复制器，在音乐会上，把E-mail地址收集到签到表上，然后向他们发送一个链接，他们由此获得音乐会录音的MP3文件。

本章内一些信息摘自1985年10月第79届AES（音频工程师协会）年会上的两篇专题学术讨论报告。一篇是由Paul Blakemore、Neil Muncy和Skip Pizzi所著，题为“On the Repeal of Murphy’s Law-Interfacing Problem Solving，Planning，and General Efficiency On-Location”（关于墨菲定律的撤销——接口问题的解决方案，实况录音的规划及总体效能）；另一篇由Paul Blakemore、Dave Moulton、Neil Muncy、Skip Pizzi和Curt Wittig所著，题为“Popular Music Recording Techniques”（流行音乐录音技术）。

第22章 古典音乐的实况录音

（On-Location Recording of Classical Music）

本章将讲解如何对古典音乐乐队进行实况立体声录音，包括设备介绍及录音步骤介绍两部分内容。

22.1 设备（Equipment）

- 话筒（低噪声电容话筒或带式话筒，全指向性话筒或指向性话筒，自由声场用常规话筒或界面话筒，立体声话筒或配对话筒等）。
- 多轨录音机或立体声录音机。
- 低噪声话筒前置放大器或低噪声小型调音台（如果录音机内话筒前置放大器的质量太差，则需要此项）。
- 幻象供电电源（如调音台或话筒前置放大器无幻象供电电源时，则需要此项）。
- 立体声话筒安装条。
- 话筒架和话筒座或吊挂话筒用钓鱼线。
- 防震架（可选项）。
- 调音台（如使用两支以上话筒时需要此项）。
- MS矩阵小盒（如果使用MS制立体声制式录音，参阅第8章）。
- 耳机和/或音箱。
- 音箱用功率放大器（可选项）或有源近场监听音箱。
- 录音媒体：硬盘、SSD或闪存卡。
- 电源接线板，电源延长线。
- 笔记本和笔。
- 对讲用话筒和有源音箱（可选项）。
- 工具箱。
- 新电池。

清单上首位是话筒，你至少需要2或3支相同型号的话筒，或1或2支立体声话筒。好话筒是关键，话筒——及话筒的摆放——决定了你的录音作品的声音。

对于古典音乐录音而言，首选的话筒是要具有宽广、平直频率响应特性和极低本底噪声（在第7章中已述及）的电容话筒或带式话筒。推荐使用具有低于20dB等效声压级、A计权的本底噪声水平的话筒。较受欢迎的古典音乐录音用话筒有Neumann和Schoeps品牌的小振膜电容话筒。

如果想用分隔式话筒对进行立体声录音，可以用全指向性话筒或指向性话筒。全指向性话筒应是首选，因为通常它具有更为深沉的低频响应。如果要用重合式话筒对或近重合式话筒对录音方式来获取更为鲜明的声像，则可使用指向性话筒（心形、超心形、强心形或双指向性话筒），具有这些极坐标图形的话筒对于某些低频会有所衰减，但是可以用均衡来加以补偿。

要为电容话筒提供幻象电源，或外部的一个幻象供电电源、带有幻象电源的一张调音台或话筒前置放大器、在话筒内部装上电池供电等。低噪声的立体声话筒前置放大器（或低噪声的便携式调音台）所录制的录音作品不会出现电子嘶嘶声。

可以把话筒装在话筒架上，或用尼龙鱼线从天花板那里将话筒悬挂，要确保尼龙鱼线的张力强度超过话筒的重量。检查使用吊挂话筒的法定安全规则，不同的安全规则适用于不同的场所。话筒架的设置要容易得多，但在实况音乐会时会影响观众的视线，所以在无观众的录音排

练或录音任务时最适合使用。Neumann（纽曼）公司制造的可倾斜式"观众席话筒吊架"可从它们的吊挂线上悬挂KM100系统的话筒头组件。

话筒架有一个三角底架，并至少可升高到13ft以上。有些产品使用伸缩支架，重量轻又精巧，例如舒尔的S15A、Quik Lok A50及K&M 21411B等，还可以用支撑基座或延伸架扩展常规话筒架的高度。

一种有用的附件是**立体声板条**（**立体声话筒转接器**、立体声话筒固定板、立体声话筒底座），这些器材可以在一副话筒架上装上两支话筒，可供重合对或近重合对立体声录音。较长的立体声话筒板条可以适应分隔式话筒对的拾音。

在大多数情况下所需要的另一种附件是防震架，它可以避免拾取地板的震动声响，例如On-stage MY410、Sabra Som SSM-1、Shure公司的各类型号及AKG H85等。

在话筒安装困难的情况下，界面话筒可以解决这个问题，可以将它们平贴在舞台地板上为小型乐队拾音，也可以将它们安装在天花板上或包厢的眺台前边缘上，大多数的话筒厂家都生产界面话筒。

与演奏者们同在一个房间内进行监听时，需要一些**封闭式头戴耳机**（包住整个耳朵）或阻隔式耳机塞，以阻隔来自演奏者们的声音，因为你要聆听的仅仅是所录得的内容。当然，耳机应该具有宽广、平直的频响，以此来提供准确的监听，最好的监听安排是在独立的房间内设置一对有源近场**监听音箱**。

如果与演奏者们在同一室内，就得离他们远些才能清楚地监听所录内容，为此，需要一对话筒延长线。如果话筒是从天花板悬吊或者是在独立的房间内监听，就需要更长的话筒线。

当要记录多于一种声源时，就必须使用调音台，例如一支管弦乐队和一个合唱队，一支管弦乐队和多支补点话筒，或一支乐队和一位独唱歌手等组合，那就需要使用一张调音台。通常会把一对话筒置于管弦乐队上方，而将另一对话筒置于合唱队上方，从调音台的插入发送处连接多轨录音机，然后回到录音室后再把那些声轨混音为立体声。如果预算不允许购买多轨录音机，那只能把那些话筒信号以实况方式直接混音到一台立体声录音机上。

为监听MS制式的立体声录音，需用一个MS矩阵小盒把MS信号转换为所要监听的左-右信号。

22.2　场地的选择（Selecting a Venue）

如有可能，尽量安排在具有良好声学条件的室内进行录音。演奏出的音乐应该有足够的混响时间（对管弦乐音乐而言，需约2s的混响时间），这非常重要，因为它能在业余的录音作品与商用的作品之间划分出明显的界限。可尝试在观众厅、音乐厅或教堂内录音，而不要在乐队排练场或体育馆之类的场所内录音，在带有木质墙面以及靴子盒状的大厅可以录得最佳的声音。

可能不得不在大厅内录音使录得的声音太干，那就是因为混响时间太短，在这种情况下要用数字混响插件程序加入人工混响。

如果场地被嘈杂的交通包围，可考虑在午夜录音，录音时尽可能关闭发出嘈杂声的空调。

通知场所经理并要求该处电工人员在录音当天开启舞台电源，询问从何处运入设备，确认在安装设备时不要锁门等事宜。

22.3　录音任务的设置（Session Setup）

在投入工作之前要对所有的设备进行测试，确保所有设备都能正常工作，如果有用电池供电的设备，要在音乐会即将开始之前更换新电池。建议使用交流电源，因为在长时间的录音任务内，会经常出现因为电池电量耗尽而影响工作的情况。设备在直至设备搬走都应放在房间或录音室内，如果放在室外冰冷的汽车内，电池电压可能会下降数伏。

确保硬盘、SSD或闪存卡在为录音任务录音时要有足够的容量，在第14章内，表14.1列出了1小时录音所需要的存储容量。

要早到现场数小时，以便能有时间进行系统的安装和设置。

首先，设备要接通电源，可以用电池或把一条交流电源延长线插入舞台附近的电源插座盒，确保电源盒上有电。沿着电源延长线，纵向贴上电工胶条或在其上覆盖保护材料以免绊跌，要拴住电源插座板及电源延长线，保证有人拉起电源延长线时不致使它们之间分离。

在录音之前，要到舞台上聆听演奏着的乐队，听其声音是否很干、很沉闷或者是否出现早期反射声引起的声音太模糊或混浊的情况，也许需要请有些演奏者挪动到大厅演奏。

22.3.1 话筒的架设（Mounting the Mics）

把话筒按事先设定的立体声拾音方式摆放，例如，假定用交叉摆放在立体声话筒条上的心形话筒来为一支管弦乐队的排练录音（近重合对方式）。把立体声话筒固定条旋紧到话筒架上，把两支心形话筒固定到立体声话筒条上，开始，把两支话筒的夹角调节到110°，将两话筒头的水平间距置于7in，升高话筒之后，设法使话筒向下指向管弦乐队。也许要把话筒安装在防震架上，或把话筒架置于海绵垫上，使话筒免受来自地板上的震动。

通常，用2支或3支话筒（或1支立体声话筒）摆放在乐队前方数英尺处，并把它们升高（见图22.1）。第8章的话筒技术基础内详细介绍了有关立体声拾音的方法，话筒的摆放控制着声学全景或与乐队的距离感、乐器声部之间的平衡及立体声声像等。

作为一种初始位置，把话筒架置于乐队指挥台之后、前排演奏者之前约12ft的地方，接上话筒线并用电工胶布把话筒线粘在每副话筒架的顶端以缓解张力。把话筒升高至离地面14ft高的位置，这样可避免相对于后排管弦乐队而言，太过分地拾取前排乐器声。令话筒稍微远离观众也可以减少拾取观众的噪声，也可以用电工胶布把话筒线绑在话筒架底部，防止话筒线被拉拽。

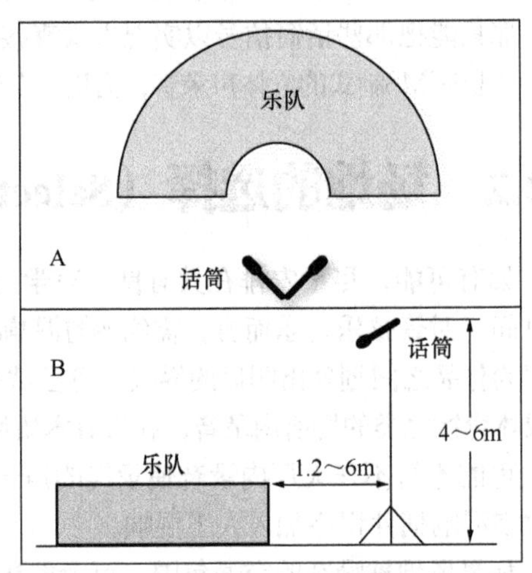

图22.1 典型的古典音乐乐队实况录音用话筒摆放技术：（A）顶视图，（B）侧视图

要留有数圈的话筒线放在每副话筒架底座附近，这样可允许话筒架能有再次摆放的余地。这种松弛的话筒线摆放，也考虑到了遇有意外时，话筒线缆还有缓冲的余地。在敷设话筒线缆时，不要使话筒线受到踩踏，或者要用垫子覆盖。

在实况演出、转播或拍摄音乐会时要求用隐藏式的话筒摆放方式，这对音质来说不会太理想。在这种情况下，或者为永久性安装使用，可能要使用吊挂话筒的方法，而不用话筒架。可以用3根分隔开的尼龙钓鱼线为一块立体声话筒板条定位，首先要确保钓鱼线的拉伸强度超过话筒和立体声板条的重量。用一根话筒线悬挂各自的话筒，用两根钓鱼线系住每支话筒的前端并

瞄准乐队。界面话筒可以较好地拾取小型乐队或独唱独奏音乐会的声音，对于戏剧或音乐剧场合，可将指向性界面话筒置于靠近地灯处的舞台地板上。Schoeps出品的话筒架又薄又呈暗色，可用于放置不显眼的补点话筒。

如果不能确定要使用哪一种话筒技术时，可以设置两支或多支话筒阵列把它们记录为多声轨。当要把节目制作成母带时，选择音质最佳的那一轨，甚至可以把两对或多对话筒的信号加以混音。

22.3.2 连接（Connections）

现在准备进行连接，这里仅列举一些使用两支话筒的方法。

■ 如果立体声录音机具有高质量的话筒前置放大器及幻象电源，则可把那些话筒直接插入录音机的话筒输入端。

■ 如果录音机缺乏幻象电源（或幻象电压低于话筒要求），则把话筒插入一台幻象供电电源，再从幻象供电电源那里把信号送到录音机的话筒输入。

■ 如果录音机缺乏高质量的话筒前置放大器，则把话筒插入低噪声的话筒前置放大器或把话筒插入具有幻象电源的调音台，再从调音台那里用线缆连接到录音机的线路输入。

以下为一些使用多于两支话筒的连接方法。

■ 把那些话筒插入舞台话筒缆盒（在第5章中述及）并把多芯线缆送回音频接口，把多芯线缆上的话筒接插件插入接口的话筒输入。

■ 从接口端口处把信号连接到笔记本电脑上。

22.3.3 监听（Monitoring）

戴上耳机或在单独的房间内用音箱来进行监听，审听座位至音箱之间的距离要等于两只音箱之间的距离。最好使用近场监听方式（音箱间相距3ft，审听者与每只音箱之间的距离也为3ft），这样可以降低房间声学引起的音箱的声染色。

旋起录音电平旋钮并监听其信号，在管弦乐队发出声响后，把录音电平设置在−20dBFS附近，在监听音箱上已可听到一种清晰的信号，在这之后更要细心地调节电平。

22.4 话筒的摆放（Microphone Placement）

再也没有什么因素比话筒的摆放对古典音乐的制作风格更具有影响力。拾音距离、极坐标图形、话筒摆放的角度、话筒之间的分隔距离及补点话筒的拾音等都会影响所录声音的质量指标。

22.4.1 拾音距离（Distance）

话筒与乐器之间的摆放距离必须比在现场声音最好的聆听位置更要向乐器靠近些，如果把话筒摆放在听众聆听声音时的最佳位置上，那么当把录得的声音在音箱上重放时，会听到一种模糊而又遥远的声音，这是因为除管弦乐队的直达声之外还拾取了混响声。近距离拾音（距乐器前排4～20ft）则由于增加了直达声而弥补了这一影响。

话筒与管弦乐队的距离越近，在录音作品中的声音越为紧密。如果乐器的声音太紧密、太锋利、太细碎，或者如果某些录音作品缺乏厅堂环境效果声，那么多半是由于话筒与乐器之间的距离太近，这时可令话筒架再远离乐队1～2ft，再试听其效果。

如果听到所录得的管弦乐队声音太遥远、模糊或混响过多，那是因为话筒距离乐队摆放得太远，可把话筒向乐队靠近些，再试听有无改善。

最后将会找到一个可称为“最佳点”的摆放位置，在那些位置上所录得的乐队直达声与音乐厅环境声达到令人喜爱的最佳平衡，在听其回放时，声音既不太紧密又不令人感到遥远。

拾音距离影响对乐队声音在听觉上的紧密度（全景感觉）的原因在于，贯穿于整个房间的混响声压级几乎相等，但是来自乐队直达声的声压级是随着与乐队距离的缩短而增大的，近距离拾音提高了高的直达声/混响声的比例，远距离拾音则降低了这一比例。直达声/混响声比例越高，那么在听觉上所感到的距乐队的距离越近。

如果录音场所的硬质墙面——砖块、玻璃、石头等导致反射“活跃”时，这时就需要采取近距离拾音。另一方面，如果声音太寂静，那是因为场所的软质表面——毯子、挂帘、软质材料填充的座椅等——则要采取较远距离的拾音。

作为最佳点的选择，可以用一对立体声话筒对对乐队进行近距离拾音（得到更好的清晰度），另一对话筒进行远距离拾音（得到环境空间感）。按照Delos录音指导John Eargle的意见，远距离拾音时，远距离话筒对与近距离拾音的主话筒对之间的距离不要超过30ft，否则信号将出现仿真回声。可以把两对立体声话筒记录在多轨录音机上，回到录音室后再进行混音，这种方法的优点如下。

■ 可以避免拾取破坏音质的早期反射声。

■ 近距离拾音可以减少对背景噪声的拾取。

■ 录音结束之后，可以调节直达声/混响声的比例或者凭听觉调整与乐队的距离感。

■ 由于两对立体声话筒对之间的延时很长，并且它们的电平及频谱上的不同，因而两种话筒对之间因相位抵消会引起某些梳状滤波效应，但是并不严重。

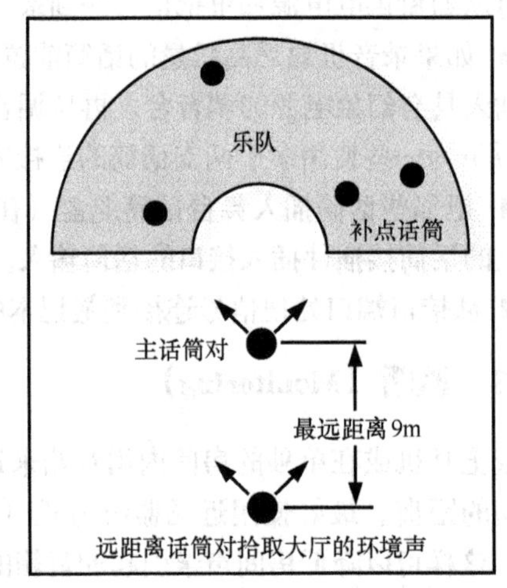

图22.2 使用近距离的主话筒对及环境声用的远距离话筒对的一种双MS拾音技术，补点话筒也在图上画出

与此相似，Skip Pizzi推荐了一种“双MS”拾音技术，该技术使用将一对近距离的MS制话筒与一对远距离拾音的MS制话筒混合的方法（见图22.2）。一对MS制话筒近距离拾取乐队演奏声音的清晰度及鲜明的声像，另一对话筒拾取大厅的环境声及其纵深感，为降低成本，远距离话筒对可用XY制话筒对来替代。

如果乐队要经过扩声系统扩声，可能要专注于采用更近距离的拾音，以避免从扩声音箱那里拾取音箱声和回授声，那时将要加入高质量的人工混响或回旋混响。

为提供转播或通信应用，可考虑为乐队指挥使用一支无线领夹话筒或装在话筒架上的话筒。

22.4.2 立体声声像分布的控制（Stereo-Spread Control）

现在集中关注立体声的声像分布问题。如果听到声像分布太窄，那就意味着话筒之间的夹角或分隔间距太过靠近，可以用增加话筒之间的夹角或间距的方法，直至声像定位精确。**注意**：越增加话筒之间的夹角，将使乐队的乐器声分隔越远，如果增加话筒之间的分隔间距，则不会使声像分隔过远。

如果审听偏离中心的乐器声像太过偏左或太过偏右，那么说明话筒之间的夹角过大或间距过大，把它们靠拢一些直至声像精确定位。

如果使用一支MS制话筒录音，可以在录音期间，也可以在这之后改变被监听的立体声声像分布。

如果要在录音期间改变立体声声像分布，把立体声话筒输出连接到矩阵小盒，然后把矩阵小盒上的左-右输出连接到录音机上，使用矩阵小盒内的立体声声像分布调节钮（M/S比）来调节立体声的声像分布。

在录音之后用矩阵小盒来改变声像分布的方法，把中间信号记录在一条声轨上，把侧向信号记录在另一条声轨上，用矩阵小盒来监听录音机的输出。回到录音室之后，通过矩阵小盒播放中间和侧向声轨，按需要调节立体声声像分布，然后录下左、右声道的输出。

在录音之后用数字音频工作站来改变声像分布的方法如下。

1. 把中间话筒记录在声轨1，把侧向话筒记录在声轨2。
2. 把声轨2拷贝或克隆到声轨3上，要确保它们的波形对齐。
3. 把声轨2的声像向极左偏置，把声轨3的声像向极右偏置。
4. 令声轨3的极性反相，或者使用一种“转换极性”的插件程序。
5. 把声轨2与声轨3编成一组，使它们的推子一起移动。
6. 如果要改变立体声的声像分布，相对于声轨1来改变声轨2和3的电平。

如果在演奏者们到来之前，就可以进行多种拾音位置的设置，可以在话筒前说出自己的所在位置（例如“左边”“中左”“中心”等）时录下自己的讲话声。回放这段录音时，可以评价由自己所选择的立体声阵列所提供的定位精确性，这种定位测试的录音方法是极好的实践。

立体声声像分布的监听

在音箱上饱满的立体声声像分布，是在自左音箱至右音箱所有方向上都有声像分布。在耳机上饱满的立体声声像分布可以描述为从一只耳朵至另一只耳朵之间一种立体声分布。在耳机上所听到的立体声分布可能或者不可能与在音箱上所听到的相一致，这要取决于所使用的话筒技术。

由于人耳的听觉心理现象，通过耳机来监听用重合话筒对录音时的立体声声像分布要比用音箱监听时更欠缺些，例如，从音箱上听到位于中左位置的乐器，在耳机上聆听时，那件乐器的位置倾向于偏向中心位置，所以在用耳机监听时要加以说明或只用音箱来监听。

如果你想在录音时用耳机来监听，或者期望用耳机来聆听其回放声，这就应该使用近重合对拾音技术，因为这样会在耳机和音箱上具有相似的立体声声像分布。

理想的情况是，监听音箱应该设置为近场监听方式（听者与音箱之间距离为3ft，音箱与音响之间距离为3ft），这样可以减少房间声学上的影响并能改善立体声声像。在监听音箱后面的墙面上贴上一些吸声材料板，可以使音箱之间的距离扩展数英尺。

如果要将大型的监听音箱摆放在离听音者更远的位置上，则要用吸声海绵或厚些的玻璃纤维吸声材料（用平纹细布盖住）来使控制室的声学更沉寂些。把吸声材料置于音箱后面的墙面上，这样可平滑频率响应，并有鲜明的立体声声像。

还可以在监听系统内增设一个立体声/单声道切换开关，可用于检查对单声道的兼容性。

22.4.3　独唱歌手的拾音及补点话筒（Soloist Pickup and Spot Microphones）

有时独唱歌手在管弦乐队前面演唱，则必须抓住歌手与乐队声音之间的最富鉴赏性的平衡，也就是说，主立体声话筒对应该被摆放在使歌手与乐队之间的相对响度和实际的现场音乐声相当的位置。如果歌声相对于乐队声太强（通过耳机或音箱监听），则应把话筒的高度升高一些；如果独唱歌声太轻，则相应降低一些立体声话筒对的高度。也可以把一支补点话筒（**重点话筒**）摆放在离歌手3ft处，并与其他一些话筒混合，并要细心注意歌声应出现在相对于乐队的正确的纵深位置上。

如果同时使用扩声系统，为避免回授啸叫，应把歌手话筒置于歌手前8~12ft的位置，在歌手话筒上罩上泡沫防风罩。要使歌手话筒不太显眼，可以将小振膜话筒置于与歌手胸部高度齐平的位置并对准歌手的嘴部，并使用像Schoeps Active Tube RC那样修长的话筒架。

许多录音公司在为古典音乐录音时喜欢用多话筒及多声轨录音技术，用这种方法可以在平衡度和清晰度方面进行多种控制，在许多困难场合下这样做是必须的。通常需要在各种不同的乐器或乐器声部上使用多支补点或重点话筒，用来改善平衡度或提高清晰度（见图22.2）。其实，古典音乐录音专家约翰·埃格尔（John Eargle）曾指出，使用单一立体声话筒对的拾音很难有好的录音结果。

一件录音作品并不总是抓住乐队的真实声音，而是由你来表达乐队所发出的乐声，你要让作品更可信而不是更现实。例如，补点话筒能够把你的注意力吸引到特定的乐器上，就非常像你的眼睛在音乐会上想要看到什么那样。

管弦乐后面演唱的和声可以分别用2~4支心形话筒拾音，还可以把和声放在观众区面对着乐队，并对和声进行拾音。

如果录音用话筒也兼用于扩声，则把和声用话筒置于距离前排3ft、后排头顶上方3ft的位置上，将钢琴话筒及带有防风罩的独唱歌手话筒置于距离它们的声源8in处。把所有这些话筒的信号录入多声轨，回到录音室之后再对这些声轨混音，如有需要可以加入混响和均衡。

对每支补点话筒的声像进行调节，要使该话筒的声像位置与主话筒对的声像保持一致。在你的数字音频工作站上使用哑音开关，变换着监听主话筒对与每支补点话筒的声像位置，用声像位置上的对比，对补点话筒信号的声像加以调整。

使用补点话筒时，要调整相对于主话筒对较低的电平——在音量仅仅足够用来加入清晰度，而不能大到足以破坏纵深感的时候，再把它们混合在一起。补点话筒推子的操作要精细地或像不被接触地移动，否则在突然间推起推子时，会产生因近距拾音而听到某件乐器像跳到前台来演奏那样的情况，快速拉下推子时，会听到那件乐器又返回到了乐队中间。要用到独奏时，可把补点话筒的推子推起，独奏结束后，推子仅拉下6dB，而不能把该推子全程拉下。

通常由补点话筒所拾取的乐器音色过于明亮，这时可以用某些高频衰减来加以修正，或使用具有高频衰减特性的话筒，给补点话筒加入一些人工混响也会有所帮助。

为进一步组合补点话筒与主话筒对的声音，需要对每支补点话筒的信号加以延时才能与主话筒对的信号协调一致，用这一方法，主话筒与补点话筒的信号可在同一时间被听到。对于每支补点话筒所需延时时间的公式为：

$$T = D/C$$

这里：T =延时时间，以秒计

D =补点话筒与主话筒对之间的距离，以英尺计

C =声速，340m/s（11 30ft/s）

例如，补点话筒位于主话筒对前面20ft的位置，则需要的延时时间为20/1 130s或17.7ms。有些录音师甚至会采用更长的延时时间，再增加一段时间（10~15ms）到补点话筒上，使补声

不太明显。作为梳状滤波的一条规则，1ft相当于约1ms的延时。

对于多声轨音乐会录音的声轨安排建议如下。

声轨1-2：主话筒对。

声轨2-3：远距离对话筒。

声轨4-5："突出支架"或宽广的分隔话筒对。

声轨6及以上：补点话筒及乐队指挥用话筒（用于报告遍数）。

话筒一旦正确就位，用电工胶条把话筒架的支腿粘在地板上（或压上沙包），使话筒架不易被绊倒。

22.5　电平的设定（Setting Levels）

现在可以设定录音电平，请求乐队指挥让乐队演奏音乐作品中音量最大的部分，把录音电平设定到所要求的读数上。对于数字录音机而言，典型的录音电平在峰值电平表上的最大读数为−6dBFS。电平上升到最大0dB时声音虽然不会失真，但是校准在−6dBFS时可以允许为出现突发大音量的情况留有余地，因为低音鼓和定音鼓的击打声可以产生极高的峰值电平。

如果计划用无声检查的方法来为一场音乐会录音，就必须在开始时间之前把录音电平旋钮设定在正确的位置附近。在音乐会录音开始之前的试录期间就进行这些工作，或者只凭经验来进行，把旋钮设定到先前录音任务所进行过的那个位置上（假定使用的是相同的话筒并在相同的场所进行录音）。另一种预置录音电平的方法是在管弦乐队校音的时候将峰值电平表校准在−20dBFS位置。

在到达现场之前，应该在录音室监听音箱上或家用立体声音响设备上大声播放该管弦乐队的音乐，设置话筒和录音机，并设定大致的录音电平。如果需要设定电平推子在低于1/3位置，表头的读数已经达到了0dB，这时需要插入一个衰减器或把话筒增益开关设定在低增益位置。

22.6　一场音乐会的录音（Recording a Concert）

在音乐会之前，要得到一份打印好的、有关音乐选曲的节目单（理想的是乐谱），在这份节目单上，在每一首音乐作品的旁边，将要记下录音机计时器上每首作品的开始和结束时间。在乐谱上，要在发现有令人烦恼的咳嗽声的地方做上任意一种需要剪辑的标记，或者从排练时所录得一遍的内容中补录某个音符，这样在以后剪辑录音时将有助于正确地找到并识别各首音乐作品。

当乐队指挥上场时（或早一些时间）即开始录音，如果录音媒体允许，音乐会的录音是不停顿的。记下话筒的摆放位置及录音电平，可供日后工作进行参考。

22.7　剪辑（Editing）

一旦完成了录音任务，就可把录得的内容带回录音室。音乐会的录音在每首作品之后有长时间的掌声，要做缩短掌声的剪辑并在乐曲之间插入数秒的静音。以下为使用数字音频工作站剪辑立体声录音的建议步骤。

1. 在计算机与录音机之间连接一根数据传送线缆，计算机把录音机识别为一台存储设备，将录音机中的音乐会WAV文件拖曳至硬盘或SSD上。

2. 在音频剪辑软件内，开始一项新的任务并设置一条音频声轨。

3．从硬盘或SSD处把音乐会文件导入音频声轨。

4．回放声轨并找到第一首乐曲，可参考先前在录音任务记录本或音乐会节目单上记下的计时器时间。

5．删除音乐会第一首作品开始之前所录内容，但是要保留一定的时间间隔。

6．找到第一首作品结束处的掌声，将约10s的掌声分隔为片段（clip）或区域（region），也把下一首作品开始之前的数秒分隔为片段，切除分隔点之间的音频，但要保留一定的空间间隔。

7．把乐曲的片段用标题加以标注。

8．对余下的作品片段重复第6步骤。

现在每个乐曲片段是一个独立的已被标注为片段或区域的部分，并出现在屏幕上，接着要加入淡入淡出的效果并调节片段之间的空间间隔，见图22.3。

1．把第一首乐曲作品滑回时间零点，然后再向右滑动10帧（1/3s）。

2．在每首乐曲作品的结尾处，让掌声播放约3s，然后淡出约8s，在使用淡入淡出的效果时，开始处要快，结尾处要慢。

3．如果在某处有像空调的隆隆声那样的背景噪声，则在每首乐曲作品开始前约2s的位置插入一段淡入声（见图22.3），或者当音乐开始时令声轨立即开始进入，即在乐曲作品开始前没有环境声。

4．滑动片段的时间使片段之间获得一个4s的缝隙（或者使用任何听起来合适的声音间隔）。

如果不想乐曲作品之间均为静音，则不用淡出掌声，在每首乐曲作品的片段末尾处掌声停止结束，在片段之间放置大约4s的在音乐厅内静音时录得的一小段**房间声**。

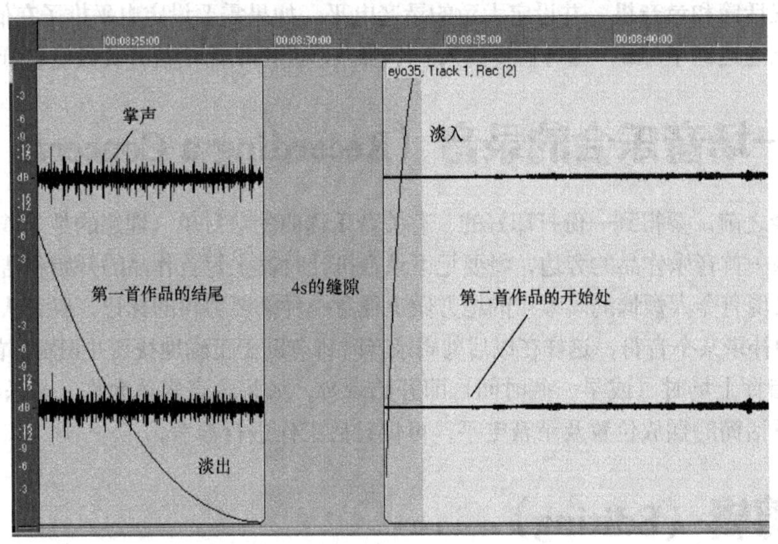

图22.3　数字音频工作站的屏幕显示一段掌声的淡出、一段4s的缝隙及下一个段落开始之前的一段淡入

当剪辑一种没有掌声的录音任务时，可以将每个片段的开始处刚好设定在第一个音符之前，将每一个片段的结束处刚好设定在混响的尾音淡出至静音之处，在片段之间留大约4s的静音间隙（或是无论什么正常的声音）。

在完成剪辑之后，记下每个片段的开始时间及时间长度，将用此信息来写出提示表，该表格决定在刻录CD时的开始识别标志（Start IDs，已在第20章讲述过），将已经剪辑好的节目导

出为一个24bit的立体声文件。

有时，尽管做了最好的准备并且使用了最好的话筒，但录音作品的频谱平衡却仍很贫乏，低音可能很弱，弦乐刺耳，大厅混响在500Hz处很浓重等，乐声中回放出太强的房间声响。幸运的是，通常可以用均衡来解决具有音质平衡偏差的录音作品，有一种有效的工具，即谐波平衡器（Hamonic Balancer），它能指出录音作品的频谱，并可以根据需要来加以均衡。由低频直至1kHz的频谱应该相当平坦，对其超过的部分可以逐步加以衰减。

如果是用指向性话筒录得的声音，想把它们在低音部分的频率响应变得平直，只要在50～100Hz附近加以提升，直至声音自然，或者提升到与使用全指向性话筒的低音响应相当。如果话筒已经在一定距离下由工厂均衡到了平直响应，那么就无须再加以均衡。

节目经过均衡之后（如有必要），导入这一均衡过的文件并进行归一化处理，使节目的最高峰值电平（用峰值电平表方式）只能到达-0.3dBFS。最后，启用比特补偿器并把经过归一化处理的混音导出为16bit的立体声文件，即可从这一文件上刻录一张CD，这张CD就是你最终的录音作品！

第23章 网络音频、数据流及在线协作（Web Audio，Streaming，and Online Collaboration）

如果你已经录制好了一首新歌，想让别人马上聆听，那么除（或代之于）CD之外，可以把这首歌曲发布到网络上。

为何要把你的音乐在线公布呢？网络上的歌曲摘录可以吸引听众购买你的CD或下载你的歌曲，网络上歌曲的成本要低于CD的价格，也就是说，网络上的在线直销远比配售CD快捷。不过，请记住，要在数百万首歌曲之中使你的歌曲受到关注是十分困难的事，现在有许多书籍及网站都提供了许多关于音乐营销的建议。

23.1　数据流与下载（Streaming Versus Downloading）

主要有两种方法把音乐传输到互联网上：数据流文件和下载文件。在你单击**数据流文件**的标题后可以立即播放，而**下载文件**要等到把整个文件拷贝到你的硬盘上之后才能播放。数据流音频几乎是即时可听（缓存存储器存满之后），但是网络拥堵通常会使声音受阻并被中断。

数据流音频的声音质量取决于调制解调器的速度，其范围从时髦的调幅无线电广播音频（使用低带宽的互联网连接）到接近CD质量（用高带宽连接）的音频。下载音频文件时，必须等待数秒至数分钟来完成歌曲的下载，但是在播放时，其声音具有高保真度而且是连续的。

23.2　数据压缩（Data Compression）

记录在计算机上的音频文件通常是WAV或AIFF文件，它们需要较大的存储量。一首在16bit/44.1kHz的条件下录制成3min的歌曲要耗用约32MB存储量，上传需要较长时间。这里有一种方法可以减小音频文件的大小使之能够更快地上传和下载：数据压缩。

数据压缩（数据简化）是一种减少数据文件大小的编码方案，它利用了因人耳的掩蔽效应而被丢弃、被认为听不见的那些音频，音频WAV文件可以用把它们编码成为MP3、WMA或其他格式文件的方法来减少文件的大小。例如，如果把一首3min的歌曲按10∶1的压缩比压缩后，那么将占用大约3.2MB的存储量，而下载该文件的时间就很短。

大多数类型的数据压缩有降低音频质量的倾向，数据压缩格式的音频文件的声音质量取决于它的**比特率**，比特率用每秒有多少千比特来计量（kbit/s），比特率是每秒被处理过的数据量。比特率越高，声音质量越好，但是文件越大。立体声MP3文件用128kbit/s的比特率已被认为在声音质量与文件容量之间有较好的折中，在用较低的比特率（等于和低于128kbit/s）时，将会听到像“成涡旋形的”铙钹声、瞬间被拉长了的拖尾的击鼓声、常见的“移相”效果及较少的高音等。在将比特率提高到约192kbit/s时，那些人为效应开始消失，大多数聆听者会认为声音已达到了CD质量。

简而言之，减小文件容量及减少下载时间的数据压缩是以降低声音质量为代价的，像MP3那样的数据压缩文件被称为**有损压缩**文件，因为它们失去了一些数据；像WAV、AIFF那样的非数据压缩文件被称为**无损**文件。

在128kbit/s比特率下编码的立体声MP3文件，每声道的比特率为64kbit/s，所以在64kbit/s比特率下编码的单声道MP3文件在声音质量方面相当于在128kbit/s下编码的立体声MP3文件。如果两者使用相同的比特率，那么单声道文件所占用的文件空间是立体声文件的一半。

表23.1列出了MP3立体声比特率与声音质量之间的关系。

表23.1　各种MP3比特率下的数据压缩比及声音质量

比特率［恒定比特率（CBR）］	压缩比	声音质量
64kbit/s	20:1	调幅广播质量
128kbit/s	10:1	低于CD质量
192kbit/s	7:1	接近CD质量
256kbit/s	5:1	CD质量
320kbit/s	4.4:1	CD质量

随着互联网速度的提升，用户对数据压缩的需求减少了，现在我们可以用极为优秀的声音质量来传送无损的WAV文件。例如，音乐数据流服务及一些网站可以提供CD质量的数据流服务。

23.3　与网页有关的音频文件（Web-Related Audio Files）

可以用多种文件格式把音频放到网络上，以下为几种目前常用的文件类型。

WAV（.wav）：是音频文件用的标准PC格式，使用脉冲编码调制方法对声音采取无任何数据压缩的编码。WAV文件常用的音频CD分辨率为16bit/44.1kHz。由于WAV文件占用大量的存储空间（一首3min的立体声歌曲占用约32MB存储空间），传输时间较长，因为它们要花费太长的时间下载，所以很少使用在互联网上。

AIFF(.aif)：AIFF音频内部交换文件格式,这是音频文件用的标准Mac格式，用此格式可在PC与Mac之间传输音频文件。像WAV文件一样，AIFF文件也不经过数据压缩。

MIDI（乐器数字接口，.mid）：这是一种MIDI音序，不是一种音频文件。一个.mid文件是一串如音符开/关、哪一个音符在被演奏、键速度等代表演奏姿态的数字，在第18章已讲述如何创建MIDI文件。由于MIDI文件不包括音频，所以它们非常短小精炼，用户可以在下载MIDI文件后把它导入到MIDI音序器或MIDI/音频数字音频工作站。在播放时，音序在合成器、声音单元或软件合成器内产生乐音，为确保正确的乐器声播放，大多数人使用**通用的MIDI文件（General MIDI file）**格式。

以下为使用数据压缩的文件格式。

MP3（MPEG Level-1 Layer-3）：这是最受欢迎的格式，可以选择一种低比特率来制作较低声音质量的小型文件，或者可选择一种高比特率来制作较高质量的大型文件。

在对MP3文件进行编码时，可以选择一种CBR或可变比特率（VBR）。VBR在面对复杂的音乐片段时，使用较多的比特，在面对较简单的音乐片段时，则使用较少的比特。而CBR则均以相同的比特率对每一帧编码，所以它有较低的效率。使用VBR可以以尽可能低的比特率和小的文件容量来获得固定级别的质量，所以CBR仅被推荐用于比特率必须被固定的数据流。可用比特率（ABR）则是介于CBR与VBR方式之间的折中方案，当需要了解被编码文件的容量、但仍想在比特率上允许有些变化时，则可使用ABR方式。

MP3Pro：一种改进后的MP3格式。用MP3Pro格式在64kbit/s比特率下编码的歌曲，其声音与用MP3格式在128kbit/s比特率下编码的歌曲一样好听。MP3Pro格式提供更快速的下载，并可以将接近双倍的音乐容量放到闪存式播放器上，MP3文件与MP3Pro文件在彼此的播放器上互相兼容，但MP3Pro播放器需要用声音质量上有改进的MP3Pro改进版内容。

WMA（Windows媒体音频）：这是一款提供数字版权管理（Digital Rights Management,

DRM）的受欢迎的微软格式，它提供拷贝保护的技术。对于在线音乐书店非常有用。WMA Pro也支持多声道及高分辨率音频。

RealAudio（实时音频）：这是用于数据流音频及从RealAudio的音乐书店那里下载音乐的格式，数据流音频的保真度取决于调制解调器的速度及当前的互联网带宽。RealAudio文件（.ra或.rm）通常用于简短的摘录或作为歌曲的预先试听。

OGG（Ogg Vorbis）：Ogg Vorbis是无须许可证的公开性软件。对于某个给定的文件容量而言，Vorbis发出的声音要比MP3更优良，Vorbis所占用的文件容量要比同样音频质量的MP3更小。

AAC（MPEG Advanced Audio Coding，MPEG先进音频编码）：AAC文件在同样的比特率下可提供比MP3文件更好的音频质量。许多聆听者声称，在128kbit/s比特率下得到的AAC文件，它所得到的声音好像与未经压缩的原始音频信号源一样。还有，AAC支持多声道音频及具有广泛范围的采样率和比特深度，它还可以与数字版权管理技术一起应用，有助于控制音乐的拷贝和分发。iTunes要求用无损文件格式上传音乐，但是AAC文件需要在256kbit/s的比特率下完成制作。

HD-AAC是联合了MPEG-4 AAC有损压缩和MPEG-4 SLS无损编码的一种格式，它可提供自发烧友级别质量至低比特率质量之间任何级别的单一文件。用单一的HD-AAC经编码后的文件，在家用立体声音响可以播放无损的高质量的版本，也可在iPod上播放一种有损的、小型文件容量的版本。

FLAC（免费的无损音频编解码器）：一种可保持混音的音频质量的编解码器，而且可把文件容量降低一半。它的无损在于音频虽然经过压缩（减少数据），但在音频质量上没有任何损失。与WAV文件不同，FLAC把**元数据**嵌入文件内，该文件可以将艺术家、歌曲集、歌曲、ISRC（国际标准录音制品编码）等信息显示在音乐播放器上。

当前，WMA和MP3是最为常用的音频格式。

聆听

播放配套资料中的第41段音频，演示了MP3文件和WMA数据压缩文件的声音质量。

23.4　上网须知（What You Need）

要把你的音乐放到网络上，需要下载一些软件，这些软件都是收费低廉或是免费的。

Ripper（转换器）：也称之为Grabber（掠夺者）。这是一种把CD或CD-R上的音频转换为一个WAV文件或MP3文件的程序。例如，Exact Audio Copy、CDex、FreeRip3。Windows Media Player 12可被分解成MP3和其他格式。如果你的录音作品是存储在计算机硬盘上，而不是存储在CD上的话，就无须使用这个软件。

MP3 Encoder（MP3编码器）：这也是一个被称为WAV至MP3的编码器，也被称为MP3转换器，其应用程序把WAV文件或AIFF文件转换成MP3文件。免费软件的例子有RazorLame及Lame MP3 Encoder。有些录音软件还包含MP3编码器，像FreeRip3、CDex、dbpowerAmp、foobar2000、Audio Mp3 Editor及Exact Audio Copy等也是如此。

ID3 Tag Editor（ID3标签编辑器）：这是将歌曲标题、作者、体裁及其他元数据信息加入MP3文件的程序，在播放MP3文件时，这些信息会被显示在屏幕上，在评论场合还可以加入录音室联系信息。Stamp ID3 Tag Editor及MP3tag为两种免费的程序。有些MP3播放程序还包括一个Tag Editor（标签编辑器），如果想下载获得广播波形文件，可利用这一功能获得适当的元数据。

WMA编码器：这是把WAV文件或AIFF文件转换为WMA文件的可选项程序，Windows 媒体技术（Windows Media Technologies）具有数字版权管理功能，它对拷贝或格式转换有所限制。

Ogg Vorbis 编码器（可选）：它可把CD声轨或WAV文件转换成Vorbis格式。对于一个给定容量的文件，Vorbis所发出的声音要比MP3更好听，Vorbis所占用的文件容量要比同样音频质量的MP3更少。

想要审听你放在网络上的音乐，需要的播放器如下。

MP3 Player（MP3播放器）：这是可以用来播放MP3文件的程序或设备。一些软件播放器的例子包括Windows Media Player，Realplayer Cloud及苹果电脑操作系统内的QuickTime。大多数新型的计算机内都包括MP3播放器，可携带的MP3播放器可以播放从网络上下载的MP3文件。

Windows Media Player（Windows媒体播放器）：虽然它主要用来播放Windows Media files（Windows媒体文件），但这一免费程序还可播放许多其他种类的文件，例如.avi、.asf、.asc、.rmf、.wav、.wma、.wax、.mpg、.mpeg、.m1v、.mp2、.mp3、.mpa、.mpe、.ra、.mid、.rmi、.qt、.aif、.aifc、.aiff、.mov、.au、.snd、.vod等格式的文件。

播放器、转换器及编码器等来源可在搜索引擎处搜索，有些数字音频剪辑程序可以输出MP3文件和WMA文件。

23.5 如何创建压缩过的音频文件（How to Create Compressed Audio Files）

现在你已经有了与网络有关的音频文件创建工具，基本上我们需要完成以下几项工作。

1．开始使用计算机上一首歌曲的WAV文件，或者用一个Ripper（转换器）把CD上的歌曲转换为一个WAV文件。

2．剪辑并处理这个WAV文件，将其优化为适合于互联网使用的文件。

3．然后用一个编码器，把WAV文件转换成一个MP3文件或WMA文件。

以下是更为详细的步骤，在下面的步骤中也可以用WMA文件来替代MP3文件。

1．开始使用一首歌曲的WAV文件，剪辑这首歌曲的开始点和结束点。也可以剪辑这首歌曲的30s时长的简短版作为你的音乐预听，为此可使用淡入和淡出的处理方法制成一段音乐预听。

2．接着，在网上播放时，需要对音频进行处理，使之获得更大的音量和更为清晰的声音。为此，可降低带宽：应用低切切除低于40Hz的频率成分，用高切来切除高于15kHz的频率成分。可以用更高的低切频率和更低的高切频率来进行试验，施加少量的压缩或多频段压缩，使用峰值限幅之后，对歌曲进行归一化处理，使歌曲的电平最大化。把这剪辑过、处理过的歌曲作为一个WAV文件（PC）或AIFF文件（Mac）保存到你的硬盘上。

3．用一个MP3编码器，在你的硬盘上把歌曲的WAV文件或AIFF文件转换为MP3文件。可能要使用128kbit/s的比特率，因为这是许多网站所要求的，这样可以在文件容量与声音质量之间有一种良好的折中。

4．如有必要，可使用ID3标签编辑器加入歌曲的标题、作者及注解等信息。

23.6 把音频文件上传到网络上的方法（Uploading Your Audio Files to the Web）

本书的一些读者是音乐工作者，他们想把自己的音乐上传到网络上。下面的一些上传步骤是专为他们而写的，并不针对录音师们的。把你的MP3文件上传到一个MP3服务器或音乐网站——它是接受用户在网上发布MP3文件的一个网站。CD duplicator Disc Makers会把你的歌曲快速地上传到各种服务器上，只收取小额费用。也可以在搜索引擎上搜索到MP3网站，有些网站提供免费下载音乐文件的服务，其他网站会向听众收费，这样你也可以得到一些收入。可把WAV文件上传到网站，而不是上传MP3文件，因为网站要把你的WAV文件转换为MP3文件。

作为一种选择，你可以把你的CD寄给CD Baby网站，他们将为你把它转换为数据压缩文件（见图23.1）。对于独立艺人来说，这是一种受欢迎而又实惠的CD销售方法。

图23.1 CD Baby网站（由CD Baby网站提供）

在社交媒体网站上，利用CD Baby的音乐商店是一种播放并销售你的音乐的免费而又便捷的方法，你的音乐则来自你的乐队的社交媒体网站主页，你还可以上传照片、视频、定制你的商店设计等。可以在CD Baby网站上创建一个CD Baby的账户，然后你可以在脸书、iTunes、Amazon等许多其他在线音乐商店上销售你的音乐，CD Baby将为你处理所有的交易和账务。

ReverbNation是另一个值得你了解的数字分销商，有了它，你可以为你的音乐建立一个在线商店，并与你的社交媒体网站整合。Bandcamp和Nimbit也提供这种服务。

eMusic网站不会与未署名的艺术家们合作，但他们接收来自独立唱片公司的音乐，通常他们是通过像The Orchard、INgrooves或TuneCore等的服务来进行，他们会压缩并交付唱片公司的CD目录给所有的数字音乐商店，将所有来自数字销售的收入加以汇总后向你报告。

一旦你选择了一个网站，进入并单击“Artists Only”（艺术家专区），再单击“Submit your music”（提交你的音乐），接着单击“Sell your music”（销售你的音乐）或进行一些类似的操作。这时你就可以上传你的MP3音乐了。

在你注册并填写了一些表格后，单击“Upload”（上传）或其他，你也可上传你的乐队扫描过的照片、你的专辑的封面及你的乐队的基本信息和音乐的文字说明。有的网站需要数天或数周的时间来批准你的歌曲。

一些网络电台可能愿意播放你的录音作品，你可通过电子邮件把WAV、MP3或WMA文件发送给他们。如果你要用压缩数据格式，在256kbit/s或更高的比特率下对MP3或WMA文件编码，而用VBR编码可以得到最佳的声音质量。

祝贺你——你的作品已经上网了！

23.7 把你的音乐放置到你的网站上的方法（Putting Your Music on Your Website）

前面已经详细介绍了如何把你的歌曲上传到MP3服务器上，现在介绍如何把你的歌曲放置到你自己的网站上去。当人们访问你的网站时，在单击歌曲的标题后就可以收听歌曲预听，或者下载整首歌曲。

你可以把你的MP3文件上传到SoundCloud网站并使用你的网站上的或社交媒体网站上的SoundCloud player，或者直接上传到在本节中已介绍过的你的网站服务器上。

让我们着手创建一页链接到每个MP3文件的网页，这很容易，你可以用网页设计软件来创建链接，或可以让网络管理员来完成。再次强调，下列的步骤也可以用WMA文件来替代MP3文件。

1．假定在你的CD或硬盘上有一首名为“Blues Bash”的歌曲，如果歌曲在CD上，用Ripper（转换器）软件，把那首歌曲以一个WAV文件（PC）或AIFF文件（Mac）格式传送到你的硬盘上，在本例中，我们称这个文件为Blues.wav。

2．用一个MP3编码器把WAV文件转换成MP3文件，这里建议设定为160kbit/s的比特率、VBR、立体声方式。这种设定可以用相对较小的文件来获得高保真的声音，并能相当快地下载。现在你就有了一个名为blues.mp3的MP3文件。

3．可以用ID3标签编辑器加上歌曲的标题及艺术家的信息。

4．把blues.mp3发送给你的网络管理员，并要求他们在你的网页上创建一个链接。

如果你是网络管理员，那么接着按如下步骤进行。

1．使用FTP（文件传输协议）应用程序或使用你的网络主机内的一种上传应用程序，把blues.mp3上传（发送）到你的网络服务器上。有些网络服务器为此设有一个上传页面，注意：有些网络服务器不允许上传MP3文件。在网络服务器站点上找到允许哪些文件上传的详细说明页面。

2．现在开始用你的网络浏览器并进入你网站上的剪辑应用程序，进入你的站点上的页面，该页面就会出现你的歌曲的页面。

3．键入歌曲标题“Blues Bash”，设置为高亮突出显示，并创建指向blues.mp3文件的URL链接。

4．单击歌曲标题（在本例情况下为“Blues Bash”），歌曲将会在缓存器存满之后播放，或者单击右键选择歌曲标题并选择“Save Target As”（目标保存为）。歌曲将会下载，这时可以用MP3播放器或WMA播放器以令人愉快的高保真立体声来播放歌曲。

关于你的音乐在线市场的另一个好消息，例如由Gray Mraz于2008年4月发表在*EQ Magazine*（《均衡杂志》）上的文章“Music's New Messiahs：You!”（《音乐的新救星：就是你！》）可知，CD Baby网站在你创建了一个账户之后会提供市场销售方面的建议。光盘制造商在网上发表了许多关于这个主题的文章。

音乐消费正趋向于流媒体音频，社交媒体网站是一些如MOG、turntable.fm及Pandora等流媒体网站的伙伴——免费播放音乐。一些公司还提供按月付费的订阅服务，虽然艺术家们并不会因此获得巨大的收入——每条数据流费用为1美分——但是影响巨大，尤其是社交媒体网站在其中发挥的作用。

23.8 实况音乐会的实时流媒体（Realtime Streaming of a Live Concert）

到目前为止，我们已经介绍了如何在网络上播放一件录音作品，假如你要在网络上实时播放（广播）你的实况音乐会的混音，那么网络直播（webcast）也相当容易。

网络直播是一种音频和/或视频事件在网络的广播，应用流媒体技术，在同一时间将视频和/或音频送到网络听众或网络观众那里。网络直播可以是实时（流媒体）发布的，或按需（下载）发布的，你将需要的硬件如下。

■ 一台2.4GHz或更快的计算机，它的内存（RAM）至少需要有2GB。

■ 一个2通道或更多通道的音频接口。

■ 一种上传速度在256kbit/s以上的互联网宽带连接，可使用卫星、T1、T3、DSL、有线网络或ISDN等，不能用拨号上网。

流媒体音频需要一台快速的计算机，这样可以整理你的硬盘（除非是SSD），关闭你的网络和文件共享，以及关闭所有未使用的程序。

有一些在线网站将为你播放你的音频，有关流媒体软件的更多信息，可访问网站的“live audio streaming”（实况音频流媒体）。你可以将Mixlr作为一个互联网广播电台来播放音频，或者定制你自己的直播播放器，并通过他们的网站复制和粘贴一些小部件代码，将你的直播播放器嵌入你的网站。Mixlr还提供了一些教程，展示如何创建SoundCloud播放列表，如何在社交媒体网站上共享广播，以及如何邀请听众在线观看实况音乐会。

因为Mixlr是免费的（它的基本版本），并且易于使用，所以值得一试。首先，你需要安装一个Mixlr应用程序，它将允许你把播放的直播音频从你的音频接口处送到Mixlr网站和你自己网站的嵌入式播放器上。

1．进入Mixlr网站注册(免费的)。

2．单击Broadcast（广播）→ Get Mixlr app（获取Mixlr应用程序）→ Download Now（下载）。

3．在你的计算机上安装此应用程序，Mixlr应用程序如图23.2所示。

得到音频接口后，把它插入你的计算机，安装软件并把它打开。把一支话筒插入接口进行试音，并将电平尽可能地设定为一个高数值，确保没有削波出现。

当一切准备就绪，进行如下操作。

1．运行你计算机上的Mixlr应用程序。

2．在Mixlr应用程序内，选择音频信号源：你的音频接口。

3．单击My Broadcast（我的广播），进入一个title（标题），musical category（音乐目录），并选择“Social ON or OFF”（社交开或关）。

4．如想把广播录入Mixlr上的“Showreel”（作品集），可选择“Recording ON”（录音开）。

5．单击“Start Broadcast”（开始广播）并把谈话声音送入话筒。

6．在30s的缓存延时之后，你将会在你从音乐目录内所选定的Mixlr网站上听到来自你接

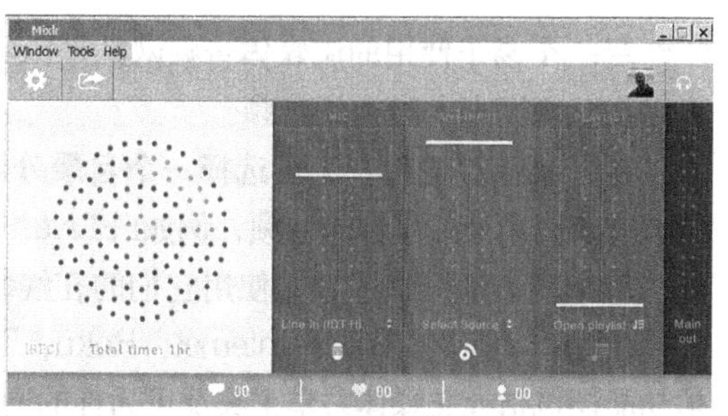

图23.2 Mixlr app.（应用程序，由Mixlr网站提供）

口的实况音频。如果在你的网站上嵌入一个播放器，当听众在播放器上选择“Click to play”（点击播放）时，那么在你的网站上将会播放音频，大约在实况音频之后5s播放音频。

现在，假如你要用Mixlr来播放一场直播音乐会，一旦你知道了日期、时间及直播网站，你就可通过电子邮件、社交媒体网站、Mixlr及你的网站等渠道通知你的潜在听众。

假如你在音乐会现场要播放音频混音，你将需要设置话筒、话筒架、话筒用多芯线缆及为获取实况混音的调音台等。要在与音乐大厅隔开的安静的房间内装上你的调音台和监听音箱，这样能听清楚你混音的内容。用话筒信号分配器把话筒信号分别送到扩声调音台、监听调音台及你自己的调音台。

这里有一个省略话筒信号分配器的低成本选项：在音乐大厅或房间内设置，把来自扩声调音台的信号与来自面向舞台的立体声话筒对信号加以混音。这种方法的缺点是扩声调音台送来的混音并不理想，所以宁可独立于扩声系统，用你自己的话筒和调音台来混音。如果这样，你可以在隔离了的房间内听到你正在混音的声音。用一根Y形线缆或者一个小型话筒信号分配器对每支人声话筒信号进行话筒信号分配，把它们分别送到你的调音台和扩声调音台上。

在声音检查期间用合适的电平来设置优良的混音，你也可以在你的调音台上插入一支架式话筒，用它来向你的互联网听众宣布你的节目。只要把你的调音台连接到音频接口，把接口的USB或火线的线缆插入你的计算机并开启所有设备即可。

完整的音频采集和流媒体系统示意图如图23.3所示。

在音乐会开始前数分钟，运行你计算机上的Mixlr应用程序并单击“Start Broadcast”（开始播出），在认定的时间点，你可以用已接入你调音台的话筒向听众介绍音乐会节目。

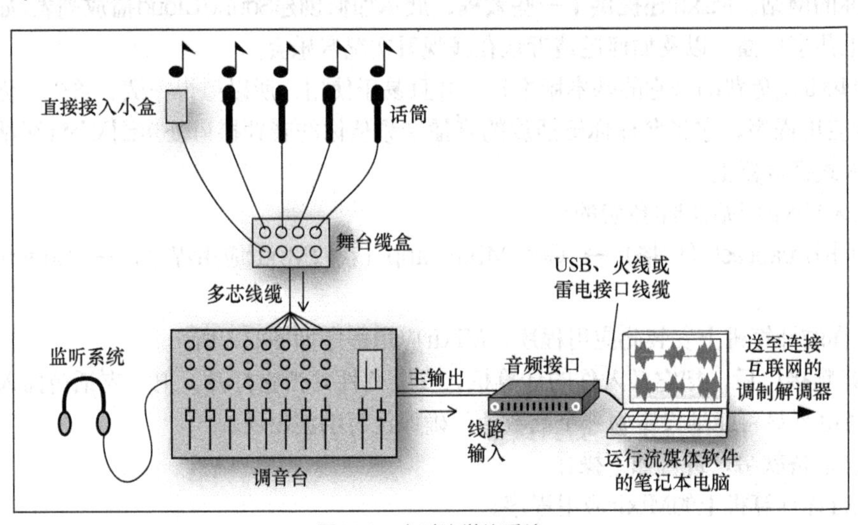

图23.3 实时流媒体系统

另一个易于使用的流媒体音频网站是Rogue Amoeba，它们为Mac提供了很好的播出软件，可以在互联网上实时播放音频。

对于更高级的用户，可选择一个**目录分发网站（CDN）**，也称之为**流媒体服务提供商**，他们要收取费用来播出你的音频，例如PPLive、Amazon Cloudfront、Netromedia及NetDNA等提供商。每个网站都提供了如何使用它们的在线教程，在这里不进行介绍。可通过搜索使用Live365 Pro软件包，可以在iTunes Internet、Roku、Tivo、移动设备（手机等）等更多地方进行分发。其他功能还包括社交媒体共享工具及可为你的网站定制播放器窗口等，他们要收取安装费和月费。

在使用CDN之前，选择一种你播出需要用的比特率。对于语言，20kbit/s的比特率已经足

够；对于音乐，64kbit/s单声道被认为接近于CD质量；128kbit/s立体声也已接近CD质量。你的互联网连接的上传速度应该至少是比特率的2.5倍，建议上传视频的速度应为2.5Mbit/s或更高。

23.9 通过共享文件的协作（Collaborating by Sharing Files）

在不同城市的录音师和音乐家，可以通过共享文件——用WAV文件、MP3文件或WMA文件格式发送数字音频文件给对方，从而可为一项共同的任务一起工作。例如，你可以把一首歌曲混音发送给在另一城市的录音师与音乐家处，他或她叠录完他们的部分之后又以WAV文件格式发回给你，再把它导入返回你的多声轨任务中。

通过电子邮件发送WAV文件、MP3文件或WMA文件时，由于有些电子邮件程序的附件限制在10MB内，文件发送缓慢不畅，即个人接收文件附件时得用很长的时间等待电子邮件下载文件。一种较好的解决办法是把音频文件上传到共享网站，当接收者准备好下载该文件后，他们只要单击链接（LINK）就可进行文件下载。

在家庭录音室录音、在商用录音棚混音（Record at Home，Mix in a Commercial Studio）

这可算是制作一张专辑的重要途径，也是合作的另一个例子。所有乐器和人声的声轨是在家庭录音室内进行分轨录音的，然后独听每一条声轨，并把它们导出为WAV文件或AIFF文件。把声轨文件上传到文件共享网站，或者在雷电驱动盘上把它们发送到商业录音棚处进行混音和母带制作。

这种工作方式有什么好处呢？你可以把所有的时间用在创作音乐和分轨录音上且无须花钱，你会感觉更放松，因为你不需要盯着时钟。当你完成分轨录音之后，有能力的混音师能够把你的声轨录音做得更为出色，他们将比你花更少的时间来获得优良的混音。

在家里完成录音作品有什么缺点？与商用录音棚相比，你的家庭录音室可能没有最好的话筒、录音室声学或录音技术，你只有进行专业录音才可得到更好的声音。

有些音乐家是在商用录音棚里经过长期有效的录音训练而成长的，另一些人在家里录音时则没有时间上的压力。

可以阅读*AES31－3－2008：AES standard for network and file transfer of audio—Audio-file transfer and exchange—Part 3：Simple project interchange*（《为音频网络和文件传输所用的AES标准——音频文件的传输和交换——第3部分：采样项目内部交换》），这一标准提供了用可读的文字形式表达音频剪辑数据的方法。剪辑的精确度是采样精确度，并用SMPTE时间码显示。

23.10 寻求录音棚音乐人、制片人及录音师（Finding Studio Musicians，Producers，and Engineers）

可以从搜索引擎那里搜索如下一些术语：music collaboration technology（音乐协作技术）、musician finder（音乐人搜索器）、musician's forum（音乐人论坛）、online recording session（在线录音任务）及online session musicians（在线录音任务音乐人）等。

附录A　dB或非dB

在录音棚内，需要了解如何去设定和测量信号电平，并且需要与其他设备的电平匹配，为学习这些知识技能，就必须懂得分贝（dB）。

音频电平是用**分贝**来测量的，1dB是大多数人能听到的在电平上的最小变化——刚刚听出有音量上的差别。事实上，刚达到可听见的电平差别变化在0.1～5dB，这取决于频宽、频率、节目素材及个别情况等，但是1dB通常是大多数人们所能接受的在电平上的最小变化。在电平上有6～10dB的增加时，被大多数听音者认为是“声响加倍”。声压级、信号电平及信号电平的变化都是以相对于某些参考电平用dB来计量的。

聆听

播放配套网站资料中的第42段音频，聆听在响度上各种不同dB变化的效果。第43段音频圆满完成了全部演示。

A.1　声压级（Sound Pressure Level）

声压级是指在某一点所测得的声音振动的压力，它通常用声级表来测量，单位为dBSPL（以dB为单位的声压级）。

声压级越高，则声音越响（见图A.1），人们能听到的最细微的声音，被称为**听觉阈值**，其大小为0dBSPL。在1ft距离谈话时的平均声压级约为70dBSPL，家庭用立体声音响的平均声压级约为85dBSPL。痛阈——表示声音增强至耳膜发痛，同时耳膜有可能受到伤害时的声压级，痛阈为125～130dBSPL。

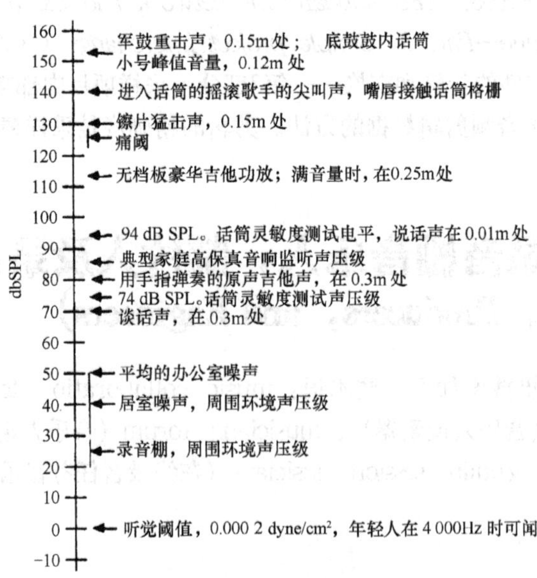

图A.1　声压级图表

A.2　信号电平（Signal Level）

信号电平是以例如1V或1mW为参考电平值而测得的以dB为单位的量值，在设备的性能指标栏内，你可以见到如下的单位符号，它们是相对于不同参考电平而得出的：dBV、dBv、dBu、dBm等，这些测量的详细情况已经超出了本书的范围。

A.3　信号电平的变化（Change in Signal Level）

分贝也可以用来计量信号电平的变化，功率加倍，用dB来计量时，增加3dB；电压加倍，则增加6dB。

A.4　VU表、0 VU及峰值指示表（The VU Meter，Zero VU，and Peak Indicators）

VU表是用音量单位或VU校准后的具有特定瞬态响应的伏特表，它近似地指出被测音频信号的相对音量或响度。VU表通常在模拟录音机、广播用调音台、某些实况音响用混音调音台及老式的录音调音台上使用。

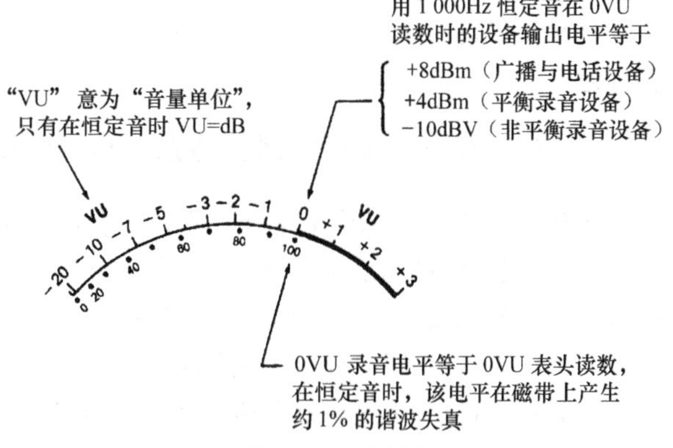

图A.2　VU表刻度

VU表的刻度被划分为不同音量单位，它们不一定与dB相同（见图A.2），只有在测量一个恒定的正弦波单音时，音量单位才与分贝相当，即在音量表上施加恒定的正弦波单音时，一个VU的变化与1dB的变化是相同的。

VU表的响应并不能精确又快速地跟踪瞬态变化的信号电平，此外，当某个复合信号波形被施加到VU表上之后，表头的读数比波形的峰值电压要小些（这意味着必须考虑到要为在0VU以上未被显示出来的那些峰值部分留有一定的动态余量）。

相比之下，有一种**峰值指示器**可以很快响应峰值节目电平，用它可以更精确地指示录音电平。这种峰值指示器是**过载指示灯（削波指示灯）**，当它在峰值电平试图超过所有的比特位时，会使指示灯闪亮；另一种指示器就是**数字电平表**（见图A.3），在数字录音机上常见的一列LED灯或是像素光标。

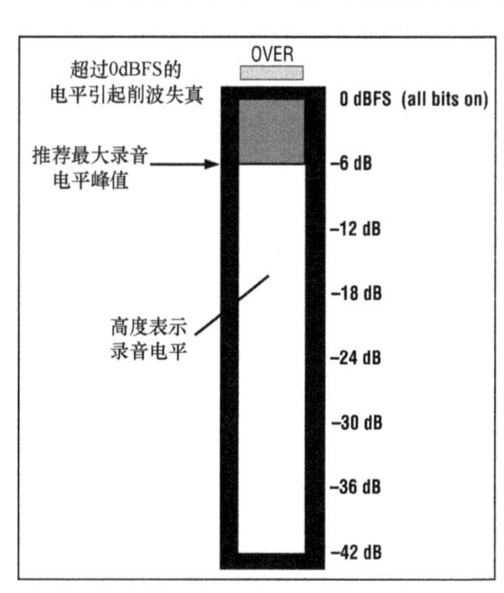

图A.3　数字电平表

还有另一种名为**PPM（峰值节目表）**，它用摆动式指针并以dB为刻度，而不用VU音量单位。与VU表读数不同，峰值表的读数与感知的音量无关。

在数字录音机内，数字电平表的最大读数为0dBFS（FS意为满刻度），在一台16bit的数字录音机内，0dBFS表示在波形的峰顶全部16bit都在ON位置（数字为1）；而在24bit的数字录音机内，0dBFS表示全部24bit都在ON位置。举个例子，−6dBFS的最大表头读数是指录音信号的最大电平位于满刻度之下6dB。

OVER（过载）指示则意味着输入电平中已有3个取样连续超过了产生0dBFS所需要的电压，因此在输出的模拟波形上会出现短时间的削波现象。在0dBFS时，有些制造商会把它们的表头校准到比16bit或24bit稍少些来投入工作，这样可允许留有少许动态余量。

A.5 平衡与非平衡设备电平的比较（Balanced versus Unbalanced Equipment Levels）

使用平衡（三芯）接插件的音频设备相对于使用非平衡（RCA）接插件的设备，具有更高的正常线路电平。对于工作在不同电平下的平衡或非平衡连接来说，没有什么固定模式，只是在不同的电平时对它们进行了规范。

下列为两种模拟（译者注）类型的设备规定了标称（正常）的输入和输出电平。

平衡：+4dBu（1.23V）。

非平衡：−10dBV（0.316V）。

在平衡设备内，标称信号电平简单地被称为“+4”。而在非平衡设备内，标称信号电平则被称为“−10”。

A.6 平衡与非平衡设备的接口连接（Interfacing Balanced and Unbalanced Equipment）

平衡设备工作的标称电平比非平衡设备的标称电平高出约12dB，如果+4设备的信号峰值超过了−10设备的动态余量，那么如果把+4的平衡输出连接到−10的非平衡输入将会产生失真，所以许多设备都设有一个**+4/−10电平开关**。这种开关的设置，将使两种相连接的设备能在相同的电平上工作，如果两台设备上都没有这样的开关，则可在它们之间接入一个例如Ebtech Line Level Shifter（Ebtech线路电平转换器）的**+4/−10转换器小盒**。

附录B　多轨录音用计算机的优化（Optimizing Your Computer for Multitrack Recording）

一旦选好了某些录音软件并把它们安装上之后，就得尽可能地让计算机快速且无故障地运行。高速运行意味着可使用更多的声轨、更多的音响效果、高比特率及高采样率。

多声轨数字音频的数据流对计算机的速度有很高的要求，数字音频的记录和回放要求较长的、连续周期的音频数据流。使用的声轨越多，比特深度及采样率越高，则必须有更快的数据流；所使用的软件合成器及效果插件程序越多，那么CPU的负载也就越重。

因此需要一台运行快速的计算机来进行多轨录音，而且为取得最佳结果还需要优化计算机的设置，以下将介绍一些提高计算机数据流速度及降低CPU负担的方法。如果遵循这些方法，那么将会使你拥有一个更快的系统，以便于在同一时刻处理更多的插件程序及声轨，而且，在回放声轨或刻录CD时，在音频中的滴答声和信号失落将会降低到最小程度。

大多数方法适用于PC，许多方法也适用于苹果机，对苹果机的建议在本附录最后关于“多轨录音用苹果机的优化”小节中介绍。

不承诺声明：首先要备份好你的计算机系统及数据文件，然后再进行处理，需要你自行承担操作风险，作者对于你所进行的那些更改而造成你的计算机系统或文件的损坏概不负责。如果你对这些改动并不满意，可以不用去完成，不过，下面所进行的所有调节都是没有任何问题的，而且它们均为可逆的。

B.1　提升你的硬盘驱动器速度（Speeding Up Your Hard Drive）

B.1.1　硬件解决方案

■ **取得一个运行快速的硬盘**。硬盘驱动器应该有一个快速的平均存取时间（在9ms之内），并且要有一个较高的内部持续传送速率。可推荐的一款硬盘为Seagate Desktop HDD，最好是用SSD，制造商有Seagate、Intel、Crucial、Samsung,、Toshiba等。

需要什么样的传送速率？对于用24bit/96kHz下24声轨的传送数据速率为6.6Mbit/s，这是一个最低的实用速率。

目前较好的硬盘驱动器可以用一个SATA接口连续传送40Mbit/s，SSD的传送数据速率已经可以达到70Mbit/s～250Mbit/s，但是它比传统的硬盘容量小。

具有高旋转速度或被称为主轴速率（7 200r/min或更高）的硬盘驱动器可以有更快的传送速率，它们可被推荐用于24bit的多声轨制作。一个7 200r/min的硬盘驱动器的典型可持续的传送速率为30Mbit/s～40Mbit/s，根据文件的分段状况，它们可以提供多达160条16bit/44.1kHz的声轨或50条24bit/96kHz的声轨。

■ **使用两个驱动器**。为获取更快的传送速率，要使用一个适合应用和Windows文件的驱动器，另外一个用于音频数据的驱动器，音频驱动头不会浪费时间查找系统文件。如果不想打开计算机，或者使用一台笔记本电脑，则需要把一台外部驱动器（音频文件用）连接到USB或火线端口上。Windows使用USB接口，苹果机使用火线或雷电接口。

如果你的Windows和音频驱动器是SATA型，你不能把它们置于同一条线缆上，而是应该把Windows驱动器置于SATA通道1上，将音频驱动器置于SATA通道2上。如果SATA通道2已经在使用，则可把一台外部驱动器（音频文件用）连接到USB或火线端口上，然后，在你的录音软件内的选项或优先权下面，指出包含音频数据的驱动器字母。

如果你只有一个硬盘，那只能把硬盘的一部分用于音频文件，另一部分用于程序，那样势必要频繁地整理碎片或重新格式化音频数据部分。

有一个好主意是用专用的驱动器仅承担乐器的采样，因为在演奏乐器时要产生大量频宽的数据流。为获得更快的速度，至少需要腾出任意硬盘的1/3的存储空间。

■ **为硬盘整理碎片**。要每月一次为音频文件驱动器整理碎片，这种整理可把文件重新安排到硬盘上邻近的区域，这样能以最小的硬盘磁头移动距离进出每个音频文件。注意，SSD是不需要整理碎片的。

可以用Raxco PerfectDisk Professional来进行更快和更彻底的碎片整理，另一种整理的方法是：从音频驱动器那里拷贝文件，重新格式化音频驱动器，再把文件拷贝回到音频驱动器上。

当你完成了对音频数据驱动器上所有文件的使用后，要把它们重新格式化至zero-out the clusters（零的集群），即使你删除了所有文件，但还是必须要执行这一步的。

■ **装入大容量的RAM**。安置大容量的RAM，用于音频时至少要用到2GB的存储空间，用于软件合成器时至少需要4～8GB的存储空间。如何进行更大容量的RAM安置，当你的数字音频工作站的应用是数据流音频时，它为每条声轨连续地把数据输送到RAM的缓存器（临时存储在存储器内）。如果RAM的缓存器容量足够大，通常无须填满缓存器，所以硬盘驱动器的磁头也就不用经常去搜索。一个较大的RAM缓存器由于可从RAM中获取更大的连续的数据块而使得硬盘磁头的工作更为有效，而且，大容量的RAM可以避免经常性地去访问交换（swap）文件，目的就是要在RAM中运行你的程序，而不是到你的硬盘上去交换数据。

B.1.2 软件解决方案

■ 在硬盘驱动器上**禁用写入高速缓存**。在把数据写入硬盘驱动器之前，高速缓存要等到系统空闲才可写入，因而会有一段延时时间。要找到这一过程，可查阅网站“disable write caching Windows 8”（禁用写入高速缓存Windows 8）或其他操作系统。

■ **禁用硬盘上的预读高速缓存**。如果它被启用，从高速缓存上读出数据，替代了直接从硬盘上读出数据——这样对数据流音频不利，你的录音程序可能需要有一种预读高速缓存用的设定。

B.2 处理速度的增加（Increasing Processing Speed）

B.2.1 硬件解决方案

■ **取得一台时钟速度快速的计算机**。计算机都有一个CPU，它所进行的大部分计算被要求用来运行软件，例如，在有些数字音频工作站内，CPU用来执行实时效果用的所有信号处理。你要设法获得一台你能负担得起费用的具有较快速度CPU的计算机或母板——约有2GHz或更高的时钟速度。时钟速度是CPU执行软件中每条指令的速度，时钟速度越高，CPU的计算越快，这样就极小可能出现信号失落或滴答声的故障，因为CPU可以在不清空缓存器的情况下处理许多插件程序和声轨。

■ **采用多核和64bit处理**。你的硬件要有一台具有多核CPU、x64处理器、64bit操作系统和64bit驱动程序的计算机或主机板。将AMD FX，AMD Phenom II X2、X4及Intel Core i5、i7

用于音频工作是很好的选择。需要强调的是，在使用多核CPU时，在你的录音软件里要启用多工处理。一个x64 CPU可让计算机携带更多的RAM，这对软件合成器很有帮助。

B.2.2 软件解决方案

使用下列技巧将会减少CPU必须处理的数据量。

■ 如果你听到有信号失落或滴答声，可能是因为有太多的实时效果在运行。选择一条具有实时效果的声轨，把带有效果的声轨跳轨（导出）到一条空白声轨上去，这种把效果记录在或嵌入被跳入声轨上的方法，使之不在实时方式下运行。然后将原始声轨存档（保存），并从任务（project）那里把它删除，这样就可减轻CPU的负担。

■ 在对MIDI键盘进行叠录时要暂时禁用插件程序，这样可以让你把等待时间设定为较短的时间而不会产生信号失落现象，使得在MIDI键盘上按下键后有更快的音频响应。本附录后面的"等待时间最小化"小节中有详细介绍。

■ 把被哑音的所有音频声轨存档保存，然后从任务中删除这些声轨，可以进一步减轻CPU的负担。

■ 这同样也有利于从MIDI软件合成器声轨至音频声轨的转换，有些数字音频工作站会有一些"冻结""由MIDI跳到声轨"功能，就是用于这一目的。冻结停止了软件插件程序的工作，用一条合成器输出的音频声轨来替代，当你删除或保存初始的MIDI和合成器声轨之后，就可以释放用于混音的处理器容量。专业音序器的冻结功能，能临时禁用效果从而减轻CPU的负担。

■ 如果你不需要复调多音，可以在软件合成器内限制多音。

■ 不要把相同的延时器效果（回声、混响、合唱、镶边声等）插入多条声轨，取而代之的是可以设置一条带有所需效果的**辅助母线**。用那些声轨上的辅助发送旋钮来调节每条声轨上的效果量，这样可以减少运行着的效果处理的数量，因而也降低了CPU的负担。

■ 在万不得已的情况下，可考虑插入一张DSP卡，它担负着插件程序的处理工作。插件程序只进入到DSP卡内，而不进入CPU。还可以插入多张这样的DSP卡来扩展系统，Pro Tools HD工作站就包括多张它自己的DSP卡。

■ 在录音之前，要关闭你的声音片段或区域的波形拖曳功能。

■ 调节视觉效果至最佳性能，在网站上搜索其调节方法和步骤。

■ 很重要的一点是，要为操作系统进行执行方式的变更，要选用程序而不要通过后台服务去执行。

B.3 中断的预防（Preventing Interruptions）

没有必要的后台程序会抢夺CPU的循环工作、中断音频节目，并且还能中断硬盘驱动器磁头回放音频。下面介绍用禁止各种后台程序或增加可用内存的方法来优化你的PC，使其能够增加在回放时没有信号失落或滴答声的声轨和效果的数量。

■ 在传送音频数据流时不要并行多项任务（运行其他程序），每一个附加的任务都会降低系统的速度。按下Ctrl+Alt+Del键，观察所运行的是哪些任务，是否有在你不需要的任务标题上显现高亮度，如有则应选择终止任务（End Task）。让浏览器和系统托盘脱离这些任务的运行，在录音或回放的时候不要使用卷帘窗功能。

■ **重要提示**：要禁用系统发出类似协和音律和响亮的喇叭的声音，在用Windows 7和Windows 8时，可以选择Start > Control Panel，选择Sound > Sounds tab > Sound。在用

Windows 10时，选择Start >Settings >Personalization> Themes > Advanced Sound Settings > Sounds，同时也要禁用内部声卡和传统的音频设备。

■ 在运行程序时要关闭杀毒程序。单击右键选择屏幕右下方的图标，然后单击“Disable”（禁用），只有在下载从外部来的文件而且不使用数字音频工作站时才需要杀毒。还有，最好不要把录音用计算机连接到互联网上。

■ 在程序的优先权菜单内，为防止中断，要禁用自动更新。

■ 禁用或断开你不再使用的设备。

■ 禁用屏幕保护程序，关闭电源计划。在用Windows 10时，选择Settings> System > Power & Sleep > Additional Power Settings。

■ 要撤销装载在启动项上的一些程序和服务。有些程序和服务是必要的，但在许多情况下并不需要，因为它们将会耗用存储器和资源。选择“Start”（开始），键入MSCONFIG并按下OK键，选择“Startup”（启动）制表符并取消启动时不需要的任务，要特别小心！

有些专家会建议你不要禁用Multimedia Class Scheduler、Plug and play、Superfetch（Vista机型）、Task Scheduler、Windows Audio及Windows Driver Foundation等。如果你使用的是Pro Tools，需要重新检查启动制表符内的“MMERefresh”及服务制表符内的“Digidesign MME Refresh Service”。

B.4 缓存器容量的设定（Setting the Buffer Size）

来自硬盘上的音频数据流进入**音频接口缓存器**，然后以恒定的时钟频率读出。缓存器被填入数据流的速度必须比用时钟清空它们时更快，否则它们将没有什么数据可读，所以在缓存器重新被填入时要求CPU暂停缓存器的读取。然后可以听到短暂的寂静或音频上的失落，因此如果硬盘速度太慢，或者缓存器的容量太小，都会导致缓存器的供不应求而引起音频失落。

如果硬盘流入数据的速度比缓存器的清空要快，这样也会引起缓存器的溢出或泛滥。来自硬盘的过量数据有可能丢失，也会造成失落、喀喇声或被停止播放，或者过量的数据被错写到邻近的存储器位置上而致使系统崩溃。

小型缓存器迫使CPU经常去填入和清空缓存器，因而给CPU很少的时间去处理其他事情。换句话说，缓存器容量越小，CPU的占用率越高（CPU完成必须完成的工作越困难）。

所以，如果你体验了失落、系统崩溃及CPU的负载指示器读数接近红色区域，那就得在你的录音软件或音频接口软件内增加缓存器的容量。开始可以用256kbit/s的设定，并以此作为起点，也不要把缓存器的容量设置得过分大于所需量，否则在回放时会产生某种延时。

另一种缓存器是磁盘**I/O缓存器**（硬盘式缓存器），用于对硬盘的数据进行读取和写入。如果你的磁盘活动量指示器读数高于20%或以上，则可将你的录音软件内的disk I/O buffer size（磁盘I/O 缓存器容量）设定在256512，或者设定为为防止失落所需的缓存量。

B.5 等待时间的最小化（Minimizing Latency）

如果你正在使用软件合成器，你希望它们尽可能快地响应按下MIDI-控制器的键，换句话说，你希望最小化等待时间（监听延时）。等待时间直接与缓存器的容量有关，等待时间（ms）= 缓存器容量（采样）×1 000除以采样率。例如，如果缓存器的容量为256采样，采样率为44 100Hz，则等待时间为5.8ms。

小型缓存器的设定可降低等待时间——应用的响应更快——但有产生跌落或降低不产生跌

落时可用的声轨数量的倾向。大型的缓存器设定则增加了等待时间，但可防止跌落，到底哪一种设定好？

■ 要解决这一矛盾，可用两种不同的缓存器设定。在你的录音程序内，进入优先权菜单，或打开你的音频接口的控制窗口。在分轨记录MIDI合成器时，或在处理带有效果（回声输入监听设定）的输入信号时，把缓存器/等待时间设定为较小值（如有可能设定在4ms以下）；在回放与缩混期间，设定为较大值（可能为25ms），较大的缓存器将会减轻CPU的负担，从而可以使用更多的插件程序。

■ 如果不能设定没有跌落或破碎声的低于4ms的等待时间，则可冻结或跳出那些带有效果的声轨，或暂时地禁用所有的插件程序。你也许能把MIDI声轨转换为音频声轨，然后禁用软件合成器。

■ 注意，音频接口缓存器的容量会影响等待时间，但磁盘输入/输出缓存器并不受影响。

■ 在录音时，你可以监听你的合成器演奏时的补丁，以避免有等待时间。在缩混期间，可以把补丁切换到软件合成器上。

■ 用耳机监听要比用监听音箱监听有较少的听觉上的等待时间，那是因为从监听音箱到达耳朵需要一些时间。例如，距离监听音箱6ft时，那么将会有5.3ms的听觉延时被加入。

■ 驱动程序会影响等待时间，所以要下载最新的驱动程序。不过，要注意，早期版本的驱动程序有时要比新版本更快。因此要检查例如CEntrance Ideal Driver及ASIO-4ALL等第三方驱动程序，一种多用途的ASIO驱动程序可以用于WDM音频，所以必须把音频软件设置为作为ASIO使用，为的是可以注意到等待时间的任何变化。

■ 如前所述，当把处理器计划设定用于“后台服务”时，如果是使用ASIO驱动程序，那么这一措施可保证具有无信号失落的低等待时间。

■ MIDI键盘在演奏一台软件合成器时绕圈的等待时间要低于音频输入至输出时绕圈的等待时间。当用MIDI键盘触发软件合成器时，那么绕圈的等待时间是以下这些等待时间的总和。

驱动器（根据驱动器的不同，4～6ms）。

输出缓存器（将它设定在任意一个时间值）。

D/A转换（1～1.5ms）。

把缓存器设定在3ms，在演奏一台MIDI软件合成器时，根据计算所得的等待时间约为8ms。这已经算不错，考虑用9ms时，会有一点被察觉的听感。

有些音频接口具有**零等待时间监听**，它让你在监听输入信号时没有任何等待时间。该接口在把缓存器旁通后并把输入信号直接经路由分配到监听器的输出上，该系统不能听到插件程序的效果，但是有些接口具有内置效果。软件合成器的声音必须通过缓存器，所以还得按前文所述的要求来调节缓存器的容量。

B.6　其他一些技巧（Other Tips）

■ 如果将自己的计算机作为专业商用录音棚的一部分，不要与互联网络上的计算机相连接，只将它作为专用的数字音频工作站，从而可避免出现病毒等问题，影响用户的录音任务。应使用另外的计算机用于互联网的工作，如果因为需要上网安装软件，那也应该在安装完软件之后断开网络。

■ 可考虑使用一种RAID硬盘系统，它可以同时把音频存储在两个独立的驱动器上，即使有一个驱动器出错，也不会影响你的工作。

■ 可以访问有关声卡（或音频接口）和音频编辑软件的制造商网站，查阅为优化计算机及有关声音故障诊断建议方面的支持章节。

■ 不要在计算机内安装太多的软件（否则会破坏注册登记表）。

■ 在网上，为你的主板、视频卡、SATA控制器、CD/DVD刻录机、录音软件及声卡或音频接口等下载最新的驱动程序，也要下载Windows的更新版。

■ 考虑到减轻PCI（周边元件扩展接口）母线的负担，要使用AGP（加速图形接口）视频卡，而不用PCI视频卡。

■ 如果在音频回放期间，听到有大量的信号失落、结结巴巴的声音或是某种嗡嗡声，可用不同的音频驱动器一试。在你的录音程序优先权选项内，把WDM驱动器改为ASIO驱动器，反之亦然。

■ 在录音时，要禁用Windows Firewall（Windows防火墙）、Antivirus（杀毒）及Spyware detection software（间谍软件检测），最好还是不要把你的录音计算机连接到互联网上。

■ 按下Ctrl+Alt+Del键，打开任务管理器，选择Processes Tab（处理制表符）。进入task list page（任务清单页面）。比对任务清单，你可见到在计算机的任务运行情况，如果你认为不需要有些任务，可以禁用任何一项任务，但是要特别小心谨慎。

■ 推荐音频用的Windows应为64bit的版本。

■ 请确保及时为你的软件、硬件插件程序下载最新的驱动程序。

■ 在Windows 10中要获取性能提升的补丁，为Windows更新时，可搜索Windows Update（Windows更新），单击Start（开始）> All Programs（所有程序）> Windows Update（Windows更新）。

B.7 多轨录音用苹果机的优化（Optimizing Mac for Multitrack Recording）

■ 许多适用于PC的方法也适用于苹果机，苹果机使用另外一种7 200r/min或转速更高的快速硬盘驱动器或SSD驱动器运行。使用一种最小量非音频的软件，禁用节能或睡眠软件，更新驱动程序，降低监视器分辨率，禁用视频加速软件及其插卡，检查在线用户组以获得建议等。

■ 检查存储器面板并关闭虚拟存储器。

■ 检查是否有足够的应用存储器。选择程序的图标，按下Command+I键，在所出现的信息窗口内，可尝试增加可被分配的存储器的数量。

■ 最小化已安装的首选项窗格的数量和用户登录项的数量。

■ 更新到最新的操作系统版本，但首先应确保你的软件能在最新操作系统版本上运行，并确认最新操作系统版本已经过杀毒。

■ 为达到最快速度，使用带有PCI Express（周边元件快速扩展接口）（PCIe）的计算机。

■ 尽可能使用功能较强的CPU，例如使用8核处理器的专业苹果机。

■ 多购买些RAM，推荐的容量应在2GB或以上。

■ 删除任务以外和不用的文件，以免出现“打开了太多文件”的信息。

■ 如果不能投入使用足够的声轨，可增加缓冲器的容量。

■ 如果出现噗噗声或滴答声，检查你的音频接口的时钟设定。在记录模拟声源时，要把它设定在内部时钟或同步一档上，如果是数字声源，应设定在外部S/PDIF同步或正在使用的格式上，以确保它们之间的采样率适配。要令音频与数字线缆远离USB线缆及电源线，也可试着将USB主机、调制解调器及打印机等设备关闭。

■ 如果应用程序的首选项文件已经被损坏，则可把它删除。

■ 如果应用程序在录音过程中停止，则可检查是否在事先已设定了一个最长的录音时间。

附录C 阻抗
（Impedance）

阻抗是音频中最容易被混淆的概念之一，为理清这一概念，下面将就阻抗列出一些问题及其答案。

C.1 什么是阻抗?

阻抗（Z）是一种电路对于例如某个音频信号的交流电流的阻力，就技术上而言，阻抗是电路在通过交流电流时所受到的总阻力（包括电阻和电抗），以欧姆作为计量单位。

一个高阻抗电路往往具有高电压和低电流，而低阻抗电路相对于高阻抗电路来说，往往具有低电压和高电流，10kΩ或以上的阻抗可被称为**高阻抗**，1kΩ或以下的阻抗被称为**低阻抗**。

C.2 在连接两台音频设备时，有必要匹配它们的阻抗吗?

如果不匹配又会怎么样呢?

（I' m Connecting Two Audio Devices. Is It Important to Match Their Impedances? What If I Don't? ）

首先让我们回顾一些定义，假如所连接的两台设备，一台为信号源，另一台为负载，**信号源**是输出信号的设备，**负载**是接收信号的设备，信号源具有一定的输出阻抗，而负载则具有一定的输入阻抗。

在数十年前的电子管时代，匹配信号源的输出阻抗与负载的输入阻抗十分重要。信号源和负载的阻抗通常均为600Ω，如果信号源的阻抗等于负载的阻抗，那么可称之为**阻抗匹配**，其结果是从信号源那里把最大功率转移到负载上去。

与上述情况相对照，假如信号源是一种低阻抗设备，而负载为一种高阻抗设备，如果负载阻抗高于信号源阻抗10倍或更高，这时称之为**桥接阻抗**，桥接可以从信号源那里把最大电压转移到负载上去。今天，几乎所有设备都采用桥接方法——从低阻抗输出至高阻抗输入——因为我们需要的是在两台设备之间实现最大的电压转移。

为获得最佳的声音质量及最大的电压转移，所插入接插件的输入阻抗应该比信号源的输出阻抗（例如电吉他或话筒等）至少高7～10倍。

例如，话筒的阻抗为200Ω，话筒输入端（话筒的插入口）的输入阻抗应该为其阻抗的7～10倍，即1 400～2 000Ω。如果查阅调音台话筒输入端的输入阻抗指标，该输入阻抗的典型值约在1 500Ω。

同样，一种电吉他微型粘贴话筒的阻抗通常在10kΩ～25kΩ（或更高——取决于是单线圈还是抵消交流声线圈），而且它的阻抗会在3kHz～5kHz的谐振频率（取决于话筒）的变化升高至100kΩ或更高，所以吉他放大器的典型输入阻抗在1MΩ。对降低负载阻抗的拾取，将会在声音上产生变化。

如果把低阻抗的信号源接到高阻抗的负载上，那么用这种连接时不会引起失真和频率响应方面的变化，但是如果把高阻抗的信号源连接到一个低阻抗的负载上，则会引起失真或频率响应改变。例如，将一把电贝斯吉他（一种高阻抗设备）连接到一种卡侬型话筒输入（一种低阻抗负载）上，那么信号中的低频部分将会被切除，贝斯的声音将变得十分单薄，而且高频部分也会衰减，使声音变得灰暗，而且，吉他的信号将会损失大部分的电平（见图C.1）。

这些概念的说明如图C.1所示，在图C.1内，一个交流信号源（例如一把电吉他）有信号源阻抗Z_s，该信号源驱动另一个设备（例如一个调音台的输入），它有一个负载阻抗Z_L，这两个阻抗形成了一个电压分压器。用分贝表示输出端电压的损失，由公式给出（不用担心log的含义，你只管用你的计算器计算就是了）。

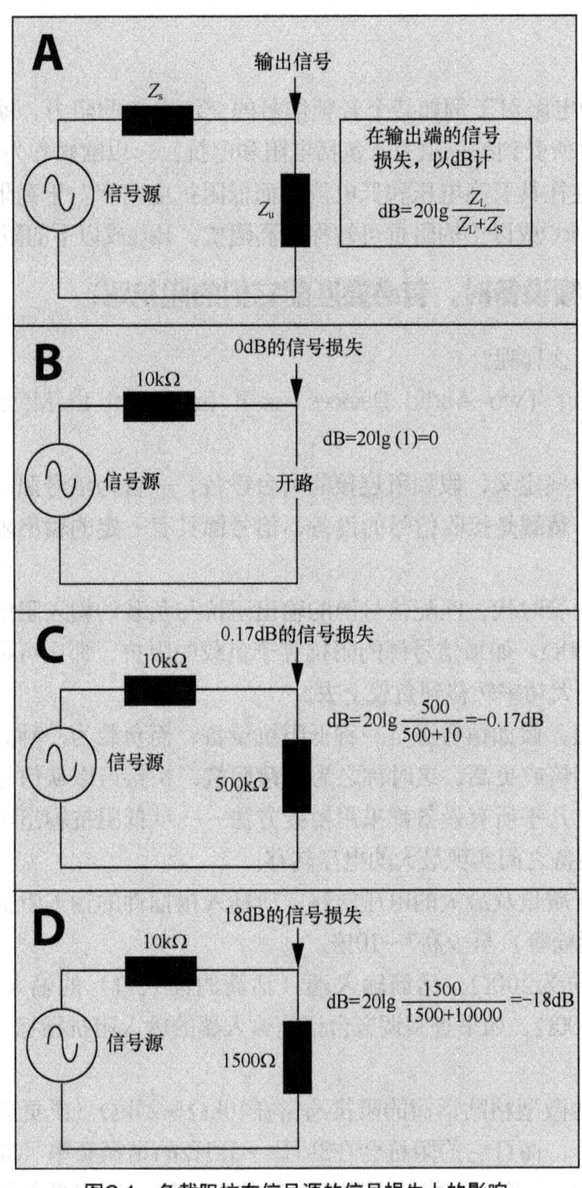

图C.1 负载阻抗在信号源的信号损失上的影响

在图C.1 B中，具有10kΩ信号源阻抗的吉他话筒驱动一个开路负载（无限大阻抗），在这种情况下就没有信号损失。

在图C.1 C中，负载阻抗为500kΩ，它比信号源阻抗要高许多，所以几乎没有信号损失，这是一种桥接阻抗。

在图C.1 D中，吉他被插入话筒输入端，这时所呈现的负载阻抗约为1 500Ω，这样会引起18dB的信号损失，所以这样的连接是不被推荐的。

重新回到低音吉他被插入一个话筒输入，我们需要做的是把低音吉他连接到高阻抗的负载上，而且还需要由一种低阻抗的信号来提供给话筒输入，而直接接入小盒或阻抗适配器就能胜任这一任务（见图C.2），例如Hosa MIT-129。

适配器是一个圆管状的管壳，它一端装有TRS插孔，另一端为卡依型公插头。在管壳内部接有一个变压器，它的初级线圈为高阻抗，被接到TRS插孔上，变压器的次级线圈为低阻抗，被接到卡依型公插头上（高阻抗变压器线圈绕有很多圈数，低阻抗线圈则绕有较少圈数）。把吉他线插入TRS插孔上，把卡依型插头插入多芯电缆或调音台的话筒输入端，这种适配器可以与贝斯吉他、电吉他或合成器一起使用。

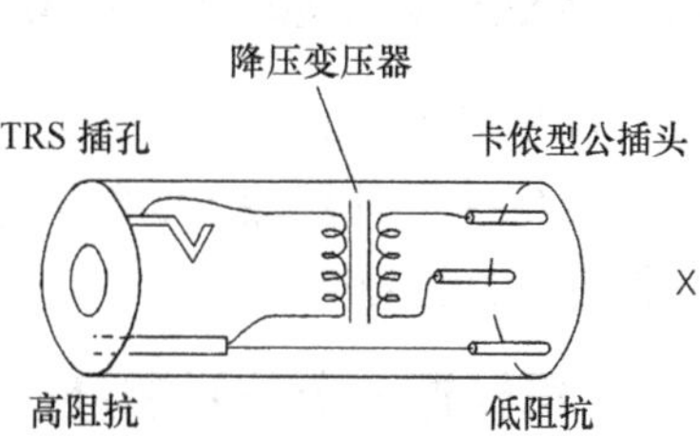

图C.2 高阻抗至低阻抗的阻抗适配器

这种阻抗适配器可以工作，但并不是十分理想，它对贝斯吉它所呈现的负载阻抗约为12kΩ，将会略微降低吉他拾音话筒的高阻抗，因而所拾取的吉他声中的低音部分会显得单薄些。

一种**有源直接接入小盒**可以解决这一问题，它通常用一支**场效应晶体管（FET）**来替代变压器，场效应晶体管具有非常高的输入阻抗，所以它不会降低贝斯吉他的负载。

一般来说，直接接入小盒（或乐器插孔）的输入阻抗要比线路输入的输入阻抗更高。

C.3 要用什么样的话筒阻抗

讲究录音质量的话筒使用卡依型（三芯）插头并具有低阻抗（150～300Ω），低阻抗的话筒可以接上数百英尺的话筒线而不会拾取交流哼声或损失高频成分。

C.4 在把话筒连接到调音台上时，要考虑阻抗吗

如果调音台有TRS插孔输入，那么这些插孔大概属于高阻抗型，而大多数的话筒为低阻抗型。当把一支低阻抗话筒插入高阻抗的输入时，只能获得一种较弱的信号，这是因为高阻抗的话筒输入是为从高阻抗话筒那里接收相对较高的电压而设计的，因此其输入被设计成具有较低的增益，所以就不可能获得太多的信号放大。

如果在把话筒插入TRS插孔输入后不能获得足够的电平，这里有一种解决方案：在话筒线与输入插孔之间接入一个例如Whirlwind Little IMP的阻抗适配器（见图C.3），它可提升话筒的输出电压，从而可给出一个较强的信号。

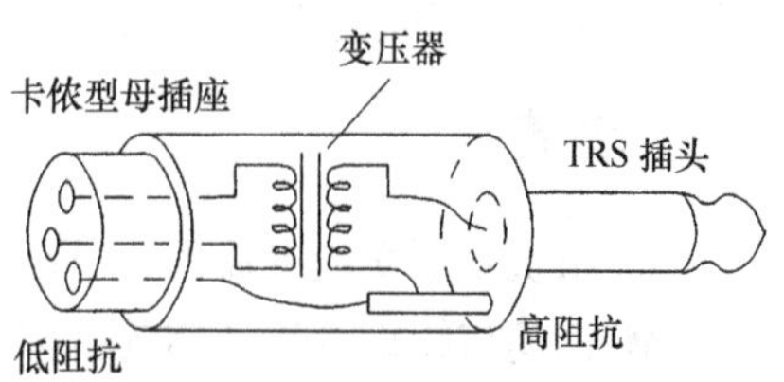

图C.3 低阻抗至高阻抗的适配器

适配器是一个圆形状的管壳，它一端装有卡依型母插座，将其作为输入，另一端装有TRS插头作为输出。在管壳内部接有一个变压器，它的初级线圈为低阻抗，被接到卡依型母插座上，而次级线圈为高阻抗，被接到TRS插头上（低阻抗变压器线圈绕有较少的圈

数，而高阻抗线圈则绕有较多的圈数）。把话筒接到卡依型插座上，把TRS插头插入调音台的TRS插孔内，这样，调音台将会从话筒那里接收到一个很强的信号。

如果使用一种须有幻象供电的电容话筒，其连接方法是不同的。首先，要关闭录音机-调音台内所有幻象供电电源，之后把话筒接到一个独立的幻象供电电源上，最后再把来自幻象供电电源的话筒输出接到阻抗适配器上。

如果调音台有卡依型输入插座，那么它们是一种平衡低阻抗输入。这种情况下，就可简单地把话筒线一端的卡依型母插座插入话筒输出端，将话筒线另一端的卡依型公插头直接插入调音台的话筒输入插座。调音台的低阻抗输入通常约为1 500Ω，所以它可为阻抗在150～300Ω的话筒提供一种桥接负载。

C.5 连接两台线路电平的设备时，要考虑阻抗吗

这是很少见的一个问题，在大多数的音频设备里，它们的线路输出阻抗为低阻抗——100～1 000Ω；线路输入的阻抗为高阻抗——10kΩ～1MΩ，所以各种连接都是桥接方式，均可获得最大的电压转移。

C.6 可以把一个信号源连接到两个或多个负载上吗

可以把数台设备以并联方式跨接在一个线路输出上，假如把一个调音台的输出以并联方式同时连接到一台录音机的输入、一台放大器的输入和另一个调音台的输入上去，那么这3种负载的混合输入阻抗约为4 000Ω，这4 000Ω对调音台的100Ω的输出阻抗来说仍可视为桥接负载。

话筒则属于不同的情况。假如在为一场音乐会录音，如果把一支话筒用Y形分叉线分别接入扩声调音台和录音调音台，两张调音台的输入并联后，其输入阻抗将会变成约700Ω或更低些，这样会降低某些话筒的负载，从而在使用动圈话筒时导致低音损失，或在使用电容话筒时出现失真。要防止这样的负载结果，可以将一只270Ω，1%误差的电阻分别串接在Y线的2脚和3脚上。

C.7 可以把两个或多个信号源连接到同一个输入上吗

这种做法不予推荐，一个信号源的低输出阻抗将会降低另一个信号源的输出，反之亦然，这样会导致电平损失及出现失真。两支话筒进入一个话筒输入也是同样的情况，所以最好使用一台小型的外部调音台。

另一个选项就是，可以在混合之前，在每台设备的线路内串接一个电阻，这样可防止每台设备因受另一台设备的直接跨接而引起的负载下降。用在每个信号源上的最小电阻值约为470Ω，如果是平衡方式的信号源，则每个信号源要用两个具有1%误差的电阻——将一个电阻串接在2脚上、将另一个电阻串接在3脚上。更详尽的解释可参阅Rane公司的文章“Why Not Wye”（为何不能使用Y分线方法）。

C.8 小结

- 阻抗是对交流电流的一种阻力。
- 话筒与线路输出通常为低阻抗输出。
- 电吉他、原声吉他粘贴微型话筒、乐器输入及线路输入通常为高阻抗。
- 卡依型接插件的话筒输入为低阻抗，TRS插头座的话筒输入为高阻抗。
- 扬声器的阻抗通常为4～8Ω。

■ 将相同的阻抗并联之后的总阻抗为并联前的阻抗的一半。

■ 将相同的阻抗串联之后的总阻抗为串联前的阻抗的两倍。

■ 要把低阻抗信号源连接到低阻抗的输入（低阻抗的输入阻抗通常为信号源阻抗的7～10倍，而在这种情况下仍把它称为低阻抗输入）。

■ 要把高阻抗信号源连接到高阻抗的输入。

■ 如果把低阻抗信号源连接到高阻抗输入，则须通过一个升压变压器（阻抗适配器）。

■ 如果把高阻抗信号源连接到低阻抗输入，则须通过一个降压变压器（阻抗适配器或直接接入小盒）。

附录D 幻象电源说明（Phantom Power Explained）

大多数的电容话筒需要幻象电源来使它们的内部电路工作，以下将解释什么是幻象电源及如何使用幻象电源。

D.1 定义（Definition）

幻象电源是通过话筒线传送到一支电容话筒上的电源，话筒线必须由卡侬型接插件来传递幻象电源，幻象电源可内置于下列设备内。

- 混音调音台。
- 话筒前置放大器。
- 音频接口。
- 独立的幻象供电电源。
- 带有卡侬型话筒输入的乐器放大器。

上述的每一台设备，都有一个卡侬型母插座用于提供能使话筒工作的幻象电源，话筒从卡侬型母插座那里接受电源，并沿着同一条话筒线缆把音频发送到这个卡侬型母插座上。之所以称之为“幻象”，是因为电源不需要独立的连线，它是被隐藏在话筒线内的话筒信号线上。

上述每一台设备都标有“phantom”（幻象供电）、“48V”“P48”等字母或符号的幻象电源开关，有些开关把供电电源提供到所有的话筒接插件上，有些仅提供到少量的接插件上。

从技术层面来说，幻象电源是卡侬型插座上2脚与3脚相对于1脚的一个正电压（12～48V直流），1脚是0V，2脚与3脚有相同的直流正电压，所以在2脚与3脚之间没有电压，因此可以说电压像一个“幻象”一般被隐藏了起来。话筒线的屏蔽线经由1脚被接到幻象电源的接地端，而且，2脚和3脚携带着平衡的音频信号。

话筒被接到了一台独立的幻象供电电源上的电路图如图D.1所示。

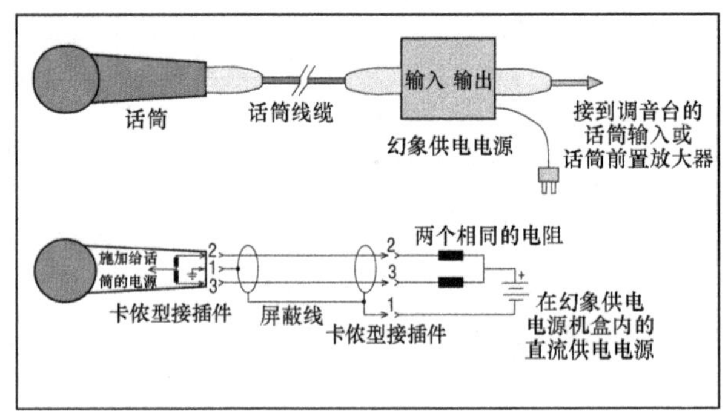

图D.1 幻象电源电路

在把一支电容话筒插入调音台或音频接口之后，接通设备内的幻象电源，在许多调音台上的phantom on/off（幻象电源开/关）开关旁边标有“P48”“48V”符号，意为“幻象电源48V”。

国际电工委员会的IEC 61398规定了被称为P12、P24和P48的3种幻象电源的电压和电路的标准，48V的供电通过两个6.8kΩ的电阻后被送到话筒上。

在动圈话筒或带式话筒内，话筒内的音圈或铝带并不被连接到1脚接地，因此它们并不能形成幻象电流回路，所以幻象电流并不能通过音圈或铝带。不过，如果话筒内某个部件意外地与1脚或者话筒把手短路，或者话筒线的卡侬型接插件接错，就会因流过电流而损坏话

筒。**基于此，为保险起见，在使用动圈话筒和带式话筒时要关闭幻象电源，在把带式话筒插入接通了幻象电压的接线盘时会损坏铝带**。

有些新型的带式话筒内置前置放大器，需要用幻象电源工作。有些有源的直接接入小盒在幻象电源下工作，这经常会引起一些演奏人员的困惑，认为直接接入小盒提供幻象电压，其实并不是。

根据百科资料："数字话筒符合AES 42标准，能提供在音频引线与地线之间外加10V的幻象电源，这种供电方式能为数字话筒提供250mA的电流"。

D.2 独立幻象电源的使用（Using a Standalone Supply）

如果你的调音台或话筒前置放大器没有幻象电源，则可从供货商处购买，或在线购买一台幻象供电电源（见图D.2），例如Rolls PB23、Behringer Micropower PS400及ART Phantom Ⅱ Pro。

幻象电源与话筒线串联连接，电源有卡侬型输入和输出接插件，每路信号有一对接插件。如图D.1所示，话筒线是被连接在话筒与幻象电源的输入接插件之间的，把另一条话筒线插入电源的输出端与调音台、音频接口或前置放大器的话筒输入端之间。

有些幻象电源有一个选择12V或48V供电电压的开关，如果话筒规定用48V幻象供电，那么把它设定到48V时可得到更大的动态余量。

有些幻象电源用交流电源供电，有些幻象电源用电池供电，有些幻象电源两者兼有。有些电源只供一支话筒使用，也有电源可同时供多支话筒使用。

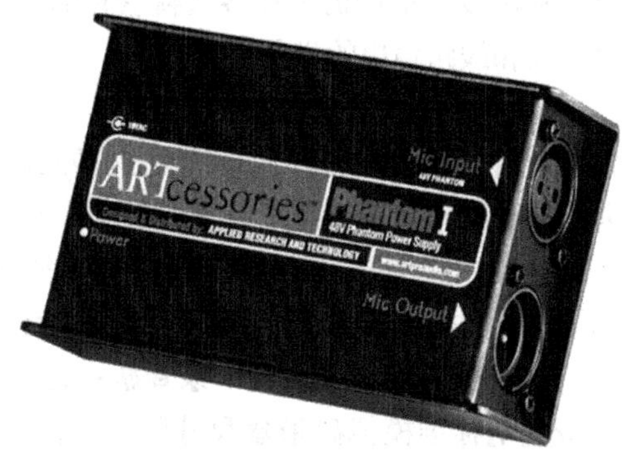

图D.2 单路独立幻象供电电源的例子

D.3 使用注意事项（Cautions for Use）

不要把话筒插入已接通幻象电源的话筒输入插座，否则将会听到巨大的爆裂声。如果你别无选择（例如在实况音乐会期间），则应该在话筒插入之前把该话筒的通道哑音。

有些调音台会把幻象电源同时加入所有的输入通道，也有调音台在每路输入通道上设有幻象电压开关。作为一种安全预防措施，在使用带式话筒时要把幻象电源关闭。有少许调音台只为少许的通道设有幻象供电，所以如果某支话筒不能工作，关注一下是否是幻象供电问题。

在现场演出场合，有些演艺人员会带上他们自己的话筒、直接接入小盒或前置放大器等，那么事先要向他们问清楚他们的设备是否需要幻象供电。

要确保幻象电源的电压足够话筒使用，要检查话筒的"电源供电电压"指标数据，如果有些幻象供电电压下降到远低于48V，那么有些话筒会出现信号失真或信号电平失落。

D.4 直流偏置供电（DC Bias）

有些话筒或话筒头用**直流偏置供电**或**插入电源**，而不用幻象供电，用独立的导线向话筒头提供电压，该系统被使用在例如胸挂式话筒、合唱用话筒及领夹式乐器话筒的话筒头与卡侬型接插件之间的线缆内。话筒头本身会流失直流偏置电压，而卡侬型接插件内装有产生幻象电源的电路，该电路把幻象电源转换为直流偏置电压，供话筒头工作使用，而插入式电源在市场营销文档内经常被不适当地称为"幻象电源"。注意不要混淆这两种电源系统，幻象供电需要平衡式连接，而插入式电源是非平衡式连接的。

附录E 传统录音设备（Legacy Recording Devices）

有些录音设备几乎已经过时了，不过有时有客户带了老设备到你的录音工作室来，要求传送音频声轨，这时你需要用它来工作，现列出如下一些设备的格式。

模拟磁带录音机：在1/4～2in宽的磁带上录有2～24声轨的模拟音频。与数字录音机相比，模拟录音机有更大的噪声、失真、频率响应误差及不稳定的音调等，它们的电路部分及磁头需要经常调校。不过仍有许多人喜欢它们的声音，有些人有话筒输入的设备，所有人都有模拟线路输入和线路输出的设备。

盒式录音机：这是在塑料盒内1/8in宽盒式磁带上录有2声轨模拟音频的录音机，把盒式磁带翻转后放在录音机上还可以录上另外2条声轨。由于磁带的嘶声电平太高，许多盒式录音机装有杜比电路来降低嘶声，见下一条杜比说明。

杜比：这曾是一个降低磁带嘶声和复印效应的系统，其基本原理是在录音期间是一个高音频压缩器，并且在放音时是一个扩展器，杜比有A、B、C 3种模式供专业人士和普通用户使用。

DAT（数字音频磁带）录音机：这是在小型DAT上记录2声轨数字音频的录音机，采用的磁带盒是标准模拟磁带盒尺寸的一半。该录音机也在磁带上记录已录的绝对时间（小时、分钟、秒数）。输入有模拟话筒/线路电平和数字输入两种，输出也有模拟线路电平和数字输出两种。

模块式数字多轨录音机（MDM）：这是一种像DAT录音机那样用旋转磁鼓在视频磁带上记录8条声轨的录音机。它有两种受欢迎的款式，一种是Alesis ADAT,它把信号记录在S-VHS磁带上；另一种是TASCAM DA-88、DA-78或DA-38,它把信号记录在超8mm的磁带上。ADAT录音机在单盒磁带上可记录40min，DA-88录音机可记录长达1h48min，这两种录音机都可以多台同步运行，以记录更多的声轨。这两种录音机都有模拟线路输入和输出，ADAT录音机有光导管格式的数字输出，而各种型号的TASCAM多轨录音机则有TDIF格式的数字输出。

Alesis Masterlink（母版链接刻录机）：这是一种独立的CD-R录音机，用它来刻录出一种母带CD。它包括一台硬盘驱动器和内置的CD母带制作工具，母带链接刻录机记录在 CD24 光盘上，允许使用高分辨率的24bit/96kHz的文件。

MiniDisc（小型磁光盘）：这是一种存储数据的小型磁光盘，可以被记录长达74～80min的数字音频或容量为1GB的Hi-MD数据，由Sony公司发明。MD播放机自1992年9月发售，直至2013年3月淡出市场。

术语
（Glossary）

AAC（MPEG Advanced Audio Coding，MPEG先进音频编码）：一种数据压缩方案，它在同样的比特率下提供比MP3更好的声音质量，许多审听者声称在128kbit/s比特率下制成的AAC文件像未经压缩过的音频原声一样好听。此外，AAC支持多声道音频及宽范围的采样率和比特深度，数字版权管理技术也被用于控制音乐的拷贝和发行，iTunes要求上传无损音乐文件，但要生成256kbit/s比特率的AAC文件。

AAX（Avid Audio Extension，Avid音频扩展格式）：一种在Pro Tools 10版本内使用的Avid插件程序的格式，64bit，并允许使用本地处理或DSP处理。

ABR（Average Bit Rate，可用比特率）：一种数据压缩方案，它是CBR与VBR方式之间的折中方案。

A-B TEST（A-B测试法）：两种音频设备或两种处理结果的声音在同等声压级下用快速切换的方式对它们进行比较的方法，见BLIND A-B TEST（A-B盲测法）。

Ableton Live Software（ABLETON LIVE软件）：能使用软件合成器作曲、记录高分辨率的多声轨音频及在实况演奏时回放循环素材等，在进行实况演奏的同时，可以制作结巴鼓声、创建安排、制作MIDI循环素材及修改律动、时限、音高、音量和效果等。

Absorption（吸收）：可以减少声波的声能被转换为热能，多孔或纤维材料具有较高的吸声能力，粗厚或密集性的材料对低音成分有较好的吸收能力。

Accent Microphone（重点话筒）：见Spot Microphone（补点话筒）。

Accurate Localization（精确定位）：在立体声声音回放时，从左、右两只音箱上听到乐队的左边或右边是哪一种乐器声，乐队中间一侧位置的乐器声可以在音箱之间中间一侧的位置上听到，乐队中心位置的乐器声可以在两只音箱之间的中心位置上听到。

ACID（数字音频处理事务管理软件）：由Sony公司开发的软件应用程序系列，可以从Windows浏览器上选择音频循环素材，把它们拖曳到录音程序的声轨图上，并把它们安排到多声轨任务中去。每条循环素材的节拍速度和键以实时方式自动地适配任务中的音乐，事务管理化的文件跟随着节拍速度和按键的变化。

Active（有源的）：涉及音频设备或包括放大电路的统称，例如有源音箱、有源微型话筒、有源分频器及有源直接接入小盒等。

Active Crossover（有源分频器）：一种工作在线路电平而不是功率电平下的分频器网络。分频器包括滤波器和放大器，有模拟和数字两类。另见Active与Crossover。

Active Direct Box（有源直接接入小盒）：在内部装有场效应晶体管的直接接入小盒，它能产生很高的输入阻抗而不致降低信号源的负载。另见Directbox，Load Down，Impedance，Source。

Active Monitor（有源监听音箱）：见Powered Monitor。

A/D (A-D) Converter（模/数转换器）：它把模拟音频信号转换为数字信号的音频设备，它使用了采样和量化的处理。另见D/A Converter，Sampling，Quantization。

Adaptation（适应）：在心理声学中，一种适应特殊情况的过程（例如声染色或频率响应误差等），最终把它视为正常状况。

ADR（Automatic Dialog Replacement，自动对白更换）：一种循环播放一段语音的方法，使演员用听起来更好听的类似台词来更换不好听的台词。

ADT（Automatic Double Tracking, or Doubling，自动加倍分轨录音，或声音加倍）：把某个信号延时25～50ms后与未经延时的信号混合，这样听起来像人声或乐器声发出两遍的混合声。

AES/EBU（音频工程师协会/欧洲广播联盟）：见AES3。

AES3（也称之为AES/EBU，IEC 988 Type 1，或IEC-60958 Type I）：这是一种数字信号的接口格式，这种专业格式在用卡侬型接插件的具有110Ω的双绞屏蔽线缆上传送2声道的数字音频。它不同于话筒线缆，一根AES3线缆可用100m长度传输，AES3id使用75Ω的同轴线缆及BNC接插件的运行长度可达1 000m。对每对声道的传送需要用AES3接口，也可参见S/PDIF。

AES10（MADI，Multichannel Audio Digital Interface or AES10－2003：多通道音频数字接口或AES10－2003）：此专业格式可在75Ω同轴线缆或光纤线缆上传送高达24bit/96kHz分辨率的28通道、56通道或64通道数字音频，它通常用来把大型混音调音台链接到数字多轨录音机上，线缆允许使用的长度可达3 000m。

AES67：是IP网络音频的标准。由AES开发，它与许多基于IP（互联网协议）的系统相兼容，例如RAVENNA、Livewire、Q-LAN、AVB和Dante等系统，见Audio over IP（AoIP，IP网络音频）。

AFL（推子后监听）：AFL是推子后监听的缩写，见SOLO。

AGC（Automatic Gain Control，自动音量控制）：是一种为降低声音过大的音量和增加声音过小的音量的能连续自动调整增益的音频电路，见Compressor。

AIFF（Audio Interchange File Format，音频内部交换文件格式）：一种未经压缩的数字音频文件标准Mac格式，它使用脉冲编码调制方式使编码的声音没有任何的数据简化。它的音频分辨率为16bit/44.1kHz，或者更高。

Aliasing（折叠）：指由于音频频段之上的信号干扰，会在频段20kHz之下出现的音频假象。在模/数转换器内的抗折叠滤波器是一个低通滤波器，为防止出现折叠现象，在音频信号采样之前，把所有高于20kHz的频率成分加以滤除。

Ambience（环境声）：属于一种房间声、早期反射声及混响声，也表示围绕着被录乐器所处的房间或环境的听感。

Ambience Microphone（环境声话筒）：一种放置在距离声源相对较远位置的、用来拾取环境声的话筒。

Amplification（放大）：增大信号电平。

Amplitude，Peak（幅度，峰值）：在声波的波形图上为波形峰顶的声压，在电信号的图形上为波形峰顶的电压，在表头上所测得的声波或信号的有效值幅度为峰值幅度的0.707倍。

Analog Mixer（模拟调音台）：一种工作在模拟信号上的调音台，把模拟信号发送到外接的多轨录音机和2声道录音机上（如一台数字音频工作站），见Digital Mixer和Software Mixer。

Analog Summing Mixer（模拟合成调音台）：一种过去经常从通过模拟电路的数字音频工作站那里送达的声轨信号或对副混音进行混音的调音台。使用合成调音台，要旁通数字音频工作站内部的混音母线，由于绕行误差、数字过载及比特截短等而产生轻微的失真。把每条数字音频工作站的声轨的模拟输出送到合成调音台的输入，用数字音频工作站的推子和自动化功能，或者用合成调音台的推子（如果有）来设定混音电平。

Analog Tape Recorder（模拟磁带录音机）：把2～24条声轨的模拟音频记录到一盘1/4in～2in宽的磁带上的录音设备。

Analog Tape Saturation（模拟磁带饱和）：一种类似于模拟磁带录音所产生的附加失真的效应。

Analog-to-Digital（A/D）Converter（模/数转换器）：一种把模拟音频信号转换成数据流（比特流）的电路。

Anti-Alias Filter（抗折叠滤波器）：指在模/数转换器内，为防止出现被称为折叠的音频假象，在采样之前把20kHz以上所有的频率成分加以滤去的低通滤波器。

Anti-Imaging Filter（抗镜像滤波器）：指在数/模转换器内，用来平滑模拟信号内电压级差的低通滤波器，这种级差电压是由数字的量值转换成模拟电压而产生的，抗镜像滤波器用来恢复原始模拟信号的波形。

Antinode（波腹）：在驻波内处于高声压的区域，见Standing WAV，NODE。

Arranger Keyboard Workstation（编曲者键盘工作站）：一种用于作曲编排的键盘工作站。

ASIO（Audio Stream Input/Output，音频数据流输入/输出）：Mac和Windows用的斯泰伯格的计算机音频驱动程序规格，ASIO由于声卡和音频应用软件之间的直接接口而具有很低的等待时间。

Assign（分配）：将某个音频信号经过路由分配或发送到一条或多条被选定的通道上去。

Attack（起控）：指某个音符的起始部分，是指音符从寂静上升到它的最大音量时所形成的音符包络线上的第一部分。

Attack time（起控时间）：在压缩器内，为响应出现某个乐音的起音而用增益降量时所取用的时间。

Attenuate（衰减）：用来降低某个信号的电平。

AU（Audio Units，音频单元）：一种Mac的核心音频驱动程序的插件程序的格式。

Audio（音频）：1．声音录音、发送、接收及回放的领域；2．与在可听范围(20Hz～20kHz)内的声音频率或信号相关联的录音、发送、接收或回放。

Audio Driver（音频驱动程序）：一种能使录音软件与音频接口或声卡进行交流的程序。

Audio Interface（音频接口）：一种可以连接到计算机上的设备，而且可以把音频信号转换成存储在存储器或硬盘上的计算机数据，接口也可以把计算机数据转换为音频信号，见Breakout Box，I/O Box，Sound Card。

Audio Interface Buffer（音频接口缓存器）：缓存器功能为临时存储来自硬盘或RAM存储器的音频并通过它到达音频接口内的数/模转换器上；临时存储来自音频接口内模/数转换器的音频并通过它进入硬盘或RAM存储器上。缓存器的容量会影响等待时间及CPU的负担，见Buffer。

Audio over Ethernet（AoE，音频以太网）：一种提供高质量音频输送的音频网络，在以太网线缆上无数据压缩，通常使用在音乐录音或扩声场所。

Audio over IP（AoIP，IP网络音频）：一种在IP网络上播放音频的系统，它允许通过通常为互联网的IP网络高质量地传送音频。

Audio Restoration Program（音频复位程序）：一种为消除来自某个音频程序的交流哼声、嘶声、爆裂声和噪声等声音的软件，软件旨在改善不良的已录信号中的声音质量。

Audio Video Bridging（AVB，音频视频桥接网络）：一种数字音频网络，见第13章中的详细介绍。

Automated Mixing Controls（自动混音控制）：在混音调音台内，设置调音台对各种自动化功能的控制（读、写、更新、记录自动化、回放自动化等），使用自动化功能时，调音台内的存储电路记忆着调音台的设置和混音动作。

Automation（Automated Mixing，自动混音）：是一种用计算机记忆并可更新调音台的控制设定及动作的混音系统，在用这种系统时，混音可以在某个阶段被执行和精调，并可以在未来按早先的设置精确地加以回放。见Dynamic Automation，Scene Automation。

Autopunch（自动插入补录）：一种在录音或音序器软件内的功能，可以在预设的时间内自动地进行插入和退出补录，见Punch-In/Out。

Aux Bus（辅助母线）：一条包含调音台内输入单元上辅助发送信号的混音用母线或通路，辅助母线经常把信号发送到效果设备或监听系统上，见Effects Bus。

Aux Return（辅助返回）：在混音调音台内，一种对于输入插孔接收来自外部效果器信号的设定。此外，对影响效果设备输出的电平进行调节，也被称为BUS IN（母线输入）或Effects Return（效果返回）。

Aux Send（辅助发送）：一种在调音台内经常用来把输入单元的信号发送到辅助母线上的控制，辅助发送电平可调节在乐器上能听到的效果总量，也可调节监听系统内乐器的响度。

Average（RMS）Level［平均（有效值）电平］：与响度相关的音频信号的长时间的电平，见Peak Level。

A-Weighted（A计权）：指的是一种噪声测量或声压级的测量，它用滤波器对中高频进行提升和对低频进行衰减的方法来模仿人耳的频率响应，滤波器被制成使其测量值与对声音的干扰值相关，见Weighted。

Back Up（备份）：用不同的存储媒体对录音作品进行另一份拷贝，如果原版丢失，则可用备份拷贝。

Baffled-Omni（档板式全指向性）：一种立体声拾音方式，它使用硬质档板或有装填垫料档板，以人的双耳为间距将两支全指向性话筒分隔设置。

Balance（平衡）：指各条声轨或乐器的相对音量电平的关系。

Balanced Line（平衡线）：一条具有两根导线及导线外围有屏蔽线的线缆，线缆内每根导线对地的阻抗相等，对地而言，导线有相等的电位，但极性相反，信号会流经两根导线。见Unbalanced Line。

Bandpass Filter（带通滤波器）：用在分频器内，能通过某一频段或某一个频率范围成分的滤波器，而且对频段以外的频率成分给予急剧的衰减或封堵。

Bandwidth（带宽）：滤波器作用于电路的幅频特性图上在3dB的衰减点之间的频率范围。

Bank（堆栈）：1．在数字混音调音台内可选择的软件推子组；2．合成器或采样补丁组。每一组包含一些不同类型的补丁。

Bank Switch（Layer Switch，层面开关）：在数字调音台内，有这种切换开关用于选择不同层面的推子控制部件。

Basic Tracks（基本声轨）：已被录好的旋律乐器（贝斯、吉他、鼓，有时为键盘）的声轨。

Bass（低音）：音频信号内的低频成分，频率范围大约为20～100Hz。

Bass And Treble Control（低音与高音控制）：高频与低频的搁架式均衡。见EQ，Shelving Equalizer。

Bass Chorus（低音部合唱效果）：工作在电贝斯频率上的合唱效果，见Chorus。

Bass Rolloff Switch（低音滚降开关）：见Low-Cut Switch。

Bass Trap（低音陷阱）：一种在录音棚内可以吸收低频声波的装置。

Beat Box（Groove Box，节拍盒）：见Drum Machine。

BI-Amplification（BI-AMPING，双放大）：用分立的功率放大器对低音和高音音箱进行驱动，有源分频器被连接在这些功率放大器的前面。

Bidirectional Microphone（双指向性话筒）：这种话筒对于来自话筒前后两个方向上的声音具有最大的灵敏度。它排斥来自话筒两侧的声音，根据话筒的极坐标图形，有时也称之为余弦话筒或8字形话筒。

Binaural Recording（双耳声录音）：在接近人耳两边或人工头两旁的位置各放置一支全指向性话筒进行2声道的录音，通过耳机回放已录声音，其目的在于复制出现在每只耳朵旁边的声音信号。

Bit（比特）：一种1或0的二进制数系统，分别表示“开”“关”。

Bit Depth（Word Length）［比特深度（字长）］：在数字信号内比特的数字（1和0）构成一个字（例如16bit或24bit）。每个字是一种二进制数，也就是每次的采样值，一个采样就是对一个模拟波形的一次测量，在由模拟至数字转换期间，每秒钟要进行数万次的测量。比特深度越高（字长的长度越长），本底噪声越低，以及动态范围越高，见Noise Floor，Dynamic Range。

Bit Rate（比特率）：数据压缩后的文件传送速率，用bit/s（每秒的比特数）表示。

Bitstream（1-Bit）Encoding［比特流（1bit）编码］：用1bit的信号在2.8224MHz或更高的采样率下进行模/数转换的方法。这种直接流数字（DSD）处理方法被用在超级音频CD和某些Korg便携式数字录音机上，DSD提供的频率响应从直流至100kHz、120dB的动态范围及非常平稳流畅像模拟一样好听的声音。

Blind A-B TEST（A-B盲测）：这是一种A-B测试，听者不知道他或她正在听哪一种设备或处理加工谁的作品，这样可防止听者的偏见，见A-B TEST。

Blumlein Technique（Blumlein Array）［Blumlein技术（Blumlein阵列）］：一种立体声话筒技术，它用两支具有一致性的双指向性话筒呈90°夹角分隔（分别离中心的左、右45°排列），它是由录音师Alan Blumlein所发明的。

Board（调音台）：见Mixing Console。

Boom（话筒平衡杆）：指话筒架上的水平横杆，在它上面装有话筒。

Bounce（跳轨）：1．把一些声轨混音后录入未使用过的声轨，这样可把原始的那些声轨清空，被清空的声轨可用于下一步的录音；2．把MIDI音序转换到一个音频片段上；3．把多声轨混音导出或保存为一个立体声文件，也被称为提交。见Render。

Boundary Microphone（界面话筒）：一种用于摆放在界面（硬质反射表面）上拾取声音的话筒。话筒头被安装在非常贴近界面的平板上，使得直达声与反射声在可听范围内的所有频率成分以同相位（或者相位特别接近）到达话筒振膜。

Breakout Box（I/O Box）［接线盒（输入/输出小盒）］：一批装在一个机架小盒内音频输入和输出接插件，这些插接件连接到计算机内的一张声卡（PCI音频接口），通常用于模拟音频信号（也常用MIDI信号和数字信号）与计算机之间的接口。

Breathing（喘息声）：见Pumping。

Brick Wall（砖墙式）：是指具有非常陡峭的滤波特性曲线的斜率，用来完全去除不需要的频率成分，砖墙式滤波器趋于产生大量的相移，见Phase Shift，Filter。

Bridging Impedance（桥接阻抗）：是指负载阻抗是源阻抗的7倍或以上时的阻抗。桥接阻抗可使最大电压在设备之间传送。

Broadcast WAV（广播波形）：是一种具有附加定时信息的波形文件，见WAV。

Buffer（BUFFER MEMORY）［缓存器（缓存储存器）］：它是临时存储数据的RAM系统，例如存储从硬盘上读取的音频，或存储从音频接口处发送的音频，见I/O Buffer和Audio Interface Buffer。

Bundle（捆绑）：将一批插件程序、采样或循环素材等成捆打包在一起。

Burn Speed（刻录速度）：在CD被刻录或记录时的速度。一种把音频文件以实时方式拷贝到CD上的方式，1×表示1倍速度，8×表示8倍速度，52×表示52倍速度。

Bus（母线）：许多不同信号的公共连接，常为调音台或辅助调音台的一种输出。这是一个可以送往磁带声轨、信号处理器或功率放大器等的通道。

Bus Compression（母线压缩）：对立体声混音的压缩。

Bus In（母线输入）：一种对节目母线的输入，通常用于效果返回。

Bus Master（主输出母线）：在混音调音台的输出部分内，用来调节母线输出电平的电位器（推子或音量控制部件），也见Group Fader。

Bus/Monitor/Cue Switch（母线/监听/提示开关）：在混音调音台内，把效果返回的信号馈送到下列3个目标上的选择开关：节目母线（用于缩混）、监听混音（控制室监听音箱）、提示混音（耳机），或这3个目标的任意组合。

Bus Output（母线输出）：母线的输出接插件。

Bus Powering（母线供电）：从USB或火线母线处，而不是从交流电插座处为电子设备供电的方法。

Buzz（嗡嗡声）：一种我们不希望出现的，却经常在音频中陪伴着包含60Hz（或50Hz）的高次谐波的令人烦躁的声音。

Cable（线缆）：一种把信号从一台设备传送到另一台设备上所使用的导线（导体）组。

Cam-Lock（凸轮锁）：一种多针脚的可旋转锁紧的接插件，见Multipin Twist-Lock Connector。

CardBus（母线卡）：一种高级的PCMCIA卡，由于它采用直接存储器存取（DMA）及32bit的数据传送，因而具有更快的速度。

Cardioid Microphone（心形指向性话筒）：一种单指向性话筒，它对侧面声音的灵敏度衰减6dB、对背面的声音具有最大衰减（距中心轴向180° 处）。它具有心形的方向性极坐标图形，见Polar Pattern和Undirectional Microphone。

CARVE（切割）：一种均衡坡度的应用。

CBR（恒定比特率）：一种MP3编码方案。每帧在相同的比特率下编码，与VBR相比较，它能创建一个更大的数据压缩文件。

CD（小型光盘）：见Compact Disc。

CD-R（CD-Recordable，可刻录CD光盘）：不能重复写入的可刻录CD光盘，一旦写入之后，就不能擦除，也不能重新写入。

CD-ROM Drive（只读存储的CD盘驱动器）：一种计算机磁盘驱动器，它可回放来自只读存储CD盘上的计算机数据，CD被类似于CD播放机中的激光读出。

CD-RW（CD-Rewritable，可重写的CD光盘）：一种可重写的可录CD光盘，当数据被写入后，还可以将数据抹去并重新写入。

CD-Text（CD文本）：一种能显示歌曲标题和表演者的文件，这样可以让聆听者在播放CD时看到CD显示屏上的标题和表演者的信息，CD文本剪辑器附带最专业的CD刻录软件。

Cent（森特）：森特是一种音程（音高变化）的度量，即为1/100的半音程，十二音平均律把八度音阶分成12个半音，每个半音为100森特。

Center Channel Buildup（中心通道增强）：当想要立体声混音成为单声道声音时，只要把声轨的声像偏置到中心位置而使中心位置的电平增强即可。为防止出现这种现象，把任何过分偏置的声轨轻微地偏向中心位置即可，换句话说，左、右声轨向中心靠拢的角度不得超过75%。

C-Form（C形式接插件）：一种在欧洲使用的多针脚旋转锁紧的接插件，见Multipin Twist-Lock Connector。

Channel（通道）：某个音频信号的单一通过途径，每条通道可包含不同的信号。

Channel Assign（通道分配）：见Assign。

Channel Strip（通道条）：在混音调音台内以软件或硬件形式存在的单条输入单元，一条通道条可被包装在名为“餐盒”的小匣子里。

Cher Effect（雪儿效果）：一种在歌曲的音符之间突然改变音高来极端地修正音高的方法，以获得一种机器人的效果。

Chorus（合唱）：1. 信号被延时15ms～35ms后，将被延时的信号与原始信号混合后所产生的一种特殊效果，延时可以随机或周期性地变化，这样会得到一种波浪似的、闪烁着的效果；2. 一首歌曲的主要部分，将同样的歌词贯穿于歌曲中重复数遍，可获得合唱效果。

Circumaural（全罩式耳机）：是指围绕着耳朵并装有密封圈的耳机，全罩式封闭式耳机用来防止耳机声音泄漏到话筒上。

Clean（干净）：没有噪声、失真、过分突出、泄漏声等，声音不混浊。

Clear（清晰）：清晰可闻，易于分辨，有足够的高频成分被重现。

Click Track（节拍声轨）：在数字音频工作站的录音程序内产生的电子节拍器声轨，用于在演艺人员的耳机上播放节拍声音。

Clip（削波、片段）：1. 切去或抹平信号波形的峰顶，可引起失真，在音频设备或音频软件内由于所设定的信号电平太高，会引起削波；2. 当话筒前置放大器内出现削波时，在混音调音台内的LED灯会闪烁；3. 在声轨内界定的一段音频，被称为片段、段落。见Region。

Clip Effects（片段效果）：把效果插入声轨中的某个片段或某片区域，而不是插入整条声轨。

Clip Indicator（削波指示器）：在信号削波或失真时，LED灯或像素光柱灯会亮起。

Clock（时钟）：能为数字音频或MIDI音序产生定时脉冲的振荡器。

Clone（克隆）：把声轨和/或它的插件程序拷贝到新的声轨上去的过程。

Closed-Cup（Closed-Back）Headphones（封闭式耳机）：具有密封性且与外界隔声的耳机，同时也防止耳机声泄漏到附近的话筒上。

Coincident Pair（重合式话筒对）：一支立体声话筒或两支独立的话筒，将它们的话筒振膜置于同一位置，并以一定的角度分隔，把一支话筒置于另一支话筒之上。

Coloration（声染色）：一种歪斜的音色平衡，加强或减弱个别频段成分，使已录制的乐器声或人声听起来不自然或不真实。

Comb-Filter Effect（梳状滤波效应）：一种声音与被延时的声音混合之后所形成的频率响应，由于相位抵消作用而产生的一系列具有波峰和波谷的频率响应，这种波峰和波谷类似于梳齿交错般的梳子一样。

Combi（Combo）Connector（复用接插件）：是一种音频接插件，它把一个卡侬型母插座与位于中央的TRS插孔组合在一起。

Compact Disc（CD）（小型光盘）：可存储数字音频节目的时间长达80mins的只读式光盘媒体。光盘的数据是用螺旋形的极细的凹陷刻纹来存储，并且用激光读出数据。CD的数字音频格式为44.1kHz的采样率、16bit的字长。

Complex Wave（复合声波）：多于一个频率分量的声波。

Comping（声轨合成）：在不同的声轨上录制了多遍单件乐器或人声之后，在缩混期间选择每遍录音中最好的部分依次序在一条合成声轨上回放。

Composite Track（合成声轨）：一条包含乐器或人声演奏、演唱数遍中最好部分的声轨。

Compression（压缩）：1．空气分子被挤压在一起、成为高于正常大气压时的一段区域的声波；2.在信号处理过程中，压缩器引起信号的动态范围或增益的下降；3．数据压缩或减少数据是用降低数据文件容量的编码方案，此方案使用了由于掩盖效应而被丢弃的那些被认为听不到的音频数据的，MP3、AAC、RealAudio、OGG及Microsoft Media等就是这种数据压缩格式的例子。

Compression Graph（压缩图表）：在压缩器内，画出的输出电平对输入电平的关系图，压缩比或斜率也是图表的一部分。

Compression Ratio（Slope）［压缩比（斜率）］：在压缩器内，输入电平的变化（用dB计量）与输出电平的变化（用dB计量）之间的比值，例如，2：1的压缩比意味着在输入电平上每出现2dB的变化时，则输出电平变化1dB。

Compressor（压缩器）：一种信号处理器，它依靠自动音量控制来降低动态范围或增益，是一种在输入信号电平增加到某一预置点以上之后增益开始下降的放大器。

Condenser Microphone（电容话筒）：是一种用可变电容量来产生电信号原理的话筒。对话筒振膜与邻近的金属圆盘（称之为后极板）形成的电容器的两片极板充电，到达的声波使振膜振动，改变了振膜与后极板之间的间隔，因而也就改变了电容，被转化为振膜与后极板之间电压上的变化。电容话筒需要有电源来使它们的电路工作，例如使用内部的电池或用12～48V的幻象电源来供电，见Phantom Power。

Connector（接插件）：一种连接信号传输线缆与电子设备，或在两条线缆之间进行电气连接的器材，一种能用来连接线缆或把线缆固定在一起并能使一个信号流向另一台设备的器材。

Console（调音台）：见Mixing Console。

Contact Pickup（接触拾音话筒）：一种接触乐器并把乐器的机械振动转换为相应的电信号的换能器。

Content Distribution Network（CDN，or Streaming Service Provider，目录分布网络或数据流服务提供者）：一种通过互联网提供数据流音频的服务网络。

Context（语境）：与我们所关注的特定声音混在一起时所听到的声音。当我们把注意力集中到某一种声音上时，那么听觉感知会感受到任何伴随在一起的声音的，见Mask。

Continuous Automation（连续自动化）：见Dynamic Automation。

Contoured Frequency Response（成形的频率响应）：见Tailored Frequency Response。

Control Room（控制室）：录音师用来控制和监听录音作品的房间，控制室内装有大量的录音硬件设备。

Controller，Control Surface（控制器，控制界面）：带有推子的机盒（有些还带有按键和旋钮），它类似于一张调音台，常用虚拟控制部件进行调节，这些部件出现在计算机剪辑软件内的显示屏上。它可用USB或火线连接计算机，控制器界面还可能包括模拟和数字输入/输出接插件及MIDI接插件，也见MIDI Controller。

Convolution Reverb（Sampling Reverb）［回旋混响（采样混响）］：可以从真实声学空间的脉冲-响应采样（WAV文件）那里取得混响的一种混响设备或插件程序，它不用算法程序获得，这样所取得的声音质量非常自然。

Core Audio（核心音频）：使用在Mac OS X内的苹果的低等待时间音频驱动器，见Audio Driver。

Corner Frequency（拐角频率）：均衡器内的搁架式滤波器或滚降，拐角点频率处的电平相对于未被滤波的频率响应处的电平下降3dB。

Critical Frequency Bands（临界频段）：以1/3倍频程分隔的频率范围。在频率响应上的变化（波峰和波谷）如果窄于临界频段则不会容易听到，所以1/3倍频程的图示均衡器经常被用来调整音箱的频率响应，临界频段与耳蜗内的听觉功能相关联。

Crossfade（淡入淡出）：对一个音频段落结尾处进行淡出的同时，对下一个音频段落的开始点进行淡入，两段淡接互相交叠。这种方法可用在专辑中，在从一首歌曲进入到另一首歌曲时无间断连续下去，或者平滑一个明显的剪辑。

Crossover Filter（分频滤波器）：一种两分频或三分频的带通滤波器让低频成分到达音箱的低音扬声器，中音频率进入中音扬声器及把高频成分进入高音头。

Cue，Cue Send（提示，提示发送）：在混音调音台的输入单元内，将一种调节馈给提示调音台信号电平的控制，提示调音台将信号送到录音棚内的耳机上去。

Cue Mix（提示混音）：是录音棚内送到耳机上的信号的混音。

Cue Mixer（提示调音台）：在混音调音台内的一种辅助调音台，它取出来自提示发送的信号后并把它们混合到合成信号中去，合成信号则驱动录音棚内的耳机。

Cue Sheet（节目提示表）：在CD-R上各种声轨、起始时间和节目时长等的文字文件，有些CD刻录软件用节目提示表为CD-R上的声轨生成起始识别标志。

Cue System（提示系统）：一种监听系统，它可以让演奏人员用耳机监听他们自己的声音及早先已经录上声音的声轨。

Cycle（周期）：一个完整的振动周期是从正常到高声压再到低声压又回到起始点的过程。

D/A（D-A）Converter（数/模转换器）：一种把数字音频信号转换成模拟音频信号的音频设备，它使用抗镜像滤波器去平滑数字信号内的采样后、量化过的电压的级差。见A/D Converter，Sampling，Quantization，Digital Audio。

Damp（阻尼）：为使声音尽快消失，这样就不会有长时间的回响，要减少声音包络线的衰减部分，可施加机械阻力。如果要阻尼底鼓，可在其内部放上一个枕头；如果要阻尼吉他弦，可用手的一侧阻尼。

Damping（衰减）：在混响插件程序内，一种调节高频成分的混响衰减时间的控制方法。

Damping Factor（阻尼系数）：功率放大器阻尼被连接扬声器的振动的能力。用扬声器和扬声器线的阻抗除以放大器的输出阻抗来计算阻尼系数，具有高阻尼系数的功率放大器可从扬声器处发出紧密的、清楚的低音音符。

Dante（但丁）：一种数字音频网络，详见第13章内的介绍。

DAT（Digital Audio Tape）RECORDER［DAT（数字音频磁带）录音机］：一种在小型DAT上记录2声轨的数字录音机，磁带盒尺寸是标准模拟盒式磁带盒尺寸的一半，很多年以前已经停产。

Data Cable（数据线）：一种把数据从计算机外围设备传送到计算机的线缆，例如USB、火线、雷电接口等。

Data Compression（数据压缩）：为降低在存储媒体上的数据存储总量而采用的一种数据编码方案，与Data Reduction（数据减少）意义相同，见Compression和MP3。

Data Rate（数据率）：一种数据流动速度的计量，数字音频的数据率（以每秒字节数计）是以比特深度/8×采样率×声轨数来计算。见Bit Depth，Sampling Rate。

DAW：是数字音频工作站的缩写，见Digital Audio Workstation。

dB：是分贝的缩写字符，见Decibel。

DC Bias（直流偏置）：是话筒头的供电方案，用单独的导线把电压加到话筒头上，在胸挂话筒、合唱话筒及佩夹式乐器话筒内，在话筒头与卡侬型接插件之间用线缆供电。

DDP 2.00 Fileset（DDP 2.00文件集）：由所有主要CD复制工厂支持的工业标准协议，可以确保母带无差错地传送和制造。

Dead（静寂）：只有很小的或没有混响或回声。

Decay（衰减）：音符的包络线部分从最大电平到某些中等程度的电平的过程，同时，混响电平也随着时间而下降。

Decay Time（衰减时间）：见Reverberation Time。

Decibel（dB，分贝）：音频电平的计量单位。将两个功率电平之比的对数乘以10，将两个电压之比的对数乘以20。dBV是相对于1V参考值时的分贝数，dBu是相对于0.775V参考值时的分贝数，dBv是相对于0.7746V参考值时的分贝数，dBm是相对于1mW参考值时的分贝数，dBFS是满刻度的分贝数（在信号的峰值时全部比特工作），dBSPL是声压级的分贝数，dBA是A计权的分贝数（见Weighted）。

Decimation Circuit（判定电路）：在Delta-Sigma模/数转换器内，一种按所需要的采样率（44.1kHz，96kHz等）将比特流降采样（转换）至16bit或24bit的PCM采样的电路，见Delta-Sigma A/D Converter。

Decoder（解码器）：在音频接口内，一种把来自计算机的数据流转换回音频接口内部独立的数字音频信号的电路。

De-Esser（咝声消除器）：一种信号处理器或插件程序，它用压缩在5kHz～10kHz的高频成分来消除过多的咝声（"s""sh"声）。

Delay（延时）：信号和它的重复信号之间的时间间隔，数字延时器或延时线是一种短时间延时信号用的信号处理器。

Delay Compensation（延时补偿）：用插件程序的处理来调节某条声轨的时间基准，可以使其与未经处理的那些声轨同步，插件程序把等待时间（延时时间）加入到某条声轨上去。

Delta-Sigma A/D Conversion（Delta-Sigma模/数转换）：一种在非常高的采样率下（通常用64倍过采样）所生成1bit数据流的模/数转换的方法，然后用数字低通滤波器滤去折叠和量化噪声。最后，判定电路按所需要的采样率（44.1kHz，96kHz等）把比特流降采样（转换）至16bit或24bit的PCM采样。

Density（密度）：在混响插件程序内，一种如何影响所出现的模仿反射声在时间上的密集程度的控制。

Depth（纵深感）：表示各种乐器的远近程度的听感，用高比率的直达声-环境声比所录得的乐器声会在听觉上感到声音贴近耳边，用低值的直达声-环境声比所录得的乐器声会令人感到声音遥远。

De-Reverberation（减少混响）：一种在录音作品内减少可闻混响量的处理。

Design Center（设计中心）：推子的行程部分（通常为阴影区），大约位于距推子顶部10～15dB处，在这一位置上调音台的增益分配有最佳的动态余量及信号噪声比。在正常操作期间，每个推子都应该置于这一位置或接近于这一设计中心位置的地方。

Designation Strip（指示条）：粘贴在调音台推子下方的纸条或胶条，在每个推子下方写上所指定乐器的名称，它也被称为涂鸦条。

Desk（台子）：英国人对混音调音台的称谓。

Destructive Edit（破坏性剪辑）：在数字音频工作站内，通过重写音频文件所进行的剪辑。

DI（直接接入）：直接接入的简称，指录音时要用到的一种直接接入小盒。

Diffraction（绕射）：障碍物对声场的干扰——在声波击中障碍物后，在障碍物表面上所出现的声压与频率之间的变化。

Diffusion（扩散）：1．当声波到达一个凸起或弯曲的表面或通过一个小开孔时，声波会向外扩散；2．在混响插件程序内，一种作用于混响的对立体声宽度的控制。

Digigrid Soundgrid（数字网格声音网格）：一种数字音频网络，详见第13章内介绍。

Digital Audio（数字音频）：一种用二进制数字（0和1）对模拟音频信号进行的编码。

Digital Audio Network（数字音频网络）：一种在多种数字音频设备之间进行连接的连接系统。许多通道的数字音频可通过单根以太网线缆发送（常用CAT5），可以替换庞大的多芯线缆和模拟音频线缆。这些网络通常被使用在多个录音棚和舞台之间，也用于机场、会议中心及体育场馆等的扩声系统中。

Digital Audio Workstation（DAW，数字音频工作站）：计算机、音频接口及录音软件可以用数字方式来完整地记录、剪辑和混音音频节目，数字音频工作站在计算机监视屏幕上显示虚拟的控制部件。

Digital Level Meter（数字电平表）：一种指示数字音频信号瞬时电平的表头，它用dB计量，0dB表示所有的比特在信号的峰值处于工作状态。

Digital Microphone（数字话筒）：一种在其内部装有模/数转换器并能输出数字信号的话筒，见Microphone，A/D Converter。

Digital Mic Snake（数字话筒用多芯线缆）：一种用以太网在CAT5网线上传输多通道数字音频的多芯线缆，在多芯线缆的舞台缆盒内部是每支话筒用的模/数转换器。

Digital Mixer（数字调音台）：一种在其内部使用数字信号并进行数字信号处理的调音台，它接收模拟信号或数字信号，见Analog Mixer和Software Mixer。

Digital Multitracker（数字多轨录音机）：组装在同一机架内的多轨数字录音机和调音台。

Digital Recording（数字录音）：一种以二进制数字（0和1）形式来存储音频信号的录音系统。

Digital Signal Processing（数字信号处理）：见DSP。

Digital-to-Analog（D/A）Converter（模/数转换器）：一种把数字音频信号转换成模拟音频信号的电路。

Digital Transfer（数字传送）：把数字音频信号以实时方式从一台设备传送至另一台设备。

Digitally Controlled Amplifier（DCA，数字控制放大器）：在具有自动化功能的数字调音台内，每个输入单元的放大器的增益是用来自自动化记忆的数字编码控制的，见Automation。

DIM（降低到预设音量开关）：在混音调音台内，一种降低到预设监听电平以便于谈话用的开关。

Direct Box（DI Box）［直接接入小盒（DI盒）］：一种用于把经过放大的乐器声音信号直接连接调音台话筒输入的设备，直接接入小盒把高阻抗的非平衡音频信号转换成一种低阻抗平衡的音频信号。

Direct Button（直接输出按键）：在混音调音台的输入单元内。此按键能使信号在直接输出插孔上直接输出，不是所有的调音台都有直接输出按键。见Direct Out。

Direct Injection（DI，直接接入）：带有直接接入小盒的录音。

Direct Output，Direct Out（直接输出）：一种跟随话筒前置放大器、推子和均衡器的输出接插件，用于把一件乐器的信号馈送到多轨录音机的一条声轨上。

Direct Sound（直达声）：来自声源的声音在传播过程中直接进入话筒（或听音者耳朵）而不经过反射的声音，也是指Windows操作系统用的音频驱动程序，特意用来加强多媒体的扩展功能（MME）。

Directx：一种标准的音频驱动程序。

Directional Microphone（指向性话筒）：在不同方向上有不同灵敏度的话筒，还有全指向性话筒和双指向性话筒之分。

Disc-At-Once Mode（一次一盘刻录方式）：是一种CD的刻录方法，它把所有的文件不停顿地刻录完成，与一次刻录一条声轨方式截然不同，专业音频工作使用一次一盘刻录方式。

Disc Image（光盘映像刻录）：一种CD的刻录方法，它把需要刻录的所有文件首先放到一个被称为“光盘映像”的堆栈内，这一方法要比“On The Fly”（忙忙碌碌）的方法更少出错。见On The Fly。

Distortion（失真）：一种在音频波形上不希望出现的变化，它能产生令人焦躁的、砂砾般的音质，在设备的输出信号上出现的频率成分是在输入信号中所没有出现过的。失真通常由录音时的录音电平太高、使用了不适当的调音台设置、元件失效或者是真空管失真等引起（有时也许希望出现失真现象，例如在用电吉他时）。在用数字录音时，一种被称为量化误差的失真是由于在很低的电平下出现，没有足够的比特数来对信号进行精确记录，也可参见Clip。

Distortion Level（失真电平）：在音频设备内的信号电平开始引起失真（削波）时的电平，此时的电平将会引起1%或3%的总谐波失真。

Distribution AMP（分配放大器）：它是一种接收话筒信号并把它放大后的、互相隔离的信号分配到多个目标上的设备，见Splitter。

Distro（电源分配系统）：是电源分配系统的缩写词，见Power Distribution System。

Dither（比特补偿器）：低电平的噪声被加入数字信号后，可以减少由于在数字的字内比特数的截短（移除）而引起的量化失真，所以在把24bit节目转换为16bit的CD版本之前，只要把一个比特补偿器加入24bit节目里就可以减少量化失真。

Dock（接口站台）：一种支撑平板电脑并能提供卡侬型接插件及输入/输出接插件的音频接口。

Doubling（声音加倍）：指将一个信号与该信号被延时15～35ms后的信号混合后所产生的一种特殊效果，这种处理模仿了两个独立的人声或乐器在同声演唱（演奏）。另一类的声音加倍是，两种相同的演奏在同时被记录后，在回放时可以加厚声音。见ADT。

Downloaded File（下载的文件）：一个选自网站上的音频文件不能回放，在你把它的整个文件拷贝（下载）到你的硬盘之后才能回放。

Driver（驱动程序）：一种能使软件与硬件进行交流的程序，见Audio Driver。

Dropout（失落）：在硬盘上的录音作品回放期间，由于缓存器被清空而导致出现瞬间的信号失落，增加缓存器的容量通常可防止出现信号失落现象。

Drum Booth（鼓件隔离室）：套鼓件用的隔声室，见Isolation Booth。

Drum Machine（鼓机）：一种硬件或软件设备，它可演奏真实鼓类的采样，同时还包括一台为录取节奏模型的音序器。

Drum Replacement（鼓声更换）：一种让声音更好的鼓件所制成的音符来替代已录鼓音符的软件。

Dry（声音太干）：声音中没有回声或混响，是指一种近处发出的声音，还没有用混响、延时设备或插件程序进行处理。

Dry/Wet Mix Control（干/湿混音控制）：在效果器或插件程序内，调节干声（未经处理）与湿声（已经过处理）之间的比例变化，通常在发送效果时都要设定为“Wet”(湿)或“Effect”（效果）。见Send Effect。

DSD（Direct Stream Digital，直接数据流数字）：见Bitstream Encoding。

DSP（Digital Signal Processing，数字信号处理）：通过数字上的算术运算用数字形式来修改信号，DSP应用于改变电平、均衡及效果等处理功能。

Duplication（复制）：把母带CD-R复制出CD-R拷贝版的过程，通常复制50～300份，见Replication。

DXi（DirectX Instruments）：是Cakewalk的虚拟乐器集成标准，DirectX音频效果不仅被使用在回放期间，而且可以在输入信号上实时使用，这样可让你在录音的同时进行监听并以实时方式录入效果。

Dynamic Automation（动态自动化）：在混音调音台内，一种自动化的模式是把录音师的混音动作存储在存储器内，以供日后调用。见Scene Automation，Automation。

Dynamic Microphone（动圈话筒）：声波导致音圈在固定磁场下振动时产生电流的一类话筒，动圈话筒有线圈移动式和铝带式两类，线圈移动式话筒通常被称为动圈话筒。

Dynamic Range（动态范围）：节目中声响从最轻至最响的音量电平范围。

Early Reflections（早期反射声）：在直达声到达听音者或话筒之后不到80ms到达的反射声被称为早期反射声，早期反射声有助于人耳对房间尺寸进行感知，见Direct Sound和Reverberation。

Echo（回声）：一种信号或声音被延时了的重复，被延时50ms或更长时间的信号与原始信号混合之后可产生回声效果。

Echo Input Monitor（回声输入监听）：在录音软件内，有一种开关可让你在录音时去监听在声轨内的效果，这将会在被监听信号内产生等待时间，所以平时要把开关关闭。

Editing（剪辑）：在数字音频工作站内对片段的波形进行操作，例如删除不需要的素材，拷贝某个片段，插入静音的间隔或按所需要的顺序安排片段等工作，见Region。

Effects（效果）：可利用混响、回声、镶边声、声音加倍、压缩或合唱等信号处理器来获得有趣的声音，见Sound Effects。

Effects Box（Stomp Box）［效果盒（脚踏盒）］：带有脚踏开关和控制部分的装在小机架内的音频效果设备，通常吉他手会插入一个脚踏盒或系列的脚踏盒给吉他声增加更多的效果。

Effects Bus（效果母线）：在数字音频工作站软件内所创建的母线，它包含类似于混响的效果插件程序，然后把一条或多条声轨的发送控制分配到能听到效果的母线上。

Effects Loop（效果回路）：用于在调音台内连接混响或延时设备等外部效果单元时的一些接插件的设定，效果回路包括发送部分和接收部分，见Effects Send，Effects Return。

Effects Panning（效果声像偏置）：在混音调音台内的控制部件，它用来对来自效果设备的输出信号进行声像偏置。

Effects Return（Aux Return）［效果返回（辅助返回）］：在混音调音台输出部分内的一种调节来自效果器信号总量的控制，还有在调音台内连接效果设备输出信号的那些接插件也标有效果返回，有些则可能标有“Bus In”（母线输入），可将效果返回信号与节目母线信号加以混合。

Effects Return To Cue（效果返回至提示）：在混音调音台内，用效果返回电平控制部件调节在录音棚监听混音内可听到的效果量，这些被监听到的效果取决于已经录得的任何效果。见Effects Return。

Effects Send（Aux Send）［效果发送（辅助发送）］：在混音调音台输入单元内的一种调节发送到像混响器、延时器那样的效果设备上的信号总量的控制，还有在调音台的接插件要连接效果设备输入端。用效果发送或辅助发送调节旋钮来调节在每件乐器上能听到的效果量的大小。

Electret-Condenser Microphone（驻极体电容话筒）：属于电容话筒的一种，话筒内电容器的静电电场是由一种永久存储着静电电荷的驻极体材料所产生的。

EMI（电磁干扰）：是电磁干扰的缩写。在音频电路内引入交流哼声是由于交流电源线或电源变压器发出的电磁波。

Encoder（编码器）：1．把一种文件格式转换为另一种文件格式的转换软件，例如MP3编码器将一个WAV文件转换成为一个MP3文件；2．在数字调音台内，用一个位于触摸屏附近的旋转式旋钮来调节各种参数。

End-Addressed（顶端入声型）：是指话筒拾取方向的主轴垂直于话筒顶端的正面，这时应把话筒的正面对准声源。见Side-Addressed。

Enhancer（增强器）：一种信号处理器或插件程序，它令高频轻微失真以增加谐波，并将轻微失真的信号与输入信号混合以使声音变得明亮活跃。

Envelope（包络线）：1．指一个音符在音量上的升降，包络线是连接着构成音符的连续的波峰，在音符中的每个谐波有其不同的包络线；2．在声轨的波形上所绘制的图形，随着声轨的进程自动地变化着音量电平。

Equalization（EQ，均衡）：为改变音质平衡或衰减不需要的频率成分所进行的频率响应上的调整。

Equalizer（均衡器）：通常位于混音调音台的每条输入单元内或者在独立设备内的一种电路，信号通过这种电路后可以改变信号的频谱结构。

Ethernet（以太网）：(IEEE标准802.3)一种连接多台计算机而形成局域网的系统。

EUCON（扩展用户控制协议）：由美国Euphonix公司开发的一种高速以太网协议，可以让一个控制界面与软件应用进行交流。

Exaggerated Separation（夸张的声像间隔）：见Ping-Pong。

Expander（扩展器）：1．信号通过它后可以增加信号动态范围的一种信号处理器，扩展器的控制部件包含启动时间、释放时间、保持时间及阈值等；2．一种增益随输入电平增加而增大的放大器，在被作为噪声门应用时，扩展器可以降低低电平信号时的增益，以便降低音符之间的噪声；3．一种向上扩展器，可以增大信号中高电平声音的响度。

Expresscard（扩展卡）：PCMCIA标准的最新迭代产品，在USB模式下以480Mbit/s的速率传输，在PCIe模式下以2.5Gbit/s的速率传输。见PCMCIA Card。

External Clock（外部时钟）：对数字音频设备或MIDI设备的一种设置，让设备与外部时钟同步，而不是与自己的内部时钟同步，见Clock。

Fade In（淡入）：慢慢推起主输出推子或在数字剪辑程序内选择一种淡入处理选项，将已录歌曲开始处的音量逐步地从静音增加到满电平的过程。

Fade Out（淡出）：逐步降低已录歌曲中最后数秒的音量，慢慢地拉下主输出推子或在数字剪辑程序内选择一种淡出处理选项将音量从满电平逐步地下降到无声的过程。

Fader（推子）：一种线性的或是滑动的电位器（音量调节），经常用来调节信号电平。

Feed（馈送）：1. 把一个音频信号发送到某台设备或系统上去；2. 被发送到某台设备或系统上的一个输出信号。

Feedback（反馈）：1. 将一个输出信号的某些部分返回到系统的输入；2. 当一个扩声系统的话筒拾取了话筒本身经音箱放大后的信号时所引起的一种啸叫声。

Field Effect Transistor（FET，场效应晶体管）：一种具有很高输入阻抗和很低输出阻抗的晶体管（放大器件），被使用在有源DI盒以及许多电容话筒内。

Figure-Eight Microphone（8字形话筒）：见Bidirectional Microphone。

Filter（滤波器）：1. 能尖锐地衰减某一频率以上或以下频率成分的电路，可被用来降低某种乐器或人声的频率范围以上或以下的噪声和泄漏声；2. 一种可消除被选定的音符参数的MIDI滤波器。

Firewire（火线）：一种能在数字设备之间高速传送数据的标准协议，也被称为IEEE 1394。

Firewire Cable（火线线缆）：一种被设计用来传输火线信号的线缆。线缆两端接有火线接插件。

FLAC（Free Lossless Audio Codec，无损音频压缩编码）：一种数据压缩编解码器，它能保持混音的声音质量且能降低文件容量的一半。它的无损体现在音频被压缩后（数据减少），在声音质量上没有任何损失。与WAV文件不同，FLAC能把元数据嵌入文件，该文件可把音乐演奏者——艺术家、专辑、歌曲、ISRC（国际标准录音制品编码）等信息加以显示。

Flanging（镶边声）：将信号与该信号被延时后的重复声加以混合，并且延时是在0～20ms变化时所产生的一种特殊音响效果。这种效果带有一种空洞的、仿佛嗖嗖声的、像一根可变长度的空心管所发出的轻飘的效果，或者像喷气式飞机飞过头顶时发出的那种声音。一种可变的梳状滤波器可以产生这种镶边声效果，使用正向镶边声时，被延时后的信号与输入信号同极性；使用负向镶边声时，延时后的信号与输入信号为反极性，因而导致低频成分被抵消。用谐振镶边声时，一些输出信号被返回到输入端，这样可得到更为强劲的效果。

Flat Frequency Response（平直的频率响应）：是一种与频率保持一致的频率响应，如果音频设备有平直的频率响应，那么设备输出的信号与进入该设备的信号有相同的频谱，见Spectrum。

Fletcher-Munson Effect（弗莱切-蒙松效应）：这是由弗莱切和蒙松所发现的一种人耳的主观频率响应随着节目电平变化的心理声学现象，由于这一效应，当节目在较低音量下播放时与原始电平相比较，会在主观上感到损失了低频和高频响应。

Flutter Echoes（颤动回声）：在两堵平行的墙面之间出现的一系列快速的回声。

Flying Faders（飞行推子）：在具有自动化功能的混音调音台内，当你召回调用一条混音时，飞行推子（电动机推子）将会移动到你所设置的位置上，见Automation。

Foldback（FB，返送）：见Cue System。

Format Converter（格式转换）：一种电子设备能把AES信号转换为S/PDIF信号，反之亦然，光波导和TDIF信号同样也可被相互转换。

Frame（帧画面）：SMPTE时间码地址的一部分，一帧就是大约1/30s时长的单幅画面，见SMPTE Time Code。

Frame Rate（帧率）：用于视频制作的SMPTE时间码内每秒的帧数。

Freeze（冻结）：为减轻CPU处理负担并防止出现信号失落现象，把MIDI声轨转换到音频上的措施，其也被称为“把MIDI跳到声轨”。

Frequency（频率）：声波或音频信号在1s内的周期数，计量单位用Hz，低频（例如100 Hz）有较低的音高，高频（例如10 000Hz）则有较高的音高。

Frequency Response（频率响应）：1. 音频设备将会产生相等电平（在一定的规定范围内，例如±3dB）的频率范围；2. 某种器件如话筒，还有人耳等能够检取的频率范围。

Frequency Response Curve（频率响应曲线）：是音频设备的灵敏度与频率之间关系图形，常见于话筒应用，见Response。

Full Duplex（全双工）：双方向信息流，在进行叠录工作时可以同时进行录音和回放。

Fundamental Frequency（基波频率）：复合声波中的最低频率。

FX（效果）：效果的缩写。

Gain（增益）：1．输出电压与输入电压之间或输出功率与输入功率之间用dB表示的比率，也就是放大量；2．在混音调音台内，调节话筒前置放大器放大量以适应各种信号电平的控制，也被称为调整、微调。

Gain Control Knob（增益控制旋钮）：在音频接口内有一个旋钮用来调节话筒前置放大器的增益（放大量），可在软件的电平表上把电平调到很高的录音电平，但不能调高到引起削波。

Gain Reduction（增益降量）：在压缩器内，信号被压缩的dB数量的调节，在表头上有显示增益降量。

Gain Staging（增益分级设定）：为在信号路径内获得最清晰的信号而对所有的增益控制所进行的设定，在信号路径内的任何一级上，信号电平应该被设定在本底噪声之上，但又必须位于削波电平之下。

Gate（门限）：1．当信号的幅度低于某个预置值时，会关闭信号；2．用于这种用途的信号处理设备。也见Noise Gate。

Gated Reverb（门限混响）：在淡出之前切除混响"尾巴"的混响。

General Midi FILE（GM File）［通用MIDI文件（GM文件）］：一个包含乐器声标准设定的MIDI文件，通用MIDI文件在支持GM规格的任何MIDI乐器上可产生相同的声音。

GOBO（可移动隔离物）：用来防止一种乐器声进入另一种乐器话筒所施加的必要的可移动隔离物，是可移动隔离物（Go-Between）的缩写词。

Graphic Equalizer（图示式均衡器）：具有一排水平排列的推子的均衡器，推子把手的所在位置指出了均衡器频率响应的图形。通常用来均衡房间内的监听音箱，有些则用来对声轨进行综合音质均衡。

Groove（律动）：一种重复的乐句，也称之为重复乐句或节奏乐句的节奏"感觉"，见Loop。

Groove Box（律动盒）：见Drum Machine。

Groove Clip（律动片段）：一个在Cakewalk SONAR录音软件内的片段，它有嵌入的节拍和根音音高。SONAR可以拉长片段来适配节拍上的变化，或可置换片段来适配任务的关键，也可以在声轨内用将它的尾端拖曳到右端的方法来重复一个律动片段。

Groove Quantizing（律动量化）：在某些循环程序内的一种功能，它可以从一个律动内的时限和动态置换到另一个律动片段内，它允许像人声那样在定时和键速方面的变化。

Ground（地）：在电路内的零电压参考点，音频设备的机壳和音频线缆内的屏蔽线都在地电位。

Ground-Lift Switch（浮地开关）：一种把屏蔽线从卡侬型的1脚断开或连接的开关，防止因形成接地回路而引起交流哼声，见Ground Loop。

Ground Loop（接地回路）：1．因一些接地引脚而形成的回路或电路；2．当不平衡部件经由两种接地途径——线缆连接的屏蔽地与电源地连接在一起时所形成的回路。接地回路会引起交流哼声，因此应该设法避免。

Group（编组）：1．选择一些推子将它们联合在一起统一动作，例如将所有用于鼓声轨的推子编组在一起后，只要推起一个推子就可调节鼓类的综合电平；2．为把一些输入单元的输出分配到一个独立的编组或母线上去，这个单独的编组电平或母线电平可以只用一个单独的组推子来控制，例如把属于鼓类话筒的所有输入单元分配到一个单独的"drums"（鼓类）编组上；3．调音台内的一条母线或一条通道可以包含来自一些输入单元的信号，例如鼓类编组是所有鼓件话筒上信号的组合。见Submix。

Group Fader（Submaster Fader）［组推子（辅助主输出推子）］：位于混音调音台或数字音频工作站的输出部分内，是一种控制一条母线或一个编组输出电平的推子。

Group Mixing Circuits（编组混音电路）：在混音调音台内，对分配到编组内的所有输入单元信号进行混音的电路，也被称为有源混合网络。

GSIF（GigaSampler Interface，千兆采样器接口）：Nemesys的Windows声卡驱动器，它用声卡与音频应用软件之间的直接接口来达到很低的等待时间。

Guide Vocal（领唱）：见Scratch Vocal。

Guitar-AMP Modeling（吉他放大器建模）：用硬件或插件程序模仿各种各样吉他放大器的声音。

Guitar Cord（吉他线）：只有单根中心导体（导线）外围为屏蔽线的非平衡线缆，线缆两端接有1/4in的TRS插头，它把音频信号从电吉他或电贝斯传送到放大器或直接接入小盒上。

Haas Effect（Precedence Effect）［哈斯效应（优先效应）］：一种首先到达的声音（来自多个相同的声音）决定了声音的感知位置的心理声学效应。当我们聆听两个来自不同位置的相同声音时，我们会倾向于听到一个单一的声音，把它定位在最早听到的那个声源的位置上。例如，我们听到在舞台上的演员的谈话声，也听到从附近音箱上发出的经过放大后的声音，我们会把它们的声音定位在音箱那里，因为它们的声音首先到达我们的耳朵。如果我们把两个相同的信号分别偏置到左方和右方，把右通道的信号延时，我们将会把信号的声像定位在左前方。

Handheld Flash Memory Recorder（手持式闪存录音机）：一种手掌尺寸的在闪存卡上记录2声轨的数字录音机。

Hard-Disk Recorder（Hard-Drive Recorder，硬盘录音机）：一种在硬盘上记录数字音频的录音机。硬盘录音机—调音台包含内置的调音台。

Hard Pan（极端声像偏置）：把声轨的声像全部偏置到左边或右边。

Harmonic（谐波）：在泛音中为基波频率整数倍的频率成分被称为谐波。

Harmonizer（泛音器）：一种可提供宽广多变的移调和延时效果的信号处理器。

HD（硬驱）：硬盘驱动器的缩写词。

HD-AAC（高清-先进音频编码）：一种数据压缩格式，它结合了MPEG-4 AAC有损压缩和MPEG-4 SLS无损编码。它提供的单一文件，可以在任何地方缩放，从发烧友质量到低比特率的质量，从单个经HD-AAC编码后的文件，可以在家用立体声音响上播放无损的、高质量的版本，也可以在iPod上播放有损的、小文件容量的版本。

HD Recorder（硬盘录音机）：见Hard-Disk Recorder。

Head Bumps（磁头额外拾取）：模拟磁带录音机的频率响应内低频提升的高峰，是因为磁带上的低频磁场由整个放音磁头拾取，而不只是由磁头的缝隙拾取。

Headphone AMP（耳机放大器）：驱动一些耳机的小功率放大器。

Head-Related Transfer Function（HRTF，头相关传递函数）：由头部绕射引起的频率响应与声音入射角的关系。

Headroom（动态余量）：在音频设备内，信号的峰值电平与失真电平之间以dB为单位的电平差。

HERTZ（Hz，赫兹）：每秒的周数，频率的计量单位。

HF EQ（HIGH-FREQUENCY EQ，高频均衡）：用搁架式响应来对高频进行均衡。一种高音调节，见EQ，Shelving Equalizer。

High Impedance（High Z，高阻抗）：阻值在10kΩ或更高的阻抗被称为高阻抗，电吉他、电贝斯及原声吉他的微型粘贴拾音话筒均属于高阻抗话筒。

Highpass Filter（高通滤波器）：一种在某一频率以上的频率成分能通过并在这同一频率之下的频率成分被衰减的滤波器，也是一种低切滤波器。

Hiss（嘶嘶声）：一种包含所有频率的噪声信号，而且倍频程越高，则声能越强。嘶嘶声像风吹过树林那样的声音，它通常是由话筒、电子设备及磁带等产生的随机信号而引起的。

Hold Time（保持时间）：门在关闭信号之前所保持打开状态的时间，以s为单位，保持时间应设定为足够长的时间，使击鼓的声音在门控之前响起。

Host（主机）：一种支持插件程序的数字音频工作站的录音程序，见Plug-In。

Host-Based（主机型）：见Native。

Hot（热闹、过热、热端）：1. 一种高录音电平引起的轻微失真，也许可作为特殊效果；2. 在CD上的高平均电平有相对较大的音量，它由峰值限制和归一化处理或由压缩和归一化处理来得到；3. 设备的机架或电路由潜在的危险电压引起的过热；4. 指话筒线上对导线的一种参考，即当声压使话筒振膜向内移动时，出现正电压的一根导线被称为热端。

HRTF（头相关传递函数）：见Head Related Transfer Function。

Hum（交流哼声）：可以在监听音箱上听到的一种令人讨厌的低音调声音（60Hz或50Hz及它们的谐波成分）。这种声音是由于在音频电路内及线缆受交流电源接线的干扰而产生，通常是由于把音频线缆置于电源线或电源变压器附近、错误的接地、极差的屏蔽及形成地线回路等情况而拾取了这种交流哼声。

Hybrid Studio（混合型录音棚）：一种将软件和硬件相组合的录音系统，这种设置用数字音频工作站软件进行录音和剪辑，但还加上一些外部设备被插入音频接口。

Hypercardioid Microphone（强心形话筒）：在极坐标图上的两侧有12dB的衰减、背面有6dB的衰减、在轴向两侧110°处为最大衰减至零灵敏度的一种指向性话筒。

ID3 Tag Editor（ID3标志编辑器）：可以编辑MP3文件的歌曲标题和演奏者信息的软件，当它们回放文件时可在聆听者的播放器上显示音乐标题及演艺人员的名字。

Image（Phantom Image）［声像（幻象）］：位于聆听者周围某处的某种虚幻声源。声像通常由两只或两只以上的音箱所产生，在典型的立体声系统内，声像位于两只音箱之间。

Immersive Audio（沉浸式音频）：一个系统，可以用一只条形音箱或两只音箱创建三维声效果来虚拟化一种环绕声音箱的设置。

Impedance（阻抗）：指交流电流流过电路时所受到的阻力。阻抗是电阻和电抗的复合数值（复数）。用字母Z来表示，计量单位为Ω。

Impedance-Matching Adapter（阻抗匹配适配器）：在带有接插件的管状壳体内装有升压或降压变压器，用于匹配低阻抗信号至高阻抗输入的转换，反之亦然，有时也被称为卡侬至TRS或1/4in至卡侬适配器。

Input（输入）：进入某台音频设备的连接。在调音台或混音调音台内，为话筒、线路电平设备或其他信号源等使用的接插件被称为输入接插件。

Input-Gain Control（Input Trim）[输入-增益控制（增益旋钮）]：在混音调音台或音频接口内，一种调节话筒前置放大器增益的控制，用它可以调低高电平信号，否则可能会引起失真。见PAD。

Input Module（输入单元）：在混音调音台内，是一组影响单一输入信号的控制部件。输入单元通常包括衰减器（增益调整）、推子、均衡器、辅助发送钮及通道分配钮等，也被称为通道条。

Input/Output（I/O）Console（In-Line Console）[输入/输出调音台（内嵌调音台）]：一种将输入和输出部分安排成垂直排列的混音调音台，每个单元（监听部分除外）包含一条输入通道和一条输出通道。

Input Section（输入部分）：在混音调音台上的一长排的输入单元。

Input Selector Switch（输入选择器开关）：在混音调音台内，一种把输入信号（话筒、线路或声轨）送达输入单元的选择开关；在数字音频工作站的软件内，一种软件开关把输入信号（话筒、乐器通道、MIDI输入或数字输入）馈送到音频声轨上。

Insert（插入）：1．进行插入补录，见Punch In/Out；2．一种插入插孔，见Insert Jacks。

Insert Effect（插入效果）：一种被插入单条声轨的效果或插件程序。效果的总量可用效果的干/湿混音控制旋钮来调节，压缩、门限及均衡都是插入效果。见Send Effect。

Insert Jacks（插入插孔）：在调音台的输入或输出单元上的两个插孔（发送和返回），从它们那里可以进入信号通途中的某个节点，通常被用来接入一台压缩器。插入这种进出孔之后即断开了信号的流程，这时可把插入的信号处理器或录音机与信号相串联。在许多调音台内，一个插入插孔具有发送和返回两个端接点，所以也称其为出入插孔。见TRS。

Intern（实习生）：在录音任务中的助手，通常为无薪酬、完成些杂务，她或他主要要学习职业的诀窍。

Internal Clock（内部时钟）：在数字音频设备内部的时钟，见Clock。

Instrumentation（任务清单）：将在录音任务中需要对其录音的乐器和人声列出的清单，包括通通鼓、吉他放大器、合成器、候补人声等的数量。

Instrument Input（乐器输入）：为接收电吉他、电贝斯或合成器等信号而设计的高阻抗输入。

Instrument Level（乐器电平）：指电子键盘、电吉他、电贝斯或微型粘贴话筒等乐器的信号电平。典型值为0.1～1V，为无源拾取，直至高达1.75V，为有源拾取（-17.7～7dBu）。

Interleaved（交叉存取）：见Multiplexed。

Interpolation（插入算法）：在CD刻录机内，一种误差校正算法能够查看空白样本前后的数据，并能“猜出”其值应该是多少。

Inter-Sample Clipping（内采样削波）：数字采样之间的模拟音频波形的削波。

Inverse Square Law（反平方律）：距点声源的距离每增加一倍，其声压级下降6dB。

I/O（输入/输出）：指输入和输出接插件。

I/O BOX（输入/输出小盒）：一种转接分支小盒类的音频接口。

I/O Buffer（输入/输出缓存器）：一种临时进出硬盘以传输数据的数据缓存器，它并不影响等待时间。

iOS（苹果操作系统）：使用在iPad、iPod Touch 和 iPhone 内的苹果的移动操作系统。

Isochronous（同步协议）：一种数据传送协议，其中数据必须以一定的最低数据速率传送，数字音频和视频信号数据流需要同步的数据流，以确保音频数据拥有与在播放和录制时一样快的速度传送。

Isolating Earphones（封闭式耳机）：能极大地降低来自耳机外部的声音，使之易于听清音频节目内容。

Isolating Headphones（封闭式头戴耳机）：能极大地降低来自耳机外部的声音，使之易于听清音频节目内容。

Isolation（隔离）：聆听者只能听到非常小的外部噪声的状态，这种状态要求话筒只能拾取非常小的泄漏声，对其他声轨也要有很好的隔离。见Leakage。

Isolation Booth（隔离小房间）：大录音棚内的小房间，用于隔离来自其他乐器或人声的泄漏声，见Isolation，Leakage。

Isolation Mount（防振架）：用于通通鼓的固定装置，有支撑耳片，可免除壳体振动。

ISRC（International Standard Recording Code，国际标准录音制品编码）：一种12个字符的代码，用于

标识CD上的每条声轨。

Jack（插孔）：将插头插入音频信号用的母插孔或母插座。

Jecklin Disk（Jecklin圆盘）：一种档板式全指向性立体声话筒的装置。它有一个头部大小的垂直圆盘，两边都有吸声泡沫，并在每边装有一对耳距间隔的全指向性话筒，见Baffled，OMNI，Stereo MIC Techniques。

Jitter（抖动）：由于时钟频率的不稳定性而引起数字音频的轻微失真或遮蔽声，见Clock。

Jog/Shuttle Wheel（步进/变速轮）：一种在录音机-调音台内的旋转轮或大旋钮，旋转它可以将音频慢速前进和后退去找到某个剪辑点。

Keyboard Workstation（键盘工作站）：在一个机架内的数台MIDI部件——一台键盘、一台采样播放器、一台音序器或许还有一台合成器和磁盘驱动器等。

Kilo（千）：数词为1000的前缀，缩写字母为k。

Knee（拐点）：在压缩图表内，在无压缩与有压缩之间的转折点，硬拐点是陡峭的转变，软拐点或"over easy"（超简单）拐点则是缓慢的转变。

Large-Diaphragm Condenser（LDC，大振膜电容话筒）：话筒振膜有1in直径或以上直径的电容话筒，见Small-Diaphragm Condenser。

Latency（等待时间）：信号通过模/数转换器、数/模转换器，再通过软件程序或计算机操作系统之后的信号延时。监听等待时间指在演奏者演奏一个音符时与他在听到被监听信号时在时间上的延时，在进行叠录时，等待时间可导致在演奏时失去同步，可用音频接口的缓存器容量设置来控制它。

Lavalier Mic（领夹话筒）：一种佩戴在翻领或领口上用来讲话的小型话筒。

Layer（层面）：组合多种合成器声音或一些补丁去创建一个新的补丁，每个音符以单独的声音播放所有的层面。

LCD（液晶显示器）：液晶显示器，一种在屏幕上显示信息的方法。

LDC（大振膜话筒）：见Large-Diaphragm Condenser。

Leakage（泄漏声）：一种乐器的声音交叠到另一种乐器的话筒上，例如钢琴话筒拾取了鼓的声音，或者原声吉他话筒拾取了歌手的声音，也被称为渗漏或外溢。

Least Significant Bit（LSB，最低有效比特）：在数字音频字中的最低或最右边的比特。

LED Indicator（发光二极管指示器）：使用一个或多个发光二极管的录音电平指示器。

Level（电平）：音频信号的强弱程度——电压、功率或声压级。电平的原始定义是针对以瓦数为单位的功率而定。

Level Control（电平控制）：用于调节通过设备的信号电平的推子或旋钮。

Level Meter（电平表）：指示信号的电压或电平用的表头，以dBFS为数字音频信号的计量单位。

Level Setting（电平设定）：在录音系统内，是一种调节输入信号电平，使在录音媒体上获得最大不失真电平的过程，用VU表、LED表或其他表头来指示录音电平。

LF EQ（Low-Frequency EQ，低频均衡）：用搁架式响应来对低频进行均衡，一种低音调节。见EQ，Shelving Equalizer。

Librarian Progam（图书管理员程序）：组织和整理采样收藏品和合成器补丁的计算机程序。

Lightpipe（光纤管）：一种Alesis公司的连接协议，它能通过一条Toslink光缆同时传送8路数字音频通道。

Limiter（限幅器）：在输入电平超过预置值后，其输出电平可保持恒定的一种信号处理器。一种具有10：1的压缩比或以上的压缩器，把它的阈值设定在所连接设备刚要出现失真时的数值以下一点，这样可以防止在起音瞬间或在峰值时出现失真现象。它还经常用来降低信号的峰值电平，使节目的平均电平得以提高，见Lookahead。

Line（线路）：在混音调音台或音频接口上，一种接收线路电平信号的输入。

Line Level（线路电平）：在平衡方式的专业录音设备内（模拟设备——译者注），其信号的线路电平相当于1.23V（4dBm）；在非平衡设备（大多数家用高保真或半专业录音设备）内，信号的线路电平相当于0.316V（−10dBV）。

Line Mixer（线路调音台）：一种只能处理线路电平信号的调音台，通常用于键盘乐器。

Live（活跃，实况）：1. 具有可闻的混响声；2. 实时、真人演出状况。

Live Recording（实况录音）：在音乐会上所完成的录音，也有整个乐队在同时演奏时所完成的录音，而不是通过叠录方式来完成。

Livewire（在线）：一种数字音频网络类型，详见第13章介绍。

Load（负载）：一种接收信号并馈给另一种设备的音频设备，也是一种负载设备的阻抗，见Source。

Load Down（负载下降）：在向一台音频设备施加一种低阻抗负载之后，通常会引起频率响应的变化及失真。

Localization（方位感）：人耳听觉系统所具有的辨别实际声源或幻象声源所在方向的能力。

Locate Point（定位点）：在录音时的某一时间点，可以让录音机记忆并在稍后加以定位，例如，可以为某首歌曲的开始时间做个记号，这样只要按下一个按键就会立刻进入那个开始点。

Lookahead（电平预测）：一种具有检测即将到达的音频是否有峰顶“预测电平”功能的限幅器插件程序。在音频进入电平预测缓存器后，限幅器测量其音频信号，并立即作出反应来减小正好到达的音频峰值。

Loop（循环素材）：1. 在采样程序内，可重复播放声音包络线的持续部分；2. 也可以播放诸如鼓循环素材或贝斯循环素材那种特定乐器重复的旋律或音乐模型（一种律动）。

Loop Construction Kit（循环素材建构组件）：一种创建和修改循环素材的程序，见Loop。

Loop Library（循环素材图书馆）：一种包含许多特定乐器的循环素材的商用数据CD。

Looping（循环）：见ADR，此外，创建或演奏循环素材的过程见Loop。

Lossless（无损）：是指音频文件的数据压缩，其中文件中的每一个比特数据在文件解压后仍然保留，由于是无损压缩，所以音频的质量没有损失。FLAC和ZIP是无损压缩的例子。

Lossy（有损）：是指音频文件的数据压缩，其中文件因为消除了某些数据而减少，在文件解压后有些原始数据消失了，因而音频质量有些损失，不过聆听者不一定能听出来。MP3和WMA是有损压缩的例子，比特率越高，数据损失越少，经过压缩/解压缩之后的声音质量也越高。

Loudness（响度）：对声音感知的音量或强度，是一种声压级的感知，见SPL。

Loudspeaker（音箱）：一种把电能（信号）转换为声能（声波）的换能器。

Low-Cut Switch（低切开关）：一种在话筒内的开关，它可以降低低频成分以减轻话筒的近讲效应或减少房间的隆隆声；它也是一种高通滤波器。

Low Impedance（Low Z，低阻抗）：是指阻值在1kΩ或以下的阻抗，话筒和线路的输出是低阻抗。

Lowpass Filter（低通滤波器）：在某个给定频率以下的频率成分可以通过低通滤波器，而在这一给定频率以上的频率成分会被衰减，也被称为高切滤波器。

M（百万）：Mega（百万）或100万的缩写（例如Megabytes即为百万字节），小写字母m为毫的缩写词，或表示1/1000。

MADI（多通道数字音频接口）：见AES10。

Main Outputs（主输出）：在调音台内提供立体声混音信号的一种输出。

Makeup Gain（补充增益）：在压缩器内，在信号被压缩之后提升输出电平的控制。

MAP（分布图）：把各种音符或补丁分配到合成器键盘的一些琴键上的图谱。

Marker（标记）：在数字音频工作站的录音软件内，在时间轴上所设定的某种标记，显示歌曲部分的开始点，例如诗文、合唱、桥段或结尾部分等。

Mask（掩蔽）：用一种声音来隐藏或掩盖另一种声音。要使一种声音不被听见，只要用另一种声音跟随着那种声音播放即可。在数据压缩或数据简化的过程中，被去除的一些频率成分被认为是由于掩蔽效应而听不到的部分，掩蔽效应是与人们内耳相关联的心理声学现象。

Master（母带）：1. 一种加工完成的母带或CD盘，可用它来产生拷贝磁带或CD盘；2. 制作一个专辑的母带，把所有的歌曲混音按所需次序和所需的间隔排列，以及适配合适的歌曲音量；3. 主时钟是为其他设备的时钟（被称为子时钟）设置定时基准的时钟信号。

Master Bus（主输出母线）：是调音台或数字音频工作站的主立体声输出通道。

Master Effect（主输出效果）：是施加到主输出母线上的效果。

Master Fader（主输出推子）：一种音量控制部件，它对所有节目母线和声轨的电平都起作用，它是在进入2声轨录音机之前的最后一级增益调整。

Mastering（母带制作）：是录音制作进程中的最后一个创作步骤。当要制作混音的专辑母带时，要把歌曲按所需的次序排列，适配好它们的音量，在混音之间放进数秒的静音，微调每条混音的开始点和结尾点，加入淡入与淡出效果，加入均衡，使歌曲的声音更为前后一致和/或更像其他的商用版本，并且可有选择性地做到电平最大化，最后刻录到CD上。

Mastering Engineer（母带制作录音师）：母带制作录音师能够完成最终的歌曲混音并能按所要求的顺序制作母带专辑，他也要能对每首歌曲做音色平衡和音量平衡，并做好歌曲之间的分隔，以完成在声音上具有完美一致性的专辑。

Matching Impedances（阻抗匹配）：匹配的条件是负载阻抗要匹配或等于源阻抗，这样可以在两台设备之间得到最大功率传送，见Bridging Impedance。

Maximum SPL（最大声压级）：一种话筒的规格，它指出有多少dB的声压级会在话筒内产生1%或3%的总谐波失真，见Sound Pressure Level，Distortion。

MDM（模块式数字多轨录音机）：见Modular Digital Multitrack。

Memory（存储器）：一组用来瞬时地或永久性地存储数字数据的集成电路芯片。

Memory Recorder（存储器录音机）：一种像小型闪存式录音机那样将音频记录在存储器芯片上的设备，通常被录的音频可以使用未压缩的波形文件或压缩的MP3文件。

Metadata（元数据）：嵌入音频文件的非音频信息，它能显示音乐演奏家——艺术家、专辑、歌曲、ISRC等的文字信息，见CD-Text。

Meter（表头）：可以指示电压、电阻、电流或信号电平等的器件或显示屏。

Meter Switches（表头开关）：指在混音调音台内一些表头附近的开关，它来决定要测量哪一种信号电平，例如母线电平、辅助发送电平、辅助返回电平、监听混音电平等。

Mic（话筒）：话筒的缩写词。

Mic Cable（话筒线缆）：一种能传送话筒电平信号的线缆，它有一根或两根导体（导线），外围一层屏蔽网线及一层塑胶或橡胶护套，线缆的两端通常接有卡侬型接插件。

Mic Gain Switch（话筒增益开关）：在手持式数字录音机上用于调节话筒前置放大器增益的开关，它可防止太强的声响而引起的前置放大器的过载失真。

Mic Input Panel（话筒输入插盘）：指录音棚墙内容纳了许多话筒卡侬型接插件的插盘，该插盘接有一条多芯线缆，把话筒信号分配到混音调音台上的话筒输入端。

Mic Level（话筒电平）：由话筒所产生的信号电平或电压，典型值为2mV。

Mic Modeling（话筒建模）：使用插件程序模仿各种话筒的声音。

Mic Preamp（话筒前置放大器）：见Preamplifier。

Microphone（话筒）：一种把声信号（声音）转换为相应的电信号的换能器或器件。

Microphone Techniques（话筒技术）：拾取声源声音时要用到的话筒选用方法及摆放技术。

Mic Snake（话筒用多芯线缆）：见Snake。

Mic Splitter（话筒信号分配器）：见Splitter。

Mic Stand（话筒架）：一种底座很重的管状装置，它可以夹住话筒并固定它的位置。

MIDI（乐器数字接口）：MIDI是乐器数字接口的缩写，是合成器、鼓机及计算机之间的一种连接规定，允许它们相互之间通信（和/或）控制。

MIDI/Audio Recording Program（MIDI/音频录音程序）：一种计算机程序，是数字音频工作站的一部分，它能进行录音、剪辑及对MIDI与音频信号两者进行混音。

Midi Cable（MIDI线缆）：一种能传递MIDI信号的线缆，在线缆的两端各接有一个5针的DIN（德国工业标准）插头。

MIDI Channel（MIDI通道）：用于发送和接收MIDI信号的路由分配，每条通道控制一台独立的MIDI乐器或合成器补丁，在单条MIDI线上最多可以发送16条通道。

MIDI Clock（MIDI时钟）：为各种设备设定相同速度的一种定时基准。MIDI时钟在MIDI数据流内为一连串表达定时信息的字节，时钟好像指挥家的指挥棒动作那样，使所有的演奏者们以相同的速度步调一致地演奏。那些时钟字节被加入MIDI信号内的MIDI演奏信息，时钟信号以每四分之一音符发出24、48或96个脉冲（ppq-脉冲/四分之一音符），也就是说，对于每四分之一音符的演奏，就会有24个或更多的时钟脉冲（字节）被发送到MIDI数据流之中。

MIDI Controller（MIDI控制器）：一种音乐演奏设备（键盘、鼓盘、喘息控制器等），它们输出一种MIDI信号指定的音符数量、音符开、音符关等信息。

MIDI/Digital Audio Software（MIDI/数字音频软件）：把一台MIDI音序器与一台多轨数字音频录音机/剪辑器组合在一起应用的软件。

MIDI Driver（MIDI驱动程序）：一种计算机内的小程序，它允许录音软件通过音频/MIDI接口传送/接收数据。

MIDI Edit Screen（MIDI剪辑屏幕）：见Piano-Roll View。

MIDI Effects（MFX，MIDI效果）：被施加到MIDI信号上的非音频处理，例如琶音效果器、回声/延时器、和弦分析器、量化、转置MIDI事件过滤器或者速度更改等，这些都是MIDI声轨内的插件程序。

MIDI File（.MID File，MIDI文件）：一种MIDI音序的计算机文件，见Sequence。

MIDI In（MIDI输入）：在**MIDI**设备内接收**MIDI**信息的接插件。

MIDI Interface（MIDI接口）：一种插入计算机的电路，它可把MIDI数据转换为计算机数据，并在存储器或硬盘上加以存储。这种接口也能把计算机数据转换为MIDI数据。

MIDI Mapper（MIDI变换程序）：一种用控制器来调节某些效果参数的软件，例如，用音高轮来改变混响的衰减时间，或者用键速度来改变一个滤波器。

MIDI Out（MIDI输出）：在MIDI设备内发送MIDI信息用的接插件。

MIDI Program Change Footswitch（MIDI程序变换脚踏开关）：一种可让吉他手在MIDI信号处理器上调用不同效果的脚踏开关，轻踏一下脚踏开关，可以得到模糊声、镶边声、哇哇声、弹簧混响等。

MIDI Sound Module（MIDI声音单元）：见Sound Module。

MIDI Thru（MIDI通过）：在MIDI设备内复制MIDI-IN插件上信息用的接插件，它经常与另一台MIDI设备串联相接。

MIDI Time Code（MTC，MIDI时间码）：是在MIDI信号内的数据，它指出与标准的SMPTE时间码相同的定时信息，这是一串小小的"1/4帧"的MIDI消息。

MIDI USB，MIDI-To-USB（MIDI用USB，MIDI至USB）：一种MIDI设备内的USB接插件，它通过USB对计算机发送和接收MIDI数据，相当于MIDI输入和MIDI输出。

MID-Side（MS，中间-侧面制式）：一种重合式立体声话筒对技术，它使用一支心形指向性话筒或全指向性话筒作为"中间"话筒对准正前方，与一支对准侧面的"侧面"双指向性话筒之间的信号进行相加和相减，立体声的分布可在回放期间加以调节。

Mike，Mike Up（拾取）：把话筒置于声源附近有效地对声源声音进行拾取。

Milli（毫）：数词为1/1000的前缀，缩写字母为m。

Mini Mic（微型话筒）：一种微小的、不引人注意的话筒。

Mix（混合、混音）：1．把两个或多个不同的信号混合成为一个公共信号；2．在效果处理器上的一种控制，用来改变干信号（未经处理的信号）与已经处理过的信号之间的比例。

Mixdown（缩混）：通过混音调音台在回放多条已录声轨时进行混音处理，并将其混音成为两条立体声声道后记录到2声轨录音机上的过程，也适用于把一种环绕声缩混到6条或8条声道上去的过程。

Mixer（调音台）：一种混合或组合音频信号并能调节那些音频信号的相对电平的设备。

Mixing Console（混音调音台）：具有一些像均衡或音质控制、声像调节、监听控制、独听功能、通道分配及把信号发送到外部信号处理器的控制等附加功能的大型调音台。

Mobile-Device Recording System（移动设备录音系统）：一种工作在平板电脑、iPad和iPhone等移动设备上的数字音频工作站，见DAW。

Modeler（建模模块）：一种能模仿或仿真像吉他放大器模块或话筒模块那种音频设备声音的软件。

Modular Digital Multitrack（MDM，模块式数字多轨录音机）：一种用像DAT录音机上的旋转磁头鼓，在视频磁带上能记录8条数字声轨的录音设备，现在已被淘汰。有两种曾经受欢迎的型号，一种是Alesis ADAT，它在S-VHS磁带上记录；另一种是TASCAM DA-88、DA-78或DA-38，它在Hi-8mm磁带上记录。

Modulation Noise（调制噪声）：一种被信号调制（改变）了的噪声或嘶嘶声，模拟磁带会带有某些调制噪声。

Monaural（单耳听觉的，非立体声的）：指用一只耳朵去聆听，常用单声道来表示声像不正确。

Monitor（监听器、监听、监视器、监视）：1．一种在录音控制室内用来评价声音质量的音箱或头戴式耳机；2．用于对音频信号进行聆听；3．与计算机一起使用的视频显示屏幕，也被称为监视器、监视。

Monitor Mix（监听混音）：馈送到控制室监听音箱上的信号的混音，见Cue Mix。

Monitor Mixer（监听调音台）：一种计算机应用程序，可选择在监听音箱上监听哪一种信号，并能调节声轨的回放声音与来自话筒或其他声源的信号之间的平衡。

Monitor Section（监听部分）：在混音调音台内，包括监听器选择开关、辅助旋钮或设置监听混音的通道推子及监听输出插孔等部分。

Monitor Select Switch（监听选择开关）：在混音调音台内，可以选择需要哪一种监听或聆听的开关。

Monitor System（监听系统）：包括监听调音台、控制室监听电平控制、耳机电平控制、有源监听音箱、耳机接线盒或耳机放大器及耳机等的录音棚系统。

Monitoring（监听）：用监听器对音频信号进行聆听。

Mono，Monophonic（单声道）：1．指单声道音频，一种单声道节目可以在一只、多只音箱或在一副、多副耳机上播放；2．对于一次只演奏一个音符的（没有和弦的）合成器的一种描述。

Mono Compatible（单声道兼容的）：立体声节目的一个特征，即立体声节目的两个声道可以混合成一个单声道节目，而不会改变节目的频率响应或平衡。与单声道相兼容的立体声节目在用立体声或单声道时的频率响应是相同的，或者单声道因没有声道之间的相位干涉而不产生延时或相位差。

Moving-Coil Microphone（移动线圈式话筒）：一种线绕线圈在固定磁场内移动的动圈话筒。线圈被粘在话筒振膜上，线圈与振膜会随着声波的撞击而来回移动，通常称之为动圈话筒。

MP3（MPEG Level-1 Layer-3，MPEG等级-1，层面-3）：一种受欢迎的音频用数据压缩格式。在MP3文件内（.MP3），其数据已经被压缩或减少到原始数据容量的1/100或更少，压缩后的文件可以占用较少的存储量，所以它们能较快地被下载。可以把MP3文件下载到硬盘上，之后即可聆听，在192kbit/s或更高的比特率下，MP3的音频质量接近于CD的质量（取决于声源素材）。见Bitrate。

MP3 Encoder（MP3编码器）：一种把WAV文件转换或编码成为MP3文件的软件，可以选择一种比特率以满足所需的文件容量和声音质量。见Bitrate。

MP3 Player（MP3播放器）：能够播放MP3文件的软件或硬件。

MP3pro（MP3专业方案）：一种可提供比MP3音质更佳的数据压缩方案。用MP3pro在64kbit/s的比特率下编码后的歌曲声音可以说与用MP3在128kbit/s的比特率下编码的歌曲声音一样好，MP3pro 提供更快的下载速度，而且在闪存式播放器上能够播放MP3音乐总量的两倍。

MP3 Server（MP3服务器）：一种播放MP3文件的音乐网站。

MS（MS立体声拾音制式）：见MID-Side。

Muddy（模糊、混浊）：不清晰的声响，具有过多的泄漏声、混响声或附加声等。

Multiband Compressor（Split-Frequency Compressor）［多频段压缩器（分频式压缩器）］：一种作用于独立的压缩器或多个频段的压缩器。

Multipin Twist-Lock Connector（多针旋转锁紧式接插件）：一种包含多针脚的能传送多路音频信号的音频接插件，它通过扭转插头把手的壳体来锁定，例如Cam-lok接插件。

Multiple-D Microphone（多孔开槽型话筒）：在话筒把手处能附加进入声音（槽口）的单指向性话筒。

Multiplexed（Interleaved）［多路复用（交叉存取）］：在数字发送过程中，一个立体声节目的两个声道是多路复用（交叉）发送的，也就是通道1的字紧跟着通道2的字，之后又是通道1的字，依此类推。

Multiprocessor（多功能效果处理器）：可以执行数项不同信号处理功能的信号处理器。

Multisession（多个任务）：是CD刻录程序的一种功能，可以于不同的时间在CD上写入一些录音任务。当需要一次向光盘添加一些信息时，这一功能就能发挥作用。

Multitimbral（多音色）：是指一种合成器能够演奏出多种音品或补丁。

Multitrack（多声轨）：常指具有两条声轨以上的录音机。

Music Creation Software（音乐创作软件）：是指可以产生乐声和循环素材的软件，从这种软件那里可以创作并对音乐进行录音。见Loop。

Mute（哑音）：从混音调音台的通道分配那里用断开输入单元输出的方法来关闭一路输入信号。在缩混期间，哑音功能被用来降低那些声轨静音区段内的磁带噪声和泄漏声，或者关闭用不到的演奏声；在录音期间，哑音常被用来关闭话筒信号。

Narrow Stage Effect（过分狭窄的舞台效果）：在立体声的回放声音中听到已录得的乐队左边或右边乐器的声音偏向两只立体声音箱之间靠近中间位置的现象，回放声音的宽度要比一对音箱之间的宽度要小。

Native（本地处理）：是指处理音频用的数字音频工作站的插件程序，是用计算机的CPU而不是用DSP卡来进行的处理。

Near-Coincident（近重合式话筒对方式）：为一种立体声话筒技术，用两支指向性话筒自中心线两旁对称地呈一定角度分隔，在水平方向上有数英寸的间隔。

Nearfield Monitoring（近场监听）：将监听音箱置于距离聆听者很近的地方（通常刚好放在混音调音台的后面），用来减少控制室房间音响的可闻度。

Node（节点）：在驻波内处于低声压区域，见Standing WAV，Antinode。

Noise（噪声）：例如来自电子设备或磁带上的那种嘶嘶声之类的、不希望出现的声音，这是一种不规则的、非周期性波形的音频信号。

Noise Floor（本底噪声）：在无信号出现时音频设备本身产生的噪声电平，此外，还有房间内的环境噪声。

Noise Gate（噪声门）：这是常用来降低或消除音符之间噪声的门电路。

Noise Shaping（噪声整形）：是应用一个过采样滤波器加入抖动噪声的处理，它降低了人们耳朵最敏感的中频噪声电平，而增加较难被听到的高频成分噪声电平。

Nondestructive Editing（非破坏性剪辑）：在数字音频工作站内，用改变指针（寻址标记）的方法来剪辑硬盘上信息，非破坏性剪辑可以复原。

Nonlinear（非线性）：1. 是指在任何数据点内的存储媒体可被存取或几乎立即用随机方式读出，而不用按次序一步步进行，例如硬盘、CD及Mini光盘等都可以做到，见Random Access；2. 是指能使信号引起失真的音频设备。

Normal（正常）：是指在跳线盘内两个接插件的跳线之间的内部连接，用于两台音频设备之间的正常或典型的连接。把一个TRS插头插入跳线盘上的一个接插件之后，就会断开其正常的连接。

Normalize（归一化）：用来提升数字音频信号的电平，在录音时使节目中的最高峰值电平位于最高电平上。例如，在归一化处理后的16bit录音作品中，节目中的最高峰值电平使全部16bit参与量化（使之成为16bit录音作品内可能出现的最高电平）。

Notation Program（记谱法程序）：是一种把演奏转换为标准乐谱的计算机程序，可以剪辑音符、加入歌词及和弦、并能打印出一份拷贝。

Nyquist Frequency（奈奎斯特频率）：数字音频的半采样频率理论。数字录音是基于奈奎斯特-香农定理，该定理证明，当信号的最高频率小于奈奎斯特频率时，原始模拟信号可以从它的采样那里精确地重建；当采样后数字信号通过一个低通（高切）滤波器发送时，它滤去高于奈奎斯特频率以上的频率成分而还原原始信号。见Sampling Rate（Sampling Frequency）。

OASIS（Open Audio System Integration Solution，开放式音频系统综合解决方案）：是一种由控制界面控制一台数字音频工作站的开放源代码协议，可以利用控制界面与数字音频工作站之间的相互作用进行录音、剪辑、混音和母带制作。

Octave（倍频程）：任何两个频率中较高的频率为较低频率的两倍时的频率间隔，被称为倍频程，以一个倍频程分隔的两个音符之间的频率之比为2∶1或1∶2 。

Octave Box（倍频程小盒）：一种效果装置或插件程序，它在输入一个信号后，它的输出信号会是一个比输入信号低一个八度的声音。

Off-Axis（轴外）：不是准确地位于话筒或音箱的正前方。

Off-Axis Coloration（轴外声染色）：由于声音从轴外方向到话筒所引起的频率响应与从轴向到话筒所引起的频率响应相比较有了改变，当一支话筒有平直的轴向频率响应时，而对于从话筒的侧面或背面到达的声音来说，就会有不平直的或染色了的声平衡。

Offset Time（偏置时间）：在制作视频时的任务起始时间。

OGG Vorbis（OGG Vorbis音频压缩格式）：一种免费开放的数据压缩方案。在给定的文件容量下，Vorbis的声音要优于MP3；在同等的声音质量下，Vorbis所取用的容量要少于MP3文件的容量。这一格式可以产生一种OGG文件。

OGG Vorbis Encoder（OGG Vorbis编码器）：把一个WAV文件转换或编码为一个OGG文件的软件。

OMF（Open Media Format，开放媒体格式）：一种在不同的数字音频工作站之间为共享录音任务的声轨及设置的协议。OMF任务文件享有不同的数字音频工作站之间的录音应用，这样就可以在一台数字音频工作站上开始执行一项任务，之后也可以在另一台数字音频工作站上完成该项任务。

Omnidirectional Microphone（全指向性话筒）：拾取来自各个方向的声音的灵敏度都相等的话筒。

OMNI Mode（全通道模式）：MIDI设备的一种设置，它能使MIDI设备响应全部或任意16个MIDI通道的操作指令。

1/8"(3.5mm) Connector（1/8in或3.5mm直径的接插件）：一种像小型TRS插头或插孔的1/8in直径的非平衡接插件，通常使用在声卡的输入/输出、话筒输入及耳机上。

1/4" Connector（1/4in接插件）：一种像TRS插头或插孔的1/4in直径的非平衡或平衡接插件，通常用于线路电平和乐器电平信号的输入/输出用途。

On-Location Recording（现场录音）：一种在录音棚以外的室内或大厅内完成的录音，通常音乐会演出或排练在那里进行。

On The Fly（工作繁忙）：刻录CD的一种方法，其中所有要刻录的文件都是从计算机硬盘上的随机位置取来的，这种方法要比“光盘映像”方法产生更多的CD刻录误差。

Open-Circuit（开路）：一种至少高于信号源阻抗7～10倍的高阻抗负载。

Orange Book Part II（橙皮书第II部分）：对于未经刻录过的CD-R的索尼/飞利浦标准。

ORTF（法国广播网的立体声拾音制式）：以法国广播网（法国广播电视组织）命名的近重合式立体声话筒对技术，它使用两支心形话筒，话筒之间夹角为110°，话筒之间的水平间距为17cm。

Outboard Equipment（周边设备）：混音调音台之外的那些信号处理器。

Output（输出）：音频设备内送出信号并把信号送到下面被连接设备上的一种接插件。

Output Level Control（In a Compressor）［输出电平控制（压缩器内）］：见Makeup Gain。

Output Section（输出部分）：在调音台内，包含主输出推子、编组推子、插入插孔、直接输出插孔、主立体声输出插孔及指示表头等的部分。

Output-Selector Switch（输出选择器开关）：在录音软件中，一种可以选择每条声轨的输出目标的软件开关，例如编组母线、立体声混音母线或音频接口的两个输出通道等。

Outtake（弃用的录音内容）：一遍录音或一遍录音中的某一段落，这些将被消除或不被使用的内容。

Over（过载指示灯）：数字电平表上的最高点，当有3个或以上的采样点连续达到0dBFS时，该灯闪亮。如果过载LED灯或像素指示灯闪亮，则指出信号开始削波。

Overdub（叠录）：在与先前已录的那些声轨同步的状态下把新的音乐部分记录到一条未曾使用过的声轨上。

Overload（过载）：当一个被施加的信号超过了系统的最大输入电平时会引起信号削波，因此出现失真的情况。当在混音调音台内的“Overload”（过载）、“OL”“Clip”（削波）指示灯闪亮时，意味着在话筒的前置放大器内开始出现削波失真。

Oversampling（过采样）：以高于再现信号中最高频率所需的采样率来采样音频信号，例如，在44.1kHz的8倍的采样率下来采样一个20kHz的音频信号时，称之为“8倍过采样”。

Oversampling Meter Plug-In（过采样表头插件程序）：一种指出模拟波形的采样中间的信号电平的表头插件程序。

Overtone（泛音）：1．在一个复合声波中，凡高于基波频率的所有频率成分统称为泛音；2．在一种击鼓后持续一小段时间的非谐波声音。

PAD（衰减）：1．一种电阻或开关器件，用来降低音频信号到达话筒前置放大器之前的电平，这样可防止过大音量引起的失真，见Attenuate；2．一种在鼓机上用来触发鼓声的按键开关。

Pan Pot（声像电位器）：声像电位器的缩写。在混音调音台的每一个输入单元内，有这样一个控制部件，它用可调节的比例来分配两条通道之间的信号，所以可以用声像电位器来调节各输入单元内声音在一对立体声音箱之间的声像位置。

Parallel Compression（并联压缩）：将未压缩的信号与把该信号经过强压缩后的信号进行混音。

Parallel Distortion（并联失真）：把失真后的信号与失真前的同一个信号进行混音。

Parametric Equalizer（参数均衡器）：可以连续改变像频率、频宽及均衡提升量或衰减量等参数的均衡器。

Passive（无源的）：是指没有放大元器件的音频设备或电路，例如无源音箱和无源分频器等。见Active。

Patch（跳线、补丁）：1．把一台音频设备连接到另一台设备上所用的线缆；2．为使声音具有某种音色而对合成器参数的一种设定。

Patch Bay（PATCH PANEL，插线架、跳线盘）：装在机柜上的一排接插件，这些接插件都与设备的输入和输出相连接。插线架可以很方便地把位于中央或可触及位置上的各种设备加以内部连接。

Patch Cord（跳线）：一种在两端接有TRS插头的短线，在跳线盘上用于信号的路由分配。

Pause Length（静音时间长度）：在CD或CD-R上两首歌曲或声轨之间以s为单位的静音长度，这种静音长度可以在CD刻录程序内设定，如果需要，可以设定在0s。见CD，CD-R。

PCIe（PCI Express）［总线接口标准（串行总线）］：一种把计算机连接到附加外围设备的高速扩展卡的格式，由英特尔公司于2004年开发，以取代外围组件（PCI）和PCI-X扩展总线。

PCM（脉冲编码调制）：脉冲编码调制的缩写，一种把模拟信号转换为数字信号的方法，它对一个模拟波形的瞬间幅度进行每秒数万次的测量或采样，并把每次测量分配为一个具有一定数量比特的二进制数值（1和0）。

PCMCIA Card（个人计算机内存卡国际协会卡）：一种被连接到计算机内插槽上的信用卡尺寸大小的内存卡或输入/输出器件。

Peak（峰值）：在声波或信号图形上波形最高点的量值，为波形或信号一个周期内的最高电压值或最高声压值。

Peak Amplitude，Peak Level（峰值幅度，峰值电平）：见Amplitude，Peak。

Peak Indicator（峰值指示表）：一种指示音频信号瞬间峰值电平的指示表。见Peak-Reading Digital Meter。

Peak-Reading Digital Meter（峰值读数数字表）：一种由LED、LCD或像素制成的表头，表的最高读数为0dBFS。在16bit数字录音机内，0dBFS意为16个比特都处在波形的峰值位置；在24bit录音机内，0dBFS表示全部24比特都处在波形的峰值位置。

Peaking Equalizer（峰值均衡器）：在某个频率上能提供最大衰减或提升的均衡器，这样可以使得提升了的频率响应像一座山峰那样。

Period（周期）：从一个波形的峰顶到下一个峰顶的完整一周所取用的时间。一周就是一个周期长。周期的公式是 $p=1/f$，这里 p 为以s为单位的周期，f 为以Hz为单位的频率。

Personal Monitor Mixer（个人监听调音台）：差不多每位音乐人用来调控通过耳机听到他们的提示混音用的小型监听调音台，这种个人监听调音台是由音频混音中的基本声轨或辅助混音来提供信号，也由演奏人员的话筒信号来提供。

Personal Studio（个人录音室）：一种个人使用的小型录音机调音台，常用来记录4～8条声轨。

Perspective（远近感）：在回放录音作品时，一种至乐队距离的听感，把乐队作为一个观察点来聆听，直达声对混响声的高比例产生一种临近的感觉。直达声对混响声的低比例则产生一种遥远的感觉。

PFL（推子前监听）：对推子前信号进行监听的缩写。见SOLO。

Phantom Image（幻象）：见IMAGE。

Phantom Power（幻象电源）：一种电容话筒的专用电源。几乎为所有的混音调音台、话筒前置放大器及音频接口在它们的卡侬型话筒输入接插件上提供幻象电源。9～52V（通常为48V）直流电压通过两个相同阻值的电阻被加入卡侬型话筒接插件的2脚和3脚，话筒接收幻象电源并把音频信号发送到同样的两条导线上，幻象供电电源通过话筒线的屏蔽线接地，对电容话筒的供电，只要把话筒插入调音台并接通幻象电源即可。

Phantom-Power Supply（幻象供电电源）：一种独立的音频设备，通过该电源的话筒线向话筒提供幻象电源。

Phase（相位）：1.波形在周期内所行进的度数，一个完整周期的相位度数为360°；2. 在混音调音台输入单元内的一个开关上，利用变换卡侬型插座上2脚和3脚信号线的位置来翻转输入信号的极性。见Polarity。

Phase Cancellation，Phase Interference（相位抵消，相位干涉）：当信号与该信号被延时后的信号相混合后所产生的信号中某些频率成分的抵消。在某些频率上，它们的直达声与被延时的信号的电平相等但极性相反（180° 反相），当它们混合后，这些频率上的信号被抵消，结果出现一系列周期性的峰顶和峰谷的梳状滤波器那样的频率响应。此外，两支话筒在不同距离对同一声源所拾取的两个信号之间会出现相位干涉，或者一支话筒拾取了声源的直达声及来自话筒附近的反射声两种信号之后，其结果也会产生相位干涉。

Phase-Locked Loop（PLL，锁相环）：一种产生输出信号的控制系统，其相位与输入信号的相位相关联，使用在音频接口内以减少信号的抖动。见Jitter。

Phasing（相位延时）：一个信号与该信号被移相后的信号混合之后会产生一种可变的梳状滤波器效应般的特殊效果，见Flanging。

Phase Shift（相位差）：两个波形在相应点之间用度数来表示的相角差。如果一个波形相对于另一个波形被延时了，那么两个波之间的相移为$2\pi fT$，这里π=180°，f为频率，以Hz计，T为延时时间，以s计。

Phone Plug，Phone Jack（TRS插头，TRS插孔）：圆柱状同轴插头或插孔（直径常为1/4in）。不平衡的TRS插头或插孔有接信号热端的顶端及屏蔽接地用的套筒端，平衡的TRS插头或插孔有接信号热端用的“热端”（顶端）、接信号返回用的“冷端”（环端）及屏蔽接地用的套筒端。

Phono Plug，Phono Jack（RCA插头，RCA插座）：一种具有用于连接热端信号的中心针脚及用于连接屏蔽线或地端的环形紧配合圆帽的同轴插头或插座。RCA插头和RCA插座常使用在家庭用立体声设备上。

Piano-Roll View（钢琴卷帘窗视图）：指在数字音频工作站内，一种MIDI音序的图表显示。它显示出音符的音高及持续时间，类似于弹奏钢琴用的钢琴条形窗口，这是一个能看得到并能剪辑MIDI音符的屏幕。

Pickup（压电式粘贴话筒）：把机械振动转换为电信号的压电式换能器，可粘贴在原声吉他、原声贝斯及小提琴上。还有一种磁性换能器可以粘贴在电吉他上，把吉他弦的振动转换为相应的电信号。

Ping-Pong（乒乓效应）：在两只音箱上回放立体声时，所有的乐器声都是从左、右音箱上发出的感觉，而不是分布在音箱之间的空间。在乐队内距离一侧一半位置的乐器在回放时却在仅靠音箱一侧发声，而不是在一侧的一半位置处发声。

Pink Noise（粉红噪声）：在每个倍频程具有相同能量的随机噪声，与频谱分析器一起用于均衡音箱，见Spectrum Analyzer，这种粉红噪声像一种瀑布声。

Pitch（音高）：对一个声音音调高低的主观感觉，声音的音高通常与声波中的基波频率相关联。

Pitch Correction（音高校正）：一种校正走调音符的音高校正用插件程序，例如Autotune。

Pitch Shifter（移调器）：一种可以改变乐器音高而不改变声音时间长度的信号处理器。

Pixel（像素）：计算机显示屏上的一种彩色点，成千上万个像素可被照亮以显示信息。

Placebo Effect（安慰效应）：即使没有什么明显的改变，但在感知上有了变化。

Plate Reverb（平板混响）：一种复制金箔板明亮声响的混响设置，常在专业录音棚内为人声和鼓声施加这种最受欢迎的混响类型。

Plug（插头）：插入插孔中的公插头，在有些场合也作为插件程序的缩写词。见JACK。

Plug-In（插件程序）：可以下载到数字音频工作站录音程序（称作主程序）内的效果软件，插件程序可变成主程序的一部分并从主程序内部调用。有些制造商把插件程序打包，在每个程序包内有各种各样的效果。

Plug-In Power（插件程序电源）：见DC Bias。

+4/-10Level Switch（+4/-10电平开关）：一种根据+4dBu（专业线路电平）或-10dBV（家用线路电

平）的音频设备输入和/或输出电平设定的开关。

+4/-10Converter Box(+4/-10电平转换小盒)：一种把+4dBu专业线路电平信号转换为-10dBV（家用线路电平）信号或反向转换也可的电子设备。

Polar Pattern（话筒极坐标）：话筒的指向性拾取坐标，一幅话筒灵敏度对声音射入角度的坐标图形，例如全指向性话筒、双指向性话筒和单指向性话筒等的极坐标图。单指向性话筒极坐标图还可分为心形、超心形和强心形等话筒极坐标图形。

Polarity（极性）：是指电、声和磁力线等的正负方向，两个相同的但极性相反的信号在所有频率上的相位差为180°。摆放在军鼓的上、下方的两支话筒应该把它们切换成极性相反，这样才能使它们的信号之和处于同极性，有时也把极性称为“音箱相位校正”。

Polyphonic（多音的）：是指一台合成器能够一次演奏出多个音符（和弦）。

Pop（噗声）：1. 在歌手话筒信号内可听到的一种砰砰声或小型爆炸声，当发声者发出“p”“t”“b”等辅音时从口腔发出的湍气气流冲击话筒振膜后会产生噗声；2. 当话筒被插入被监听着的通路时，或者在打开或关闭某个开关时可以听到的一种噪声。

Pop Filter（噗声滤波器）：置于话筒格栅上的一张网罩，在噗声喷向话筒振膜之前，可以衰减或滤去这种噗声干扰。常以透声孔的泡沫塑料或丝绸为材料，噗声滤波器可以降低噗声及风声噪声，见Windscreen。

Portable Studio（可携带录音室）：在一个可携带的机盒内的录音机和调音台的组合。

Post-Fader（推子后）：把一个信号经路由分配到推子后的另一个目标上，推子会影响推子后信号的电平，这对效果发送来说是常用的设置。见Pre-Fader和Pre-Fader/Post-Fader Switch。

Power Amplifier（功率放大器）：把功率电平放大或增大至足以驱动音箱的电子设备。

Power Cable（电源线缆）：一种传递交流电源的线缆。

Power Conditioner（Line Voltage Regulator）[电源调节器（线路稳压器）]：一种把从墙壁插座接入的不稳定的交流电源变成电压更为稳定的设备，然后把稳定的交流电源送到音频设备上，它还能滤去交流电源波形中的杂波。

Power Distribution System（电源分配系统）：一种把交流电源分配到各种电源插排的可携带的电源布线方案，使用这一系统可以防止形成接地回路并确保每个音频部件获得足够的电源功率，系统内的电路断路器可防止交流电源线缆过热。它的缩写词为Distro。

Powered Monitor（Active Monitor，有源监听音箱）：装有内置功率放大器的音箱。

Power Ground（Safety Ground）[电源地（安全地）]：通过电源插座上的U形孔至供电部门的大地的连接。电子部件的电源线接有三芯插头，U形插脚与设备的机架上相连接，如果设备带电，电源线中的接地线会将其通地，从而可防止电击。

Power Isolation Transformer（电源隔离变压器）：一种插入交流电源墙插座的设备，它提供与墙插座用变压器隔离的另一种交流插排，这样有助于防止地线回路、射频干扰及交流电源波形中的杂波。

PPM（Peak Program Meter，峰值节目表）：一种用摆动着的表针指示音频信号峰值电平的表头。

PQ Codes（PQ编码）：在CD刻录程序内设定歌曲开始时间的编码。

PQ Editing（PQ剪辑）：在刻录所有混音的CD之前对CD歌曲起始时间清单的设置。

Preamplifier（PREAMP，前置放大器）：在音频系统内，前级放大是信号放大部分的第一级，它将话筒电平提升到线路电平，前置放大器可以是独立的设备或被包含在调音台电路内。

Precedence Effect（优先效应）：见Haas Effect。

Predelay（预延时）：预混响延时的简化词，在直达声到达与开始出现混响之间的延时时间（约30～150ms）。通常情况下，预延时时间越长，可感知到房间的尺寸会越大，使用乐器或人声混响上的预延时有益于保证声音的清晰度。

Pre-Fader（推子前）：把一个信号经路由分配到推子前的另一个目标上。推子前信号的电平与推子的位置无关。这通常是指用于设定监听发送的旋钮，见Pre-Fader和Pre-Fader/Post-Fader Switch。

Pre-Fader/Post-Fader Switch（推子前/推子后开关）：一种在推子之前（推子前）或在推子之后（推子后）选择信号的开关。推子前信号的电平与推子的位置无关，推子后信号的电平则跟随推子的位置变化而变化。

Preproduction（前期制作）：进入录音任务之前的准备计划工作，包括声轨的分配、叠录、录音棚布置及话筒的选择等工作。

Preroll（预卷）：在插入补录点之前将要开始回放的时间。

Presence（现场感）：回放的乐器声好像乐器在审听室内现场演奏时的那种听感，是例如紧密、清晰和有力度等评价术语的同义词。现场感通常可用在中频段或中高频段的均衡提升并且用高的直达/混响比例来获得。

Presence Peak（现场感高峰）：一种在话筒的3kHz～6kHz频率范围有提升的响应，它能给声音添加清晰度和现场感。

Preset（预置）：由合成器或插件程序制造商所提供声音或补丁参数的特定设置，可以使用制造商提供的预置或进行自己的设置。

Pressure Zone Microphone（压力区话筒）：具有话筒振膜与反射面平行的并面向反射面结构的界面话筒。

Preverb（预混响）：一种从寂静开始到混响开始再到逐步建立直至声音出现的混响。见Everberation。

Print（复制）：记录到磁带或光盘上。

Print-Through（复印效应）：卷绕在磁带带盘上模拟音频磁带的磁信号从一圈磁带至相邻一圈磁带上的转移，因而导致回声或预回声的产生，见Tail-In/Tail-Out。

Producer（制片人）：录音任务的监督和指导者。制片人将音乐演艺人员召集到一起，向他们提出音乐建议，以提高他们的演艺及组织安排，向录音师提出有关声音平衡及效果方面的建议。

Production（制作）：1．用效果来得到提升的一种录音作品；2．为获取满意的录音作品的一种录音任务的管理。其中包括与音乐家在一起，为这一录音任务向演奏者们提出音乐上的建议，以提高他们的演奏质量，并向录音师提出做好声音平衡及效果等方面的建议。

Production Schedule（制作时间表）：录音任务的时间表或计划步骤——什么时间对什么进行录音。

Program Bus（节目母线）：调音台或数字音频工作站的主立体声输出通道。见Master Bus。

Pro Line Level（专业线路电平）：专业音频设备的正常信号电平，通常为4dBu（1.23V）。

Pro Tools（工作站名称）：一种流行的专业应用的数字音频剪辑平台，它提供计算机多声轨录音、叠录、混音、剪辑及各种插件程序效果等功能。

Proximity Effect（近讲效应）：当把单指向性话筒置于声源前数英寸的位置时所出现的一种低频提升的效应，与话筒之间的距离越近，由于近讲效应而提升的低频越多。

Psychoacoustics（心理声学）：这是一门有关我们如何感知声音的科学，它把声音测量和声音感知联系了起来。

Pulse Code Modulation（PCM，脉冲编码调制）：一种将模拟信号转换成数字信号的方法。模拟信号电压被每秒数万次地测量，每一次测量都是某种字长或比特深度的数字（一连串的1和0的组合）。

Pulse Density Modulation（PDM，脉宽调制）：一种将模拟信号转换成数字信号的方法，模拟信号电平越高，则脉冲的密度也越高。

Pumping（Breathing）［泵浦声（喘息声）］：在压缩器内，由于恢复时间设置得太短及阈值设置得太低，导致两个音符之间增益突然升高的结果。

Punch In/Out（补录点入/补录点出）：多轨录音机上的一种功能，它可以在磁带或磁盘运行时用插入补录点入/出的录音方式，把正确的音乐内容插入早先已录有差错内容的声轨。

Pure Waveform（纯净波形）：单一频率的波形，一种正弦波。一个纯音就是像从这种波形那里所听到的声音。

Q（Quality Factor，品质因数）：在参数式均衡器内，*Q*值是频率提升或衰减的陡峭程度。在低*Q*值设定时（例如*Q*值为1），是一种宽广的频率提升或衰减，它包括很宽广的频率范围。当*Q*值为10时，则有较窄的频率提升或衰减，它仅包括较小范围的频率成分。*Q*值等于滤波器的中心频率除以频宽。

Q-LAN（Q-局域网）：一种数字音频网络的类型，参见第13章内的详述。

Quantization（量化）：在模/数转换器内，把一个二进制数值分配到被采样的信号电压上去的过程。

Quantization Distortion（量化失真）：由于把24bit的数字音频信号截短为16bit后所引起的失真——在低电平数字音频信号中的颗粒状或是模糊的声音。见Truncate。

Quantize（数字转换）：1．使MIDI音符的时标与最近的音符值保持一致，例如1/4音符、1/8音符或1/16音符等；2．把被测的电压转换为二进制数，每次测量都在采样率下取得。

Rack（机柜）：一种19in宽度、用来装入音频设备的木质或金属机柜。

Radio Frequency Interference（RFI，射频干扰）：射频电磁波在音频线缆或设备中的感应，导致在音频信号中出现各种噪声。

RAID（Redundant Array of Independent Disks，独立光盘的冗余阵列）：可以用不同方法配置两个或多个硬盘组成的备份系统，例如可以同时记录在两个硬盘上，如果有一个硬盘崩溃，那么总会有另一个硬盘作为备份。见Back Up。

Random Access（随机存取）：指存储媒体内任何数据指针可被存入或几乎即时读出，例如硬盘、CD及MD等都可随机存取。

Rarefaction（稀疏）：空气分子之间的距离被拉远时的声波部分，这一区域的气压会低于正常大气压。它是压缩的反义词。

Ravenna（拉文那网络）：一种数字音频网络的类型，详见第13章内的介绍。

Reach（延伸）：由于具有高的信号噪声比，所以可以清楚地拾取安静的、遥远的声音。

RealAudio（声音文件）：一种用于数据流音频及从RealAudio的音乐商店下载音乐的数据压缩格式，数据流的保真度取决于调制解调器的速度和当前的互联网带宽。RealAudio文件（.ra or.rm）通常用于简短节选或歌曲的预听。

Re-Amping（再放大）：对吉他放大器的录音，吉他放大器的信号来自直接记录的电吉他声轨，这一技术是在缩混期间使用放大器的声音，而不是在录音期间使用。

Reason（推理）：一种由Propellerhead Software出品公司编写的程序，包括若干合成器、采样器、鼓机、调音台、效果器、模式音序器等（见图18.11），Reason可以导入并能播放ReCycle的REX文件。

Recirculation（Regeneration；再流通、再生）：把延时设备的输出送回到它的输入以产生多重回声。还有一种在延时器上进行调节，它会影响在有多长的延时信号时才能被回收利用到输入上。

Reconstruction Filter（重建滤波器）：在数/模转换器内，低通滤波器取出一种量化过的数字音频信号并把电压的级差加以平滑转换返回成为一个连续的模拟信号。

Record（录音）：把一事件作为永久形式的存储。通常，把音频信号以磁性形式存储在磁带或磁盘上，或者把音频信号以光形式存储在CD-R或CD-RW上，还能用带电荷的比特在SSD、RAM及USB雷电接口上进行录音。

Record Enable（录音启用）：在声轨上使之对声轨准备录音的按键。

Recorder-Mixer（录音机-调音台）：把多轨录音机与调音台整合在一个机箱内的设备。

Recording（录音作品）：对应于某一时间的事件在媒体空间上所进行的永久性调制。当透过媒体以当初录音时相同的速率来感知并扫描“现在”的时间时，事件会被重现，例如雪中的动物足迹、麦田怪圈、唱片槽内的摇摆小精灵、硬盘上的磁性图案及录音用SSD内比特的状态等。

Recording Direct（直接录音）：见Direct Injection。

Recording Engineer（录音师）：录音人员在录音或缩混任务中操作录音设备、为乐器拾音以及制作录音任务的文件等，录音师还要维持其声音质量并提供制片人或音乐家所要求的声音处理。

Recording/Reproduction Chain（录音/回放链路）：包括声音记录和回放在内的一系列事情及设备。

Recording Software（录音软件）：数字音频工作站的一部分，进行录音、剪辑及音频混音等操作的软件。见DAW。

Recycle（循环使用）：一种出品公司软件（Propellerhead Software），它开始时使用一个循环素材，随后可以改变它的节拍速度和音高，并在循环素材内加以替换和处理。

Red Book（红皮书）：制定CD光盘或可录CD-R格式的索尼/飞利浦标准，见Orange Book Part II。

Reflected Sound（反射声）：经过一个或多个表面反射回到听音者的声波。

Reflection（反射）：声波刚撞击表面之后被弹回或返回，在中频至高频频段，声波的入射角等于反射角。

Reflection Phase Grating（RPG，反射相位格栅）：一种应用数学推导尺寸的弯曲硬表面，被设计用来扩散声波。见Diffusion。

Regeneration（再生）：见Recirculation。

Region（区段）：在数字音频剪辑程序内，所规定的音频程序的段落，也称之为片段（Clip）或区域（Zone）。

Release（释放）：在音符的包络线中从音符的持续期电平返回到静音时的最后一部分。

Release Time（释放时间）：在压缩器内，从大音量段落结束之后的增益返回到正常值时所取用的时间。在噪声门内，在保持时间之后门电路被关闭所取用的时间，太短促的释放时间（例如小于100ms）会发出像是突然停止的声音。

Remix（重新混音）：再次进行混音，用不同的调音台设定或不同的剪辑来进行另一次缩混。

Remote Recording（遥控录音）：见On-Location Recording。

Removable Hard Drive（可拆卸式硬盘驱动器）：一种硬盘驱动器可以拆卸后装上另一个，可使用在数字音频工作站或硬盘录音机上，可及时地存储节目。

Render（转换）：在数字音频工作站或硬盘录音机内把一种音频格式转换至另一种格式，例如把多轨录音混音到2声轨的WAV、AIFF、RM或MPC等文件上去，把带有实时效果的一条声轨转换到一条带有嵌入效果的声轨上，把MIDI声轨转换到WAV声轨上，把多个片段组合到一条独立的声轨上。

Repeating Echo（重复回声）：具有数次重复的回声，这种效果可以用在回声插件程序内提升再生或反馈控制的方法来获得。

Replication（复印）：取一张母带CD-R并将其压制成玻璃母带CD的拷贝过程，通常复印CD的数量要高于300张。见Duplication。

Resolution（分辨率）：见Bit Depth。

Reverberation（Reverb，混响）：在房间内的自然混响是一系列多种反射声，它使原始声持续一段时间以后会变弱或衰落，这些反射声告诉了人们是在一间多大尺寸的房间或是具有硬表面的房间所听到的声音，例如，在一座空旷的大型体育馆内大喊一声之后就能听到混响声。混响效果则仿真出某种房间——俱乐部、礼堂或音乐厅——等场所的声音，可以用产生随机的多个回声的方法，难以被人耳朵分辨出回声量的多少及快慢。回声的定时性是随机的，而且回声随着时间的增加而逐渐衰减，回声是一种不连续的声音的重复；而混响则是一种连续淡出的声音。

Reverberation Time（RT60，混响时间）：混响衰减到原始稳态电平60dB以下时所取用的时间被称为RT_{60}。

Reverse Reverb（反向混响）：在混响消失之前快速建立起来的混响。

REX（文件名REX）：是指基于REX文件的时间拉伸的文件，将在音频文件内的瞬态切成薄片，薄片之间的间隔取决于节拍速度。REX文件会随着作品中速度的改变而变化。

RFI（射频干扰）：见Radio Frequency Interference。

RFI Choke（射频干扰抑制）：音频线缆缠绕在电子元件（电感器）周围以减少对线缆内信号的干扰。

RFI Filter（射频干扰滤波器）：一种滤去信号中射频干扰的无源电路。

Rhythm Tracks（节奏声轨）：节奏乐器（吉他、贝斯、鼓，有时是键盘等）的已录声轨。

Ribbon Microphone（带式话筒）：将一种长条金属振膜（铝带）作为导体，并悬挂在磁场中来回振动的电动式话筒。

Ride Gain（安全增益）：当声源音量太大时调低话筒的音量，在声源音量太小时调高话筒的音量，以降低动态范围来换取合适的音量。

RIFF（资源互换文件格式）：1．是一种变化的（RIFF）WAV文件，音高和速度信息位于文件的标题上，而音频则作为REX文件在瞬间被切成薄片，被细化了的文件跟随速度和键的变化；2．一种短促的重复乐句，通常在和弦变化或独奏下演奏。

Ripper（转换者）：一种软件名称，它可把CD音频声轨转换成WAV文件、MP3文件或WMA文件。

RMS［Root Mean Square，（均方根）有效值］：见Average Level。

Rolloff（滚降）：在某一频率之上或之下的幅度值的连续下降，在高频滚降时，信号电平随着频率的增加而跌落；在低频滚降时，信号电平随着频率的降低而跌落。

Room Mic（房间话筒）：见Ambience Microphone。

Room Modes（房间模式）：见Standing Wave。

Room Tone（房间静音）：一种在房间内寂静数秒的录音，有时作为古典音乐作品之间的间隙填补。这种寂静实际上是来自空调和交通灯的噪声。

Rotary Speaker Processor（旋转扬声器处理器）：一种模仿旋转的莱斯利音箱声音的电子设备或插件程序。

Routing（路由分配）：在录音程序内能把任何输入分配到任何声轨上的一种功能，是一种虚拟的跳线盘。见Patch Bay。

RPG（反射相位格栅）：见Reflection Phase Grating。

RTA（Real Time Analyzer，实时频谱分析仪）：见Spectrum Analyzer。

RTAS（Real Time Audio Suite，实时音频配套软件）：一种为Pro Tools 10及早期版本的插件程序格式。

RT60（混响时间RT60）：见Reverberation Time。

Safety Copy（安全拷贝）：一种母带或母带CD，如果母带遗失或损坏，则可使用拷贝版。

Safety Ground（安全接地）：见Power Ground。

Sample（采样、节录）：1．对单个音符或一句乐句那样的较短的声音用数字方式记录到计算机的存储器内；2．对于某一事件的录音；3．使用PCM模/数转换期间，对模拟波形进行每秒数千次的测量。

Sample Library（采样资料库）：一种特定乐器或一组乐器采样的收藏处。

Sample Player（采样播放器）：在按下像键盘那种MIDI控制器上的按键时，或当一个MIDI音序激活了采样播放器时，执行播放采样的软件。一个采样播放器有时被称为软件合成器，但它的音符是早先已经记录下来的音符，而不是合成器产生的音符。一台鼓机是播放鼓和打击乐器组的击打声采样的采样播放器，一件虚拟乐器可以是一台软件合成器或一个采样播放器。见Sample，Soft Synth Sample-Playing Keyboard（采样播放键盘）一种钢琴型键盘乐器，它能播放一些不同乐器的采样。

Sampler（采样器）：一种在键盘工作站内对音频进行采样的电路，一种软件采样器是对音频进行采样的软件。

Sampling（采样）：1．把一个简短的声音事件记录到计算机存储器内，音频信号被转换为代表信号波形的数字数据，数据被存储在存储器芯片、磁带或光盘等中用于以后回放；2．用PCM数字录音时，以每秒数千次的周期性地对模拟波形的瞬间电压进行测量。

Sampling Rate（Sampling Frequency）［采样率（采样频率）］：用PCM数字录音时，对模拟波形进行采样或测量的频率，CD质量音频的采样率是每秒有44 100个采样，采样频率越高，则录音作品的高频响应也越高。

Sampling Reverb（采样混响）：见Convolution Reverb。

Satellite/Subwoofer Monitor System（卫星/超低音监听系统）：是一种工作在约120Hz以上的小监听音箱连同一只或两只工作在约120Hz以下的超低音音箱的监听系统，这种布置是令小监听音箱紧靠聆听者，而把大型的超低音音箱置于一边。

Scene（Snapshot）Automation［场景（快照）自动化］：混音调音台内的一种自动化模式，在这种模式下，按下快照按键后，调音台内的记忆电路会获取一幅调音台所有设置的“快照”，以供日后调用。见Dynamic Automation，Automation。

Scratch Vocal（Guide Vocal）［草稿用的歌声（向导歌声）］：它是一种与节奏乐器同时演奏的人声演唱，这样可以使演奏者们保持他们在歌曲中的位置并能获得一种在歌曲中的感觉。由于这种声音含有泄漏声，所以草稿用的人声通常在以后被抹去，然后歌手叠录的歌声部分被用在最终录音之中。

SDC（小振膜话筒）：见Small-Diaphragm Condenser。

Self-Noise（Equivalent Input Noise，Equivalent Noise Level）［本底噪声（等效输入噪声、等效噪声电平）］：话筒所产生的噪声电压，等效于从给定的声压级下所产生的电压，用dB计量。对于15dB或以下的本底噪声规格来说已经十分安静，这个噪声电压等同于在15dBSPL声压级下话筒所产生的输出电压。见Sound Pressure Level，Noise。

Semipro（Consumer）Line Level［半专业（家用）线路电平］：家庭消费型音频设备的信号电平，典型值为-10dBV（0.316V或-7.8dBu）。

Send（Aux Send）［发送（辅助发送）］：1. 是一种在调音台内把来自输入单元的音频信号发送或路由分配到一台外部效果设备或监听功率放大器上的控制；2. 是一种在数字音频工作站内把声轨的音频信号发送或路由分配到包含效果插件程序的母线上的控制。

Send Effect（Loop Effect）［发送效果（循环素材效果）］：一种被插入它自己母线的效果，这样发送到母线上的声轨信号能够听到效果。将插件程序内的湿/干控制设定到全部为“湿”或“效果”，混响、延时、合唱和镶边声等都是发送效果。见Insert Effect。

Self-Clocking（自动计时）：是指被嵌入信号并为每段采样标注起始时间的时钟。AES3、S/PDIF及光导管都是自动计时系统，MADI、TDIF及ADAT都在独立的接插件或导线上同步传送独立的字时钟信号。见Clock。

SENSITIVITY（灵敏度）：1. 对于在给定的声压级下，话筒以V为单位的输出大小；2. 在距音箱1m处、音箱由1W的粉噪功率驱动时所发出的声压级的大小。也见Sound Pressure Level。

Sequence（音序）：由一台音序器记录下来的那些演奏音乐音符参数的MIDI数据文件。

Sequencer（音序器）：是一种设备或计算机的程序，它把在一台MIDI控制器上所进行的音乐演奏（以音符数、音符开、音符关等形式）记录到计算机的存储器或硬盘上，供以后播放。在播放期间，音序器播放合成器的声音振荡器或采样。

Session（录音任务）：1. 预计为乐器、人声或音响效果等录音用的时间周期；2. 在CD-R盘上指为导入区、节目区和导出区等。

Session Template（录音任务模板）：对特定类型的录音任务用声轨和插件程序的标准安排，模板可以从数字音频工作站的录音程序内调用。

Shelving Equalizer（搁架式均衡器）：一种在某一频率之上或之下施加恒定频率提升或频率衰减的均衡器，这种均衡器的频率响应曲线像是一个搁架的形状。

Shield（屏蔽）：围绕一根或多根信号导线的导电外套（常为金属制），用来防止因电场在导线上的感应而引起的交流哼声或嗡嗡声，话筒线内的屏蔽线是用纤细金属细丝制成的圆柱状编织网。

Shock Mount（防震架）：一种将话筒与话筒架或话筒座之间在机械上隔离的悬挂系统，这样可以避免机械振动的传递。

Shotgun Microphone（短枪式话筒）：是一种单指向性话筒，在高频时具有非常紧密的极坐标图形，在低频时则具有强心形话筒的极坐标图形，常为电视或电影拍摄场景对白的拾音话筒。

Sibilance（咝咝声）：在语言录音时，在由于过分的强调而发出“s”“sh”音时可听到的在5～10kHz那种过多的频率响应。

Side-Addressed（侧向入声型）：是指话筒的拾音主轴垂直于话筒侧面，所以在使用这种话筒时要把话筒的侧面对准声源。也参见End-Addressed。

Sidechain（Sidechain Input，Key Input）［侧链（侧链输入、键输入）］：一种压缩器或噪声门的输

入，它允许使用除被压缩过的信号之外的信号来控制压缩/门限的总量，也可以把一个底鼓信号馈送到用于低音吉他门限的侧链上，这样低音吉他将会跟随底鼓的包络线发声。

Signal（信号）：表达信息的变化着的参数，一个音频信号就是一种表达声音的变化着的电压。

Signal Level（信号电平）：某个信号的电平，见Level。

Signal Path（信号途径）：信号取自某台音频设备内从输入至输出的路径。

Signal Processor（信号处理器）：一种用在受控路径内改变信号的设备。

Signal-to-Noise Ratio（S/N，信号噪声比）：信号电压与噪声电压之间用dB来表示的比值，具有高信号噪声比的音频部件伴随着信号只有很小的背景噪声，具有低信号噪声比的部件则会发出令人讨厌的噪声。

Sine Wave（正弦波）：一种遵循等式 $y=\sin x$的波形，式中x为度数，y为电压或声压级。这是单一频率的波形，一个纯音的波形没有谐波。

Single-D Microphone（单指向性话筒）：单指向性话筒在它的前后声音入口之间有一段距离，它只有一个背面的声音入口，这样的话筒具有近讲效应。见Proximity Effect、Multiple-D Microphone、Variable-D Microphone。

Slap，Slap Back（击掌声，击掌回声）：一种跟随着首发声音之后约50～200ms的回声，这种效果在摇滚歌曲中很流行。

Slate（写字板）：一种把控制室话筒信号经过路由分配到所有母线上的功能，这样能记录下曲调的名称及录音遍数等信息，这一功能对于数字音频工作站来说是没有必要的。

Slave（子时钟）：是一种音频设备或软件，其时钟是由另一台设备的时钟（称之为主时钟）来同步驱动的。

Slip-Edit（滑动剪辑）：用鼠标来滑动数字音频工作站内一个音频片段，用来修改片段的起始和结束时间。

Small-Diaphragm Condenser（SDC，小振膜电容话筒）：话筒振膜直径小于1in的电容话筒，它通常是顶端入声型的话筒。

SMPTE Time Code（SMPTE时间码）：这是由电影电视工程师学会开发的用于视频制作中音频与视频同步的标准时间码。SMPTE时间码有些像一种数字磁带计数器，将数字磁带计数器的时间作为一种信号记录在硬盘上。在视频屏幕上的图像以每秒接近于30帧的速度更新，而每一帧则是静止画面，SMPTE时间码把唯一的数字（地址）分配到每一幅视频帧上，一共有8位数字，规定为小时：分：秒：帧数。SMPTE时间码可以被设定在“drop frame（失落帧）”或“non-drop frame（非失落帧）”方式。

S/N（信号噪声比）：见Signal-to-Noise Ratio。

Snake（多芯线缆）：多对或多路话筒线缆，也有一种被连接到一个接插件连结小盒或舞台小盒的多对话筒线缆。见Digital Mic Snake。

Snapshot Automation（快照自动化）：见Scene Automation。

Soft Synth（软件合成器）：一种软件形式的合成器，一种虚拟乐器。见Synthesizer。

Software Mixer（软件调音台）：一种仅存在于计算机内作为数字录音软件的一部分的调音台，可以利用鼠标或控制界面来调控调音台，将所制作完成的录音作品存放在硬盘或SSD上，软件调音台也被称为虚拟调音台。见Mixer、Analog Mixer、Digital Mixer。

SOLO（独听、独奏）：在混音调音台的输入单元上，一种只监听某一输入单元上输入信号的开关。此开关仅把这一单元的输入信号分配到监听系统上，也称之为推子前监听或推子后监听。

SOUND（声音）：某种媒体（例如空气）自20至20 000Hz频率范围内的纵向振动。

Sound Card（声卡）：一种插入计算机的电路卡，它把音频信号转换为计算机数据后存储到存储器或硬盘上。声卡也可以把计算机数据转换为音频信号，是一种总线接口标准类型的音频接口。见Audio Interface。

Sound Effects（音响效果）：例如房门的撞击声、雷声、汽车声或电话声等非音乐的录音素材——常用在电视剧制作、广播节目及商业广告片中，不要与效果（Effects）相混淆。

Soundfont（音乐库）：用于文件格式和适用于计算机音乐合成的商标名称。音乐库是用一种专用的SF2格式的音频采样（一种乐器补丁），它像WAV文件一样，而且还含有一个键范围（key range），使之在演奏一个MIDI音符号数（键盘的键）时，能够播放早先已分配到那个音符号数的采样音高。音乐库还包含速度开关、音符包络线、循环素材、释放采样、滤波器及低频振荡器（LFO）等设置。

Sound Insulation（Sound Proofing）（隔音，隔音材料）：利用墙面、地板及天花板等结构来减轻来自室外的噪声。

Soundmanager（声音管理器）：Macintosh（麦金塔）的标准音频驱动程序，它能记录和回放高达16bit/44.1kHz的单声道和立体声文件，它有中等程度的等待时间量。

Sound Module（Sound Generator）［声音单元（声音发生器）］：1. 一种只包含某些不同音色或声响的不带键盘的合成器，这些声音可以由来自音序器程序的MIDI信号或MIDI控制器来触发或播放，声音单元可以是一台独立的设备，或者是某张声卡上的一个电路；2．一种振荡器。

Sound Pressure Level（SPL，声压级）：以dB为测量单位、在可闻阈值以上的声波声压，声音的声压级越高，声音越响。dBSPL = 20lg (P/P_{ref})，这里P为测得的声压，参考声压为P_{ref} = 0.0002dyne/cm^2。

Sound Proofing（隔音）：见Sound Insulation。

Sound Wave（声波）：物体在20Hz～20 000Hz振动所引起周期性变化的空气气压的辐射。

Source（声源）：一种把信号馈送到另一台设备上的音频设备。见LOAD。

Spaced-Pair（分隔式话筒对方式）：一种使用两支相同型号的话筒在水平方向分隔数英寸、常把话筒直指声源的立体声话筒摆放技术。

Spatial Processor（空间处理器）：一种用于改变可感知的声音空间感或立体声分布宽度的插件程序。

S/PDIF（Sony/Philips Digital Interface；IEC 958 Type II）（索尼/飞利浦数字接口；国际电工委员会958号II类规范）：一种两声道的数字信号接口格式，它使用RCA（莲花型—译者注）接插件、阻抗为75Ω的同轴线缆，或使用TOSLINK（东芝公司连接方式）接插件的光缆。也参见AES/EBU。

Speaker（扬声器，音箱）：见Loudspeaker。

Speaker Cable（音箱线）：一种把信号自功率放大器传送到音箱用的非屏蔽的两芯线缆。音箱线的线径要足够粗，以避免由于导线的发热而损失功率，音箱线两端的接插件有裸线、Speakon、香蕉插头和TRS插头等。

Speaker Level（音箱电平）：是指进入音箱的信号电平，典型值约为20V。

Speaker Phasing（音箱相位校正）：至两只立体声音箱上的接线要有相同的极性，在两只音箱上应分别把功放的输出端的红色端子接到音箱的红色端子，将功放输出的黑色端子接到音箱上的黑色端子上。

Spectrum（频谱）：某种声源在各个频率上的输出电平，其中包括基波频率及泛音频率成分。

Spectrum Analyzer（RTA，Real Time Analyzer）[频谱分析器（RTA，实时频谱分析器）]：一种音频测量设备或插件程序，它能跟随时间的进程实时连续地显示音频节目的电平与频率（频谱）之间的关系波形。

Speed of Sound（声音速度）：在干燥空气中且气温为20℃时的声音速度约为343m/s，在许多教科书上都将声速凑整为340m/s。

SPL（声压级）：见Sound Pressure Level。

Splitter（话筒信号分配器）：一种接收话筒信号后将其分配到例如扩声调音台、监听调音台和录音调音台等多个目标上的设备。

Spot Microphone（补点话筒）：在为古典音乐录音时所设置的一种近距离拾音用话筒，将它的信号与较远距离拾音用话筒的信号混合后，可以增强现场感或改善声平衡。

Standing Wave（驻波）：它是由相对房间表面之间的声音经多次反射所产生的一种明显的固定波形。沿着驻波所经过的某些点上，直达声波与反射声波互相抵消，在另外一些点上，两种波形相加或相互间得以增强。所出现的驻波频率大多在300Hz以下，在未经处理的房间内会引起夸大或削弱低音音符。

Stem（支干）：在ProTools lingo内的辅助混音——例如鼓类辅助混音、键盘辅助混音、左前方辅助混音等。

Step Time（步进时间方式）：一次把一个MIDI音符输入音序器，在正常速度下加以回放。

Stereo，Stereophonic（立体声，立体音响的）：在两个声道之间（通常是离散的声道）具有相关信息的音频记录和回放系统，可从两只或多只音箱上聆听声源在左右和前后位置上的声像。

Stereo Bar，Stereo Microphone Adapter（立体声话筒安装条，立体声话筒转接条）：把两支话筒安装在一块板条上的话筒转接架，便于进行立体声拾音。

Stereo Chorus（立体声合唱）：一种如下述情况所述的效果。在一个通道内，延时后的信号与一个同极性的干信号的组合；在另外一个通道内，把延时后的信号极性翻转，然后与干信号组合。这样在右通道上有一系列在频率响应上的峰值，而在左通道上有一系列的峰谷，反之亦然，这种延时是缓慢的、多变的或是被调制了的效果。见Chorus。

Stereo Imaging（立体声声像定位）：在立体声对音箱的各个位置上可以清晰地定位音频声像的立体声录音或回放系统的能力。

Stereo Microphone（立体声话筒）：为方便立体声录音的在一个壳体内装有两个话筒头的话筒，两个话筒头常具有相同一致的性能。

Stereo Mic Techniques（立体声话筒技术）：用两支相同的性能一致的话筒，以特定量值的角度和距离分隔开，对乐队进行立体声拾音用的话筒技术，例如分隔式话筒对技术、重合式话筒对技术、近重合式话筒对技术及挡板式全指向性话筒对技术等。

Stereo Mix Bus（立体声混音母线）：在混音调音台或软件调音台内的主输出母线，也被称为总输出母线。

Stereo Phone Plug（立体声TRS插头）：见TRS。

Stereo Spread（立体声分布）：在两只立体声音箱上所回放出的已录乐队声音的立体声声像宽度。

Stomp Box，Stomp Pedal（脚踩小盒，脚踩踏板）：见Effects Box。

Strap Across The 2-Bus（2-母线绑定）：把一台处理器（例如一台压缩器）插入立体声混音母线。

Streaming Audio（Streaming File）［数据流音频（数据流文件）］：通过互联网以实时方式发送的音频。当在网站上单击标题后会立刻播放数据流文件，被下载的文件要等到把整个文件拷贝到硬盘上之后才能播放，数据流文件几乎即刻可以听到。不过，经常由于网络拥塞而将声音中断。所以使用被下载的音频时，须等待数分钟之后才能听到整首乐曲，这时候的声音是高质量而且是连续的。

Studio（录音棚）：使用或设计用于记录声音的房间。

Subcardioid（次心形）：一种类似于心形指向性话筒的单指向性话筒的极坐标图形，不过在话筒的侧面和背面对声音有较少的抑制能力。见Unidirectional Microphone，Cardioid Microphone。

Submaster Fader（副主输出推子）：见Group Fader。

Submix（辅助混音）：指在较大段混音中的某一小段预置的混音，例如一段鼓类的混音、键盘混音、人声混音等，此外，还有提示混音、监听混音、编组混音或效果混音等。

Submixer（辅助调音台）：在混音调音台内的较小的调音台（或者为独立的调音台），经常被用来设置成辅助混音、提示混音、效果混音或监听混音等。

Sub-Snake（辅助多芯线缆）：一种用于连接特定乐器组用话筒的小型多芯线缆，例如鼓组用多芯线缆或人声组用多芯线缆。将辅助多芯线缆与大型多芯总线缆相连接，然后把来自舞台的话筒线缆分配到调音台上。见SNAKE。

Supercardioid Microphone（超心形话筒）：一种单指向性话筒，它对来自侧面的声音衰减8.7dB，对来自背面的声音衰减11.4dB，以及在偏离轴外125° 处有两个最大衰减的零灵敏度点。

Surround Sound（环绕声）：例如像5.1系统那样围绕聆听者所重现出来的声音，它使用前左、前右、后左、后右、中间前方及一只超低音音箱来播放环绕声。

Sustain（持续期）：一个音符的包络线中电平维持恒定的部分，也表示某个音符可以持续而没有明显衰减的能力，常见于压缩器的应用中。

Sweepable EQ（扫频式均衡）：峰值滤波器的中心频率能够在该频率的上下进行扫频或移动的均衡。

Sync（同步）：一种音频录音或MIDI音序对SMPTE时间码或MIDI时间码的同步。

Synthesizer（合成器）：一种乐器（通常为钢琴型键盘），它能发出电声，并可控制多种声音参数来仿真各种传统的或独特的乐器。

Tail（尾声）：混响信号的尾部，这时混响即将消失至静音状态，也指一盘模拟音频磁带的带尾在最接近于已录节目结尾时的声音。

Tail-In/Tail-Out（带尾在里/带尾在外）：保存模拟音频磁带的两种方法，保存一盘带尾在外的磁带（把磁带快进到带尾位于带盘的最外端）要比带尾在里（靠近磁带盘芯处）的方法更好，因为带尾在外的缠绕可以降低磁带相邻圈之间复印效应。见Tail和Print-Through。

Tailored Frequency Response（定制的频率响应）：具有非平直频率响应的话筒，对能拾取独特的乐器或人声的最佳声音的话筒进行专门的设计。

Take（录音遍数）：一遍已录的乐曲演奏。通常要对同一乐曲录制好几遍，再从最好的一遍录音或数遍录音中最好的部分那里制成最终产品。

Take Sheet（录音遍数表）：为每首歌列出录音遍数的一份清单，在每遍录音上都加有标注。

Talkback（对讲）：为录音师和制片人与录音棚内演奏人员之间通过混音调音台上内部通信设施所进行的对讲交流。

Tape Compression（磁带压缩）：在高电平时模拟磁带录音中出现的信号压缩。见Analog Tape Recorder、Compression。

Tape Recorder（磁带录音机）：见Analog Tape Recorder。

TDIF［泰斯康（TASCAM）数字音频接口］：TDIF是泰斯康（TASCAM）数字音频接口的缩写，用于TASCAM 模块式数字多轨录音机的一种类型的多针脚连接方式。见Modular Digital Multitrack。

3-Band EQ（3频段均衡）：使用3频段的均衡：低音、中音和高音。

3-Pin Connector（3脚接插件）：一种平衡信号用的3脚专业音频接插件。1脚接线缆屏蔽端，2脚接信号热端或正极性导线，3脚接信号冷端或负极性导线。也参见XLR-Type Connector。

Three-to-One Rule（3：1 RULE，3：1规则）：一种话筒应用规则。当多支话筒所拾取的信号被混合到同一通道上时，话筒之间的距离应至少应为每支话筒至它所拾取声源之间的距离的3倍，这样可防止出现可听得到的相位干涉声。

Threshold（阈值）：在压缩器或限幅器中，输入电平增加到产生压缩或限幅时的电平；在扩展器或噪声门内，信号电平下降到增益被降低时的电平。高阈值的设置（例如−10dB）会引起大量的选通（一种紧密的声音）；低阈值的设置（例如−30dB）会引起非常少的选通（一种松散的声音）。

Threshold of Hearing（可闻阈）：0dBSPL，我们所能听到的最微弱的声音。

Thunderbolt（雷电接口）：一种计算机与外围设备之间的高速串行数据传输协议。英特尔公司的超高速数据传输系统运行在10Gbit/s（千兆比特每秒），它比USB2.0快20倍，比火线800快12倍，雷电接口适应串行总线（PCI Express）控制器并能提供双向数据流（像USB和火线那样工作）。

Tight（紧密）：1. 在声音的拾取过程中只有极少的泄漏声或房间反射声。2. 指乐器间有一致性非常高的同步演奏。3. 具有良好的阻尼及快速的衰减。

Timbre（音色）：频谱与包络线的主观感觉（印象）。声音的音质可以让人们区分出各种不同的声响，例如，假如听到小号、钢琴或鼓类的声音，每种乐器声有它自己不同的音色或音质，音色或音质可用来识别各种特色的乐器声音。

TOC（目录表）：CD或CD-R的目录表，它标明曲目的标题及它们的开始时间等。见CD，CD-R。

Tonal Balance（音质平衡）：按照不同频谱区域，例如在低音区、中低音区、中音区、中高音区及高音区等在音质或音量方面进行相互关系上的平衡。

Tone Generator（Oscillator）［音频发生器（振荡器）］：在混音调音台内产生正弦波音频的电路，它可以用来将录音机的电平表与调音台上的表头进行比较，也可用它来检查信号通道及通路的平衡。

Tone Quality（音质）：见Timbre。

Track（声轨）：1. 包含单条音频通道的磁带上的通道，在数字信号（磁带、硬盘、CD或数据流）内的一组字节代表了单条音频或 MIDI的通道，通常一条声轨包含一种乐器的演奏声。2. 动词“to track”意为进行分轨录音。3. 声轨可以指伴奏人声用的乐器支持混音。4. 在有些混音调音台上，声轨是一种可选择切换的输入信号，它是来自一条多轨录音机声轨的回放信号。

Track-at-Once（一次刻录一条声轨）：在CD刻录程序中，其中有一次刻录一条声轨（或数条声轨）直至刻录99条声轨的功能。见Disc-at-Once。

Track Sheet（声轨表）：一种录音任务的文件，它列出声轨数、每条声轨上的乐器和人声及每件乐器或人声所使用的话筒或直接接入小盒等信息。

Track Template（声轨模板）：为特定的乐器或人声用声轨和插件程序的标准安排，这种模板可以从数字音频工作站的录音程序内调出使用。

Transducer（换能器）：把一种形式的能量转换为另一种形式的能量的设备，例如话筒或扬声器等。

Transient（瞬间声）：具有快速起音及衰减的短时间信号，例如鼓的敲击声、铙钹的撞击声或原声吉他的弹拨声等。

Transient Response（瞬态响应）：音频部件（常为话筒或扬声器）能否具有精确地跟随瞬间声音的能力。

Transmission（传递）：声波通过例如隔离物或墙面等固体媒质的运动。

Transmission Loss（传递损失）：声音从隔离物的一面到达另一面时在声压级上的损失，有一种声音穿过隔离物时能量损失的表达式。

Trigger（触发器）：一种附着在鼓头上的振动传感器，当敲击鼓头时，触发器发送一个信号至MIDI声音单元，便可播放出一种鼓声音。

Trim（增益调整）：1. 在混音调音台内，像使用母线增益控制那样，用于进行精确调整电平的控制旋钮。2. 在混音调音台内，一种用来调节话筒前置放大器增益的旋钮，这种调节要适应于各种不同信号电平的需求。

Trough（波谷）：在声波内气压的最低点，或在音频信号波形内最大负值的电压。

TRS（Tip-Ring-Sleeve，顶端-环端-套筒端）：一种用于辅助发送/返回、非平衡立体声或平衡单声道连接的三芯TRS插头。见TS。

True Condenser Microphone（真实电容话筒）：一种对振膜和后极板用外部偏置电压进行充电的电容话筒。见Electretcondenser Microphone、Condenser Microphone。

Truncate（截短）：当要把24bit数字音频信号转换为16bit数字音频信号时，需要截短或移除数字的最后8bit。

TS（Tip-Sleeve，顶端-套筒端）：一种用于跳线盘连接、吉他线或非平衡单声道信号的2个接线端的插头或插孔。见TRS。

Tube（电子管）：也称真空管，一种在真空玻璃管内装有电子元件的放大器件，电子管所发出的声音要比集成电路或晶体管所发出的声音更“温暖”些。

Tube Processor（电子管处理器）：是一种电子设备或是插件程序，它对信号进行处理以后所发出的声音恰似通过电子管设备所发出的那种“较为温暖”的声音。见Tube。

Tweeter（高音头）：一种高音扬声器。

Unbalanced Line（不平衡线路）：一种只有一条芯线、外围有一条屏蔽线的可以传送返回信号的音频线缆，屏蔽线被连接到电路的地电位。

Undo（重做）：一种数字音频工作站录音软件的功能，它能让你回到你所进行的改变之前的状态。

Unidirectional Microphone（单指向性话筒）：一种对于来自一个方向——话筒正前方的声音具有最大灵敏度的话筒，例如心形、超心形和强心形话筒等均属于单指向性话筒。

Uninterrupible Power Supply（UPS，不间断电源）：一种在交流电源断电时能够自动地切换到电池电源的供电装置，用于计算机和音频设备的可靠供电。

Unity Gain（单位增益）：某种设备的输入电平和输出电平相等的场合被称为单位增益。

Upper Partial（高泛音）：复合声波中那些高于基波频率的频率成分。见Fundamental、Harmonic。

Upsampling Plug-In（上采样插件程序）：一种用DSP对信号进行上采样的插件程序（增加信号的采样率），然后在输出端对信号进行降采样，降采样起到像局部重建滤波器一样的作用。

USB（Universal Serial Bus，通用串行总线）：为把MIDI接口和音频接口那样的外部设备连接到一台计算机上所使用的一种Mac/PC计算机串行接口，它要比标准的串行端口更快些。

USB Cable（USB连接线）：一种设计用于携带USB信号用的线缆，线缆两端均连接了USB接插件。

USB Microphone（USB话筒）：一种内置模/数转换器和USB端口的话筒。

Valve（真空电子管）：英国对真空电子管的术语称谓。见Tube。

Variable-D Microphone（可变指向性话筒）：在话筒把手壳体内设有一些开槽槽口的单指向性话筒。每个槽口距振膜有不同的距离，并且每个槽口被调谐在不同的频段，这种设计是为了使话筒的近讲效应最小化。受欢迎的ElectroVoice（EV电声）RE-20、664和666话筒就是一种可变指向性设计。见Unidirectional Microphone、Proximity Effect、Single-D Microphone、Multiple-D Microphone。

VBR（Variable Bitrate MP3 Encoding，可变比特率的MP3编码）：一种数据压缩方案，在面对较复杂的音乐段落时使用较多的比特，在面对较简单的音乐段落时使用较少的比特。

Virtual Controls（虚拟控制部件）：在计算机监视屏上仿真的音频设备控制部件，可以用鼠标或控制器界面来对其进行调节。

Virtual Instrument（虚拟乐器）：一种软件合成器或软件采样播放器。

Virtual Mixer（虚拟调音台）：见Software Mixer。

Virtual Track（Layered Track）［虚拟声轨（层叠声轨）］：一件乐器或人声在随机存取媒体上所进行的单遍录音。数条虚拟声轨的最好部分可被拷贝到单条声轨上，形成一次完整而又完美的演奏。这种处理被称为声轨的采集。

Vocoder（语音合成器）：用清晰发音的语言来调制乐器声的电子设备或插件程序，使得听乐器声像在听说话那样的感觉。

Vocal Processor（歌声处理器）：一种对歌声施加多种效果或进行处理的电子设备或插件程序。

Voice Editor Program（人声剪辑器程序）：一种能够创建你自己的合成器补丁的计算机程序。

Voiceover（VO）［画外音、解说声（VO）］：一种在例如商业广告或纪录片之类的视频制作中的叙述或解说声。

Voltage Controlled Amplifier（VCA，压控放大器）：在混音调音台内，一种用于像遥控通道推子组那样的组推子。

Volume Automation（音量自动化）：在声轨波形上所画出的包络线或图形线，在声轨播放时能连续地调整回放的音量（电平），音量能够自动地跟随音量包络线的图形。见Envelope。

Volume Envelope（音量包络线）：单条声轨上推子电平与时间之间的关系图形。见Envelope。

VST（Virtual Studio Technology，虚拟录音棚技术）：插件程序用的Steinberg（斯坦伯格）虚拟乐器集成标准格式。

VSTi（Virtual Studio Technology Instrument，虚拟录音棚技术乐器部分）：见Soft Synth。

VU Meter（音量表）：一种具有特定瞬态响应的音量表，能近似地指示信号的相对响度，以VU为计量单位（音量单位）。

WAV（.WAV，WAVE FILE）（.WAV，波形文件）：Windows与Mac使用的计算机音频文件格式。它采用脉冲编码调制方式所形成的波形文件声音不带任何数据压缩，它的音频分辨率为16bit/44.1kHz或更高。

Waveform（波形）：信号的声压或电压与时间之间的关系图形。纯音的波形为一种正弦波。

Wavelength（波长）：连续波形的相应点之间的物理长度，较低频率的声波有较长的波长，较高频率的声波则有较短的波长。

WDM（Windows驱动程序）：具有内核音频流的Windows 驱动模式，一种多通道的驱动程序，使用与WDM相兼容的音频硬件及DXi软件乐器能有较低的等待时间。

Webcast（网络直播）：一种在互联网上直播的音频和/或视频事件，使用数据流技术，能使网上的听众或观众同时聆听或观看，网络直播可以是分布式实况播出（数据流）或是见票即付式（下载）。

Weighted（计权）：是指通过具有特定频率响应的滤波器所完成的一种测量，A计权测量为通过一个仿真人耳频率响应的滤波器而测得。

Wet（加入效果的信号，湿信号）：是指经过效果器或插件程序处理后的信号（减去输入信号）。在混响插件程序内，如果将干/湿控制设定在100%湿的时候，独听混响插件程序的输出，就只能听到被加入了混响后的信号声，而不是原来输入的干信号。

Windows Media（Windows媒体）：见WMA。

Windows Media Player（Windows媒体播放器）：播放Windows媒体音频文件的软件或硬件。

Windscreen（防风罩）：一种由聚氨酯泡沫材料或毛皮制成的用于抑制风声的话筒防风罩。

WMA（Windows Media Audio，Windows媒体音频）：一种受欢迎的数据流音频及下载用的经过压缩的音频文件格式。Windows Media 8 所允诺的性能类似于MP3Pro——接近于在48kbit/s的比特率下的CD质量，而在64kbit/s的比特率时达到CD质量。

WMA Encoder（WMA编码器）：把WAV文件转换或编码成为一个WMA文件的软件。

Woofer（低音音箱）：一种低音音箱。

Word（字）：一种二进制数字，它是模/数转换时的每个采样的值。一个采样就是对一个模拟波形的一次测量，在一种PCM模/数转换期间，每秒钟要进行数万次采样。

Word Clock（字时钟）：一种为数字音频发送和接收定时信号的接插件，在一间大型录音棚里为实时传送数字音频，需要使用一个字时钟去同步多台数字设备。

Word Clock Splitter（Distributor，字时钟信号分配器）：一种把主字时钟信号分配成一些相同的时钟信号、再馈送到多台数字音频设备使它们保持同步的设备。

Word Length（字长）：见Bit Depth。

Workstation（工作站）：一种MIDI或与计算机有关设备的系统，它们在一起工作时可以帮助作曲和进行音乐录音，通常，这一系统小至足以固定在桌面或机架上。也可参见Keyboard Workstation 和Digital Audio Workstation（键盘工作站和数字音频工作站）。

Wrapper（软件包）：把一种未受支持的格式的插件程序转换为得到支持的格式的软件，例如，不能直接使用VST插件程序的一种数字音频工作站录音程序（寄主），它可以使用某个软件包，该软件包可以把VST插件程序转换成Direct-X插件程序。

XLR-to-USB Adapter（Microphone USB Adapter）［卡侬型接插件至USB转接器（话筒USB转接器）］：一种插入话筒的卡侬型接插件的电子设备，它提供幻象电源，并把话筒信号转换到用于连接计算机的USB上。

XLR-Type Connector（卡侬型接插件）：一种ITT卡侬型部件编号，为三芯专业音频接插件的普遍流行的定义。也参见3-Pin Connector。

XY（XY制立体声拾音制式）：见Coincident Pair。

Y-ADAPTER（Y形分叉线）：将一根线缆以并联方式分叉成两根线缆，这样可以把一个信号送到两个目的地。

Z（阻抗）：阻抗的缩写符号。

Zero Crossing（零交叉）：在音频剪辑程序内，在信号波形上跨过0dB（0V）线的一个点，在循环素材波形内的起始点和结束点都应该设定到零交叉点上，这样可使循环素材连续流畅而没有明显的毛刺噪声。

0dBFS（0dB满刻度）：数字电平表上的0dBFS是指在信号的峰值时所有的比特都为 1（接通工作）。最大数字信号电平没有削波或失真。

Zero Latency Monitoring（零等待时间监听）：把到达音频接口的输入信号送到它的输出端的监听，这样所听到的输入信号没有任何信号处理上的延时（等待时间）。

Zone（分区、区域）：见Region。